东北天然次生林抚育更新研究

Tending and Regeneration Research of Natural Secondary Forest in Northeastern China

张会儒　杨传平　刘兆刚　张春雨 等　著

科 学 出 版 社
北 京

内 容 简 介

本书介绍了东北天然次生林的研究概况，重点针对大兴安岭、小兴安岭、张广才岭、长白山、辽东山区的典型次生林类型，阐述了次生林抚育更新研究的方法和结果，包括次生林更新机制及维持机制、抚育对次生林可控结构和关键生态过程的影响、基于结构调整优化的次生林定量抚育和功能提升技术、次生林抚育更新辅助决策支持系统等内容。

本书为东北天然次生林抚育更新研究的主要成果，可供森林经理、森林生态、森林培育等专业的科研与技术人员、教师、本科生和研究生参考。

图书在版编目（CIP）数据

东北天然次生林抚育更新研究/张会儒等著. —北京：科学出版社，2022.10
ISBN 978-7-03-069175-0

Ⅰ.①东… Ⅱ.①张… Ⅲ.①天然林–次生林–森林更新–研究–东北地区
Ⅳ.①S718.54 ②S754

中国版本图书馆 CIP 数据核字（2021）第 111781 号

责任编辑：王海光 赵小林/责任校对：杨 赛
责任印制：吴兆东/封面设计：北京图阅盛世文化传媒有限公司

科学出版社 出版
北京东黄城根北街 16 号
邮政编码：100717
http: //www. sciencep. com
北京建宏印刷有限公司 印刷
科学出版社发行 各地新华书店经销
*
2022 年 10 月第 一 版 开本：787 × 1092 1/16
2022 年 10 月第一次印刷 印张：30 3/4
字数：729 000

定价：418.00 元
（如有印装质量问题，我社负责调换）

《东北天然次生林抚育更新研究》
著者名单

主要著者：张会儒　杨传平　刘兆刚　张春雨　刘红民
卢　军　张晓红　庞丽峰

其他著者（按姓氏笔画排序）：
王雪峰　王新杰　白雪娇　向　玮　年长城
李春明　杨　华　杨　凯　杨朝晖　汪成成
张秋良　陈　莹　陈桂莲　罗　鹏　罗保玥
周泽宇　周梦丽　周超凡　郝珉辉　胡万良
胡雪凡　胡淑萍　夏富才　郭跃东　唐小明
崔晓阳　符利勇　董希斌　董灵波　董莉莉
韩素梅　程福山　雷相东　魏志刚

前　言

东北林区（大兴安岭、小兴安岭、张广才岭、长白山、辽东山区）是我国最大的天然林区，不仅是我国重要的林木产品生产基地，在涵养水源、保育土壤、碳汇制氧、净化环境、保护生物多样性、维持区域生态平衡等方面也具有不可替代的作用，对于保障全国乃至东北亚的生态安全具有十分重要的战略意义。该区域分布着大面积天然次生林，普遍存在缺少目标树种、结构不稳定、更新差、林分质量和生态功能低等问题。如何通过技术手段，开展森林抚育，促进更新，提高次生林的质量，促进次生林向顶极植被恢复和演替，是迫切需要研究的重大科学问题。

2017～2021年，中国林业科学研究院资源信息研究所、东北林业大学、北京林业大学、辽宁省林业科学研究院、内蒙古农业大学、吉林省林业科学研究院、黑龙江省林业科学院、沈阳农业大学、辽宁省森林经营研究所、北华大学等单位联合承担了“十三五”国家重点研发计划项目“东北天然次生林抚育更新技术研究与示范（2017YFC0504100）”。该项目针对长白山、小兴安岭、大兴安岭、张广才岭、辽东山区的典型次生林类型，开展了次生林更新机制及维持机制、抚育对次生林可控结构和关键生态过程的影响、基于结构调整优化的次生林定量抚育和功能提升技术、次生林抚育更新辅助决策支持系统等研究。经过项目组100余人4年的协作攻关，圆满完成了项目的研究任务和目标，本书即为该项目的主要研究成果。

全书共分7章，各章内容分别为：第1章东北天然次生林研究概述，第2章大兴安岭次生林抚育更新研究，第3章小兴安岭次生林抚育更新研究，第4章张广才岭次生林抚育更新研究，第5章长白山次生林抚育更新研究，第6章辽东山区次生林抚育更新研究，第7章东北天然次生林抚育更新辅助决策支持系统。

全书由张会儒主持撰写并拟定各章节内容。张会儒、卢军负责统稿和校稿。卢军和张会儒负责第1章，张晓红、郭跃东、杨朝晖、周超凡、周泽宇参与撰写；刘兆刚负责第2章，张秋良、董希斌、董灵波、陈莹参与撰写；杨传平负责第3章，魏志刚、杨凯、牟长城、崔晓阳参与撰写；张春雨负责第4章，郝珉辉、陈桂莲、罗保玥参与撰写；张晓红和张会儒负责第5章，王新杰、杨华、夏富才、雷相东、符利勇、向玮、李春明、周梦丽、胡雪凡、周超凡、程福山参与撰写；刘红民负责第6章，韩素梅、董莉莉、白雪娇、胡万良、汪成成参与撰写；庞丽峰负责第7章，唐小明、王雪峰、罗鹏、胡淑萍参与撰写。

除以上人员外，许多研究生也参与了项目研究的具体工作。课题试验区所属单位内蒙古自治区大兴安岭根河林业局，黑龙江省大兴安岭加格达奇林业局和新林林业局，黑龙江省伊春市带岭林业局、金山屯林业局、汤旺河林业局、桃山林业局和双丰林业局，黑龙江林业科学院丽林实验林场，吉林省汪清林业局和蛟河林业实验区管理局等为项目顺利完成提供了良好的工作条件和帮助。在此，对以上人员和单位表示衷心的感谢！

特别感谢科学技术部、国家林业和草原局长期以来对天然林可持续经营研究的支持，使得研究得以持续进行和不断深入！

本书的内容为东北天然次生林抚育更新研究的主要成果，希望本书的出版对我国天然次生林可持续经营研究有所推动。由于著者水平有限，书中疏漏之处在所难免，且有些内容是阶段性成果，需要在实践中进一步检验和深化，殷切期盼有关专家和读者批评指正。

2021 年 12 月于北京

目　　录

第1章　东北天然次生林研究概述

天然次生林是原始林经过采伐或多次破坏后自然恢复起来的森林。我国天然次生林占全国森林总面积的46.2%和全国森林总蓄积量的23.3%，在水源涵养、水土保持及生物多样性保护等方面具有重要的生态价值。我国天然林保护工程经过试点和近两期工程的实施，取得了显著成效，1.3亿hm^2天然乔木林得以休养生息。通过20多年的保育结合，我国天然林资源恢复性增长持续加快，实现森林面积和蓄积量双增长。全国天然林面积净增2853.33万hm^2，天然林蓄积量净增37.75亿m^3，森林碳汇能力大幅度提升，我国森林植被总碳储量91.86亿t，其中80%以上来自天然林。然而，由于长期过度采伐，我国天然林数量少、质量差、退化严重等问题依然存在。现阶段全国实行天然林禁伐，但要保证天然次生林的数量和质量的全面提升，除禁伐外，还应该辅助一套精确的经营抚育技术，以促进天然次生林的数量增长和质量提升。本章从次生林的概念入手，重点对次生林生态演替和干扰、次生林结构特征和生长规律、次生林经营技术等方面的研究概况进行综述。

1.1　次生林的概念和现状

1.1.1　原始林与次生林概念

1.1.1.1　国内定义

孙时轩等（1990）在《造林学》中对次生林的定义为：次生林不同于原始林与人工林，是指原始林经过采伐、开垦、火灾及其他自然灾害破坏后，经过天然更新、自然恢复形成的次生群落。由于次生林是天然更新形成的，又称天然次生林。该概念强调两点：①次生林是指在次生裸地上经过一系列植物群落次生演替形成的森林群落；②次生林中的“次”字不是劣质低产林的意思，“次生”是再生之意，次生林就是再生林，“次生林”不能表明次生林是质量低劣的森林。次生林的产生有两种情况，一是原始林遭受彻底破坏形成次生裸地，已完全失去了原始林的环境，由先锋树种为建群种形成次生群落。该种次生林树种单一、不稳定，将逐渐被更稳定的树种构成的群落所取代。二是原始林遭受的破坏不彻底，甚至不严重，群落中存在建群种个体和原群落伴生种的林分（一般称为过伐林），如果破坏程度不严重仍保留原始林的生境与景观则仍可以称原始林，如果再经多次采伐，破坏程度严重仍保留原群落的伴生种并有先锋树种侵入，使树种组成较为复杂（杂木林），但仍有较大的稳定性，可以作为原始次生林或半原生林（孙时轩等，1990）。该次生林概念认为：次生林也有在人工林破坏后的迹地上产生的，例如，杉木人工林砍伐后经萌生形成的新林也是次生林。

中国许多学者对次生林的定义基本都在孙时轩等（1990）所定义的范畴内。例如，李国猷（1992）认为：次生林是天然次生林的简称，是相对原始林而言，是原始林经过自然和人为干扰破坏而变成次生裸地（包括长期干扰破坏的有林地），在次生裸地上形成的森林。陈大珂等（1994）对次生林的定义也与上述定义相似：原始林（植被或群落由群落系统发生和内缘生态演替动力及群落的自动调节过程所形成，在不同系列的原始裸地上，通过自然趋同，形成地区性或地域性植被）受到大面积反复破坏（不合理的采、樵、火、垦、牧）后，在各种次生裸地上经过次生演替形成的天然次生群落，其特点是已失去原始林的森林环境，原有的建群群落被各种次生群落所代替。为了更清楚地理解次生林，作者在次生林中又定义了“派生林”和“过伐林”。派生林是指在原始林区，原生群落经小面积采伐、开垦或火烧后退化到次生裸地，并经次生演替而复生的次生群落，其特点是优势树种组成多为阳性、速生树种，多形成单层相对同龄林分，由于面积不大，生境变化不剧烈，森林能在一个世代中恢复为原始林林相（又称林层）；过伐林是指在原始林经过不合理的采伐（主要是择伐）后残留的林分，其特点是林层仍维持复层异龄林特点，但不完整，林下有明显的更新层与演替层，原始林分的优势种有明显的恢复趋势。过伐林带有次生性质，由于保留了原生林的林层，只要没有进一步的破坏性干扰，森林恢复的速度会很快。

王业蘧（1995）在东北地带性原始森林研究中指出，由于阔叶红松林整体遭到破坏，丧失了系统的自组织作用，建群种红松消失，而阔叶红松林的伴生树种在生态位方面发生或出现位移（错位）现象，出现了种群间的适应作用和强烈的种间竞争，由全部伴生树种进行了重新自组织的组合就形成了天然次生林。他还指出次生林是与原始林相对而言的，二者都属于针阔叶混交林中的组成成分，只是在空间性与时间性上出现的平衡和有序作用不同，即原始林与次生林在自组织过程中的差异性。王业蘧（1995）不同意使用“原始次生林”概念，认为次生林与原始林的区别主要在于森林生态系统中的演替过程与阶段，即看森林是否处于伴生树种生态位的严重错位和伴生树种之间的重新组合；这种区别应以整体为主，而不能只看局部。

朱教君（2002）在次生林基础研究综述中对次生林概念进行了总结，同意次生林是相对于原始森林而言，是原始森林经过干扰后在次生裸地上形成的森林，它既保持着原始森林的物种成分与生境，又与原始森林在结构组成、林木生长、生产力、林分环境和生态功能等诸多方面有着显著的不同；他认为次生林可以理解为是原始森林生态系统的一种退化，是在一定的时空背景下受自然、人为或二者共同干扰，致使生态要素和生态系统整体发生的不利于生物和人类生存的变化，生态系统的结构和功能发生与原有平衡状态相反的位移（displacement），具体表现为生态系统的基本结构和固有功能的破坏或丧失、稳定性和抗逆能力减弱、系统生产力低等。

侯元兆和支玲（2003a，2003b）对中国目前所使用的“次生林”一词进行了剖析，认为：次生林实际上包括“退化原始林”“次生林”和“已退化林地”三大类型，并给出了这三大类型的定义。次生林是在原始森林植被破坏后的林地上重新生长的林木植被，通常是指在农牧业废弃的土地上通过次生演替而自然发育起来的林分；退化原始林（degraded primary forest）是在起初有原始林或天然林分覆盖的地区，由于人类不可持续的、过分的高强度采伐利用，森林的结构、功能、演替过程被迫改变并超出了森林生态系统的恢复能力所形成的林分；已退化林地是指由于过度放牧或其他强烈干扰，最终被放弃利用，并在此之后森林的自然恢复受到抑制（或延缓）的林地。

1.1.1.2　国外定义

“次生林”概念虽广泛应用于林业和生态学专业，但对其确切概念及其所包含的森林类型仍存在相当大的歧义。

Corlett（1994）指出，即便狩猎使森林生态系统中大型脊椎动物全部消失，也没有人认为这种干扰会导致次生林的发生，虽然从长远角度看这种动物区系去除至少与可见的干扰是同样重要的。而目前所关注的是木材和燃料采伐、皆伐造田，以及非木材采集，并把次生林限制在皆伐后的再生长或更新（Finegan，1992）。

欧洲环境署于 1993 年对次生林的定义为：原始林在多次大的干扰，如采伐、火灾或病虫害等袭击后，自然形成的林分。

国际林业研究中心（Center for International Forestry Research，CIFOR）对次生林的定义为：原始林被皆伐后重新自然更新起来的森林（Guariguata，1998）。

国际热带木材组织（International Tropical Timber Organization，ITTO）在 2000 年对次生林的定义为：次生林是在原始森林植被遭受破坏后形成的裸露土地上（剩余原始植被在 10% 以下）重新生长出来的林木植被；这种次生植被是以自然的方式，在游垦农业、永久农业、牧业或在用材林培育失败的废弃土地上自然地进行发育和演替（侯元兆和支钤，2003b）。Smith 等（1999）和 Jong 等（2001）对次生林的定义为：在原有森林植被被毁林用于农业或其他用地上出现的林木植被。

Chokkalingam 和 Jong（2001）提出了新的次生林概念：原始林植被在时间序列的某一点或某一扩展时间内，在有意义的人为或自然干扰后，主要通过天然过程形成的森林，并表现出在相似立地上森林结构和/或林冠树种组成与其附近的原始林明显不同的林分为次生林。这一定义的关键特征包含：①原始森林植被受到显著干扰；②对原始森林植被的干扰可能是自然和/或人为造成的；③干扰可能立即发生或逐步发生；④森林是再生或再发育森林；⑤大部分再生是自发的；⑥与附近相似立地原始森林相比，再生森林的森林结构或树冠物种组成或两者存在显著差异。但林冠物种组成显著变化并不是次生林的必要条件，如潜在植物区系成分有限的地方，矮林的再生，或乔木层树种期前更新层的释放，林冠层树种的萌生等也是次生林发育的实例，但其冠层组成并未发生显著变化。

Chokkalingam 等（2003）在对非洲次生林概念研究中仅强调了显著的人为干扰。Kuzee（2003）认为，在非洲次生林定义中，“退化”（degraded）或“干扰”（disturbed）常与“次生”（secondary）交叉使用。在非洲次生林概念中，湿润地区与干燥地区对次生林理解也不同，自然乔木森林由于过牧或野火，经常被转化为林地（forest land）；在干燥地区，这种林地的形成非常普遍，但草地、灌木地由于连续的放牧、火烧能否转变成为次生林一直是该区次生林定义的焦点之一。而在湿润地区，人工林则到处可见，虽然被管理的人工林不被认为是次生林，但当人工林被遗弃或进行了自然更新，则被认为是次生林（Kuzee，2003）。Blay（2003）从非洲次生林形成的背景出发认为，在废弃的农耕地上生长起来的森林就是次生林。同时，作者也承认，森林植被遭到人类破坏更新起来的木本演替植被为次生林。另外，Blay（2003）还指出，次生林既不同于退化的原始林，也不同于退化的林地。

次生林是在发生火灾、虫害、木材收获或风倒等重大干扰后，经过足够长的时间使干扰的影响不再明显，从而恢复形成的森林或林地。次生林与未受如此破坏的原始林相区别，同时也区别于次生林严重破坏后恢复的三生林。根据森林的不同，原始林的发育可能需要一个世纪到几千年的时间。例如，美国东部的硬木森林，可以在一代或两代林木后，或150～500年发育形成原始林。通常，干扰破坏是人类活动的结果，如伐木，但产生相同影响的自然干扰也通常包含在内。一般而言，次生林较原始林而言，林木间距更近，并且含有更多的下层植物（Corlett，1994）。

维基百科将次生林（secondary forest）概念定义为：木材收获后重新生长的森林或林地，经过足够长时间的演替，采伐干扰的影响不再明显的森林。区别于原始林，它遭受了采伐破坏，没有复杂的演替早期序列森林，次生林收获后再生的森林称为三生林。次生林不同于自然干扰（如火、病虫害、风倒等）后的再生林，它是木材收获后的再生林，但是自然干扰后对干扰林木进行木材经营收获后再生的生态系统类似于次生林，而偏离复杂早期序列森林。

原始林通常被认为是特定地区和环境相对稳定的“顶极森林类型”，次生林是指原始森林被砍伐后形成的演替林，当次生林再次发展为顶极群落或原始林时，演替完成。随着对演替非平衡过程认识的深入，干扰及其响应成为森林生态系统动态的重要过程。原始林和次生林概念逐步与干扰频度、强度和尺度相联系，除非定义阈值或者关键识别指标，否则很难清晰地认清二者之间的区别。

原始林是指那些满足科学和政治进程所确定的某些阈值的森林，主要问题是用什么标准来确定这些阈值；“原始森林”也称为“自然遗产森林”，包含自然干扰和自然更新连续遗迹的原始林，首要标准当是大树。大树应优先选择特定物种在特定立地的相对较大和较老的树为主的林木。原始林独特生物资源及其维系的生态过程也是界定原始林的重要标准，原始林组成物种及其相互作用，以及受到干扰后生态系统的恢复力同样也是重要的阈值标准，甚至更为重要。但后两者通常情况下很难提出定量指标。

实践中，如果把某一原始林看作某地带性顶极，那么无论是原始林还是次生林，甚至是人工林或裸地，都可以看作森林在这一地带性顶极形成过程中的某一种状态，而这种状态是可以用其受到干扰的程度来表达的。因此，采用森林所受到的干扰程度——生态干扰度（hemeroby）或自然度（naturalness）来表达森林所处的状态可以更清楚地说明次生林发生、发展过程。

干扰度的概念常常被用来描述历史上人类对森林影响的大小或现存森林植被的“天然性程度”（Steinhardt et al.，1999；Hill and Thompson，2002；Kim et al.，2002；李迈和等，2002）。早在20世纪50年代，芬兰植物学家Jalas（1955）首次使用“hemerochore”（干扰度）一词（Kim et al.，2002；李迈和等，2002），用以描述由人类活动引入的植物种类的自然程度。之后，生态干扰度被定义为：人类过去与现在所有阻碍植被向最终阶段演替的人为干扰的总和的量度（李迈和等，2002）；并用生态干扰度表示现实植被与其“天然植被”的距离，即现实植被的天然性程度（李迈和等，2002）。然而，由于人类长期对原始自然植被的利用（干扰），真正的“原始植被”几乎不复存在。因此，“潜在自然植被”被用来作为生态干扰度评价的参照系（李迈和等，2002）。将现有次生林与潜在自然植被，即附近相似立地的原始林进行比较，确定次生林与相应原始林的距离，即森林所受到的干扰程度，进而准确表达森林生态系统所处的状态。而生态干扰度评价的难点与关键点在于：潜在自然植被/原始林状态的确定和生态干扰度标准的制定（李迈和等，2002）。

1.1.2　原始林和次生林连续体理论

传统上，多数学者认为次生林是在完全清除（或至少清除 90%）原始森林的土地上重新生长的森林植被。然而，在亚洲热带雨林区，原始林覆被显著降低的间伐过伐林也被认为是次生林。

采伐迹地、退化立地上的森林植被存在仍然连续，但明显受干扰影响的森林也定义为原始林。次生林是森林连续覆被打破立地上的森林重新定居，包括自然灾变和强度采伐收获两种干扰形式。森林的林分结构或植物区系在森林覆被连续性中断情况下会显著变化的森林也被称为次生林。在区域自然干扰机制下更新的主要植物区系未发生明显覆被中断的森林称为原始林。

对次生林的定义实质是对原始林生态系统受到干扰后所处状态的描述或评价。Corlett（1994）基于热带次生林利用强度建立了沿土地利用强度连续体的强度模型，包括四个阶段——粗放利用阶段（extensive use stage）、集约开发阶段（intensive exploitation stage）、森林枯竭阶段（forest depletion stage）和森林恢复阶段（forest recovery stage），他对热带次生林动态和可持续发展潜能进行了评估，同时对热带亚洲次生林类型进行了探讨。

Anthony 等（2011）在定义原始林时指出了三个趋势：简化复杂性、宽松定义和偏好采用离散等级分类的，而非连续梯度角度认识，并建议采用综合多个指标的原始度指数（index of old-growth）作为唯一阈值界定原始林，建立原始林的规范性模型（normative model of old-growth），构建森林发育的元模型（meta-model of forest development），这些模型都是对原始林和次生林连续体理论的重要认识。但对干扰离散事件的认知仍需从干扰体系连续状态与自然恢复连续过程角度着眼，采用合适的离散等级分类，确定森林发育和演替的重要阶段与过程，建立干扰事件和森林动态机制的关系网。

1.1.3　ITTO 热带森林概念体系

《ITTO 热带退化与次生林恢复、经营和重建指南》将森林划分为三类：原始林（primary forest）、修正天然林（modified natural forest）和人工林（planted forest）。修正天然林又可分为两类：经营原始林（managed primary forest）和退化与次生林（degraded and secondary forest）。其中退化与次生林包括退化原始林（degraded primary forest）、次生林（secondary forest）和退化林地（degraded forest land）。

未受到人类干扰的森林，或受到狩猎、伐木的影响非常小，森林的天然结构、功能和动态过程未发生超过生态系统恢复能力的森林称为原始林。当原始林是以木质和非木质林产品生产或其他利用为目的而得到有控制的开发利用，则此类原始林为经营原始林；不以生产为目的、受到有效保护的原始林为保护原始林。经营原始林和保护原始林能够提供原始林所具有的主要产品与服务，但是这种利用与保护已经改变了原始林最初的森林结构和物种组成，因此它们属于修正天然林的范畴。如果原始林或经营原始林受到不加控制的过度开发与利用，或受到火灾、风雪等破坏性干扰，其森林结构、功能和动态变化就会超出森林自身的短期恢复能力，即此种状态下的原始林已经发生退化，ITTO 将此类森林界定为退化原始林。退化原始林仍保留了早先原始林的许多特征，如树种组成、土壤结构、林分结构等，通过去除森林退化的干扰因素，依靠天然更新和自然演替过程，退化原始林可以恢复为经营原始林，甚至是原始林；相反，如果原始林或经营原始林受到皆伐、火烧等强度人为干扰或火灾、洪水等大规模灾害性自然干扰，导致 90% 的原有森林覆盖消失，之后重新形成的森林则为次生林。次生林通常是在废弃的休耕地、固定农地、牧场或失败的人工造林地上发育而成。通过清除下层林木、补植乡土树种或解放伐等经营措施，在足够长的时间内，次生林可以恢复为退化原始林。当木质或非木质林产品的过度收获、重复火烧、放牧等其他干扰或土地利用完全清除森林覆盖导致土壤严重破坏，森林重建受到抑制或延缓时，此种状态下的林地称为退化林地。退化原始林、次生林和退化林地都是超出森林自然过程正常作用而发生变化的森林，统称为退化与次生林。上述森林类别之间存在一个动态变化的过程，各类森林相互联系，在一定条件下可以相互转化，是一个连续体上的分散隔离状态的划分，且这种划分具有一定的随意性。

1.1.4 原始林和次生林概念体系的疑问和探讨

国内外关于次生林定义的基本内涵是一致的，即①导致次生林发生的动力是干扰，干扰的性质是人为的或自然的；②导致次生林发生要有一定的干扰强度；③干扰形成的次生林与附近相似立地的原始林相比有显著区别；④次生林形成过程中以自然更新为主。上述次生林定义的基本内涵存在着很多不确定性，在界定次生林过程中不可避免出现一定的偏颇。有关次生林概念主要存在三个主要的争议点，即干扰性质（人类或自然）、干扰强度和植被发育进程在次生林定义中是否重要。

朱教君和刘世荣（2007）从干扰性质、干扰强度、冠层树种、更新方式 4 个方面对次生林定义的差异进行了分析。有些学者认为只有人类干扰的才称为次生林，而多数学者认为原始林自然或人为干扰后的再生林分就称为次生林。原始林源于连续自然干扰过程，而非人为干扰。

有些学者认为干扰强度足够大而引起森林覆被的非连续时才称为次生林，甚至提出 90% 的清林阈值，而有些学者将过伐林也称为次生林。植被发育达到顶极或亚顶极称为原始林，而将先锋树种占优的群落称为次生林，有些学者定义的平衡原始林也包括灾变干扰机制下能自我维系的先锋群落，恢复原始林则为次生林和原始林的过渡状态，甚至提出次生原始林的定义。

在野外界定原始林时常用森林结构组成要素，但结构要素有无和多度因树种、立地和地理位置而异，而这些多因森林经营目的（如用材林和保护林）、干扰动态过程、景观林分尺度、生态系统功能（如生产力）、组成要素比例等不同而有不同的阈值。潜在植物区系成分有限、立地生境贫瘠的地方矮林的再生，或乔木层树种期前更新层的释放，林冠层树种的萌生更新等也是次生林发育的实例，其冠层组成并未发生显著变化，但林地生产力可能下降，属于退化原始林或退化林地范畴。我国第一大树种柞树大多属于这类，这给经营栎类林带来了极大挑战。

还有学者从老熟林木、林分和自然森林景观等层次建立了原始林的等级概念框架，认为不同的经营目标、区域发展历史和自然干扰状态下，应着眼不同的层次来分析原始林和次生林连续体理论。例如，从遗传多样性、气候变化适应和人工林延长轮伐期经营角度，老熟林木特别重要；从森林可持续经营、近自然经营角度，自然遗产林分结构要素比例应作为重要的指导原则；从野生动物保护、利用和恢复生态角度着眼，森林景观过程则非常重要。

1.1.5　原始林和次生林分类与建议

多数情况下确定原始林和次生林阶段必须考虑森林的发育与演替过程，一般而言，将顶极群落界定为原始林，其能自我维系森林生态系统的状态，是以林冠替代干扰作为主要的维系机制。亚顶极群落也通常界定为原始林，其在可接受的干扰机制和水平下能自我维系，且与区域自然干扰相适应。所有森林都经历了某种程度的干扰，但并不是所有被干扰的森林都是次生林；干扰必须达到足够显著才能引起次生演替过程，如一个小的林窗干扰（择伐或有限度的非林木产品的采集等）是不能引起次生演替的。顶极生态系统通常通过林隙更替来维持，而亚顶极生态系统则有利于形成同龄林结构。原始林随区域、年龄、结构和动态而差异较大。北太平洋海岸区原始林通常是指冠层林隙自然更新的异龄林，为真正的演替顶极，而五大湖-圣劳伦斯地区的原始林通常是指火灾周期循环的同龄林，多为先锋物种组成的亚顶极群落。

通常情况下，森林灾变或采伐破坏后，采伐迹地多形成先锋树种占优的森林群落，我们称为次生林。例如，云冷杉林采伐后，自然更新的杨桦林多为此类。当然，在较高的干扰强度下，森林可能出现偏途演替顶极群落，这类林分多出现林地退化、水土流失严重、土壤肥力下降、林地生产力下降，我们称为退化次生林，这类次生林不管演替的时间有多长，可能永远不能返回到原来的原始林顶极，而是出现了偏途顶极，如中国东北东部山区的阔叶红松林强度干扰后形成的蒙古栎林（刘慎谔，1985）。

上述演替的分类多是从定向演替的角度出发，而在演替模式中也存在局部循环演替，如美国新罕布什尔州相对稳定的北方硬阔叶林中，山毛榉、糖槭和黄桦的循环演替。山毛榉不能在自身林下更新生长，适于在糖槭林冠下更新，而糖槭只适于在黄桦林下更新，黄桦能在山毛榉林下良好地更新，并取代山毛榉，由此以山毛榉为优势的上层林木死亡后，就会产生一种小循环演替，黄桦种粒小、散布快，首先进入林隙生长，之后糖槭在黄桦林下生长，短寿命的黄桦死亡后，糖槭取而代之，这时山毛榉又进入糖槭林下，当糖槭死亡后，又形成了以山毛榉为优势的上层林冠。这时很难定义演替终极状态，故从生态学角度很难界定原始林和次生林，采用工作定义可能更有利。

开始于次生裸地上的群落演替称为次生演替，次生裸地植物已被消灭，但土壤中仍保留有原来群落中的植物繁殖体，原有森林群落受到外因破坏后，但未达到裸地阶段所发生的演替亦称为次生演替。

次生演替形成的林分称为次生林。此定义仍涉及次生林和原始林建群种相似程度及冠层树种组成改变的问题，是次生林概念中一个模糊不清的问题。若此时林分处于演替过渡阶段，包括退化阶段、恢复阶段和自发进展阶段，则很难从演替角度定义其林分状态。

林型学派概念体系也是鉴于演替过程而建立的林型分类。根据林型学派的观点，按照林型的演替关系，可区分基本林型和派生林型。将在一定自然条件下所形成的比较稳定的林型定义为基本林型，将由基本林型经过火灾、砍伐等干扰影响而形成的林型称为派生林型。例如，云杉林（基本林型）皆伐后形成的桦树林或山杨林都是派生林型，它们不稳定，随着时间的推移，有转变为基本林型的趋势。

1.2 次生林生态演替和干扰

森林生态演替是指随着时间的推移，一种森林类型或阶段被另一种森林类型或阶段所顺序替代的过程，是森林群落与外界环境相互作用的结果（谭留夷等，2011）。次生林生态演替属于一种特殊的森林生态演替，指的是原有森林受到强烈干扰形成次生林后的一系列生长发育过程，这与森林生态演替中先锋群落至顶极群落的演替过程基本一致。

森林演替按照不同的划分方法可以划分为不同的演替类型。按照发展趋向森林演替可分为进展演替和逆行演替。进展演替指森林群落由简单向复杂，由先锋群落向所在区域内稳定性最高的顶极群落方向发展的演替过程；而逆行演替与进展演替相反，即森林群落逐渐趋向先锋群落的衰退演替过程（周灿芳，2000）。一般而言，森林群落在正向干扰或小强度范围内的逆向干扰下可以保持进展演替，一旦逆向干扰强度超过阈值，森林群落进展演替就会停滞，甚至出现逆行演替的情形（徐文铎等，2004）。按照初始生境的水分条件不同，森林演替可以分为旱生演替、中生演替和湿生演替，三种演替序列分别由对水分条件有不同适应性的树种主导，森林湿生演替一般发生在山间河谷或非地带性的草甸和沼泽，森林旱生演替一般发生在阳坡、陡坡采伐或火烧迹地，而森林中生演替的初始生境较为缓和，湿度适中，但演替进程较为复杂，整体而言，湿生演替和旱生演替总的趋向是向中生演替发展；而在人为干扰下，中生演替会人为趋同于旱生演替，湿生演替会人为趋同于中生演替（王义弘，1984）。按照演替是否在原生裸地上进行，森林演替又可分为原生演替和次生演替。原生演替的原生裸地，可能从未被植被覆盖或原先存在的植被和繁殖体被全部消灭，甚至可能缺乏植物赖以生存的土壤，演替条件十分恶劣，需要通过地衣、苔藓等植物富集形成土壤，然后喜光耐酸性的草本、灌木逐步入侵，产生枯枝落叶加速土壤形成，给下一步森林演替提供必要的生境条件，但全部演替过程十分漫长；而次生演替是在次生裸地上进行的演替过程，林地内残存着植物的繁殖体，且初始生境较为温和，喜光的先锋树种或灌草可以轻易地扎根生长并逐步改造林地环境，为顶极树种的生长创造有利生境进而继续演替进程，省略了形成土壤的漫长时间，因此次生演替的整体时间相对较短（董厚德和唐炯炎，1965）。

次生林演替按照划分规则同样可分为进展演替和逆行演替，以及旱生演替、中生演替和湿生演替，但不涉及原生演替，仅属于次生演替的一部分。次生林演替的发生与干扰有密不可分的联系，强烈的逆向干扰后，次生林开始演替，次生林演替的过程中也可能再次受到干扰的短期或长期影响。下面将分别阐述干扰因素与次生林演替的关联，以及主要地带性群落受干扰后衍生出次生林的演替过程。

1.2.1　干扰与次生林演替的关系

干扰因素按照来源可以分为人为干扰和自然干扰，人为干扰包括采伐、放牧、垦地、补植和采摘松果等人类有目的性的行为；自然干扰包括地震、火山爆发、火灾、风灾、雪灾和长期的气候变化等人为不可控自然灾害（陈利顶和傅伯杰，2000）。下面将分别从人为干扰和自然干扰两个方面说明干扰与次生林演替的关系。

1.2.1.1　人为干扰

采伐林木是人为干扰中最常见的行为，其对森林的影响也最为复杂。适宜的采伐强度和采伐方式会促进森林群落生长发育与更新演替，如目标树经营措施，但高强度的皆伐会移除整个森林群落，使林地从先锋森林群落甚至次生草地重新开始新的次生演替过程。

不同于采伐对于森林发展演替影响的多样性，垦地是人为干扰中对森林危害最大的因素之一。森林会因人为皆伐而改为农田生态系统经营，土壤的乔木种子库也会在年复一年的经营中丧失，进而丧失进展演替为森林的能力，若多年后成为撂荒地，则需要从草本灌木群落开始演替，依靠农田周边的乔木树种获得种源，进而演替至先锋森林群落，这个过程的时间长短与农田斑块的大小有关。

放牧和采摘松果相对于采伐和垦地来说，对于森林的影响较小，但同样可能造成森林的逆行演替，这主要是通过影响树种的更新而产生影响。前人探讨了松果采摘对小兴安岭主要林型的影响，结果显示，由于经济利益的驱使，大规模人为采摘松果，几乎将所有红松种子带出了森林生态系统，破坏了森林生态系统的完整性和稳定性，影响了森林的正常演替进程，使处于演替中的次生林无法发展到顶极群落（蒋子涵和金光泽，2010）。而放牧会造成家畜对顶极阔叶树幼苗的啃食，这会减缓次生林发展到顶极群落的演替速度。

次生林内补植幼苗可以说是将人工林可操控的优点引入到次生林恢复进程中来。为了解决我国东北原始林遭受破坏而形成的大面积次生林的问题，自20世纪50年代以来，历代的林业工作者探索出“栽针保阔”这一基于演替理论的科学论断来指导次生林的恢复演替，经过几十年的实验，验证了“栽针保阔”措施对于次生林进展演替的有效性（陈大珂等，1994）。

1.2.1.2　自然干扰

严重的自然干扰可能造成森林群落毁灭性死亡，如长白山火山爆发产生的岩浆和覆盖地表的火山灰（赵大昌，1984）、辽东地区山啸所形成的乱石窖（董厚德和唐炯炎，1965），由于地表土壤缺失，整个演替需要从地衣阶段完成整个原生演替进程才能恢复至先锋森林群落，然后逐步演替到顶极森林群落，整个过程十分漫长。

火灾干扰是自然干扰中发生频率较高的干扰形式之一，特别是东北大兴安岭林区，几乎所有的森林都曾在某一时期发生过火灾（李秀珍等，2004）。同人为垦地干扰类似，火后残余的植被繁殖体对于次生演替起着决定作用，且对火灾强度与大小等特别敏感。重度火烧几乎烧死了全部植被，火烧区的森林恢复完全需要非火烧区植被的扩散来进行，且火烧迹地的大小及形状等空间特征对森林的演替恢复同样有重要影响，加之可能再次发生的火灾影响，火烧后的次生林群落演替将变得异常缓慢并且难以预测（李秀珍等，2004）。

风雪灾害同样是自然干扰中重要的组成部分，是指大风或积雪作用在树体上的风力或雪压达到承受极限时，造成大部分林木出现树干弯曲、折干和连根拔起的灾害类型，风雪灾害后续的病虫害侵袭还会造成更新困难，甚至可能会引起森林的逆行演替（李秀芬等，2005）。

自然干扰中作用范围最大的就是气候变化，同时也是作用时间最长，对森林演替有持续性影响的干扰因素，气候变化除直接影响降水和温度而对群落演替产生影响外，还会通过影响火灾、风雪灾害的频率、强度间接影响森林演替。程肖侠（2007）应用FAREAST模型，模拟了东北地区森林在气候变化条件下的动态演替过程，结果显示东北主要森林群落中阔叶树种明显增加，水平地带性森林植被分布北移，长白山地垂直分布林线上移。

1.2.2 干扰条件下次生林的生态演替序列与演替过程

次生林的演替过程大体可分为三个阶段。①初期：原始林受到严重干扰被破坏，先锋树种侵入形成次生林；②中期：林分形成后改变了原来环境条件，一些更适宜树种再次侵入，并逐渐形成新的林分；若林分进一步破坏，则向着结构简单、组成单一、生态条件愈趋恶化的方向发展；③后期：林分向着原地带性植被方向发展，或向着偏途顶极方向逆行发展（朱教君，2002）。次生林演替过程的三个阶段共同组成了次生林的演替序列，由于不同气候带的地带性植被不同，本小节将分别以寒温带兴安落叶松林、温带阔叶红松林和亚高山云冷杉林这三个东北地区的典型顶极群落为例，来说明东北林区顶极群落受到干扰后形成的次生林的生态演替序列与演替过程，最后对其他不常见的顶极群落衍生出次生林的演替过程也进行了简单的描述。

1.2.2.1 寒温带兴安落叶松林在干扰后的次生演替序列与演替过程

寒温带兴安落叶松林主要分布在大兴安岭和小兴安岭北麓，群落几乎全部由兴安落叶松构成，属于落叶松纯林。落叶松林受到干扰后衍生出的次生林包括白桦林、白桦-落叶松林、蒙古栎林、蒙古栎-落叶松林、黑桦林、黑桦-落叶松林等。

由于大兴安岭的干扰因素以火灾最为典型，因此本部分将以火灾干扰为例说明落叶松林受到干扰后的演替进程。落叶松林受到重度火灾干扰后，乔木、灌木和草本基本死亡，土壤有机质几乎全部被烧掉，存活在土壤中的种子也非常贫乏，整个演替进程需要从灌草群落开始，依赖乔木种子的散播进行森林演替（李秀珍等，2004）。由于落叶松种子不如白桦种子容易传播，因此在仅受轻度干扰条件下，喜光的白桦会率先侵入灌草地，群落演替至白桦次生林，而在火烧迹地周围有大量蒙古栎和黑桦种源的情况下，会演替至蒙古栎次生林和黑桦次生林，这三种群落均属于次生林演替的初期阶段；演替初期阶段的三种群落在仅受轻度的干扰下，后期进入森林群落的落叶松因生命周期长，长势也优于先锋树种，会逐渐占据上层，在与先锋树种的不断竞争中，林分演替至白桦-落叶松林、蒙古栎-落叶松林和黑桦-落叶松林，这三种群落属于次生林演替的中期阶段；在中期阶段之后，轻度干扰的情况下，落叶松占据森林群落的主体地位，其他树种很难在群落内更新生长，而落叶松的幼苗数量较多，整个森林群落逐渐开始稳定，进入次生林演替的后期阶段——落叶松林（王绪高等，2004）；至此，形成了一个完整的次生林进展演替进程。

完整的次生林进展演替代表了理想状态下的次生林演替进程，而现实的次生林演替可能会出现更为复杂的情形。由于大兴安岭地理区位和气候因素，森林火灾频繁，处于演替中任何阶段的森林群落都可能再次受到火烧的干扰，轻度的火烧有利于清理林下灌草，给落叶松下种子和幼苗的生长提供了良好的条件；中度的火烧将会烧死幼苗、幼树和种子，使演替进程停滞，甚至逆行演替至前一阶段的群落，若反复受到中等强度火灾的干扰，则可能会改变演替的途径，导致物种组成及结构的转变，如形成对火灾适宜性更好的偏途顶极樟子松林。由于人类对火灾的严重程度具有判断性，因此介入演替进程，采用采伐和补植等人为干扰措施，有效地解决了兴安落叶松的竞争和更新问题，可以明显缩短演替时长，甚至可以跨越中期阶段，直接转变为顶极群落（郑焕能等，1986；韩雪成等，2015）。

1.2.2.2 温带阔叶红松林在干扰后的次生演替序列与演替过程

温带阔叶红松林是东北小兴安岭-长白山地区典型的水平地带性顶极群落，群落中针叶树种以红松为主，同时可能伴生部分鱼鳞云杉、红皮云杉、臭冷杉和落叶松等针叶树种，阔叶树种主要为紫椴、色木槭、蒙古栎、硕桦、春榆和三大硬阔叶树种（水曲柳、黄檗、胡桃楸）等。由于立地条件的差异，阔叶红松林受到干扰后衍生出的次生林的演替过程可分为旱生、中生和湿生三类演替序列（王义弘，1984；陆龙龙，2019）。

次生林旱生演替一般发生在立地条件比较苛刻的地段，如地势较高的岗脊和阳向陡坡，这些地段一般水分不足但光照充足，蒙古栎、山杨和长白落叶松对此环境的耐受性较强，可以顺利地从灌草群落中生长发育，在受到严重干扰后，会初步形成山杨-蒙古栎林和落叶松-蒙古栎林等初期阶段群落；蒙古栎、山杨和落叶松成林后，改善了林下环境，黑桦等阔叶树种也相继进入群落，而由于山杨和落叶松的幼苗不耐阴，逐步退出森林群落（陆龙龙，2019），在无红松种源的条件下，群落收敛于蒙古栎占主导的各种派生的蒙古栎林等中期阶段群落；在轻度干扰和有红松种源的条件下，红松进入森林群落，由于红松的寿命较长，在林内其他林木死亡后，逐步占据主林层，而蒙古栎由于其较强的萌蘖能力，在老树死亡后，也可迅速形成簇生的小树，因此最终会演替形成以蒙古栎和红松为主的后期阶段群落——阔叶红松林（陈大珂等，1994）。

次生林湿生演替发生的立地条件则与旱生演替相反，一般在山坡下腹、谷地和阴坡地段上，林地内排水不畅，生境潮湿，由于白桦和长白落叶松对此环境的适应性较强，可以较早地在严重干扰后生长的灌草群落中更新发育，进而形成白桦林、落叶松林和白桦-落叶松林等初期阶段群落；在轻度干扰下，白桦、落叶松初步改善了林分内土壤的水分条件，使耐湿的水曲柳和胡桃楸等硬阔叶树种得以进入森林群落，白桦、落叶松由于其幼苗喜光，在郁闭的林分中缺乏更新而逐步被淘汰，在缺少红松种源的条件下，林分收敛于不同树种组成的软硬阔叶混交林或硬阔叶混交林等中期阶段群落，在落叶松占优势的地段，则会形成针阔叶混交林；若存在红松种源，在仅受轻度干扰的情况下，红松在其他树种死亡后可以占据主林层，但红松死后，其他阔叶树种又得以生长，最终形成以红松、水曲柳和胡桃楸等树种为主的后期阶段群落——阔叶红松林（周以良和赵光仪，1964）。

次生林中生演替不同于旱生演替和湿生演替，常在山地的中下腹和缓坡地带发生，其演替发生的立地条件也比较适中，以白桦和山杨为主的先锋树种率先入侵受到严重干扰后形成的灌草群落，形成杨桦混交林初期阶段群落；在轻度干扰下，先锋树种群落改善了林内光照、水分环境后，其他耐阴的紫椴、硕桦和色木槭等阔叶树种开始入侵森林群落，在缺少红松种源的情况下，群落内林木经过多代的死亡与更新，演替收敛于不同树种组成的软硬阔叶混交林或硬阔叶混交林等中期阶段群落；而在有红松种源的地段，轻度干扰下，森林群落中红松会逐步占据主林层，而在红松死亡后，其他的阔叶树种则会在林隙内再次回归主林层，最终形成以红松、紫椴、硕桦和色木槭等树种为主的后期阶段群落——阔叶红松林（周以良和赵光仪，1964）。

虽然将阔叶红松林衍生次生林的演替过程划分为三种类型，但由于山地地形的复杂性和种子的相互传播，这三种演替过程经常会相互重叠，形成多个树种优势度相当的阔叶混交林、针阔叶混交林，直到演替至红松占优势的阔叶红松林群落。另外，部分学者认为云冷杉-红松林群落内湿度较大，因此将其划归于阔叶红松林的湿生演替序列（郭鲲，2016），这是值得商榷的。周以良和李景文（1964）指出红松-云冷杉林既非衍生自干扰后的阔叶红松林，也非来源于受到干扰的云冷杉林，红松-云冷杉林有其独特的稳定性和演替过程，这将在 1.2.2.4 节中论述。

1.2.2.3　亚高山云冷杉林在干扰后的次生演替序列与演替过程

亚高山云冷杉林主要分布在小兴安岭-长白山林区的较高海拔地带，位于水平地带性群落阔叶红松林林带的上限，是亚高山针叶混交林带的地带性植被（周以良和李景文，1964）。群落树种组成较为单一，以鱼鳞云杉为主，其次是臭冷杉，在排水稍差的地方还有红皮云杉分布，除了针叶树种，群落间或混生少量的岳桦、硕桦或花楸等阔叶树种。

云冷杉林一经干扰破坏，林内光照充足，阳性先锋树种落叶松、白桦和岳桦就会侵入群落，当干扰严重致使云冷杉全部死亡或被采伐，则会形成白桦林、岳桦林和白桦-落叶松林等演替初期的先锋群落，其中岳桦的抗风性较其他先锋树种强，因此岳桦林主要分布在高海拔冲风地带，不甚普遍，其他先锋群落则较为常见（周以良和李景文，1964）。先锋群落在轻度干扰下郁闭成林后，耐阴性的云杉、冷杉侵入林下，并在一部分白桦、落叶松、岳桦死亡后，得以进入主林层，演替为岳桦-云冷杉林、白桦-云冷杉林和落叶松-云冷杉林等中期阶段群落；在干扰保持轻度条件下，由于岳桦、白桦和落叶松等先锋树种的寿命不及云杉和冷杉，且云冷杉进入主林层后会将林内小气候推向阴湿状况，先锋树种的幼苗、幼树很难适应而逐渐死亡，群落就进入到演替后期阶段的云冷杉林。当干扰程度较为严重，又缺乏先锋树种种源的情况下，会发展成为以小叶章为主的亚高山湿草甸，杂草高度 1.5 ～ 1.7m，严重影响了云冷杉林的自然更新过程（李玉祥和焦振英，1994），在出现了有利于演替进行的干扰后，由于云杉对于极端条件的耐受度比冷杉强，在潮湿甚至似沼泽的地区，以及更干燥的地区都可以占据优势，因此会形成散生单木的云杉-落叶松林，轻度干扰下，逐代更新后郁闭成林，林下开始侵入冷杉，并进入主林层，落叶松由于幼苗耐阴性差，缺乏更新而被演替淘汰，最终群落演替至顶极云冷杉林（周以良和赵光仪，1964），但整个过程会非常漫长，介入有利的人为干扰可以保证幼树成活率和促进生长（李玉祥和焦振英，1994）。

1.2.2.4　其他植被在干扰后的次生演替序列与演替过程

在前面几节中我们将东北地区三大典型地带性植被受干扰后的次生演替过程进行了描述，然而这并不能代表东北地区全部的次生林演替过程，通过对小兴安岭-长白山林区一带主要森林植被类型分布的研究分析可知，在阔叶红松林和云冷杉林分布区的交错地带，还存在一种特别稳定的森林群落，即红松-云冷杉林，而在阔叶红松林的分布海拔以下，还存在着另一种稳定的森林群落，即阔叶红松-白松林，另外在小兴安岭的谷地中同样存在着相当稳定的云冷杉林群落，但其与亚高山云冷杉林不同，本节将分别对上述三种森林群落衍生次生林的演替过程进行描述。

由于夹在两个主要地带性植被带之间，红松-云冷杉林的分布海拔十分狭窄，分布区海拔高差仅 50 ～ 200m，越往北高差越小，到了小兴安岭北部地区，局部气候湿冷，大多数阔叶树种不适应这种条件，而红松却可以耐受，因此可以和云杉、冷杉混交形成红松-云冷杉林，并成为该区的典型森林类型（周以良和李景文，1964）。该森林组成简单，红松为主要树种，臭冷杉、鱼鳞云杉和红皮云杉混生其中，偶有部分过熟的落叶松存于林分中，但阔叶树种极少。红松-云冷杉林衍生出的次生林的演替过程主要有两种：一种是偏向于阔叶红松林的中生演替过程，以白桦、山杨和落叶松为主的白桦-山杨林、白桦-落叶松林等初期先锋群落开始演替过程，阔叶树种和云冷杉、红松在郁闭后的林下更新生长，红松由于幼苗耐阴而幼树需要阳光，在这个过程中生长较慢，形成了物种丰富的针阔叶混交林，在此之后，轻度干扰下，不耐阴的软阔叶树种会退出森林群落，而云冷杉由于其大量的更新幼苗，会占据主林层，使林分环境变得潮湿，这进一步迫使耐受性差的阔叶树退出群落，红松也在大树死亡后的林隙中进入主林层，并在云冷杉大量死亡后成为主要树种，形成红松-云冷杉林；另一种则偏向于云冷杉林的演替过程，皆伐等措施造成缺乏白桦、落叶松等先锋树种种源，林地逐渐形成亚高山湿草甸，在经过漫长的云杉-落叶松林和落叶松-云冷杉林阶段后，在有红松种源情况下，最终形成红松-云冷杉林。

阔叶红松-白松林的适生海拔在阔叶红松林以下，为本区的垂直带的基带，主要分布在长白山海拔 700m 以下，越往北越低，由于海拔低、纬度低，受到日本海的暖湿气流影响，雨量充沛、物种丰富，主要优势物种为红松和白松，伴生的阔叶树种种类多样，除在阔叶红松林内常见的阔叶树种外，还有一些特有阔叶树，如鹅耳枥、花曲柳及众多的槭属植物，不同于上面提及的各种温带、寒温带森林群落，阔叶红松-白松林内没有亚寒带的云冷杉植物，而多出了一些亚热带的特色植物。目前此类原始森林几乎都被破坏，保留下的大多是次生林群落（周以良和李景文，1964）。总体而言，阔叶红松-白松林衍生出次生林的演替过程与阔叶红松林基本类似，但由于其分布区域与人类活动区重叠，受到人为干扰过于强烈，缺少顶极树种红松、白松的种源，群落最终收敛于蒙古栎林和阔叶混交林。

小兴安岭谷地云冷杉林与以上两种森林群落不同，它不属于地带性的森林群落，按照海拔，其地带性植被应为阔叶红松林，但山谷地形造成的逆温小气候和溪流附近的潮湿土壤限制了红松的定植，而云冷杉适应这种环境，因此得以稳定生存；由谷地向山坡方向，谷地云冷杉林往往被阔叶红松林所更替，在海拔 600m 以上的山顶附近，则生长着亚高山云冷杉林，但在此地区，谷地云冷杉林比亚高山云冷杉林更为普遍（李文华，1980）。谷地云冷杉林主要由臭冷杉和红皮云杉组成，在土壤肥沃、排水良好的云冷杉林中，还混生有红松和鱼鳞云杉，在湿度过大的沼泽化的土壤上则混生有落叶松和赤杨（李文华，1980）。由于谷地云冷杉林位于恶劣的自然条件中，且林中同样隐蔽潮湿，只有受到干扰，落叶松等先锋树种才能进入森林群落，在受到严重干扰破坏后，会形成兴安落叶松林，但在轻度干扰下，云冷杉会入侵，形成中期群落落叶松-云冷杉林，林内环境改变后，落叶松幼苗不耐阴湿，在落叶松大树死亡后，最终形成后期群落云冷杉林。

1.3 东北天然次生林结构特征和生长规律

林分结构是指对于未受到严重干扰（如自然因素的破坏及人工采伐等）的人工林或天然林，经过长期的自然生长枯损和生态演替，林分内部许多特征因子，如胸径、树高、形数、材积、树冠及复层异龄混交林中的林层、树种组成等，都具有一定的分布状态，而且表现出较为稳定的结构。这一结构规律，在测树学中被称为林分结构规律（law of stand structure）。研究这些规律，对于森林经营技术、编制森林经营数表及林分调查都有重要意义（孟宪宇，2006）。

林分结构根据是否与树木的空间位置相关可分为林分非空间结构和林分空间结构（Kint et al.，2003）。林分非空间结构描述与树木位置无关的林分平均特征，如林分直径结构、树高结构和树种结构等，分别采用林分直径分布、树高分布和树种组成等进行描述。林分空间结构则描述与树木位置有关的林分结构，分为水平结构和垂直结构。林分水平结构包括林木空间分布格局、树木竞争、树种相互隔离程度等，分别采用林木空间分布格局指数、竞争指数和混交度进行描述。林分垂直结构一般采用成层行、群落结构、林层结构和林层比进行描述。

1.3.1　林分空间结构

林分空间结构通常指的是群落的外貌结构，包括水平结构和垂直结构。林分空间结构决定了树木之间的竞争势及其空间生态位，在很大程度上决定了林分的物种多样性、稳定性和发展方向。森林的各种功能如水源涵养能力、抗病虫害能力、生态恢复能力、生物多样性等均是林分结构的功能表现。

1.3.1.1　林分水平结构

当前研究主要从混交度（mingling）、大小比数（neighborhood comparison）和角尺度来展开林分水平结构的研究。混交度表示树种的空间隔离程度。大小比数定义为大于对象木的相邻木个数占所考察的全部最近相邻木的比例（惠刚盈等，1999）。角尺度用对象木与其相邻木所构成的夹角是否大于标准角来描述相邻木围绕对象木的均匀性。对于较小的团组，角尺度也可以评价出各个群丛之间的变异。从对象木出发，任意两个相邻木的夹角有两个，将小角定义为 α，则角尺度 W_i 被定义为 α 角度小于标准角 α_0 的个数占考察的最近 n 株相邻木的比例（一般 n 取 4）（惠刚盈，1999）。

$$W_i = \frac{1}{n}\sum_{i=1}^{n} z_{ij}$$

当第 j 个 α 角小于标准角 α_0 时，$z_{ij}=1$，否则 $z_{ij}=0$。

林木个体的空间分布格局指的是林木个体在水平空间的分布情况。林木分布格局是种群生物学特性、种内种间关系及复杂环境条件综合作用的结果，是重要的种群空间属性。格局分析可以定量描述种群和群落的水平结构，给出它们之间的空间关系，也能说明种群和群落的动态变化。

林木空间分布格局分为三个类型。①随机分布（random distribution）：种群个体的分布相互之间无联系，每个个体出现的机会均等，并且不受其他个体的影响，林木的位置以连续而均匀的概率分布在林地上；②均匀分布（regular distribution）：在水平空间中的分布是均匀等距的，或者对象木对于其最近相邻木以尽可能大的距离均匀地分布在林地上，林木之间的关系是互斥关系；③聚集分布（aggregated distribution）：林木有相对较大的超平均密度占据的范围，或者说林木之间相互吸引。常用的林木空间分布格局方法有聚集指数、精确最近邻体分析、Ripley's K(d) 函数和角尺度。

1. 长白山蒙古栎混交林

蒙古栎是我国温带地区落叶阔叶林及针阔叶混交林的主要树种。蒙古栎次生林是我国东北林区的常见森林类型，多形成于阔叶红松林屡遭破坏后形成的一种处于次生演替阶段的森林群落，林地生产力下降和生态功能不断退化。张晓红等（2019）以吉林省汪清林业局塔子沟林场为研究对象，发现优势种蒙古栎的空间分布格局为个体随机分布，大青杨、色木槭和白桦呈现明显的聚集性分布，红松和紫椴呈现聚集性分布。通过群落优势树种（组）O-ring函数分析，蒙古栎和红松均呈现出小尺度上聚集分布，其他尺度上随机分布。大青杨和白桦的聚集程度明显高于其他树种。陈科屹等（2018）对同一林区的长白山蒙古栎混交林的林分结构研究发现，在大尺度上，蒙古栎呈现随机分布，在小尺度上是聚集集中分布。

2. 长白山云冷杉针阔叶混交林

吕延杰等（2017）以长白山云冷杉为研究对象，进行林分空间格局研究。研究结果表明，从角尺度来看，云杉、冷杉基本呈现随机分布，均匀和不均匀分布占比较少，不存在很均匀分布和很不均匀分布。从混交度来看，云杉处于强混交程度，冷杉偏于中度混交。冷杉的零度混交情况极少，极大部分林木都存在混交情况，树种的隔离程度为强度的林木分布最广。云杉不存在零度混交状态，林分中所有的云杉都与周围相邻木存在混交。卢军等（2015）以吉林省汪清县沙金沟林场的云冷杉为研究对象，从35个树高曲线经验模型筛选出较好的拟合幼树的树高-胸径模型。张会儒等（2009）以吉林省汪清县沙金沟林场的云冷杉为研究对象，从角尺度、混交度和大小比数三个林分空间结构参数对长白山过伐林区的长白落叶松-云杉-冷杉混交林进行了研究。研究表明，林分分布格局为团状分布，中度混交；从大小比数来看，林分中针叶树种具有胸径优势，尤其是云杉的优势更为突出，红松分化严重，处于劣势。

3. 长白山阔叶红松林

阔叶红松林广泛分布于长白山区海拔500～1100m的山地，立地类型多为平缓的坡地，排水良好。夏富才等（2009）以长白山北坡自然保护区1hm^{2}红松林永久样地为研究对象，对阔叶红松林的空间分布进行了研究。研究发现，阔叶红松林中中度以上混交度株数最多，表明该群落中同种树种聚集在一起的情况较少，整个林分所有树木总体上处于中度混交的水平。

4. 长白山支脉针阔叶混交林

曹丽娟等（2015）以张广才岭为例研究长白山支脉针阔叶混交林。张广才岭属于长白山支脉，低海拔原生植被以阔叶红松林为主，近些年由于乱砍滥伐等人为干扰，林地逐渐形成了次生针阔叶混交林。通过分析该林分的混交度，表明该林分处于中度混交水平。该样地完全混交的株数量占总株数量的33.5%，强度混交的占23.0%，中度混交的占19.4%，弱度混交的占14.1%，零度混交的占10.0%。相邻木大小比数结果表明，在次生针阔叶混交林中，乔木层已经具有复层异龄林特点，但树种在垂直方向上分化不明显。角尺度结果表明，绝对均匀分布的情况极少，混交林总体呈现聚集分布格局。

5. 大兴安岭落叶松林

大兴安岭林区是我国唯一的寒温带明亮针叶林区（张会儒等，2016）。大兴安岭地区的天然落叶松（*Larix gmelinii*）林是该地区的顶极群落之一。主要分布在海拔500m以上的山区，由于人为破坏严重，现有的落叶松林多属于次生林。王智勇等（2018）以大兴安岭新林林场为研究对象，研究了大兴安岭落叶松的林分结构，落叶松的乔木层在该地区林分群落中占有绝对优势，其主要伴生树种为白桦（*Betula platyphylla*）和山杨（*Populus davidiana*），伴生种群的株数比例较小。在水平结构中落叶松种群个体分布范围最广，蓄积量最大，占据着群落的上层空间，林木生长状况较好。王智勇等（2018）的研究结果表明，从混交度来看，天然次生林混交状况偏弱，树种结构简单，空间隔离程度较低。各树种中落叶松的平均混交度最低，落叶松的密度最大，表明在各个空间结构单元中，落叶松树种的聚集程度较高。白桦和山杨在空间结构单元中以强度混交和极强度混交为主，但是它们的比重较小且零散分布，对林分整体的混交程度影响较小。从大小比数来看，整体而言，落叶松和白桦的竞争处于均势状态。从角尺度来看，落叶松天然次生林林分整体分布格局属随机分布。邢晖等（2014）以大兴安岭翠岗林场为研究对象，通过计算混交度和大小比数，发现大兴安岭落叶松林树种混交程度低，种间隔离程度低。

6. 大兴安岭蒙古栎阔叶混交林

在东北地区，以蒙古栎为建群种的天然次生林面积占有林地面积的 15% ～ 20%，它是原始阔叶红松林连续遭受自然干扰和人为破坏后旱生演替的结果（殷晓洁等，2013；王业蘧，1995）。大兴安岭除了落叶松次生林，另一种主要次生林为蒙古栎阔叶混交林。刘燕等（2020）以大兴安岭的翠峰林场为研究对象对蒙古栎阔叶混交林的林分空间结构进行研究。研究发现，从林分混交度频率分布来看，蒙古栎阔叶混交林混交度分布比较均匀，以中度混交为主。从树种混交度来看，蒙古栎处于中弱度混交，周围其余树种较少。有少量的杨树属于强度混交以上，其周围不同树种的林木较多，竞争激烈。从不同树种的林分大小比数频率分布来看，大小比数频率分布较为均匀，胸径大小有很大差异。从不同林型的大小比数分布来看，白桦、黑桦、杨树处于优势生长状态，优势种蒙古栎处于中庸状态，表明混交造成了林木竞争关系。从角尺度方面来看，蒙古栎阔叶混交林偏向于聚集分布。

1.3.1.2　林分垂直结构

林分垂直结构可以用群落结构、林层结构和林层比来描述。乔木林的群落结构划分为三种类型：完整结构、较完整结构和简单结构。完整结构包括乔木层、下木层、地被物层，较完整结构包括乔木层和其他植被层的林分，简单结构只包括乔木层。乔木林可划分为单层林和复层林。按照各林层每公顷蓄积量是否大于或等于 30m^3，主林层、次林层的平均高差是否在 20% 以上，各林层平均胸径是否在 8cm 以上，主林层郁闭度是否大于或等于 0.30，次林层郁闭度是否大于或等于 0.2 来划分单层林和复层林。林层比被定义为目标树的最近相邻木中，不与目标树属于同一林层林木个数所占的比例。

1. 长白山蒙古栎混交林

周超凡等（2019）以吉林省汪清林业局塔子沟林场为研究对象，发现蒙古栎对象木小单元中，全部 5 株树倾向于分布在两个不同的林层。中层林木分布较多的林层结构类型所占数量较多，蒙古栎林分中对象木结构单元的垂直结构普遍较好，层次结构复杂，同层相互挤压的竞争少，对光照利用的效率较高；5 株同层的林层结构类型的数量为上层很小，而中、下层较大。这一观点与陈科屹等（2018）研究结论相同。张晓红和张会儒（2019）以长白山北部蒙古栎次生林为研究对象，研究了各林层林分结构与单木生长对不同目标树抚育间伐强度的影响。

2. 长白山云冷杉针阔叶混交林

陈科屹等（2017）以吉林省汪清林业局金沟岭林场的云冷杉过伐林为研究对象，采用定量的树冠光竞争高法对林层进行划分，从垂直层面上划分为上林层、中林层和下林层。并在垂直结构的基础上，进行了林分结构特征分析，对各林层的直径分布、树种隔离程度、竞争、树种组成和分布格局进行了分析。研究发现，各林层树种构成差异较小，下林层中针叶树种蓄积量比重偏低。随着林层高度的增加，直径分布由反“J”形转变为左偏单峰分布。上林层出现高混交度的概率更大，而随着林层高度的增加，林分平均竞争压力减小。从空间分布格局上看，各林层多呈现聚集和随机分布，上林层出现随机分布的概率更大，而下林层出现聚集分布的概率更大。

1.3.2　林分非空间结构

1.3.2.1　林分直径结构

林分内各种直径林木的径阶分配状态称为林分直径结构（stand diameter structure），也称林分直径分布（stand diameter distribution）。林分直径结构是最重要、最基本的林分结构，因为其直接影响着树木的树高、干形、材积、树冠等参数的动态变化。在林分直径结构中，同龄纯林的直径结构规律简单，而复层异龄混交林的直径结构规律较为复杂。同龄林常用的径阶分布模型有正态分布（normal distribution）、对数正态分布（logarithmic normal distribution）、伽马分布（gamma distribution）、贝塔分布（beta distribution）、威布尔分布（Weibull distribution）、Johnson SB 分布、指数分布等（Lei，2008）。天然次生林属于异龄林，异龄林林分结构复杂，林冠不整齐不均匀，在其生长过程中受到林分自身的演替作用、立地条件、更新过程、树种组成及树种特性、自然灾害、采伐方式、采伐强度等因素的影响，导致其直接结构曲线类型多样并且复杂。异龄林直径分布拟合应依照林分直径结构特征。研究表明，对于近似正态的直径分布或左偏或右偏的直径分布，使用贝塔分布函数或威布尔分布函数都可以取得良好的拟合结果，这两个函数表现出很好的适应性和灵活性。威布尔分布函数的参数估计方法有：参数预测（parameter prediction）、参数回收（parameter recovery）、百分位预测（percentile prediction）、矩法估计（moment estimation）、最大似然估计（maximum likelihood estimation）、最小二乘法（generalized least squares）等方法。

1.3.2.2　林分树高结构

在林分中，不同树高的林木按树高组的分配状态，称为林分树高结构（stand height structure），也被称为林分树高分布（stand height distribution）。在森林经营管理中，树高被用来反映立地条件。林分树高一般从树高随胸径的变化规律和树高曲线方程两方面来进行研究。树高变化一般有以下规律：树高随直径的增大而增大；在同一径阶内，林木株数按照树高分布也近似正态分布，这与直径分布相似；在同一径阶中，树高会有一定的变化幅度；从林分总体来看，株数最多的树高值接近整个林分的平均高。

1. 长白山云冷杉针阔叶混交林

张梦弢等（2015）以吉林省汪清林业局金沟岭林场的 12 块样地为研究对象，运用限定混合威布尔（Weibull）模型拟合林分直径分布，引入位置、尺度、形状参数，采用最大似然估计，并结合牛顿算法和 E-M 算法进行参数估计。长白山云冷杉针阔叶混交林大多数呈现了不同程度的单峰、双峰甚至多峰曲线分布。该区域在不同时期遭受到了不同程度的采伐，采伐后林内空间充足，促进林木更新生长的同时加剧了林木间的竞争，林木进界与枯损二者共同作用造成了该区域林分直径结构不规律（张煜星，2008；于政中等，1996）。另外，长期以来人们对于天然异龄林的粗放式经营，导致长白山云冷杉针阔叶混交林林分结构单一、老龄化严重、林下更新不足，这也是造成林分直径结构不规律的原因之一。

2. 长白山蒙古栎混交林

以吉林省汪清林业局塔子沟林场为研究对象，姚丹丹等（2020）对蒙古栎林的单木胸径-树高模型进行了研究，对比了最大似然估计的基础模型、贝叶斯法估计的基础模型、最大似然法估计的混合模型和层次贝叶斯法估计的混合模型，结果发现层次贝叶斯法估计的混合模型拟合精度最好，决定系数（R^2）、赤池信息量准则（Akaike information criterion，AIC）和贝叶斯信息准则（Bayesian information criterion，BIC）值都说明了这一点。张晓红等（2019）的研究发现，从蒙古栎阔叶混交林的林分总体上看，长白山蒙古栎混交林群落径级分布呈现倒 J 形，4cm 径级范围的个体数量最多。张青等（2010）利用长期调查的数据，发现采用负指数分布来模拟天然异龄林的林分直径结构较为合理。通过寻找负指数模型的两个参数随时间的变化规律，可以预测未来一定时期内的林分直径分布。国红和雷渊才（2016）利用威布尔分布函数模拟蒙古栎混交林的直径分布，并对比了三种参数估计方法：参数预测法、参数回收法和参数百分位法。娄明华等（2017）以内蒙古阔叶混交林为研究对象，考虑了林木间的空间自相关，选择适宜的线性化林木胸径-树高模型，并应用三个不同步自回归（SAR）模型：空间滞后模型（SLM）、空间误差模型（SEM）和空间杜宾模型（SDM）研究林木胸径-树高模型，并且引入 7 个空间加权矩阵，利用普通最小二乘法、极大似然估计法估计参数。

3. 大兴安岭落叶松林、白桦林、落叶松白桦混交林

李凤日（1987）对兴安落叶松林的直径分布进行拟合，对比了贝塔分布函数、威布尔分布函数和 Johnson SB 分布函数及综合伽马分布函数。结果表明，威布尔分布和综合伽马分布可以更好地模拟研究区兴安落叶松直径分布。董灵波等（2020）以新林林业局翠岗林场为研究对象，发现落叶松林更新密度良好，以 2cm 为径阶距，径阶分布较为均匀；白桦林的径阶分布也较为均匀；落叶松白桦混交林的径阶分布不合理，更新层苗木主要为胸径小于 1cm 的苗木。树高分布曲线呈明显的多峰状分布特征，在 4 ～ 8m 高度级处明显偏少。大兴安岭落叶松次生林属于不稳定群落，在后续演替中将可能出现明显的树种更替现象。

4. 内蒙古兴安落叶松林

王文波等（2017）以内蒙古根河林业局潮查林场的大兴安岭落叶松林为研究对象，研究了不同龄林的兴安落叶松林。结果发现，随着林分年龄的增长，林分直径结构、断面积结构和林龄级结构出现多样化，林分逐渐达到成熟、稳定。

1.3.3　林分生长规律

林分生长规律是描述林分水平的胸径、树高、材积随时间动态变化的规律。林分生长量是指林分在一定期间内的变化量。林分生长过程与树木生长过程截然不同，树木生长过程属于“纯生型”，林分生长过程因为森林存在自然稀疏现象，所以属于“生灭型”。林分的生长过程是指某一特定林分在一定立地条件下，林分因子随年龄变化而发生变化的生长规律（孟宪宇等，2006）。很多学者将林分的生长量或收获量作为林分特征因子如年龄因子（*t*）、密度因子（*D*）、立地因子（SI）及经营措施等的函数来预估整个林分的生长量和收获量，林分密度通常用单位面积株数、断面积、树冠竞争因子（CCF）、林分密度指数（SDI）来表示（张少昂，1986；唐守正，1991）。

1. 内蒙古兴安落叶松林

蒋伊伊和李凤日（1989）以内蒙古大兴安岭牙克石林管局中、南部 7 个林业局的兴安落叶松天然幼、中龄纯林为研究对象，建立了林分的断面积和蓄积量的生长方程，并采用综合伽马分布描述了林分结构。蒋伊伊和李凤日（1989）以内蒙古大兴安岭林区为研究对象，基于 Von Bertalanffy 生长理论，建立了不同林分密度的林分随时间变化的生长方程：直径生长模型、断面积生长模型和蓄积量生长模型。研究发现，内蒙古大兴安岭林区的兴安落叶松幼、中龄林的结构复杂，生长规律也较为复杂，不同生产力等级在直径、树高、断面积和蓄积量生长过程上存在差异。同一生产区内，林分因子生长量随立地条件的优化而增长。相同立地条件下，直径、树高生长量随着林分密度的增加而下降，断面积和蓄积量随着林分密度的增加而增加（蒋伊伊等，1990）。

2. 大兴安岭林区

卢军等（2011）以大兴安岭地区 1607 块样地为研究对象，分 6 个优势树种组（樟子松林、落叶松林、白桦林、针叶混交林、针阔叶混交林、杨桦林），研究了大兴安岭北部地区森林可持续经营示范区天然次生林平均树高、林分断面积、林分蓄积量等林分调查因子的生长预估模型。金星姬等（2008）以大兴安岭地区 688 块固定标准样地为研究对象，采用 MATLAB 中 log-sigmoid 型函数（logsig）和线性函数（purelin）为神经元的作用函数，以年龄、地位级指数和林分密度指数作为输入变量，以林分每公顷蓄积量作为输出变量，构建了兴安落叶松天然林的 BP 人工神经网络模型。

1.4　天然次生林抚育更新

有关天然次生林抚育更新的研究集中在更新特征及机制、抚育经营对次生林结构和功能的影响、次生林抚育经营模型与多目标优化等方面。

1.4.1 天然次生林的更新特征及机制

森林更新是次生林在生态系统动态变化中森林资源再生产的一个自然的生物学过程，林分的更新状况则是反映林分恢复能力的一个重要指标，次生林林下乔木树种的更新状况直接影响其正向演替的进程。林分更新方式及更新特征的变化受干扰历史、微生境条件、群落组成与结构、种子散布、更新树种的生理生态学特征、现存树种与更新树种的关系等因素及其相互作用的影响（赵娟等，2012；陈绍栓等，2001）。其中，自然干扰形成的林隙是天然林动态变化必不可少的驱动因素（臧润国等，1999）。众多学者的研究都表明，次生林不同树种在林隙内的更新密度都大于其在非林隙林分下的密度（何中声等，2011），林冠下更新不良的林分都可以通过林隙更新来完成（Schwartz et al.，2013），如天山云杉林、贡嘎山的冷杉林和麦吊杉林等。林隙更新研究还考虑到林隙特征因子对树种更新的影响（罗大庆等，2002），有研究针对不同树种随林隙大小和形成时间的变化呈现出的更新规律，提出了适用于不同林分天然更新的林隙面积和林隙年龄（臧润国等，1999；杨玉坡等，1992）。随着人类对森林生态系统干扰频度和强度的增加，森林采伐对林分更新的影响研究，以及幼苗更新与森林群落的恢复演替关系研究引起了广泛关注（张会儒和唐守正，2008）。研究多以更新幼苗的平均高、平均基径、多样性及更新方式为指标，探讨次生林抚育的合理采伐强度（曾思齐等，2013），多数学者认为采伐强度为10%～30%的抚育采伐能直接降低林分郁闭度（刘建泉和杨建红，1998），对更新幼苗的萌发、存活和生长发育有着显著的促进作用，采伐形成的林隙干扰能够促进次生林向顶极群落的演替（宋新章，2010）。

种子产生到幼苗萌发需要经历一系列生态过滤过程（Norden et al.，2009）。在此过程中只有少数种子成功定植完成更新，多数种子受增补限制死亡。优势种的“失败”为其他物种占据新更新地点创造了机会（Marques and Burslem，2015）。增补限制导致某些物种定植受限、某些物种定植成功，这种机制使物种多样性达到平衡，进而促进物种共存（Eriksson and Ehrlén，1992）。因此，增补限制是促进群落多样性潜在的重要生态过程（Hubbell et al.，1999；Wright et al.，2002）。

种子限制（种源限制和扩散限制）、定居限制对物种共存具有重要影响（Norden et al.，2009）。种子限制使竞争能力较弱的物种通过随机扩散到达竞争力较强的物种从未到达的地点，减小竞争排除、促进随机事件发生，使物种赢得了更新机会（Norden et al.，2009）。定居限制强调当物种到达定居点后，通过提高对生境的适应能力，使它们能够竞争得过生境中其他物种。植物体通过增加种子产量和提高扩散能力，将资源用于降低种子限制；通过增加竞争能力将资源用于降低定居限制。由于种子到达比幼苗定居发生得早，生境异质性对物种分布的调节很大程度上取决于物种的拓殖能力和定居能力的权衡（Charlotte et al.，2013）。如果种子限制占主导，那么随机扩散在多样性维持中起关键作用。如果定居限制占主导，那么物种相对丰富度则取决于物种在幼苗定居阶段对生物和非生物因素的耐受性（Muller-Landau et al.，2002）。因此，群落内物种通过拓殖-定居权衡实现共存。

种群发育早期和晚期物种功能性状明显不同，是物种适应更新生态位的具体表现（Bazzaz，1979；Grime，2001）。幼苗阶段虽然是物种生活史的短暂时期，但从幼苗到成树过程经历了剧烈的光环境变化，幼苗、幼树生长在庇荫的林冠下，成树生长在光照充足的林冠层。幼苗、幼树、大树的叶片性状与更新生态位密切相关，而大树生态位则无法解释叶片性状变异。因此，幼苗到成树发育过程中功能性状变化可能是解决林下更新的关键。

不同演替阶段的林分结构和生态系统功能存在巨大差异。例如，同龄林生长在林分生活史早期达到峰值后会下降，这种下降受树木大小和年龄影响（Weiner and Thomas，2001），由叶面积和光合作用下降导致（Murty and McMurtrie，2000）。天然林演替早期阶段木材生产力最高，而演替后期邻体竞争则会阻碍树木生长（Bormann and Likens，1994；Vilà and Gimeno，2003）。道格拉斯（Douglas）冷杉林的物种丰富度随着林分演替逐渐增加（Halpern and Spies，1995；Franklin，2002）。但演替早中期可能比演替后期具有更高的多样性，比如美国阿巴拉契亚山脉物种多样性在皆伐初期最高，在第 14 年林冠闭合后却下降（Elliott and Swank，1994）。

国内外学者对可能影响森林更新过程的众多因素进行了广泛研究。概括起来，环境条件（如海拔、水分、纬度等）（Johnstone et al.，2010）、地形因素（如坡度、坡向、坡位等）（Mühlenberg et al.，2012）、林分特征（如林分密度、林木结实、草根盘结度等）（顾云春，1980）、立地条件和干扰特征（如林火频率、林火烈度）（Pausas et al.，2004）、土壤理化性质（曾思齐和刘发林，2014）、气候变化（Tanimoto et al.，2000）、林隙大小（刘妍妍等，2014）及枯倒木（Robert et al.，2012）等均是影响森林天然更新能力和质量的关键驱动因素。然而，根据国内外相关研究，大兴安岭地区恶劣的气候环境（如光照短、气温低、土壤冷冻期长等）和低质的林分结构特征（如枯落物层厚、更新种源不足等）是限制区域内次生林天然更新能力的核心因素。部分学者对该问题已进行了积极探索，如项凤武（1990）、董和利等（2006）、徐鹤忠等（2006）、蔡文华等（2012）先后研究了大兴安岭地区林火干扰、采伐方式、林分特征、土壤理化性质等因素对森林更新的影响，但均未深入理解和阐明区域内次生林生态关键种和目标树种的动态更新规律及维持机制，限制了区域次生林抚育更新技术措施的制定和实施。

1.4.2　抚育经营对次生林结构和功能的影响

森林抚育经营是调整林分结构的重要手段（Särkkä and Tomppo，1998），影响着未来林分多样性和生产力状况，但如何影响和有什么影响还不清楚（Courbaud et al.，2001；Raulier et al.，2003）。人为种植或剔除物种、直接或间接调整林分结构，将改变物种多样性与林分生产力的关系（Reich and Bolstad，2001）。林分结构对物种多样性和生态系统功能的影响机制有待深入研究（Ratcliffe et al.，2015）。Langsaeter（1941）最早提出林分密度与生产力关系的问题。林分密度与生产力关系理论已经成为森林经营和森林培育的重要基础（Pretzsch and Schütze，2015）。生物多样性的正效应取决于林分密度而不是植株大小，在高密度条件下，人工纯林的最终产量恒定法则失效、自疏法则起作用；混交林中物种不同的死亡率则加速优势种崛起（Bazzaz and Harper，1976），随着林分密度增加，林内个体大小变异进一步增加。将林分密度作为物种多样性与生产力的潜在链接因素，有助于理解观察与实验之间的差异（Potter and Woodall，2014）。Sterba 等（1995）发现蓄积生产力在径级结构偏度为零时最高，偏度为正、负时逐渐减小。树木大小不等性通过植株相互作用调整地上生物量和物种多样性，反映林木竞争对天然次生林生长的影响（Weiner and Solbrig，1984）。增加树木大小不等性有助于提高不同林冠层中林木填充密度、提升林分生产力。因此，径级结构是影响物种多样性和生态系统功能的重要机制。

不同抚育方式对林分生长与结构的影响是明确抚育技术需要考虑的首要因素，早期的研究重点集中在抚育间伐对森林的影响研究上，通常以林木胸径、树高、单株材积、空间结构、林分总蓄积量、生产力和生物多样性等为评价指标（曹永慧等，2004；周建云等，2012），研究和探索不同间伐强度的效果（李春明等，2003）。人们对于间伐对胸径、树高和单株材积生长量影响的研究有着较为一致的结论，即不同的间伐强度对天然次生林林分平均胸径生长的影响差异极显著，但对树高影响不大，相应地能显著提高林木单株材积生长量。同时，抚育间伐改变了林下空间环境，促进了生物量的增加，并且林下植物总生物量随间伐强度的加大而增加（董希斌和王立海，2003）。相比封禁保护，抚育间伐能够改善次生林的林层结构、树种混交程度和隔离程度等空间结构（吕飞舟等，2014；曾祥谓等，2014；李婷婷等，2016），但是小强度间伐对欧洲赤松林分结构没有大的影响，20% ～ 30% 的强度对改善林分结构的效果较好（Zachara，2000）。近来已有学者开始研究近自然抚育采伐对天然次生林林分生长的影响，认为近自然抚育采伐能够提高林分平均胸径和林分总蓄积量，是适用于辽东山区杨桦次生林的抚育方式（丁磊等，2013）。森林抚育不仅影响木材等林产品的培育和供应，还会影响森林生态系统的各个方面，包括生物多样性、土壤肥力、林地生产潜力、森林景观、碳循环（Kim，2009）等，也就是说，同样的森林经营措施对不同的森林生态系统可能产生不同的效果（李春义等，2006），如抚育间伐对落叶松云冷杉次生林下层植被的物种多样性的影响较小（雷相东等，2005），却能提高小兴安岭针阔叶混交林的群落生物多样性（宋启亮和董希斌，2014a）。由此可见，抚育措施的各项参数（包括抚育方式、抚育强度、抚育时间）与林分各因子密切相关（李宇昊，2013），但这些关键参数还需进一步探讨。

1.4.3 次生林抚育经营模型与多目标优化

次生林抚育经营模型研究主要关注目标林分的生长收获预估模型，包括直径、断面积和蓄积量生长模型、进界模型、枯死模型和更新模型等（杜纪山等，2000；向玮，2011；马武等，2015；肖化顺等，2014）。主要建模方法可归纳为传统最小二乘方法、非线性似然无关回归方法、线性或非线性联合估计方法、哑变量方法、贝叶斯条件分布模型方法、混合模型方法和度量误差模型方法等。然而，由于天然异龄混交林的研究要比纯林的研究考虑的因素多而复杂，相比同龄纯林和人工林，对天然异龄混交林的全林分模型研究较少。唐守正等（1993）认为，全林分模型对于人工同龄林适用拟合精度高，对于天然林用较少的林分变量因子来描述整个林分的特征其精度较低。研究过程中要提高全林分模型在异龄混交林中应用的适用性及精度。与天然次生林抚育经营技术密切相关的另一类模型是林分空间结构优化模型，早期的模型主要以林分经济产出为目标函数，如德国的疏伐模拟专家系统 Tincon；后来发展到以林分空间结构为目标，以非空间结构为主要约束的林分择伐空间优化模型（Pukkala，1998；汤孟平等，2004a；Demirci and Bettinger，2015），而综合生态效益和经济效益的空间结构优化模型迄今研究较少。

森林具有多种功能，其不仅能够提供木材，而且能够提供各种各样的生态服务，因此实现森林的多功能经营成为当前林业发展的趋势。传统上，森林多目标经营的研究是基于点尺度（即样地）上的对比试验展开的，因此这类结论在区域尺度上的作用和效果仍需进一步检验。同时，现代森林经营也更强调经营措施在空间上的合理分布，以满足社会公众对森林其他生态和社会效益的需要，如维护景观结构、保护野生动物生境等。为此，森林经营规划逐渐得到林业工作者的重视，规划模型能够预先分析不同经营措施、不同风险因素，以及相关误差来源对森林经营可能造成的短期和长期影响，并且可在兼顾多种经营目标的前提下给出明确的森林经营方案，已成为实现森林多目标经营的重要技术保障。在林分尺度上，我国学者汤孟平等（2004b）、李建军等（2013）先后提出了林分尺度的多目标空间优化模型和求解算法。在景观尺度上，因森林生态服务种类众多且部分功能测算困难，所以多数学者仅针对各区域关注的重要功能进行多目标经营规划研究，如 Backéus 等（2005）采用线性规划（LP）建立了瑞典西博滕（Västerbotten）地区能够兼顾森林碳储量与木材生产的多目标规划模型；Bourque 等（2007）采用 LP 规划软件 CWIZ 和木材供应软件 Woodstock 研究了加拿大新不伦瑞克（New Brunswick）北部地区 10.5 万 hm^2 林地 80 年内的木材生产、生境保护及碳储量的多目标规划问题；Keles 等（2007）建立了土耳其阿尔特温（Artvin）地区 5175hm^2 林地的木材生产和碳储量多目标森林规划模型，在该模型中详细考虑了不同木材产品的生命周期，这些研究对我国森林多功能研究具有重要借鉴意义，但其多是基于单一尺度、皆伐作业方式的森林经营规划，不能满足我国现阶段森林经营的需求。

森林经营具有长期性、动态性和不确定性，任何错误的决策都会导致不可避免的生态灾难和经济灾难，同时任何一次森林经营都不可能解决所有问题，必须循序渐进（胡艳波和惠刚盈，2006）。为此，森林可视化经营模拟逐渐受到林业工作者的重视，林业研究和决策人员可通过该项技术对各种森林经营方案不断进行验证和优化，发现问题、解决问题，进而提高森林经营管理的水平。国外学者率先在此方面进行了研究，先后推出了一系列有代表性的模拟系统，如法国的 AMAP、加拿大的 VLAB、芬兰的 LIGNUM、美国的 SVS 等，均已得到了广泛应用。我国学者近期也对该问题进行了广泛研究，有代表性的如雷相东等（2006）实现了长白落叶松人工林单木的可视化模拟，刘兆刚和李凤日（2009）实现了樟子松人工林单木及简单经营过程（择伐）的可视化模拟，白静等（2014）实现了槐树的三维可视化模拟，这些研究也取得了一定成果和应用。但与国外相比，我国现有研究普遍存在着重视可视化模拟技术研究、轻视经营过程和效果评价的问题，同时现有技术也难以实现大范围的林分及环境三维可视化模拟，更无从谈起区域尺度的可视化经营模拟。

1.5　次生林宏观经营技术模式

从世界林业发展过程来看，各种森林经营模式的诞生都反映了人类在不同时期对森林资源的认识程度和经营思想。虽然不同的经营模式产生的时代背景不同，理论体系和经营技术体系不同，但是，每个模式都具有其需要继承和发展的合理的部分，这就是强调人与森林和谐共处，即通过合理的经营方式，达到经济效益、生态效益及社会效益的协调、平衡发展，发挥森林的多功能效益，实现人类社会的可持续发展。因此，只要各种理论符合可持续发展的理念，都可视为森林可持续经营的理论和技术模式（侯元兆，2004）。

次生林的宏观经营技术模式主要有法正林经营技术、采伐强度指标控制的经营技术、森林检查法模式、森林生态采伐模式、结构化森林经营模式、近自然森林经营模式、森林多功能经营技术等。每种经营技术对应不完全相同的经营措施（胡雪凡等，2019）。

1.5.1　法正林经营

法正林经营模式来源于欧洲，1826 年，J. C. Hundeshagen 提出了法正林思想，1841 年，Geyer 进行了补充。法正林必须具备 4 个条件，即法正龄级分配、法正林分排列、法正生长量、法正蓄积量，以此达到森林的永久平衡利用。法正林经营技术主要应用于同龄纯林的经营，采用皆伐作业的形式进行。不同树种的纯林，其收获年龄受到树种本身特性、立地条件、生长量等影响而不同，根据这些指标进行合理采伐是法正林经营模型的关键所在。然而，天然次生林所有树木的年龄都不同，以哪种树木的成熟龄作为林分成熟龄难以确定，组成天然次生林树种的生长速率也不能确定，单纯以立地条件无法确定采伐收获年龄（亢新刚，2001；于政中，1995）。因此，天然次生林自身属性的特殊性无法满足法正林的经营条件，法正林经营模式无法应用于天然次生林的经营抚育。

1.5.2　采伐强度指标控制经营

采伐强度指标控制的经营技术适用于中幼龄林抚育和异龄混交林，这是我国长期以来主要采取的经营技术。采伐强度指标控制的中幼龄林抚育间伐包括透光伐、生长伐、疏伐、卫生伐 4 种类型。对于异龄混交林，则采用采伐强度和回归年双重控制。合理强度的抚育采伐和择伐可有效改善林分结构、提高森林生产力、促进林分更新，最终提高森林生态系统的稳定性（周勇，2013）。采伐强度过大会降低森林的生产力，破坏森林生态系统的稳定性。

1.5.3　检查法经营

森林检查法经营模式起源于欧洲的法国和瑞士，是一种高度集约经营的适合于异龄林的经营方式，通过定期检查森林结构、生长量、蓄积量等的变化，为确定下一个经理期采伐量提供依据，通过择伐使林分结构保持稳定和平衡，检查法的目标是持续生产木材，通过检查法经营，可以使现生森林资源得到永续利用，并达到较高的蓄积量，蓄积结构比实验前更加合理，提高了现有森林抵抗病虫害的能力，促进了森林的持续发展及森林多种效益的持续发挥（亢新刚和齐瑞堂，1993；亢新刚等，2003）。

1.5.4 森林生态采伐

唐守正（2005）、张会儒（2006）借鉴国际上公认的减少对环境影响的采伐，重新定义了森林生态采伐的概念：依照森林生态理论来指导森林采伐作业，使采伐和更新既利用了森林又能促进森林生态系统的健康与稳定，实现森林可持续经营利用的目标。其原则是尽量使采伐作业不影响森林生态系统，不对其产生结构或功能的损伤，考虑木材收获的同时也要考虑保护森林林层、树种组成等。森林生态采伐技术体系由共性技术原则和个性技术指标两部分内容组成。在共性技术原则中，以减少森林采伐对环境的影响为首要考虑因素，融入"森林生态系统经营"的思想，并把景观的合理配置作为森林采伐的目标之一，提出了采伐方式优化与伐区配置、集材方式选择和集材机械的改进、保护保留木的技术措施、伐区清理措施的改进等；在个性技术指标方面，提出了包括培育目标、林分状态诊断及评价、经营措施技术指标（经营设计）等针对具体森林类型的作业技术和指标阈值（唐守正，2005；张会儒，2006；张会儒等，2006，2007，2008）。

1.5.5 结构化森林经营

结构化森林经营技术由惠刚盈于2007年正式提出，在总结世界上现有森林经营理论与方法的基础上，汲取了德国近自然森林经营的原则，以培育健康稳定的森林为目标，根据结构决定功能的原理，采用优化空间结构的方法，按照林分自然度和经营迫切性确定经营方向，对建群种竞争、林木格局和树种混交等进行有效的调整。结构化经营采用混交度、角尺度、大小比数等进行森林结构的定量化描述；用林分自然度进行森林经营类型划分，依靠林分经营迫切性指数确定林分需要经营的紧急程度和森林经营的方向；用空间结构参数指导林分结构调整，用林分状态分析来进行经营效果评价。采取结构化森林经营往往能够提高目标树种的优势度，使森林组成和结构更加合理，加速林木生长速率，保证生物多样性。结构化森林经营提出的林分结构参数的计算较简单，但技术要点及参数比较多，如何更好地应用在实践工作中，将理论与实践紧密结合是需要尽快解决的关键问题（惠刚盈等，2010，2016）。

1.5.6 近自然森林经营

近自然森林经营的思想起源于德国，德国林学家Gayer于1898年提出了"近自然林业"理论，成为现代德国林业科学的基础。之后，这种森林经营模式被引入到世界许多国家，并逐渐成为保障森林可持续经营的重要理论依据。近自然森林经营技术模仿森林自然状态下的生长过程，以接近当地自然森林为参照，不进行大规模的整地。以乡土树种为主，并以天然更新或人工促进天然更新为主要更新方式，最终达到林分符合异龄、复层、混交的林分结构，并且可以有效改善土壤质量。近自然森林经营选择连续择伐而不是定期皆伐、以天然更新为主而非造林为主、形成复层异龄林而非单层纯林、是适合立地的多树种混交而不是纯林、最终的收获不是体现在材积收获上而是体现在最大的可持续收获。充分发挥林分的多功能效应，采伐作业一般采用择伐而非皆伐，保留林分中的优质母树，以促进天然更新。

近自然森林经营作业体系以目标树经营为导向，进行树木分类，抚育采伐设计等。将所有林木划分为目标树、干扰树、辅助树和其他树木等几种类型，按照划分类型进行不同目的的培养，要选择生长良好、符合经营目标、有发展前途的树作为目标树，评价目标树应该根据其用途来确定（陆元昌等，2011）。充分考虑目标树的良好生长，以及最大限度地利用天然更新或人工促进天然更新。在实际操作中，以目标树为架构的全林经营，需要把握如下技术要点：突出对目标树的培育管理；在充分发挥目标树森林骨架作用的同时，进行全林经营控制林分密度；重视全林经营的林隙补植，实施针补阔、阔补针的交叉补植法，以增强林分的稳定性；加强种源树种培育。目标树的选择要符合森林规划目标要求，一般要选择树木自然寿命长、综合价值高、树干通直、树冠丰满、活力旺盛的树木为目标树，特殊规划目标或需要培育种源时可选择特殊目标树。天然林胸径为 13 ～ 30cm 的优质树木可选为目标树。

近自然森林经营作业体系具体如下（陆元昌，2006；陆元昌等，2010）。

（1）目标树的密度

一般针叶林每公顷 120 ～ 150 株，窄冠幅针叶林（云杉）每公顷 200 株；阔叶林每公顷 80 ～ 100 株；针阔叶混交林每公顷 100 ～ 120 株。目标树实现均匀分布为最佳，但目标树质量要求无法实现均匀分布时，也可选择目标树群团，群团内目标树最多不能超过 3 株。目标树生长过程中所需要的空间，由于树种的生物学特性不同而呈现较大差异性，一般情况下阳性树种目标树所需生长空间较大，耐阴性树种目标树所需生长空间相对较小，弱阳性和中庸性树种目标树所需生长空间适中。在经营过程中，确定目标树具体生长空间的大小和经营间隔期关系密切，具体计算方法是：

目标树经营期内生长空间=（目标树侧枝年生长占据空间长度+周边树木侧枝年生长占据空间长度）×经营间隔期

（2）干扰树的确立和采伐

干扰树是指对目标树生长发育造成干扰的树木，一般出现在目标树的同冠层或上冠层，或上坡位，影响目标树冠发育，应适时伐除。在目标树下冠层特别是下坡位树木对目标树生长不具有干扰作用而具有支撑和辅助作用的树木，应作为辅助木予以保留。

（3）目标树的修枝

在前期抚育的基础上，选定目标树的同时，要对目标树进行修枝。修枝高度针叶树一般不超过当前树高的 1/2，阔叶树一般不超过当前树高的 1/3。同时，要提高修枝质量，修枝不能平切、不能中切、不能撕破树皮。

（4）目标树终伐前的建群更新

目标树终伐前 20 年左右是二次建群的最佳时期，如果此时目标树或目的树种的自我更新已经出现，就要对已有更新层进行抚育管理；如果目标树的自我更新没有出现，就要采取人工割灌、破土等措施促进目标树的天然更新；如果天然更新不足或者不是需要的目标树种，就要辅以人工栽植或播种促进更新。二次建群时可以栽植适宜树种形成二代混交林。对更新层幼苗按照新植林抚育措施及时割灌、折灌，促进更新幼苗生长，直到更新完成了二次建群。二次建群一般要尽可能避免强阳性树种的株、行间混交，而应以群体状混交为主。

（5）目标树采伐、更新管理

当二次建群完成后，目标树达到了目标胸径或完成规划目标，就可以开始对目标树分批次采伐更新。对同龄林因面积较大需要分年度采伐更新的林分，应从核心部位逐渐向外延采伐，以减少对更新幼树的破坏。同时，对更新层的林木按不同发育阶段及时采取相应的抚育措施，最终形成近自然的正向演替的多功能森林。

1.5.7 森林多功能经营

森林多功能经营技术是结合多种森林经营技术的一种森林经营模式，其经营受到多种因素的影响，如生态环境、经济发展、社会情况等，森林多功能经营有着不同于一般森林经营的独特的技术方法。要实现经营的多样化目标，使林分实现更多的功能，采取的经营措施要更加趋于综合，要求的技术难度也要更高，森林多功能经营可分为林分水平和区域水平等多个层次。在林分层次上，树种的配置、龄级结构的确定、立地评价的标准、采伐调整的措施、林分成熟的判定与一般的森林经营模式都不同。在区域水平上，多功能森林经营从生态、经济、文化等多个视角考虑森林的多功能发挥，同时从多功能角度进行森林评价和宏观调控政策研究，使森林多功能经营形成一个完整的体系。多功能森林经营与林业统计模型密不可分，多功能森林经营规划中，利用林分生长模型计算林分生长量、枯损量、林分结构变化、林下植物更新等，也可以进行林分收获量和生物量的估计，确定采伐时期及林分碳储量，对生态和经济价值进行量化评估。森林立地评价模型可用来对经营的林分立地水平进行评价，根据评价结果对林分进行区划，确定林分生产力和生态重要性，最后确定择伐时的采伐强度。

生态采伐、结构化经营和近自然森林经营都是近年来兴起的森林经营模式，均是在发挥森林主导功能的前提下，通过科学规划和合理经营森林达到充分发挥森林其他功能的目的，均属于森林多功能经营的代表性技术模式（张会儒和唐守正，2010）。

主要参考文献

白静, 张怀清, 刘闽. 2014. 合轴分枝树木形态结构三维可视化模拟方法. 林业科学, 50(12): 73-78.

蔡文华, 杨健, 刘志华, 等. 2012. 黑龙江省大兴安岭林区火烧迹地森林更新及其影响因子. 生态学报, 32(11): 3303-3312.

曹丽娟, 夏富才, 李良, 等. 2015. 张广才岭次生针阔混交林空间结构. 北华大学学报 (自然科学版), 16(1): 91-95.

曹永慧, 陈存及, 李生. 2004. 间伐对杉莲混交林中乳源木莲树冠结构的影响. 林业科学研究, (5): 646-653.

陈大珂, 周晓峰, 祝宁, 等. 1994. 天然次生林——结构 · 功能 · 动态与经营. 哈尔滨: 东北林业大学出版社.

陈科屹, 张会儒, 雷相东. 2018. 天然次生林蒙古栎种群空间格局. 生态学报, 38(10): 3462-3470.
陈科屹, 张会儒, 雷相东, 等. 2017. 云冷杉过伐林垂直结构特征分析. 林业科学研究, 30(3): 450-459.
陈利顶, 傅伯杰. 2000. 干扰的类型、特征及其生态学意义. 生态学报, 20(4): 581-586.
陈绍栓, 陈淑容, 马祥庆. 2001. 次生阔叶林不同更新方式对林分组成及土壤肥力的影响. 林业科学, 37(6): 113-117.
程肖侠. 2007. 气候变化背景下中国东北森林的演替动态. 中国科学院研究生院（大气物理研究所）博士学位论文.
邓华锋. 2008. 中国森林可持续经营管理研究. 北京: 科学出版社.
丁磊, 胡万良, 丁国泉, 等. 2013. 近自然森林经营在辽东山区次生林恢复中的应用效果评价. 东北林业大学学报, 41(3): 30-34.
董和利, 徐鹤忠, 刘滨辉. 2006. 大兴安岭火烧迹地主要目的树种的天然更新. 东北林业大学学报, (1): 22-24.
董厚德, 唐炯炎. 1965. 辽东山地“乱石窖”植被演替规律的初步研究. 植物生态学与地植物学丛刊, (1): 119-132.
董灵波, 田栋元, 刘兆刚. 2020. 大兴安岭次生林空间分布格局及其尺度效应. 应用生态学报, 31(5): 1476-1486.
董希斌, 王立海. 2003. 采伐强度对林分蓄积生长量与更新影响的研究. 林业科学, 39(6): 122-125.
杜纪山, 唐守正, 王洪良. 2000. 天然林区小班森林资源数据的更新模型. 林业科学, 36(2): 26-32.
顾云春. 1980. 大兴安岭几个主要森林类型的天然更新. 林业资源管理, (4): 21-27.
顾云春. 1982. 中国的兴安落叶松林. 林业资源管理, (2): 27-30.
郭晋平, 马大华. 2000. 森林经理学原理. 北京: 科学出版社.
郭鲲. 2016. 小兴安岭原始红松林次生演替湿生序列主要森林类型土壤呼吸的比较研究. 东北林业大学硕士学位论文.
国红, 雷渊才. 2016. 蒙古栎林分直径分布 Weibull 分布参数估计和预测方法比较. 林业科学, 52(10): 64-71.
国家林业局森林资源管理司. 2005. 森林采伐作业规程 (LY/T 1646—2005). 北京: 国家林业局.
国家林业局造林绿化管理司. 2015. 森林抚育规程 (GB/T 1578—2015). 北京: 国家林业局.
韩雪成, 赵雨森, 辛颖. 2015. 大兴安岭兴安落叶松林火烧后人工恢复植被演替过程. 中国水土保持科学, 13(2): 7.
何中声, 刘金福, 吴彩婷. 2011. 林窗对格氏栲天然林更新层物种竞争的影响. 山地学报, 30(2): 165-171.
侯元兆. 2004. 林业可持续发展和森林可持续经营理论与案例. 北京: 中国科学技术出版社.
侯元兆, 支玲. 2003a. 次生林——被忽视了的森林可持续经营主战场. 世界林业动态, (2): 2-5.
侯元兆, 支玲. 2003b. 退化原始林和次生林的功能、作用及用途. 世界林业动态, (5): 5-6.
胡雪凡, 张会儒, 张晓红. 2019. 中国代表性森林经营技术模式对比研究. 森林工程, 35(4): 32-38.
胡艳波, 惠刚盈. 2006. 优化林分空间结构的森林经营方法探讨. 林业科学研究, 19(1): 1-8.
惠刚盈. 1999. 角尺度——一个描述林木个体分布格局的结构参数. 林业科学, 35(1): 37-42.
惠刚盈, Gadow K V, Albert M. 1999. 一个新的林分空间结构参数——大小比数. 林业科学研究. 12(1): 1-6.
惠刚盈, 赵中华. 2018. 基于林分状态的森林经营策略. 温带林业研究, 1(2): 10-14.
惠刚盈, 赵中华, 胡艳波. 2010. 结构化森林经营技术指南. 北京: 中国林业出版社.
惠刚盈, 赵中华, 胡艳波, 等. 2016. 结构化森林经营原理. 北京: 中国林业出版社.
蒋伊伊, 李凤日. 1989. 兴安落叶松天然林生长与收获的研究. 林业科学, 25(5): 477-482.
蒋伊伊, 李凤日, 李长胜. 1990. 兴安落叶松幼、中龄林生长规律的研究. 东北林业大学学报, 1(18): 1-7.
蒋子涵, 金光泽. 2010. 择伐对阔叶红松林主要树种径向与纵向生长的影响. 生态学报, 30(21): 10.

金星姬, 贾炜炜, 李凤日. 2008. 基于 BP 人工神经网络的兴安落叶松天然林全林分生长模型的研究. 植物研究, 28(3): 370-374.
亢新刚. 2001. 森林资源经营管理. 北京: 中国林业出版社.
亢新刚, 胡文力, 董景林, 等. 2003. 过伐林区检查法经营针阔混交林林分结构动态. 北京林业大学学报, 25(6): 1-5.
亢新刚, 齐瑞棠. 1993. 异龄林混交林经营系列研究. 吉林林业科技, (1): 7-13.
雷相东, 常敏, 陆元昌, 等. 2006. 长白落叶松单木生长可视化系统设计与实现. 计算机工程与应用, (17): 180-183.
雷相东, 陆元昌, 张会儒, 等. 2005. 抚育间伐对落叶松云冷杉混交林的影响. 林业科学, 41(4): 78-85.
李春明, 杜纪山, 张会儒. 2003. 抚育间伐对森林生长的影响及其模型研究. 林业科学研究, (5): 636-641.
李春义, 马履一, 徐昕. 2006. 抚育间伐对森林生物多样性影响研究进展. 世界林业研究, (6): 27-32.
李凤日. 1987. 兴安落叶松天然林直径分布及产量预测模型的研究. 东北林业大学学报, 15(4): 8-16.
李国猷. 1992. 北方次生林经营. 北京: 中国林业出版社: 1-5.
李建军, 张会儒, 刘帅, 等. 2013. 基于改进 PSO 的洞庭湖水源涵养林空间优化模型. 生态学报, 33(13): 4031-4040.
李迈和, Norbert K, 杨健. 2002. 生态干扰度: 一种评价植被天然性程度的方法. 地理科学进展, 21(5): 450-458.
李婷婷, 陈绍志, 吴水荣, 等. 2016. 采伐强度对水源涵养林林分结构特征的影响. 西北林学院学报, 31(5): 102-108.
李文华. 1980. 小兴安岭谷地云冷杉林群落结构和演替的研究. 资源科学, (4): 17-29.
李秀芬, 朱教君, 王庆礼, 等. 2005. 森林的风/雪灾害研究综述. 生态学报, 25(1): 148-157.
李秀珍, 布仁仓, 常禹, 等. 2004. 景观格局指标对不同景观格局的反应. 生态学报, 24(1): 123-134.
李宇昊. 2013. 我国森林抚育技术体系存在的问题及建议. 世界林业研究, 26(6): 59-63.
李玉祥, 焦振英. 1994. 寒温带云冷杉林次生演替成亚高山草甸人工更新技术的研究. 东北林业大学学报, 22(4): 40-45.
刘建泉, 宋秉明, 郝玉福. 1998. 祁连山青海云杉林抚育更新研究. 江西农业大学学报, 20(1): 82-85.
刘建泉, 杨建红. 1998. 甘肃西部鸟资源及其保护和利用. 林业科技通讯, (2): 34.
刘慎谔. 1985. 刘慎谔文集. 北京: 科学出版社.
刘妍妍, 金光泽. 2010. 小兴安岭阔叶红松林粗木质残体空间分布的点格局分析. 生态学报, (22): 6072-6081.
刘妍妍, 金光泽, 李凤日. 2014. 典型阔叶红松林林隙对幼苗建立的影响. 科学通报, 59(24): 2396-2406.
刘燕, 李春旭, 王子纯, 等. 2020. 大兴安岭两种主要天然次生林林分空间结构特征. 东北林业大学学报, 48(6): 128-134.
刘兆刚, 李凤日. 2009. 樟子松人工林树冠结构模型及三维图形可视化模拟. 林业科学, 45(6): 54-61.
娄明华, 张会儒, 雷相东, 等. 2017. 基于空间自相关的天然蒙古栎阔叶混交林林木胸径-树高模型. 林业科学, 53(6): 67-76.
卢军, 张会儒, 雷相东, 等. 2015. 长白山云冷杉针阔混交林幼树树高-胸径模型. 北京林业大学学报, 37(11): 10-25.
卢军, 张会儒, 李凤日. 2011. 大兴安岭天然林林分生长模型研究. 林业资源管理, (3): 33-36.
陆龙龙. 2019. 长白山林区阔叶红松林不同演替阶段群落结构特征研究. 北华大学硕士学位论文.
陆元昌. 2006. 近自然森林经营的理论与实践. 北京: 科学出版社.
陆元昌, Schindele W, 刘宪钊, 等. 2011. 多功能目标下的近自然森林经营作业法研究. 西南林学院学报, 31(4): 1-6.

陆元昌, 栾慎强, 张守攻, 等. 2010. 从法正林转向近自然林: 德国多功能森林经营在国家、区域和经营单位层面的实践. 世界林业研究, 23(1): 1-11.
罗大庆, 郭泉水, 薛会英, 等. 2002. 西藏色季拉山冷杉原始林林隙更新研究. 林业科学研究, (5): 564-569.
吕飞舟, 吕勇, 张江. 2014. 青石冈林场木荷次生林空间结构调控研究. 中南林业科技大学学报, 34(7): 67-72.
吕延杰, 杨华, 张青, 等. 2017. 云冷杉天然林林分空间结构对胸径生长量的影响. 北京林业大学学报, 39(9): 41-47.
马武, 雷相东, 徐光, 等. 2015. 蒙古栎天然林生长模型的研究——Ⅳ. 进界生长模型. 西北农林科技大学学报(自然科学版), 43(5): 58-64.
孟宪宇. 2006. 测树学. 3版. 北京: 中国林业出版社.
宋启亮, 董希斌. 2014a. 采伐强度对小兴安岭低质林生物多样性的影响. 东北林业大学学报, 42(10): 1-6.
宋启亮, 董希斌. 2014b. 大兴安岭不同类型低质林群落稳定性的综合评价. 林业科学, 50(6): 10-17.
宋新章, 张智婷, 张慧玲, 等. 2010. 长白山森林不同演替阶段采伐林隙幼苗更新特征. 江西农业大学学报, 32(3): 504-509, 516.
孙时轩, 沈国舫, 王九龄, 等. 1990. 造林学. 2版. 北京: 中国林业出版社: 362-392.
谭留夷, 赵志江, 康东伟, 等. 2011. 王朗自然保护区紫果云杉径向生长与气候因子的关系. 四川农业大学学报, 29(1): 29-34.
汤孟平, 唐守正, 雷相东, 等. 2004a. 两种混交度的比较分析. 林业资源管理, (4): 25-27.
汤孟平, 唐守正, 雷相东, 等. 2004b. 林分择伐空间结构优化模型研究. 林业科学, (5): 25-31.
唐守正. 1991. 广西大青山马尾松全林分整体生长模型及其应用. 林业科学研究, (4): 8-21.
唐守正. 2005. 东北天然林生态采伐更新技术研究. 北京: 中国科学技术出版社.
唐守正, 李希菲, 孟昭和. 1993. 林分生长模型研究的进展. 林业科学研究, (6): 672-679.
王文波, 赵鹏武, 姜喜麟, 等. 2017. 兴安落叶松林分结构及其生物量碳分配格局. 森林工程, 33(1): 16-21.
王晓春, 王金叶, 江泽平. 2008. 甘肃小陇山次生林经营技术研究. 西北林学院学报, 23(3): 142-146.
王绪高, 李秀珍, 贺红士, 等. 2004. 大兴安岭北坡落叶松林火后植被演替过程研究. 生态学杂志, 23(5): 7.
王业蘧. 1995. 阔叶红松林. 哈尔滨: 东北林业大学出版社: 1-53.
王义弘. 1984. 帽儿山地区次生林的天然更新和演替. 东北林业大学学报, 12(A1): 39-46.
王智勇, 董希斌, 张甜, 等. 2018. 大兴安岭落叶松天然次生林林分结构特征. 东北林业大学学报, 46(4): 6-12.
夏富才, 姚大地, 赵秀海, 等. 2009. 长白山北坡阔叶红松林空间结构. 东北林业大学学报, 37(10): 5-7.
向玮. 2011. 落叶松云冷杉林矩阵生长模型及多目标经营模拟. 中国林业科学研究院博士学位论文.
项凤武. 1990. 大兴安岭北部林火对森林土壤的性质及林木更新的影响. 吉林林学院学报, (1): 1-20.
肖化顺, 刘玉, 刘发林. 2014. 东北林区臭松次生林直径结构规律研究. 林业资源管理, (2): 83-86.
邢晖, 李凤日, 贾炜炜. 2014. 大兴安岭天然林林分空间结构. 东北林业大学学报, 42(6): 6-10.
徐鹤忠, 董和利, 底国旗, 等. 2006. 大兴安岭采伐迹地主要目的树种的天然更新. 东北林业大学学报, (1): 18-21.
徐文铎, 何兴元, 陈玮, 等. 2004. 长白山植被类型特征与演替规律的研究. 生态学杂志, 23(5): 162-174.
徐文铎, 邹春静, 郑元润. 2019. 动态地植物学说的理论与实践. 生态学杂志, 38(10): 3153-3168.
薛建辉. 2006. 森林生态学. 北京: 中国林业出版社.
杨玉坡, 李承彪, 管中天, 等. 1992. 四川森林. 北京: 中国林业出版社: 193-380.
姚丹丹, 徐奇刚, 闫晓旺, 等. 2020. 基于贝叶斯方法的蒙古栎林单木树高-胸径模型. 南京林业大学学报(自然科学版), 44(1): 131-137.
殷晓洁, 周广胜, 隋兴华, 等. 2013. 蒙古栎地理分布的主导气候因子及其阈值. 生态学报, 33(1): 103-109.

于振良, 于贵瑞, 王秋凤, 等. 2001. 长白山阔叶红松林林隙特征及对树种更新的影响. 资源科学, (6): 64-68.
于政中. 1995. 数量森林经理学. 北京: 中国林业出版社.
于政中, 亢新刚, 李法胜, 等. 1996. 检查法第一经理期研究. 林业科学, (1): 24-34.
臧润国, 杨彦成, 刘静艳, 等. 1999. 海南岛热带山地雨林林隙及其自然干扰特征. 林业科学, 35(1): 2-8.
张会儒. 2006. 落叶松云冷杉林生长模拟及生态采伐更新技术体系研究. 中国林业科学研究院博士学位论文.
张会儒, 李凤日, 张秋良, 等. 2016. 东北过伐林可持续经营技术. 北京: 中国林业出版社.
张会儒, 汤孟平, 舒清态. 2006. 森林生态采伐的理论与实践. 北京: 中国林业出版社.
张会儒, 唐守正. 2007. 森林生态采伐研究简述. 林业科学, 43(9): 83-86.
张会儒, 唐守正. 2008. 森林生态采伐理论. 林业科学, 44(10): 127-131.
张会儒, 唐守正. 2010. 我国森林多功能经营的理论与技术体系//陈世清. 南方森林经理理论与实践座谈会暨南方林业发展论坛. 广州: 华南农业大学出版社: 30-35.
张会儒, 武继成, 杨洪波, 等. 2009. 长白落叶松-云杉-冷杉混交林林分空间结构分析. 浙江林学院学报, 26(3): 319-325.
张梦弢, 亢新刚, 郭韦韦, 等. 2015. 长白山云冷杉混交林直径结构分布研究. 西北农林科技大学学报 (自然科学版), 43(9): 65-72.
张青, 赵俊卉, 亢新刚, 等. 2010. 基于长期历史数据的直径结构预测模型. 林业科学, 46(9): 182-185.
张少昂. 1986. 兴安落叶松天然林林分生长模型和可变密度收获表的研究. 东北林业大学学报, 14(3): 17-26.
张晓红, 黄清麟, 张超. 2009. ITTO 对原始林、退化原始林、次生林和其他热带森林类别的界定. 世界林业研究, 22(3): 30-35.
张晓红, 张会儒. 2019. 蒙古栎次生林垂直结构特征对目标树经营的响应. 北京林业大学学报, 41(5): 56-65.
张晓红, 张会儒, 卢军, 等. 2006. 美国目标树经营体系及其经营效果研究进展. 世界林业研究, (1): 91-96.
张晓红, 张会儒, 卢军, 等. 2019. 长白山蒙古栎次生林群落结构特征及优势树种空间分布格局. 应用生态学报, 30(5): 1571-1579.
张煜星. 2008. 中国森林资源 1950-2003 年经营状况及问题. 北京林业大学学报, (5): 91-96.
赵大昌. 1984. 长白山火山爆发和植被发展演替关系的初步探讨. 资源科学, 6(1): 72-78.
赵娟, 宋媛, 孙涛. 2012. 红松和蒙古栎种子萌发及幼苗生长对升温与降水综合作用的响应. 生态学报, 32(24): 7791-7800.
郑焕能, 贾松青, 胡海清. 1986. 大兴安岭林区的林火与森林恢复. 东北林业大学学报, 14(4): 1-7.
周灿芳. 2000. 植物群落动态研究进展. 生态科学, 19(2): 53-59.
周超凡, 张会儒, 徐奇刚, 等. 2019. 基于相邻木关系的林层结构解析. 北京林业大学学报, 41(5): 66-75.
周建云, 李荣, 张文辉, 等. 2012. 不同间伐强度下辽东栎种群结构特征与空间分布格局. 林业科学, 48(4): 149-155.
周以良, 李景文. 1964. 中国东北东部山地主要植被类型的特征及其分布规律. 植物生态学报, 33(2): 29-31.
周以良, 赵光仪. 1964. 小兴安岭-长白山林区天然次生林的类型, 分布及其演替规律. 东北林学院学报, (3): 33-45.
周勇. 2013. 森林抚育作业设计方案. 西北农林科技大学硕士学位论文.
朱教君. 2002. 次生林经营基础研究进展. 应用生态学报, 13(12): 1689-1694.
朱教君, 刘世荣. 2007. 次生林概念与生态干扰度. 生态学杂志, (7): 1085-1093.
朱教君, 刘足根. 2004. 森林干扰生态研究. 应用生态学报, 15(10): 1703-1710.
曾思齐, 刘发林. 2014. 6 种经营模式的木荷南方红豆杉次生林土壤理化性质. 中南林业科技大学学报, 34(7): 9-11, 18.

曾思齐, 张敏, 肖化顺, 等. 2013. 青石冈林场木荷杉木混交林更新演替研究. 中南林业科技大学学报, 33(1): 1-5.

曾祥谓, 玉宝, 乌吉斯古楞, 等. 2014. 云冷杉过伐林主要树种结构特征分析. 林业科学研究, 27(4): 481-486.

Anthony P, Duinker P N, Bush P G. 2011. Old-growth forests: anatomy of a wicked problem. Forests, 2(1): 343-356.

Backéus S, Wikström P, Lämås T. 2005. A model for regional analysis of carbon sequestration and timber production. Forest Ecology and Management, 216(1-3): 28-40.

Bai Y F, Shen Y Y, Jin Y D, et al. 2020. Selective thinning and initial planting density management promote biomass and carbon storage in a chronosequence of evergreen conifer plantations in Southeast China. Global Ecology and Conservation, 24: 1-14.

Bazzaz F A. 1979. The physiological ecology of plant succession. Annual Review of Plant Ecology and Systematic, 10: 351-371.

Bazzaz F A, Harper J L. 1976. Relationship between plant weight and numbers in mixed populations of *Sinapsis alba* (L.) Rabenh. and *Lepidium sativum* L. Journal of Applied Ecology, 1976: 211-216.

Belavenutti P, Romero C, Diaz-Balteiro L. 2018. A critical survey of optimization methods in industrial forest plantations management. Scientia Agricola, 75: 239-245.

Blay D, Geldenhuys C, Castaneda F, et al. 2003. Tropical Secondary Forest Management in Humid Africa: Reality and Perspectives. Rome: FAO.

Bormann F H, Likens G E. 1994. Pattern and Process in a Forested Ecosystem. Berlin: Springer-Verlag.

Bourque B J. 1995. Diversity and Complexity in Prehistoric Maritime Societies: a Gulf of Maine Perspective. New York: Plenum Press.

Bourque C P A, Neilson E T, Gruenwald C, et al. 2007. Optimizing carbon sequestration in commercial forests by integrating carbon management objectives in wood supply modeling. Mitigation and Adaptation Strategies for Global Change, 12(7): 1253-1275.

Calsbeek R, Smith T B, Bardeleben C. 2007. Intraspecific variation in *Anolis sagrei* mirrors the adaptive radiation of Greater Antillean anoles. Biological Journal of the Linnean Society, 90(2): 189-199.

Charles P A, Bourque B J. 2007. Optimizing carbon sequestration in commercial forests by integrating carbon management objectives in wood supply modeling. Mitigation & Adaptation Strategies for Global Change, 12: 1253-1275.

Charlotte M, Gigliola B, Sarah G, et al. 2013. Short- and long-term effects of conscious, minimally conscious and unconscious brand logos. PLoS One, 8(5): e57738.

Chen W, Han Y. 2015. Individual size inequality links forest diversity and above-ground biomass. The Journal of Ecology, 103(5): 1245-1252.

Chokkalingam U, Jong W D, Sabogal C. 2003. Secondary forest definitions and dynamics//Proceedings: Workshop on Tropical Secondary Forest Management in Africa, FAO. Nairobi, Kenya: 1-17.

Chokkalingam U, Jong W D. 2001. Secondary forest: a working definition and typology. International Forestry Review, 3: 19-26.

Corlett R T. 1994. What is secondary forest? Journal of Tropical Ecology, 10(3): 445-447.

Courbaud B, Goreaud F, Dreyfus P, et al. 2001. Evaluating thinning strategies using a tree distance dependent growth model: some examples based on the CAPSIS software “uneven-aged spruce forests” module. Forest Ecology and Management, 145(1-2): 15-28.

Demirci M, Bettinger P. 2015. Using mixed integer multi-objective goal programming for stand tending block designation: a case study from Turkey. Forest Policy and Economics, 55: 28-36.

Dong L H, Jin X J, Pukkala T, et al. 2019. How to manage mixed secondary forest in a sustainable way? European Journal of Forest Research, 138(5): 789-801.

Elliott K J, Swank W T. 1994. Changes in tree species diversity after successive clearcuts in the Southern Appalachians. Plant Ecology, 115(1): 11-18.

Eriksson O, Ehrlén J. 1992. Seed and microsite limitation of recruitment in plant populations. Oecologia, 91: 360-364.

European Community Biodiversity. 1993. Glossary of terms related to the CBD. Copenhagen: European Environment Agency.

Finegan B. 1992. The management potential of neotropical secondary lowland rainforest. Forest Ecology & Management, 47(1-4): 295-321.

Franklin J. 2002. Enhancing a regional vegetation map with predictive models of dominant plant species in chaparral. Applied Vegetation Science, 5(1): 135-146.

Frelich L E, Reich P B. 2003. Perspectives on development of definitions and values related to old-growth forests. Environmental Reviews, 11(S1): S9-S22.

Gordon J C. 2004. Revisiting the old-growth question. Journal of Forestry, 102(3): 6-7.

Grime J P. 2001. Plant Strategies, Vegetation Processes, and Ecosystem Properties. 2nd edition. Chichester: Wiley: 417pp.

Guariguata M R. 1998. Ecology and Management of Tropical Secondary Forest: Science, People, and Policy. Proceedings of a Conference Held at CATIE, Costa Rica, November 10-12, 1997.

Halpern C B, Spies T A. 1995. Plant species diversity in natural and managed forests of the Pacific Northwest. Ecological Applications, 5(4): 913-934.

Hill M O, Thompson D B R. 2002. Hemeroby, urbanity and ruderality: bioindicators of disturbance and human impact. Journal of Applied Ecology, 39(5): 708-720.

Hubbell S P, Foster R B, O'Brien S T, et al. 1999. Light-gap distur-bances, recruitment limitation, and tree diversity in a neotropical forest. Science, 283: 554-557.

Hunter M L. 1989. What constitutes an old-growth stand? Toward a conceptual definition. Journal of Forestry, 87: 33-36.

Jalas J. 1955. Hemerobe and hemerochore Pflanzenarten. Acta Soc Pro Fauna Flora Fenn, 72: 1-15.

Johnstone J F, Chapin F S, Hollingsworth T N, et al. 2010. Fire, climate change, and forest resilience in interior Alaska. Canadian Journal of Forest Research, 40(7): 1302-1312.

Jong W D, Freitas L, Baluarte J, et al. 2001. Secondary forest dynamics in the Amazon floodplain in Peru. Forest Ecology and Management, 150: 135-146.

Keles S, Baskent E Z. 2007. Modelling and analyzing timber production and carbon sequestration values of forest ecosystems: a case study. Polish Journal of Environmental Studies, 16(3): 473-479.

Kim C S, Son Y, Lee W K, et al. 2009. Influences of forest tending works on carbon distribution and cycling in a *Pinus densiflora* S. et Z. stand in Korea. Forest Ecology and Manage, 257(5): 1420-1426.

Kim Y M, Zerbe S, Kowarik I. 2003. Human impact on flora and habitats in Korean rural settlements. Preslia, 74(4): 80-85.

Kimura D K. 1980. Likelihood methods for the von Bertalanffy growth curve. Fishery Bulletin, 77(4): 765-776.

Kint V, Meirvenne M V, Nachtergale L, et al. 2003. Spatial methods for quantifying forest stand structure development: a comparison between nearest-neighbor indices and variogram analysis. Forest Science, 49(1): 36-49.

Kuzee M. 2003. Main observations from the country papers. Proceedings Workshop on Tropical Secondary

Forest Management in Africa, FAO. Nairobi, Kenya: 16.

Lei Y C. 2008. Evaluation of three methods for estimating the Weibull distribution parameters of Chinese pine (*Pinus tabulaeformis*). Journal of Forest Science, 54(12): 566-571.

Marques M C M, Burslem D F. 2015. Multiple stage recruitment limitation and density dependence effects in two tropical forests. Plant Ecology, 216(9): 1243-1255.

Michael B. 2000. Seed size, nitrogen supply, and growth rate affect tree seedling survival in deep shade. Ecology, 81(7): 1887-1901.

Mühlenberg M, Appelfelder J, Hoffmann H, et al. 2012. Structure of the montane taiga forests of West Khentii, Northern Mongolia. Journal of Forest Science-UZEI (Czech Republic), 58(2): 45-56.

Muller-Landau H C, Wright S J, Calderón O, et al. 2002. Assessing recruitment limitation: concepts, methods and examples for tropical forest trees//Levey J, Silva W, Galett M. Seed Disper-sal and Frugivory: Ecology, Evolution and Conservation. Oxfordshire: CAB International: 653-667.

Murty D, Mcmurtrie R E. 2000. The decline of forest productivity as stands age: a model-based method for analysing causes for the decline. Ecological Modelling, 134(2-3): 185-205.

Norden N, Chazdon R L, Chao A, et al. 2009. Resilience of tropical rain forests: tree community reassembly in secondary forests. Ecology Letters, 12(5): 385-394.

Pausas J G, Ribeiro E, Vallejo R. 2004. Post-fire regeneration variability of *Pinus halepensis* in the eastern Iberian Peninsula. Forest Ecology and Management, 203(1): 251-259.

Poorter L. 2007. Are species adapted to their regeneration niche, adult niche, or both? American Naturalist, 169(4): 433-442.

Potter K M, Woodall C W. 2014. Does biodiversity make a difference? Relationships between species richness, evolutionary diversity, and aboveground live tree biomass across U. S. forests. Forest Ecology and Management, 321: 117-129.

Pretzsch H, Schütze G. 2015. Effect of tree species mixing on the size structure, density, and yield of forest stands. European Journal of Forest Research, 135(1): 1-22.

Pukkala T, Miina J, Kurttila L, et al. 1998. A spatial yield model for optimizing the thinning regime of mixed stands of *Pinus sylvestris* and *Picea abies*. Scandinavian Journal of Forest Research, 13(1-4): 31-42.

Raptis D, Kazana V, Kazaklis A, et al. 2018. A crown width-diameter model for natural even-aged black pine forest management. Forests, 9(10): 58-63.

Ratcliffe S, Holzwarth F, Frédéric K, et al. 2015. Tree neighbourhood matters-tree species composition drives diversity-productivity patterns in a near-natural beech forest. Forest Ecology and Management, 335: 225-234.

Raulier F, Pothier D, Bernier P Y. 2003. Predicting the effect of thinning on growth of dense balsam fir stands using a process-based tree growth model. Canadian Journal of Forest Research, 33(3): 509.

Reich P B, Bolstad P. 2001. Productivity of evergreen and deciduous temperate forests//Roy J, Saugier B, Mooney H A. Terrestrial Global Productivity. San Diego: Academic Press: 245-283.

Robert E, Brais S, Harvey B D, et al. 2012. Seedling establishment and survival on decaying logs in boreal mixedwood stands following a mast year. Canadian Journal of Forest Research, 42: 1446-1455.

Särkkä A, Tomppo E. 1998. Modelling interactions between trees by means of field observations. Forest Ecology and Management, 108(1-2): 57-62.

Schwartz G, Lopes J C A, Mohren G M J, et al. 2013. Post-harvesting silvicultural treatments in logging gaps: a comparison between enrichment planting and tending of natural regeneration. Forest Ecology and Management, 293: 57-64.

Smith J, Kop P, Reategui K, et al. 1999. Dynamics of secondary forests in slash and burn farming: interactions among land use types in the Peruvia Amazon. Agriculture, Ecosystem and Environment, 76: 85-98.

Solbrig W. 1984. The meaning and measurement of size hierarchies in plant-populations. Oecologia, 61(3): 334-336.

Steinhardt U, Herzog F, Lausch A, et al. 1999. Hemeroby index for landscape monitoring and evaluation// Pykh Y A, Hyat D E, Lenz R J M, et al. Environmental Indices: System Analysis Approach. Oxford: EOLSS Publication: 237-254.

Sterba H, Moser M, Hasenauer H, et al. 1995. PROGNAUS ein abstandsunabhangiger Wachstumssimulator fur ungleichaltrige Mischbestande. DVFF-Sektion Ertragskunde, Joachimstahl: 173-183.

Tanimoto H, Kajii Y, Hirokawa J, et al. 2000. The atmospheric impact of boreal forest fires in far Eastern Siberia on the seasonal variation of carbon monoxide: observations at Rishiri, a northern remote island in Japan. Geophys Res Lett, 279(24): 4073-4076.

Vilà M, Gimeno I. 2003. Seed predation of two alien *Opuntia* species invading Mediterranean communities. Plant Ecology, 167(1): 1-8.

Weiner J, Thomas S C. 2001. The nature of tree growth and the age-related decline in forest productivity. OIKOS, 94(2): 374-376.

Wright I J, Reich W. 2002. Convergence towards higher leaf mass per area in dry and nutrient-poor habitats has different consequences for leaf life span. Journal of Ecology, 90(3): 534-543.

Wu W, Zhou X, Wen Y, et al. 2019. Coniferous-broadleaf mixture increases soil microbial biomass and functions accompanied by improved stand biomass and litter production in subtropical China. Forests, 10(10): 879.

Zachara T. 2000. The influence of selective thinning on the social structure of the young (age class Ⅱ) Scots pine stand. Prace Instytutu Badawczego Leśnictwa Seria A, (3): 35-61.

Žemaitis P, Gil W, Borowski Z. 2019. Importance of stand structure and neighborhood in European beech regeneration. Forest Ecology and Management, 448: 57-66.

Zhang G Q, Hui G Y, Zhao Z H, et al. 2018. Composition of basal area in natural forests based on the uniform angle index. Ecological Informatics, 45: 1-8.

第 2 章　大兴安岭次生林抚育更新研究

大兴安岭作为我国最大的林区，不仅是我国重要的木材储备基地，也是东北地区商品粮生产基地，是抵御西伯利亚寒流侵袭的重要天然屏障，对保护东北地区生态环境、保障社会民生起到了重要作用。但该地区森林资源遭受了长期的无序采伐及各种自然因素干扰，森林资源数量和质量发生了明显退化，形成了大面积的天然次生林，普遍存在缺少目标树种、结构不稳定、更新差、林分质量和生态功能低等问题。为此，国家先后在东北林区实施了天然林保护工程、退耕还林还草工程，以及中幼龄林抚育补贴试点等一系列措施以促进该地区森林资源的有效保护和恢复，但因缺乏科学有效的森林经营理论和技术支撑，该地区次生林目前仍普遍存在着质量低、更新差、功能弱等问题，亟待开展科学的抚育经营，以加快其向顶极群落植被演替。

森林具有多种效益（包括经济、生态和社会效益），多种效益的持续发挥需要科学合理的森林经营理论和技术作为支撑。但森林各种功能（或服务）之间往往存在着复杂的协调与权衡关系，因此在森林全经营周期内需要明确各个阶段的经营目标，量化经营措施指标，平衡各种经营目标，从而实现森林多种效益的持续发挥。大兴安岭森林多为经过人为采伐或自然干扰后退化而形成的次生林（属典型的异龄混交林），传统的同龄林抚育更新技术并不适用于次生林。因此，积极开展大兴安岭次生林抚育更新技术的研究，不仅能够实现该地区次生林的多功能经营，加速其向顶极群落演替，同时也能够为国家正在实施的中幼龄林抚育补贴试点和即将实施的天然林保护二期工程提供技术支撑。

本章以大兴安岭典型天然次生林为对象，参照当地顶极群落植被结构和功能特征，研究大兴安岭主要天然次生林类型的主导功能差异、主要干扰因素、生境和群落变异的时空异质性及健康保育技术体系；针对主要次生林林分类型，开展基于中幼林抚育、林冠下更新、森林采伐更新等主要经营措施的林分结构调整和优化；揭示不同次生林林分类型的更新动态规律及维持群落正向演替机制，集成大兴安岭天然次生林森林生态系统健康保育和森林经营管理技术体系，开展试验示范，为区域内天然林保护工程的顺利实施提供理论依据和技术支撑。

2.1　研究区域概况

大兴安岭是中国最北、纬度最高的边境地区，属于海西褶皱带，其主脉呈北北东—南南西走向，东侧较陡，西侧较缓。全区北部较低，南边较高。大兴安岭的地貌类型可以分为山地地貌和台地地貌两类。山地地貌分布普遍，由松嫩平原向山地发展，由东向西可划分为浅丘、丘陵、低山和中山。西侧则多波状丘陵，全区河谷宽阔。该区平均海拔 573m，年均气温–2.6℃，极端最低气温–52.3℃，年均降水量 428.6 ～ 526.8mm，全年无霜期 80 ～ 110 天，冰封期 180 ～ 200 天。区域北为黑龙江上游水域，与俄罗斯隔江相望；东南与黑龙江省黑河市嫩江市接壤；西南与内蒙古自治区鄂伦春族自治旗毗邻；西北与内蒙古自治区根河市毗邻。区内国境线为黑龙江主航道中心线，边境线长786km，全区土地总面积$8.35\times10^6hm^2$。

大兴安岭地区是我国唯一的寒温带针叶林区，有林地面积约678.4万hm^2，森林覆盖率81.25%，其森林类型比较单一，主要包括针叶林、针阔叶混交林、阔叶林和其他类型（含农田、荒山荒地、防护林）。该区地带性植被为寒温带针叶林，以兴安落叶松（*Larix gmelinii*）为主要优势建群种。其他针叶树种主要有樟子松（*Pinus sylvestris* var. *mongolica*）、红皮云杉（*Picea koraiensis*）、臭冷杉（*Abies nephrolepis*）等，阔叶树种主要有白桦（*Betula platyphylla*）、黑桦（*Betula dahurica*）、蒙古栎（*Quercus mongolica*）、山杨（*Populus davidiana*）、紫椴（*Tilia amurensis*）等。林下灌木主要有胡枝子（*Lespedeza bicolor*）、榛（*Corylus heterophylla*）、毛榛（*Corylus mandshurica*）、兴安杜鹃（*Rhododendron dauricum*）、杜香（*Ledum palustre*）、越桔（*Vaccinium vitis-idaea*）、笃斯越桔（*Vaccinium uliginosum*）。土壤主要以棕色针叶林土、暗棕壤分布较为广泛，其次还有灰色森林土、草甸土、沼泽土和冲积土等。

本章研究区主要位于新林林业局和根河林业局。新林林业局位于黑龙江省大兴安岭林区中部，东邻十八站林业局、韩家园林业局，南与松岭林业局毗邻，西与呼中区接壤，北接塔河县，地貌以低山为主，平均海拔600m，属寒温带大陆性季风气候，年降水量513.9～646mm，年均气温−3℃，极端最低温−46.9℃，无霜期90天。土壤类型以棕色针叶林土为主，属大兴安岭植物区系，是我国寒温带明亮针叶林分布区，森林覆盖率达92.23%。根河林业局位于大兴安岭西坡北段中部，内蒙古自治区呼伦贝尔市根河市境内，东连甘河林业局，南与图里河林业局、克一河林业局接壤，西靠得耳布尔林业局和额尔古纳市，北与金河林业局毗邻。林业局生态功能区位于大兴安岭的腹地，呈东北—西南走向，东北至西南长161km，东南至西北宽39km，地貌以中、低山为主，海拔平均为1000m，寒温带湿润型森林气候，年降水量400～500mm，极端最低气温−58℃，平均气温−5.5℃。年无霜期为80～90天，结冻期210天以上，境内遍布永冻层，个别地段30cm以下即为永冻层，被誉为“中国冷极”。土壤以棕色针叶林土为主，属明亮针叶林分布区，全局森林覆盖率达79.0%。

2.2 数据采集

2.2.1 种子雨动态变化数据

2017年8月在大兴安岭新林林业局翠岗林场设置了三块不同森林类型的样地，本节种子雨动态分析的数据是以这三块样地为基础获取的。

2018年6月，在原有三块样地的基础上设置种子雨收集器，种子雨收集从每年的6月15日设置种子雨收集器开始，最后收集时间为每年的10月30日，在每年的6月30日、7月15日、7月30日、8月15日、8月30日、9月15日、9月30日、10月15日、10月30日进行种子雨数据的收集，每年收集9期数据，共收集了两年（2018年和2019年），收集对象为各样地内主要乔木树种的种子，各树种种子主要特征如下。

兴安落叶松：落叶乔木，高达 35m，胸径最大可达 60 ～ 90cm，喜光树种，球果幼时紫红色，成熟时球果呈倒卵状球形，黄褐色、褐色或紫褐色，种鳞先端平或微凹，有光泽，无毛，有条纹；苞鳞较短，不露出；种子倒卵形，灰白色，具淡褐色条纹，连翅长 10mm。球花期 5 ～ 8 月，球果成熟期 8 ～ 10 月，为大兴安岭地区主要树种。

白桦：落叶乔木，树干可高达 27m，胸径最大可达 50cm，喜光耐寒树种，生命力顽强，常作为先锋树种，在森林火灾之后率先进入林地；小坚果狭矩圆形、矩圆形或卵形，长 1.5 ～ 3mm，宽 1 ～ 1.5mm，背面疏被短柔毛，膜质翅较果长 1/3，较少与之等长，与果等宽或较果稍宽。花期 6 月，果熟期 7 ～ 8 月，为大兴安岭地区主要树种。

红皮云杉：常绿乔木，高度达 30m 以上，胸径最大可达 80cm。种子倒卵圆形，长约 4mm，连翅长 1.3 ～ 1.6cm。花期 5 ～ 6 月，球果 9 ～ 10 月成熟，为大兴安岭地区主要伴生树种。

樟子松：常绿乔木，高 15 ～ 25m，最高达 30m，胸径最大可达 80cm。种子小，黄色、棕色、黑褐色不一，种翅膜质。花期 5 ～ 6 月，球果第二年 9 ～ 10 月成熟，为大兴安岭地区主要伴生树种。

山杨：乔木，高达 25m，胸径最大可达 60cm。花期 3 ～ 4 月，果熟期 4 ～ 5 月，为大兴安岭地区主要伴生树种。

在种子雨收集过程中，采用带有白色标签纸的红色塑料袋进行数据收集，收集内容分两个部分，即落叶收集袋和种子收集袋，收集结束后将样品带回进行分拣，将种子按照类别和完整性进行重新记录并测量其千粒重，由于该地区树种较为单一，因此将落叶重量分为阔叶重量和针叶重量分别记录。本研究中，阔叶落叶大多为白桦树种的落叶，针叶落叶为兴安落叶松树种的落叶。种子雨收集过程见图 2-1。

图 2-1　种子雨收集过程

2.2.2 次生林主要树种更新数据

2018 年 7 ～ 8 月在新林林业局翠岗林场选取处于不同坡向、坡位的典型天然落叶松、天然白桦和天然落叶松白桦混交等林型，分别建立面积为 20m×30m 的样地共 56 块。调查时，将样地划分成 6 个 10m×10m 的小样方作为调查单元。胸径（DBH）5cm 及以上林木为乔木层，记录每木树种、状态、胸径、树高、冠幅及位置坐标等信息；胸径 5cm 以下为更新层，调查所有个体的树种、状态、地径、胸径、树高、位置、更新方式（实生和萌生）。同时，在样地中心设置 5m×5m 样方进行灌木调查，而在样地四角设置 1m×1m 样方进行草本调查。各林型样地基本信息统计特征如表 2-1 所示。

表 2-1 新林翠岗林场固定样地基本信息

变量	落叶松白桦混交林	落叶松纯林	白桦纯林	阔叶混交林	针叶混交林	针阔叶混交林
样本量	13	23	12	4	2	2
平均胸径（cm）	12.8	13.3	12.6	12.5	13.1	11.6
平均树高（m）	12.0	11.6	11.5	11.5	11.7	12.0
株数密度（株 /hm^2）	1452	1777	1459	1663	1558	2480
单位蓄积量（m^3/hm^2）	120.2	156.2	111.2	121.8	135.8	163.3
角尺度	0.4938	0.4970	0.5256	0.5116	0.5002	0.5285
大小比数	0.4977	0.4867	0.4864	0.4889	0.4886	0.4878
混交度	0.4039	0.2800	0.2156	0.2958	0.3222	0.4533
＜30cm 密度（株/hm^2）	133	43	76	84	75	0
30 ～ 130cm 密度（株/hm^2）	637	488	344	298	450	0
≥130cm 密度（株/hm^2）	767	759	736	685	493	2150

2.2.3 幼苗幼树分布格局及空间关联数据

本研究数据来源于 2017 年 8 ～ 9 月，在大兴安岭地区新林林业局翠岗林场设置的 3 块面积均为 1hm^2（100m×100m）的样地，森林类型分别为白桦纯林（birch forest，BF）、针阔叶混交林（coniferous and broad-leaved mixed forest，CBMF）和针叶混交林（coniferous mixed forest，CMF）。所选的 3 种林型为该林场的主要森林类型，其中针叶混交林中落叶松数占比 60% 以上，在样地布设时，面积较小的落叶松纯林分布较多，选址较易，但是由于过度采伐，对于设置较大面积的落叶松纯林在选址上存在一定困难，因此选取以落叶松为主的针叶混交林进行分析，这也可以很好地反映该林场现阶段森林资源的状况。各样地的基本调查因子见表 2-2。

表 2-2 样地基本调查因子

林分类型	平均胸径（cm）	平均树高（m）	断面积（m^2/hm^2）	林分密度（株/hm^2）	郁闭度	海拔（m）
BF	12.5±4.2	13.2±3.4	13.8	1109	0.5	566
CBMF	13.1±4.6	13.3±3.6	19.6	1431	0.7	546
CMF	10.4±4.0	11.0±3.1	21.0	3041	0.6	457

2.2.4 森林更新影响因子评价数据来源

本研究数据来源于 2017 ～ 2019 年大兴安岭新林林业局新林林场、翠岗林场和松岭林业局壮志林场的森林调查数据，样地类型主要包括白桦纯林、落叶松纯林及以落叶松和白桦为主的针阔叶混交林，在调查过程中，对所有样地的森林更新进行了全部调查（不区分起测地径和高度），在统计更新的过程中，仅记录了实生苗的天然更新情况，对于蘖生苗和萌生苗没有进行记录，各林型样地的基本统计量见表 2-3。

表 2-3 各林型样地基本统计量

森林类型	样地数量	平均树高（m）	平均胸径（cm）	平均蓄积量（m^3/hm^2）	枯落层厚度（cm）	株数密度（株/hm^2）
白桦纯林	21	11.7±1.3	12.4±1.2	110.6±22.1	3.6±0.8	1494.0±4362.8
针阔叶混交林	26	12.8±1.7	13.4±2.2	127.7±31.3	4.1±1.0	1397.7±287.7
落叶松纯林	69	12.1±2.2	14.2±3	142.3±42.4	4.1±1.6	1442.7±518.0

2.2.5 林分空间结构优化数据来源

分别于 2010 年、2017 年 7 ～ 8 月，在大兴安岭地区塔河林业局盘古林场和新林林业局翠岗林场选择有代表性的落叶松纯林、白桦纯林、针阔叶混交林和针叶混交林分别设置 100m×100m 的固定样地各 1 块。采用相邻格网法将整个样地划分为 100 个 10m×10m 格网进行调查，对样地内所有胸径≥5cm 的树木进行每木检尺，记录树种、胸径、树高、冠幅、坐标和状态等指标。各林型样地基本特征如表 2-4 所示。

表 2-4 各林型样地基本调查因子

林分类型	树种组成	平均胸径（cm）	平均树高（m）	单位蓄积量（m^3/hm^2）	林分密度（株/hm^2）
LF	8Lg+2Bp	10.5±3.8	10.1±2.9	88.06	1451
BF	9Bp+1Lg	12.1±4.3	13.4±3.3	84.90	1080
CBMF	6Lg+4Bp	12.4±4.6	13.3±3.7	129.24	1408
CMF	6Lg+2Ps+1Bp+1Pk	9.7±4.0	11.0±2.9	234.67	2396

注：LF. 落叶松纯林；BF. 白桦纯林；CBMF. 针阔叶混交林；CMF. 针叶混交林，下同。Bp. 白桦；Lg. 落叶松；Ps. 樟子松；Pk. 红皮云杉

2.2.6 抚育对林分生长影响数据收集

样地设置于内蒙古大兴安岭森林生态系统国家野外科学观测研究站内，其位于内蒙古大兴安岭北部根河林业局潮查林场境内，主要选取林龄相近、立地条件基本一致，以兴安落叶松中龄林为研究对象，按株数密度进行间伐。设置 4 个间伐强度为 10%（弱度）、20%（中度）、30%（强度）、40%（极强）和 1 个对照水平处理的样地，初次调查和间伐时间为 2012 年，间伐后再次对样地进行每木检尺，5 年后（2017 年）进行复查，测定胸径和树高等因子，样地基本情况见表 2-5。

表 2-5　样地基本情况表

采伐强度	林型	面积（m^2）	龄组	林龄	郁闭度	坡向	平均胸径（cm）	平均高（m）	树种组成	林分密度（株/hm^2）
10%	杜香-落	40×40	中龄林	53	0.7	东北	6.2	9.3	7 落 3 白	6212
20%	杜香-落	40×40	中龄林	54	0.7	北	5.8	7.9	7 落 3 白	5119
30%	杜香-落	40×40	中龄林	55	0.8	东北	6.2	8.8	6 落 4 白	5419
40%	杜香-落	40×40	中龄林	55	0.8	东北	6.9	10.4	7 落 3 白	6450
CK	杜香-落	40×40	中龄林	60	0.7	东北	7.0	10.3	6 落 4 白	5093

注：落．落叶松；白．白桦

2.2.7　植物多样性样方数据

在 2.2.6 节所设样地的四角和中心，分别选取灌木样方（2m×2m）、草本植物样方（1m×1m）、枯落物样方（0.5m×0.5m）各 5 个。按照植物多样性调查方法，记录每个灌木、草本样方内植物种类、数量、盖度、高度。调查顺序为先调查灌木，再调查草本。地上生物量的测定：灌木分为叶、茎、根，草本植物分为地上部分和地下部分，采用全挖法实测其鲜重，取同类植物相同器官的混合样本烘干至恒重，估算干物质质量，同时用作分析样品。对枯落物生物量的测定采用全挖收获法，分层采集未分解层和分解层的全部样品并分别称质量。分层标准：未分解凋落物为基本上保持其原有形状及质地的枯枝落叶；分解层凋落物为完全腐烂、肉眼不能分辨出枝叶形状的枯枝落叶层（田国恒，2014）。称取鲜重后装入已标号的密封袋中，置于 80℃烘箱烘干至恒重后称干重，计算含水率和生物量。

植物多样性采用重要值、Menhinick 丰富度指数、皮诺（Pielou）均匀度指数、辛普森多样性指数（Simpson diversity index）、香农-维纳多样性指数（Shannon-Wiener's diversity index）、生态优势度指数，计算公式详见中国科学院生物多样性委员会（1994）。

1）重要值：表示每一个物种的相对重要性。

2）丰富度：指一个群落物种数目的多少。常用 Menhinick 丰富度指数表示。

3）均匀度：指一个群落中全部物种个体数目的分配状况。常用皮诺均匀度指数表示。

4）多样性：是种的均匀度与种的丰富度的综合。常用辛普森多样性指数、香农-维纳多样性指数表示。

5）生态优势度：是综合群落中各个种群的重要性，反映各种群优势状况的指标。

2.2.8　落叶松次生林抚育样地数据

2007 年 3 月，在黑龙江省大兴安岭地区新林林业局研究区内设置 5 个落叶松次生林抚育改造样地，编号为 1 ～ 5，每个样地的面积为 60m×60m，林地内灌木以兴安杜鹃为主，平均盖度为 27%，草本以越桔为主，平均盖度为 62%。其中 1 号样地未采伐，其他样地基于蓄积量进行不同强度的抚育间伐，且只采伐兴安落叶松，经采伐后的剩余物采用堆腐法处理，具体样地设置如表 2-6 所示。2015 年，在采伐样地内分别补植三年生兴安落叶松、兴安樟子松、红皮云杉、红松（*Pinus koraiensis*）幼苗促进林分更新，后期进行适当的管理和维护，确保其成活率，并对其进行科学的抚育，主要包括浇水、除草、培土、扩穴等。对更新苗木的成活率和生长率进行统计，具体数值如表 2-7 所示。

表 2-6　样地设置概况

样地编号	采伐强度（%）	海拔（m）	伐前			伐后当年		伐后 10 年	
			树种组成	蓄积量（m^3/hm^2）	林分密度（株/hm^2）	蓄积量（m^3/hm^2）	林分密度（株/hm^2）	平均树高（m）	平均胸径（cm）
1	0	594	3L6B1Z	105.56	2175	105.56	2175	12.37	11.36
2	9.43	635	7L3B	71.84	1659	65.06	1414	10.39	10.63
3	16.75	571	10L	111.53	2175	92.85	1712	12.56	12.03
4	29.00	670	10L	123.11	1512	87.41	1010	10.91	9.89
5	40.01	587	8L2B	146.39	2850	87.82	1950	11.38	11.40
6	53.09	554	9L1B	163.73	2000	76.81	1123	10.91	9.89
7	67.25	544	8L2B	179.74	2150	58.86	1200	12.96	12.67

注：L. 落叶松，B. 白桦，Z. 樟子松；在树种组成中，成数小于 0.5 的树种忽略不计

表 2-7　苗木成活率和生长率（%）

样地	兴安落叶松		西伯利亚红松		兴安樟子松		红皮云杉		平均	
	成活率	生长率	成活率	生长率	成活率	生长率	成活率	生长率	成活率	生长率
1	94.12	31.26	87.46	32.57	82.37	21.34	89.42	26.47	88.34	27.91
2	91.68	32.47	94.67	34.17	87.46	19.93	91.72	23.95	91.38	27.63
3	86.47	30.45	92.93	36.92	90.26	24.73	94.63	29.59	91.07	30.42
4	95.29	34.12	97.14	30.29	88.43	23.96	92.46	31.43	93.33	29.95
5	96.3	31.42	95.27	32.14	94.32	29.16	95.42	29.46	95.33	30.55
6	97.31	33.47	95.16	35.61	97.28	30.42	94.59	29.13	96.09	32.16
7	91.56	34.96	97.43	31.2	91.92	29.42	92.83	27.16	93.44	30.69
平均	93.25	32.59	94.29	33.27	90.29	25.57	93.01	28.17		

2.3　次生林种子雨动态变化

2.3.1　种子雨强度

对收集的种子雨强度的季节动态进行分析，将种子雨强度换算成种子雨在单位面积内的落种量进行计算，公式为

$$\text{种子雨强度}=\text{种子数量}/\text{所在种子收集器的面积} \tag{2-1}$$

2.3.2　种子雨空间分布格局

本研究采用方差均值比率（C_0）对种子雨的空间分布格局进行判断，其具体公式如下：

$$C_0=V/m \tag{2-2}$$

式中，该分布类型假设种子雨空间分布为泊松分布（Poisson distribution），V 为泊松分布总体的方差，m 为泊松分布总体的均值，当 $C_0>1$ 时，种子雨呈现聚集分布；$C_0=1$ 时，种子雨呈现随机分布；$C_0<1$ 时，种子雨呈现均匀分布。

同时，采用 t 检验来确定实测值和理论值的偏离程度，其公式为

$$t=(C_0-1)/[2/(n-1)]^{1/2} \tag{2-3}$$

式中，n 为种子雨收集器个数，当 $|t|=t_{n-1,0.05}$ 时，种子雨空间分布格局为均匀分布，此时差异不显著，当 $|t|<t_{n-1,0.05}$ 时，种子雨空间分布格局为随机分布；当 $|t|>t_{n-1,0.05}$ 时，种子雨空间分布格局为聚集分布。

2.3.3 方法实现

需要特别说明的是，正常情况下，种子雨是每隔 15 天进行一次收集，但是由于种子雨收集的时间段是该地区降雨高发期，对于特殊原因（雨雪等极端天气）导致没能按规定时间收集的数据，在统计过程中将其转换成 15 天的种子量之后再进行数据的统计分析。

本节中种子雨总量的年际变化差异，以及不同散种期的种子雨千粒重差异均采用 Kruskal-Wallis ANOVA 方法进行检验，以上数据的分析和计算分别使用 SPSS 20.0 和 Excel 2019 完成。

2.3.4 种子雨结果与分析

2.3.4.1 种子雨的物种组成和季节动态

共收集到白桦、落叶松及红皮云杉 3 种类型的种子雨，3 种类型的种子隶属于 2 科 3 属 3 种植物。从平均种子雨密度的变化上来看（图 2-2），在 3 种林型下，无论是落叶松还是白桦在两年的收集期内（6 月 30 日至 10 月 30 日）随着季节的变化都表现出了相似的规律。同时根据所收集的数据并结合当地各树种散种时间的特点，将该区域各树种的种子散种期大致分为 3 个阶段，即种子雨的初始期、高峰期和末尾期。①初始期：从 6 月 30 日第一次收集种子开始（所有树种的平均种子雨密度均为 0），到 7 月 30 日第三次收集种子，3 种林型下的各树种在该时段内的散种量较小，平均种子雨密度的起伏变化趋势也较小。②高峰期：8 月 15 日至 9 月 15 日，处于该阶段下的种子雨，散种量急剧上升，绝大多数种子均在这个时间段内散落。③末尾期：9 月 30 日至 10 月 30 日，峰值过后，种子雨散种量开始急剧减小，并且受该地区天气影响，各树种散种量在 10 月中上旬就已经趋近于停止，并在 10 月下旬完全停止。

从图 2-2 还可以看出，在 3 种林型内无论是白桦还是落叶松的平均种子雨密度均在 9 月 15 日达到峰值。在 2018 年，白桦林中落叶松在峰值的平均种子雨密度为 1.71 粒/m^2（图 2-2A），白桦在峰值的平均种子雨密度为 7967.63 粒/m^2（图 2-2B）；针阔叶混交林中

落叶松在峰值的平均种子雨密度为 24.36 粒/m^2（图 2-2A），白桦在峰值的平均种子雨密度为 6292.96 粒/m^2（图 2-2B）；针叶混交林中落叶松在峰值的平均种子雨密度为 55.83 粒/m^2（图 2-2A），红皮云杉在峰值的平均种子雨密度为 8.24 粒/m^2（图 2-2A），且红皮云杉只在 2018 年的针叶混交林样地中出现，白桦在峰值的平均种子雨密度为 456.68 粒/m^2（图 2-2B）。

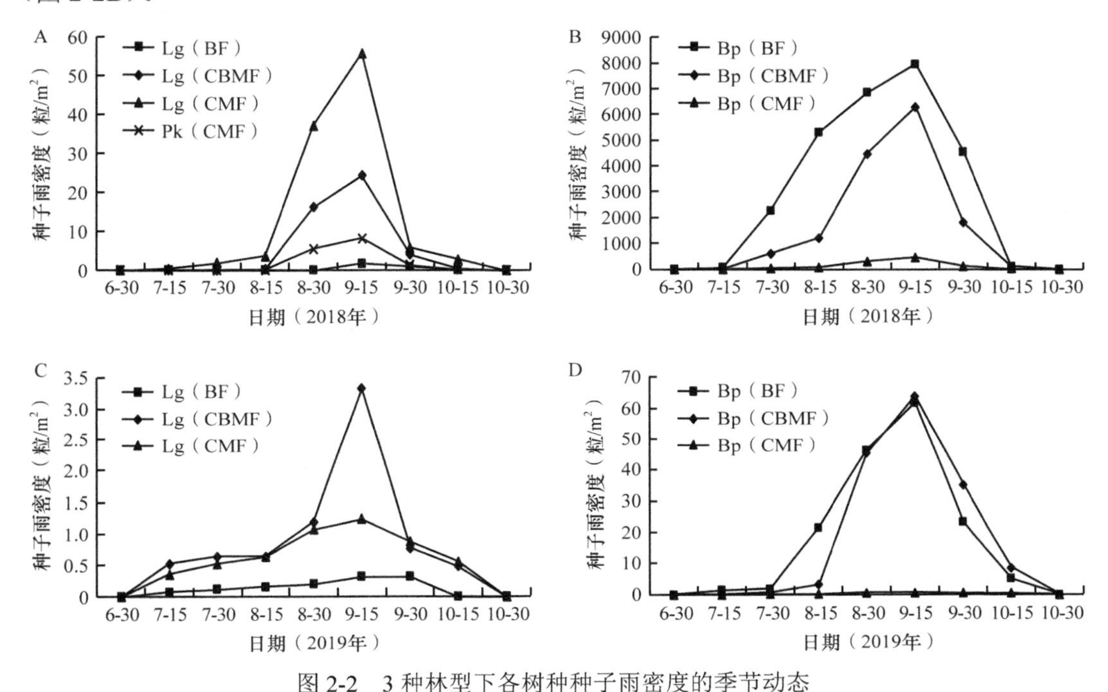

图 2-2　3 种林型下各树种种子雨密度的季节动态

BF、CBMF、CMF 分别代表白桦林、针阔叶混交林、针叶混交林；Bp、Lg、Pk 分别表示白桦、落叶松及红皮云杉

2019 年，3 种林型下各树种的平均种子雨密度明显减小，白桦林中落叶松在峰值的平均种子雨密度为 0.32 粒/m^2（图 2-2C），白桦在峰值的平均种子雨密度为 66.36 粒/m^2（图 2-2D）；针阔叶混交林中落叶松在峰值的平均种子雨密度为 3.32 粒/m^2（图 2-2C），白桦在峰值的平均种子雨密度为 64.04 粒/m^2（图 2-2D）；针叶混交林中落叶松在峰值的平均种子雨密度为 1.24 粒/m^2（图 2-2C），白桦在峰值的平均种子雨密度为 0.64 粒/m^2（图 2-2D）。

2.3.4.2　落叶动态

从 3 种林型下的落叶动态来看，2018 年和 2019 年白桦林中总落叶量呈现明显的单峰型，都在 9 月中旬达到高峰。2018 年针阔叶混交林的总落叶量也呈现出明显的单峰型，总落叶量同样在 9 中旬达到高峰，2019 年针阔叶混交林的总落叶量则呈现出双峰型，两个峰值分别处于 9 月中旬和 10 月中旬。针叶混交林的总落叶量在 2018 年和 2019 年均表现为单峰型，两年的总落叶量的峰值分别处于 9 月中旬和 10 月中旬（图 2-3）。

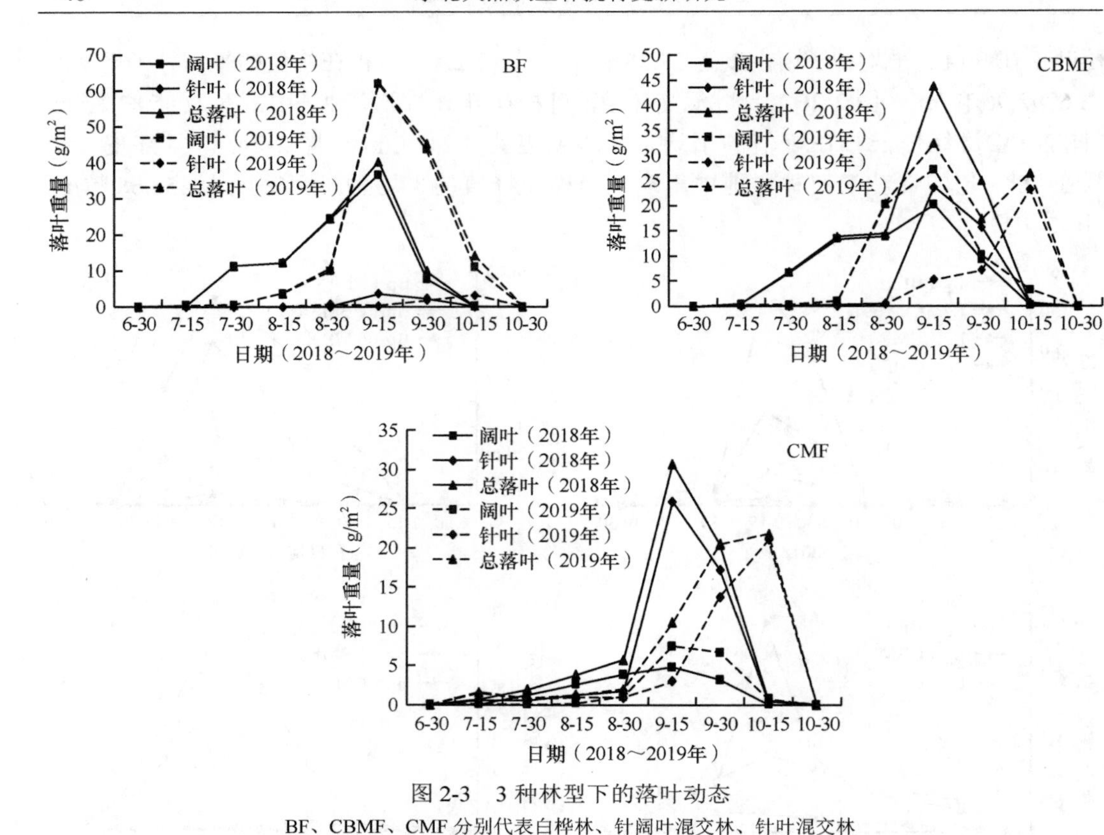

图 2-3　3 种林型下的落叶动态

BF、CBMF、CMF 分别代表白桦林、针阔叶混交林、针叶混交林

2.3.4.3　种子雨千粒重

从图 2-2C 和图 2-2D 可以看出白桦和落叶松在 2019 年的散种量都极少，因此本节只选取 2018 年不同散种期的千粒重进行分析，在“2.3.4.4 种子雨年际差异”中会对两年的种子雨总量进行分析。

由表 2-8 可知，3 种林型下白桦的平均种子雨千粒重为（0.17±0.13）g/m^2，白桦林中处于高峰期的白桦种子千粒重显著高于初始期和末尾期的白桦种子千粒重，而针阔叶混交林中处于初始期和高峰期的白桦种子千粒重显著高于末尾期的种子千粒重，针叶混交林中，高峰期和末尾期的白桦种子千粒重则显著高于初始期的种子千粒重。从总体上看，3 种林型下的白桦种子千粒重不存在显著差异，这与落叶松千粒重的表现不同。落叶松种子千粒重在 3 种林型之间存在显著差异，落叶松的平均种子雨千粒重为（1.37±1.82）g/m^2。3 种林型的平均落叶松种子千粒重大小顺序表现为针叶混交林＞针阔叶混交林＞白桦林。其中，白桦林中落叶松在末尾期的种子千粒重显著高于高峰期和初始期的种子千粒重，针阔叶混交林和针叶混交林在不同散种阶段的种子千粒重表现出相同结果，即落叶松在散种高峰期的种子千粒重显著大于末尾期和初始期，这主要是因为初期扩散的种子大多以未成熟（空心、无胚胎等）的种子为主，随着时间的变化，高峰期和末尾期主要以发育成熟种子为主，这与高润梅等（2015）的研究结果一致。此外，只在 2018 年的针叶混交林内收集到了红皮云杉种子，其各阶段下的种子千粒重和该样地内落叶松的千粒重变化表现出相似的趋势，即处于高峰期的种子千粒重显著高于初始期和末尾期的种子千粒重，红皮云杉种子雨的平均千粒重为（1.19±1.85）g/m^2。

表 2-8　3 种林型下不同类型种子的千粒重（平均值±标准差）　（单位：g/m^2）

种子类型	林分类型	初始期	高峰期	末尾期	平均值
白桦	白桦林	0.16±0.13b	0.19±0.04a	0.14±0.11b	0.16±0.10A
	针阔叶混交林	0.18±0.16a	0.21±0.05a	0.14±0.10b	0.18±0.12A
	针叶混交林	0.11±0.15b	0.23±0.07a	0.18±0.21a	0.17±0.16A
	平均值	0.15±0.15b	0.21±0.06a	0.15±0.15b	0.17±0.13
落叶松	白桦林	0.00±0.00c	0.84±1.72b	1.62±2.14a	0.82±1.72C
	针阔叶混交林	0.03±0.21c	2.76±1.98a	1.19±1.63b	1.33±1.86B
	针叶混交林	0.88±1.42c	2.99±1.16a	1.92±1.76b	1.93±1.70A
	平均值	0.30±0.93c	2.20±1.91a	1.58±1.88b	1.36±1.82
红皮云杉	针叶混交林	0.07±0.47c	2.72±1.95a	0.79±1.58b	1.19±1.85

注：小写字母表示散种阶段间的差异，大写字母表示邻行之间的差异，不同字母表示差异显著（P<0.05）

2.3.4.4　种子雨年际差异

表 2-9 给出了 3 种林型下 2018 年和 2019 年的种子雨总量，以及两个主要树种白桦、落叶松的种子雨量。需要特别指出的是，在分拣过程中，白桦种子由于 2018 年数量较多同时残缺个数极少，并且在 2019 年分拣过程中也并未发现不完整的白桦种子，因此只记录了白桦种子总数，对落叶松完整和不完整的种子都进行了记录。此外，红皮云杉种子只在 2018 年的针叶混交林中出现，在收集的红皮云杉种子里没有出现不完整的红皮云杉种子。

表 2-9　3 种林型下 2018 年与 2019 年的种子雨（平均值±标准差）　（单位：粒/m^2）

	BF		CBMF		CMF	
	2018 年	2019 年	2018 年	2019 年	2018 年	2019 年
种子雨总量	3008.85±3609.24**	18.08±81.19	1614.51±2533.61**	17.94±81.17	124.40±221.39**	0.89±1.44
白桦种子雨总量	3008.54±3608.97**	17.94±81.17	1609.45±2526.10**	12.74±24.68	110.7±204.70**	0.30±0.82
落叶松种子雨总量	0.31±0.90**	0.13±0.59	5.06±10.01**	0.82±1.73	11.95±23.23**	0.58±1.11
完整落叶松种子雨量	0.27±0.75**	0.09±0.45	5.00±9.89**	0.72±1.57	11.70±23.00**	0.51±1.04
红皮云杉种子雨量	—	—	—	—	1.75±5.24	—

注：** 表示 2018 年和 2019 年差异极显著（P<0.01）

由表 2-9 可知，白桦林 2018 年的种子雨总量为（3008.85±3609.24）粒/m^2，其中白桦种子雨总量为（3008.54±3608.97）粒/m^2，约占当年种子雨总量的 99.99%，2019 年的种子雨总量为（18.08±81.19）粒/m^2，其中白桦种子雨总量为（17.94±81.17）粒/m^2，约占当年种子雨总量的 99.23%。

针阔叶混交林 2018 年的种子雨总量为（1614.51±2533.61）粒/m^2，其中白桦种子雨总量为（1609.45±2526.10）粒/m^2，约占当年种子雨总量的 99.69%。2019 年种子雨总量为（17.94±81.17）粒/m²，其中白桦种子雨总量为（12.74±24.68）粒/m²，约占当年种子雨总量的 71.01%。

针叶混交林 2018 年的种子雨总量为（124.40±221.39）粒/m²，其中白桦种子雨总量为（110.7±204.70）粒/m²，约占当年种子雨总量的 88.99%。2019 年的种子雨总量为（0.89±1.44）粒/m²，其中白桦种子雨总量为（0.30±0.82）粒/m²，约占当年种子雨总量的 33.71%。在所有林型中，2018 年的种子雨总量、各树种的种子雨量及完整落叶松种子量均极显著高于 2019 年的各项数据，说明处于 3 种林型下的各树种的种子雨散种量存在较大的年际变化。

从种子雨总量的年际变化上可以看出，研究区的种子雨存在明显的丰歉年之分，即使散种量很大的白桦林，在 2019 年的种子雨散种量也极少。虽然本研究观测数据的时间跨度较小，无法对所处的年份结实周期性进行准确的定义，一般认为需要至少 3 年种子雨的观测数据（刘足根等，2006），但是结合 2018 ～ 2019 年的调查数据，以及对当地林场工作人员的咨询访问，可以判断 2018 年为种子雨结实丰年，2019 年为种子雨结实歉年。此外，2019 年各树种散种量较低，除树种本身的生理特性以外，也可能与这一年 8 ～ 9 月的极端天气有关（该地区极端天气较多，甚至在 9 月初经常发生结冰的现象），两者共同作用，导致这一年所有的 3 个林型无论是白桦还是落叶松或者是红皮云杉，都表现出极低的种子雨散种量，这也说明极端天气对种子雨的散种量存在较大影响。

2.3.4.5　种子雨空间分布格局

表 2-10 给出了 2018 ～ 2019 年 3 种林型下白桦（Bp）、落叶松（Lg）和红皮云杉（Pi）在各个种子雨收集期内的种子雨空间分布格局，从总体上看，在 2018 年和 2019 年，白桦和落叶松在 3 种林型中的种子雨的空间分布格局都呈现聚集分布状态。针阔叶混交林中的落叶松和针叶混交林中的白桦在 2018 年与 2019 年的各个收集期内均呈现完全的聚集分布，2018 年的红皮云杉种子雨也呈现出完全的聚集分布。

表 2-10　3 种林型下种子雨空间分布格局

年份	收集时间（月-日）	BF		CBMF		CMF		
		Bp	Lg	Bp	Lg	Bp	Lg	Pi
2018	6-30	—	—	—	—	—	—	—
	7-15	A	—	A	—	A	U	—
	7-30	A	—	A	A	A	A	—
	8-15	A	—	A	A	A	A	A
	8-30	A	—	A	A	A	A	A
	9-15	A	A	A	A	A	A	A
	9-30	A	A	A	A	A	A	A
	10-15	A	U	A	A	A	R	A
	10-30	—	—	—	—	—	—	—
	总体	A	A	A	A	A	A	A

续表

年份	收集时间（月-日）	BF		CBMF		CMF		
		Bp	Lg	Bp	Lg	Bp	Lg	Pi
2019	6-30	—	—	—	—	—	—	—
	7-15	U	A	A	A	A	U	—
	7-30	A	A	R	A	A	U	—
	8-15	A	A	A	A	A	A	—
	8-30	A	A	A	A	A	A	—
	9-15	A	A	A	A	A	A	—
	9-30	A	A	A	A	A	A	—
	10-15	A	A	A	A	A	A	—
	10-30	—	—	—	—	—	—	—
	总体	A	A	A	A	A	A	—

注：A、U、R 分别代表聚集分布、均匀分布和随机分布

此外，影响种子雨空间分布格局的因素有很多，母树特性、空间自相关性、种子质量、树种高度及地形因素等都可能对种子雨的空间分布格局产生影响（Cabin et al.，2000；Thomson et al.，2011）。本研究尚未对种子雨的空间变异进行分析，是因为在以往研究中，有关空间变异的林型大多为树种较多的常绿阔叶落叶混交林、温带针阔叶混交林等，本研究区域树种较为单一，主要为落叶松和白桦，所以对空间变异程度的研究意义不大。

2.4　次生林主要树种更新计数模型

森林更新数量可作为更新潜力的预测，更新格局及数量组成对未来林分的结构稳定和树种组成有着决定性的作用，幼苗幼树数量充足是林分能稳定更新的前提。更新数量的数据结构与枯损、进界的数据结构相似，呈现出一定的离散甚至过度离散（即零膨胀）状态，因而计数模型方法（泊松回归模型、负二项模型、零膨胀模型）在解决更新数量问题上同样效用明显。本节采用泊松回归模型对大兴安岭次生林主要树种更新数量进行模拟研究，探讨该区更新数量组成规律，为该区天然更新规律研究提供参考。

2.4.1　更新计数模型与方法

泊松回归模型是以泊松分布为基础，基于事件的计数变量而发展起来的回归模型，广泛应用于计数型数据的研究中。本研究的主要目标是林分内幼苗、幼树和小树的更新株数模型，揭示影响各级更新林木存活和生长的关键可控因子。泊松回归模型的概率密度方程为

$$P(Y_i)=\frac{e^{-\mu_i}\mu_i^{y_i}}{Y_i!} \tag{2-4}$$

式中，$P(Y_i)$ 是单位面积内事件 Y_i 发生次数为 y_i 的概率，在本章中指某样地内某级更新株数为 y_i 的概率；μ_i 是泊松分布的数学期望，满足期望与方差相等的条件，即 $E(Y_i)=\mathrm{VAR}(Y_i)=\mu_i$；解释变量 x_i 与 μ_i 通过链接函数 $g(\mu_i)=\ln(x_i\beta)$ 连接：

$$\log\left(\mu_i\right)=\eta_i\equiv\beta_0+\beta_1x_{1i}+\beta_2x_{2i}+\cdots+\beta_px_{pi} \tag{2-5}$$

式中，β_j 是模型参数（j=1, 2, …, p），η_i 是响应变量；x_i 是地形变量（海拔、坡度、坡位、坡向等）、林分变量（平均胸径、平均树高、株数密度、林分蓄积量等）、土壤变量（A_0、A_1、A_2 层土壤厚度）等组成的向量。

模型拟合效率采用纳什效率系数（Nash-Sutcliffe efficiency coefficient，NSE）进行评估，其公式为

$$\mathrm{NSE}=1-\frac{\sum_{i=1}^{n}\left(y_i-\hat{y}_i\right)^2}{\sum_{i=1}^{n}\left(y_i-\overline{y}_i\right)^2} \tag{2-6}$$

式中，y_i 为实际值，$\hat{y}_i$ 为估计值，n 为样本个数。NSE 从$-\infty$ 到 1 不等；NSE 等于 1 时，表明所建模型与数据完美契合；NSE 越接近于 1，说明模型拟合效果越好；而 NSE 接近 0 时，则表示模拟结果接近观测值的平均值水平，即总体结果可信，但仍然存在模拟误差；通常认为，当 NSE 为 0.50 ～ 0.65 时，表明所建模型有足够的可靠性。

2.4.2 更新计数模型研究结果与分析

从表 2-11 各更新层统计数据可以看出，3 种林型中，幼树（30cm＜HT＜130cm）株数密度和小树（HT≥130cm 和 DBH＜5cm）株数密度大于幼苗（HT＜30cm）株数密度；但林分总更新株数密度仍仅集中在 1000 ～ 2200 株/hm^2，根据《国家森林资源连续清查技术规定》可知，该地区森林天然更新能力整体较弱，急需开展积极的人为干预措施以促进森林的更新水平，以便维持森林的可持续性。

对 2018 年收集的 56 块固定样地数据中更新树木的各大小级及整体的株数密度、丰富度指数、辛普森多样性指数和香农-维纳多样性指数与林分因子、地形因子、土壤因子等进行相关性分析（图 2-4）。结果表明，整个更新层株数密度与坡度和混交度呈极显著正相关（P＜0.01），而与 A_1 层土壤厚度、林分平均胸径和林分平均树高呈极显著负相关（P＜0.01），与林分蓄积量呈显著负相关（P＜0.05）。幼苗、幼树更新株数密度和多样性指数间均存在显著的正相关关系（P＜0.05），但与小树间关系均不显著；幼苗、幼树株数密度和多样性指数多与海拔呈显著正相关关系（P＜0.05），与 A_2 层土壤厚度和林分蓄积量呈显著负相关关系（P＜0.05）；但小树的株数密度、多样性指数则多与坡度和混交度呈显著正相关关系，而与林分蓄积量呈显著负相关关系。上述分析整体表明，高海拔地区能够促进幼苗幼树的更新，坡度、林分混交度则是促进小树生长和存活的关键因素；更新密度和更新多样性整体随着林分蓄积量（胸径、树高、密度）的增加而降低，因此在后续经营中可通过调整林分混交度和蓄积量来促进林分的更新与存活。

表 2-11　大兴安岭主要林分类型幼苗幼树更新统计

林分类型	树种	幼苗（HT≤30cm）					幼树（30cm＜HT≤130cm）					小树（HT＞130cm 和 DBH＜5cm）				
		地径（mm）	树高（cm）	年龄（年）	年龄范围（年）	计数（株）	地径（mm）	树高（cm）	年龄（年）	年龄范围（年）	计数（株）	地径（mm）	树高（cm）	年龄（年）	年龄范围（年）	计数（株）
落叶松白桦混交林	白桦	2.25	22.1	1.3	1～2	8	5.41	67.5	3	1～9	51	24.65	276	10.3	3～33	52
	落叶松	2.86	16.8	2	2	4	12.25	87.4	6.1	2～12	45	31.65	305.2	15.4	7～30	58
	杨树	5.86	20.5	2	1～3	2	8.66	93.3	3.7	1～10	227	15.35	184.8	6.9	3～15	391
落叶松	落叶松	3.56	22.1	1.9	1～3	10	12.23	89.3	5.6	1～11	298	40.97	363.2	15.7	5～32	623
	红皮云杉	2.36	15.4	1.9	1～5	547	11.87	73.7	7.1	2～15	682	33.8	225.7	16.6	6～31	277
	白桦	1.87	19.5	1.3	1～2	6	6.96	84.8	3.7	1～8	138	25.78	321.3	11.6	3～31	203
	樟子松	2.24	16.5	1.7	1～4	44	7.31	70	4.8	1～11	91	38.75	398	19.2	7～35	33
	杨树						6.68	78.7	3.5	1～7	15	21.99	290.8	9.6	3～22	41
	柳树	2.57	23.5	1	1	2	8.19	76.8	3	1～6	64	16.67	202.7	6.6	3～12	38
	柞树	1.8	14.5	1.2	1～2	21	4.74	35	3	3	1					
白桦	白桦	3.03	19.3	1	1	64	8.11	85	3.3	1～9	222	19.07	236.8	8.1	3～23	430
	落叶松	3.09	24	2	2	1	11.2	101.3	7.3	3～11	53	27.02	247.3	13	7～26	170
	杨树						10.51	103	3.5	1～7	204	19.48	218.8	6.7	3～20	1020

注：HT. 树高；DBH. 胸径

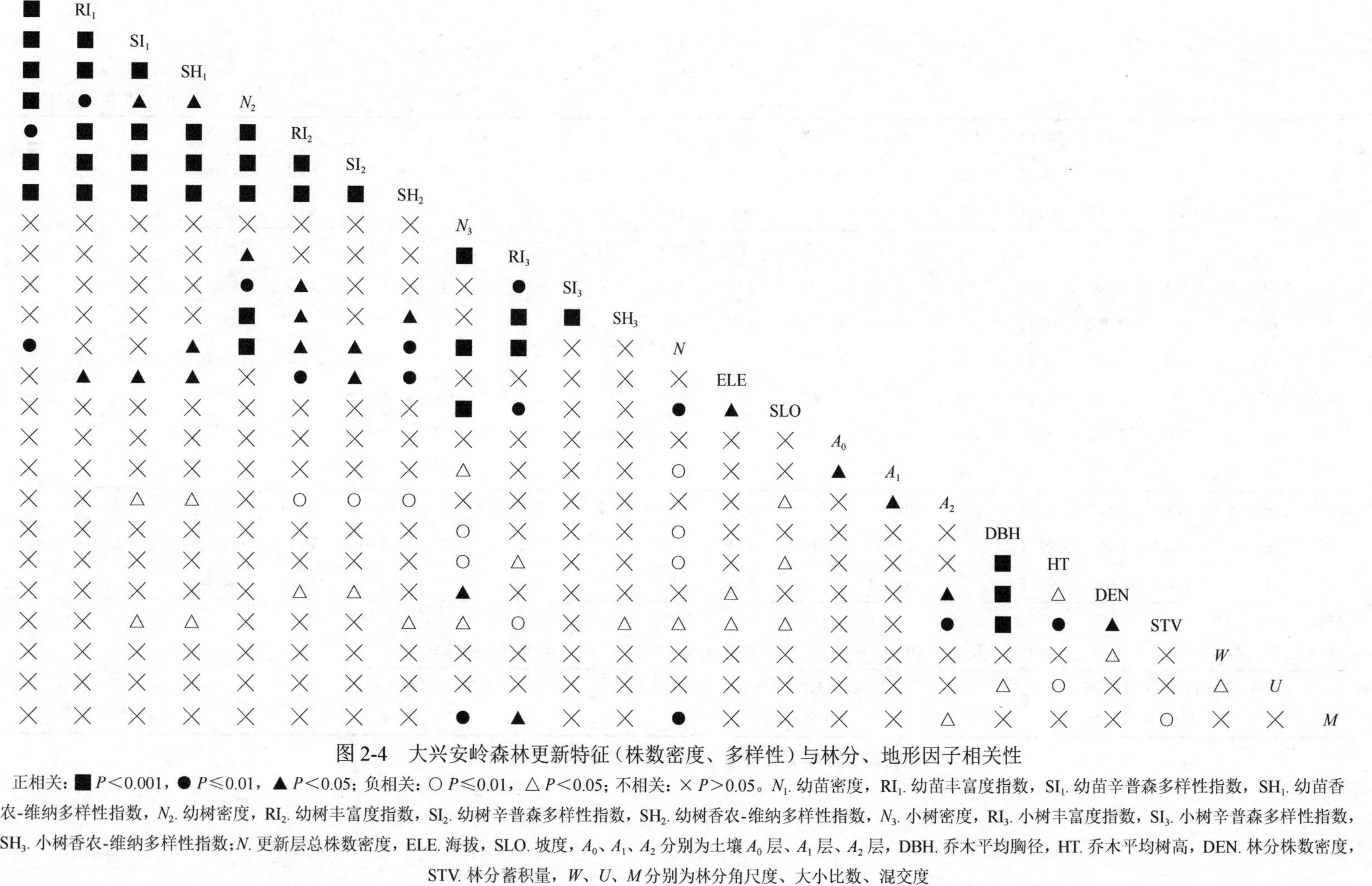

图 2-4　大兴安岭森林更新特征（株数密度、多样性）与林分、地形因子相关性

正相关：■ $P<0.001$，● $P\leqslant0.01$，▲ $P<0.05$；负相关：○ $P\leqslant0.01$，△ $P<0.05$；不相关：× $P>0.05$。N_1. 幼苗密度，RI_1. 幼苗丰富度指数，SI_1. 幼苗辛普森多样性指数，SH_1. 幼苗香农-维纳多样性指数，N_2. 幼树密度，RI_2. 幼树丰富度指数，SI_2. 幼树辛普森多样性指数，SH_2. 幼树香农-维纳多样性指数，N_3. 小树密度，RI_3. 小树丰富度指数，SI_3. 小树辛普森多样性指数，SH_3. 小树香农-维纳多样性指数；N. 更新层总株数密度，ELE. 海拔，SLO. 坡度，A_0、A_1、A_2 分别为土壤 A_0 层、A_1 层、A_2 层，DBH. 乔木平均胸径，HT. 乔木平均树高，DEN. 林分株数密度，STV. 林分蓄积量，W、U、M 分别为林分角尺度、大小比数、混交度

模型拟合结果表明（表 2-12，图 2-5），除幼苗更新株数预测模型精度相对较低外（R^2=0.2798），幼树、小树和更新整体株数预测模型的精度均相对较高（R^2＞0.75），表明模型的拟合精度较高，整体能够满足林业生产需求。各林分、地形、土壤变量对各大小级更新株数的作用显著不同。对幼苗而言，更新株数随坡位的下降而减少，随林分混交程度的增加而降低；幼树更新株数在阴坡显著高于阳坡，随 A_1 层土壤厚度和树高的增加而减少，但与林分蓄积量和混交度显著正相关；小树更新株数随坡度下降而增加，随林分密度和混交度的增加而增加，但随林分蓄积量的增加而下降；从林分整体更新情况来看，更新株数随坡度和混交度的增加而增加，随坡位的下降而增加。

表 2-12　大兴安岭各大小级更新株数模型参数估计值

参数	整体		幼苗		幼树		小树	
	估计值	*P* 值	估计值	*P* 值	估计值	*P* 值	估计值	*P* 值
截距	8.3574	＜0.0001	12.5019	0.0003	10.7285	＜0.0001	1.5634	0.2981
坡度	0.1478	0.0183					0.2582	0.0009
坡位	0.2781	0.0936	−1.1381	0.0383				
坡向					−0.3688	0.0004		
A_1 厚度	−0.0641	0.0607			−0.1237	0.0105		
树高	−0.1618	0.0075			−0.2517	0.0041		
密度							0.0012	＜0.0001
蓄积量					0.0065	0.0343	−0.0114	0.0001
混交度	1.0434	0.0221			1.8691	0.0020	7.9664	0.0045
角尺度			−12.8281	0.0262				
调整 R^2	0.8466		0.2798		0.7916		0.8661	

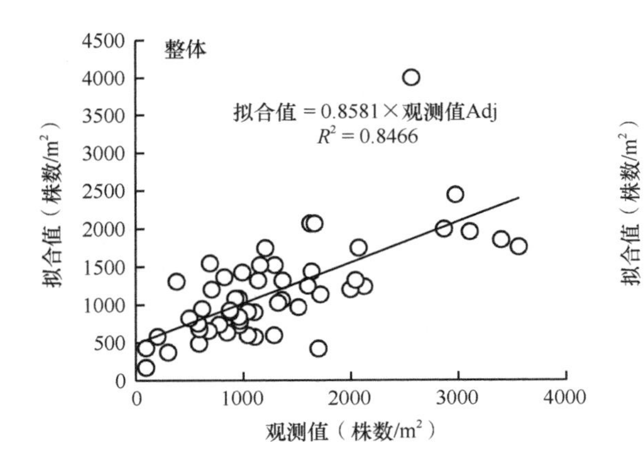

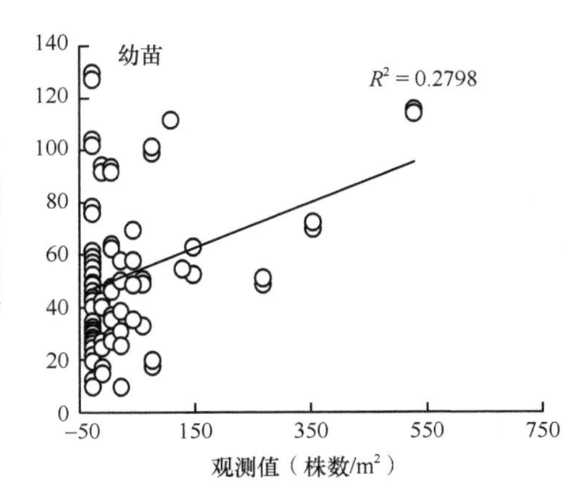

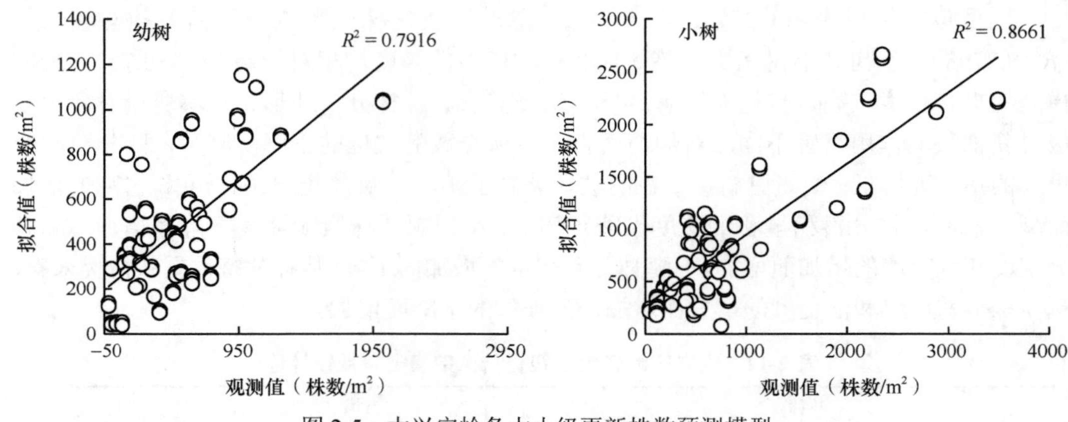

图 2-5　大兴安岭各大小级更新株数预测模型

2.5　幼苗幼树分布格局及空间关联性

空间分布格局和空间关联性是种群生态关系在空间格局上的两种表现形式，也是植物空间格局研究的两个主要内容。在森林演替过程中，乔木树种的更新及其空间格局，对未来森林种群动态具有决定性影响，了解幼苗、幼树空间分布格局可以提高森林管理的质量，良好的天然更新可以促进次生林的正向演替。

目前有关森林更新分布格局的研究主要分成两大类：一类是幼苗、幼树的空间分布格局研究，另一类是不同生长阶段下树种对幼苗、幼树更新影响的研究，即种间或种内关联性的研究。已有研究表明，运用点格局分析研究森林物种的分布格局及其关联性可以很好地从多尺度理解植物种群的生态学特性和过程，对揭示种群的更新和维持机制有着重要意义。以往国内外有关物种空间格局的研究多采用 Ripley's K 函数，但由于其具有尺度积累效应会影响结果的准确性，因此空间格局的分析方法不断得到优化。近年来，空间点格局 O-ring 统计方法因其能避免尺度累积效应、更真实地反映种群任意尺度的空间分布格局而得到广泛应用（郭垚鑫等，2014；董灵波等，2014）。

本节以黑龙江大兴安岭地区新林林业局翠岗林场的白桦林、针阔叶混交林、针叶混交林 3 块天然次生林样地为研究对象，运用 O-ring 空间点格局分析方法，对 3 种森林类型不同发育阶段下优势树种和主要树种的空间分布格局及空间关联性进行深入研究，旨在从空间格局角度认识该地区不同群落的种群生物学特性及空间关系，探讨其格局形成的内在机制，为制定该地区合理的森林经营方案提供理论依据。

2.5.1　研究方法

2.5.1.1　幼苗幼树等级划分

根据研究目的及前人研究结果的综合考虑，将 3 种林型的所有树种按以下标准划分为 5 个等级。

1）幼苗（高度＜30cm）。

2）幼树（30cm≤高度<2m）。

3）小树（高度≥2m 且胸径<5cm）。

4）中树（5cm≤胸径<15cm）。

5）大树（胸径≥15cm）。

2.5.1.2 空间点格局分析

本研究采用 Wiegand 和 Moloney（2004）提出的 O-ring 统计对空间格局与关联性进行分析，在此之前，Ripley's K 函数和 Ripley's L 函数作为分析空间点格局的重要方法，一直被广大研究者所使用，但是由于这两种方法在使用过程中具有明显的尺度累积效应（即边缘效应），因此也被部分学者所诟病。O-ring 函数可以很好地解决这一问题，该方法克服了传统方法只能分析单尺度空间分布格局的缺点，充分利用了不同点的空间信息。O-ring 函数的具体公式如下。

$$O_{12}^{w}(r)=\frac{\frac{1}{n_1}\sum_{i=1}^{n}\text{Points}_2[R_{1,i}^{w}(r)]}{\frac{1}{n_1}\sum_{i=1}^{n_i}\text{Area}[R_{1,i}^{w}(r)]} \tag{2-7}$$

$$\text{Points}_2[R_{1,i}^{w}(r)]=\sum_{x}\sum_{y}S(x,y)P_2(x,y)I_r^{w}(x_i,y_i,x,y) \tag{2-8}$$

$$\text{Area}[R_{1,i}^{w}(r)]=z^2\sum_{\text{allx}}\sum_{\text{ally}}S(x,y)I_r^{w}(x_i,y_i,x,y) \tag{2-9}$$

$$I_r^{w}(x_i,y_i,x,y)=\begin{cases}1, & \text{当}\, r-\frac{w}{2}\leqslant\sqrt{(x-x_i)^2+(y-y_i)^2}\leqslant r+\frac{w}{2}\\ 0, & \text{其他}\end{cases} \tag{2-10}$$

式中，$O_{12}^{w}(r)$ 为在点 i 处、半径为 r、圆环宽度为 w 时对象 1 与对象 2 的空间关联值；n_1 为双变量统计中对象 1 的点数量；$R_{1,i}^{w}(r)$ 是对象 1 中以 i 点为圆心、r 为半径、w 为宽度的圆环；$\text{Points}_2(X)$ 计算区域 X 内对象 2 的点数量；$\text{Area}(X)$ 为区域 X 的面积；(x_i, y_i) 为对象 1 中 i 点的坐标；$S(x, y)$ 为二分类变量，如果坐标 (x, y) 在研究区域 X 内，则 $S(x, y)=1$，反之则 $S(x, y)=0$；z^2 表示一个单元格的面积大小；$I_r^{w}(x_i, y_i, x, y)$ 是随对象 1 中以 i 点为中心、r 为半径的圆而变化的变量；$P_2(x, y)$ 表示分布在单元格内对象 2 的点数量。对单变量的 O-ring 统计可通过设定对象 1 等于对象 2 来计算。

2.5.1.3 数据处理

以单变量 $O(r)$ 分析 3 种森林类型不同发育阶段树种的空间分布格局，采用双变量 $O_{12}(r)$ 分析 3 种森林类型不同发育阶段树种的空间关联性。本研究使用具有完全空间随机分布（complete spatial randomness，CSR）的零假设模型来评估单变量点模式。考虑到不同发展阶段的时间序列，采取前因条件假设零模型来评估双变量点模式，即大等级固定小等级随机的假设（Nathan，2006）。

采用 Programita 2010 软件用于上述树木空间分布的点模式分析。为了消除边缘效应，在不超过样地边长一半的情况下，以 1m 的滞后距离进行长达 50m 的空间尺度分析。为了评估与零模型的偏离，进行 99 次蒙特卡罗模拟得到 95% 的置信区间（Clark and Clark，1981），为了保证数据的准确性，对于各林型中数量小于 30 的林木，本研究没有进行空间格局分析。采用 Excel 2019 进行图形的绘制。

2.5.2 幼苗幼树分布格局研究结果与分析

2.5.2.1 群落结构特征

从表 2-13 可以看出，在白桦林中，白桦作为优势树种在所有树种中占据着最大的比例，其断面积占总断面积的 90.9%，其他树种包括山杨、辽东桤木、柳树均少量出现。针阔叶混交林中，以落叶松和白桦为主，两者断面积占总断面积的 98.2%。在针叶混交林中，落叶松、樟子松和红皮云杉 3 种针叶树种的断面积占总体的 86.6%，其中落叶松所占的比例最大，其断面积占总体的 62.0%，其他两种阔叶树种白桦和山杨的断面积之和占总体的 13.4%。从各林型径级分布可看出，3 种林型的死亡主要集中在胸径小的树木上，随着胸径增大，枯损密度逐渐减小，针叶混交林各径级林木呈现出反“J”形曲线分布（图 2-6）。

表 2-13　各样地物种个数及其断面积

森林类型	树种	株数	A	B	C	D	E	BA（m^2/hm^2）	BA 占比（%）
BF	Lg	282	1	123	98	46	14	0.935	6.8
	Bp	1926	62	538	322	791	213	12.552	90.9
	Po	108	0	10	83	14	1	0.117	0.8
	Al	1285	0	795	464	26	0	0.182	1.3
	Sa	8	0	1	3	4	0	0.022	0.2
	总计	3609	63	1467	970	881	228	13.808	100.0
CBMF	Lg	970	4	74	54	612	226	11.434	58.5
	Bp	728	9	105	37	404	173	7.762	39.7
	Ps	8	0	0	0	4	4	0.247	1.3
	Pi	2	0	0	0	1	1	0.042	0.2
	Po	75	0	64	5	4	2	0.067	0.3
	Al	695	2	590	103	0	0	0	0
	Sa	4	0	3	1	0	0	0	0
	总计	2482	15	836	200	1025	406	19.552	100.0
CMF	Lg	2720	12	531	527	1537	113	13.005	62.0
	Bp	644	6	251	132	243	12	1.577	7.5
	Ps	351	48	115	30	111	47	2.424	11.6
	Pi	1789	546	841	136	223	43	2.728	13.0

续表

森林类型	树种	株数	A	B	C	D	E	BA（m^2/hm^2）	BA占比（%）
CMF	Po	133	1	27	23	56	26	1.226	5.9
	Al	11	0	6	5	0	0	0	0
	Sa	125	2	105	18	0	0	0	0
	Qm	26	22	4	0	0	0	0	0
	总计	5797	637	1880	871	2170	241	20.960	100.0

注：BF、CBMF、CMF分别表示白桦林、针阔叶混交林、针叶混交林；A、B、C、D、E分别表述幼苗、幼树、小树、中树及大树；BA表示断面积；Lg、Bp、Ps、Pi、Po、Al、Sa、Qm分别表示落叶松、白桦、樟子松、红皮云杉、山杨、辽东桤木、柳树及柞树

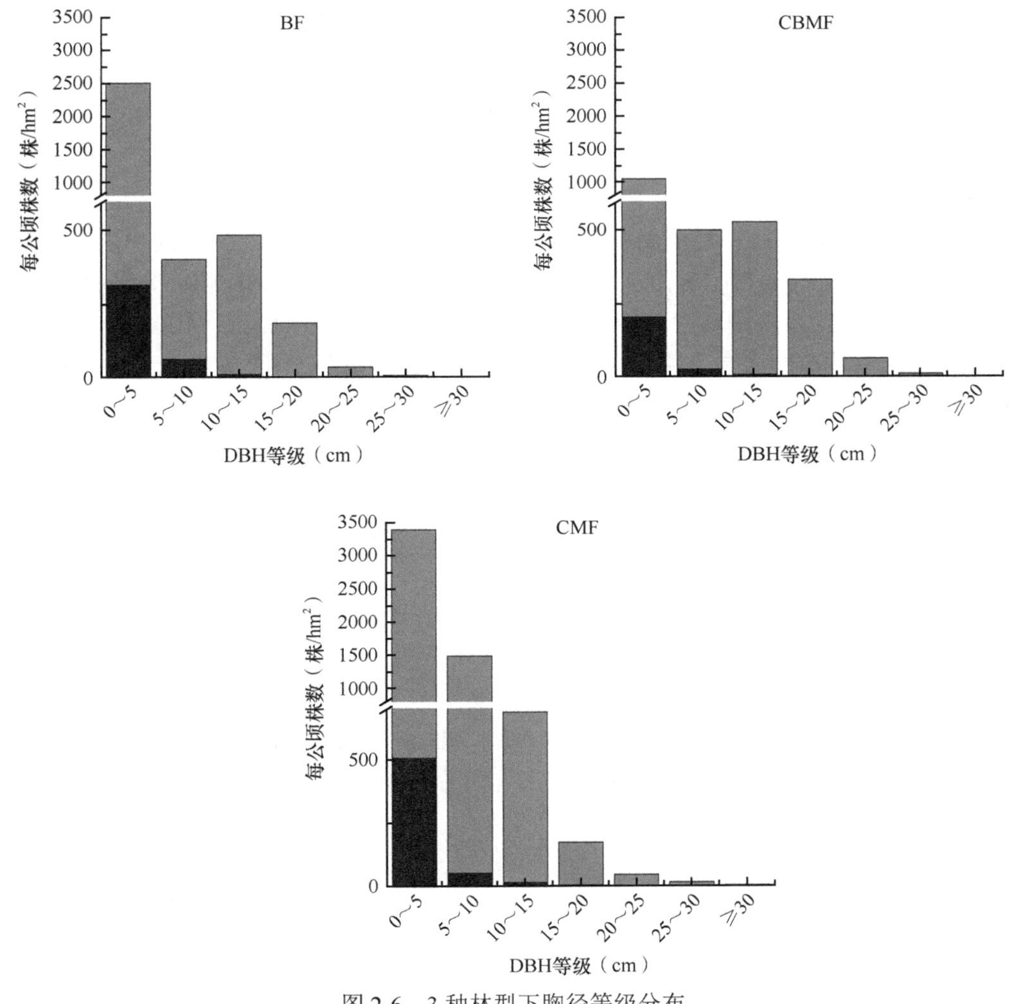

图2-6 3种林型下胸径等级分布

黑色区域表示枯立木，灰色区域表示活立木

此外，表2-13还显示3种林型下主要更新树种存在不同，3种林型中都出现了白桦和落叶松幼苗、幼树与小树更新，辽东桤木更新主要出现在白桦林和针阔叶混交林当中，

以辽东楤木幼树和小树居多，针叶混交林中更新树种较多，红皮云杉幼苗、幼树在各生长阶段下数量最多。白桦林和针叶混交林中幼苗、幼树和小树更新的总株数要大于乔木层中树和大树的总株数。

2.5.2.2　空间分布格局分析

在天然次生林里，林分整体空间分布格局在向顶极群落演替过程中，种群在由幼龄树到老龄树的聚集程度会逐渐降低，一般种群空间格局的过渡趋势为聚集→随机→均匀，同时种群由小径级到大径级的发展过程中，分布格局一般也呈现聚集分布到随机分布的趋势（Condit et al.，2000；Gavrikov and Stoyan，1995）。对三种林型中优势树种及其他主要树种在各生长阶段下林木的空间分布格局进行分析，可以更加直观地反映各林型下树种在处于不同发育阶段时的分布状态，为探讨不同树种在相同林型及相同树种在不同林型下产生空间分布差异的原因及分布规律提供依据。

1. 白桦林各树种不同生长阶段下空间分布格局

图 2-7 给出了白桦林中优势树种白桦各生长阶段下的空间分布格局，白桦幼苗在 1 ～ 7m 尺度上呈聚集分布，在 8 ～ 39m 尺度上以均匀分布为主，在 40 ～ 47m 尺度上恢复聚集分布（图 2-7 Bp1）。白桦幼树和小树分别在 0 ～ 32m 和 0 ～ 29m 的尺度上表现为聚集分布状态，在更大的尺度上，小树呈现随机分布的比例要大于幼树随机分布的比例（图 2-7 Bp2、Bp3）。这是由于该样地附近存在大面积的白桦纯林（面积＞$100hm^2$），在种子扩散过程中在局域范围内易产生聚集分布，而其他两块样地周围的森林类型主要以混交林为主，表明邻近生境（adjacent habitat）对白桦幼树、小树的空间格局形成也存在一定的影响，这些差异也从侧面证实了不同群落中单个物种分布格局的变化可以为解释不同群落形成和维持机制提供有价值的信息。在所有尺度范围内，白桦中树呈现随机分布的比例大于幼苗、幼树和小树阶段（图 2-7 Bp4）。白桦大树除了在 2m 尺度上呈现均匀分布，在其他尺度上均呈现随机分布（图 2-7 Bp5）。

白桦林中其他树种：落叶松幼树、小树及中树在小尺度上总体呈现出较明显的聚集分布，随着尺度的逐渐增大，各阶段的落叶松处于随机分布（图 2-8 Lg2、Lg3、Lg4）。辽东楤木小树和幼树呈现出相似的分布模式，随着尺度的不断增大，依次表现出聚集分布-随机分布-均匀分布的分布特征（图 2-8 Al2、Al3）。山杨小树在 0 ～ 26m 的尺度上呈现聚集分布，在剩余的尺度上，分布模式在均匀分布和随机分布之间转换，随机分布占的比例略高于均匀分布（图 2-8 Po3）。

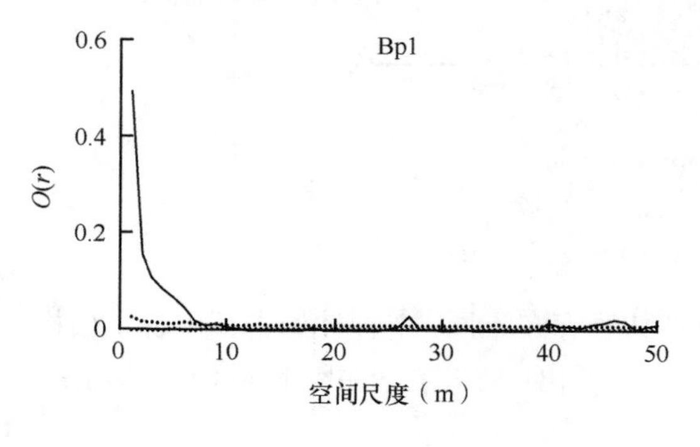

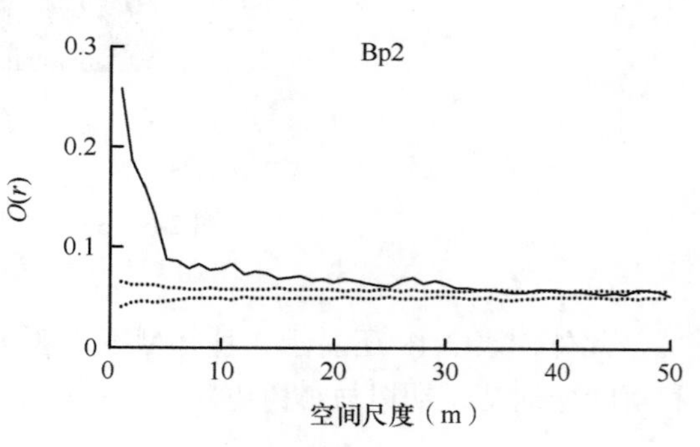

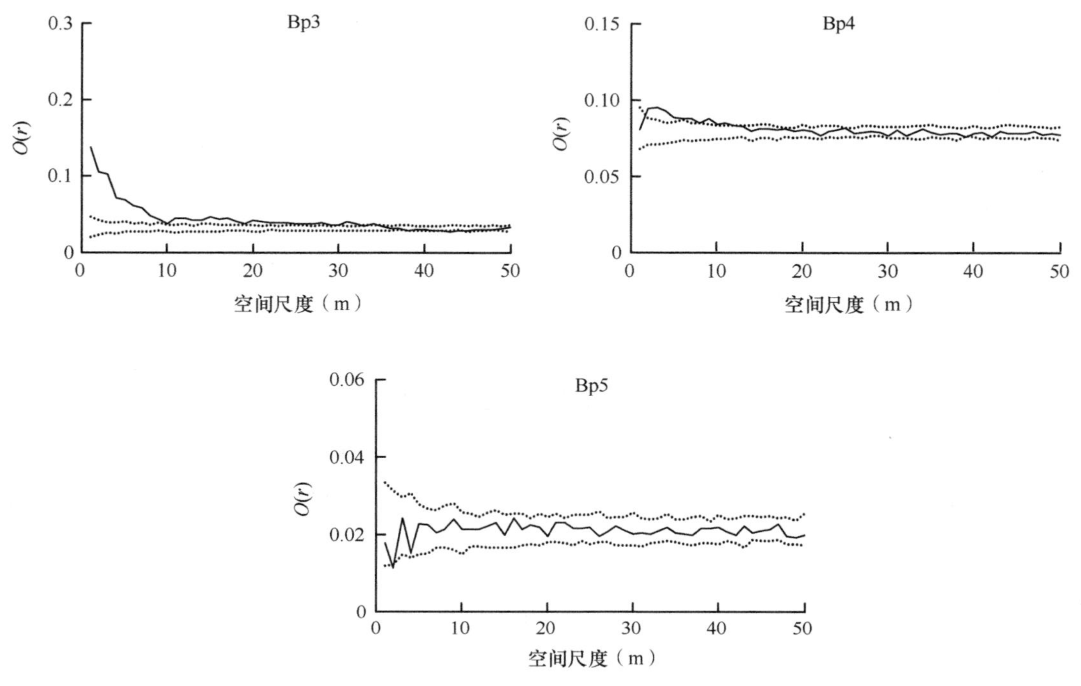

图 2-7　白桦林中白桦空间分布

$O(r)$ 表示树种的空间聚集程度，图中虚线表示 95% 置信区间的上下限，处于上限以上的点表示聚集分布，处于虚线之间的点表示随机分布，处于下限以下的点表示均匀分布；图 2-8 ～图 2-12 同。Bp1、Bp2、Bp3、Bp4 和 Bp5 分别表示白桦幼苗、幼树、小树、中树和大树，其他各生长阶段下树种的表达以此类推

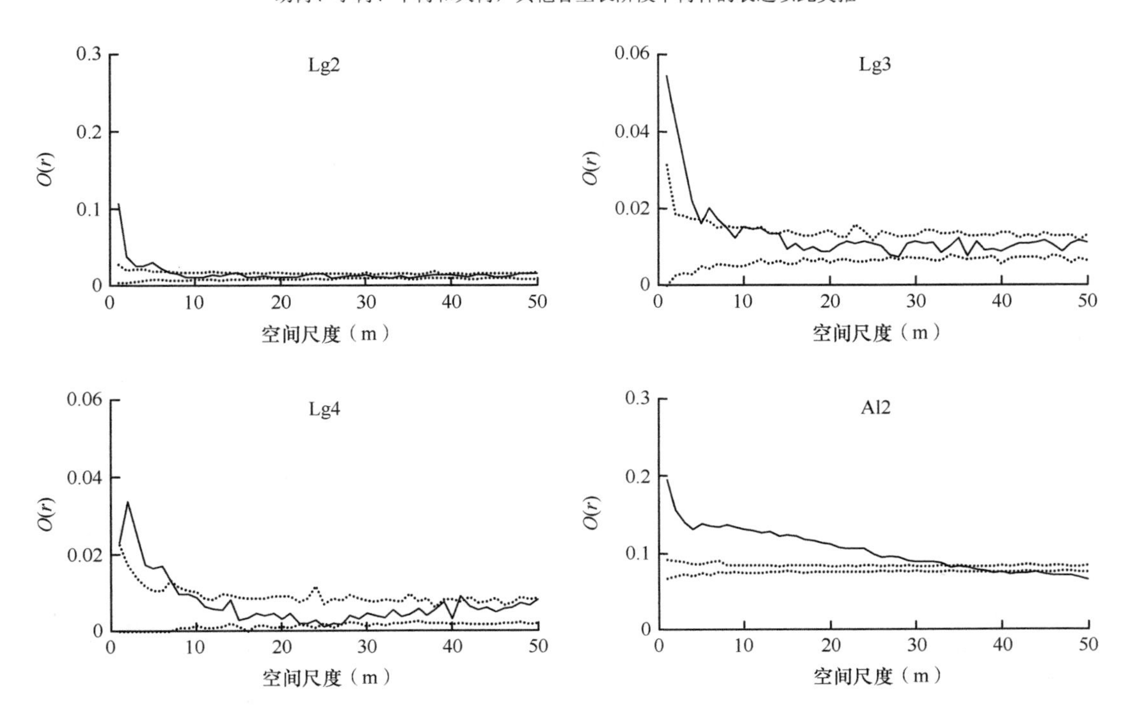

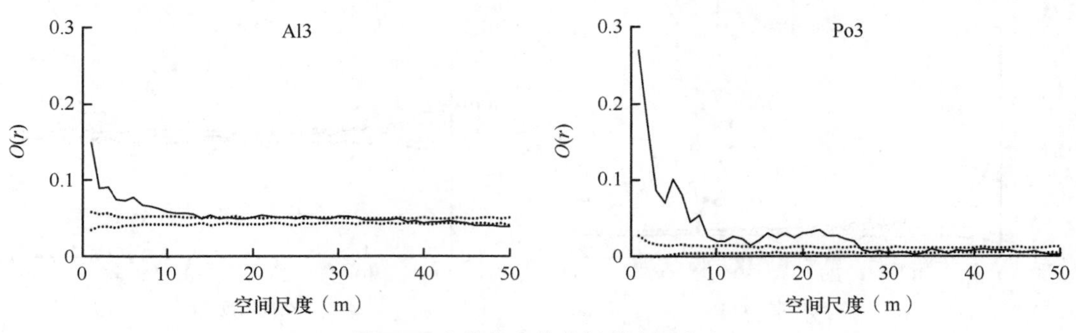

图 2-8　白桦林中其他树种空间分布

2. 针阔叶混交林各树种不同生长阶段下空间分布格局

图 2-9 给出了针阔叶混交林中优势树种落叶松各生长阶段下的空间分布格局，落叶松幼树、小树和中树呈现出相似的分布规律，即在小尺度下表现为聚集分布，随着尺度的增加呈现以随机分布为主的分布状态（图 2-9 Lg2、Lg3、Lg4）。落叶松大树在所有空间尺度上均表现为随机分布状态（图 2-9 Lg5）。

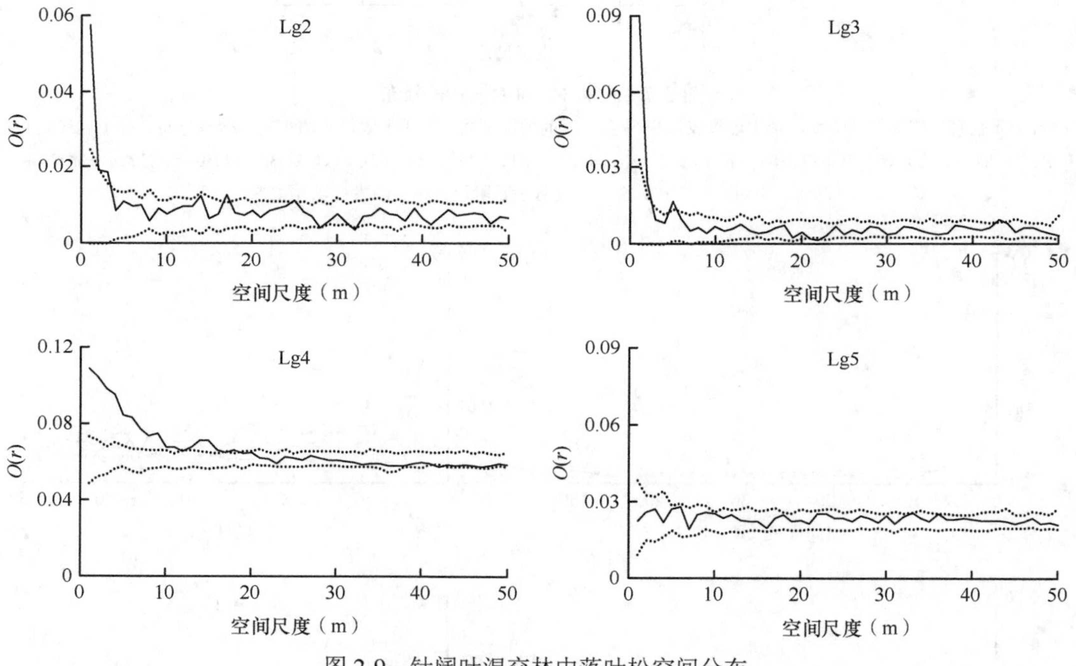

图 2-9　针阔叶混交林中落叶松空间分布

针阔叶混交林中其他树种：在总体尺度范围上，各个生长阶段下的白桦均以随机分布为主（图 2-10 Bp2、Bp3、Bp4、Bp5）。辽东桤木幼树在 1 ～ 17m 的尺度上呈现聚集分布状态，在 18 ～ 39m 的尺度上以随机分布为主，在 40 ～ 50m 的尺度上又恢复聚集分布状态；辽东桤木小树在 1 ～ 5m 的尺度上呈现聚集分布，在剩余的尺度上主要呈现随机分布状态（图 2-10 Al2、Al3）。杨树幼树在 1 ～ 21m 的尺度上呈现聚集分布，在剩余的尺度上在随机分布和均匀分布之间转换（图 2-10 Po2）。

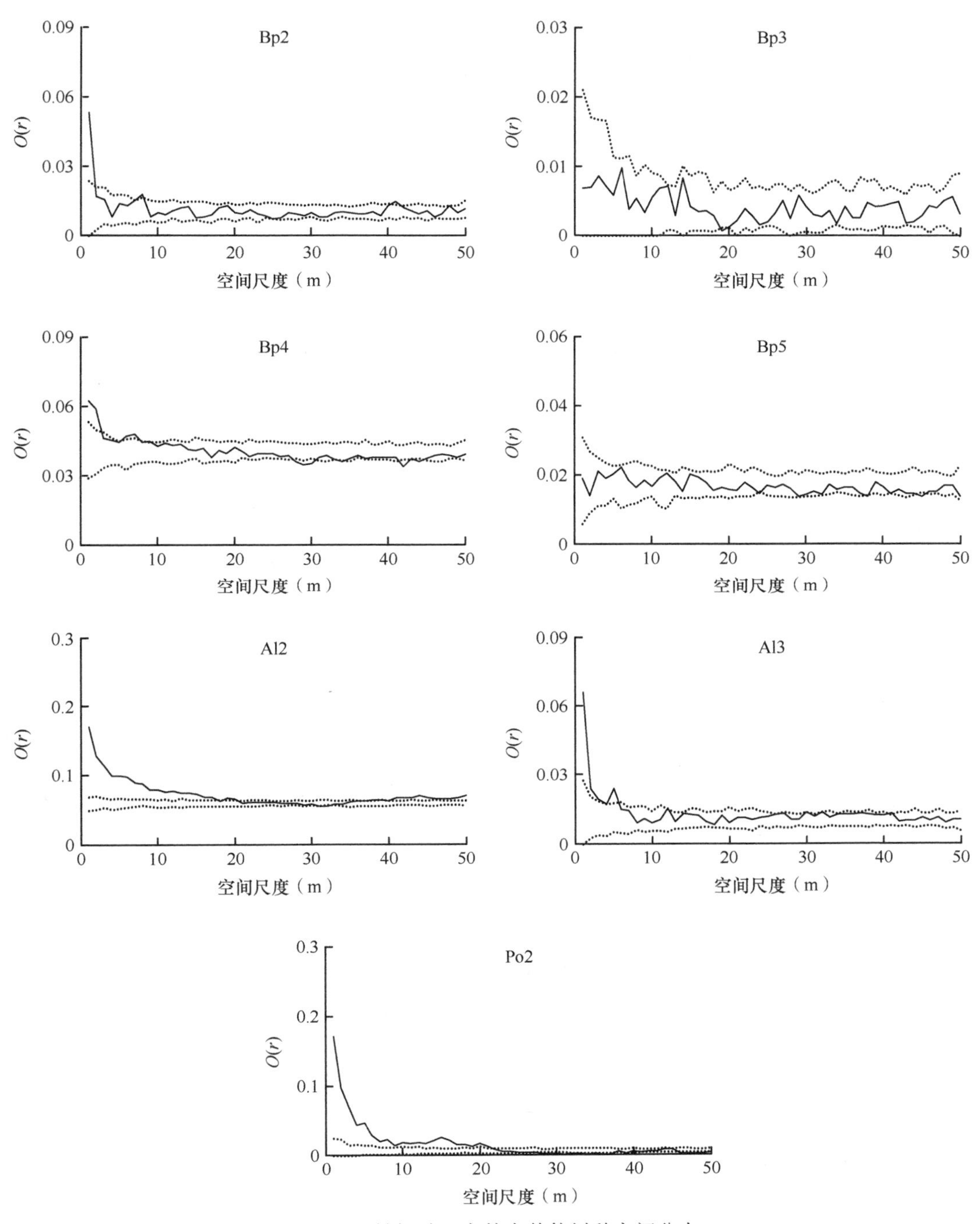

图 2-10　针阔叶混交林中其他树种空间分布

3. 针叶混交林各树种不同生长阶段下空间分布格局

图 2-11 给出了针叶混交林中优势树种落叶松各生长阶段下的空间分布格局，落叶松幼树和小树呈现出相似的分布趋势，两者在较大范围的尺度内呈现聚集分布（幼树 1 ～ 31m，小树 1 ～ 35m），然后呈现随机分布状态（幼树 32 ～ 37m，小树 36 ～ 43m），

最后在更大的尺度上呈现均匀分布状态（图 2-11 Lg2、Lg3）。落叶松中树在 1 ～ 25m 尺度内以聚集分布为主，在 26 ～ 50m 尺度以随机分布为主（图 2-11 Lg4）。落叶松大树在总体上以随机分布为主（图 2-11 Lg5）。

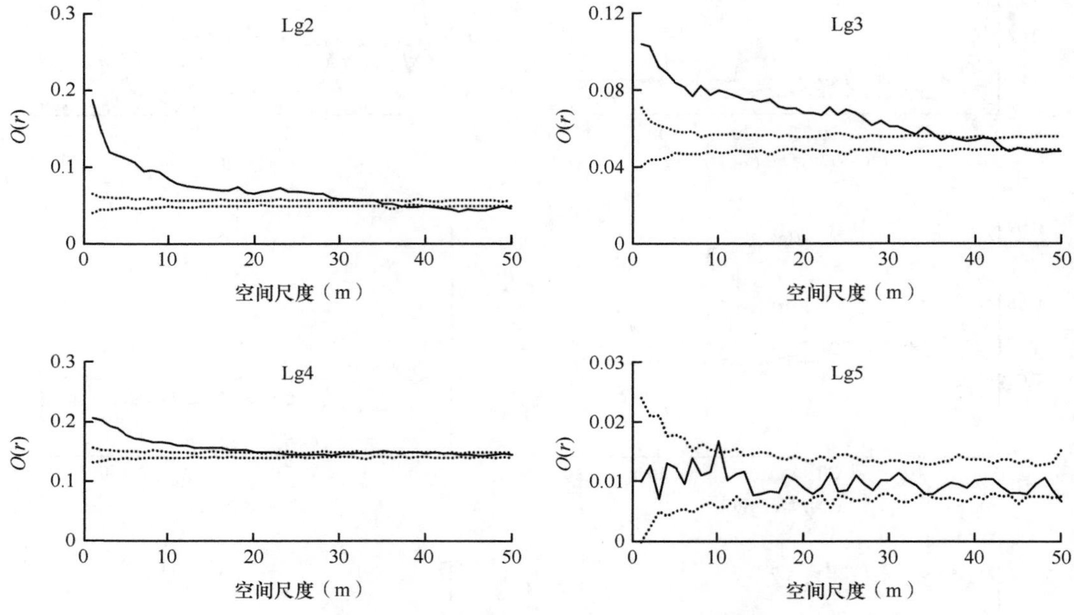

图 2-11 针叶混交林中落叶松空间分布

针叶混交林中其他树种：在总体尺度范围内，红皮云杉幼苗、幼树、小树、中树主要呈现聚集分布（图 2-12 Pi1、Pi2、Pi3、Pi4），红皮云杉大树的分布状态主要以随机分布为主（图 2-12 Pi5）。樟子松幼树和中树在 1 ～ 30m 上主要表现为聚集分布（图 2-12 Ps2、Ps4），幼苗、小树及大树在 10 ～ 50m 上主要以随机分布为主（图 2-12 Ps1、Ps3、Ps5）。幼树、中树生长阶段下的白桦主要处于随机分布状态（图 2-12 Bp2、Bp4），小树在 1 ～ 18m 和 19 ～ 50m 上分别主要处于聚集分布和随机分布状态（图 2-12 Bp3）。各个阶段下的红皮云杉和樟子松表现出与落叶松相似的分布特征，这与寒温带兴安落叶松林的研究结果一致（贾炜玮等，2017）。柳树幼树在 1 ～ 20m 尺度内以聚集分布为主，在 21 ～ 50m 尺度内以随机分布为主（图 2-12 Sa2）。山杨中树在 1 ～ 30m 尺度内以聚集分布为主，在 31 ～ 45m 尺度内以随机分布为主，在剩余尺度内呈现均匀分布（图 2-12 Po4）。

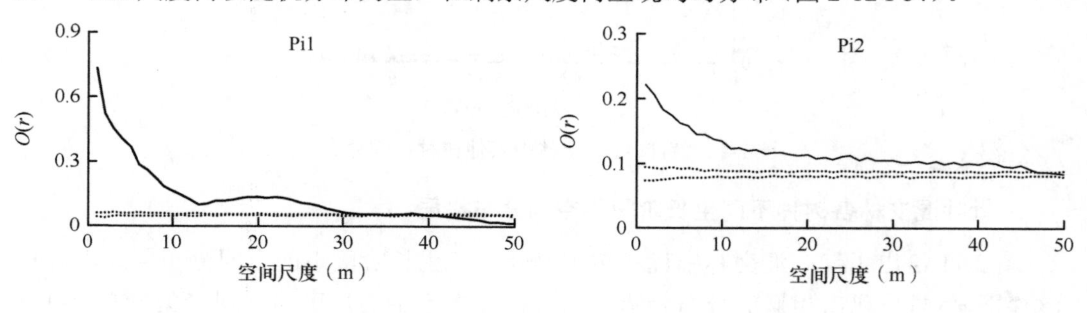

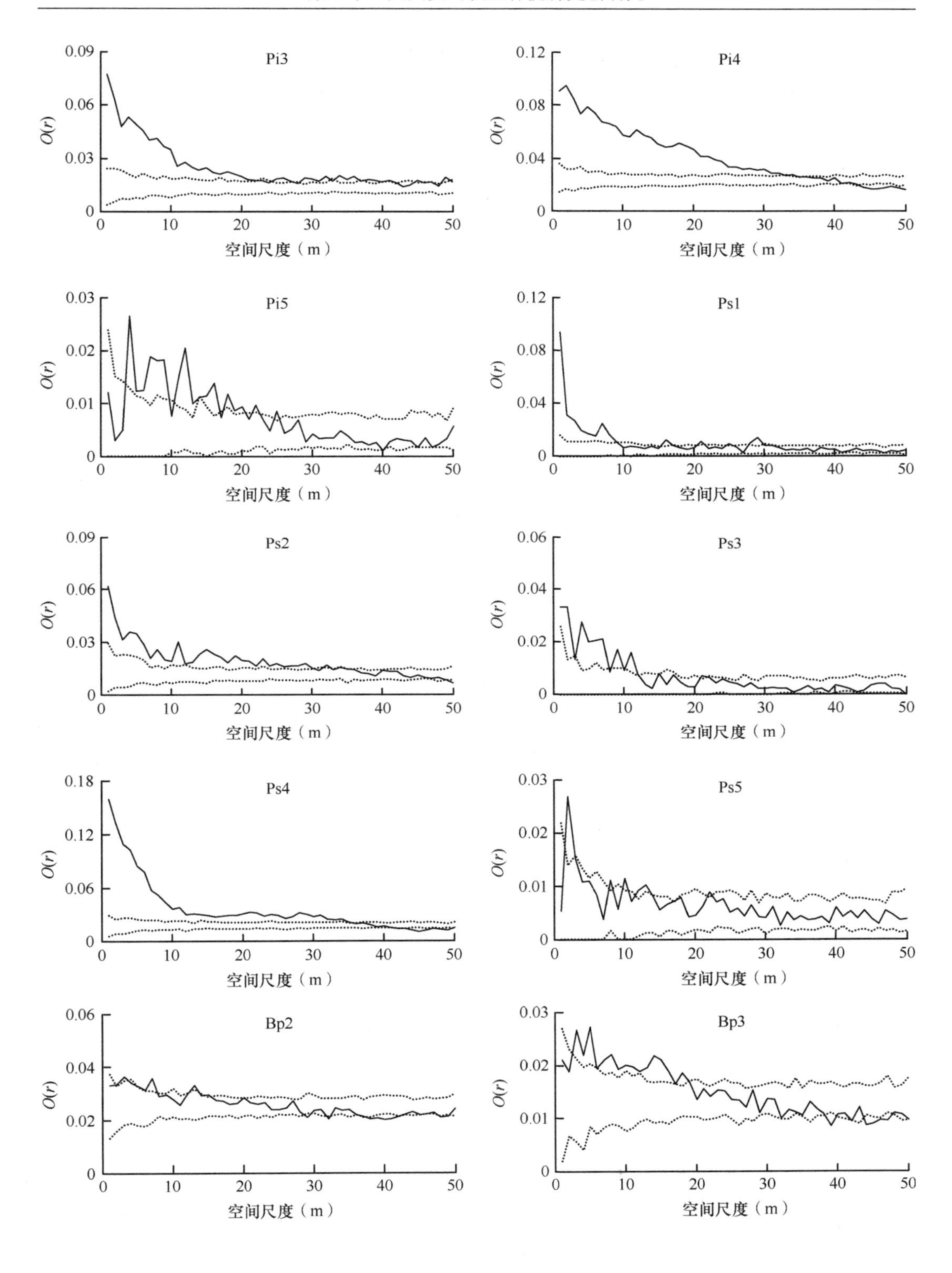
Pi3
Pi4
Pi5
Ps1
Ps2
Ps3
Ps4
Ps5
Bp2
Bp3
O(r)
空间尺度（m）

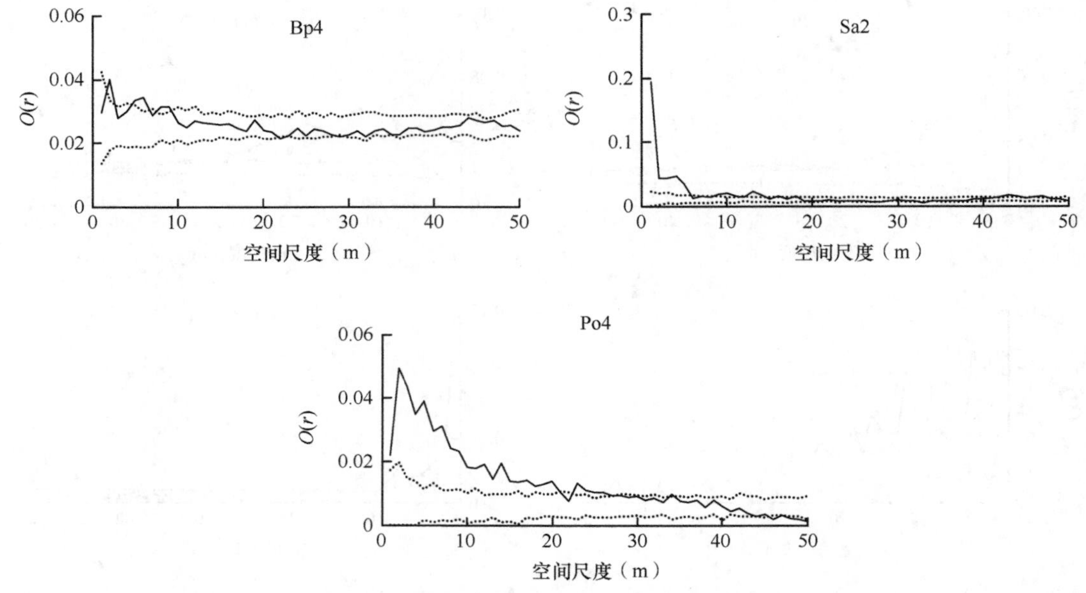

图 2-12　针叶混交林中其他树种空间分布

本节中，3 种林型下落叶松的幼树、小树和中树在小尺度下均表现为聚集分布，这与落叶松树种的扩散特性有关，落叶松种子虽然是翅果，但是由于其种子本身的性质，扩散距离与靠重力传播的种子相似，传播距离较近，因此在小尺度上距离母树较近的位置形成较为明显的聚集分布，刚发育阶段种间竞争并不明显，所以聚集分布较为严重，随着种内竞争的加剧，种群的聚集分布程度逐渐减弱，在落叶松大树阶段主要表现为随机分布。白桦种子较小且具翅，扩散方式主要以风力传播为主，具有很强的扩散能力，种子在传播过程中可以迅速占领林窗和裸地，更新能力较强，因此白桦种群主要倾向于随机分布。此外，大量研究表明，生境异质性对幼苗、幼树的空间分布格局具有较大的影响，由于数据采集过程中没有收集光照、温度、土壤养分等生境变量的信息，因此无法对该地区有关生境异质性对幼苗幼树空间分布格局的影响做出判断，在今后的研究中会加强这方面数据的收集。

2.5.2.3　种内关联性及密度影响分析

对 3 种林型中优势树种及其他主要树种在不同生长阶段之间林木的种内空间关联性及密度变化进行分析，可以了解不同发育阶段下各树种幼苗、幼树与其大树在空间分布上的关系，从而可以反映大树与幼苗幼树的距离远近对其密度的影响，对理解乔木种群更新及种群在区域尺度上的变化具有重要意义。

1. 白桦林各树种不同生长阶段下的种内关联性

图 2-13 显示了白桦林中优势树种白桦各生长阶段之间的关联性，白桦幼苗和幼树在 1 ～ 12m 的尺度上呈正关联，幼苗和幼树分别在 1 ～ 7m 和 1 ～ 32m 的尺度上与小树呈显著的正关联，同时幼苗密度随着与幼树及小树之间距离的增大而逐渐减小，幼树密度也随着与小树之间距离的增加而减小，且都在中等尺度之后趋近于平稳（图 2-13 Bp2-Bp1、

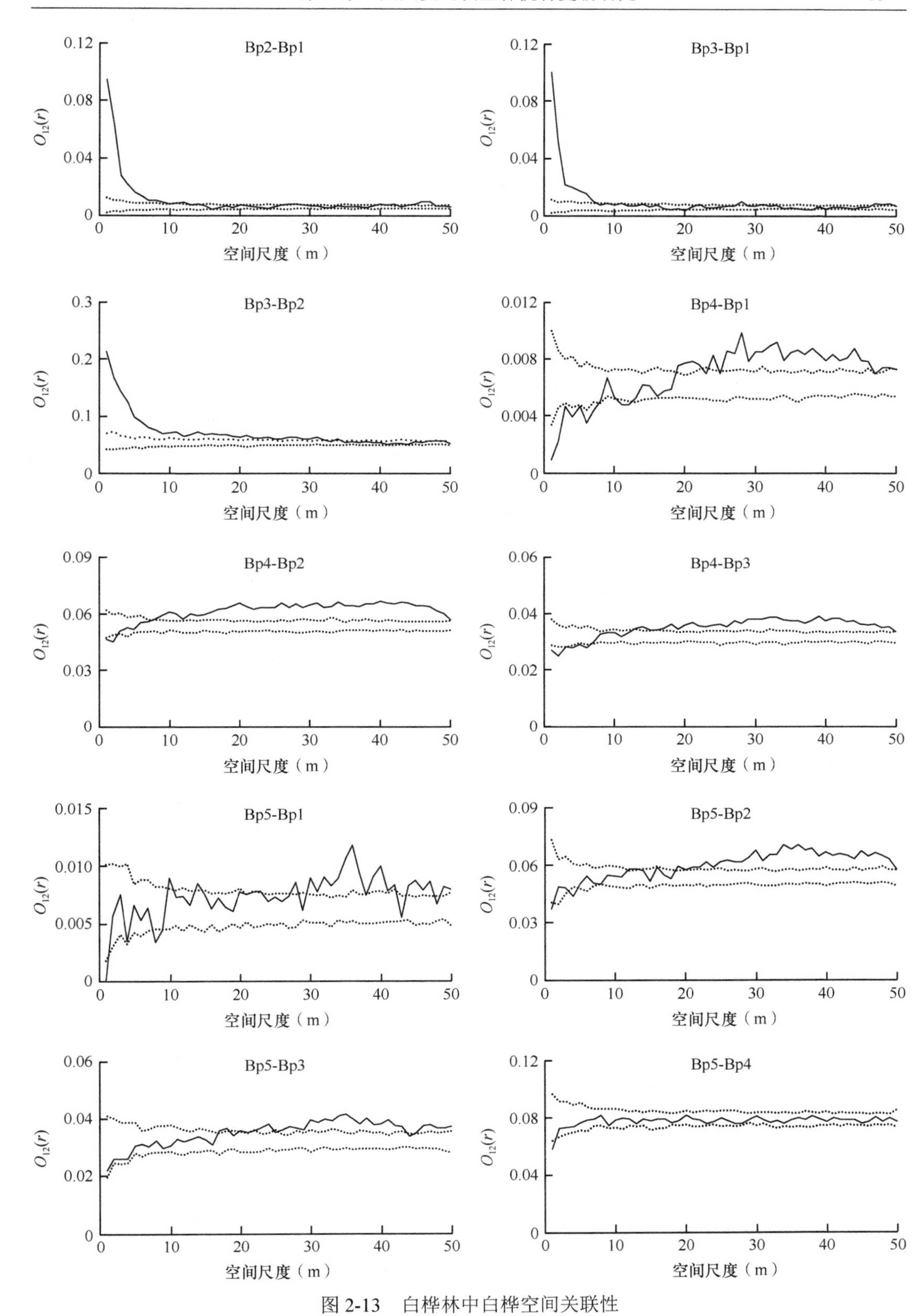

图 2-13　白桦林中白桦空间关联性

$O_{12}(r)$ 值表示同一树种或不同树种在不同时期的空间联系，图中虚线表示 95% 置信区间的上下限，处于上限以上的点表示正关联，处于虚线之间的点表示无关联，处于下限以下的点表示负关联；图 2-14 ～图 2-23 同

Bp3-Bp1、Bp3-Bp2）。白桦幼苗、幼树和小树在总体尺度上与中树呈现出相似的关联性，均依次呈现出负关联-无关联-正关联的关系特征，同时随着与中树之间距离的增大，幼苗、幼树和小树的密度逐渐增加，且在距离中树较远的位置上密度开始减小，但是递减幅度并不明显（图 2-13 Bp4-Bp1、Bp4-Bp2、Bp4-Bp3）。白桦幼苗在 0 ～ 30m 与白桦大树之间主要表现为无关联（图 2-13 Bp5-Bp1），白桦幼树和小树均在 0 ～ 20m 与白桦大树之间主要表现为无关联（图 2-13 Bp5-Bp2、Bp5-Bp3），白桦中树在 2 ～ 50m 与白桦大树表现为无关联（图 2-13 Bp5-Bp4），从总体上看，白桦幼树、小树和中树的密度都随着与大树之间距离的增加而增大，在中等尺度以后增加幅度逐渐趋近于平稳（图 2-13 Bp5-Bp2、Bp5-Bp3、Bp5-Bp4）。这暗示较大径级下的白桦对较小径级下白桦的更新起到促进作用，并且在一定范围内随着与较大径级白桦之间距离的增加，小径级下白桦个体的密度也随之增加，说明距离制约效应在白桦幼树和小树阶段显现。

白桦林中其他树种：落叶松幼树和小树在 1 ～ 15m 尺度上主要表现为正关联，幼树密度随着与小树之间距离的增加呈先减小后增大的趋势，总体上呈“V”形变化（图 2-14 Lg3-Lg2）。幼树和小树分别在 1 ～ 6m 和 1 ～ 3m 的尺度上与中树呈正关联，在随后的尺度上都以无关联为主，幼树和小树密度表现出相似性，两者都随着与中树之间距离的增加而减小，在 17m 左右幼苗和幼树密度达到最小，之后随着距离的增加两者密度呈小幅增大并趋近于平稳（图 2-14 Lg4-Lg2、Lg4-Lg3）。辽东楤木幼树在 1 ～ 34m 尺度上与小树呈正关联，35 ～ 38m 表现为无关联，39 ～ 50m 表现为负关联，在所有尺度上，辽东楤木幼树密度随着与小树距离的增加逐渐减小（图 2-14 Al3-Al2）。

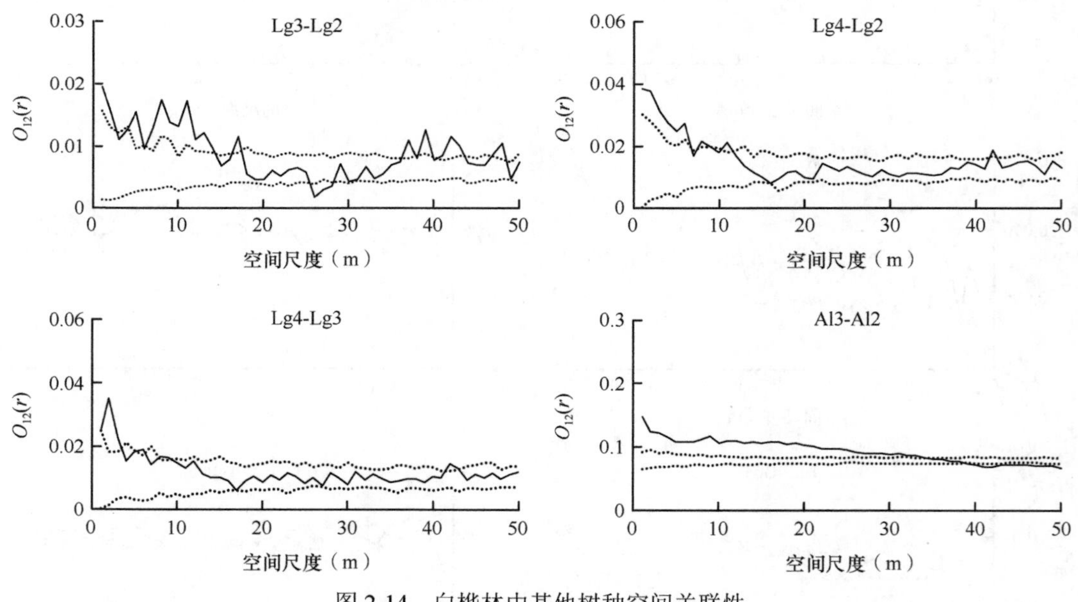

图 2-14　白桦林中其他树种空间关联性

2. 针阔叶混交林各树种不同生长阶段下的种内关联性

图 2-15 显示了针阔叶混交林中优势树种落叶松各生长阶段之间的关联性，落叶松幼树和小树在 1 ～ 2m 尺度上呈正关联，在剩余尺度上主要表现为无关联，幼树密度在小

尺度上随着与小树之间距离的增大逐渐减小，然后密度趋于稳定（图 2-15 Lg3-Lg2）。落叶松幼树和小树与落叶松中树在总体尺度上表现为无关联，且两者密度在总体范围内随着与中树距离的增大并未表现出明显的变化（图 2-15 Lg4-Lg2、Lg4-Lg3）。落叶松幼树、小树、中树与落叶松大树在总体尺度上表现为无关联，落叶松幼树和小树在 1 ～ 15m 尺度上随着与大树距离的增大呈先增大后减小的 M 字形变化，落叶松中树在总体上随着与大树距离的增大变化幅度较小（图 2-15 Lg5-Lg2、Lg5-Lg3、Lg5-Lg4）。

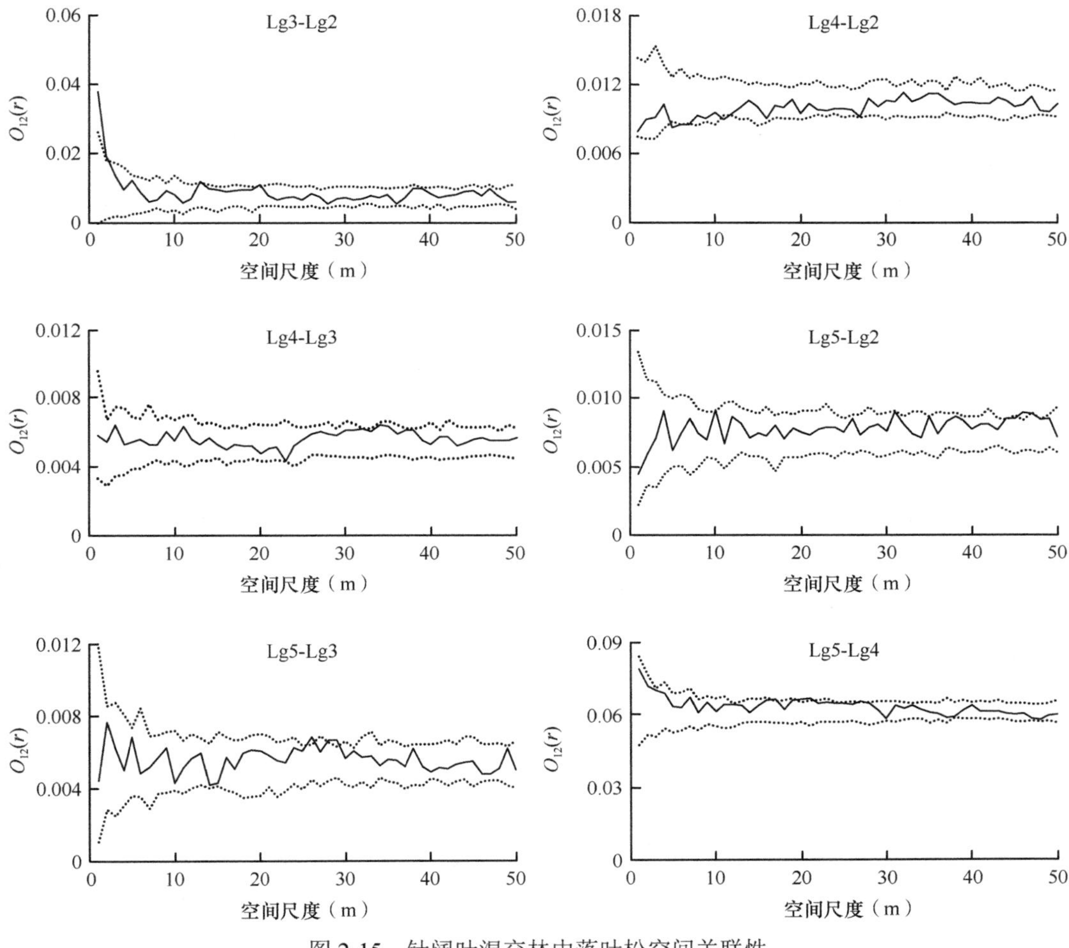

图 2-15　针阔叶混交林中落叶松空间关联性

针阔叶混交林中其他树种：白桦小树与幼树在极小尺度下（1 ～ 2m）呈正关联，在随后剩余尺度上两者主要表现为无关联，幼树密度随着与小树之间距离的增大而逐渐减小并趋于平稳，在较大尺度上（45 ～ 50m）有小幅度的增加（图 2-16 Bp3-Bp2）。白桦幼树和中树在总体上与中树均表现为无关联，幼树密度在小尺度上随着与中树距离的增加而减小并逐渐趋于稳定，小树密度在小尺度上（1 ～ 15m）随着与中树距离的增加呈“M”形变化，在 16m 之后变化幅度较小（图 2-16 Bp4-Bp2、Bp4-Bp3）。白桦幼树、小树、中树与白桦大树在各个尺度上均表现为无关联，幼树和小树密度随着与大树之间距离的增大呈现先减小后增大的波浪线形状分布，中树密度随着与大树之间距离的增大呈先增大后减小的波浪线形状分布，三者密度随大树距离的增大变化幅度均较小（图 2-16 Bp5-Bp2、Bp5-Bp3、Bp5-Bp4）。辽东桤木幼树和小树在 1 ～ 20m 尺度上表现为正关联，在剩余尺度上主要表现为无关联，幼树密度从总体上看随着与小树之间距离的增大逐渐减小，并在中等尺度后趋于稳定（图 2-16 Al3-Al2）。

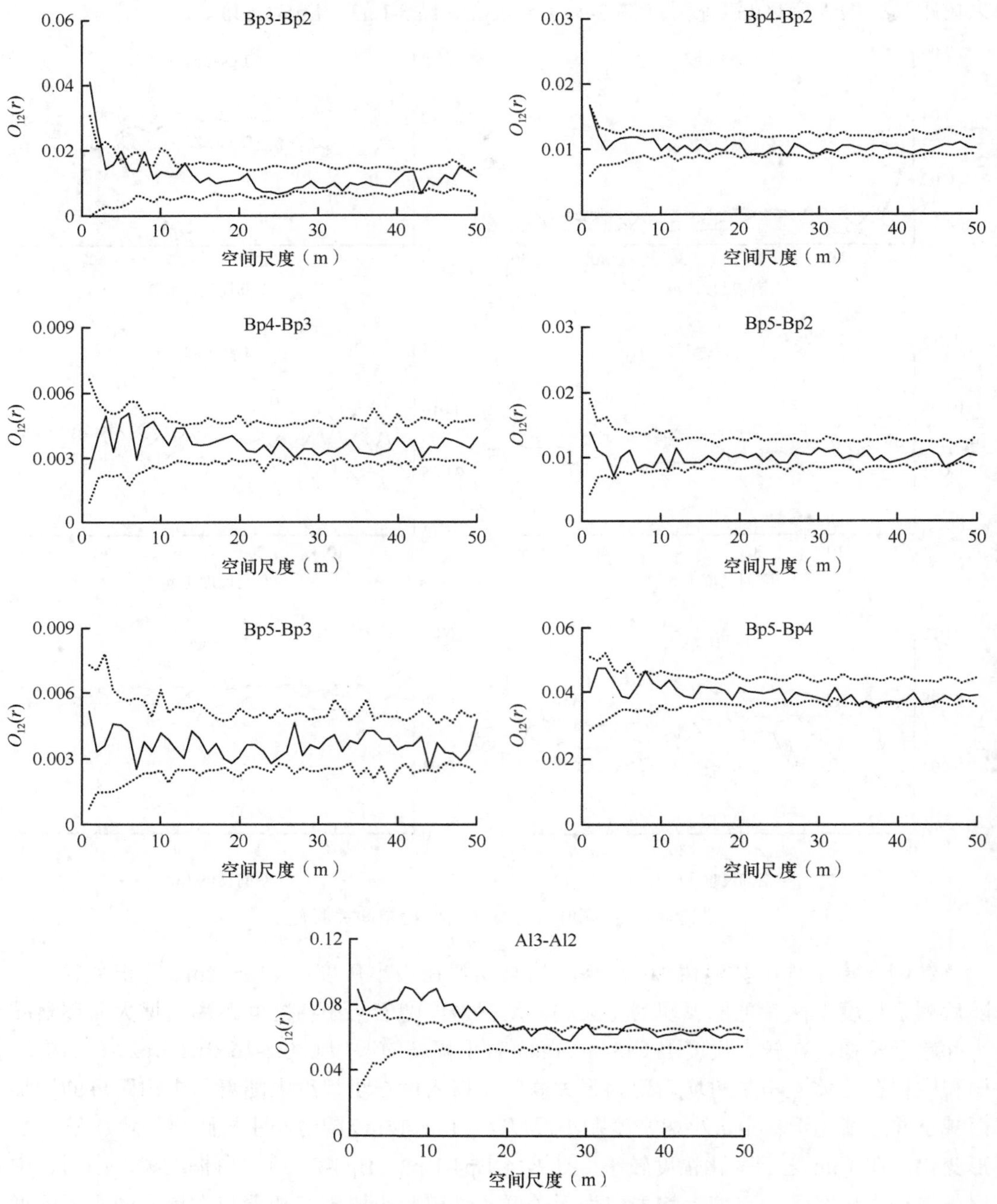

图 2-16　针阔叶混交林中其他树种空间关联性

3. 针叶混交林各树种不同生长阶段下的种内关联性

针叶混交林中各树种种类和数量较多，因此本节对各树种分别进行分析。图 2-17 给出了针叶混交林中优势树种落叶松各生长阶段之间的关联性，落叶松幼树和小树在 1 ～ 36m 尺度上表现为正关联，在 37 ～ 39m 尺度上表现为无关联，在 40 ～ 50m 尺度上表现为负关联，落叶松幼树密度随着与落叶松小树之间距离的增大逐渐减小，并在 46 ～ 50m 尺度上趋于平稳（图 2-17 Lg3-Lg2）。落叶松幼树、小树与落叶松中树在中等尺度上（11 ～ 24m）都主要表现为正关联，两者分别在 27 ～ 50m 和 25 ～ 50m 的尺度上与落叶松中树表现为完全的无关联，此外落叶松幼树和小树的密度随着与落叶松中树之间距离的增加并未产生明显的变化（图 2-17 Lg4-Lg2、Lg4-Lg3）。落叶松幼树与落叶松大树在 1 ～ 40m 尺度上主要表现为无关联，在 41 ～ 50m 尺度上主要表现为正关联（图 2-17 Lg5-Lg2）；落叶松小树与落叶松大树在所有尺度范围内主要表现为无关联（图 2-17 Lg5-Lg3）；落叶松中树与落叶松大树在 1 ～ 4m 尺度上表现为负关联，在 5 ～ 31m 尺度上主要表现为无关联，在 32 ～ 50m 尺度上主要表现为正关联（图 2-17 Lg5-Lg4），

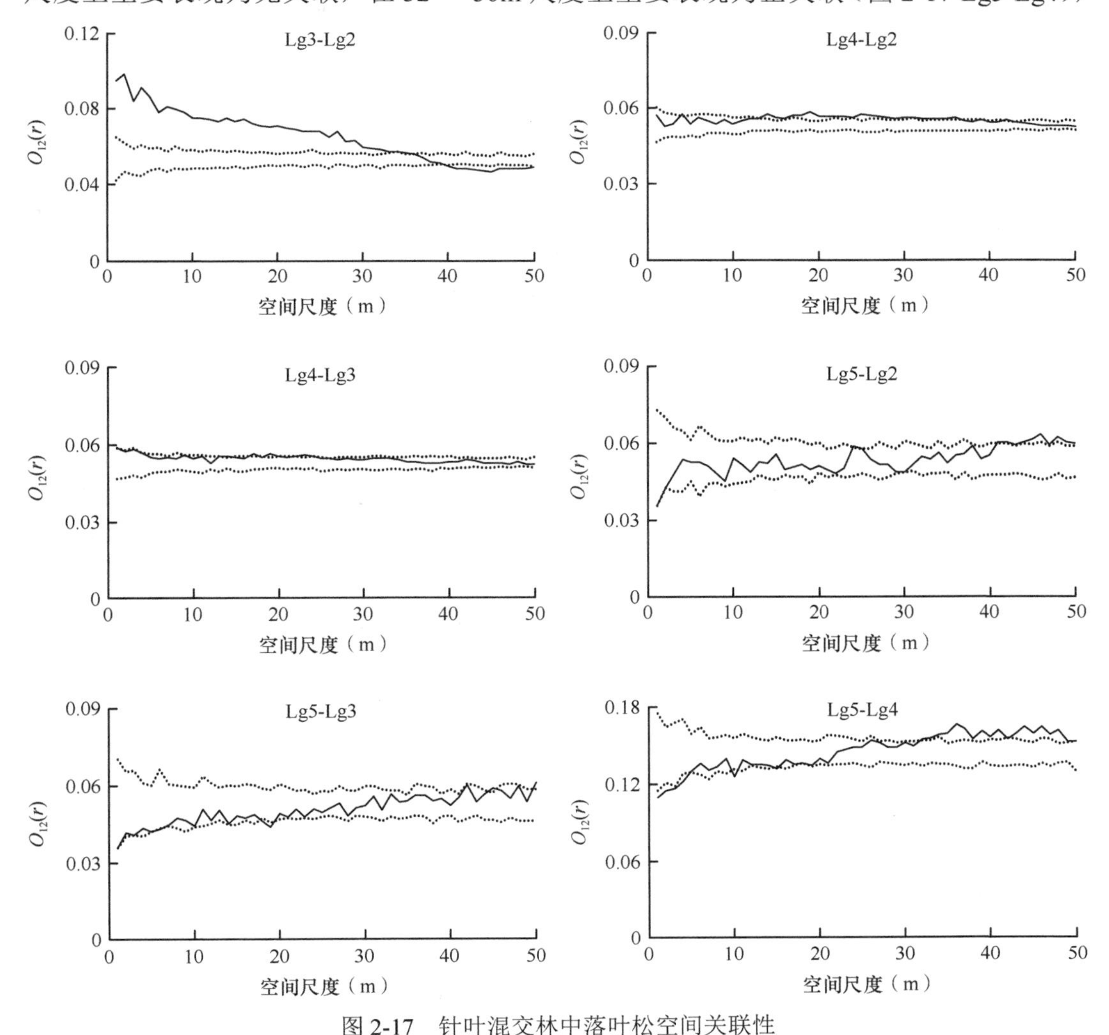

图 2-17 针叶混交林中落叶松空间关联性

在所有尺度范围内，落叶松幼树、小树和中树随着与落叶松大树之间距离的增大逐渐增大，但是增加幅度较小（图 2-17 Lg5-Lg2、Lg5-Lg3、Lg5-Lg4）。

图 2-18 显示了针叶混交林中樟子松各生长阶段之间的关联性，樟子松幼苗和幼树在 1 ～ 32m 尺度上主要表现为正关联，在 33 ～ 50m 尺度上均表现为无关联，从总体上看，幼苗密度随着与幼树之间距离的增大逐渐减小最后趋于稳定（图 2-18 Ps2-Ps1）。樟子松幼苗和小树分别在 7 ～ 15m 和 28 ～ 34m 尺度上呈现正关联，在其他尺度上两者主要表现为无关联，此外距离樟子松小树较近处（2 ～ 15m）的幼苗密度要明显大于距离樟子松小树较远处（＞15m）的幼苗密度（图 2-18 Ps3-Ps1）。樟子松幼树与小树在 1 ～ 25m 的尺度内主要呈现正关联，在 26 ～ 50m 主要表现为无关联，从总体范围上看樟子松幼树密度随着与小树之间距离的增大逐渐减小（图 2-18 Ps3-Ps2）。樟子松幼苗与中树在 1 ～ 38m 尺度上主要表现为正关联，在 39 ～ 50m 尺度上都表现为无关联，幼苗密度随着与中树之间距离的增大表现为先减小后增大再减小的波浪线形分布形式（图 2-18 Ps4-Ps1）。樟子松幼树和中树在 2 ～ 34m 尺度上主要表现为正关联，在 35 ～ 50m 尺度上主要表现为无关联，幼树密度在总体尺度内随着与中树之间距离的增大表现为先增大后减小再增大然后急剧减小的趋势（图 2-18 Ps4-Ps2）。樟子松小树和中树在 1 ～ 21m 尺度上主要表现为正关联，在 22 ～ 50m 尺度上主要表现为无关联，小树密度在小尺度上随着与中树之间距离的增大逐渐减小，在剩余的尺度上趋于平稳（图 2-18 Ps4-Ps3）。在总体尺度范围内樟子松幼苗、幼树和小树与大树之间表现为无关联的比例明显大于表现为正关联的比例，三个阶段下的密度随着与大树之间距离的增加整体上变化幅度不大（图 2-18 Ps5-Ps1、Ps5-Ps2、Ps5-Ps3）。樟子松中树与大树在 1 ～ 35m 尺度上表现为正关联，在 36～ 50m 尺度上表现为无关联，整体上中树密度随着与大树之间距离的增加逐渐减小并在 45 ～ 50m 尺度上趋于稳定（图 2-18 Ps5-Ps4）。

图 2-19 显示了针叶混交林中红皮云杉各生长阶段之间的关联性，红皮云杉幼树和幼苗在所有尺度范围内均呈现正关联，幼苗密度在小尺度上随着与幼树之间距离的增大逐渐减小，在 16m 左右达到最小，之后逐渐增大，在 40m 之后又逐渐减小（图 2-19 Pi2-Pi1）。红皮云杉幼苗和幼树在总体尺度上随着与红皮云杉小树距离的增加两者均主要呈现正关联，幼苗密度随着与小树距离的增加呈现先增大后减小的趋势，幼树密度随着与小树距离的增加逐渐减小（图 2-19 Pi3-Pi1、Pi3-Pi2）。在总体尺度范围内，红皮云杉幼苗和幼树与红皮云杉中树主要表现为正关联，红皮云杉小树与红皮云杉中树在 1 ～ 38m 尺度上表现为正关联，在 39 ～ 50m 尺度上表现为无关联，红皮云杉幼苗和幼树密度随着与红皮云杉中树之间距离的增大呈现先小幅度增大后减小的变化趋势（图 2-19 Pi4-Pi1、Pi4-Pi2），红皮云杉小树密度随着与红皮云杉中树之间距离的增大呈逐渐减小的趋势（图 2-19 Pi4-Pi3）。红皮云杉幼苗和中树在总体尺度上与红皮云杉大树呈现出相似的关联性，均依次表现出正关联-无关联-负关联的关系特征，两者密度随着与红皮云杉大树之间距离的增大逐渐减小，且变化幅度较大（图 2-19 Pi5-Pi1、Pi5-Pi4）。红皮云杉幼树在总体尺度范围与红皮云杉大树表现为正关联和无关联相互转换的特征（图 2-19 Pi5-Pi2），红皮云杉小树与红皮云杉大树在 1 ～ 25m 尺度上主要表现为正关联，在 26 ～ 50m 上主要表现为无关联（图 2-19 Pi5-Pi3），红皮云杉幼树密度在总体范围内随着与大树之间距离

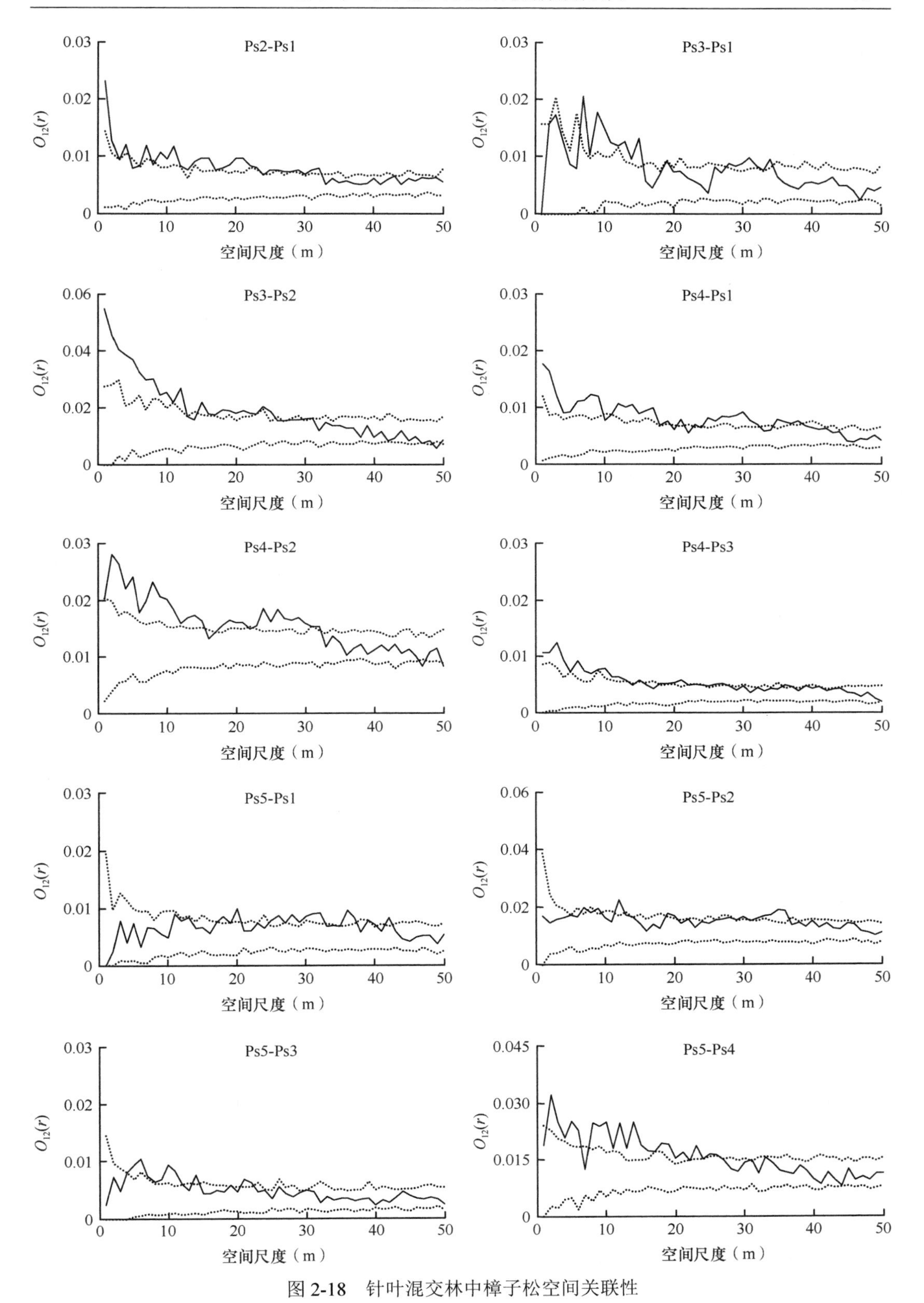

图 2-18　针叶混交林中樟子松空间关联性

的增大逐渐减小，但是变化幅度较小（图 2-19 Pi5-Pi2），红皮云杉小树密度随着与大树之间距离的增加呈现先增大后减小的趋势（图 2-19 Pi5-Pi3）。

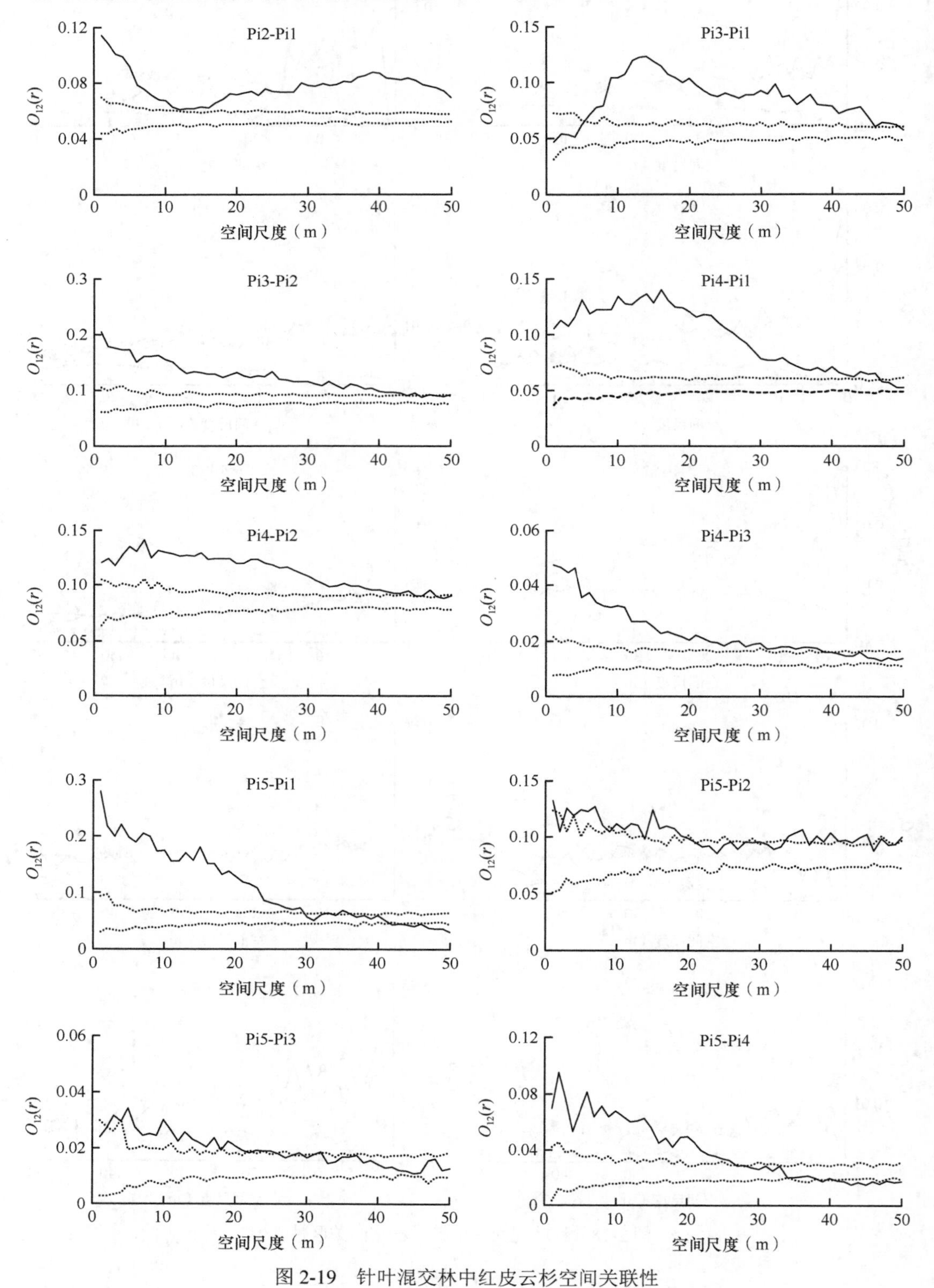

图 2-19　针叶混交林中红皮云杉空间关联性

图 2-20 显示了针叶混交林中白桦各生长阶段之间的关联性，白桦幼树与小树在 1 ～ 17m 尺度上主要表现为正关联，在 18 ～ 35m 尺度上主要表现为无关联，在 36 ～ 50m 尺度上主要表现为负关联，从总体上看，白桦幼树密度随着与小树之间距离的增加逐渐减小（图 2-20 Bp3-Bp2）。白桦幼树和小树在所有尺度范围内与白桦中树主要表现为无关联，同时两者密度随着与白桦中树之间距离的增大并未表现出较大幅度的变化（图 2-20 Bp4-Bp2、Bp4-Bp3）。

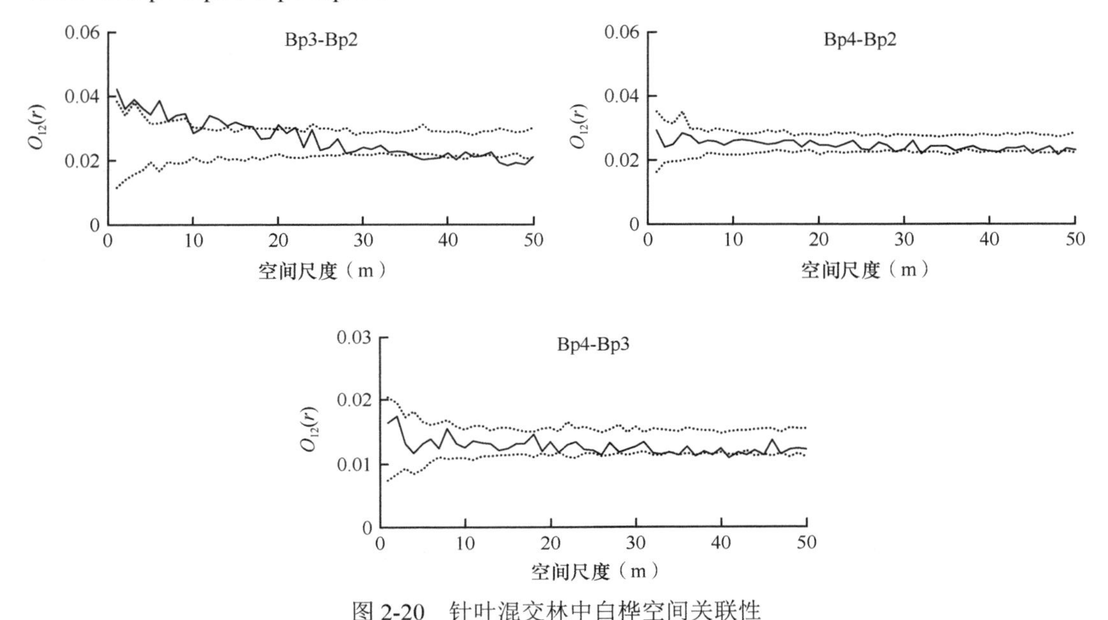

图 2-20　针叶混交林中白桦空间关联性

2.5.2.4　优势树种与其他树种的种间关联性分析

对 3 种林型中优势树种和其他各生长阶段下主要树种的种间关联性进行分析，可以了解主要树种对其他树种在空间尺度范围内生长的抑制或促进作用，对维持种群乃至群落稳定具有重要作用。

1. 白桦林优势树种与其他树种的种间关联性分析

图 2-21 显示了白桦林中优势树种白桦与其他树种的种间关联性，优势树种白桦与落叶松整体、幼树和小树表现出相似的关联性，即在 1 ～ 15m 尺度上主要表现为正关联，在剩余尺度内以无关联为主（图 2-21 Bp-Lg、Bp-Lg2、Bp-Lg3），说明白桦作为先锋树种，率先进入林地，在其生存过程中，为落叶松的更新及生长创造了良好的依赖环境，白桦和山杨主要表现为负关联，与辽东桤木主要以无关联为主（图 2-21 Bp-Po、Bp-Al）。此外，优势树种对其他各生长发育阶段下的主要树种在大尺度上的关联性并不明显，这也体现了种群空间格局的尺度依赖性，说明在某一特定尺度范围内，树木个体间存在着相互关联，而当超出这一尺度范围时，个体间的相互关联将会大大减弱。

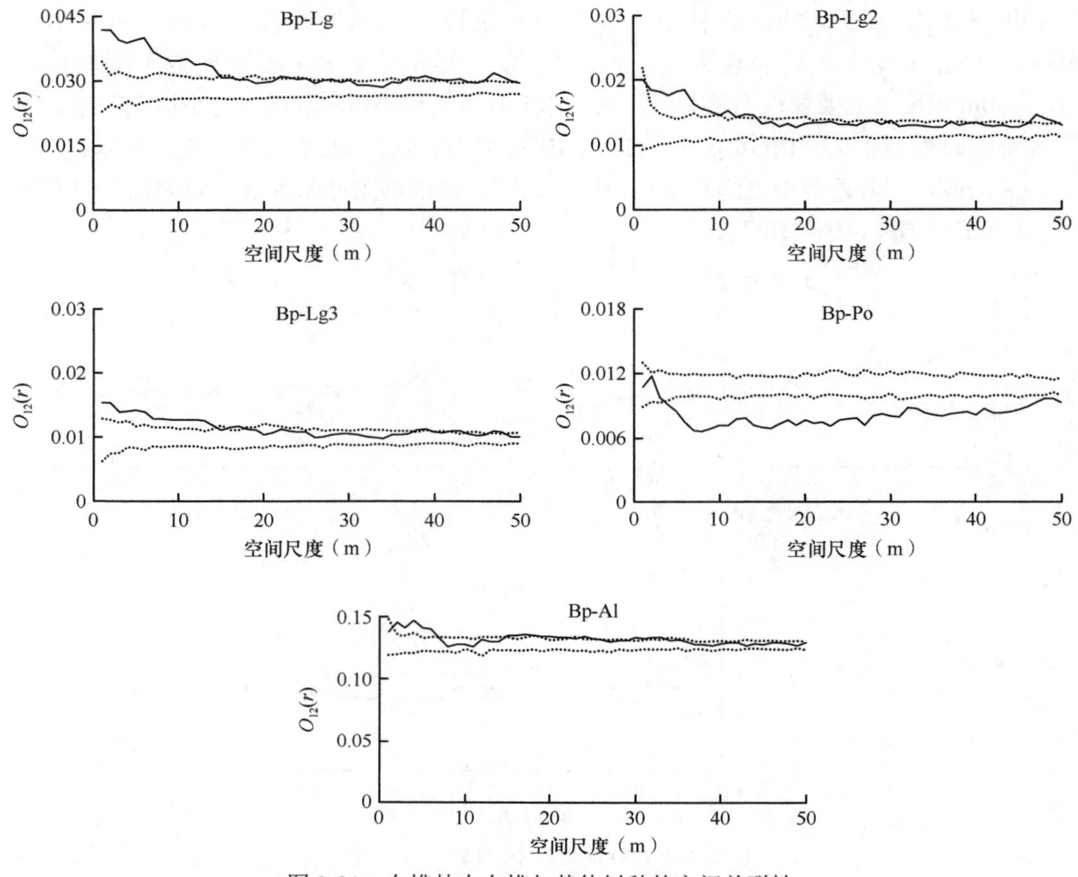

图 2-21　白桦林中白桦与其他树种的空间关联性

2. 针阔叶混交林优势树种与其他树种的种间关联性分析

图 2-22 显示了针阔叶混交林中优势树种落叶松与其他树种的种间关联性，优势树种落叶松在整体上与白桦整体、幼树、小树、中树及大树均主要表现为无关联（图 2-22 Lg-Bp、Lg-Bp2、Lg-Bp3、Lg-Bp4、Lg-Bp5）。与山杨和辽东桤木均以正关联为主（图 2-22 Lg-Al、Lg-Po）。

3. 针叶混交林优势树种与其他树种的种间关联性分析

图 2-23 显示了针叶混交林中优势树种落叶松与其他树种的种间关联性，优势树种落叶松在整体上与红皮云杉整体在小尺度下主要呈现负关联，在中等尺度上表现为无关联，在大尺度上表现为正关联(图 2-23 Lg-Pi)。落叶松整体与红皮云杉幼苗和小树在 1 ～ 20m 分别主要表现为无关联和负关联，在其他尺度上均分别表现为正关联和无关联（图 2-23 Lg-Pi1、Lg-Pi3）。落叶松与红皮云杉幼树主要表现为无关联（图 2-23 Lg-Pi2）。随着径级的增大，落叶松与红皮云杉中树和大树均依次表现为负关联-无关联-正关联（图 2-23 Lg-Pi4、Lg-Pi5）。

优势树种落叶松整体与樟子松整体在各个尺度均表现为正关联（图 2-23 Lg-Ps），同时落叶松与樟子松幼苗、幼树、小树和中树主要表现为正关联，它们表现为正关联所占

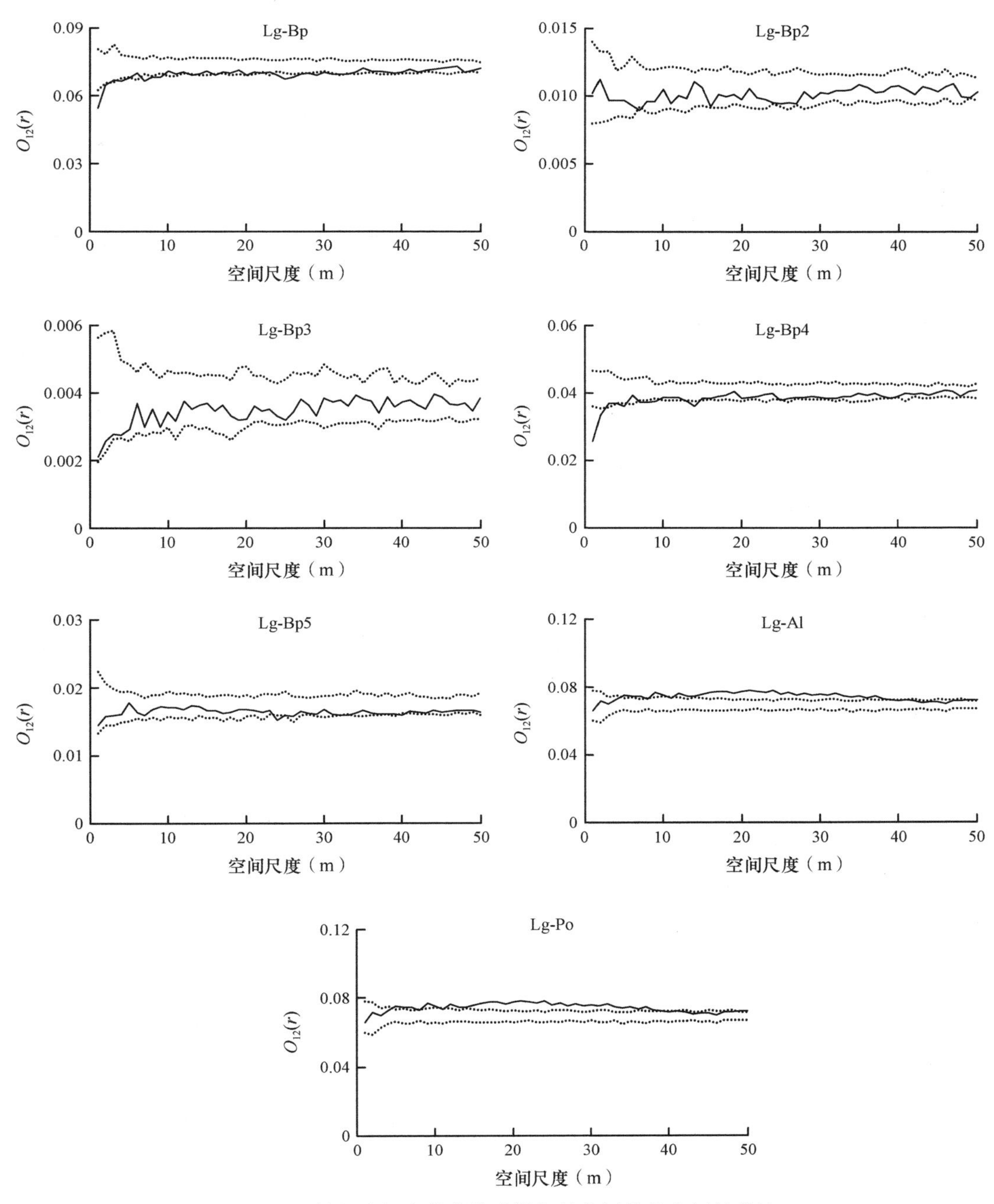

图 2-22　针阔叶混交林中落叶松与其他树种的空间关联性

的比例要高于表现为无关联所占的比例（图 2-23 Lg-Ps1、Lg-Ps2、Lg-Ps3、Lg-Ps4），说明落叶松对樟子松的生长起到一定的促进作用。落叶松与樟子松大树在 1 ～ 25m 主要表现为正关联，在剩余尺度均表现为无关联（图 2-23 Lg-Ps5）。

优势树种落叶松与白桦整体、幼树、小树和中树在总体上均主要表现为无关联（图 2-23 Lg-Bp、Lg-Bp2、Lg-Bp3、Lg-Bp4）。落叶松与山杨和柳树分别在 1 ～ 25m 及

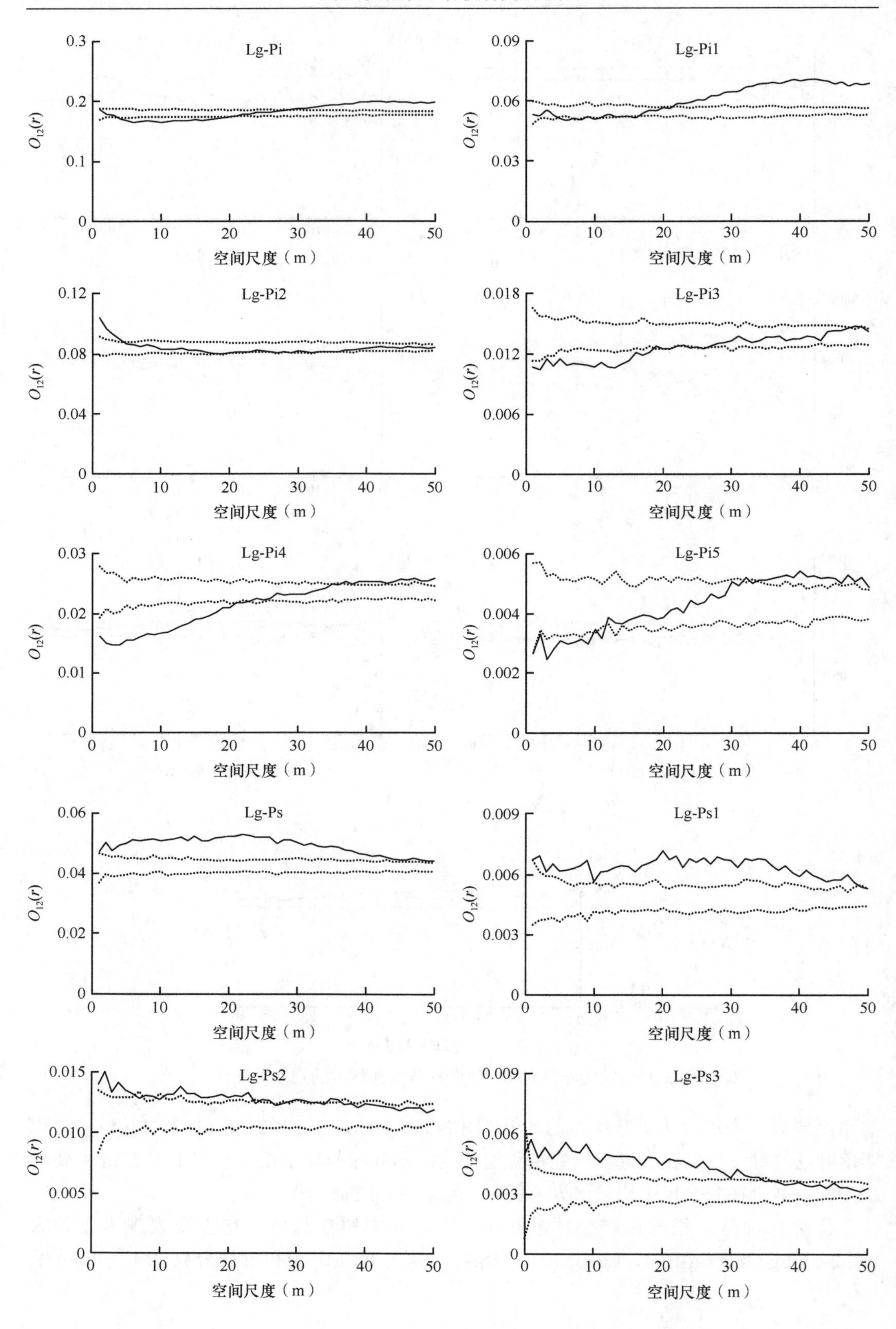
Lg-Pi
Lg-Pi1
Lg-Pi2
Lg-Pi3
Lg-Pi4
Lg-Pi5
Lg-Ps
Lg-Ps1
Lg-Ps2
Lg-Ps3
$O_{12}(r)$
空间尺度（m）

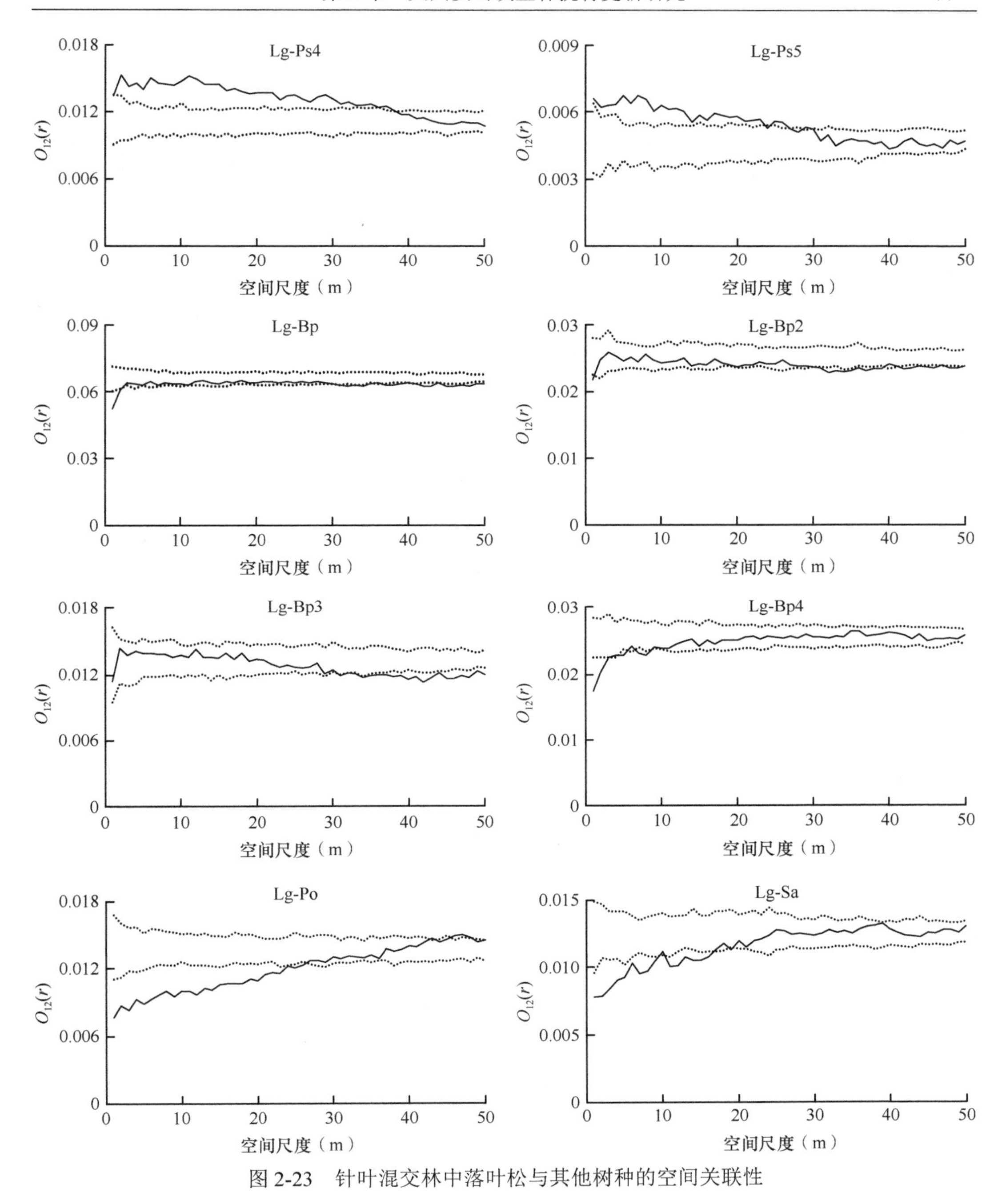

图 2-23 针叶混交林中落叶松与其他树种的空间关联性

1 ～ 20m 表现为负关联，在其他尺度上主要表现为无关联（图 2-23 Lg-Po、Lg-Sa）。

总体来说，落叶松整体分别与白桦整体、山杨整体等阔叶树种在一定尺度上呈负关联，这是由于种间竞争强度与群落的动态变化有关。白桦、山杨等作为先锋树种，通常在群落形成初期具有较强的竞争能力，随着群落的不断演替，先锋树种的竞争能力逐渐减弱，但大量研究显示先锋树种会在群落演替的后期对物种的建立和生长发育起到促进作用（Hendriks et al.，2015）。

2.6　森林更新影响因子综合评价

在以往的森林调查中，对于森林更新的调查往往采用在样地的四角和中心设置小样方的方法进行调查，同时对于起测高度或胸径也有一定限制，很少有对整个样地进行无差别森林更新调查的。以往的调查方法存在一定的缺陷，例如，通过重力进行种子扩散的树种，母树周围幼苗、幼树的更新量会很多，但是母树的位置并不一定处于所选取样方的周边，通过四角和样地中心设置样方对全林的更新进行估算的方法具有一定的偶然性及不准确性，并且在调查中往往很难直观地判断更新状况的优劣，而对样地内所有更新进行调查又会耗费大量的人力和时间，此外，以往的研究显示森林更新的优劣与其影响因子有直接的关系（陈永富，2012）。本节以大兴安岭地区的 3 种典型森林类型（白桦林、针阔叶混交林、落叶松林）为主要研究对象，通过构建森林更新影响因子的指标体系，以熵-AHP 法确定各指标权重值，采用线性函数综合评价法得出 116 块标准地森林更新影响因子的综合评价值，对其在判断更新优劣的准确性上进行检验，最后以该综合评价值为基础，对不同林型下的更新状况进行分析。本研究提出了一种通过构建森林更新影响因子评价体系来判断更新优劣的方法，为该地区森林经营提供理论依据，同时评价过程也可以为不同地区更新影响因子评价提供新的思路。

2.6.1　综合评价方法

2.6.1.1　指标权重

指标权重值根据其确定的依据主要分为主观赋权法和客观赋权法两种。主观赋权法就是根据参与评价人的主观导向性来决定各个指标的权重值的方法，主要包含 Delphi 法（即专家打分法）、排序法及层次分析法。而客观赋权法则主要根据指标间存在的联系及指标所蕴含的信息量来确定其权重，较为常用的主要有熵权法、主成分分析法、因子分析法、离差及均方差法等。主观赋权法根据专家和决策者的意识来综合考虑指标的价值与评价指标导向性，能够让指标更具有实际意义，但是却不可避免地存在主观随意性过强的缺陷，且难以反映指标体系内部结构联系。而客观赋权法则是依据数学原理来充分反映原始数据包含的信息，结果客观不受任何主观意识控制，但是客观赋权法却不能反映专家及决策者的意识和需要，有时确定的权重会出现和实际重要度有较大的出入，从而导致指标失去现实意义。综合考虑两种赋权法存在的优缺点，本研究采用熵-AHP 法确定各指标权重值，该法具备集专家决策与数据信息决策为一体的特点，能够有效降低主观赋权法和客观赋权法单独使用带来的影响作用。

1. 层次分析法

层次分析法（analytic hierarchy process，AHP）是指将与决策目标有比较强的关联性的因子分解成目标、准则、方案等几个层次，并在此基础之上进行定性和定量分析的决策方法，结合研究数据的实际情况，将主要结构分为目标层、约束层和指标层，采用判断矩阵（表 2-14）对不同层面上指标的重要性进行比较，通过对全体向量进行归一化处理，得到各个指标的权重向量，根据式（2-11）和式（2-12）对各层次单排序进行一致性检验，综合层次单排序重要性系数，且计算层次总排序重要性系数，并再次对层次总排序进行一致性检验。其原理与同层次的一致性检验基本相似，如一致性检验通过即得出各指标的权重值。

表 2-14　判断矩阵标度值及其含义

标度值	表征含义
1	表示两个元素相比，具有同样的重要性
3	表示两个元素相比，前者比后者稍重要
5	表示两个元素相比，前者比后者比较重要
7	表示两个元素相比，前者比后者十分重要
9	表示两个元素相比，前者比后者绝对重要
2，4，6，8	表示介于上述相邻判断之间
倒数	若元素 i 和元素 j 的重要性之比为 a_{ij}，那么元素 j 与元素 i 的重要性之比为 $a_{ji}=1/a_{ij}$

$$\mathrm{CR}=\frac{\mathrm{CI}}{\mathrm{RI}} \tag{2-11}$$

$$\mathrm{CI}=\frac{\lambda_{\max}-n}{n-1} \tag{2-12}$$

式中，RI 值是随机一致性指标，它的取值可以通过查表 2-15 得到，只有 CR≤0.1 时，才可以判定判断矩阵有满意的一致性，也就是说所求得权重合理可用，否则就需要对判断矩阵的标度值再次进行修改，直至一致性检验通过。

表 2-15　1～9 阶判断矩阵的 RI 值

阶数	1	2	3	4	5	6	7	8	9
RI 值	0	0	0.58	0.90	1.12	1.24	1.32	1.41	1.45

2. 熵值法

熵（entropy）最早应用到热力学研究中，在 1948 年由信息论之父 Shannon 引入其研究领域，由于熵值可以根据数据结构来反映其变异程度，因此被广泛地应用到综合评价领域。其表达式如下：

$$H_i=-\sum_{i=1}^{n}p_i\ln p_i \tag{2-13}$$

式中，H_i 表示熵值；p_i 为随机过程中的概率值。

在应用熵值法确定权重值的过程中，首先对所有数据进行标准化处理，计算各数值的比重和各指标的熵值，然后计算各指标项的差异性系数，最后对权重值进行确定[式（2-14）～式（2-17）]。

$$P_{ij}=\frac{x'_{ij}}{\sum_{i=1}^{n}x'_{ij}} \tag{2-14}$$

$$e_i = -\left(\frac{1}{\ln m}\right)\sum_{i=1}^{m} P_{ij} \ln P_{ij} \tag{2-15}$$

$$g_i = 1 - e_i \tag{2-16}$$

$$u_i = \frac{g_i}{\sum_{i=1}^{m} g_i} \tag{2-17}$$

式中，P_{ij} 表示将数据标准化处理后的值，x'_{ij} 为处理后的指标值，n 为该项评价指标值总数，e_i 为第 i 项指标的熵值，m 为评价指标总数，g_i 为第 i 项指标的差异系数，u_i 为权重值。

3. 各类指标的计算

所有的数据指标可分为正向指标、逆向指标和适度性指标，对于逆向指标（如枯落层厚度），进行逆向指标的正向化处理，即以 1 减去该指标的差值作为其评价值。对于适度性指标（如林木角尺度），转换为分段函数再进行正向化处理，具体计算方法依据陈莹等（2019）的研究，所选取的林分结构中角尺度等指标的计算方法依据惠刚盈等（2018）的研究，林分生活力、森林稳定性等指标的计算方法依据魏红洋等（2019）的研究，林分多样性指数依据刘灿然等（1998）的研究。

2.6.1.2　综合评价值的确定

由于指标的层次分析权重排序往往与熵权重排序有较大差别，因此本研究采用熵权重（u_i）对层次分析法得出权重（w_i）进行修正处理，结合前人研究（陈莹等，2019）取 α=0.5 代入式（2-18），从而得到各指标最终权重 λ_i，并采用线性函数综合评价法得到森林更新影响因子的综合评价值。

$$\lambda_i = u_i \times \alpha + w_i \times (1 - \alpha) \tag{2-18}$$

$$y = \sum_{i=1}^{n} \lambda_i x_i \tag{2-19}$$

式中，y 是指评价目标的综合评价值，λ_i 是与第 i 项评价指标 x_i 相应的权重值。

2.6.1.3　评价效果的检验

本研究从建立森林更新影响因子评价体系的角度为切入点，对森林更新优劣情况进行一个判断，利用综合评价值与实测数据在不同尺度排序范围内（前 20%、50%、80%）的匹配度，对森林更新优劣判断效果的准确性进行检验。

2.6.2　结果与分析

2.6.2.1　森林更新影响因子的评价指标

本研究结合实际情况及前人关于森林更新影响因子的相关研究，主要从林分结构、林分因子、土壤理化性质、林下植被特征和人为干扰 5 个方面来对不同林型下森林更新影响的差异进行探讨，并以这 5 个方面对应层次分析法中层次结构的约束层（B 层）。林分结构方面主要考虑空间结构和非空间结构，空间结构包括角尺度、大小比数和混交度，非空间结构包括林分生长活力和林分稳定性；林分因子方面主要以每公顷株数、郁闭度、平均胸径、平均树高和单位蓄积量进行表征；土壤理化性质包括枯落层厚度、有机质含量、全氮磷钾含量；林下植被特征包括灌木高度、辛普森多样性指数、香农-维纳多样性指数和皮诺均匀度指数；人为干扰方面，从理论上来讲，可以选择采伐强度和采伐次数共同影响，但是在实际森林调查中，由于天然次生林抚育间伐的复杂性和当地调查的困难性，采伐次数的调查数据很难获取，因此主要考虑蓄积采伐或间伐强度对更新的影响（图 2-24）。此外，研究数据涉及 3 个林场，对各个样地都进行种子雨收集存在一定困难，因此在影响森林更新的因子中未考虑种源限制及树种自身特性对森林更新的影响。

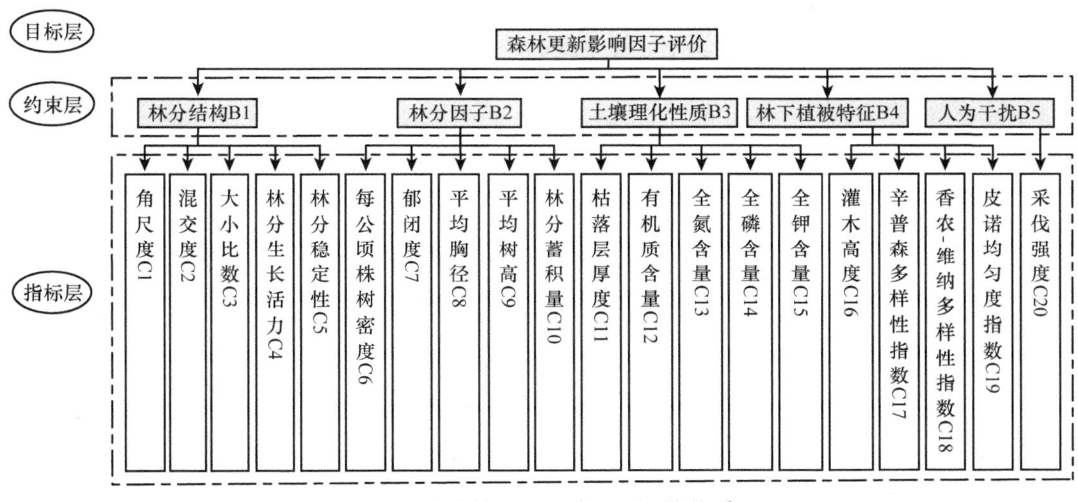

图 2-24　森林更新影响因子评价体系

2.6.2.2　评价指标权重

在 yaahp 11.6 软件中绘制已经构建好的层次结构，根据判断矩阵所确定的通过一致性检验的结果作为层次分析法确定的各指标权重值，并对各指标评价值进行熵值权重的计算，最后通过公式计算得出最终权重值，结果见表 2-16。

表 2-16　各指标权重

约束层	指标层	AHP	白桦林		针阔叶混交林		落叶松林	
			熵权法	熵-AHP	熵权法	熵-AHP	熵权法	熵-AHP
B1	C1	0.034	0.037	0.036	0.034	0.034	0.027	0.031
	C2	0.037	0.050	0.043	0.012	0.025	0.079	0.058
	C3	0.034	0.035	0.035	0.047	0.041	0.040	0.037
	C4	0.049	0.065	0.057	0.341	0.195	0.046	0.047
	C5	0.046	0.058	0.052	0.009	0.027	0.041	0.043

续表

约束层	指标层	AHP	白桦林		针阔叶混交林		落叶松林	
			熵权法	熵-AHP	熵权法	熵-AHP	熵权法	熵-AHP
B2	C6	0.032	0.069	0.050	0.032	0.032	0.072	0.052
	C7	0.046	0.028	0.037	0.081	0.063	0.050	0.048
	C8	0.049	0.033	0.041	0.039	0.044	0.080	0.064
	C9	0.027	0.040	0.033	0.014	0.021	0.038	0.032
	C10	0.046	0.074	0.060	0.036	0.041	0.046	0.046
B3	C11	0.086	0.020	0.053	0.034	0.060	0.039	0.063
	C12	0.029	0.075	0.052	0.013	0.020	0.050	0.039
	C13	0.029	0.050	0.039	0.025	0.027	0.065	0.047
	C14	0.029	0.028	0.028	0.046	0.037	0.017	0.023
	C15	0.029	0.049	0.039	0.025	0.026	0.045	0.037
B4	C16	0.05	0.020	0.035	0.024	0.037	0.029	0.039
	C17	0.05	0.053	0.052	0.035	0.043	0.047	0.048
	C18	0.05	0.035	0.042	0.028	0.039	0.023	0.037
	C19	0.05	0.060	0.055	0.046	0.048	0.063	0.058
B5	C20	0.2	0.122	0.161	0.080	0.140	0.103	0.151

由表 2-16 可知，白桦林和针阔叶混交林中以熵-AHP 法最终确定的各约束层权重值的排序表现一致，从大到小的排序均为：B1＞B2＞B3＞B4＞B5，落叶松林中以熵-AHP 法最终确定的各约束层权重值从大到小的排序为：B2＞B1＞B3＞B4＞B5。从约束层角度来看，白桦林和针阔叶混交林在林分结构（B1）中贡献最大的指标均为林分生长活力（C4），在该约束层下落叶松林中贡献最大的指标为混交度（C2）；林分因子（B2）层面，白桦林中贡献最大的指标为林分蓄积量（C10），针阔叶混交林中为林分郁闭度（C7），落叶松林中为林分平均胸径（C8）；土壤理化性质（B3）层面，3 种林型贡献最大的均为枯落层厚度（C11）；林下植被特征（B4）层面，3 种林型贡献最大的均为皮诺均匀度指数（C19）。

2.6.2.3　综合评价模型的评价效果检验

对不同林型下评价值对森林更新优劣判断效果的准确性进行检验，将各林型综合评价值和对应样地的更新密度进行降序比较，在给定范围内（前 20%、50%、80%）对比两者所包含样地的匹配度。白桦林中（表 2-17），在前 20% 范围内，样地更新株数密度与综合评价值的结果匹配度为 100%，即综合评价值较高的样地其树种更新密度也表现出明显优势。在扩大比较范围后，两者结果匹配度有不同程度的下降，但均达 90% 以上（前 50% 范围内，匹配度为 90.9%；前 80% 范围内，匹配度为 94.1%）。针阔叶混交林（表 2-18）和落叶松林（表 2-19）中，综合评价值与实测更新密度在 3 个给定范围内的匹配度也均在 90% 以上。总体来说，3 种林型下森林更新影响因子的综合评价值都可以很好地反映样地更新的优劣情况。

表 2-17　白桦林中综合评价值和实测数据的匹配度比较

比较范围	更新株数密度	综合评价值	匹配度(%)
20%	BF07 BF10 B12 B19	BF07 B10 BF12 BF19	100
50%	BF02 BF03 BF07 BF09 BF10 BF12 BF13 BF14 BF15 BF19 BF21	BF02 BF03 BF07 BF09 BF10 BF12 BF13 BF14 BF15 BF19 BF21	90.9
80%	BF02 BF03 BF04 BF06 BF07 BF08 BF09 BF10 BF12 BF13 BF14 BF15 BF16 BF17 BF19 BF20 BF21	BF01 BF02 BF03 BF04 BF06 BF07 BF08 BF09 BF10 BF12 BF13 BF14 BF15 BF17 BF19 BF20 BF21	94.1

注：BF07 等代表白桦林的样地编号

表 2-18　落叶松白桦混交林中综合评价值和实测数据的匹配度比较

比较范围	更新株数密度	综合评价值	匹配度(%)
20%	CBMF01 CBMF02 CBMF06 CBMF17 CBMF26	CBMF01 CBMF02 CBMF06 CBMF17 CBMF26	100
50%	CBMF01 CBMF02 CBMF05 CBMF06 CBMF15 CBMF16 CBMF17 CBMF18 CBMF20 CBMF21 CBMF22 CBMF23 CBMF26	CBMF01 CBMF02 CBMF03 CBMF05 CBMF06 CBMF15 CBMF16 CBMF17 CBMF18 CBMF20 CBMF21 CBMF23 CBMF26	92.3
80%	CBMF01 CBMF02 CBMF03 CBMF04 CBMF05 CBMF06 CBMF08 CBMF09 CBMF13 CBMF15 CBMF16 CBMF17 CBMF18 CBMF19 CBMF20 CBMF21 CBMF22 CBMF23 CBMF24 CBMF25 CBMF26	CBMF01 CBMF02 CBMF03 CBMF04 CBMF05 CBMF06 CBMF08 CBMF11 CBMF13 CBMF15 CBMF16 CBMF17 CBMF18 CBMF19 CBMF20 CBMF21 CBMF22 CBMF23 CBMF24 CBMF25 CBMF26	95.2

注：CBMF01 等代表针阔叶混交林的样地编号

表 2-19　落叶松林中综合评价值和实测数据的匹配度比较

比较范围	更新株数密度	综合评价值	匹配度(%)
20%	LF09 LF10 LF11 LF12 LF13 LF23 LF24 LF25 LF26 LF27 LF30 LF45 LF63 LF64	LF09 LF10 LF12 LF13 LF14 LF23 LF24 LF25 LF26 LF27 LF30 LF45 LF63 LF64	92.9
50%	LF01 LF02 LF03 LF04 LF09 LF10 LF11 LF12 LF13 LF14 LF15 LF17 LF18 LF19 LF20 LF21 LF23 LF24 LF25 LF26 LF27 LF28 LF29 LF30 LF33 LF35 LF44 LF45 LF46 LF58 LF62 LF63 LF64 LF65 LF69	LF01 LF02 LF03 LF04 LF08 LF09 LF10 LF11 LF12 LF13 LF14 LF15 LF17 LF18 LF19 LF21 LF23 LF24 LF25 LF26 LF27 LF28 LF29 LF30 LF33 LF40 LF43 LF44 LF45 LF58 LF62 LF63 LF64 LF65 LF69	91.4
80%	LF01 LF02 LF03 LF04 LF05 LF06 LF07 LF08 LF09 LF10 LF11 LF12 LF13 LF14 LF15 LF16 LF17 LF18 LF19 LF20 LF21 LF22 LF23 LF24 LF25 LF26 LF27 LF28 LF29 LF30 LF33 LF35 LF36 LF37 LF38 LF40 LF42 LF43 LF44 LF45 LF46 LF47 LF48 LF49 LF50 LF51 LF53 LF57 LF58 LF61 LF62 LF63 LF64 LF65 LF69	LF01 LF02 LF03 LF04 LF05 LF06 LF08 LF09 LF10 LF11 LF12 LF13 LF14 LF15 LF16 LF17 LF18 LF19 LF20 LF21 LF22 LF23 LF24 LF25 LF26 LF27 LF28 LF29 LF30 LF32 LF33 LF35 LF36 LF37 LF38 LF40 LF42 LF43 LF44 LF45 LF46 LF47 LF48 LF49 LF50 LF51 LF53 LF57 LF58 LF61 LF62 LF63 LF64 LF65 LF69	98.1

注：LF01 等代表落叶松林的样地编号

2.6.2.4　基于综合评价值的更新分析

以森林更新影响因子的综合评价值为基础，在得出 3 种林型下各标准地的综合评价值得分之后，采用得分排序并取 5 个尺度（前 10%、20%、30%、40%、50%）的方法对不同林分类型标准地个数进行统计，得到现有林分类型下森林更新相对最优的林型。由图 2-25 可以看出，在综合评价值排名尺度在前 10%（前 12）下，只出现了落叶松林样地，从前 20%（前 23）开始，出现了落叶松林和白桦林，随着尺度的增大，两种林型的个数逐渐增多，在前 50%（前 58）排名尺度下，落叶松样地个数占总个数的 82.8%，在所选取的所有排名尺度内都没有出现针阔叶混交林，结合表 2-20 给出的各林型综合评价值特征，针阔叶混交林的综合评价值也处于偏低的水平。总体来说，落叶松林的更新状况相对于其他两个林型有一定相对优势。

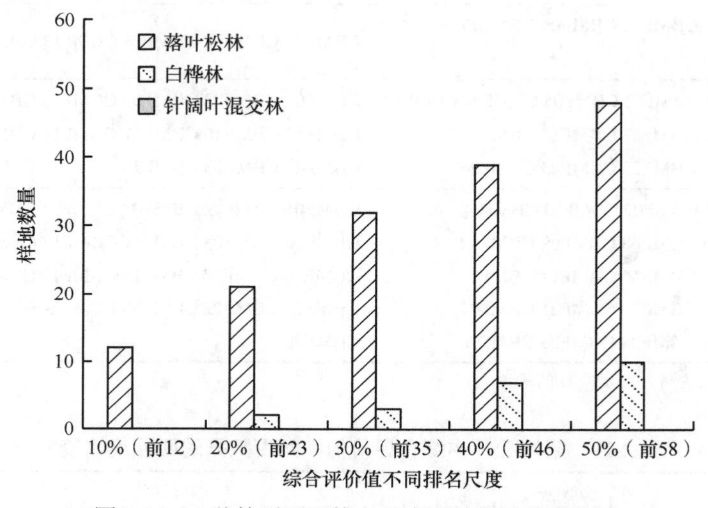

图 2-25　3 种林型不同排名尺度下的样地分布规律

表 2-20　3 种林型的综合评价值特征

林型	样地数量	综合评价值			
		均值	标准差	极小值	极大值
白桦林	21	0.601	0.098	0.358	0.762
针阔叶混交林	26	0.355	0.063	0.263	0.573
落叶松林	69	0.672	0.125	0.353	0.984

2.7　林分空间结构优化模拟

森林的抚育间伐是实现森林可持续经营的重要措施。有效的抚育间伐能够减小林分密度、改善林分结构、充分提高林分生产力，在促进森林天然更新的速度和加快恢复森林生态功能方面发挥了重要作用。

传统林分优化模型构建的目的是通过合理的抚育间伐实现林分功能优化（如蓄积增

长量），然而基于结构决定功能这一系统原理，只有将林分结构纳入优化目标，才可能真正地对林分进行优化调整。自惠刚盈等（2018）提出以对象木及其周围 4 株相邻木为基本研究对象以来，大量研究针对不同林分类型、不同区域的林分空间结构特征进行分析，并将其运用到物种多样性的空间测度、林木竞争压力及林分结构的恢复与重建等方面。根据结构化森林经营理论，对林分结构进行调整应以随机林木分布格局、较高的树种和大小多样性、较强的林分稳定性和林分活力为目标，以此制定抚育采伐方案。本节选取应用广泛且易于调查的林分空间结构参数和非空间结构参数作为抚育间伐指标，结合熵-AHP 法确定指标权重，构建单木综合抚育间伐指数 T，量化了林木被作为采伐木的概率，在比较分析不同林型的各抚育采伐强度下 T 值大小及其增加率的基础上，提出适合大兴安岭不同林型的最优抚育采伐强度，为实现大兴安岭地区大面积次生林结构优化调整和可持续经营提供参考。

2.7.1　研究方法

2.7.1.1　林分结构参数的选取

根据近自然经营和结构化森林经营理论，综合考虑各候选指标的林学意义、数据可获得性及方法适用性等基本原则，选取广泛应用的林分空间和非空间结构指标，包括：反映林木水平分布格局的角尺度（W_i）、描述树种隔离程度的混交度（M_i）、表现林木之间大小分化程度的大小比数（U_i）、体现林木受到竞争压力大小的竞争指数（CI_i）、决定林木生长活力的指标（DC_i）和反映林木稳定性的指标（DH_i）；通过熵-AHP 法构建林分综合抚育采伐指数（T）。各指标计算公式如下。

$$W_i = \frac{1}{4}\sum_{j=1}^{4} z_{ij} \tag{2-20}$$

$$M_i = \frac{1}{4}\sum_{j=1}^{4} v_{ij} \tag{2-21}$$

$$U_i = \frac{1}{4}\sum_{j=1}^{4} k_{ij} \tag{2-22}$$

$$\mathrm{CI}_i = \frac{D_{ij}}{D_i \times \mathrm{DIS}_{ij}} \tag{2-23}$$

$$\mathrm{DC}_i = \frac{\mathrm{CW}_i}{D_i} \tag{2-24}$$

$$\mathrm{DH}_i = \frac{H_i}{D_i} \tag{2-25}$$

式中，z_{ij} 为 0-1 型变量，当空间结构单元中第 j 个 α 角小于标准角 α_0（α_0=72°）时，z_{ij}=1，否则 z_{ij}=0；v_{ij} 为 0-1 型变量，当空间结构单元中核心木与第 j 株相邻木非同种时，v_{ij}=1，否则 v_{ij}=0；k_{ij} 为 0-1 型变量，当空间结构单元中核心木比第 j 株相邻木小时，k_{ij}=1，否则

k_{ij}=0；D_{ij} 表示第 i 个空间结构单元内第 j 株相邻木的胸径；DIS_{ij} 表示第 i 个空间结构单元内核心木与第 j 株相邻木的欧式距离；D_i、H_i 和 CW_i 分别为第 i 个空间结构单元内核心木的胸径、树高和冠幅。

理想的林木水平分布格局应为随机分布，因此，W_i 取值应越接近 0.5 越好，属中间型变量。M_i 反映了物种之间的隔离程度，通常认为林木的混交度越高，林分生产力越高、结构性越好，属正向指标。U_i 反映了对象木和相邻木的大小空间配置情况，调整时应使保留木处于优势地位，因此大小比数越小对于保留木的生长越有利，属负向指标。CI_i 反映了林木生长受到的竞争压力大小，林木所受竞争大小取决于林木自身和相邻木的状态，因此，进行林分结构调整时应优先采伐竞争压力大的林木，为剩余林木生长释放足够生长空间，属负向指标。树冠是林木进行光合作用、呼吸作用等一系列重要生理活动的基础，通常认为林木冠幅随胸径的增大呈典型的非线性变化趋势，因此，树冠越大说明林木的生长活力也越高，但在进行林分结构调控时还应考虑冠幅与胸径的关系，避免仅采伐小树的情形，该指标同样属于正向指标。Sharma 等（2016）及 Opio 和 Coopersmith（2000）指出，DH 值越小，表明树木重心越低，其稳定性也越好，进而抵御暴雪、大风、结冰等恶劣天气的能力也越强，同时 DH 值会随着胸径的增大呈逐渐降低趋势，并最终趋于稳定，属负向指标。

林分空间结构单元是进行上述指标计算的基础，也是结构化森林经营理论中的核心问题。目前，学者已经提出了几种确定空间结构单元的方法，如固定株数法、固定半径法、树冠重叠法、沃罗诺伊图（Voronoi diagram）等，然而，应用最为广泛的无疑是惠刚盈（2013）等提出的 4 株相邻木法，此方法具有很强的实际操作优势，因此本节以样地核心区内每株核心木及其周围的 4 株最近相邻木构建基本空间结构单元。在计算 CI_i 时，本节选用 1 株对象木+4 株相邻木作为基本的空间结构单元。

2.7.1.2　抚育采伐指数的构建

因上述各项指标量纲、方向趋势各不相同，为了使同一林分不同抚育采伐强度下各指标具有可比性，首先，记录各林型内每个指标的最大值和最小值，然后按式（2-26）、式（2-27）分别对正向指标和反向指标进行标准化处理；其次，采用熵-AHP 法构建林木抚育采伐指数（T_i），即运用主观赋权法和客观赋权法相结合的方法来确定各项指标的权重。

$$I_{ij}=\frac{X_{ij}-X_{\min}}{X_{\max}-X_{\min}} \tag{2-26}$$

$$I_{ij}=\frac{X_{\max}-X_{ij}}{X_{\max}-X_{\min}} \tag{2-27}$$

式中，I_{ij} 为第 i 株树第 j 项指标标准化处理后的数值；X_{ij} 为第 i 株树第 j 项指标的原始数值；$X_{\min}$ 和 $X_{\max}$ 为各林型各指标的最小值和最大值。

熵值法根据同一指标观测值的差异程度来计算权重，因此当指标观测值差异较大时，则该指标所赋权重也较大；当一些重要指标的观测值差异较小时，可能出现重要指标所占权重较小而非重要指标所占权重较大的不合理现象。本节采用熵-AHP 法对熵值法结果进行调节，既保证重要性指标所占权重，又减少 AHP 法的主观性和片面性。用 AHP 权重来差异化调整熵值法权重系数的公式为

$$W_i = W_i^S W_i^A \Big/ \sum_{i=1}^{n} W_i^S W_i^A \tag{2-28}$$

式中，W_i 为熵-AHP 法确定的第 i 项指标的综合权重；W_i^S 为熵值法确定的第 i 项指标的权重；W_i^A 为 AHP 法确定的第 i 项指标的权重；n 为指标个数。熵-AHP 法确定的各项指标权重如表 2-21 所示。第 i 株树的综合抚育采伐指数（T_i）的计算公式为

$$T_i = \sum_{j=1}^{6} W_i I_{ij} \tag{2-29}$$

T_i 值为 0 ～ 1，T_i 值能够反映树木被采伐的优先性，T_i 值越接近 0，表明该株树木越应被采伐；T_i 值越接近 1，代表林木越不易被采伐。林分水平综合抚育采伐指数 $T=\sum T_i/N$，其值能够有效反映林分继续经营的迫切性和经营效果，即对同一林型不同样地而言，T 值越小，说明林分越应被经营；同一样地不同经营强度下，T 值越大说明经营效果越好。在确定林分的经营迫切性和模拟抚育采伐强度后，对样地内单木的 T 值由小到大排序，T 值越小的林木则越应优先被确定为抚育采伐木。

表 2-21　基于熵-AHP 法的各指标综合权重值

主要林型	权重	*U*	*W*	*M*	CI	DH	DC
BF	熵值	0.15	0.02	0.71	0.08	0.01	0.03
	AHP	0.10	0.10	0.30	0.25	0.15	0.10
	综合赋权法	0.06	0.01	0.84	0.08	0.01	0.01
LF	熵值	0.27	0.04	0.54	0.10	0.02	0.03
	AHP	0.10	0.15	0.35	0.25	0.05	0.10
	综合赋权法	0.12	0.03	0.72	0.11	0.01	0.01
CBMF	熵值	0.33	0.05	0.37	0.18	0.03	0.05
	AHP	0.10	0.17	0.20	0.25	0.12	0.16
	综合赋权法	0.19	0.05	0.43	0.26	0.02	0.05
CMF	熵值	0.26	0.03	0.37	0.28	0.02	0.04
	AHP	0.15	0.15	0.15	0.30	0.10	0.15
	综合赋权法	0.20	0.02	0.29	0.44	0.01	0.03

注：*U*. 大小比数；*W*. 角尺度；*M*. 混交度；CI. 竞争指数；DH. 林木稳定性指标；DC. 林木生长活力指标，本章表同

2.7.1.3　数据处理

本节采用 Excel VBA 编制林木抚育采伐模拟程序，分别计算各林型不同株数抚育采伐强度下（0%、10%、20% 和 30%）林分空间和非空间结构参数。为避免边缘效应对林分结构参数的影响，设置 5m 缓冲区。将样地的郁闭度作为约束条件与 T 值一同决定最优抚育采伐强度，在 ArcMap 10.2 软件中通过单木定位和平均冠幅生成缓冲区，再通过系列叠加操作获得各林型的郁闭度，采伐后将筛选的采伐木去除，再在 ArcMap 10.2

软件中进行相同操作，获得采伐后的郁闭度。其余数据处理和图表绘制均采用 Excel 和 ArcMap 10.2 软件完成。

2.7.2 模拟优化结果与分析

2.7.2.1 林分结构特征

由表 2-22 可以看出，4 种林型的平均角尺度均为 0.57，表明样地整体空间分布格局均为聚集分布；各林分整体大小比数为 0.50 ～ 0.51，各林型内林木整体生长的优势程度处于典型的中庸状态；不同林分类型的整体混交度差异较为显著，其中，针阔叶混交林和针叶混交林平均混交程度较高（0.39），白桦林的混交度最低（0.12），接近于零度混交，而落叶松林的平均混交度则位于两者之间（0.28）；从各林型竞争指数可以看到，白桦林、落叶松林、针阔叶混交林样地内整体的竞争压力较小，均为 2 ～ 3，而针叶混交林的整体竞争压力较大（3.67），主要是由于该样地内林分密度较大，林木竞争更为激烈。从林分非空间结构参数分析，落叶松林的林木稳定性较好（1.01），针叶混交林整体的稳定性相对较差（1.22）；从林木生长活力来看，各林型之间林木生长活力没有显著差异，落叶松林的生长活力指数相对较大（0.13），白桦林和针叶混交林的生长活力相对较小（0.11）；各林型的综合抚育采伐指数为 0.50 ～ 0.70，其中，针叶混交林的整体综合抚育采伐指数最高（0.64），白桦林的综合抚育采伐指数最低（0.54），表明白桦林的经营迫切性程度显著高于针叶混交林。

表 2-22 主要林型林分结构参数统计特征

林型	*U*	*W*	*M*	CI	DH	DC	*T*
BF	0.51±0.36	0.57±0.17	0.12±0.25	2.11±1.64	1.15±0.24	0.11±0.04	0.54±0.14
LF	0.50±0.36	0.57±0.17	0.28±0.31	2.42±1.27	1.01±0.24	0.13±0.04	0.60±0.1
CBMF	0.51±0.36	0.57±0.16	0.39±0.30	2.52±1.37	1.14±0.25	0.12±0.04	0.58±0.13
CMF	0.50±0.36	0.57±0.16	0.39±0.35	3.67±6.49	1.22±0.25	0.11±0.04	0.64±0.13

注：*T*. 林木综合抚育采伐指数，表 2-23 同

2.7.2.2 抚育采伐强度确定

前期研究结果表明，林分综合抚育采伐指数会随着抚育采伐强度的增加而无限增大，因此为了避免过大抚育采伐强度对林分结构和功能的影响，本研究根据《森林抚育规程》（GB/T 15781—2015，以下简称《规程》）中对郁闭度的要求，确保伐后林分郁闭度不低于 0.60。各林型不同抚育采伐强度模拟采伐结果表明，*T* 值均随着抚育采伐强度的增加而持续增大，但不同抚育采伐强度间的 *T* 值增长率各不相同，且不同林型间 *T* 值的提升程度也存在显著差异。当株数抚育采伐强度从 0 增加到 30% 时，白桦林的 *T* 值由 0.22 提升到 0.28，增加 22.27%；需要特别说明的是，当抚育采伐强度为 30% 时，此林分郁闭度降低为 0.58，低于《规程》中郁闭度的约束，因此确定 20% 为最佳抚育采伐强度，此时 *T* 值提升约 16.4%；落叶松林的 *T* 值从 0.39 上升至 0.50，提升约 28.2%；对针阔叶混交林而言，*T* 值由 0.53 转变为 0.62，提升约 17.0%；针叶混交林的 *T* 值由 0.66 变成 0.73，指标

提升 10.6%。

由图 2-26 可以看出，白桦林在 30% 处的 T 值变化率最大（9.8%），但此时林分郁闭度（0.58）低于《规程》要求，在 10% 和 20% 处 T 值增长率分别为 7.9% 和 7.8%，选取白桦林最优抚育采伐强度为 10%；在落叶松林中，在抚育采伐强度为 30% 处 T 值增长率达到最大值，为 9.7%；针阔叶混交林的 T 值增长率随着抚育采伐强度的增大逐渐减小，在 10% 处 T 值增长率最大，为 6.6%；针叶混交林在抚育采伐强度为 10% 处 T 值增长率最大（3.9%），该林型的最优抚育采伐强度仍为 10%。

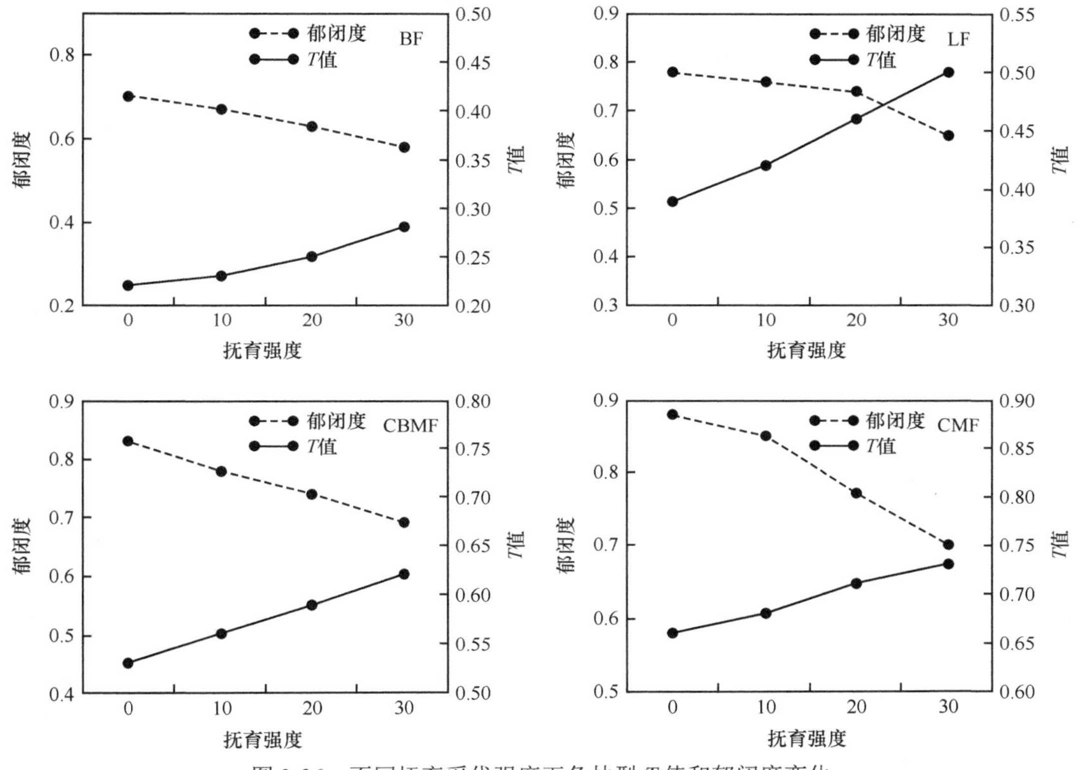

图 2-26　不同抚育采伐强度下各林型 T 值和郁闭度变化

LF. 落叶松林；BF. 白桦林；CBMF. 针阔叶混交林；CMF. 针叶混交林

2.7.2.3　抚育采伐效果评价

根据各林型的最佳抚育采伐强度对抚育采伐前后的林分结构进行对比分析。由表 2-23 和图 2-27 可见，白桦林的 T 值在抚育采伐强度为 10% 和 20% 时分别提升 7.9% 和 16.4%；混交度分别提高 7.6% 和 24.4%，角尺度均降低 1.4%，林分大小比数与采伐前没有显著差异，优势树种白桦处于最占优势（U=0.00）的频率分布增加；竞争指数分别下降 5.7% 和 10.7%，抚育采伐后林木的竞争压力减小；林木生长活力指标略有降低（1.3% 和 1.9%）；林木稳定性指数分别降低 0.9% 和 2.3%。落叶松林的 T 值在抚育采伐强度 30% 处提升 28.9%，其中，混交度得到显著提升（53.2%），角尺度降低 0.9%，林分整体的大小比数降低 4.3%，优势树种落叶松在 U=0.00 和 U=0.25 上的频率增加；竞争指数下降 11.2%，样地内竞争压力得以缓解；林木生长活力指标降低（2.6%），林木稳定性指数降低 3.0%。针阔叶混交林在抚育采伐强度 10% 和 30% 处 T 值分别提升 6.6% 和 17.5%，混交度得到明显提高（11.4% 和 41.6%），角尺度略有降低（0.4% 和 0.3%），林分整体大小比数没有显著差异，优势树种落叶松分布在大小比数为 0.00 和 0.25 处的频率提高；竞争指数分别下降 7.8% 和 17.8%；林木生长活力指标略有降低（1.6% 和 3.6%）；林木稳定性指标降低（1.4% 和 4.1%）。在针叶混交林中，抚育采伐强度在 10% 和 30% 处 T 值分别提升 3.9% 和 9.2%，混交度分别提高 11.2% 和 40.2%，角尺度分别降低 0.4% 和 0.3%，林分大小比数没有显著变化，林分内优势树种处于最占优势和较占优势状态（U=0.00 和 U=0.25）的频率增大；竞争指数分别下降 15.8% 和 27.1%；林木生长活力指标分别降低 0.9% 和 2.9%；林木稳定性分别降低 1.2% 和 4.6%。

表 2-23　不同强度抚育采伐前后林分结构参数对比（%）

林型	最佳抚育强度	U	W	M	CI	DH	DC	T	蓄积强度	落叶松比例	白桦比例
BF	10	–0.6	–1.4	7.6	–5.7	–0.9	–1.3	7.9	3.8	1.2	94
	20	–2.3	–1.4	24.4	–10.7	–2.3	–1.9	16.4	8.1	0	97
LF	30	–4.3	–0.9	53.2	–11.2	–3.0	–2.6	28.9	17.1	97.9	2.1
CBMF	10	–0.9	–0.4	11.4	–7.8	–1.4	–1.6	6.6	3.5	66.7	33.3
	30	–3.5	–0.3	41.6	–17.8	–4.1	–3.6	17.5	15.5	71.2	28.8
CMF	10	–1.0	–0.4	11.2	–15.8	–1.2	–0.9	3.9	3.5	82.4	6.5
	30	–2.2	–0.3	40.2	–27.1	–4.6	–2.9	9.2	11.7	84.3	3.7

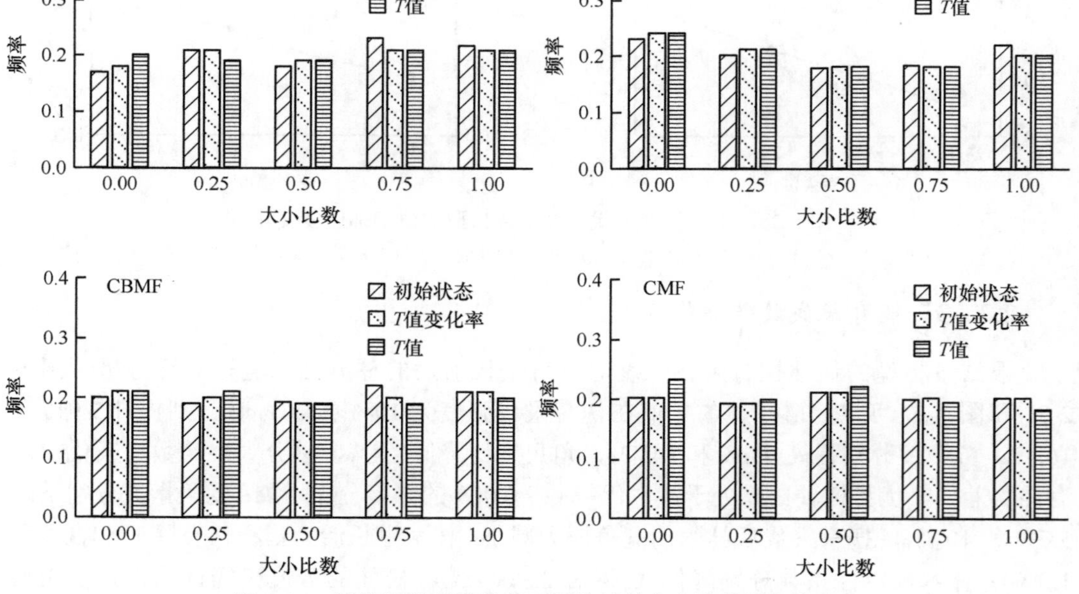

图 2-27　最优抚育采伐强度下优势树种大小比数频率分布

初始状态．抚育采伐强度为 0；T 值变化率．比较 T 值增长率下的最佳抚育采伐强度；T 值．比较 T 值下的最优抚育采伐强度

不同林分类型不同最佳抚育采伐强度下样地蓄积强度、采伐树种比例均有显著差

异。白桦林蓄积强度分别为 3.8% 和 8.1%，其中，白桦采伐木所占比例分别为 94.0% 和 97.0%；落叶松林蓄积强度为 17.1%，落叶松占抚育采伐总株数的大部分（97.9%）；针阔叶混交林蓄积强度分别为 3.5% 和 15.5%，白桦分别占采伐木总株数的 33.3% 和 28.8%；针叶混交林的蓄积强度分别为 3.5% 和 11.7%，白桦所占比例分别仅为 6.5% 和 3.7%。由图 2-28 可以看出，各林型采伐木主要集中于林木密度较大的区域。

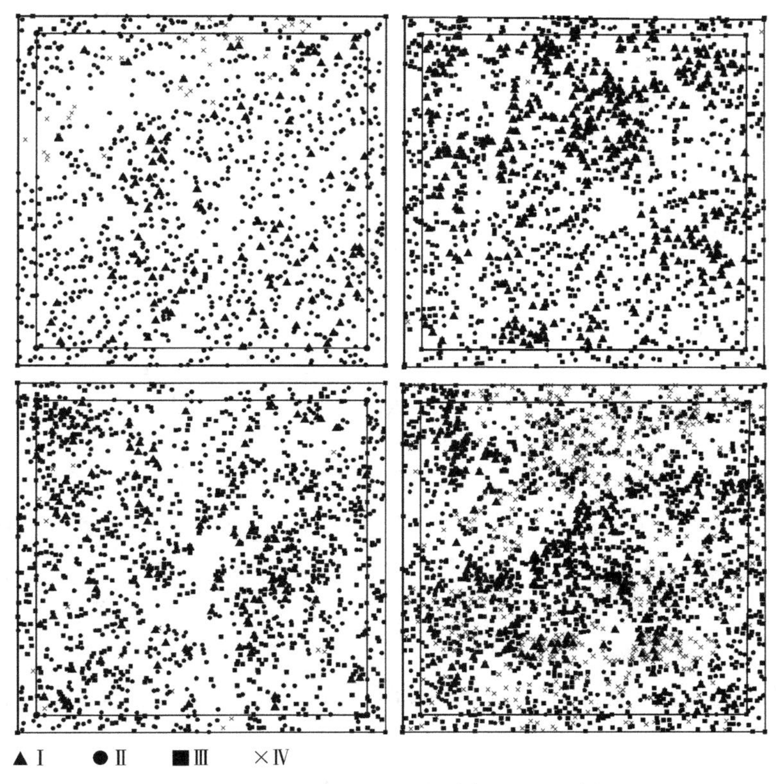

图 2-28　样地内总林木及最优抚育采伐方案下采伐木位置图

Ⅰ. 采伐木；Ⅱ. 白桦；Ⅲ. 落叶松；Ⅳ. 其他树种

本节运用林分空间和非空间结构参数构建单木综合抚育采伐指数（T），通过比较、评估 3 种不同抚育采伐强度（10%、20%、30%）下林分各空间、非空间和 T 值的变化情况，确定各林型最适抚育采伐强度，提出了 2 种最佳抚育采伐强度。抚育采伐后的林分结构均得到不同程度改善，其中，林分内混交度明显增大，林木水平空间分布格局趋向于随机分布，优势树种的优势程度增大，样地内林木所受到的竞争压力明显缓解，林木的生长活力略有降低，林木整体的稳定性得以提升，基本实现了对大兴安岭地区林分初步优化的预期目标，可为合理选取采伐木、优化林分结构提供技术支撑。

2.8　次生林抚育对林分生长的影响

抚育间伐是研究如何给保留树或目标树提供充足营养空间的一类科学经营方式。通过对兴安落叶松进行不同强度的抚育间伐找出兴安落叶松林生长最佳的合理空间，进一步提高林分的生产力，使林木在生长周期内能充分地利用光、热、水、土等自然条件。已有研究表明，合理的采伐强度可以提高林木的生产力、改善土壤的理化性及其微生物的变化，并且对森林生态系统的稳定、结构的调整与功能的发挥，以及保护生物多样性等方面产生重大的影响。间伐后保留木的生长空间得到了解放，林木拥有了更大的空间生长，获得的光照、养分、水分等增多，故林分生长更好。因此，要想促进兴安落叶松高效、稳定的生长，必须确定出比较合理的最佳间伐强度，逐渐改善林分生长和营养空间，以不断提高兴安落叶松的生物生产力。因此，本节探求兴安落叶松林木生产力最佳的采伐强度，为以后科学地经营森林提供理论和技术支撑。

2.8.1　不同抚育间伐强度对胸径的影响

不同抚育间伐强度对兴安落叶松林的生长影响首先表现在胸径上，随着抚育间伐强度的增加胸径生长随之加大，兴安落叶松不同间伐强度胸径生长变化情况见表 2-24。从表中可以看出：间伐 5 年后，不同抚育间伐强度对胸径生长都产生了显著的变化，即间伐明显地促进了林分的平均胸径的增长，林木平均胸径随着样地株数的减少而增大，并且林分的状况随着不同抚育间伐强度的加大，林分的胸径平均生长量也增大。5 年间，间伐强度为 10% 的林木平均胸径增长量为 0.63cm，比对照样地增长 31.25%。间伐强度为 20% 的林木平均胸径增长量为 0.82cm，比对照样地增长 70.83%。间伐强度为 30% 的林木平均胸径增长量为 0.96cm，比对照样地增长 100.00%。间伐强度为 40% 的林木平均胸径增长量是 1.11cm，比对照样地增长 131.25%。对照样地的林木平均胸径增长量是 0.48cm。采取抚育间伐措施生长量增加的顺序为：间伐强度 40%＞间伐强度 30%＞间伐强度 20%＞间伐强度 10%＞对照。从以上结论可以看出：抚育间伐调整了林分密度株数，间伐强度越大，提高了对光的有效利用，因此，从培育大径材的角度来看，间伐强度越大，得到的效果越理想。

表 2-24　兴安落叶松不同间伐强度胸径生长变化

间伐强度处理	平均胸径（cm）			胸径增长量（cm）	相对生长量（%）
	2012 年伐前	2012 年伐后	2017 年	2012 ～ 2017 年	
10%	6.21	6.35	6.98	0.63	131.25
20%	5.81	4.75	5.57	0.82	170.83
30%	6.18	6.18	7.14	0.96	200.00
40%	6.87	5.79	6.90	1.11	231.25
CK	6.95	6.95	7.43	0.48	100.00

2.8.2　不同抚育间伐强度对树高的影响

不同抚育间伐强度对树高生长的影响见表 2-25，从中可以看出，5 年间树高增长量分别为：采伐强度为 10% 的样地树高增长 0.78m，比对照样地增长 1.30%；采伐强度为 20% 的样地树高增长 0.79m，比对照样地增长 2.60%；采伐强度为 30% 的样地树高增长 0.97m，比对照样地增长 25.97%；采伐强度为 40% 的样地树高增长 1.02m，比对照样地增长 32.47%。对照样地树高增长为 0.77m，明显可以看出样地林分平均高都随着抚育间伐强度的增加而有所增加，高强度间伐（40%）的样地林木平均树高的生长最大，但 4 个间伐强度的样地林木平均树高生长量的差异不是很大。

表 2-25　兴安落叶松不同间伐强度树高生长变化

间伐强度处理	平均树高（m）			树高生长量（m）	相对生长量（%）
	2012 年伐前	2012 年伐后	2017 年	2012 ～ 2017 年	
10%	9.35	9.49	10.27	0.78	101.30
20%	7.93	6.53	7.32	0.79	102.60
30%	8.82	8.41	9.38	0.97	125.97
40%	10.44	8.51	9.53	1.02	132.47
CK	10.33	10.33	11.10	0.77	100.00

2.8.3　不同抚育间伐强度对林分单位面积蓄积量的影响

从表 2-26 可以看出不同的间伐强度对林木蓄积量的变化存在明显影响。可以看出，抚育间伐能明显地促进林分蓄积量的生长，其生长量增长最显著的是中度间伐（30%），对照样地的蓄积增长量为 21.41m^3/hm^2，间伐强度为 10% 的蓄积增长量为 22.08m^3/hm^2，间伐强度为 20% 的蓄积增长量为 23.00m^3/hm^2，间伐强度为 30% 的蓄积增长量为 24.57m^3/hm^2，间伐强度为 40% 的蓄积增长量为 21.88m^3/hm^2，间伐处理后，经过比较可以得出，间伐强度为 10%、20%、30%、40% 的林分蓄积增长量比对照样地的林分蓄积量分别大 3.13%、7.43%、14.76%、2.20%。间伐密度太低，林内通风、透光差，对光、肥、水等自然条件的利用不充分，林木的生长受抑，从而限制了林木生产力的发挥。因此，只有选择合适的抚育间伐强度，才能对森林生产力有一定的提高。林分蓄积量取决于单株蓄积量和单位面积株数，本研究中可能因为间伐强度太大保留木株数少，使林分蓄积量低于中度（强度为 20% 和 30%）和弱度（10%）间伐样地，说明虽然单株蓄积量增长较快，但仍不能弥补株数减少造成的单位面积蓄积量损失。

表 2-26　兴安落叶松不同间伐强度对林分单位面积蓄积量生长变化

间伐强度处理	蓄积量（m^3/hm^2）				
	2012 年伐前	2012 年伐后	2017 年	5 年蓄积增长量	相对生长量（%）
10%	100.00	90.99	113.07	22.08	103.13
20%	60.60	26.01	49.01	23.00	107.43
30%	123.82	53.11	77.68	24.57	114.76
40%	140.90	51.21	73.09	21.88	102.20
CK	112.01	112.01	133.42	21.41	100.00

2.8.4　不同抚育间伐强度对林分立木株数的影响

林木之间为了争夺充足的营养空间和光照，使得劣势木出现逐渐枯死的现象称为林木的自然稀疏。一般情况下，林分株数密度越大，林内树木的枯死率就越高。从表 2-27 中可以看出，间伐 5 年内各抚育间伐强度的枯死率分别为 3.63%、2.56%、1.83% 和 1.72%，而对照样地高达 14.36%。我们认为间伐强度的增大，保留木株数随之降低，调整了林木的空间格局，减弱了林木对营养空间和光照的竞争，使自然稀疏现象减少，林木的枯死率明显降低。

表 2-27　林分立木株数变化情况

间伐强度处理	2012 年保留木株数	2017 年实有株数	枯死株数	枯死率（%）
10%	853	822	31	3.63
20%	625	609	16	2.56
30%	601	590	11	1.83
40%	640	629	11	1.72
CK	815	698	117	14.36

不同抚育措施和间伐强度都会对树木生长产生不同影响，本节初步探讨了不同抚育间伐强度对兴安落叶松生长的影响，得出：抚育间伐强度对兴安落叶松林木胸径和树高的生长量有着明显的促进作用，40% 的间伐强度对提高林分胸径和树高生长量最显著，胸径随着间伐强度的增大而明显增大，而树高生长随着间伐强度的增大不明显；强度间伐（30%）对单位面积蓄积增长量最为显著，其次为中度（20%）、弱度（10%），极强度间伐（40%）对促进单位面积蓄积增长量影响最小；此外，随着抚育间伐强度的增加，林木的枯死率逐渐降低，反映出大兴安岭林区兴安落叶松天然次生林林分密度过大，10% ～ 20% 的间伐强度已明显不能全面促进兴安落叶松的生长，在今后的研究中可以考虑以 30% ～ 40% 的间伐强度作为改善大兴安岭林区兴安落叶松天然次生林林分的间伐参考指标。

2.9　次生林抚育对林下植物多样性及生物量的影响

林下植被的群落特征是衡量林分质量变化的一项重要指标，丰富的林下植物多样性是生态系统稳定的基础，还会优化和提升森林生态系统的功能，同时对森林生物量也有一定的影响作用。林下植被的结构与组成是森林生态系统的重要部分，它不仅与生境有着一定的联系，而且与林分密度、环境因子等也密切相关，在维护地力和养分循环等方面起着至关重要的作用。林下植被的生长发育受到乔木层的影响，乔木层植株生长发育进程中的郁闭和稀疏会改变林内的光照条件，从而引起灌木、草本层生物量的差异。在林下植被层生物量方面，不同抚育间伐强度对林分灌草（灌木+草本）层总生物量的影响有显著性差异，适当加大间伐强度对林分的林下植被层生物量增长是有促进作用的。林分枯落物层的生物量受林分的类型、结构、枯落量等因素的影响。

间伐作为森林抚育的主要措施，通过调整林分结构，使森林群落能够充分利用光、热、水、土等自然资源，从而促进林下植被的生长。兴安落叶松是我国寒温带大兴安岭林区重要的地带性植被，是大兴安岭森林建群种和优势种，也是内蒙古及东北地区重要的树种之一。经过 20 世纪八九十年代采伐利用，更新起来的林分大多处于中幼龄林阶段，密度较大，急需抚育间伐。目前，有关大兴安岭林区兴安落叶松林的抚育间伐研究较少。因此，本研究以兴安落叶松林为研究对象，探讨分析了间伐对林下植物多样性和生物量的影响，确定了兴安落叶松林分的最佳采伐强度，以期为大兴安岭兴安落叶松林经营管理提供技术支持。

2.9.1　不同间伐强度对林下植物种类及重要值的影响

由表 2-28 可以看出，采取抚育间伐措施后，植物种类数都有所增加。各间伐强度分别比对照增加了 5、4、7、10 种，对照样地灌木种类和草本种类都为 3 种，其中灌木植物种类数分别为 5、6、5、9 种，分别比对照增加了 2、3、2、6 种。草本和灌草种类数分别比对照增加了 3、2、5、4 种和 5、5、7、10 种。由此可以说明，随着抚育间伐强度的增加，林下灌草植被种类也随之增加。通过比较可以看出，40% 强度的间伐最有利于植物物种的增加。由此可以说明，间伐改变了林内光照、水分等条件，增加了植物的种类。

表 2-28　不同间伐强度下林下植物种类及重要值

种类	不同间伐强度下林下植物的重要值（%）				
	CK	10%	20%	30%	40%
杜香	14.66	16.15	19.33	14.35	24.45
笃斯越桔	31.36	21.15	16.6	12.08	8.80
越桔	21.74	27.29	35.76	34.03	30.14
山刺玫		3.07	3.08	3.81	1.87
圆柏					9.95
兴安杜鹃			3.32		
北极花					10.67
金露梅					1.78
兴安桧柏					3.26
水杨梅					1.70
黑茶藨子				1.79	
藏南绣线菊		1.80			
苔藓	8.77	9.83	6.78	12.37	7.78
石蕊	6.96	3.39	4.16	5.14	
茜草	16.51	6.0	5.62		2.90
大叶章		3.3	1.82		4.54
地榆		1.96		3.68	2.83
鸭儿芹		1.83			2.89
铁线莲			1.64		
轮叶沙参				1.77	
委陵菜				1.79	

续表

种类	不同间伐强度下林下植物的重要值（%）				
	CK	10%	20%	30%	40%
山鸢尾				1.79	
三穗薹草				10.86	
小叶章				9.77	
七瓣莲					1.83
红花鹿蹄草					1.70
灌木种类	3	5	6	5	9
草本种类	3	6	5	8	7
灌草种类	6	11	11	13	16

从表 2-28 中可以看出，该地灌木植物共有物种为杜香、笃斯越桔、越桔，占各间伐后灌木植物种的 60%、50%、60%、33%。草本植物共有物种为苔藓，占各间伐后草本植物种的 16.7%、20%、12.5% 和 14.3%，占对照样地的 33.3%。灌木中越桔的重要值在各样地间基本处于首位，草本中苔藓的重要值在各样地也基本处于首位，处于绝对生长优势，充分表明对生态自然资源的竞争和利用能力很强。间伐后，灌木物种增加了 9 种，即山刺玫（*Rosa davurica*）、圆柏（*Sabina chinensis*）、兴安杜鹃（*Rhododendron dauricum*）、北极花（*Linnaea borealis*）、金露梅（*Potentilla fruticosa*）、兴安桧柏、水杨梅（*Geum aleppicum*）、黑茶藨子（*Ribes nigrum*）、藏南绣线菊（*Spiraea bella*）。不同间伐强度对各样地的草本种数也均增加，草本植物种与对照样地比增加了大叶章（*Deyeuxia purpurea*）、地榆（*Sanguisorba officinalis*）、鸭儿芹（*Cryptotaenia japonica hassk*）、铁线莲（*Clematis florida*）、轮叶沙参（*Adenophora tetraphylla*）、委陵菜（*Potentilla chinensis*）、山鸢尾（*Iris setosa*）、三穗薹草（*Carex tristachya*）、小叶章（*Deyeuxia angustifolia*）、七瓣莲（*Trientalis europaea*）、红花鹿蹄草（*Pyrola incarnata*）。

2.9.2 不同间伐强度对林下植物丰富度的影响

从图 2-29 中可以看出，间伐 5 年后，林下植物的丰富度指数在林分各层中均高于对照，基本随着间伐强度的增加而增加，灌木层中丰富度指数大小依次为间伐强度 40%＞30%＞20%＞10%＞CK，分别比对照增加了 0.141、0.069、0.037、0.016。方差分析的结果表明，不同间伐强度对林分灌木层丰富度的影响没有显著性差异（$P>0.05$）；而在灌草层（灌木层+草木层）和草本层中 20% 强度略低于 10% 强度，对草本层丰富度的影响具有显著性差异（$P<0.05$）。均以 40% 间伐样地中丰富度指数最高。由此可见，间伐可以有效地改善林下生长空间。这是因为强度间伐可以调整林内关系，增大林窗，使林内裸露空间扩大，环境异质性增加，改变了林内光照、水分、温度等环境因子，为植物的生长发育提供了充足的自然资源，使得兴安落叶松林林下植被迅速更新，从而提高了植物多样性。而弱度间伐未能充分有效地改善林内微环境，光热条件的增加未能增加喜光物

种的数量，反而降低了喜阴物种的数量，加之实施间伐措施时的人为踩踏等因素对林下灌草的破坏难以迅速恢复，所以，采伐后林分生物多样性不能得到显著提高。因此，大兴安岭兴安落叶松林在 40% 间伐强度下，可以明显提高林下植被多样性。

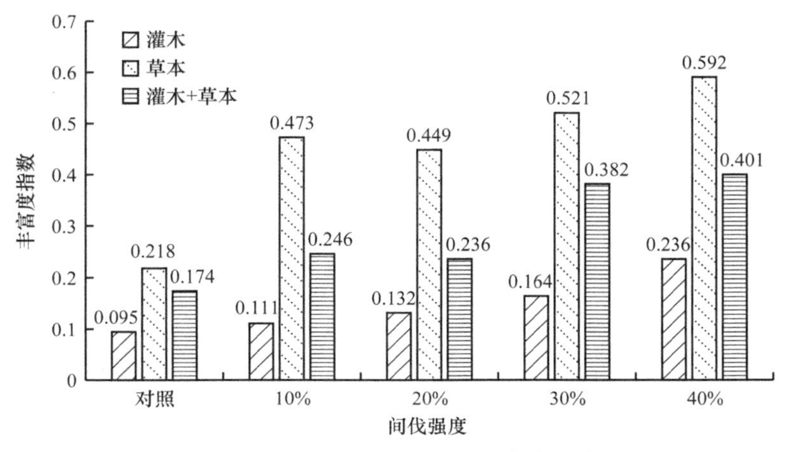

图 2-29　不同间伐强度林下丰富度指数

2.9.3　不同间伐强度对林下植物多样性的影响

从表 2-29 中可以看出，间伐 5 年后，间伐强度为 40% 的灌木、草本和灌草中辛普森指数分别为 0.701、0.698、0.749，香农-维纳多样性指数分别为 1.424、1.456、1.725，都比其他处理要高。辛普森多样性指数和香农-维纳多样性指数的变化趋势基本一致，方差分析表明，不同间伐强度对林分各层辛普森多样性指数和香农-维纳多样性指数的影响具有显著性差异（$P<0.05$）。由此可得出，强度间伐（40%）能改善林分空间结构，提高了兴安落叶松林林下植被多样性。而皮诺均匀度指数在灌木层中，除 20% 样地外，其余样地均比对照有所减少。草本层及灌草层的皮诺均匀度指数相比对照都有所增加，分别比对照增加了 0.276、0.242、0.272、0.361 和 0.048、0.106、0.120、0.123。3 种指数都以 40% 强度增加最多，但方差分析表明，不同间伐强度对林分各层皮诺均匀度指数的差异性不显著（$P>0.05$），出现这种现象可能是由于抚育间伐后，改变了林内光照、水分、温度等环境因子，样地中出现优势种，且植物数量分布上不均匀。

表 2-29　不同间伐强度林下植被多样性指数

间伐强度	灌木			草本			灌木+草本		
	D	H'	J_{sw}	D	H'	J_{sw}	D	H'	J_{sw}
CK	0.528	1.039	0.686	0.203	0.425	0.387	0.607	1.218	0.509
10%	0.602	1.044	0.649	0.576	1.189	0.663	0.689	1.336	0.557
20%	0.669	1.271	0.709	0.526	1.013	0.629	0.704	1.474	0.615
30%	0.589	1.042	0.648	0.683	1.371	0.659	0.726	1.614	0.629
40%	0.701	1.424	0.648	0.698	1.456	0.748	0.749	1.725	0.632

注：D 为辛普森多样性指数，H' 为香农-维纳多样性指数，J_{sw} 为皮诺均匀度指数

2.9.4　不同间伐强度对林下生态优势度指数的影响

由图 2-30 可知，经过抚育间伐后的样地中，灌木层、草本层和灌草层生态优势度指数与对照相比均呈下降趋势。对不同间伐强度下的各层林下植被生态优势度指数进行比较可得，草本层＞灌木层＞灌草层。在整个植被层中，各种间伐强度对林下生态优势度均有显著差异（$P<0.05$）。由此可知，间伐措施可以协调林内植物的组成结构，使得群落结构趋于稳定。故而得知，不同间伐强度降低了兴安落叶松林的生态优势度，且与辛普森多样性指数、香农-维纳多样性指数的变化呈现相反趋势。这可能由于群落在进化演替的初期，组成相对较为单一，从而生态优势度相对较高。随着演替进程的推移，群落趋于稳定，组成结构上变得多样复杂，使得群落越来越协调，其生态优势度越来越小。

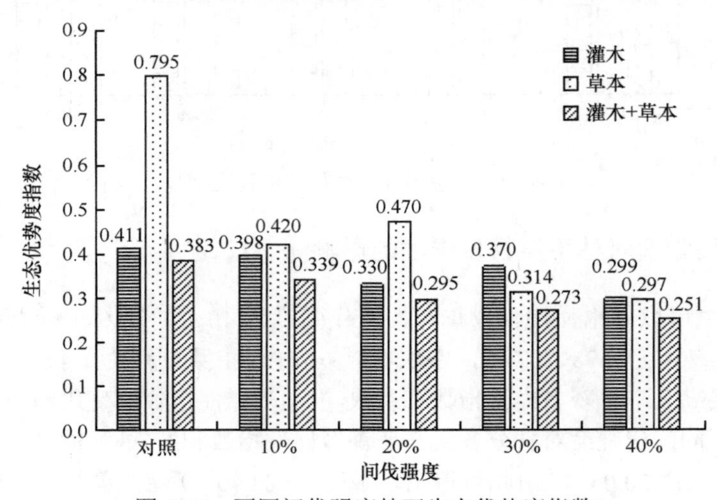

图 2-30　不同间伐强度林下生态优势度指数

2.9.5　不同间伐强度对林下植被生物量的影响

由表 2-30 可知，在不同间伐样地灌草层生物量组成中，草本层占林下植被层生物量的主体，占比为 58.28% ～ 79.35%，其生物量为 0.71 ～ 2.15t/hm^2，林下各层植被生物量随着抚育间伐强度的增加而呈现先增加后减小的趋势，都以间伐强度 30% 林分生物量最高；由此可知，抚育间伐对草本层生物量的影响大于灌木层。灌木层生物量占林下植被层的 20.65% ～ 41.72%，林分灌木层生物量大小依次为间伐强度 30%＞40%＞20%＞10%，以间伐强度 30% 林分的灌木层生物量最高，比对照增加了一倍多，间伐强度 20% 与间伐强度 40% 林分的灌木层生物量分别比对照增加了 68.57%、94.29%，而间伐强度 10% 林分的灌木层生物量最小，比对照减少了 9.38%。可见，适当地加大间伐强度可以增加林分灌木层生物量。草本层生物量均比对照有所增加，同样呈先上升后下降的趋势。林分草本层生物量大小依次为间伐强度 30%＞10%＞20%＞40%，间伐强度 30% 的林分草本层生物量尤为突出，是对照的 3 倍。间伐强度 10%、20%、40% 的林分草本层生物量分别比对照增加 74.65%、57.75%、33.80%，与灌木层不同的是，较弱的间伐强度 10% 和 20% 的草本层生物量也较高，仅次于 30%。方差分析结果表明，不同抚育间伐强度对林分灌草层总生物量的影响有显著性差异（$P<0.05$）。总体来看，间伐强度 30% 林分的林下植被层生物量较好。抚育间伐改变了林内光照、水分、温度，有利于土壤微生物的生存，加快了枯落物的分解和养分的归还，调节了兴安落叶松林林下枯落物的积累与转化，维持了生态功能的平衡，从而提高了林地生产力。

表 2-30　不同间伐强度林下植被生物量　（单位：t/hm^2）

植被类型	CK	10%	20%	30%	40%
灌木	(0.35±0.09) ab	(0.32±0.03) a	(0.59±0.16) ab	(0.77±0.12) ab	(0.68±0.05) b
草本	(0.71±0.14) a	(1.24±0.38) a	(1.12±0.23) b	(2.15±0.24) a	(0.95±0.16) a
灌草	(1.06±0.44) a	(1.56±0.20) ac	(1.71±0.59) b	(2.92±0.67) ab	(1.63±0.23) b

2.9.6　不同间伐强度对枯落物层生物量的影响

由表 2-31 可见，间伐 5 年后，林分枯落物层生物量大小与林分密度大小基本一致。间伐 5 年后林分枯落物层生物量大小依次为间伐强度 40%＞10%＞30%＞20%，其中间伐强度 10%、40% 的林分枯落物层生物量较对照有所增加，分别增加了 2.98%、20.54%，间伐强度 20%、30% 的林分枯落物层生物量分别比对照减少了 11.28%、2.86%，分解层生物量大小比较与总量一致，且间伐强度 10%、20%、30%、40% 及对照组的林分枯落物分解层生物量分别占总体的 69.08%、69.10%、72.33%、67.68%、66.49%，间伐 30% 的林分枯落物分解程度最好，对分解层生物量的影响差异不显著。间伐强度对未分解层生物量的影响具有极显著性差异（$P<0.01$），10%、20%、30% 比对照减少了 $0.55t/hm^2$、$2.04t/hm^2$、$2.23t/hm^2$，30% 强度减少得最多。

表 2-31　不同间伐强度林下枯落物层生物量　（单位：t/hm^2）

枯落物层类型	CK	10%	20%	30%	40%
未分解层	(11.25±0.54) ac	(10.7±0.61) ab	(9.21±0.86) b	(9.02±0.82) ab	(13.08±1.51) c
分解层	(22.34±1.09) a	(23.9±1.18) a	(20.6±0.81) a	(23.61±3.94) a	(27.41±1.25) a
总计	(33.59±0.55) ab	(34.6±1.48) ab	(29.81±1.58) b	(32.63±4.25) b	(40.49±1.70) a

2.9.7　间伐强度与林下植被相关性分析

Pearson 相关分析表明，兴安落叶松林间伐强度与灌草生态优势度指数呈显著负相关，相关系数在 0.6 以上，与灌木均匀度指数也呈显著负相关，相关系数为 0.515。与草本丰富度指数呈极显著正相关，与草木生物量和灌草辛普森多样性指数、香农-维纳多样性指数呈显著正相关，与枯落物生物量呈极显著正相关，相关系数为 0.899，而与灌木丰富度指数、生物量和草本的均匀度指数相关性不显著（表 2-32）。

表 2-32　间伐强度与林下植被之间的 Pearson 相关系数

林下植被指标	灌木	草本	枯落物
丰富度指数	0.467	0.891**	
辛普森多样性指数	0.535*	0.637*	
香农-维纳多样性指数	0.559*	0.591*	
均匀度指数	−0.515*	0.362	
生态优势度指数	−0.629*	−0.637*	
生物量	0.425	0.561*	0.899**

注：* 代表 $P<0.05$，** 代表 $P<0.01$

2.10　次生林抚育对林分生态功能的影响

森林作为陆地上重要的生态系统，具有涵养水源的能力，能够合理调节降水与径流之间的关系，对大气降水重新分配。森林枯落物和土壤作为森林系统中涵养水源的第二活动层和第三活动层，对于防止土壤的侵蚀、拦蓄地表径流、抑制土壤水分蒸发都发挥着重要作用。枯落物层疏松多孔及表面积较大的特质，对降水有明显的截留作用，能够增加降水在土壤中的下渗（曲杭峰等，2017）。土壤层水分通过毛管孔隙和非毛管孔隙下渗，除供植物蒸腾和土壤蒸发外，大部分的水分储存在林地内或者通过渗透汇入河流。因此，对枯落物层和土壤层的水文性能展开研究，将增加对森林林地水文性能的深入认识，有利于森林的可持续经营。

土壤能够影响植物的生长和产量，进而使森林生态系统发生变化，同时，森林生态系统的变化又会使土壤产生演变，土壤在森林的物质能量运输中起着不容忽视的作用，因此，林地土壤质量在一定程度上反映森林生态环境的好坏。林分经抚育间伐后，土壤质量受到影响，从而直接影响林分的生长状况。

森林冠层作为植物在地上部分的绿色覆盖层，对生态系统的稳定起着至关重要的作用。冠层结构和组成影响着林木对降水、光辐射的截留能力（Morton et al.，2014），进而影响地表的植被（田平等，2016）、土壤性质（时忠杰等，2010）等，决定着林地内林木生长质量（Zhao et al.，2012）。冠层结构截留的光辐射通过光合作用转化为供植物生长的有机物质，参与生态系统能量流动，同时冠层结构的改变会造成林下光照量的不同，从而对林下植被的光合作用速率产生影响，改变太阳辐射的利用比率。因此，研究冠层结构及林下光环境能够更加全面地反映森林内太阳辐射的利用情况。

本节以不同抚育间伐强度的落叶松天然次生林为研究对象，探讨经间伐 10 年后不同间伐强度对森林林地内水文性能、土壤肥力、光环境特征的影响，并通过灰色关联的方法分别从 3 个方面对林分的生态功能进行综合评价，为更好地反映森林涵养水源能力、土壤质量、光能利用率及选择合理的落叶松天然次生林间伐强度提供借鉴和参考。

2.10.1　研究方法

2.10.1.1　水文性能

1. 实验方法

2008 ～ 2017 年的 8 月，在实验样地内沿“Z”路线随机选取 12 个 30cm×30cm 的样方，分别收集枯落物的未分解层和半分解层，带回实验室利用室内浸泡法测定其蓄积量、自然持水率、最大持水率、最大持水量、有效拦蓄率、有效拦蓄量 6 项指标。同时在每个样方上用容积为100cm^{3}环刀在土壤剖面0～10cm处取原状土，同时用铝盒取土样，测定土壤含水量，采用“环刀法”测定土壤的物理性质，包括土壤容重、非毛管孔隙、毛管孔隙、总孔隙度、最大持水量 5 项指标，从而反映土壤的水文性能。实验得到的数据运用 Excel 进行数据整理和初步处理，并利用 SPSS 软件进行灰色关联预测。

2. 综合评价方法

研究不同间伐强度下土壤和枯落物的水文性能变化规律，建立合理的森林抚育水文性能综合评价体系，对大兴安岭落叶松天然次生林抚育间伐经营模式的评价和应用有十分重要的影响。本节将各间伐样地 10 年间蓄水能力变化情况通过图像进行直观反映，应用灰色关联法（毛波和董希斌，2016；Seidl et al.，2012）对抚育间伐 10 年后的林地水文性能进行综合评价。首先运用熵权法求出各个指标的客观权重，然后计算出灰色关联度，依据关联度的大小评价林地水文性能。得到的关联度越高，说明抚育间伐后林地的水文性能越好，间伐强度最适宜，改造经营效果越好。

（1）初始化决策矩阵

对不同的测量指标根据下列进行无量纲化处理，计算出不同间伐强度的相关评价功能决策矩阵 $\boldsymbol{X'}$。

$$x'_{ij}=\frac{x_{ij}}{x_{i0}}(i=1,\ 2,\ \cdots,\ m;\ j=1,\ 2,\ \cdots,\ n) \tag{2-30}$$

式中，x_{ij}' 和 x_{ij} 分别表示第 j 个样地的第 i 个林地水文性能指标因子的无量纲值和实测值；x_{i0} 表示第 i 个指标的峰值。

（2）确定评价指标权重

在所选择的林地水文性能指标中，不同的指标对综合评价结果的影响是不同的，因此需要对每个指标赋予不同的权重。目前的研究中对于权重确定的方法主要有层次分析法、因子分析法、相关系数法、变异系数法、熵权法等，本研究中选用熵权法来确定各指标权重，基于客观的实验数据进行分析。

首先采用线性比例变换正向指标型，即各样地的指标实测值与对应的指标峰值的比值，即决策矩阵 $\boldsymbol{X'}$。再通过式（2-31）～式（2-33）计算出各项指标的权重。

$$p_{ij}=\frac{x_{ij}}{\sum_{j=1}^{n}x_{ij}} \tag{2-31}$$

$$e_i = \frac{-1}{\ln n \sum_{j=1}^{n} p_{ij} \cdot \ln p_{ij}} \tag{2-32}$$

$$w_i = \frac{1-e_i}{\sum_{j=1}^{m}(1-e_i)} \tag{2-33}$$

式中，x_{ij} 含义同式（2-30），n 表示样地 j 的个数，p_{ij} 表示第 i 个指标下第 j 个样地的指标值，e_i 表示第 i 个指标的熵值，w_i 表示第 i 个指标的权重。

（3）确定评价指标权重

根据式（2-34）计算出林内光环境各个指标的灰色关联系数 r_{ij}，得到灰色关联评价矩阵，通过计算得到不同间伐强度的灰色关联评度。

$$r_{ij} = \frac{\min\limits_{m}\min\limits_{n}\left|s_i - x'_{ij}\right| + \lambda \max\limits_{m}\max\limits_{n}\left|s_i - x'_{ij}\right|}{\left|s_j - x'_{ij}\right| + \lambda \max\limits_{m}\max\limits_{n}\left|s_i - x'_{ij}\right|} \tag{2-34}$$

式中，s_i 为初始化后的决策矩阵 $\boldsymbol{X}'$ 中第 i 行的最大值，λ=0.5。

（4）确定灰色关联判断矩阵

根据式（2-34）计算出林地水文性能各个指标的灰色关联系数 r_{ij}，进而得到由对应相关指标的灰色关联系数 r_{ij} 构成的灰色关联判断矩阵 $\boldsymbol{R}$。

$$r_{ij} = \frac{\min\limits_{m}\min\limits_{n}\left|s_i - x'_{ij}\right| + \lambda \max\limits_{m}\max\limits_{n}\left|s_i - x'_{ij}\right|}{\left|s_j - x'_{ij}\right| + \lambda \max\limits_{m}\max\limits_{n}\left|s_i - x'_{ij}\right|} \tag{2-35}$$

式中，r_{ij} 为初始化后的决策矩阵 $\boldsymbol{X}'$ 中第 i 行的最大值，λ=0.5。

（5）确定不同抚育间伐强度灰色关联评度

结合灰色关联判断矩阵 $\boldsymbol{R}$ 和指标权重 W，根据式（2-36）计算出各样地指标的关联度 b_j。

$$b_j = \sum_{i=1}^{m}\left(w_i \times r_{ij}\right)(i=1, 2, \cdots, m; j=1, 2, \cdots, n) \tag{2-36}$$

2.10.1.2 土壤肥力测定

1. 实验方法

2017 年 8 月，对试验区内造林苗木进行每木调查，调查的项目包括苗高、地径、生长量，工具主要有游标卡尺和卷尺。在 7 个样地内分别取样，在对照样地与改造样地中按照“S”形布点法各选择 4 个面积为 $1m^2$ 的样方，每个样方内选择 5 个取样点取土，按照四分法混合取样，在每个实验样点取土壤剖面深度为 0 ～ 10cm 的土壤样本 1kg 带回实验室用来进行室内实验数据测定。在野外取得的土壤样本会在室内进行风干处理，研磨过筛，然后对反映土壤养分的元素含量进行测定。测定方法和测定元素如表 2-33 所示。同时在样方内用容积为 $100cm^3$ 环刀在每个土壤样点取环刀样本，借以测量土壤的物理性质，包括土壤容重、非毛管孔隙、毛管孔隙、总孔隙度、最大持水量 5 项指标。实验得到的数据运用 Excel 进行数据整理和初步处理，并利用 SPSS 软件进行灰色关联预测。

表 2-33　森林土壤元素含量的测定方法

分析对象	测定方法	主要仪器
pH	电位法	pH 计
有机质	油浴重铬酸钾氧化法	油浴锅
全氮	半微量凯氏定氮法	自动定氮仪
全磷	酸溶-钼锑抗比色法	原子吸收光谱分析仪
全钾	碳酸氢钠浸提-火焰光度法	火焰光度计
土壤速效氮	碱解扩散法	扩散皿、恒温箱
土壤有效磷	氢氧化钠浸提-钼锑抗比色法	原子吸收光谱分析仪
土壤速效钾	乙酸铵浸提-火焰光度法	火焰光度计

2. 综合评价方法

研究间伐 10 年后，不同间伐强度下天然落叶松林内土壤肥力的差异性，对于建立合理的森林土壤质量评价体系及改善森林生态环境有着十分重要的影响。本研究应用灰色关联法对抚育间伐后的林地土壤肥力进行综合评价，首先运用改进层次分析法和熵权法求出各个指标的权重，再计算出灰色关联度，从而依据关联度的大小评价林地的土壤质量。得到的关联度越高，说明抚育间伐后林地的土壤肥力越高，进而说明此间伐强度对于改善土壤质量效果较好，是可取的改造方式。

1）运用改进层次分析法确定主观权重，首先要设置目标层、系统层、指标层，然后采用方根法计算特征向量，即各指标权重值。同时进行一致性检验，当通过检验时就可以确定各指标权重。本节中 13 个指标可以分为 5 个系统层，即 pH、有机质、土壤全量、土壤有效量、土壤物理性质，分别含有 1、1、3、3、5 个指标，设置方法如表 2-33 所示。系统层的权重是由系统层的指标数量与初步的系统层的权重共同确定，具体公式如下。

$$\overline{Y_i} = \frac{Y_i n_i}{\sum_{i=1}^{n} Y_i n_i} \quad (i = 1, 2, 3, 4, 5) \tag{2-37}$$

式中，$\overline{Y_i}$ 为修正后的系统层对总指标的权重；n_i 为系统层中的指标个数。修正后，系统层的权重向量为 $(\overline{Y_1}, \overline{Y_2}, \overline{Y_3}, \overline{Y_4}, \overline{Y_5}) = (0.02, 0.15, 0.26, 0.33, 0.24)$。

2）运用熵权法确定客观权重，根据各项指标的实测数据建立判断矩阵，最终得到的熵值越小，说明该指标提供的信息量越多，指标所占权重越大，决策时会起到更加重要的作用，这种方法充分体现了指标权重的客观性。

3）将主观权重与客观权重相结合，采取线性综合赋权确定综合权重，具体计算公式如下。

$$W_3 = \mu W_1 + (1-\mu) W_2 \tag{2-38}$$

式中，W_3 表示土壤养分指标综合权向量；W_1 表示土壤养分指标主观权向量；W_2 表示土壤养分指标客观权向量；μ 表示偏好系数，取值范围为 0 ～ 1，本节中取 0.5。

2.10.1.3 冠层结构和光合特征提取

1. 实验方法

2017 年 8 月在 7 个样地内分别设置 20m×30m 的实验样方。在各个样方内随机选取 5 株主林层兴安落叶松，用 GPS 分别测得每株树木的所在地点的经纬度和海拔，找准正北方向，将数据采集装置 Mini-O-Mount 7MP 调平，测量并记录镜头离地的距离，用 WinScanopy 冠层分析仪从东、南、西、北 4 个不同方向采集图像，用 XLScanopy 处理所得到的数据，得到冠层参数，包括林隙分数、开度、叶面积指数、叶倾角、定点因子、辐射通量。林隙分数、开度两项指标都能够反映出林分冠层的透光率，其中开度是林隙分数剔除植被间相互阻隔影响后经补偿计算得出的冠层实际林隙分数；叶面积指数指的是单位林地面积上植物叶片总面积占面积的比率；叶倾角指的是叶片法线与垂直方向间的夹角；定点因子与辐射通量反映透过冠层的太阳辐射量，从而进行冠层结构的分析。同时，对选取的 5 株落叶松进行光合作用测定，选择天气晴朗时的 7:00 ～ 19:00 时间段，利用 LCpro+便携式光合作用测定仪进行光合参数测定，测定间隔设置为 2h，每次每株树测 3 组数据，将其平均值作为最后光合参数指标的值。光合参数指标包括蒸腾速率、光合速率、CO_2 参考值、叶片表面 P.A.R、叶片温度、胞间 CO_2 浓度、水蒸气气孔导度。叶片表面 P.A.R 表示叶片接受的光合有效辐射，水蒸气气孔导度反映气孔张开的程度，影响光合作用。

实验得到的数据运用 Excel 进行数据整理和初步处理，并利用 SPSS 软件对不同间伐强度冠层结构和光合特征参数进行单因素方差分析，通过 S-N-K 检验分析不同组别各指标在 0.05 水平下是否存在差异性。对冠层和光合特征参数进行相关性分析，反映指标间的相互影响。

2. 综合评价方法

采用灰色关联法对抚育间伐后的林地光环境进行综合评价，首先通过相关性分析剔除掉具有强相关性的指标，平均分配剩余评价指标的权重，计算出不同间伐强度下林地光环境灰色关联度，依据关联度的大小评价林地光环境特征。

2.10.2 结果与分析

2.10.2.1 间伐强度对大兴安岭落叶松天然次生林水文性能的影响

1. 间伐后 10 年内林地蓄水能力变化

（1）土壤容重

土壤容重与土壤孔隙度密切相关，是反映土壤物理性质的重要指标之一。土壤容重与土壤发育的情况有关，能够反映出土壤的透气性和透水性，目前相关研究表明，土壤容重与土壤的紧实程度有关，土壤容重越小说明土壤越松散，土壤中的团粒结构越多，土壤的透气透水性也越好，所在林地涵养水源、保持水土的能力越强，而容重大则与之相反。2008 ～ 2017 年，对照样地土壤容重只有小幅度的波动，基本保持稳定，而各经营样地在间伐后的前两年土壤容重值很大，这说明间伐对样地土壤产生了直接的影响，一方面是作业时机器压实土壤，另一方面是间伐降低了林分郁闭度，改变了林内的生境条件。间伐后第5年土壤容重较小，这可能是由于间伐后土壤微生物数量增加、酶活性增强，土壤容重降低。间伐8年后，各间伐样地土壤容重值变化不大，说明改造林分已形成较完备的生态系统，趋于稳定（图2-31）。

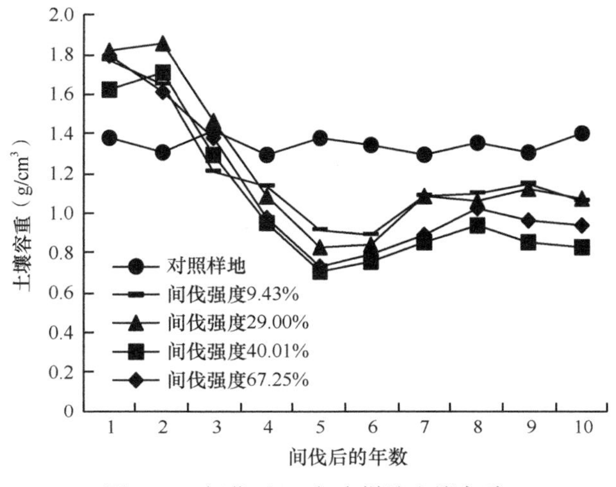

图2-31　间伐后10年内样地土壤容重

（2）土壤孔隙度

土壤孔隙度同样是反映土壤物理性质的重要指标，土壤中的水、养分、空气都储存在土壤的孔隙中。其中毛管孔隙度显得尤为重要，土壤中的有效水多储存在土壤的毛管孔隙中，毛管孔隙度越大，说明土壤中所存储的有效水的含量就越高，从而为植物生存提供更多的水分，促进植被的生长。土壤非毛管孔隙度与土壤的通透性有关，非毛管孔隙度越高，降水的下渗速度越快，其涵养水源和保持水土的能力越强。间伐后土壤孔隙度的变化趋势与土壤容重相反，各样地改造8年后土壤孔隙度趋于稳定（图2-32）。

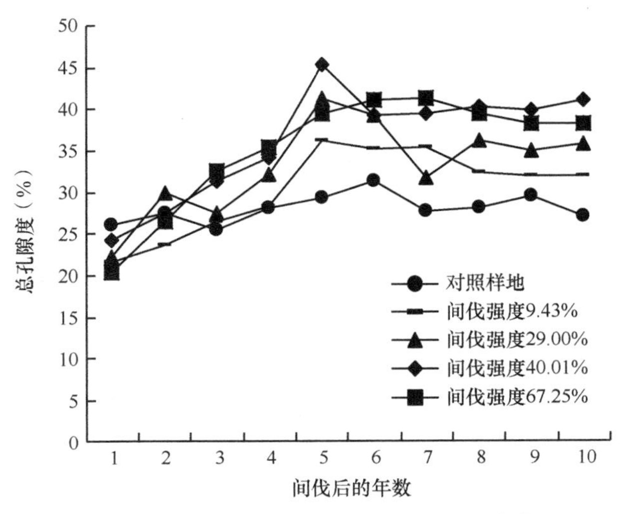

图2-32　间伐后10年内样地土壤总孔隙度

（3）土壤持水量

土壤的持水能力是反映土壤水文性能和林分涵养水源能力的重要指标，持水能力越强说明土壤中可以存储容纳更多的水分，截留降水，在一定程度上能够避免水土冲刷和流失，发挥其保持水土的功能。本研究选用最大持水量反映土壤的持水能力，最大持水量与土壤孔隙度变化趋势基本相同，除改造后第 5 年出现大幅度上升外，基本保持逐步上升后趋于稳定的状态（图 2-33）。

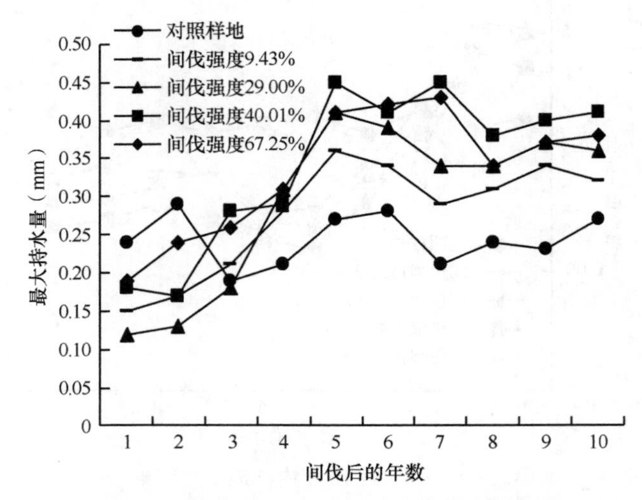

图 2-33　间伐后 10 年内样地土壤最大持水量

（4）枯落物蓄积量

枯落物蓄积量是反映林地枯落物数量的指标，与组成林分密切相关。2008 ～ 2017 年，对照样地的枯落物蓄积量只有小幅度的波动，基本保持稳定，而各改造样地在间伐后的前两年枯落物蓄积量明显高于对照样地，这主要是因为间伐后落在林地的采伐剩余物数量增多，收集后计算入枯落物蓄积量。间伐 4 年后，各间伐样地枯落物蓄积量变化不大，说明采伐剩余物对枯落物的影响已基本消除，枯落物蓄积量更多地反映林地现有组成林分（图 2-34）。

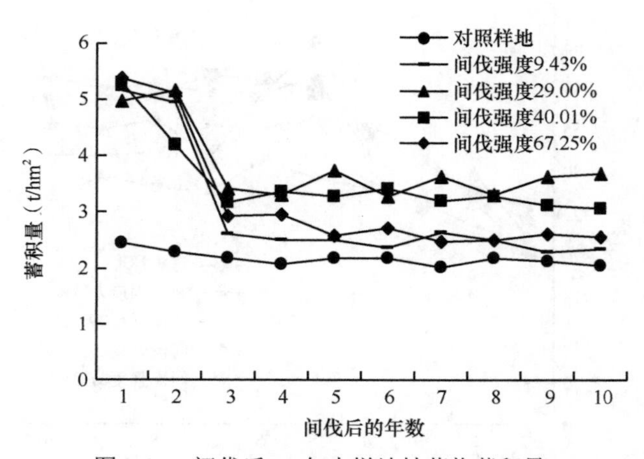

图 2-34　间伐后 10 年内样地枯落物蓄积量

（5）枯落物持水性

最大持水量表示枯落物的最大持水能力，有效拦蓄量用来估算枯落物对降雨的实际拦蓄效果和能力，由图 2-35、图 2-36 可知，二者随间伐时间的变化趋势基本相同，间伐后的前 3 年指标值出现大幅度波动，间伐 5 年后保持稳定。

总体来说，间伐 8 年后林地内蓄水能力各指标都趋于稳定，因此，本节以 2017 年（间伐 10 年后）的枯落物持水指标、土壤物理性质指标确定间伐强度对林地水文性能的影响是可行的。

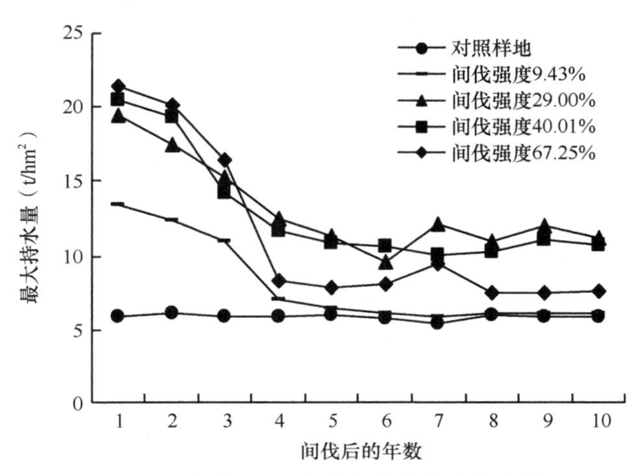

图 2-35　间伐后 10 年内枯落物最大持水量

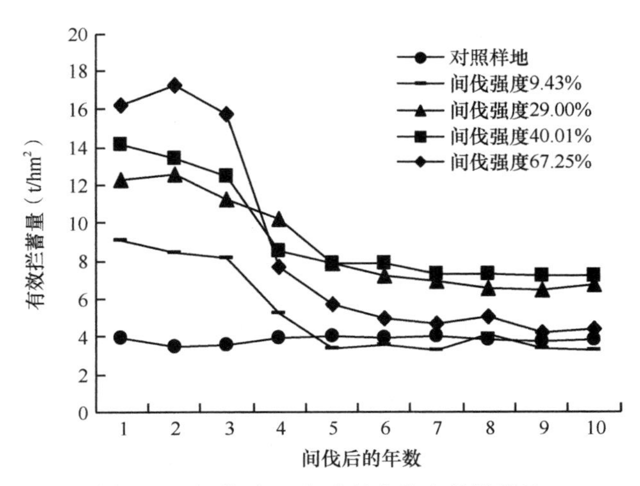

图 2-36　间伐后 10 年内枯落物有效拦蓄量

2. 间伐 10 年后各样地水文性能差异性分析

（1）土壤水文性能

如表 2-34 所示，对照样地与其他间伐的样地土壤容重差异性显著（$P<0.05$），其值明显高于改造后的样地，说明 4 种采伐方式都对土壤起到一定的疏松作用，透气性和透水性都有一定程度的提高，但不同间伐强度的各样地间土壤容重差异不显著（$P>0.05$），土壤容重值表现为间伐强度 0%（1.40g/cm^3）＞29.00%（1.07g/cm^3）＞9.43%（1.06g/cm^3）＞67.25%（0.94g/cm^3）＞40.01%（0.83g/cm^3），其中间伐强度为 40.01% 的 4 号样地土壤容重值最小。

表 2-34　不同间伐强度林分土壤水文性能

样地编号	土壤容重（g/cm^3）	最大持水量（mm）	非毛管孔隙度（%）	毛管孔隙度（%）	总孔隙度（%）
1	1.40±0.15a	0.27±0.05a	14.72±3.74a	12.35±4.55a	27.06±5.26a
2	1.06±0.19b	0.32±0.07ab	14.33±8.56a	17.57±8.25ab	31.91±7.16ab
3	1.07±0.21b	0.36±0.10ab	16.88±8.92a	18.89±6.52ab	35.77±10.26ab
4	0.83±0.17b	0.41±0.06b	14.79±6.84a	26.25±5.31b	41.04±5.71b
5	0.94±0.17b	0.38±0.06ab	20.30±8.03a	17.94±4.30ab	38.23±6.10ab

注：表中数据为“平均值±标准差”，同列不同字母表示有显著性差异，本节表余同；样地编号 1 ～ 5 分别表示间伐强度 0%（对照）、9.43%、29.00%、40.01%、67.25%，表 2-35 ～表 2-38 同

对照样地土壤毛管孔隙度与间伐强度为 40.01% 的 4 号样地差异性显著（$P<0.05$），其他样地间无显著性差异（$P>0.05$），毛管孔隙度表现为间伐强度 40.01%（26.25%）＞29.00%（18.89%）＞67.25%（17.94%）＞9.43%（17.57%）＞0%（12.35%）；土壤非毛管孔隙度各样地间均无显著性差异（$P>0.05$），表现为间伐强度 67.25%（20.30%）＞29.00%（16.88%）＞40.01%（14.79%）＞0%（14.72%）＞9.43%（14.33%）；总孔隙度与各样地之间毛管孔隙度差异性特征相同，但具体数值间大小排序存在不同，具体表现为间伐强度 40.01%（41.04%）＞67.25%（38.23%）＞29.00%（35.77%）＞9.43%（31.91%）＞0%（27.06%），除间伐强度为 9.43% 的 2 号样地的土壤非毛管孔隙度略小于对照样地外，其他间伐样地的孔隙度指标均优于对照样地，因此抚育间伐的经营模式对于土壤孔隙度的提高起到重要作用。一般情况下，土壤容重和非毛管孔隙度成反比，实验中与一般规律不符可能是在取样过程中部分植被根系被保留在环刀中，一定程度上影响了通透性。

最大持水量表现为间伐强度 40.01%（0.41mm）＞67.25%（0.38mm）＞29.00%（0.36mm）＞9.43%（0.32mm）＞0%（0.27mm），变化趋势与土壤总孔隙度呈现一致性，实验表明间伐强度为 40.01% 的 4 号样地土壤最大持水量最高，说明抚育间伐强度为 40.01% 的落叶松天然次生林土壤截留降水的能力最强。

（2）枯落物蓄积量

对抚育间伐强度经营模式下的林地枯落物蓄积量进行单因素方差分析，分析结果如表 2-35 所示。3 号样地（29.00%）未分解层枯落物蓄积量最高，与除 4 号样地外的其他样地差异性显著（$P<0.05$），未分解层枯落物蓄积量表现为间伐强度 29.00%（1.29t/hm^2）＞40.01%（1.07t/hm^2）＞67.25%（0.93t/hm^2）＞9.43%（0.87t/hm^2）＞0%（0.74t/hm^2）。在半分解层，3 号样地（29.00%）的枯落物蓄积量仍为 5 个样地中最高，且与 1 号对照样地和 2 号样地（9.43%）内的枯落物蓄积量差异性显著（$P<0.05$），变化趋势与未分解层呈现一致性。在 5 种抚育间伐强度模式下，未分解层的枯落物蓄积量分别占总蓄积量的 36.10%、37.18%、35.15%、34.97%、36.47%，半分解层枯落物蓄积量占总蓄积量的 63.90%、

62.82%、64.95%、65.03%、63.53%。枯落物总蓄积量，按照大小排序依次为间伐强度 29.00%（3.68t/hm^2）＞40.01%（3.06t/hm^2）＞67.25%（2.55t/hm^2）＞9.43%（2.34t/hm^2）＞0%（2.05t/hm^2），且经 S-N-K 分析，3 号样地（29.00%）除与 4 号样地（40.01%）差异性不显著外（$P>0.05$），与其他样地间均差异性显著（$P<0.05$）。

表 2-35　不同间伐强度林分枯落物蓄积量

样地编号	枯落物蓄积量（t/hm^2）		枯落物总蓄积量（t/hm^2）
	未分解层	半分解层	
1	0.74±0.15a	1.31±0.49a	2.05±0.49a
2	0.87±0.17a	1.47±0.49a	2.34±0.65a
3	1.29±0.29b	2.38±0.47b	3.67±0.70b
4	1.07±0.16ab	1.99±0.62ab	3.06±0.67ab
5	0.93±0.19a	1.62±0.46ab	2.55±0.60a

（3）枯落物持水性能

在自然持水率指标上，对照样地未分解层与 5 号样地（67.25%）未分解层差异性显著（$P<0.05$），其他样地间无显著性差异（$P>0.05$），半分解层各样地间无显著性差异（$P>0.05$）。在最大持水率指标上，未分解层 2 号样地（9.43%）与其他 3 块改造样地差异性显著（$P<0.05$），半分解层 4 号样地（40.01%）在不同的间伐强度林地内指标值最高，与包括对照样地在内的实验样地差异性显著（$P<0.05$），总最大持水率为 494.79%～673.97%。各不同抚育间伐强度林地内半分解层最大持水量均大于未分解层最大持水量，且在半分解层 3 号样地（29.00%）、4 号样地（40.01%）的数值均较高，且与其他样地差异性显著（$P<0.05$）；在未分解层表现为 3 号样地（29.00%）最大持水量在 5 个样地中最大，在半分解层表现为 4 号样地（40.01%）最大持水量最大，枯落物总最大持水量 3 号样地（29.00%）最大。各样地有效拦蓄率之间存在一定差异，未分解层 2 号样地（9.43%）有效拦蓄率较低，半分解层 4 号样地（40.01%）有效拦蓄率偏高，总有效拦蓄率为 276.20%～461.98%。在有效拦蓄量指标上，不同抚育间伐强度的样地之间存在较大的差异，在半分解层，4 号样地（40.01%）的有效拦蓄量最大，3 号样地（29.00%）在未分解层的有效拦蓄量最大（表 2-36）。

表 2-36　不同间伐强度林分枯落物持水性能指标

样地编号		自然持水率（%）	最大持水率（%）	最大持水量（t/hm^2）	有效拦蓄率（%）	有效拦蓄量（t/hm^2）
1	未分解层	25.10±4.64a	241.47±38.09ab	1.78±0.64a	180.15±27.00ab	1.33±0.26a
	半分解层	75.42±13.38a	312.25±26.95a	4.09±0.81a	189.99±23.88a	2.49±0.46a
	合计	100.52±12.56a	553.72±45.08ab	5.87±1.35a	370.14±47.77ab	3.82±0.67a
2	未分解层	32.61±3.57ab	192.89±46.74a	1.69±0.56a	131.35±30.28a	1.15±0.22a
	半分解层	111.76±25.83a	301.90±19.44a	4.44±0.74a	144.85±18.14a	2.13±0.65a
	合计	144.37±28.17b	494.79±59.57a	6.13±0.95a	276.20±38.47a	3.28±0.76a

续表

样地编号		自然持水率（%）	最大持水率（%）	最大持水量（t/hm²）	有效拦蓄率（%）	有效拦蓄量（t/hm²）
3	未分解层	32.48±5.20ab	295.49±81.88b	3.70±0.91b	218.69±73.73b	2.72±0.80b
	半分解层	99.44±11.04a	313.70±12.89a	7.52±1.74b	167.20±14.74a	4.03±0.77ab
	合计	131.92±12.45ab	609.19±79.27ab	11.22±1.83b	385.89±65.72b	6.75±1.00b
4	未分解层	28.95±4.48ab	293.29±38.71b	3.13±0.50b	220.35±36.63b	2.35±0.42bc
	半分解层	81.95±17.24a	380.68±71.67b	7.62±2.78b	241.63±71.56b	4.85±1.82b
	合计	110.90±19.25ab	673.97±94.59b	10.75±2.94b	461.98±94.48b	7.20±2.21b
5	未分解层	33.49±3.89b	291.01±42.07b	2.71±0.51b	213.87±41.97b	1.99±0.30c
	半分解层	110.54±27.85a	307.18±21.66a	4.98±1.08a	150.57±23.34a	2.44±0.74a
	合计	144.03±28.12b	598.19±58.20ab	7.69±1.58a	364.44±48.90ab	4.43±0.98a

3. 综合评价间伐强度对林地水文性能的影响

本节选取土壤层和枯落物层的 11 个指标进行综合评价分析，具体测量值如表 2-37 所示。

表 2-37　水文性能各指标值

样地	土壤容重（g/cm³）	最大持水量（mm）	非毛管孔隙度（%）	毛管孔隙度（%）	总孔隙度（%）	枯落物总蓄积量（t/hm²）	总自然持水率（%）	总最大持水率（%）	总最大持水量（t/hm²）	总有效拦蓄率（%）	总有效拦蓄量（t/hm²）
1	1.40	0.27	14.72	12.35	27.06	2.05	100.52	553.72	5.88	370.14	3.82
2	1.06	0.32	14.33	17.57	31.91	2.34	144.37	494.79	6.13	276.20	3.28
3	1.07	0.36	16.88	18.89	35.77	3.68	131.92	609.19	11.22	385.59	6.75
4	0.83	0.41	14.79	26.25	41.04	3.06	110.89	673.97	10.75	461.98	7.20
5	0.94	0.38	20.30	17.94	38.23	2.55	144.03	598.19	7.69	364.43	4.43

决策矩阵是由 n 个样地的 m 个评价指标的实测值组成的集合，其中 n=5，m=11，得到决策矩阵 $\boldsymbol{X}$。

$$\boldsymbol{X}=\begin{bmatrix} 1.40 & 0.27 & 14.72 & 12.35 & 27.06 & 2.05 & 100.52 & 553.72 & 5.88 & 370.14 & 3.82 \\ 1.06 & 0.32 & 14.33 & 17.57 & 31.91 & 2.34 & 144.37 & 494.79 & 6.13 & 276.20 & 3.28 \\ 1.07 & 0.36 & 16.88 & 18.89 & 35.77 & 3.68 & 131.92 & 609.19 & 11.22 & 385.59 & 6.75 \\ 0.83 & 0.41 & 14.79 & 26.25 & 41.04 & 3.06 & 110.89 & 673.97 & 10.75 & 461.98 & 7.20 \\ 0.94 & 0.38 & 20.30 & 17.94 & 38.23 & 2.55 & 144.03 & 598.19 & 7.69 & 364.43 & 4.43 \end{bmatrix}$$

不同间伐强度的落叶松天然次生林水文性能决策矩阵 $\boldsymbol{X}'$ 如下。

$$\boldsymbol{X}'=\begin{bmatrix} 1.00 & 0.66 & 0.73 & 0.47 & 0.66 & 0.56 & 0.70 & 0.82 & 0.52 & 0.80 & 0.53 \\ 0.76 & 0.78 & 0.71 & 0.67 & 0.78 & 0.64 & 1.00 & 0.73 & 0.55 & 0.60 & 0.46 \\ 0.76 & 0.88 & 0.83 & 0.72 & 0.87 & 1.00 & 0.91 & 0.90 & 1.00 & 0.83 & 0.94 \\ 0.59 & 1.00 & 0.73 & 1.00 & 1.00 & 0.83 & 0.77 & 1.00 & 0.96 & 1.00 & 1.00 \\ 0.67 & 0.93 & 1.00 & 0.68 & 0.93 & 0.69 & 1.00 & 0.89 & 0.69 & 0.79 & 0.62 \end{bmatrix}$$

经计算，$\boldsymbol{W}$=(0.08, 0.05, 0.04, 0.14, 0.05, 0.10, 0.05, 0.03, 0.18, 0.06, 0.23)

得到由林地水文性能各个指标的灰色关联系数 r_{ij} 构成的灰色关联评价矩阵 $\boldsymbol{R}$。

$$\boldsymbol{R}=\begin{bmatrix} 1.00 & 0.44 & 0.50 & 0.34 & 0.44 & 0.38 & 0.47 & 0.60 & 0.36 & 0.58 & 0.37 \\ 0.53 & 0.55 & 0.48 & 0.45 & 0.55 & 0.43 & 1.00 & 0.51 & 0.38 & 0.40 & 0.33 \\ 0.54 & 0.69 & 0.62 & 0.49 & 0.68 & 1.00 & 0.76 & 0.74 & 1.00 & 0.62 & 0.81 \\ 0.40 & 1.00 & 0.50 & 1.00 & 1.00 & 0.62 & 0.54 & 1.00 & 0.87 & 1.00 & 1.00 \\ 0.45 & 0.79 & 1.00 & 0.46 & 0.80 & 0.47 & 0.99 & 0.71 & 0.46 & 0.56 & 0.41 \end{bmatrix}$$

由不同抚育间伐强度灰色关联评度可以看出（表 2-38），关联度间伐强度 40.01%（0.85）＞29.00%（0.76）＞67.25%（0.55）＞9.43%（0.45）=0%（0.45），因此综合分析土壤层和枯落物层的水文性能，抚育间伐强度为 40.01% 的落叶松天然次生林林地的水文性能为最佳。

表 2-38　不同间伐强度林分水文性能灰色关联评度

样地编号	关联度
1	0.45
2	0.45
3	0.76
4	0.85
5	0.55

枯落物层和土壤层是森林系统中涵养水源的重要活动层，能够防止土壤侵蚀、拦蓄地表径流、抑制土壤水分蒸发。其中，枯落物层主要依靠其疏松多孔及表面积较大的特质，截留降水，增加降水向土壤的下渗，而土壤层水分通过毛管孔隙和非毛管孔隙下渗，除供植物蒸腾和土壤蒸发外，大部分的水分储存在林地内或者通过渗透汇入河流，二者对于森林的水土保持和水源涵养起到不可替代的作用。以不同间伐强度改造后的大兴安岭落叶松天然次生林下的土壤和枯落物为研究对象，分别分析土壤、枯落物的水文性能及采用综合评价的方式评判林地内整体水文性能。

2.10.2.2　间伐强度对大兴安岭落叶松次生林土壤肥力的影响

1. 确定决策矩阵

通过已知经验选取对土壤肥力有较大影响的土壤化学性质和物理性质共 13 项指标进行综合评价分析，具体测量值如表 2-39 所示。

表 2-39　土壤肥力各指标值

样地编号	pH	有机质（g/kg）	全氮（g/kg）	全磷（g/kg）	全钾（g/kg）	速效氮（mg/kg）	有效磷（mg/kg）	速效钾（mg/kg）	土壤容重（g/cm^3）	最大持水量（mm）	非毛管孔隙度（%）	毛管孔隙度（%）	总孔隙度（%）
1	6.02	74.53	2.98	3.61	6.71	91.65	13.42	80.27	1.4	0.27	14.72	12.35	27.06
2	5.96	76.48	3.96	5.24	5.42	67.13	8.49	103.47	1.06	0.32	14.33	17.57	31.91

续表

样地编号	pH	有机质（g/kg）	全氮（g/kg）	全磷（g/kg）	全钾（g/kg）	速效氮（mg/kg）	有效磷（mg/kg）	速效钾（mg/kg）	土壤容重（g/cm^3）	最大持水量（mm）	非毛管孔隙度（%）	毛管孔隙度（%）	总孔隙度（%）
3	6.04	31.26	0.72	4.93	4.1	43.57	25.00	82.47	1.24	0.39	15.46	19.46	34.92
4	6.09	54.37	3.49	5.28	6.98	112.26	15.71	91.26	1.07	0.36	16.88	18.89	35.77
5	6.24	123.47	3.15	5.25	2.87	65.03	19.02	95.78	0.83	0.41	14.79	26.25	41.04
6	5.52	96.37	2.23	4.91	7.67	96.12	6.24	64.64	0.91	0.31	17.23	23.48	40.71
7	5.55	86.32	3.07	2.95	3.86	73.34	4.03	81.98	0.94	0.38	20.3	17.94	38.23

注：样地编号 1 ～ 7 分别表示间伐强度 0%（对照）、9.43%、16.75%、29.00%、40.01%、53.09%、67.25%，表 2-41 ～表 2-43、表 2-45、表 2-48、表 2-49 同

决策矩阵是由 n 个样地的 m 个评价指标的实测值组成的集合，其中 n=7，m=13，得到决策矩阵 $\boldsymbol{X}$。

$$\boldsymbol{X}=\begin{bmatrix} 6.02 & 74.53 & 2.98 & 3.61 & 6.71 & 91.65 & 13.42 & 80.27 & 1.40 & 0.27 & 14.72 & 12.35 & 27.06 \\ 5.96 & 76.48 & 3.96 & 5.24 & 5.42 & 67.13 & 8.49 & 103.47 & 1.06 & 0.32 & 14.33 & 17.57 & 31.91 \\ 6.04 & 31.26 & 0.72 & 4.93 & 4.10 & 43.57 & 25.00 & 82.47 & 1.24 & 0.39 & 15.46 & 19.46 & 34.92 \\ 6.09 & 54.37 & 3.49 & 5.28 & 6.98 & 112.26 & 15.71 & 91.26 & 1.07 & 0.36 & 16.88 & 18.89 & 35.77 \\ 6.24 & 123.47 & 3.15 & 5.25 & 2.87 & 65.03 & 19.02 & 95.78 & 0.83 & 0.41 & 14.79 & 26.25 & 41.04 \\ 5.52 & 96.37 & 2.23 & 4.91 & 7.67 & 96.12 & 6.24 & 64.64 & 0.91 & 0.31 & 17.23 & 23.48 & 40.71 \\ 5.55 & 86.32 & 3.07 & 2.95 & 3.86 & 73.34 & 4.03 & 81.98 & 0.94 & 0.38 & 20.30 & 17.94 & 38.23 \end{bmatrix}$$

2. 初始化决策矩阵

对决策矩阵中不同的测量指标进行无量纲化处理，计算出不同间伐强度的落叶松天然次生林土壤肥力性能决策矩阵 $\boldsymbol{X}'$。

$$\boldsymbol{X}'=\begin{bmatrix} 0.96 & 0.60 & 0.75 & 0.68 & 0.87 & 0.82 & 0.54 & 0.78 & 1.00 & 0.66 & 0.73 & 0.47 & 0.66 \\ 0.96 & 0.62 & 1.00 & 0.99 & 0.71 & 0.60 & 0.34 & 1.00 & 0.76 & 0.78 & 0.71 & 0.67 & 0.78 \\ 0.97 & 0.25 & 0.18 & 0.93 & 0.53 & 0.39 & 1.00 & 0.80 & 0.89 & 0.95 & 0.76 & 0.74 & 0.85 \\ 0.98 & 0.44 & 0.88 & 1.00 & 0.91 & 1.00 & 0.63 & 0.88 & 0.76 & 0.88 & 0.83 & 0.72 & 0.87 \\ 1.00 & 1.00 & 0.80 & 0.99 & 0.37 & 0.58 & 0.76 & 0.93 & 0.59 & 1.00 & 0.73 & 1.00 & 1.00 \\ 0.88 & 0.78 & 0.56 & 0.93 & 1.00 & 0.86 & 0.25 & 0.62 & 0.65 & 0.76 & 0.85 & 0.89 & 0.99 \\ 0.89 & 0.70 & 0.78 & 0.56 & 0.50 & 0.65 & 0.16 & 0.79 & 0.67 & 0.93 & 1.00 & 0.68 & 0.93 \end{bmatrix}$$

3. 确定评价指标权重

由表 2-40 结果表明，有效磷的综合权重为最高，为 0.222，其次是有机质的权重，为 0.145，这说明有效磷和有机质对土壤肥力的影响较大。

表 2-40　主客观综合赋权确定指标权重值

系统层	指标层	改进层次分析法 W_1	熵权法 W_2	综合权重 W_3
pH	pH	0.016	0.002	0.009

续表

系统层	指标层	改进层次分析法 W_1	熵权法 W_2	综合权重 W_3
有机质	有机质	0.149	0.142	0.145
土壤全量	全氮	0.082	0.164	0.123
	全磷	0.101	0.041	0.071
	全钾	0.080	0.109	0.094
土壤有效量	速效氮	0.085	0.081	0.083
	有效磷	0.137	0.307	0.222
	速效钾	0.106	0.020	0.063
土壤物理性质	土壤容重	0.076	0.031	0.054
	最大持水量	0.032	0.019	0.026
	非毛管孔隙度	0.036	0.015	0.025
	毛管孔隙度	0.033	0.049	0.041
	总孔隙度	0.066	0.019	0.042

4. 确定灰色关联判断矩阵

得到由林地水文性能各个指标的灰色关联系数 r_{ij} 构成的灰色关联判断矩阵 $\boldsymbol{R}$。

$$\boldsymbol{R}=\begin{bmatrix} 0.92 & 0.51 & 0.63 & 0.57 & 0.77 & 0.70 & 0.48 & 0.65 & 1.00 & 0.55 & 0.60 & 0.44 & 0.55 \\ 0.90 & 0.52 & 1.00 & 0.98 & 0.59 & 0.51 & 0.39 & 1.00 & 0.63 & 0.66 & 0.59 & 0.56 & 0.65 \\ 0.93 & 0.36 & 0.34 & 0.86 & 0.47 & 0.41 & 1.00 & 0.67 & 0.79 & 0.90 & 0.64 & 0.62 & 0.74 \\ 0.95 & 0.43 & 0.78 & 1.00 & 0.82 & 1.00 & 0.53 & 0.78 & 0.64 & 0.77 & 0.71 & 0.60 & 0.77 \\ 1.00 & 1.00 & 0.67 & 0.99 & 0.40 & 1.50 & 0.64 & 0.85 & 0.51 & 1.00 & 0.61 & 1.00 & 1.00 \\ 0.78 & 0.66 & 0.49 & 0.86 & 1.00 & 0.74 & 0.36 & 0.53 & 0.55 & 0.63 & 0.73 & 0.80 & 0.98 \\ 0.79 & 0.58 & 0.65 & 0.49 & 0.46 & 0.55 & 0.33 & 0.67 & 0.56 & 0.85 & 1.00 & 0.57 & 0.86 \end{bmatrix}$$

5. 不同间伐强度样地灰色关联评度

结合灰色关联判断矩阵 $\boldsymbol{R}$ 和指标权重 W 得到表 2-41。由此可以看出，关联度越高，说明抚育间伐后林地的土壤肥力越高，土壤肥力关联度间伐强度 40.01%（0.73）＞29.00%（0.70）＞16.75%（0.65）＞9.43%（0.64）＞53.09%（0.63）＞0%（0.60）＞67.25%（0.55），因此抚育间伐强度为 40.01% 的落叶松天然次生林林地的土壤肥力为最佳。且除 7 号样地外，经不同强度间伐后的落叶松林的土壤肥力均优于未采伐的对照样地，说明在一定间伐强度范围内，间伐能够改善林地内的土壤肥力。

表 2-41　不同间伐强度林分土壤肥力灰色关联评度

样地	关联度
1	0.60
2	0.64
3	0.65

续表

样地	关联度
4	0.70
5	0.73
6	0.63
7	0.55

总体而言，随间伐强度增加，土壤肥力的综合质量呈现出先升高再下降的趋势，这主要是因为采伐后太阳辐射增加，微生物迅速分解枯枝落叶，土壤肥力升高，但当强度过高，森林微气候发生急剧变化，植被数量锐减，缺乏植被的遮挡，林地水土经冲刷后流失，土壤肥力也随之下降。

林分经抚育间伐后，土壤质量受到影响，从而直接影响林分的生长状况。本节以大兴安岭落叶松次生林抚育间伐后的土壤肥力指标为切入点，研究间伐 10 年后，不同抚育间伐强度对土壤肥力的影响，确定最适合大兴安岭落叶松的间伐经营方式，改善森林微气候。

2.10.2.3 间伐强度对落叶松次生林冠层结构和林内光环境的影响

1. 抚育间伐对冠层结构的影响

（1）抚育间伐后冠层结构参数变化

由表 2-42 可知，林隙分数与开度随间伐强度的变化情况趋于一致，均表现为随着间伐强度的增加先减少后增加，且在间伐强度为 29.00% 的 4 号样地二者值最小。不同间伐强度下的林隙分数和开度差异显著（$P<0.05$）。

表 2-42 不同间伐强度林分内冠层结构参数

样地编号	林隙分数（%）	开度（%）	叶面积指数	叶倾角（°）	定点因子		
					直接	间接	总体
1	6.937±1.01a	7.396±1.01ab	5.153±0.25a	14.76±0.73a	0.071±0.010a	0.132±0.021a	0.169±0.019a
2	5.525±1.19ab	5.915±0.85bc	5.629±0.31b	14.76±0.49a	0.068±0.003ab	0.124±0.037a	0.157±0.029a
3	4.107±1.11b	4.628±0.77c	6.716±0.24c	15.47±0.92a	0.042±0.009c	0.099±0.019ab	0.105±0.027bc
4	3.962±1.22b	4.397±1.01c	6.814±0.41c	14.76±0.43a	0.041±0.013c	0.117±0.016a	0.091±0.015c
5	5.293±1.25ab	5.614±0.91bc	5.927±0.14b	14.76±0.39a	0.053±0.006bc	0.102±0.030ab	0.139±0.031ab
6	5.418±1.28ab	5.819±0.80bc	5.891±0.27b	13.97±0.36a	0.061±0.010ab	0.148±0.043a	0.158±0.038a
7	7.261±1.43a	7.635±1.16a	5.017±0.17a	14.29±0.42a	0.072±0.007a	0.060±0.011b	0.173±0.014a

叶面积指数在间伐强度为 0 ～ 9.43% 时，只出现小幅度增长。间伐强度为 9.43% ～ 29.00% 时，叶面积指数随着间伐强度的增加而迅速增加，且在间伐强度为 29.00% 时，叶面积指数达到最大值（6.814）。间伐强度为 40.01% ～ 67.25% 时，叶面积指数随着间伐强度的增加而减小，且在间伐强度为 67.25% 时叶面积指数低于对照样地。16.75% 和 29.00% 的间伐强度下叶面积指数与其他改造样地呈显著性差异（$P<0.05$）。

叶倾角指的是叶片法线与垂直方向间的夹角，影响光照穿过叶片的角度和方位，受树种遗传因素影响较大。不同间伐强度下的样地叶倾角差异不显著（$P>0.05$），说明叶倾角受林分密度、林内环境的影响不大。

冠层直接定点因子的变化范围为0.041～0.072，间接定点因子的变化范围为0.060～0.148，总定点因子的变化范围为0.091～0.173，随着间伐强度的增加，直接定点因子和总定点因子均先减小后增大。与对照样地相比，间伐强度为9.43%时变化趋势缓慢，后来随着间伐强度的增加总定点因子迅速减小，间伐强度为29.00%时达到最小值，之后总定点因子随间伐强度的增加而增加。

不同间伐强度下的冠上辐射通量差异性不显著（$P>0.05$）（表2-43），说明冠层上方的辐射通量与林分的疏密程度、林分结构无显著关系。冠下直接辐射通量和冠下总辐射通量随着间伐强度的增加先减少后增加，在间伐强度为29.00%时总冠下辐射通量达到最小值。

表2-43 不同间伐强度林分冠层辐射通量 ［单位：$mol/(m^2·d)$］

样地编号	冠上			冠下		
	直射	散射	总体	直射	散射	总体
1	29.87±0.36a	4.164±0.13a	34.03±0.24a	1.392±0.368ac	0.419±0.013a	1.627±0.134a
2	29.89±0.29a	4.162±0.18a	34.05±0.27a	1.278±0.032ac	0.387±0.016a	1.492±0.042b
3	29.88±0.41a	4.165±0.24a	34.05±0.36a	0.965±0.029b	0.303±0.026b	1.113±0.027c
4	29.88±0.29a	4.162±0.19a	34.04±0.28a	0.916±0.010b	0.422±0.016a	1.092±0.014c
5	29.73±0.38a	4.164±0.21a	33.89±0.34a	1.129±0.022bc	0.324±0.032b	1.289±0.033d
6	29.85±0.27a	4.161±0.23a	34.01±0.25a	1.156±0.078bc	0.517±0.030c	1.371±0.031d
7	29.86±0.40a	4.139±0.41a	34.00±0.39a	1.491±0.034a	0.223±0.018d	1.623±0.037a

（2）冠层结构指标相关性分析

由表2-44可知，林隙分数与开度相关性极强，达到0.999，说明在冠层结构中叶片遮挡对林隙分数的影响很小，可以忽略不计。林隙分数与叶面积指数呈显著负相关，同时与直接定点因子、总定点因子、冠下直接辐射、冠下总辐射呈显著正相关。开度与叶面积指数同样呈负相关，与直接定点因子、总定点因子、冠下直接辐射、冠下总辐射之间表现为显著正相关。叶面积指数与直接定点因子、总定点因子、冠下直接辐射、冠下总辐射呈显著的负相关。直接定点因子、总定点因子、冠下直接辐射、冠下总辐射相互间呈显著正相关。间接定点因子与冠下间接辐射呈显著正相关，冠上直接辐射与冠上总辐射呈显著正相关。相关关系与间伐强度无关，即不同间伐强度下的林分冠层结构指标相关关系均表现出一致性。

2. 抚育间伐对植被光合作用的影响

（1）抚育间伐后光合参数变化

由表2-45可知，不同间伐强度抚育后，各样地保留树种落叶松的光合参数不同，各间伐样地的落叶松光合速率、蒸腾速率与叶片表面P.A.R均高于对照样地，说明间伐使得落叶松的光照条件得到明显改善。随着间伐强度的增加，蒸腾速率、光合速率、水蒸

表 2-44 冠层结构参数相关性

冠层结构参数	林隙分数	开度	叶面积指数	叶倾角	直接定点因子	间接定点因子	总定点因子	冠上直接辐射	冠上间接辐射	冠上总辐射	冠下直接辐射	冠下间接辐射	冠下总辐射
林隙分数	1												
开度	0.999**	1											
叶面积指数	–0.985**	–0.979**	1										
叶倾角	–0.497	–0.475	0.508	1									
直接定点因子	0.931**	0.928**	–0.971**	–0.546	1								
间接定点因子	–0.247	–0.242	0.177	–0.168	–0.030	1							
总定点因子	0.922**	0.915**	–0.962**	–0.599	0.970**	–0.011	1						
冠上直接辐射	–0.038	–0.003	0.062	0.113	0.093	0.141	–0.078	1					
冠上间接辐射	–0.607	–0.600	0.546	0.482	–0.485	0.726	–0.452	–0.104	1				
冠上总辐射	–0.139	–0.103	0.153	0.193	0.013	0.262	–0.154	0.986**	0.063	1			
冠下直接辐射	0.981**	0.980**	–0.989**	–0.463	0.965**	–0.266	0.934**	0.042	–0.624	–0.062	1		
冠下间接辐射	–0.244	–0.243	0.197	–0.351	–0.052	0.961**	–0.036	0.165	0.577	0.262	–0.280	1	
冠下总辐射	0.967**	0.967**	–0.987**	–0.485	0.989**	–0.099	0.953**	0.084	–0.508	–2.7E-05	0.985**	–0.125	1

注：** 表示达 0.01 极显著性水平

气气孔导度均呈现先增加后减少的趋势，叶片表面 P.A.R、叶片温度先增加后趋于稳定。间伐增加了林地内的 CO_2 浓度，胞间 CO_2 浓度表现为随着间伐强度的增加先减小后增加再减小的趋势。不同间伐强度下落叶松光合参数指标存在显著性差异（$P<0.05$）。当间伐强度为 29.00% 时，落叶松蒸腾速率、光合速率、水蒸气气孔导度显著高于其他间伐样地和对照样地，间伐强度为 40.01% 时，林地内的 CO_2 参考值、胞间 CO_2 浓度在 7 个样地中为最高，说明 29.00% ～ 40.01% 是适合于天然落叶松林光合作用的间伐强度。

表 2-45　落叶松光合参数

样地编号	蒸腾速率［mmol/(m²·s)］	光合速率［μmol/(m²·s)］	CO_2 参考值（vpm）	叶片表面 P.A.R［μmol/(m²·s)］	叶片温度（℃）	胞间 CO_2 浓度（vpm）	水蒸气气孔导度［mmol/(m²·s)］
1	0.641±0.12a	1.743±0.22a	389.4±37.68a	425.9±41.64a	21.24±3.14a	395±31.83a	0.018±0.004a
2	0.742±0.17a	1.872±0.36ab	401.7±41.40a	486.2±39.21a	23.79±4.17a	353.7±28.40ab	0.022±0.008a
3	1.274±0.21bc	2.318±0.13b	428.5±52.12ab	579.2±76.01a	27.26±3.37ab	318.4±32.58b	0.031±0.003ab
4	2.268±0.41d	2.729±0.35c	432.7±42.59ab	1236.7±113.37b	30.39±2.69b	375.4±23.42ab	0.046±0.006c
5	1.635±0.32c	2.106±0.21ab	496.6±49.27b	1247.5±125.29b	37.13±4.25c	391.3±29.14a	0.035±0.007b
6	1.286±0.19bc	1.887±0.13ab	432.7±38.28ab	1124.5±162.63b	41.78±3.68c	317.1±40.63bc	0.029±0.008ab
7	0.992±0.12ab	1.759±0.24a	396.4±39.16a	1284.7±182.50b	43.54±4.43c	301.2±27.56c	0.021±0.007a

（2）光合参数相关性分析

由表 2-46 可知，蒸腾速率、光合速率、水蒸气气孔导度之间呈显著正相关性。此外，叶片表面 P.A.R 与叶片温度之间也呈显著正相关（$P<0.05$），说明叶片表面获得的有效光辐射会促使叶片温度的升高，二者之间存在正相关关系。其他各光合特征参数间无显著相关关系，由此可以认为其余各指标相互独立。

表 2-46　落叶松光合特征参数相关性

光合参数	蒸腾速率	光合速率	CO_2 参考值	叶片表面 P.A.R	叶片温度	胞间 CO_2 浓度	水蒸气气孔导度
蒸腾速率	1						
光合速率	0.883**	1					
CO_2 参考值	0.629	0.414	1				
叶片表面 P.A.R	0.662	0.274	0.509	1			
叶片温度	0.281	–0.120	0.344	0.861*	1		
胞间 CO_2 浓度	0.17	0.195	0.298	–0.176	–0.533	1	
水蒸气气孔导度	0.983**	0.929**	0.642	0.534	0.152	0.218	1

注：** 表示达到 0.01 极显著性水平，* 表示达到 0.05 显著性水平

3. 落叶松冠层结构参数与光合特征关系

由于落叶松冠层结构和光合参数各指标间分别存在相关关系，首先剔除呈显著正相关的部分指标，其中冠层结构保留参数为林隙分数、叶面积指数、叶倾角、间接定点因子、冠上总辐射，植被光合保留参数为光合速率、CO_2 参考值、叶片表面 P.A.R、胞间 CO_2 浓度，进而分析冠层与光合参数相关关系，结果如表 2-47 所示。冠层林隙分数与落叶松的光合

速率呈显著负相关，叶面积指数与落叶松的光合速率表现出显著正相关，拟合曲线如图2-37、图2-38所示，这表明落叶松冠层结构的透光率对光合速率有着十分重要的影响。

表 2-47　冠层与光合参数相关关系

参数	林隙分数	叶面积指数	叶倾角	间接定点因子	冠上总辐射	光合速率	CO_2参考值	叶片表面P.A.R	胞间CO_2浓度
林隙分数	1								
叶面积指数	−0.985**	1							
叶倾角	−0.497	0.508	1						
间接定点因子	−0.247	0.177	−0.168	1					
冠上总辐射	−0.139	0.153	0.193	0.262	1				
光合速率	−0.875**	0.919**	0.459	0.006	0.108	1			
CO_2参考值	−0.490	0.462	0.099	0.008	−0.790	0.414	1		
叶片表面P.A.R	−0.059	0.110	−0.526	−0.357	−0.566	0.274	0.509	1	
胞间CO_2浓度	−0.076	0.046	0.248	0.370	−0.264	0.195	0.299	−0.176	1

注：** 表示达 0.01 显著性水平

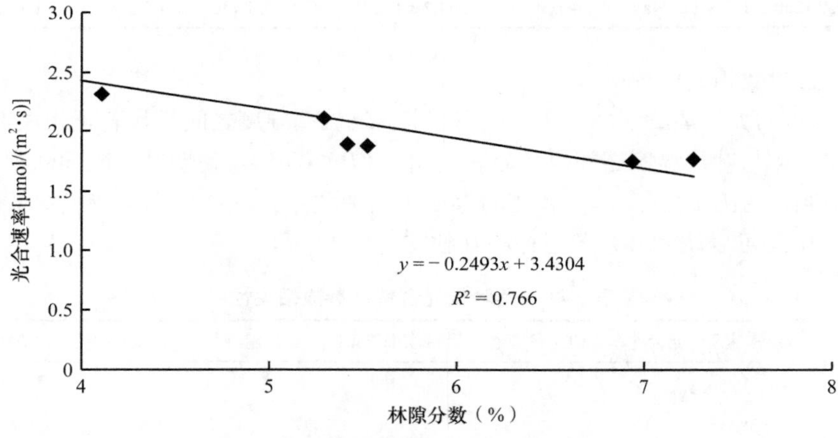

图 2-37　林隙分数与光合速率拟合曲线

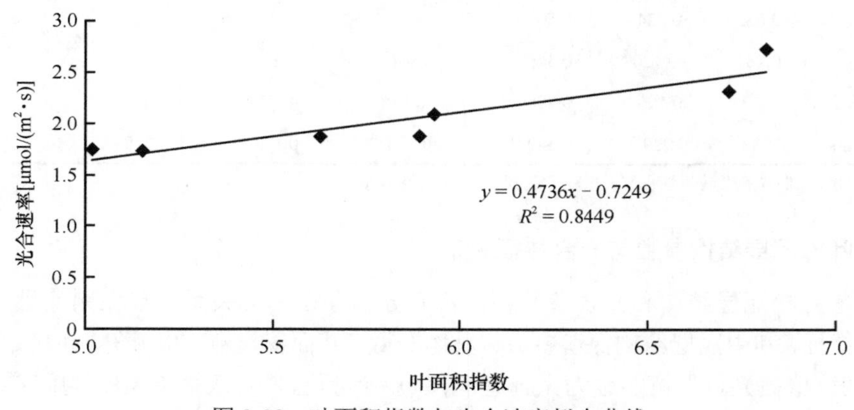

图 2-38　叶面积指数与光合速率拟合曲线

4. 综合评价林地的光环境特征

经相关性分析剔除部分指标后，选取反映林内光环境的 9 项指标进行综合评价分析，具体测量值如表 2-48 所示。

表 2-48 林地光环境各指标值

样地编号	林隙分数	叶面积指数	叶倾角	间接定点因子	冠上总辐射	光合速率	CO_2 参考值	叶片表面 P.A.R	胞间 CO_2 浓度
1	6.937	5.153	14.76	0.132	34.034	1.743	389.4	425.9	395.0
2	5.525	5.629	14.76	0.124	34.052	1.872	401.7	486.2	353.7
3	4.107	6.716	15.47	0.099	34.045	2.318	428.5	579.2	318.4
4	3.962	6.814	14.76	0.117	34.042	2.729	432.7	1236.7	375.4
5	5.293	5.927	14.76	0.102	33.894	2.106	496.6	1247.5	391.3
6	5.418	5.891	13.97	0.148	34.011	1.887	432.7	1124.5	317.1
7	7.261	5.017	14.29	0.06	33.999	1.759	396.4	1284.7	301.2

得到由林地光环境各个指标的灰色关联系数 r_{ij} 构成的灰色关联评价矩阵 $\boldsymbol{R}$。

$$\boldsymbol{R}=\begin{bmatrix} 0.882 & 0.578 & 0.879 & 0.756 & 0.998 & 0.481 & 0.608 & 0.333 & 1.000 \\ 0.583 & 0.658 & 0.879 & 0.673 & 1.000 & 0.516 & 0.636 & 0.350 & 0.762 \\ 0.435 & 0.959 & 1.000 & 0.502 & 0.999 & 0.689 & 0.709 & 0.378 & 0.633 \\ 0.424 & 1.000 & 0.879 & 0.615 & 0.999 & 1.000 & 0.722 & 0.099 & 0.071 \\ 0.552 & 0.720 & 0.879 & 0.518 & 0.986 & 0.594 & 1.000 & 0.920 & 0.973 \\ 0.568 & 0.712 & 0.775 & 1.000 & 0.996 & 0.520 & 0.722 & 0.728 & 0.629 \\ 1.000 & 0.559 & 0.814 & 0.360 & 0.995 & 0.485 & 0.624 & 1.000 & 0.585 \end{bmatrix}$$

通过灰色关联法综合评价不同抚育间伐强度下林地的光环境特征（表 2-49），灰色关联度表现为 29.00%（0.823）＞40.01%（0.794）＞53.09%（0.739）＞0%（0.724）＞67.25%（0.713）＞16.75%（0.701）＞9.43%（0.673），因此综合分析冠层结构和光合特征，结果表明抚育间伐强度为 29.00%、40.01% 的落叶松天然次生林的林内光环境特征为最佳，说明 29.00% ～ 40.01% 的中等强度间伐有利于林地光环境的改善。研究结果可为大兴安岭落叶松天然次生林的抚育间伐经营提供理论依据，确定适宜的落叶松间伐强度。通过提升林内的光环境质量，加快林分生长速度和物质交换，促进森林整体质量的恢复和发展。目前研究仅局限于林内光环境特征，但森林经营效果评价还与土壤质量、生物多样性等因素相关，分析林内光环境与其他森林环境因子的相互影响，更加全面地评价森林经营效果将是今后研究的重点。

表 2-49 林地光环境灰色关联评度

样地编号	关联度
1	0.724
2	0.673

续表

样地编号	关联度
3	0.701
4	0.823
5	0.794
6	0.739
7	0.713

主要参考文献

陈莹, 董灵波, 刘兆刚. 2019. 帽儿山天然次生林主要林分类型最优树种组成. 北京林业大学学报, 41(5): 118-126.

陈永富. 2012. 森林天然更新障碍机制研究进展. 世界林业研究, 25(2): 41-45.

董灵波, 刘兆刚, 张博, 等. 2014. 基于 Ripley L 和 O-ring 函数的森林景观空间分布格局及其关联性. 应用生态学报, 25(12): 3429-3436.

高润梅, 石晓东, 郭跃东, 等. 2015. 文峪河上游华北落叶松林的种子雨、种子库与幼苗更新. 生态学报, 35(11): 3588-3597.

郭垚鑫, 胡有宁, 李刚, 等. 2014. 太白山红桦种群不同发育阶段的空间格局与关联性. 林业科学, 50(1): 9-14.

惠刚盈. 2013. 基于相邻木关系的林分空间结构参数应用研究. 北京林业大学学报, 35(4): 1-9.

惠刚盈, 胡艳波, 赵中华. 2018. 结构化森林经营研究进展. 林业科学研究, 31(1): 85-93.

贾炜玮, 解希涛, 姜生伟, 等. 2017. 大兴安岭新林林业局 3 种林分类型天然更新幼苗幼树的空间分布格局. 应用生态学报, 28(9): 2813-2822.

刘灿然, 马克平, 吕延华, 等. 1998. 生物群落多样性的测度方法Ⅵ: 与多样性测度有关的统计问题. 生物多样性, 6(3): 69-79.

刘足根, 朱教君, 袁小兰, 等. 2006. 辽东山区长白落叶松 (*Larix olgensis*) 种子雨和种子库. 生态学报, 27(2): 579-587.

毛波, 董希斌. 2016. 大兴安岭低质山杨林改造效果的综合评价. 东北林业大学学报, 44(8): 7-12.

曲杭峰, 董希斌, 张甜, 等. 2017. 大兴安岭白桦低质林补植改造后枯落物水文效应变化. 东北林业大学学报, 45(8): 14-19.

时忠杰, 张宁南, 何常清, 等. 2010. 桉树人工林冠层、凋落物及土壤水文生态效应. 生态学报, 30(7): 1932-1939.

田国恒. 2014. 不同间伐抚育强度对华北落叶松人工林林下凋落物的影响研究. 山东林业科技, 44(3): 70-72.

田平, 韩海荣, 康峰峰, 等. 2016. 密度调整对太岳山华北落叶松人工林冠层结构及林下植被的影响. 北京林业大学学报, 38(8): 45-53.

魏红洋, 董灵波, 刘兆刚. 2019. 大兴安岭主要森林类型林分空间结构优化模拟. 应用生态学报, 30(11): 3824-3832.

中国科学院生物多样性委员会. 1994. 生物多样性研究的原理与方法. 北京: 中国科学技术出版社.

Cabin R J, Marshall D L, Mitchell R J. 2000. The demographic role of soil seed banks. Ⅱ. Investigations of the fate of experimental seeds of the desert mustard *Lesquerella fendleri*. Journal of Ecology, 88: 293-302.

Clark D A, Clark D B. 1981. Effects of seed dispersal by animals on the regeneration of *Bursera graveolens* (Burseraceae) on Santa Fe Island, Galapagos. Oecologia, 49: 73-75.

Condit R, Ashton P S, Baker P, et al. 2000. Spatial patterns in the distribution of tropical tree species. Science, 288: 1414-1418.

Gavrikov V, Stoyan D. 1995. The use of marked point processes in ecological and environmental forest studies. Environmental and Ecological Statistics, 2: 331-344.

Hendriks M, Ravenek J M, Smit-Tiekstra A E, et al. 2015. Spatial heterogeneity of plant-soil feedback affects root interactions and interspecific competition. New Phytologist, 207: 830-840.

Morton D C, Nagol J, Carabajal C C, et al. 2014. Amazon forests maintain consistent canopy structure and greenness during the dry season. Nature, 506(7487): 221.

Nathan R. 2006. Long-distance dispersal of plants. Science, 313: 786-788.

Opio C, Coopersmith D. 2000. Height to diameter ratio as a competition index for young conifer plantations in northern British Columbia, Canada. Forest Ecology and Management, 137: 245-252.

Seidl R, Rammer W, Scheller R M, et al. 2012. An individual-based process model to simulate landscape-scale forest ecosystem dynamics. Ecological Modelling, 231(4): 87-100.

Sharma R P, Vacek Z, Vacek S. 2016. Modeling individual tree height to diameter ratio for Norway spruce and European beech in Czech Republic. Trees: Structure and Function, 30: 1969-1982.

Thomson F J, Moles A T, Auld T D, et al. 2011. Seed dispersal distance is more strongly correlated with plant height than with seed mass. Journal of Ecology, 99(6): 1299-1307.

Wiegand T, Moloney K A. 2004. Rings, circles, and null-models for point pattern analysis in ecology. Oikos, 104(2): 209-229.

Zhao K G, Popescu S, Meng X L, et al. 2012. Characterizing forest canopy structure with lidar composite metrics and machine learning. Remote Sensing of Environment, 115(8): 1978-1996.

第 3 章　小兴安岭次生林抚育更新研究

小兴安岭林区是东北地区的生态屏障，对华北地区的生态安全保障也发挥着极其重要的作用，辽阔的林海北御西伯利亚寒流和蒙古高原寒风，西防黄沙，是东北地区陆地自然生态系统的主体之一。由于日伪时期的掠夺式采伐及 1950 ～ 2000 年连续的择伐，目前该区域森林中红松等针叶树明显减少，普遍存在结构不稳定、更新差、质量和生态功能低等问题。因此，如何通过森林抚育提高林分质量，促进次生林向顶极植被恢复和演替，是当前亟待解决的问题。

目前，小兴安岭林区阔叶次生林面积较大，仅杨桦林分布面积就达 98 万 hm^2，但是杨桦林寿命较短，结构不稳定，因此应以提高林分生产力，促进森林生态系统的稳定性为目标，因势利导实施经营措施。而硬阔叶林中建群种一般为寿命较长的珍贵阔叶树种，种源丰富，应当有针对性地对其进行群落系统生态恢复。因此，本项目以杨桦、硬阔、杂木次生林为研究对象，通过抚育更新技术与模式的研究，优化次生林群落结构，提高次生林质量与稳定性，充分发挥次生林总体效益。

我国温带地带性顶极森林植被阔叶红松林因其具有物种丰富、结构复杂、生物量高及自我维持能力强等特点，成为最适应该地区生态背景的高价值、高产量的森林类型，在维护国土生态安全、促进区域社会经济可持续发展及应对气候变化等国家战略需求方面均具有极其重要的作用。因此，我国东北森林经营实践中客观上迫切需要探索次生林向地带性顶极阔叶红松林恢复中、后期的森林经营理论与技术体系。同时，东北天然次生林经营研究中，对群落演替与结构和功能关系（涉及多样性、能量流动和物质交换）综合研究匮乏，尤其是对“土壤生境及其变化”关注度不够。同时，种间竞争、生态位与种间关系研究仍较薄弱，对森林的地下资源竞争和土壤变化研究亟待加强。此外，我国从 20 世纪 60 年代就已开始在低产、低质、低效次生林中抚育改造林冠下人工更新红松，或皆伐改造人工栽植红松，并采取幼抚留阔、适时抚育等措施促进次生林向原始针阔叶混交林发育。但目前为止，在次生林下人工栽植红松过程中往往缺乏对红松良种的重视，导致红松的出材率、生长量等综合效益远未达到阔叶红松林的水平。因此，本研究以“适地适树适种源”的思想和“栽针保阔”的经营措施为基础，针对天然次生林下人工营造红松，从良种筛选的角度研究不同红松种源对不同次生林的响应效果，从而为不同类型的次生林人工更新补植红松提供适宜种源，促进红松的生长和恢复。

3.1　天然阔叶林更新及结构调整

造林树种选择得适当与否是造林工作成败的关键之一，如果造林树种选择不当，不但林木不易成活，甚至徒费劳力、种苗和资金，而且即使能成活，人工林也可能长期生长不良，难以成林、成材，成为低价值林（康迎昆和侯振军，2013）。本研究在天然阔叶林的示范区采用3种更新树种对天然阔叶林进行树种组成的调整，分别为红松（*Pinus koraiensis*）、红皮云杉（*Picea koraiensis*）和北美短叶松（*Pinus banksiana*）。

3.1.1 更新树种的生长分析

更新树种的生长分析实验选在新青林业局实验场和丽林实验林场进行。

3.1.1.1 新青林业局实验场更新树种生长分析结果

本研究对天然阔叶林下3种更新树种的18块固定标准地进行了调查，测定了幼苗的苗高及苗高当年生长量。更新树种中北美短叶松的苗高生长（第一年为26.97cm，第二年为43.84cm）及苗高的当年生长量（第一年为15.73cm，第二年为16.87cm）均是3个树种中最高的，苗高生长第一年比红皮云杉和红松高出26.85%和30.29%，第二年高出78.57%和78.87%；苗高生长量第一年比红皮云杉和红松高出189.69%和151.68%，第二年高出412.77%和342.78%，见图3-1。

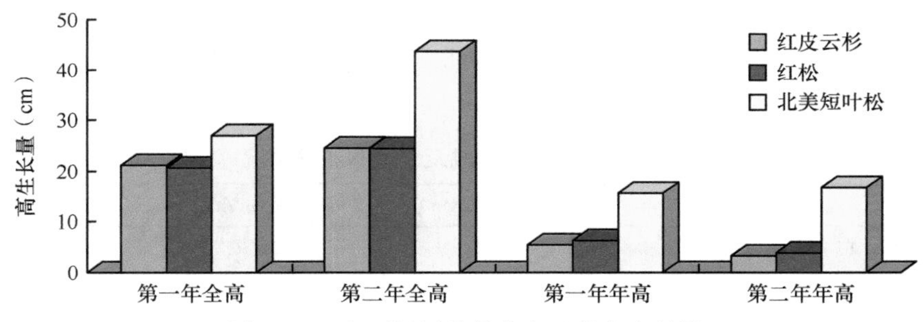

图3-1 3个更新树种的苗高及苗高生长量

分别对第一年和第二年3个更新树种的苗高和当年苗高生长量进行方差分析，得到检验值F分别为114.247、54.061、617.963和85.239，说明3个更新树种的苗高和当年苗高生长量在连续两年的观测中都具有显著性差异，再由LSD多重比较得出北美短叶松较其他两种的苗高及苗高生长量都要高，红皮云杉和红松之间没有显著差异。

对天然阔叶林下18块固定标准地不同的更新树种的地径进行调查，统计结果如图3-2所示，第一年3个树种的地径均在0.55cm左右，差别不是很大，通过一年的生长，北美

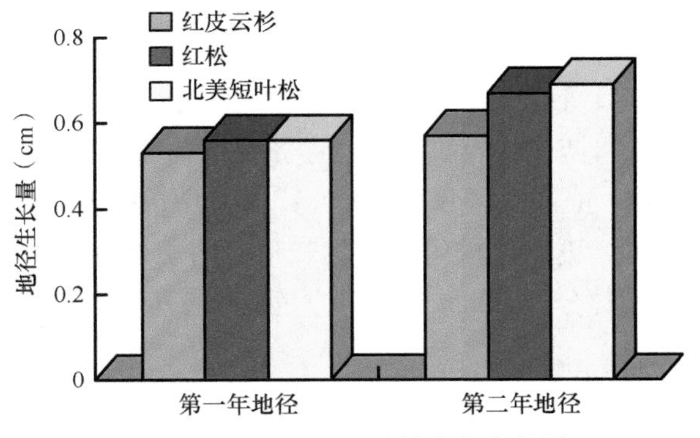

图3-2 3个更新树种的地径生长量

短叶松和红松的地径生长较快些，尤其是北美短叶松，第二年地径超过红皮云杉 0.12cm。分别对第一年和第二年 3 个更新树种的地径进行方差分析，得到检验值 F 分别为 10.111 和 17.460，说明 3 个更新树种的地径在连续两年的观测中都有显著差异，多重比较的结果表明，红皮云杉的地径是 3 个树种中最小的，红松和北美短叶松之间差别不大。

3.1.1.2　丽林实验林场更新树种生长分析结果

1. 林分基本情况

实验所选林分树种数为 18 种，抚育清林后分成 4 个小区，每个小区设置固定标准地 2 块，对林分的树种组成及公顷蓄积量进行调查，统计结果见表 3-1。4 号和 6 号样地树种数最多（12 种），树种数最少的样地是 2 号和 8 号，只有 8 种；公顷蓄积量最大的是 2 号样地（268.46m^3/hm^2），最小的是 8 号样地（114.69m^3/hm^2），平均为 191.63m^3/hm^2；林分密度最大的是 2 号样地（1617 株/hm^2），最小的是 8 号样地（517 株/hm^2），平均 850 株/hm^2。其中，3、4、6、7 号样地的针叶树种所占比例较大，分别占林分的 5 层、7 层、7 层、8 层，主要是因为样地中有大径阶的针叶树，7 号样地中，红松只有 4 株，但胸径分别为 45.5cm、52.4cm、67.0cm 和 43.2cm，所以红松的蓄积量占样地蓄积量的比例就比较大（表 3-1）。

表 3-1　林分树种组成及公顷蓄积量情况

标准地	树种组成	树种数（m）	蓄积量（m^3/hm^2）	密度（株/hm^2）
1	5椴1白1榆1红1云1冷	11	129.36	750
2	6白3椴1色	8	268.46	1617
3	4冷3白1云1枫1阔	10	148.95	1100
4	5红2椴1冷1枫1云	12	261.86	883
5	3白2枫1色1云1水1椴1杂	10	136.99	583
6	6冷1云1黄1枫1色	12	225.11	750
7	7红1色1枫1冷	9	247.59	600
8	6杨1黑1色1黄1椴	8	114.69	517

注：椴. 紫椴；白. 白桦；榆. 春榆；红. 红松；云. 云杉；冷. 冷杉；色. 色木槭；枫. 硕桦；阔. 阔叶红松；黄. 黄檗；杨. 山杨；黑. 黑桦；杂. 其他树种

2. 人工更新情况

在阔叶次生林下按照 4 个造林密度（1111 株/hm^2、1667 株/hm^2、2000 株/hm^2、2500 株/hm^2）进行人工更新红松，两年保存率最高的是造林密度 2000 株/hm^2 的林分（73.85%），最低的是造林密度 2500 株/hm^2 的林分（49.47%），均没有达到造林标准（85%），明年春季需要对造林地进行补植。更新红松的当年生长量随着更新密度的增大而降低，最大的是造林密度 1111 株/hm^2 的林分（3.00cm），最小的是造林密度 2500 株/hm^2 的林分（1.54cm），生长比较缓慢（表 3-2）。

表 3-2 不同造林密度的更新情况

造林密度（株/hm²）	保存率（%）	当年生长量（cm）
1111	55.78	3.00
1667	60.87	2.85
2000	73.85	2.76
2500	49.47	1.54

3.1.2 更新密度对更新树种生长的影响

本研究中对天然阔叶林的更新采用了3种更新密度，即2000株/hm^2、2500株/hm^{2}和3300株/hm^2，对不同更新密度下红松和红皮云杉的各生长量进行统计分析，见图3-3和图3-4（北美短叶松的更新面积比较小，更新密度为2000株/hm^2，没有做其他密度试验，此处不加论述）。

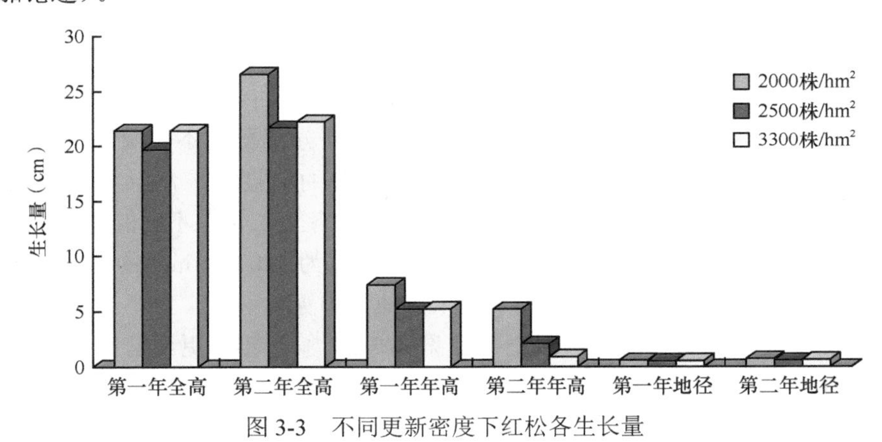

图 3-3 不同更新密度下红松各生长量

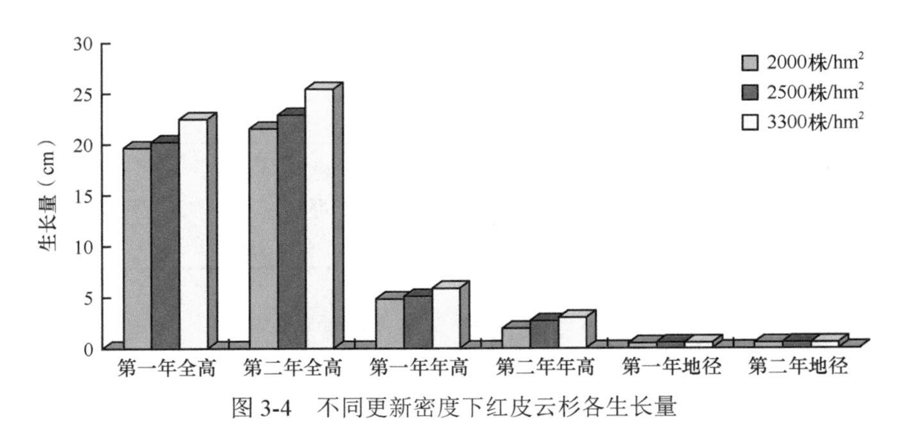

图 3-4 不同更新密度下红皮云杉各生长量

红松各生长量在更新密度为2000株/hm^{2}的情况下生长良好，较其他两种更新密度有优势，第一年更新密度为2000株/hm^{2}的红松其全高、年高和地径较2500株/hm^{2}分别高出8.91%、42.29%和9.76%，较3300株/hm^{2}分别高出0.04%、41.05%和4.13%；第二年更新密度为 2000 株/hm^2 的红松其全高、年高和地径较 2500 株/hm^2 分别高出 22.53%、151.93% 和 25.30%，较 3300 株/hm^2 分别高出 19.35%、475.88% 和 7.77%。通过方差分析得到不同更新密度下第一年红松全高、年高、地径和第二年全高、年高、地径的检验值 F 分别为 5.486、37.446、2.529 和 8.835、40.126、13.004，由此可以看出，除第一年的地径以外，在不同的更新密度下，红松的各生长量有显著差异。进一步进行多重比较检验，得到更新密度为 2000 株/hm^2 的红松其全高和年高生长量在两年内均要好过另外两种更新密度，3 种更新密度下红松在第一年的地径并无较大差别，因为造林第一年是苗木的缓苗期，其地径生长不是很明显，故造成不同更新密度间无明显差别，随着苗木缓苗的结束，不同更新密度下红松的地径分化越来越大，在第二年，更新密度为 2000 株/hm^2 的地径最大，达到了 0.7cm。

红皮云杉与红松正好相反，在更新密度较大的 3300 株/hm^2 的情况下生长较好，各生长量有随着更新密度的增大而增加的趋势。第一年更新密度为 3300 株/hm^2 的红皮云杉其全高、年高和地径较 2000 株/hm^2 分别高出 14.40%、21.93% 和 19.69%，较 2500 株/hm^2 分别高出 11.23%、15.49% 和 1.6%；第二年更新密度为 3300 株/hm^2 的红皮云杉其全高、年高和地径较 2000 株/hm^2 分别高出 18.19%、57.44% 和 8.00%，较 2500 株/hm^2 分别高出 11.29%、11.80% 和 2.43%（图 3-4）。通过方差分析得到不同更新密度下第一年红皮云杉全高、年高、地径和第二年全高、年高、地径的检验值 F 分别为 18.234、5.456、14.270 和 11.381、7.562、3.488，由此说明红皮云杉的各生长量在不同的更新密度下有显著差异，进一步进行 LSD 多重比较检验得出更新密度为 3300 株/hm^2 的红皮云杉在连续两年的观测中，其全高、年高和地径均要好于其他两种更新密度。

对不同更新密度下各树种的成活率统计见表 3-3。第一年，更新密度为 2000 株/hm^2 的红松成活率比较高，而红皮云杉则是更新密度为 3300 株/hm^2 时成活率最好，更新后第二年，成活率都有不同程度的下降，北美短叶松最为显著。

表 3-3　不同更新密度下各树种的成活率（%）

树种	第一年			第二年		
	2000 株/hm^2	2500 株/hm^2	3300 株/hm^2	2000 株/hm^2	2500 株/hm^2	3300 株/hm^2
红松	90.01	75.10	84.7	83.7	55.56	75.83
红皮云杉	65.12	78.14	79.7	58.68	65.94	71.26
北美短叶松		91			32.5	

3.1.3　不同郁闭度下更新树种的生长情况

本研究对天然阔叶林的郁闭度情况划分为高、中、低三个级别，分别为＞0.5、0.3 ～ 0.5 和＜0.3，在对不同郁闭度下各更新树种的各生长量进行调查分析后，得到图 3-5 和图 3-6（由于北美短叶松为喜阳不耐阴树种，为了避免更新失败，因此只在郁闭度为 0.2 的林分进行了更新，而在中、高郁闭度的林分没有进行试验）。

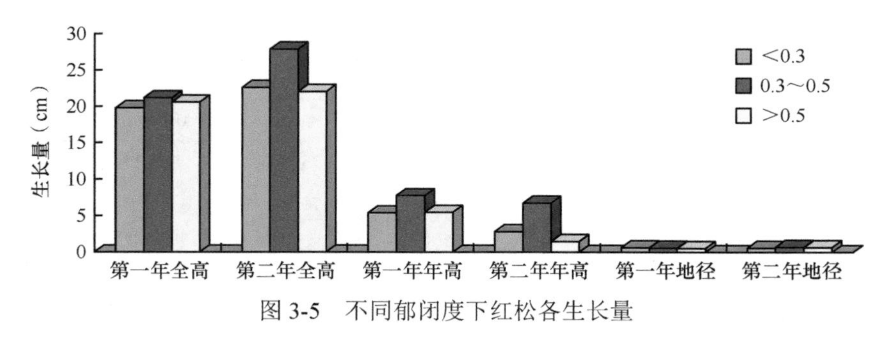

图 3-5　不同郁闭度下红松各生长量

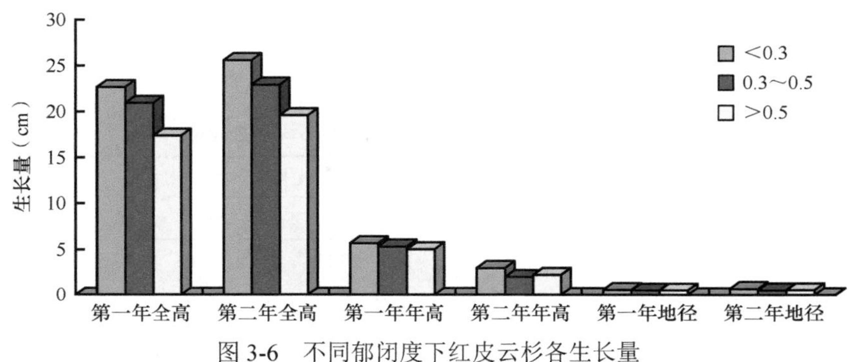

图 3-6　不同郁闭度下红皮云杉各生长量

处于中等郁闭度（0.3 ～ 0.5）的林分下，红松的更新比较好，各生长量均超过其他两种情况。第一年郁闭度在 0.3 ～ 0.5 的林分下，红松的全高、年高和地径较郁闭度在<0.3 的分别高出 6.95%、43.56% 和 5.16%，较郁闭度在>0.5 的分别高出 2.81%、41.52% 和 4.49%；第二年郁闭度在 0.3 ～ 0.5 的林分下，红松的全高、年高和地径较郁闭度<0.3 的分别高出 23.46%、139.86% 和 23.07%，较郁闭度在>0.5 的分别高出 26.61%、364.58% 和 6.51%（图 3-5）。通过方差分析得到不同郁闭度下第一年红松的全高、年高、地径和第二年全高、年高、地径的检验值 F 分别为 3.881、37.695、5.968 和 14.622、26.384、7.206，说明在不同郁闭度的林分下更新红松，各生长量之间有显著差异。

红皮云杉则是在郁闭度<0.3 的林分下更新得最好，第一年红皮云杉的全高、年高和地径较郁闭度在 0.3 ～ 0.5 的分别高出 8.20%、6.92% 和 12.26%，较郁闭度在>0.5 的分别高出 11.61%、47.59% 和 27.67%；第二年郁闭度<0.3 的林分下，红皮云杉的全高、年高和地径较郁闭度在 0.3 ～ 0.5 的分别高出 30.65%、12.98% 和 9.78%，较郁闭度在>0.5 的分别高出 30.80%、31.97% 和 25.03%（图 3-6）。通过方差分析得到不同郁闭度下第一年红皮云杉全高、年高、地径和第二年全高、年高、地径的检验值 F 分别为 43.293、3.554、10.861 和 20.052、7.638、3.994，由此说明在不同的郁闭度下更新红皮云杉，各生长量之间有显著差异。

在不同郁闭度下各树种的更新成活率统计如表 3-4 所示。郁闭度为 0.3 ～ 0.5 的林分下更新红松的成活率比较高，而红皮云杉则是在郁闭度<0.3 的林分下成活率最好，更新后第二年，成活率都有不同程度的下降，北美短叶松最为显著，第一年成活率高达 91%，而第二年的成活率仅为 32.5%。

表 3-4　不同郁闭度下各树种的成活率（%）

	第一年			第二年		
	＜0.3	0.3～0.5	＜0.5	＜0.3	0.3～0.5	＜0.5
红松	76.12	88.34	84.62	75.00	82.28	68.41
红皮云杉	80.12	70.41	73.60	70.90	65.32	67.54
北美短叶松	91.00			32.5		

3.1.4　不同坡位下更新树种的生长情况

本研究调查的临时标准地分别位于坡上、坡中和坡下，对不同坡位下红松、红皮云杉和北美短叶松的成活率及各生长量进行统计分析，结果见表 3-5。

表 3-5　不同坡位下更新树种的成活率及生长量

		坡上		坡中		坡下	
		第一年	第二年	第一年	第二年	第一年	第二年
地径（cm）	红松	0.5±0.11	0.69±0.13	0.57±0.13	0.65±0.16	0.55±0.13	0.65±0.12
	红皮云杉	0.45±0.10	0.53±0.11	0.56±0.12	0.59±0.09	0.54±0.12	0.56±0.12
	北美短叶松			0.57±0.15	0.75±0.21	0.56±0.12	0.66±0.13
苗高（cm）	红松	21.03±4.70	24.81±6.55	20.57±4.81	24.90±7.65	20.16±4.78	22.27±5.64
	红皮云杉	19.65±3.95	21.55±4.06	22.66±3.34	26.21±3.17	21.32±4.17	24.19±4.63
	北美短叶松			26.34±7.59	48.5±18.79	27.40±6.52	41.98±15.20
年生长量（cm）	红松	6.81±2.73	3.78±1.26	6.25±3.31	4.33±1.72	5.02±1.66	2.11±0.52
	红皮云杉	4.81±1.82	1.90±0.51	5.13±1.23	3.55±0.78	5.67±2.99	2.87±1.43
	北美短叶松			14.37±5.58	22.16±7.26	16.68±5.45	14.58±4.32
成活率（%）	红松	87.66	82.28	83.74	65.57	81.7	76.92
	红皮云杉	65.12	58.68	82.67	57.14	78.48	71.96
	北美短叶松			88.6	45.12	93.41	20.43

红松在坡上生长得比较好，无论是地径、苗高还是苗高当年生长量都超过了红皮云杉。这是由于坡上土壤贫瘠、土层较薄，在这样的土壤条件下，红松比较适合生长。红皮云杉比较适合生长在坡中湿润的土壤上，苗高超过了红松。在坡中和坡下，北美短叶松的地径、苗高和苗高当年生长量都较红松和红皮云杉有比较明显的优势，尤其表现在高生长上，北美短叶松第一年坡中的苗高和苗高生长量超过红松 28.05% 和 129.92%，较红皮云杉高出 16.24% 和 180.12%，第二年坡中的苗高和苗高生长量超过红松 94.78% 和 411.78%，较红皮云杉高出 85.04% 和 524.23%；第一年北美短叶松坡下的苗高和苗高生长量超过红松 35.91% 和 232.27%，较红皮云杉高出 28.52% 和 194.18%，第二年坡中的苗高和苗高生长量超过红松 88.50% 和 591.00%，较红皮云杉高出 73.54% 和 408.01%。

通过方差分析得到不同坡位下第一年和第二年红松全高、年高、地径的检验值 F 分别为 0.955、9.615、1.668 和 1.19、6.584、1.534；红皮云杉全高、年高、地径的检验值 F

分别为 8.806、3.180、15.376 和 8.147、3.862、1.701；北美短叶松全高、年高、地径的检验值 F 分别为 1.054、8.125、0.170 和 0.464、4.136、0.945，由此说明在不同的坡位下更新红松对其当年高生长量有显著差异，通过 LSD 多重比较得出红松在坡上生长较好；不同坡位下红皮云杉的各生长量都有显著差异，其中主要以坡中生长得比较好；北美短叶松只有第一年当年高生长在坡中和坡下生长量差异显著，其他生长量差异不是很明显。

红松的成活率及第二年的保存率均要好于红皮云杉，尤其是坡上更为明显，红皮云杉在坡上的成活率只有 65.12%，远远低于红松的 87.66%，但总体上来说两个树种的成活率及第二年的保存率都不高，没有达到造林的要求；北美短叶松的成活率较高，但第二年的保存率却特别低，苗木死亡率比较高，可能是由于北美短叶松耐阴性较差，不适合林冠下造林，因此建议在对天然阔叶林进行林下更新时尽量不要采用喜阳或耐阴性较差的树种。

3.1.5　不同土壤厚度下更新树种的生长情况

土壤厚度是土壤肥力存在和植物生长的重要物质基础。本研究对所设固定标准地的土壤厚度进行了测量并划分为 3 个等级，即＜30cm、30 ～ 40cm、＞40cm，对不同土壤厚度下红松、红皮云杉和北美短叶松的成活率及各生长量进行统计分析，结果见表 3-6。

表 3-6　不同土壤厚度下更新树种的成活率及各生长量

		＜30cm		30 ～ 40cm		＞40cm	
		第一年	第二年	第一年	第二年	第一年	第二年
地径（cm）	红松	0.57±0.13	0.72±0.14	0.55±0.12	0.65±0.13	0.51±0.14	0.57±0.13
	红皮云杉	0.54±0.10	0.55±0.11	0.50±0.12	0.56±0.13	0.54±0.13	0.57±0.12
	北美短叶松	0.57±0.15	0.75±0.21	0.56±0.12	0.66±0.13		
苗高（cm）	红松	21.34±4.64	25.74±8.30	20.25±4.70	23.91±6.31	19.80±4.49	22.61±3.87
	红皮云杉	19.47±4.13	22.94±5.02	21.68±4.19	23.72±4.34	22.33±3.32	25.23±4.17
	北美短叶松	26.34±7.59	48.5±18.79	27.40±6.52	41.98±15.20		
年生长量（cm）	红松	6.71±3.30	4.40±1.56	5.98±2.50	3.66±1.62	5.40±2.99	2.81±1.32
	红皮云杉	5.10±1.12	3.47±0.81	5.32±1.88	2.04±0.83	5.46±1.30	2.90±0.64
	北美短叶松	14.37±5.58	22.16±7.26	16.68±5.45	14.58±4.32		
成活率（%）	红松	93.25	82.89	80.94	67.95	76.12	64.34
	红皮云杉	75.3	74.74	72.11	71.42	83.14	79.57
	北美短叶松	88.6	45.12	93.41	20.43		

红松比较适合生长在土层较薄的土壤条件下，即在土层＜30cm 的条件下，第一年其地径、苗高和苗高当年生长量分别超过了同等土层厚度下红皮云杉的 5.56%、9.60% 和 31.59%，同时也超过了其他两种土层厚度下红松的各生长量；红皮云杉则喜欢生长在土层＞40cm 相对肥沃的土壤条件下，各生长量超过了其他两种土层厚度，第一年其地径、苗高和苗高当年生长量分别超过了同等土层厚度下红松各生长量的 5.89%、12.78% 和

1.11%；北美短叶松在＜30cm和30～40cm的土壤条件下，各生长量差异不显著。通过对不同土壤厚度下更新树种各生长量进行方差分析，得到第一年和第二年红松全高、年高、地径的检验值F分别为4.12、5.97、4.860和1.949、4.325、9.91；红皮云杉全高、年高、地径的检验值F分别为14.739、1.410、4.590和2.351、2.658、0.182；北美短叶松全高、年高、地径的检验值F分别为1.054、8.125、0.170和0.464、4.136、0.945。由此说明红松在不同的土壤厚度下，各生长量有显著性差异，其中以土层较薄的土壤条件下最好；红皮云杉在不同土壤厚度下第一年时全高和地径的差异还比较明显，以土层较厚的条件下生长得较好，第二年各生长量之间差异逐渐缩小；北美短叶松只有第一年当年高生长在＜30cm和30～40cm生长量差异显著，其他生长量差异均不明显。

红松的成活率和第二年的保存率也是在＜30cm的土壤条件下比较高，好于其他两种土层厚度；而红皮云杉恰恰相反，在土层较厚的＞40cm的土壤条件下成活率和第二年的保存率要好些；北美短叶松在不同土层厚度下的情况与在不同坡位下的情况相同，均是因为苗木本身不耐阴，保存率较低。

3.2　阔叶林“栽针保阔”恢复顶极植被的抚育经营

3.2.1　透光抚育强度对初期蒙古栎红松林冠下红松光合光响应特征的影响

试验地点设置于金山屯林业局区育林经营所（39林班），选取初期蒙古栎红松林［2003年对蒙古栎林（35年）不同强度上层疏伐后，冠下栽植了红松，造林密度3300株/hm^2，2018年开展本试验时红松（15年）保留密度为2300～2700株/hm^2］为研究对象，依据现有林分的保留密度与蓄积量，选取了对照样地C——未采伐（郁闭度≥0.8）、轻度透光抚育L——伐除上层林木蓄积量的1/7（郁闭度0.6～0.7）和强度透光抚育H——伐除上层林木蓄积量的1/4（郁闭度0.4～0.5）3种处理（各样地均为阴坡上坡位），每个处理3块20m×30m的固定标准地，共计9块标准地。在各标准地内根据冠下红松所处微环境的差异和长势优劣，选出冠下红松幼树优势木（平均胸径：对照为2.8cm、轻度为3.0cm、强度为6.0cm）、平均木（对照为1.4cm、轻度为1.5cm、强度为3.0cm）和被压木（对照为1.0cm、轻度为1.0cm、强度为1.2cm），每个处理3次重复，共计27株红松标准样木，并采用CIRAS-2便携式光合仪对其进行光合参数的测定，再通过非直角双曲线模型模拟光合光响应曲线，得到最大净光合速率（P_{max}）、光饱和点（LSP）、光补偿点（LCP）、暗呼吸速率（Rd）、表观量子效率（α）和水分利用效率（WUE）等光合响应参数，结合林内微环境因子（大气CO_2浓度与叶片温度等）测定数据，揭示透光抚育强度对小兴安岭初期蒙古栎红松林冠下红松光合光响应特征的影响规律及影响机制。

3.2.1.1　透光抚育强度对初期蒙古栎红松林冠下红松最大净光合速率的影响

由图3-7A可以得到，透光抚育强度对蒙古栎红松林冠下红松幼树（15年）优势木、平均木和被压木的最大净光合速率（P_{max}）均有显著影响。各处理样地红松的P_{max}分布在（2.48±0.50）～（6.77±2.32）μmol/(m^2·s)，其中，强度透光抚育使其优势木、平均木和被压木的P_{max}依次显著高于对照38.4%、47.2%和67.7%（P＜0.05），轻度透光抚育也使

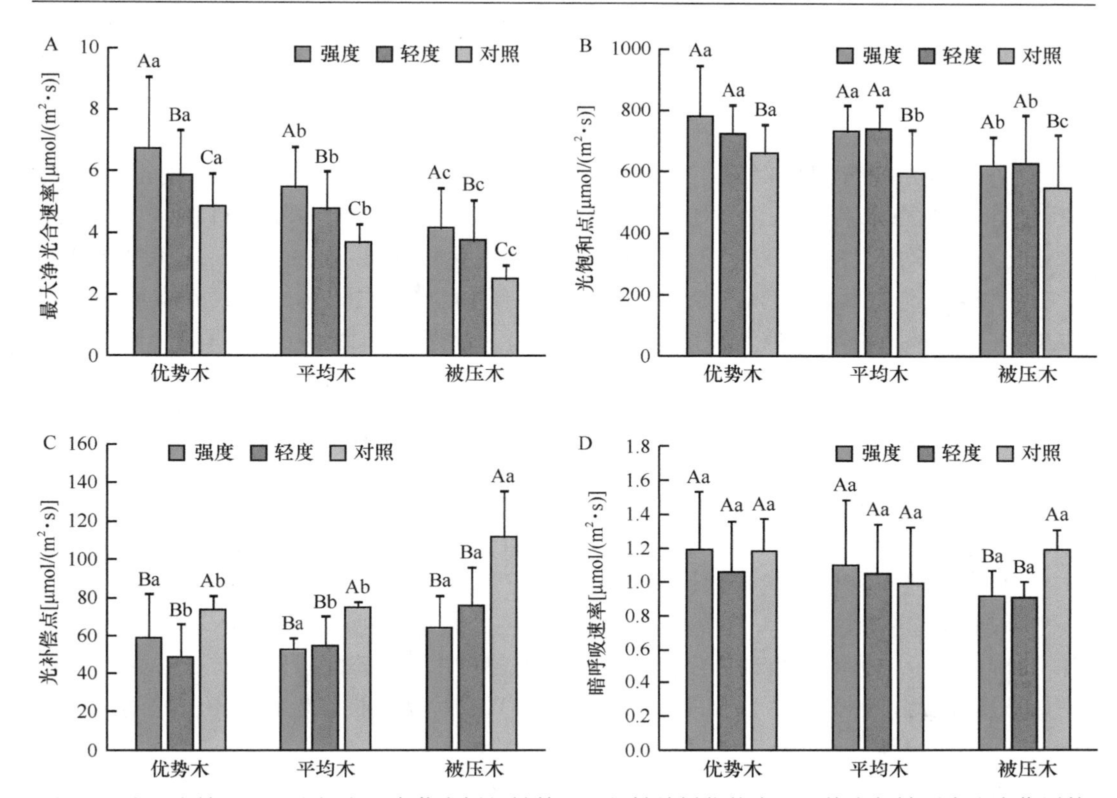

图 3-7　小兴安岭不同透光抚育强度蒙古栎红松林冠下红松幼树优势木、平均木与被压木光合作用的光响应参数

不同大写字母表示同级林木在不同透光抚育强度间的差异显著，不同小写字母表示同一透光抚育强度不同级林木间的差异显著（$P<0.05$），图 3-8 同

三者显著高于对照 20.2%、28.7% 和 53.6%（$P<0.05$），但前者又显著高于后者 15.1%、14.4% 和 9.2%（$P<0.05$）。因此，透光抚育强度显著提高了小兴安岭蒙古栎红松林冠下 15 年生红松幼树各级林木的 P_{max}，且随透光抚育强度的加大其提高幅度也增大。

同时，透光抚育强度对冠下红松各级林木的 P_{max} 的差异性也有影响。对照样地红松的 P_{max} 呈现优势木（31.1% ～ 97.2%，$P<0.05$）＞平均木（50.4%，$P<0.05$）＞被压木的变化趋势；透光抚育（轻度与强度）后其仍呈优势木（22.5% ～ 54.3%、23.3% ～ 62.7%，$P<0.05$）＞平均木（26.0%、32.0%，$P<0.05$）＞被压木的变化趋势，但透光抚育使其优势木与平均木或与被压木之间的差距减少了 7.8% ～ 8.6% 和 34.5% ～ 42.9%，使平均木与被压木的差距减少了 18.4% ～ 24.4%。故小兴安岭蒙古栎红松林冠下红松幼树各级林木间 P_{max} 存在显著性差异，且透光抚育强度能够减少其差异性。

3.2.1.2　透光抚育强度对初期蒙古栎红松林冠下红松光饱和点的影响

透光抚育强度对蒙古栎红松林冠下红松各级林木的光饱和点（LSP）具有显著影响（图 3-7B）。各处理样地红松的 LSP 分布在（546.67±174.80）～（783.56±167.60）μmol/(m²·s)，其中，强度透光抚育使其优势木、平均木和被压木的 LSP 依次显著高于对照 18.8%、23.1% 和 13.5%（$P<0.05$），轻度透光抚育使三者依次显著高于对照 9.5%、24.5%

和 15.4%（$P<0.05$），但轻度与强度透光抚育之间并无显著性差异（–1.6% ～ 8.5%，$P>0.05$）。因此，透光抚育强度能够显著提高小兴安岭蒙古栎红松林冠下红松幼树各级林木的 LSP，但强度与轻度透光抚育对其影响程度相近。

此外，透光抚育强度对冠下红松各级林木 LSP 的差异性也有影响。对照样地红松优势木、平均木和被压木的 LSP 存在着显著性差异，呈优势木（11.0% ～ 20.7%，$P<0.05$）＞平均木（8.7%，$P<0.05$）＞被压木的变化规律性；透光抚育（轻度与强度）后，则呈现出优势木（–2.4% ～ 7.1%，$P>0.05$ 和 14.5% ～ 26.2%，$P<0.05$）≈平均木（17.3% ～ 17.9%，$P<0.05$）＞被压木的变化趋势。故透光抚育（轻度与强度）使蒙古栎红松林冠下红松幼树平均木的 LSP 提高幅度明显大于优势木和被压木。

3.2.1.3　透光抚育强度对初期蒙古栎红松林冠下红松光补偿点的影响

由图 3-7C 可以得到透光抚育强度对蒙古栎红松林冠下红松各级林木的光补偿点（LCP）也具有影响。各处理样地红松的 LCP 分布在（48.84±17.40）～（112.00±23.67）$\mu mol/(m^2 \cdot s)$，其中，强度透光抚育使其优势木、平均木和被压木的 LCP 较对照依次显著降低 20.0%、29.4% 和 42.4%（$P<0.05$），轻度透光抚育也使三者依次较对照显著降低 34.0%、26.4% 和 31.8%（$P<0.05$），且轻度与强度透光抚育处理之间并无显著性差异（–15.5% ～ 21.3%，$P>0.05$）。因此，透光抚育强度能够显著降低小兴安岭蒙古栎红松林冠下红松幼树各级林木的 LCP，但强度透光抚育与轻度透光抚育对其影响相近。

此外，透光抚育强度对冠下红松各级林木之间 LCP 的差异性也产生了影响。对照样地红松三级林木的 LCP 呈现出优势木（–33.9%，$P<0.05$）≈平均木（–33.2%，$P<0.05$）＜被压木的变化规律性；轻度透光抚育与对照基本一致［即优势木–26.4%，$P<0.05$）≈平均木（–31.8%，$P<0.05$）＜被压木］；而强度透光抚育则与对照不同，呈现出优势木（–8.2%，$P>0.05$）≈平均木（–18.1%，$P>0.05$）≈被压木的变化趋势。故强度透光抚育使冠下红松幼树被压木的 LCP 降低的幅度最大。

3.2.1.4　透光抚育强度对初期蒙古栎红松林冠下红松暗呼吸速率的影响

由图 3-7D 可以得到，透光抚育强度对蒙古栎红松林冠下红松各级林木的暗呼吸速率（Rd）也有一定程度的影响。各处理样地红松的 Rd 分布在（0.91±0.09）～（1.19±0.12）$\mu mol/(m^2 \cdot s)$，其中，轻度、强度透光抚育仅使其冠下红松被压木的 Rd 较对照显著降低 23.5% 和 22.7%（$P<0.05$），但两者对红松优势木与平均木的 Rd 并未产生显著影响（–10.2% ～ 0.8% 和 6.0% ～ 11.1%，$P>0.05$）。因此，透光抚育（轻度与强度）仅显著降低了蒙古栎林冠下红松幼树被压木 Rd，而对其优势木与平均木的 Rd 并无显著影响。此外，透光抚育强度对蒙古栎红松林冠下红松各级林木之间的 Rd 差异性影响并不显著（–16.8% ～ 29.3%，$P>0.05$）。

3.2.1.5　透光抚育强度对初期蒙古栎红松林红松表观量子效率和水分利用效率影响

由图 3-8 可知，透光抚育强度对蒙古栎红松林冠下红松各级林木生长季表观量子效

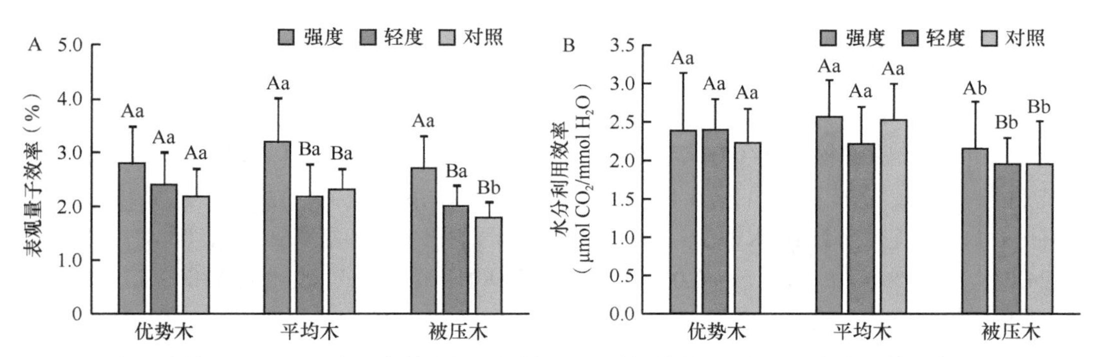

图 3-8　小兴安岭不同透光抚育强度蒙古栎红松林冠下红松幼树优势木、平均木和被压木的表观量子效率（A）和水分利用效率（B）

率（α）和水分利用效率（WUE）影响规律不同。各处理样地冠下红松三级林木的 α 分布在（1.8%±0.003%）～（3.2%±0.008%），其中，强度透光抚育使红松平均木和被压木的 α 显著提高了 39.1% 和 50.0%（$P<0.05$），提高了优势木的 α 但不显著（27.3%，$P>0.05$）；而轻度透光抚育对红松三级林木的 α 影响均不显著（–4.3% ～ 11.1%，$P>0.05$）。

三者生长季的 WUE 分布在（1.96±0.56）～（2.57±0.48）μmol CO_2/mmol H_2O，其中，强度透光抚育使红松被压木的 WUE 显著提高了 10.2%（$P<0.05$），提高了优势木和平均木的 WUE 但不显著（1.6% ～ 7.2%，$P>0.05$）；而轻度透光抚育对红松三级林木 WUE 的影响均不显著（–12.3% ～ 7.6%，$P>0.05$）。因此，强度透光抚育显著提高了蒙古栎红松林冠下红松平均木和被压木的 α 及被压木的 WUE，而轻度透光抚育对红松各级林木的 α 和 WUE 均无显著影响。

3.2.2　林隙大小对山杨林林隙微生境中红松光合光响应特征影响

试验地点设置于带岭林业试验局大青沟林场（353 林班），选取中期“栽针保阔”山杨红松林［1983 年在山杨林（10 年）冠下栽植红松（栽植密度 1200 ～ 1500 株/hm^2），2018 年开展本试验时，山杨林林龄为 45 年，林冠下红松林龄为 35 年］为研究对象，试验设计包括 4 种不同林隙大小处理：大林隙 L（林隙面积 200m^2；透光率 60%）、中林隙 M（林隙面积 100m^2；透光率 50%）、较小林隙 S（林隙面积 50m^2；透光率 40%）和对照小林隙 S_{er}（林隙面积 10m^2；透光率 30%），每个处理设置 3 次重复样地，共计设置 12 个林隙样地。在每个处理林隙的中心区、过渡区及边缘区各选择 1 株红松幼树样木（每个处理 3 次重复 3 株），共计选择红松幼树样木 36 株；并采用 CIRAS-2 便携式光合仪对其进行光合参数的测定，再通过非直角双曲线模型拟合光合光响应曲线，得到最大净光合速率（P_{max}）、光饱和点（LSP）、光补偿点（LCP）、暗呼吸速率（Rd）、表观量子效率（α）和水分利用效率（WUE）等光合响应参数，然后，结合林隙微环境因子（光照、温度、大气 CO_2 浓度等）测定数据，揭示不同林隙大小对小兴安岭山杨林林隙微生境中红松光合光响应特征的影响规律及影响机制。

3.2.2.1　林隙大小对山杨林林隙微生境中红松最大净光合速率的影响

由图 3-9A 可以得到，林隙大小对处于山杨林林隙中不同微生境（林隙中心区、过渡区与边缘区）上的红松幼树（35 年）的最大净光合速率（P_{max}）具有显著影响。各处理林隙中红松的 P_{max} 分布在（2.11±0.47）～（6.12±0.49）μmol/(m²·s)，其中，大、中林隙的中心木、过渡木和边缘木的 P_{max} 依次显著高于对照（小林隙）51.1%、64.4%、74.4% 和 24.0%、35.0%、61.6%（$P<0.05$），且大林隙的中心木、过渡木也显著高于中林隙相应林木 21.9% 和 21.8%（$P<0.05$）；而较小林隙各微生境中林木的 P_{max} 均与对照相近（–0.2% ～ 15.2%，$P>0.05$）。因此，大林隙和中林隙内中心区、过渡区与边缘区微生境中 35 年生红松幼树的最大净光合速率显著高于小林隙；且随着林隙的增大其提高幅度增大，并在同一林隙内沿着中心区、过渡区、边缘区微生境光照梯度其提高幅度也增大。

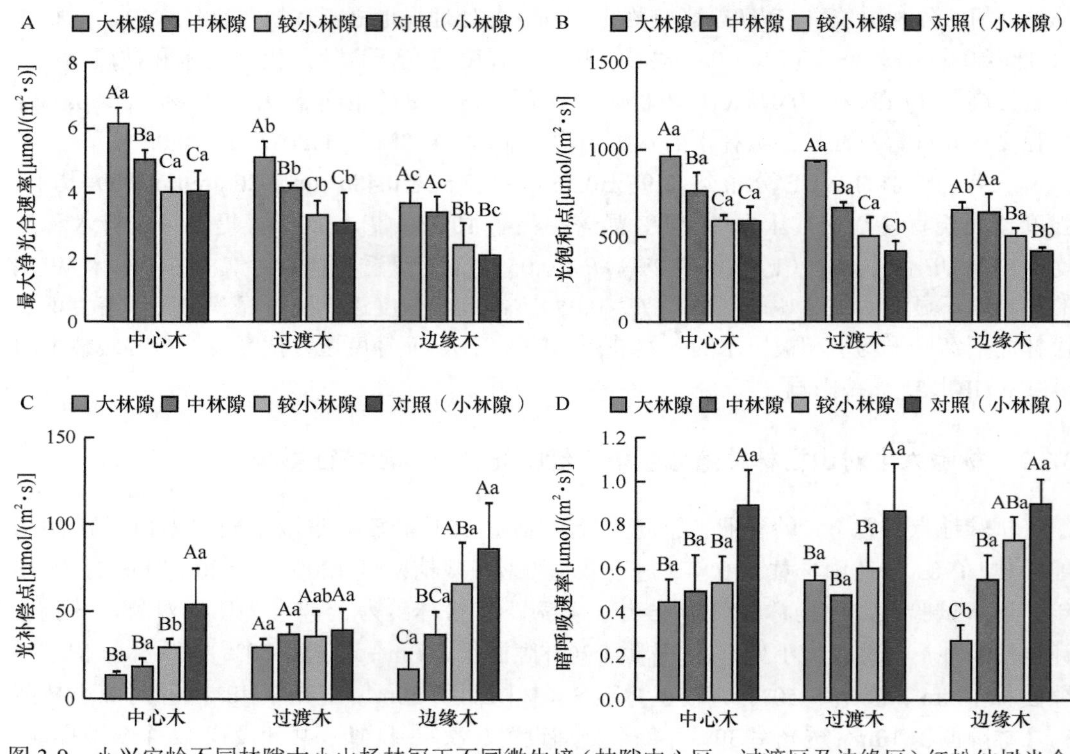

图 3-9　小兴安岭不同林隙大小山杨林冠下不同微生境（林隙中心区、过渡区及边缘区）红松幼树光合作用的光响应参数

不同大写字母表示同级林木在不同林隙大小间的差异显著，不同小写字母表示同一林隙下不同级林木间的差异显著（$P<0.05$）；图 3-10 同

同时，林隙大小对山杨林林隙中各微生境上的红松幼树 P_{max} 的差异性也有一定程度的影响。对照小林隙中红松幼树的 P_{max} 呈现出中心木显著高于过渡木和边缘木（31.3% 和 91.9%，$P<0.05$），过渡木又显著高于边缘木（46.1%，$P<0.05$）的变化规律性，大、中、小林隙中红松幼树的 P_{max} 均呈现出与对照林隙一致的变化趋势，即中心木显著高于过渡木和边缘木（20.3% ～ 21.5% 和 47.1% ～ 66.2%，$P<0.05$），过渡木又显著高于

边缘木（21.1%～38.1%，P＜0.05）的变化规律性，但在大、中、小林隙中红松幼树中心木的 P_{max} 与过渡木或与边缘木之间的差异性却较对照林隙减少了 9.8%～11.0% 或 25.7%～44.8%，过渡木的 P_{max} 与边缘木的差异性较对照林隙减少了 8.0%～24.0%。因此，小兴安岭山杨林各大小处理林隙中处于林隙中心区、过渡区与边缘区的 35 年生红松幼树的最大净光合速率均存在着显著性差异（即中心木＞过渡木＞边缘木），且较大林隙中处于 3 个林隙微生境中的红松幼树的最大净光合速率的差异性明显低于较小林隙。

3.2.2.2　林隙大小对山杨林林隙微生境中红松光饱和点的影响

由图 3-9B 可以得到，林隙大小对处于山杨林林隙中心区、过渡区与边缘区微生境中的红松幼树的光饱和点（LSP）具有显著影响。各处理林隙红松的 LSP 分布在（418.67±18.04）～（960±69.40）μmol/(m^2·s)，其中，大、中林隙内红松幼树中心木、过渡木和边缘木的 LSP 依次显著高于对照 61.8%、122.0%、54.8% 和 27.6%、60.1%、51.6%（P＜0.05），且大林隙内中心木、过渡木的 LSP 也显著高于中林隙的相应林木 26.8% 和 38.7%（P＜0.05）；而较小林隙中的各类林木的 LSP 均与对照（小林隙）相近（–0.4%～20.8%，P＞0.05）。因此，山杨林大林隙和中林隙内各微生境中 35 年生红松幼树的光饱和点均显著高于小林隙，且随着林隙的增大其提高幅度也增大，大林隙的过渡区增幅相对较大及中林隙的过渡区与边缘区增幅较大。

同时，林隙大小对山杨林林隙内各微生境上红松幼树 LSP 的差异性也有影响。对照林隙内各微生境中红松幼树的 LSP 呈现出中心木显著高于过渡木与边缘木（42.2% 和 41.7%，P＜0.05），而过渡木与边缘木却相近（–0.3%，P＞0.05）的变化趋势；在较小林隙与中林隙内 3 类微生境中红松幼树的 LSP 虽然无显著区别，但呈现出中心木略高于过渡木与边缘木（13.4%～17.2% 和 18.1%～19.3%，P＞0.05），过渡木与边缘木相近（0.8% 和 5.3%，P＞0.05）的变化趋势；而在大林隙内其 LSP 则呈现出中心木与过渡木相近（3.6%，P＞0.05），两者均显著高于边缘木（48.1% 和 43.0%，P＜0.05）的变化趋势。因此，山杨林的林隙大小能够限制林隙内各微生境中红松幼树 LSP 的高低。

3.2.2.3　林隙大小对山杨林林隙微生境中红松光补偿点的影响

由图 3-9C 可以得到，林隙大小对山杨林林隙内各微生境中红松幼树的光补偿点（LCP）也具有影响。各处理林隙内红松幼树的 LCP 分布在（13.33±2.31）～（85.33±26.63）μmol/(m^2·s)，其中，大、中、较小林隙内红松中心木的 LCP 依次较对照显著降低了 75.0%、65.0%、45.0%（P＜0.05）；大、中林隙内边缘木的 LCP 较对照显著降低了 79.7% 和 57.8%（P＜0.05），而较小林隙内边缘木的 LCP 仅略低于对照（23.4%，P＞0.05）；但三者内过渡木的 LCP 均略低于对照（6.9%～24.2%，P＞0.05）。因此，山杨林大、中林隙及较小林隙红松中心木的光补偿点均显著低于对照小林隙，大、中林隙中红松边缘木的光补偿点也显著低于对照小林隙，且呈现出随林隙增大而递减的变化规律性。

此外，林隙大小对山杨林林隙内各微生境上红松幼树 LCP 的差异性也有影响。对照小林隙与较小林隙内红松幼树中心木与过渡木的 LCP 低于边缘木［–37.5% 和–54.7%，P＞0.05；–55.1%（P＜0.05）和–45.9%（P＞0.05）］；但在大、中林隙内则为中心木的

LCP 低于过渡木与边缘木［–54.5% 和–23.1%（$P>0.05$）；–48.1% 和–48.1%（$P>0.05$）］。因此，山杨林各大小林隙内 3 类微生境上红松幼树的 LCP 存在着明显的差异性，即相对较小林隙内呈现出中心木与过渡木的 LCP 低于边缘木的变化趋势，相对较大林隙内则呈现出中心木的 LCP 低于过渡木与边缘木的变化趋势。

3.2.2.4　林隙大小对山杨林林隙微生境中红松暗呼吸速率的影响

由图 3-9D 可以得到，林隙大小对处于山杨林林隙不同微生境中红松幼树的暗呼吸速率（Rd）也具有显著影响。各处理林隙中红松幼树的 Rd 分布在（0.27±0.07）～（0.89±0.12）$\mu mol/(m^2 \cdot s)$，其中，大、中、较小林隙内的红松中心木与过渡木的 Rd 依次显著低于对照 49.4%、44.9%、39.3% 和 37.2%、44.2%、30.2%（$P<0.05$），且 3 种林隙使其降低的幅度也相近；但仅大、中林隙内的边缘木的 Rd 显著降低了 69.7% 和 38.2%（$P<0.05$），而较小林隙仅使其降低但不显著（–19.1%，$P>0.05$）。因此，山杨林大林隙与中林隙各微生境（中心区、过渡区及边缘区）上红松幼树的暗呼吸速率显著低于对照小林隙，而较小林隙中仅中心区与过渡区中的红松幼树的暗呼吸速率显著低于对照小林隙。

此外，林隙大小对山杨林林隙中各类微生境上红松幼树 Rd 的差异性有所影响。对照样地红松的 Rd 呈现出中心木与过渡木及边缘木均相近（3.5% 和 0，$P>0.05$），过渡木与边缘木也相近（–3.4%，$P>0.05$）的变化规律性；较小林隙与中林隙中各类林木的 Rd 变化趋势与对照相一致，即中心木与过渡木或边缘木之间也相近（–10.0% ～ 2.1% 和–25.0% ～ –12.5%，$P>0.05$），过渡木与边缘木也相近（–16.7% 和–14.3%，$P>0.05$）；但仅在大林隙内中心木与过渡木的 Rd 显著高于边缘木（66.7% 和 100%，$P<0.05$）。因此，小林隙、较小林隙与中林隙中各类微生境中红松幼树的暗呼吸速率均相近，但大林隙内红松中心木与过渡木的暗呼吸速率却显著高于边缘木。

3.2.2.5　林隙大小对山杨林林隙微生境中红松表观量子效率和水分利用效率影响

由图 3-10A 和图 3-10B 可以得到，林隙大小对山杨林林隙微环境中红松幼树表观量子效率（α）和水分利用效率（WUE）具有一定程度的影响。各处理林隙微生境中红松幼

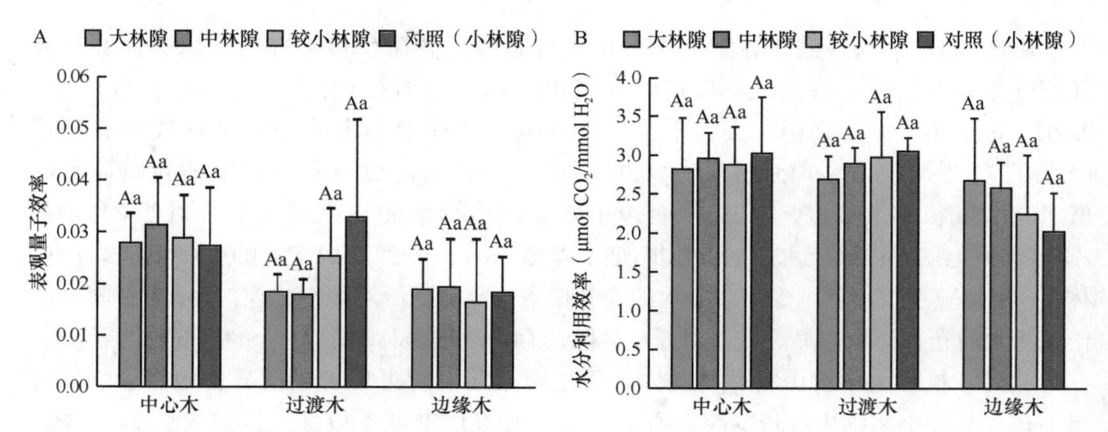

图 3-10　小兴安岭不同林隙大小山杨林冠下红松幼树中心木、过渡木和边缘木表观量子效率（A）和水分利用效率（B）

树的 α 分布在（0.017±0.012）～（0.032±0.019），其中，大、中、较小林隙中红松幼树中心木与边缘木的 α 均与对照相近（–8.8% ～ 14.8%，$P>0.05$）；但三者过渡木的 α 却依次较对照降低了 43.8%、43.8%、21.9%（$P>0.05$）。此外，大、中林隙内红松中心木的 α 较大幅度高于过渡木与边缘木（50.0% 和 42.1%；72.2% 和 63.2%，$P>0.05$），而在较小林隙与对照小林隙中红松中心木与过渡木的 α 较大幅度高于边缘木（70.6% 和 47.1%；50.0% 和 77.8%，$P>0.05$）。因此，大、中、较小林隙中红松幼树中心木与边缘木的表观量子效率均与对照相近，但三者过渡木表观量子效率却较对照降低幅度较大；且大、中林隙内其中心木的表观量子效率较大幅度高于过渡木与边缘木，而在较小林隙与小林隙中，其中心木与过渡木的表观量子效率较大幅度高于边缘木。

三者的 WUE 分布在（2.03±0.49）～（3.05±0.18）μmol CO_2/mmol H_2O，其中，大、中、较小林隙中红松中心木与过渡木的 WUE 均略低于对照小林隙（–12.1% ～ –1.7%，$P>0.05$）；但大、中、较小林隙中红松边缘木的 WUE 却依次较对照提高了 31.5%、26.6%、10.3%（$P>0.05$）。此外，对照小林隙中的红松中心木和过渡木的 WUE 较边缘木提高幅度最大（48.3% ～ 50.2%，$P>0.05$），而在小、中、大林隙中红松中心木和过渡木的 WUE 较边缘木提高幅度却随林隙的增大而逐渐减小（28.6% ～ 32.6%、12.5% ～ 15.2%、0.4% ～ 5.6%，$P>0.05$）。因此，山杨林各处理林隙（大、中、较小林隙）内边缘生境中的红松幼树的水分利用效率明显高于对照小林隙；对照小林隙内红松中心木和过渡木的水分利用效率明显高于边缘木，但随着林隙的增大其差异性逐渐减小。

3.2.3　透光抚育强度对中期蒙古栎红松林碳源/汇的影响

试验地点设置于带岭林业实验局大青沟林场（325 林班），选取中期“栽针保阔”蒙古栎红松林［1994 年在蒙古栎林（45 年）冠下栽植红松（栽植密度 1000 ～ 1200 株/hm^2），2019 年开展本试验时，蒙古栎林龄为 60 年，林冠下红松林龄为 25 年］为研究对象，试验设计选择 4 种不同透光抚育强度处理：对照 D（未透光抚育及未栽植红松）、轻度透光抚育 Q（蓄积比 1/7）、中度透光抚育 Z（蓄积比 1/5）和强度透光抚育 H（蓄积比 1/4），每个处理各设置 3 块 20m×30m 标准地，共计设置 12 块标准地。于每块标准地中设置 3 个静态箱，共计 36 个静态箱，用于土壤温室气体取样分析，同时测定相关环境因子（土壤温度、含水量和碳氮含量等），并利用气相色谱分析其 CO_2 排放量和 CH_4 吸收量，估算土壤异养呼吸碳排放量；同时，将每个标准地划分为 24 个 5m×5m 的小样地，进行每木调查，测定乔木树种的组成与胸径生长量及灌木层与草本层的生物量，利用相对生长方程与碳氮分析仪，测定植被的净初级生产力与年净固定碳量。最后依据生态系统净碳收支平衡，揭示透光抚育强度对小兴安岭中期蒙古栎红松林碳源/汇影响规律及影响机制。

3.2.3.1　透光抚育强度对中期蒙古栎红松林碳排放（CH_4 和 CO_2）的影响

由图 3-11A 和表 3-7 得到，透光抚育强度（轻度为 15%、中度为 20% 与强度为 25%）对温带小兴安岭中期蒙古栎红松林（蒙古栎红松林冠下栽植红松 25 年，并于栽植后第 5 年进行上层透光抚育）土壤 CH_4 年均通量具有显著影响。各处理样地土壤 CH_4 年均通量分布在–0.035 ～ –0.030mg/(m^2·h)，其中，仅强度透光抚育使其土壤 CH_4 年均吸收通量显著提高了 12.9%（P<0.05），而轻度、中度透光抚育使其与对照相近（–3.2% 和 3.2%，P>0.05）。此外，强度透光抚育使其春、夏、冬三季的 CH_4 吸收通量显著高于对照 78.3%、13.7% 和 44.4%（P<0.05），而使其秋季 CH_4 吸收通量显著低于对照 41.7%（P<0.05）。故强度透光抚育使其土壤 CH_4 年均吸收量显著高于对照。因此，温带小兴安岭中期蒙古栎红松林在轻度、中度透光抚育 20 年后，其土壤对 CH_4 的吸收能力已得到恢复，而强度透光抚育 20 年后其土壤对 CH_4 吸收能力仍较强。

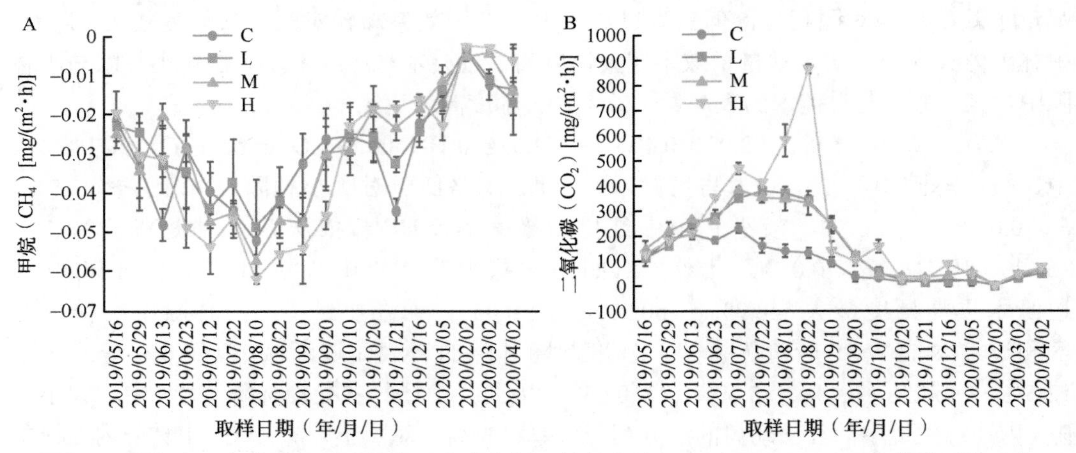

图 3-11 温带小兴安岭不同透光抚育强度蒙古栎红松林土壤 CH_4（A）和 CO_2（B）排放季节动态

C. 对照；L. 轻度透光抚育；M. 中度透光抚育；H. 强度透光抚育

表 3-7　温带小兴安岭不同透光抚育强度蒙古栎红松林土壤 CH_4、CO_2 季节通量

气体	季节	处理			
		对照 D	轻度透光抚育 Q	中度透光抚育 Z	强度透光抚育 H
CH_4 通量 [mg/(m^2·h)]	春季	–0.023±0.000aB	–0.034±0.000bC	–0.034±0.001bC	–0.041±0.001cC
	夏季	–0.051±0.001bD	–0.048±0.001abD	–0.047±0.002aD	–0.058±0.002cD
	秋季	–0.036±0.000cC	–0.028±0.002bB	–0.028±0.001bB	–0.021±0.001aB
	冬季	–0.009±0.001aA	–0.012±0.001bA	–0.010±0.001aA	–0.013±0.001bA
	生长季	–0.046±0.001bB	–0.044±0.001aB	–0.041±0.002aB	–0.048±0.001bB
	非生长季	–0.010±0.001aA	–0.015±0.001cA	–0.014±0.001bA	–0.015±0.001cA
	年均值	–0.030±0.001a	–0.031±0.001a	–0.030±0.001a	–0.033±0.008b
CO_2 通量 [mg/(m^2·h)]	春季	244.43±13.56aA	170.94±9.82bB	193.09±8.05bB	189.87±5.96bB
	夏季	254.23±7.88cA	338.58±10.41bA	333.69±23.49bA	512.85±10.23aA
	秋季	44.75±5.99cB	57.23±9.69bC	62.31±2.81bC	79.61±6.72aC
	冬季	29.83±1.86bcB	25.58±7.48cD	37.43±4.93bD	46.71±2.68aD
	生长季	189.71±7.16cA	292.19±11.43bA	281.76±21.59bA	438.79±12.61aA
	非生长季	37.01±1.51bcB	30.53±6.02cB	43.14±4.13bB	52.50±2.54aB
	年均值	143.31±2.52c	148.09±6.48bc	156.63±3.55b	207.26±1.98a

注：不同小写字母表示同季节不同类型间差异显著，不同大写字母表示同类型不同季节差异显著

由图 3-11B 和表 3-7 得到，透光抚育强度对中期蒙古栎红松林土壤 CO_2 年均通量也具有显著影响。各处理样地土壤 CO_2 年均通量分布在 155.09 ～ 223.27mg/($m^2 \cdot h$)，其中，中度、强度透光抚育使其土壤 CO_2 年均排放通量显著提高了 8.6% 和 44.0%（$P<0.05$），且强度透光抚育显著高于中度透光抚育 32.5%（$P<0.05$），而轻度透光抚育仅使其与对照相近（3.1%，$P>0.05$）。因此，温带小兴安岭蒙古栎红松林经过透光抚育 20 年后，轻度透光抚育使其土壤 CO_2 的年排放量已得到恢复，中度透光抚育使其接近于恢复，而强度透光抚育使其仍维持较高的 CO_2 排放量。

此外，轻度、中度、强度透光抚育使其春季的土壤 CO_2 排放通量较对照显著降低了 30.1%、21.0%、22.3%（$P<0.05$），但三者依次显著提高了其夏季与秋季的土壤 CO_2 排放通量 33.2%、31.3%、101.7% 和 27.9%、39.2%、77.9%（$P<0.05$），特别是强度透光抚育不仅使夏、秋季的土壤 CO_2 排放通量显著高于中度与轻度透光抚育（51.5% ～ 53.7% 和 27.8% ～ 39.1%，$P<0.05$），而且也显著提高了其冬季的土壤 CO_2 排放通量（56.6%，$P<0.05$）。正是由于强度透光抚育除了在春季显著降低土壤 CO_2 排放通量，其他 3 个季节均显著提高了其土壤 CO_2 排放通量，故其透光抚育 20 年后仍维持较高的 CO_2 排放量。

3.2.3.2　透光抚育强度对中期蒙古栎红松林植被净初级生产力与年净固碳量影响

由表 3-8 可以得到，透光抚育 20 年后，透光抚育强度对温带小兴安岭中期蒙古栎红松林的植被净初级生产力和年净固碳量均无显著影响。各处理样地的植被净初级生产力分布在 3.71 ～ 4.34t/($hm^2 \cdot a$)，其中，轻度、中度及强度透光抚育使其植被净初级生产力依次降低了 11.5%、14.5% 和 8.8%（$P>0.05$），但三者与对照无显著性差异；其植被年净固碳量分布在 1.73 ～ 2.05t C/($hm^2 \cdot a$)，其中，轻度、中度及强度透光抚育使其植被年净固碳量依次降低了 11.2%、15.6% 和 9.3%（$P>0.05$），但三者与对照也无显著性差异。因此，温带小兴安岭蒙古栎红松林在透光抚育 20 年后，其植被净初级生产力和年净固碳量均基本得到了恢复。

表 3-8　温带小兴安岭不同采伐强度蒙古栎红松林的植被净初级生产力与年净固碳量

指标	层次	处理			
		对照 D	轻度透光抚育 Q	中度透光抚育 Z	强度透光抚育 H
净初级生产力（NPP）[t/($hm^2 \cdot a$)]	乔木层	3.57±0.82A	3.04±0.57A	2.94±0.19A	3.16±0.28A
	灌木层	0.57±0.15A	0.63±0.06A	0.59±0.35A	0.61±0.22A
	草本层	0.20±0.09A	0.17±0.06A	0.18±0.06A	0.19±0.02A
	植被	4.34±0.62A	3.84±0.54A	3.71±0.50A	3.96±0.25A
植被年净固碳量（VNCS）[t C/($hm^2 \cdot a$)]	乔木层	1.70±0.38A	1.45±0.27A	1.38±0.09A	1.51±0.13A
	灌木层	0.26±0.06A	0.29±0.02A	0.27±0.17A	0.27±0.09A
	草本层	0.09±0.04A	0.08±0.03A	0.08±0.03A	0.08±0.01A
	植被	2.05±0.30A	1.82±0.26A	1.73±0.24A	1.86±0.11A

注：不同字母表示不同处理间差异显著（$P<0.05$）。NPP. net primary productivity，净初级生产力；VNCS. Vegetation annual net carbon sequestration，植被年净固碳量

此外，透光抚育对各植被层的净初级生产力和年净固碳量的影响规律略有不同。透光抚育 20 年后，乔木层的净初级生产力和年净固碳量较对照降低了 11.5% ～ 17.6% 和 11.2% ～ 18.8%（$P>0.05$），草本层的净初级生产力和年净固碳量较对照降低了 5.0% ～ 15.0% 和 11.1%（$P>0.05$），但灌木层的净初级生产力和年净固碳量较对照提高了 3.5% ～ 10.5% 和 3.8% ～ 11.5%（$P>0.05$）。由此可见，温带小兴安岭蒙古栎红松林在透光抚育 20 年后，其灌木层的净初级生产力和年净固碳量已经得到恢复，但其乔木层和草本层的净初级生产力和年净固碳量尚未得到完全恢复。

3.2.3.3 透光抚育强度对中期蒙古栎红松林生态系统碳源/汇的影响

由表 3-9 可以得到，透光抚育强度对小兴安岭蒙古栎红松林的碳源/汇具有显著影响。各处理样地的净生态系统碳收支分布在–2.361 ～ –0.801t C/(hm^2·a)，各处理样地均为碳的排放源，其中，对照样地表现为碳的弱排放源，轻度透光抚育使其略高于对照（41.8%，$P>0.05$），而中度透光抚育与强度透光抚育则使其碳源强度显著提高了 83.6% 和 194.8%（$P<0.05$），且强度透光抚育使其显著高于中度透光抚育 60.5%（$P<0.05$）。因此，温带小兴安岭中期蒙古栎红松林在透光抚育 20 年后，轻度透光抚育使其碳源强度基本得到恢复，而中度、强度透光抚育则显著提高了其碳源强度，且其碳源强度随着透光抚育强度的增大而增强。

表 3-9　温带小兴安岭不同透光抚育强度蒙古栎红松林的碳源/汇

指标	处理			
	对照 D	轻度透光抚育 Q	中度透光抚育 Q	强度透光抚育 H
植被年净固碳量（VNCS）［t C/(hm^2·a)］	2.050±0.297a	1.820±0.257a	1.728±0.236a	1.864±0.113a
年碳排放量（ACE）［t C/(hm^2·a)］	2.851±0.088c	2.956±0.094c	3.200±0.045b	4.226±0.022a
碳源/汇（CSS）［t C/(hm^2·a)］	–0.801±0.231a	–1.136±0.334ab	–1.471±0.271b	–2.361±0.115c

注：不同字母表示不同处理间差异显著（$P<0.05$）。ACE. annual carbon emission，年碳排放量；CSS. carbon source/sink，碳源/汇

3.3 基于地下资源生态位与土壤功能提升的次生林结构优化

3.3.1 土壤生境功能与生境质量研究

3.3.1.1 研究区域与样地设置

在小兴安岭北部、中部、南部分别设置了 3 个调查研究区段，范围涉及乌伊岭-汤旺河、五营-带岭、兴隆-桃山等林业局（表 3-10）。在试验区内选择林下有红松更新的白桦林、硕桦林、山杨林、杂木林、蒙古栎林等典型阔叶次生林类型，同时，选择了作为参照对象的原始红松针阔叶混交林（汤旺河、五营和凉水）。预计设置调查研究样地 3 区段×6 林型×3 重复=54 块，每块样地 0.1hm^2；因每个区段林型限制（有些林型不全），实际设置调查研究样地 51 块（表 3-10）。

表 3-10　土壤生境功能与生境质量调查研究区域概况与样地设置情况

区段	行政区	森林类型	样地数
小兴安岭北部	乌伊岭区	白桦林	n=1
		硕桦林	n=1
		山杨林	n=1
		杂木林	n=1
		蒙古栎林	n=2
	汤旺河区	阔叶红松林	n=3
		白桦林	n=2
		硕桦林	n=2
		山杨林	n=2
		杂木林	n=2
		蒙古栎林	n=1
小兴安岭中部	五营区	阔叶红松林	n=3
		白桦林	n=1
		硕桦林	n=3
		山杨林	n=1
		杂木林	n=1
		蒙古栎林	n=1
	带岭区/凉水	阔叶红松林	n=3
		白桦林	n=2
		山杨林	n=2
		杂木林	n=2
		蒙古栎林	n=2
小兴安岭南部	桃山林业局/兴隆林业局	白桦林	n=3
		山杨林	n=3
		杂木林	n=3
		蒙古栎林	n=3
合计		—	n=51

在每块样地内以梅花形布点 5 个，用土钻钻取 0 ～ 10cm、10 ～ 20cm 土样。土样按分析要求分别放入布袋（用于风干）或便携式保温箱中（用于硝态氮、微生物指标测定）暂存、转运。

3.3.1.2　*研究方法*

1. 评价指标的选取

土壤生境质量是土壤各种功能的综合体现，对土壤生境质量的评价必须以土壤功能评价为基础。根据东北林区实际情况，本研究综合考虑了水分有效性、养分有效性（N、P、K、盐基）、温度环境、通气与氧化还原环境、酸碱环境、生物环境、根系站立性（包括 O 层，即凋落物层对实生植物种子发芽入土和萌条植物幼芽出土的障碍）等土壤生境功能。以植被支持力为最终评价目标，共选择了 13 项指标，其对应的生境功能见表 3-11。

表 3-11　土壤生境质量评价指标及其对应的生境功能

指标	生境功能（或生境影响）
土壤温度（℃）	①实生植物早期的温度环境，包括种子发芽、幼芽出土、幼苗根系生长等；②萌条植物的温度环境，幼芽和根系生长
土壤含水率（%）	①实生植物早期的水分有效性；②水分过高情况下的通气限制性与还原环境
土壤密度（g/cm^3）	①根系站立性；②水分有效性；③综合物理环境等
水稳性团聚体（%）	①水分有效性；②养分有效性；③根系站立性；④综合物理环境等
pH	①酸碱环境；②养分有效性
有机质（%）	①养分有效性；②水分有效性；③通气性；④温度环境；⑤根系站立性；⑥生物环境
碱解氮（mg/kg）	氮养分有效性
铵态氮（mg/kg）	①氮养分有效性；②土壤积累过高时可导致植物氨毒害
硝态氮（mg/kg）	养分有效性，尤其先锋植物对硝态氮的偏向选择
有效磷（mg/kg）	磷养分有效性
速效钾（mg/kg）	钾养分有效性
交换性盐基（cmol/kg）	养分有效性
土壤微生物量碳（mg/kg）	①植被恢复的微生物环境；②养分有效性

2. 土壤测试分析

土壤样品的理化分析，主要执行我国林业行业标准（LY/T 1210—1999 ～ LY/T 1266—1999）：《森林土壤含水量的测定》（LY/T 1213—1999）；《森林土壤土粒密度的测定》（LY/T 1224—1999）；《森林土壤大团聚体组成的测定》（LY/T 1227—1999）；《森林土壤有机质的测定及碳氮比的计算》（LY/T 1237—1999）；《森林土壤氮的测定》（LY/T 1228—2015）；《森林土壤磷的测定》（LY/T 1232—2015）；《森林土壤 pH 值的测定》（LY/T 1239—1999）；《森林土壤交换性盐基总量的测定》（LY/T 1244—1999）。土壤微生物量碳采用氯仿熏蒸法，操作过程在新鲜土壤采样后 72h 内完成，提取液中的碳用自动碳氮分析仪（TOC-Phoenix8000）直接测定。

3. 数据标准化处理

实现土壤生境质量评价要对各生境因子测量值进行标准化处理。因为各生境因子实测值的量纲不同，难以在同一个评价体系中反映对土壤生境质量的贡献力，所以要通过数学的方式对各生境因子测量值进行标准化处理，将指标测定值转化为 0 ～ 1 的无量纲标准值（指标的状态值，1 为最佳状态或理想状态）。在众多标准化处理方法中，应用隶属度函数方程的方法比较普遍。

鉴于各生境指标植被支持力，相应隶属度函数方程亦采用“正 S 型”“抛物线型”“反 S 型”三类隶属函数，如图 3-12 所示。对于每个指标，需要针对所考虑的主要生境功能选择合适的隶属函数类型，并确定函数的 X 下限（L）、X 上限（U）、X 基准值 [B，不设截距时其 Y 值等于 0.5，设截距时其 Y 值等于（$1–S$）$\times 0.5 + S$]、X 最优值（O）、Y 基础值（截距 S）等参数。

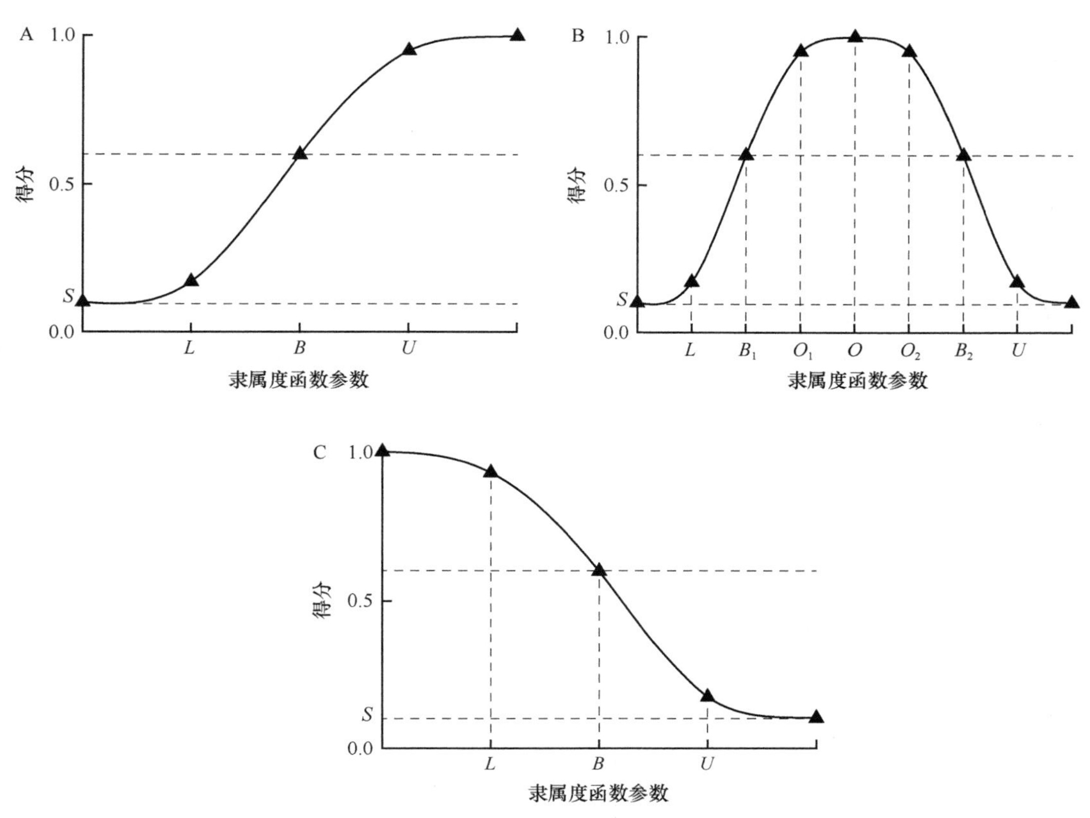

图 3-12　隶属函数的三种基本类型（设有截距 S）

A. 正 S 型隶属函数；B. 抛物线型隶属函数；C. 反 S 型隶属函数

为便于计算，三类曲线函数均采用模糊线性隶属函数来逼近。其解析式分别为

$$F(x)=\begin{cases}0.1 & x\leqslant L\\ 0.45(x-L)/(B-L)+0.1 & L<x\leqslant B\\ 0.45(x-B)/(U-B)+0.55 & B<x<U\\ 1 & x\geqslant U\end{cases} \quad (\text{Ⅰ})$$

$$F(x)=\begin{cases}0.1 & x\leqslant L\\ 0.45(x-L)/(B_1-L)+0.1 & L<x\leqslant B_1\\ 0.45(x-B_1)/(O_1-B_1)+0.55 & B_1<x\leqslant O_1\\ 1 & O_1<x\leqslant O_2\\ 0.45(B_2-x)/(B_2-O_2)+0.55 & O_2<x\leqslant B_2\\ 0.45(U-x)/(U-B_2)+0.1 & B_2<x<U\\ 0.1 & x\geqslant U\end{cases} \quad (\text{Ⅱ})$$

$$F(x)=\begin{cases}1 & x\leqslant L\\ 0.45(B-x)/(B-L)+0.55 & L<x\leqslant B\\ 0.45(U-x)/(U-B)+0.1 & B<x<U\\ 0.1 & x\geqslant U\end{cases} \tag{Ⅲ}$$

关于 S 值设定，当某因子 $x\leqslant L$ 或 $x\geqslant U$ 时，若植物已完全不能生存，其 S 值为 0；若有的植物尚能生存但未达到极端限制，则 S 值设为 0.1，这与植被效应较符合且可避免计算时零值过多。综合各方面的研究资料和地区实际情况，本研究确定各指标的隶属函数类型及参数如表 3-12 所示。

表 3-12　土壤生境质量指标的隶属函数及相应参数选取

生境因子	类型	参数							S 值设定	备注
	Ⅰ	L	B	U		—	—	—		
	Ⅱ	L	B_1	O_1	O	O_2	B_2	U		
	Ⅲ	—	—	—		L	B	U		
OT	Ⅲ	—	—	—	—	1	0.55	0.1	0.1	注 1)
ST	Ⅱ	0	0.5	1	1	1	0.5	0	0	注 2)
SWC	Ⅱ	0	0.5	1	1	1	0.55	0.1	0	注 3)
BD	Ⅱ	0.1	0.55	1	1	1	0.55	0.1	0.1	注 4)
WSA	Ⅰ	0.1	0.55	1	—	—	—	—	0.1	注 5)
pH	Ⅱ	0	0.5	1	1	1	0.5	0	0	注 6)
SOM	Ⅱ	0.1	0.55	1	1	1	0.55	0.1	0.1	注 7)
AN	Ⅱ	0.1	0.55	1	1	1	0.55	0.1	0.1	注 8)
NN	Ⅰ	0.1	0.55	1	—	—	—	—	0.1	注 9)
AP	Ⅰ	0.1	0.55	1	—	—	—	—	0.1	注 10)
EB	Ⅰ	0.1	0.55	1	—	—	—	—	0.1	注 11)
MBC	Ⅱ	0.1	0.55	1	1	1	0.55	0.1	0.1	注 12)

注：1）主要考虑地区特点

2）0℃为本区植物萌发或根系活动温度下限，20 ～ 30℃为最佳温度区间，50℃为致死温度

3）L、B_1、O_1、O、U 对应的分别是 0 ～ 5cm 土层的凋萎系数、生长阻滞含水量、毛管断裂含水量、田间持水量、饱和持水量统计值，O_2、B_2 为内插估算值

4）主要考虑地区特点

5）参考 Glover 等（2000），根据地区特点有所调整

6）参考 Hussain 等（1999），根据地区特点有所调整

7）主要考虑本地区表土有机质含量高的特点

8）主要考虑地区特点，火烧迹地有铵态氮积累现象，左侧截距设为 0.1 而不是 0，主要是考虑植物可能还有其他氮源如游离氨基酸等

9）主要考虑地区特点，左侧截距设为 0.1 而不是 0，主要是考虑植物可能还有其他氮源如游离氨基酸等

10）参考 Hussain 等（1999），根据地区特点和测定方法有所调整

11）参考 Glover 等（2000），根据地区特点有所调整

12）参考 Glover 等（2000），根据地区特点有所调整，B_2、U 的设置主要是考虑微生物量过高会导致植物有效养分竞争性缺乏

4. 土壤生境质量模型

土壤质量综合指数法将土壤质量评价行为数量化，即将评价结果转化成 0 ～ 1 的数值，用 SQI 表示，数值越大，表征土壤质量越好。该方法能够从全方位综合有效地反映土壤质量的变异性信息。

传统的土壤质量综合指数评价方法有加权求和模型和加权综合模型。加权求和模型能充分体现各生境因子对土壤生境质量的综合作用，但少数因子的优劣对最终结果影响不大，整体上灵敏度不够。加权综合模型采用连乘运算可以体现各评价因素间的交互作用，突出了限制因子在极端条件下，尤其隶属度为 0 时对评价结果的影响。但乘幂运算有优化评价效果的作用，即便有些因子隶属度值较小，但经过乘幂运算后也成为较大值，虽然通过连乘运算对优化效果有所控制，但仍无法解决中间因子对评价结果的影响，故此模型灵敏度虽优于加权求和模型，但仍需改进。因此，本研究在采用上述两种模型的情况下，探索性地对加权综合模型进行了改进，即通过增大幂次方数的方式，削弱乘幂运算的优化效果。此方法对植被支持力较高的影响较小，对植被支持力相对较小的影响较大，以此突出限制因子、中间因子对评价结果的贡献。

加权求和模型：

$$\mathrm{SQI}_1 = \sum_{i=1}^{n} W_i \times F_i \tag{3-1}$$

加权综合模型：

$$\mathrm{SQI}_2 = \prod_{i=1}^{n} (F_i)^{W_i} \tag{3-2}$$

式中，SQI 是土壤质量指数（soil quality index），W_i 为第 i 个因子的权重，F_i 为第 i 个因子的隶属度，n 为参评因子数，$\sum$ 表示求和，$\prod$ 表示连乘。

5. 土壤生境指标权重确定

在土壤质量评价过程中，由于各指标的状况与重要性不同，需要用权重系数来表示各个因子的重要程度。目前，确定权重系数的方法有很多，如经验法、专家打分法、数学统计或模型等。考虑到各土壤生境功能的同等重要性和不可替代性，本研究采用生境功能的等权重法。

3.3.1.3　结果与分析

调查与评价研究表明，阔叶次生林土壤生境质量与原始红松林相比有显著改变。在土壤水热方面，生长早期（4 月中旬至 5 月中旬）原始红松林土壤湿度显著低于阔叶次生林（因红松蒸腾消耗），土壤温度也显著低于阔叶次生林（遮阴和厚层凋落物覆盖）。在整个生长季，原始红松林土壤酸度显著高于阔叶次生林；阔叶次生林土壤氮有效性显著高于原始红松林，在团聚体、容重、孔隙度、可湿性、土壤水分物理性质、微生物碳氮等指标也显著优于原始红松林。旺盛生长季（6 ～ 7 月）阔叶次生林综合生境质量指数 SQI 为 0.81（其中白桦林 0.78、硕桦林 0.76、山杨林 0.84、杂木林 0.96、蒙古栎林 0.71），原始红松林仅为 0.72；生长早期（4 月中旬至 5 月中旬）阔叶次生林土壤平均综合生境质量指数 SQI 为 0.46，原始红松林 SQI 只有 0.28（图 3-13 ～图 3-20）。

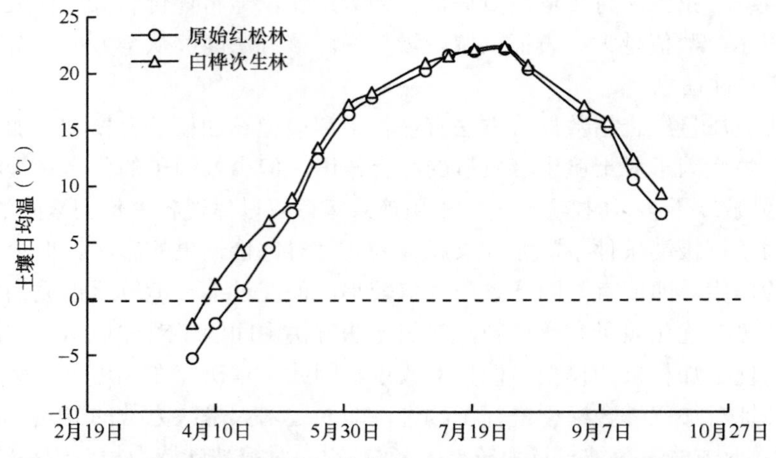

图 3-13　白桦次生林和原始红松林 0 ～ 10cm 土层日均温季节动态曲线

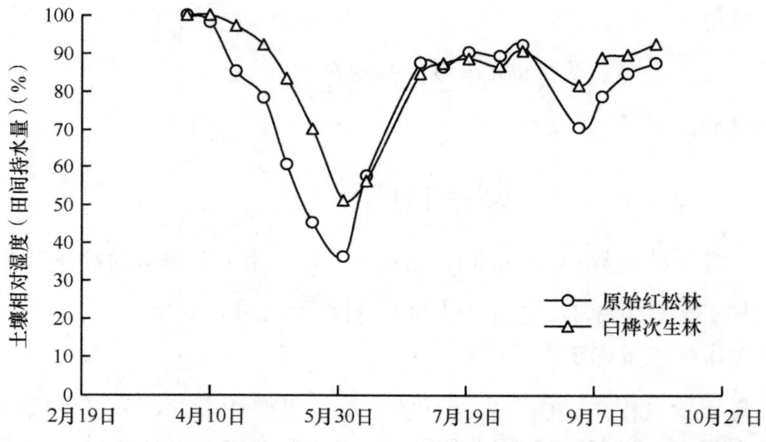

图 3-14　白桦次生林和原始红松林 0 ～ 10cm 土层相对湿度季节动态曲线

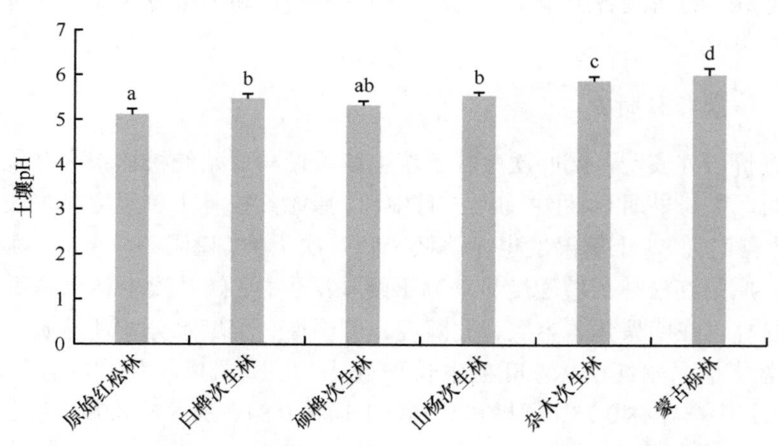

图 3-15　阔叶次生林和原始红松林 0 ～ 10cm 土层生长季 pH 统计值

不同小写字母表示 Duncan 法检验差异显著（$P<0.05$），图 3-16 ～图 3-20 同

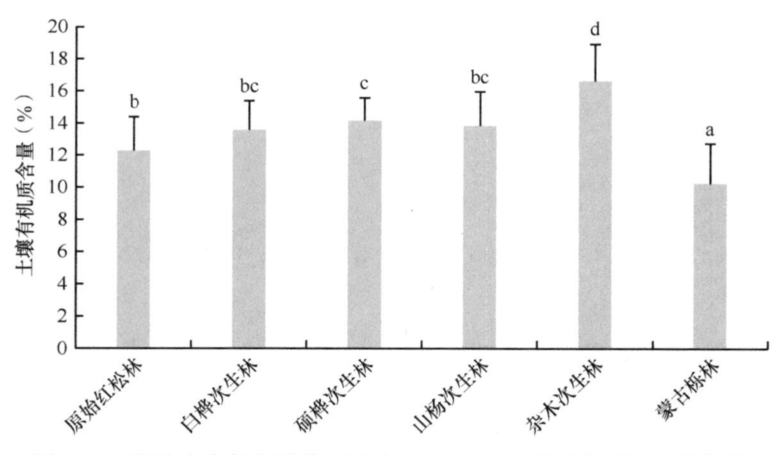

图 3-16　阔叶次生林和原始红松林 0 ～ 10cm 土层有机质含量统计值

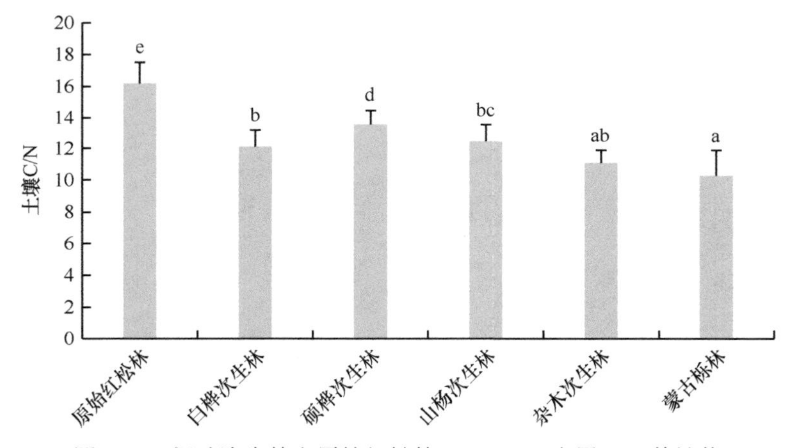

图 3-17　阔叶次生林和原始红松林 0 ～ 10cm 土层 C/N 统计值

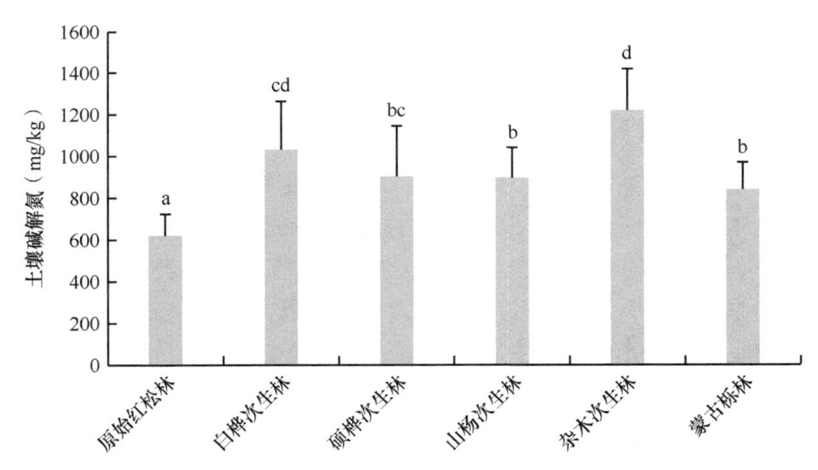

图 3-18　阔叶次生林和原始红松林 0 ～ 10cm 土层生长季速效氮（碱解氮）统计值

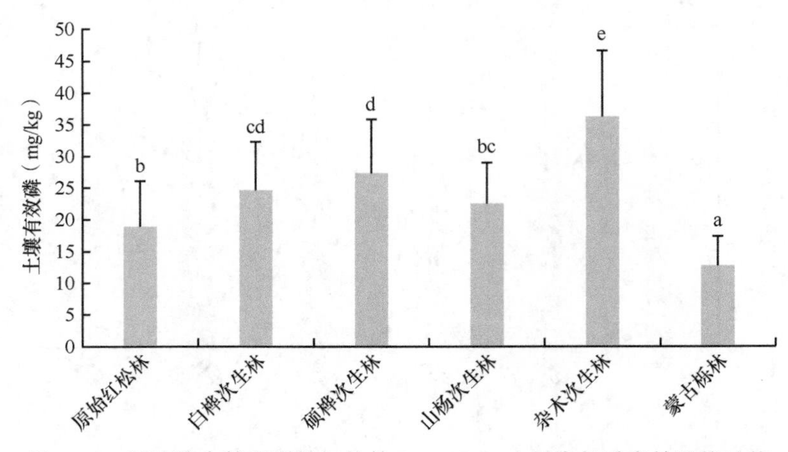

图 3-19　阔叶次生林和原始红松林 0 ～ 10cm 土层生长季有效磷统计值

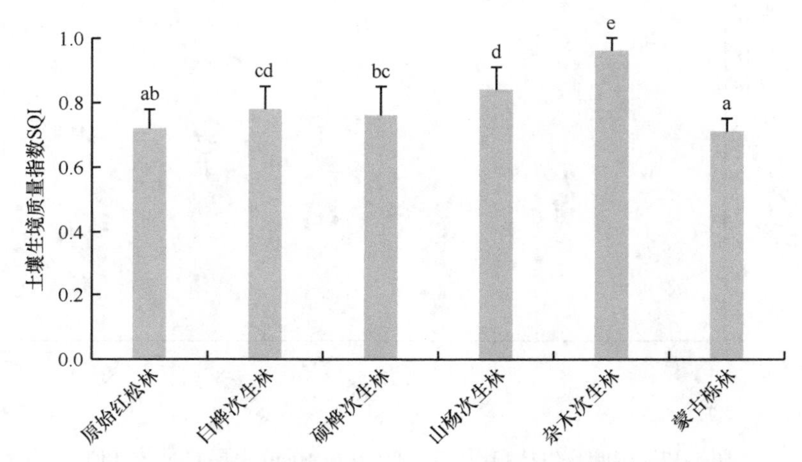

图 3-20　阔叶次生林和原始红松林 0 ～ 10cm 土层生长季生境质量指数（SQI）统计值

3.3.2　地下资源生态位研究

3.3.2.1　研究区域与样地设置

研究区域位于小兴安岭北部的汤旺河区、中部的带岭区、南部的桃山林业局施业区内，以阔叶红松林为参照，在调查研究区内选择林下有红松（大苗）更新的白桦林、硕桦林、山杨林、杂木林、蒙古栎林等典型阔叶次生林为研究对象（表 3-13）。以阔叶林下更新的红松大苗和原始红松针阔叶混交林红松大树为参照，对次生林和原始林样地不同树种地下空间生态位及水分养分资源生态位要素进行了测定，包括吸收养分的时间、数量、比例、形态等重叠与分离，涉及野外动态采样、样品养分分析、生态位计测等。

表 3-13　森林树种地下资源生态位研究区域与样地

区域	地点	森林类型	样地特征	样地数
小兴安岭北部	汤旺河区	白桦林	坡地中部，坡度 7° ～ 15°，典型暗棕壤。林龄 30 ～ 60 年，5 白桦+其他（落叶松、红皮云杉、紫椴、色木槭、春榆、蒙古栎等）+红松大苗更新，郁闭度 0.7 左右。主要灌木有绣线菊、珍珠梅、暴马丁香，主要草本有小叶章、蚊子草等	n=3
		杂木林	坡地中部至中下部，坡度 5° ～ 15°，典型暗棕壤。林龄 30 ～ 60 年，白桦、硕枫、紫椴、色木槭、春榆、蒙古栎、水曲柳等，有红松大苗更新，郁闭度 0.7 左右。主要灌木有毛榛，主要草本有四花薹草、垂梗繁缕等	n=3
		蒙古栎林	坡地中部至中上部，坡度 10° ～ 20°，典型薄层暗棕壤。林龄 40 ～ 60 年，蒙古栎为主，有红松大苗更新，郁闭度 0.7 左右。主要灌木有毛榛、胡枝子等，主要草本有四花薹草、垂梗繁缕、薹草等	n=3
小兴安岭中部	带岭区/凉水林场	阔叶红松林	坡地中部，坡度 8° ～ 18°，典型暗棕壤。林龄大于 200 年，7 红松+其他（青楷槭、花楷槭、紫椴、红皮云杉、蒙古栎等），主要灌木有暴马丁香、绣线菊、刺五加、忍冬等	n=3
		白桦林	坡地中部，坡度 5° ～ 15°，典型暗棕壤。林龄 40 ～ 60 年，5 白桦+其他（红皮云杉、紫椴、硕桦、色木槭、春榆、蒙古栎等）+红松大苗更新，郁闭度 0.7 左右。主要灌木有绣线菊、珍珠梅、暴马丁香，主要草本有小叶章、蚊子草等	n=3
		杂木林	坡地中部至中下部，坡度 5° ～ 20°，典型暗棕壤。林龄 40 ～ 60 年，春榆、蒙古栎、紫椴、硕桦、色木槭、水曲柳等，有红松大苗更新，郁闭度 0.7 左右。主要灌木有毛榛，主要草本有薹草、问荆、铃兰、山尖子等	n=3
小兴安岭南部	桃山林业局	白桦林	坡地中部，坡度 10° ～ 15°，典型暗棕壤。林龄 40 ～ 60 年，5 白桦+其他（紫椴、水曲柳、色木槭、春榆、蒙古栎等）+红松大苗更新，郁闭度 0.7 左右。主要灌木有绣线菊、珍珠梅、暴马丁香，主要草本有小叶章、蚊子草、薹草等	n=3
		蒙古栎林	坡地中部至中上部，坡度 10° ～ 20°，典型薄层暗棕壤。林龄 40 ～ 60 年，蒙古栎为主，有红松大苗更新，郁闭度 0.6 ～ 0.7。主要灌木有胡枝子、毛榛等，主要草本有乌苏里薹草、北悬钩子等	n=3

3.3.2.2　*研究方法*

1. 林木根系空间分布调查

采用土柱法调查林木根系在土壤中的空间分布，多块样地的立地条件相似（中等立地，多块样地具有不同的树种组合-群落结构）。分别在有红松更新的阔叶次生林内（红松 10 年以上且有足够密度）的林冠交界处挖剖面（0 ～ 60cm），调查吸收根分布（n=6）。为便于比较不同树种的垂直扎根模式，将每层土壤中的吸收根量换算为占全土层吸收根量的分布比率（%）。通过吸收根在土壤中的垂直分布模式来反映树种对地下营养空间的利用及其种间差异。

2. 林木生物量组分季节动态的函数模拟与营养动态监测

在上述样地选取红松和阔叶树亚优势木 3 ～ 6 对，作为固定样株。生长季内定期观测林木叶量、叶面积、净光合速率 3 个指标，分别得到各指标的季节动态曲线，然后将 3 条曲线合成为林木非同化器官生物量生长的季节动态廓线，并采用直线分段逼近法对廓线进行拟合。生长结束后，实测样木非同化器官（小枝、大枝、树皮、干材等）的年生长量，通过廓线分配得到各器官生物量生长的季节动态曲线，然后通过累加得到各器官生物量的季节动态。观测生长指标的同时，定期采样分析样木不同组织（叶、枝、树皮、干材等）的养分元素（N、P、K）含量，得到各种林木组织的养分含量（浓度）季节动态。最后，根据各部分生物量的季节动态和养分含量季节动态推算林木地上部分元素积累的季节动态，并以此近似代表林木吸收养分的季节动态。

另外，根据林木生物量组分的年生长量和对养分的年吸收量，计算林木吸收养分元素的数量指标和养分利用效率。

3. 林木组织硝酸还原酶活性分析

定期采集固定样株小枝或复叶，保湿，带回实验室进行硝酸还原酶（NR）诱导处理。诱导方法：将小枝或复叶基部斜切，浸入 50mmol/L 的 KNO_3 溶液中，于 25℃条件下进行光诱导 12h，光强度为 2000lx。然后，按体内法测定叶硝酸还原酶活性。

4. 同位素示踪试验

以 2 ～ 3 年生各树种盆栽苗为供试材料。生长初期（6 月上旬）施同位素示踪肥料，肥料种类为 ^{15}N 标记的 $(NH_4)_2SO_4$ 和 KNO_3，施用量相当于施纯氮 0.53g/盆，溶于 200 倍水中均匀浇施，设置 3 个重复，为防止 $(NH_4)_2SO_4$ 肥料的硝化作用，施用时添加了适量硝化抑制剂（DCD）。生长后期（9 月中旬）收获苗木，并测定不同处理的苗木生物量。苗木样品全株粉碎，用凯氏定氮法测定全 N 量，再将定氮蒸馏液酸化、浓缩，用质谱仪测定 ^{15}N 丰度。

3.3.2.3　结果与分析

1. 红松与不同阔叶树种的地下营养空间生态位重叠与分离（垂直方向）

有红松更新的阔叶次生林各树种细根剖面垂直分布格局和更新红松地下空间生态位均有一定分离。30cm 以下，红松仍有相当比例的吸收根（新生长）分布，直到 60cm 以下（未研究）；而阔叶树吸收根则更加相对集中在 0 ～ 20cm 表层，但有待进一步研究。相对来说，山杨、白桦与红松的地下空间生态位分离最为明显（图 3-21）。

2. 红松与不同阔叶树种吸收土壤水分的季节生态位重叠与分离

蒸腾动态测定表明，由于生长发育节律差异，红松与阔叶树的水分资源生态位存在明显分离。红松的显著蒸腾耗水时间从 4 月初即开始，而阔叶树的显著蒸腾耗水时间一般从 5 月中旬才开始，可相差 40 天左右；红松与阔叶树夏季的蒸腾耗水量（水分利用效率）也有显著差异；秋季 9 下旬阔叶树的显著蒸腾耗水期即已结束，而红松 10 月下旬尚有显

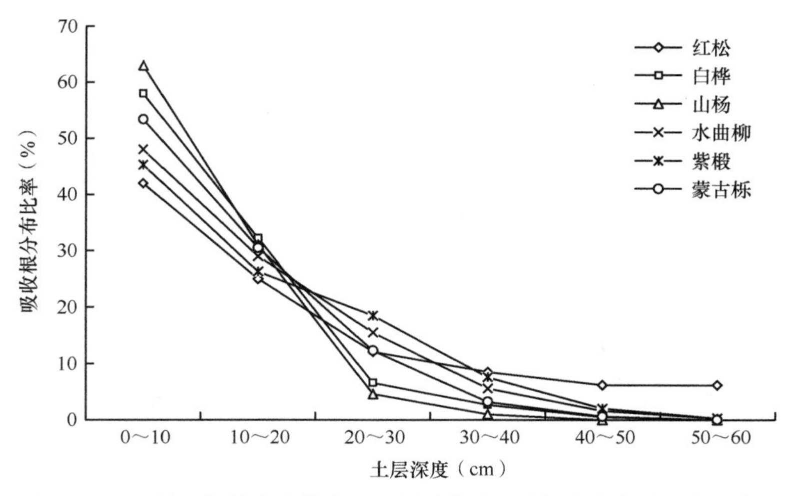

图 3-21　红松更新的次生林内不同树种的地下空间生态位重叠与分离

著蒸腾；尤其在干旱春季（5 月），红松、阔叶树间的水分生态位分离有利于减轻种间水分竞争。对阔叶林下更新的红松而言，这有利于提高水分资源利用率，但对原始红松林中的伴生阔叶树来说，有可能发生展叶期土壤干旱（图 3-22）。

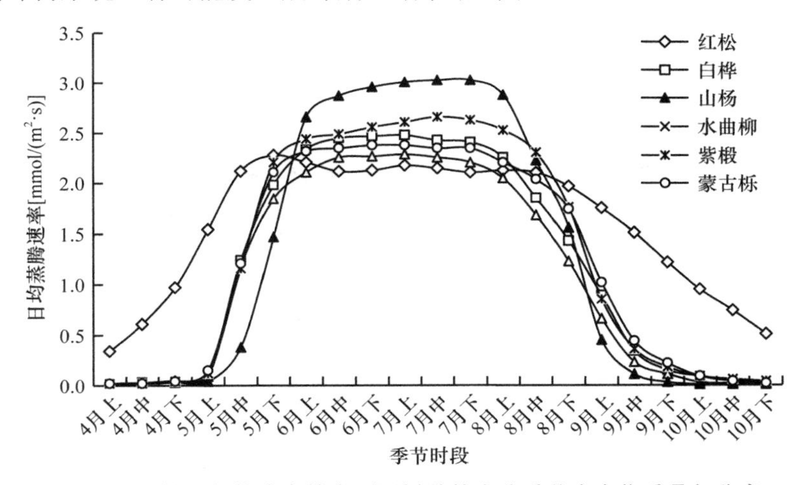

图 3-22　红松更新的次生林内不同树种的水分季节生态位重叠与分离

白桦、山杨、蒙古栎在生长季单位叶面积的蒸腾速率较低，尤其是白桦、山杨的叶面积指数又较低，所以相对蒸腾量少，夏季雨天间隔期（有可能土壤暂时干旱）不易对更新的红松幼树形成水分竞争压力；而水曲柳、紫椴则相对易于对红松形成短暂的水分竞争压力。

3. 红松与不同阔叶树种吸收土壤养分的季节生态位重叠与分离（以氮养分为例）

红松与阔叶树种间的养分季节生态位有明显分离。以红松和阔叶树对氮养分的需求为例，红松吸收养分的时期为 4 月中下旬至 10 月中下旬，夏季养分吸收高峰较缓；而阔叶树吸收养分的时期为 5 月上旬至 9 月上旬，夏季养分吸收高峰较陡。不同阔叶树种之间，养分季节生态位也有一定程度分离，但基本可划分阔叶树和红松两种模式（图 3-23）。

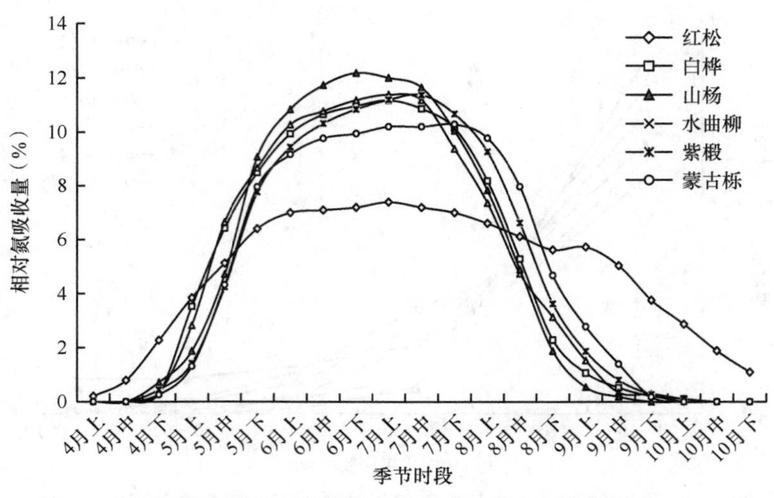

图 3-23　红松更新的次生林内不同树种的氮养分季节生态位重叠与分离

红松养分季节生态位表现为不甚明显的双峰模式，第二个吸收峰出现在 9 月上中旬，此时阔叶树已陆续落叶，林冠疏开，红松仍有光合作用（提供能量），且阔叶树凋落养分淋洗、土温仍较高，可能是形成红松第二个吸收峰的原因。

鉴于红松与阔叶树种间的养分季节生态位均有明显分离，以此判断红松与任何阔叶树混交都是适宜的。但相对来说，红松与水曲柳的氮养分季节生态位重叠最小，从这个角度讲，红松与水曲柳应是最佳组合。

4. 红松与不同阔叶树种吸收土壤养分的数量生态位重叠与分离（以氮养分为例）

红松与阔叶树在氮养分需求量上也有显著分异，红松属于低耗型，而大部分阔叶树属于高耗型，其中尤其以水曲柳和紫椴对氮的耗量最大，生长季可能对红松形成竞争压力。不过，考虑到水曲柳、紫椴下土壤氮养分有效性较高，这种高耗型压力可能被抵消（表 3-14，图 3-24）。

表 3-14　不同树种吸收氮元素养分的数量指标

树种	氮消耗量指标			NUE
	NBP（g）	MBVTP（g）	NTTP（g）	
红松	4.27e	5.02	9.25	234a
白桦	5.63bc	6.86	11.93	178c
山杨	5.81b	6.77	12.32	172c
水曲柳	6.74a	8.58	16.23	148d
紫椴	6.02ab	6.84	12.74	166cd
蒙古栎	4.78d	5.63	9.73	209b

注：NUE. 单位为每吸收 1g N 所能生产的生物量克数；NBP. 每生产 1000g 生物量所需吸收的 N 量；MBVTP . 每生产 1000g 木质组织所需吸收的 N 量；NTTP. 每生产 1000g 干材所需吸收的 N 量。同一列中，不同小写字母表示树种间差异显著（$P<0.05$）

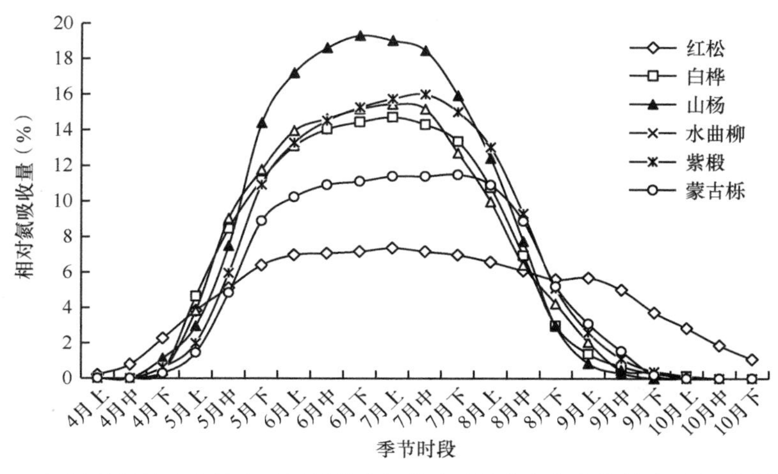

图 3-24 红松更新的次生林内不同树种的氮养分季节生态位和数量生态位重叠与分离

相对氮吸收量根据养分利用效率调整，以红松为参照

5. 红松与不同阔叶树种吸收土壤养分的形态生态位重叠与分离（以氮养分为例）

红松生长季叶硝酸还原酶活性显著低于阔叶树，提示其硝态氮利用能力较低，可能比较倾向于铵态氮吸收，而阔叶树则可能相反，或对硝态氮、铵态氮无偏向选择性。阔叶树中，以白桦、山杨、蒙古栎等阳性树种或先锋树种叶硝酸还原酶活性最高，水曲柳、紫椴显著低于前者（表 3-15）。

表 3-15 生长季不同树种的叶硝酸还原酶活性

树种	生长季（日/月）叶 NR 活性[μmol NO_3^-/(g·h)]				
	15/06	15/07	15/08	15/09	平均
红松	0.113	0.126	0.122	—	0.120c
白桦	0.730	0.824	0.776	—	0.777a
山杨	0.658	0.831	0.719	—	0.736a
水曲柳	0.275	0.341	0.311	—	0.309b
紫椴	0.301	0.325	0.330	—	0.319b
蒙古栎	0.693	0703	0.765	—	0.720a

注：不同小写字母表示多重比较差异显著，$P<0.05$

3.4 小兴安岭天然次生林下红松良种选育

3.4.1 试验设计

3.4.1.1 种源来源

在课题组前期“六五”转“七五”科技攻关课题红松种源试验的基础上，选择东北地区代表性的 10 个种源分别在不同地点进行林下种源试验研究，各种源分别是黑龙江的带岭、金山屯、铁力、黑河、鹤岗、汤原，吉林的敦化、白河、汪清与辽宁的本溪。

3.4.1.2　造林地点与森林类型

按区域位置与前期工作基础，选择小兴安岭3个有代表性的区域进行次生林下红松种源试验林营造，分别是小兴安岭北部的丽林实验林场、小兴安岭中部的带岭林业实验局、小兴安岭南部的双丰林业局。

在每个造林地点，选择3～4个小兴安岭地区代表性次生林类型进行林下造林，主要有：杨桦林、杂木林和硬阔叶林（表3-16）。

3.4.1.3　各试验地点造林方案

1. 小兴安岭中部带岭林业实验局次生林下红松种源试验造林方案

试验采用随机完全区组设计，重复10次，20株小区，双行排列。株行距：2m×2m或1.5m×2m，详见图3-25～图3-28。

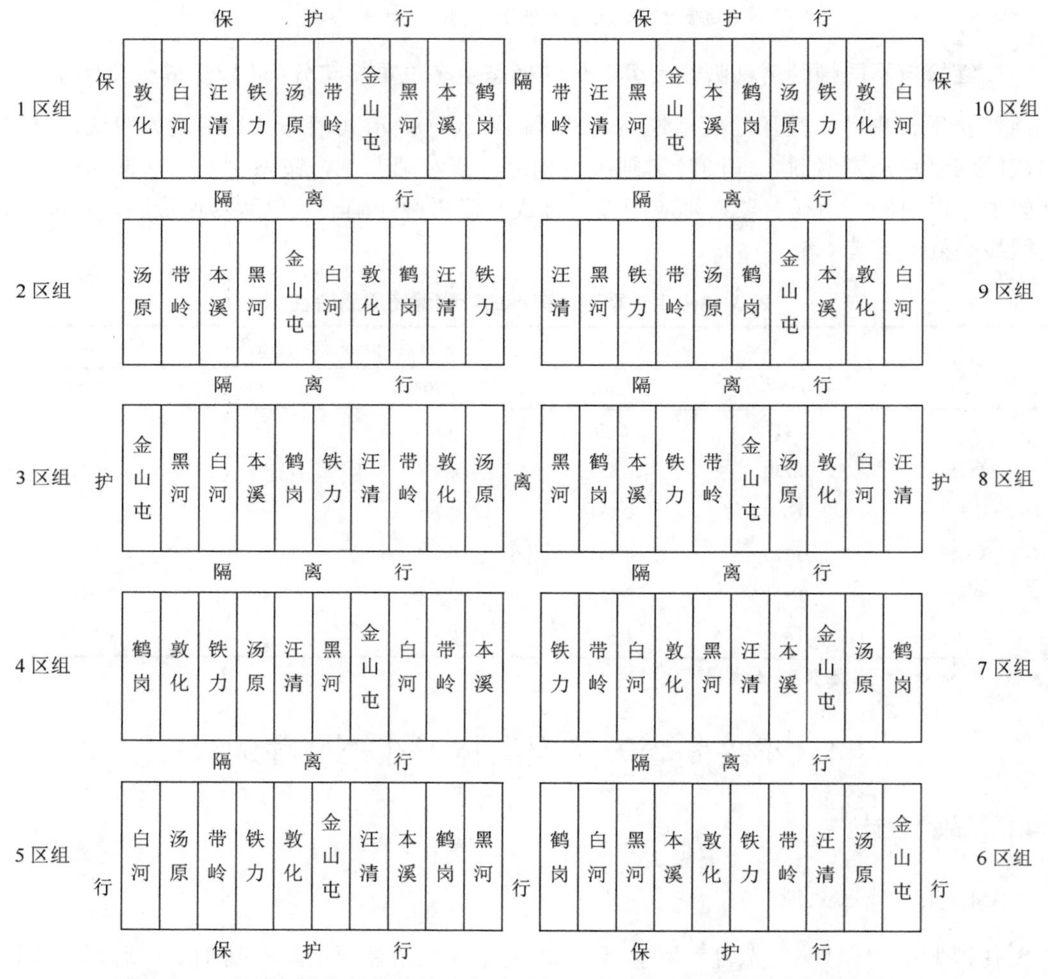

图3-25　小兴安岭中部带岭林业实验局硬阔叶林下红松种源试验造林设计图

①随机完全区组设计。10个种源，10个区组，每小区16株，双行排列，每行8株。株行距2m×2m。②区组间用1行红皮云杉作隔离行，试验地四周用1行红皮云杉作保护行，保护行和隔离行的株行距与红松相同

表 3-16　红松造林试验地基本信息

序号	森林类型	样地编号	样地面积（hm^2）	经度（°）	纬度（°）	试验地点	林班	小班	坡向	坡度（°）	坡位	海拔（m）	采伐方式	采伐时间（年）	采伐强度	年龄	郁闭度
1	杂木林	SF-1	0.8	127°47′13″E	46°34′16″N	双丰林业局福民林场	1	32	东	2	中下	193	择伐	1992	0.50	2	0.7
2	杨桦林	SF-2	1.4	127°47′24″E	46°32′50″N	双丰林业局福民林场	15	11	西北	2	下	205	择伐	2007	0.70	2	0.8
3	硬阔叶林	SF-3	0.8	128°17′22″E	46°35′34″N	双丰林业局爱林林场	16	11	南	1	下	413	择伐	2005	0.30	2	0.9
4	杂木林	LL-1	1.2	129°15′21″E	48°09′46″N	黑龙江省林业科学院丽林实验林场	19	2	西北	2	中	339	择伐	1992	0.30	2	0.8
5	杨桦林	LL-2	1.2	129°15′26″E	48°09′59″N	龙江森工集团丽林实验林场	24	9	西南	2	中	310	择伐	1990	0.20	2	0.8
6	硬阔叶林	LL-3	1.2	129°16′16″E	48°10′21″N	龙江森工集团丽林实验林场	25	1	东北	23	中上	337	择伐	1993	0.30	2	0.6
7	硬阔叶林	DL-1	0.46	129°04′56.68″E	46°56′45.27″N	带岭林业实验局东方红林场	438	3	东南	5	中	422	择伐	2008	中	35	0.7
8	杂木林（坡下）	DL-2	0.5	129°08′20.18″E	46°55′32.77″N	带岭林业实验局东方红林场	400	4	北	10	下	354	择伐	2009	中	32	0.6
9	杂木林（坡上）	DL-3	1.44	129°08′24.64″E	46°55′33.16″N	带岭林业实验局东方红林场	400	4	北	10	中	376	择伐	2009	中	32	0.5
10	杨桦林	DL-4	0.5	129°09′31.27″E	47°01′05.23″N	带岭林业实验局大青川林场	353	2	西南	6	中	435	未伐	—	—	38	0.8
11	柞树林	DL-5	0.46	129°07′43.63″E	47°00′31.21″N	带岭林业实验局大青川林场	352	8	南	18	下	230	未伐	—	—	40	0.6

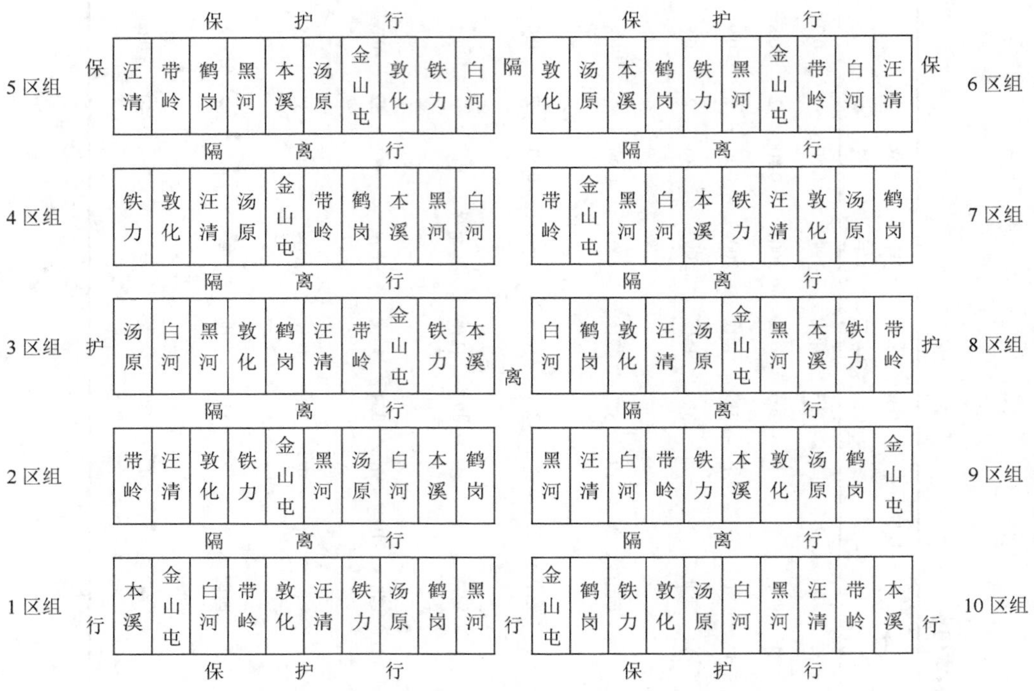

图 3-26　小兴安岭中部带岭林业实验局杂木林下红松种源试验造林设计图

①随机完全区组设计。10 个种源，10 个区组，每小区 8 株，双行排列，每行 4 株。株行距 2m×2m。②区组间用 1 行红皮云杉作隔离行，试验地四周用 1 行红皮云杉作保护行，保护行和隔离行的株行距与红松相同

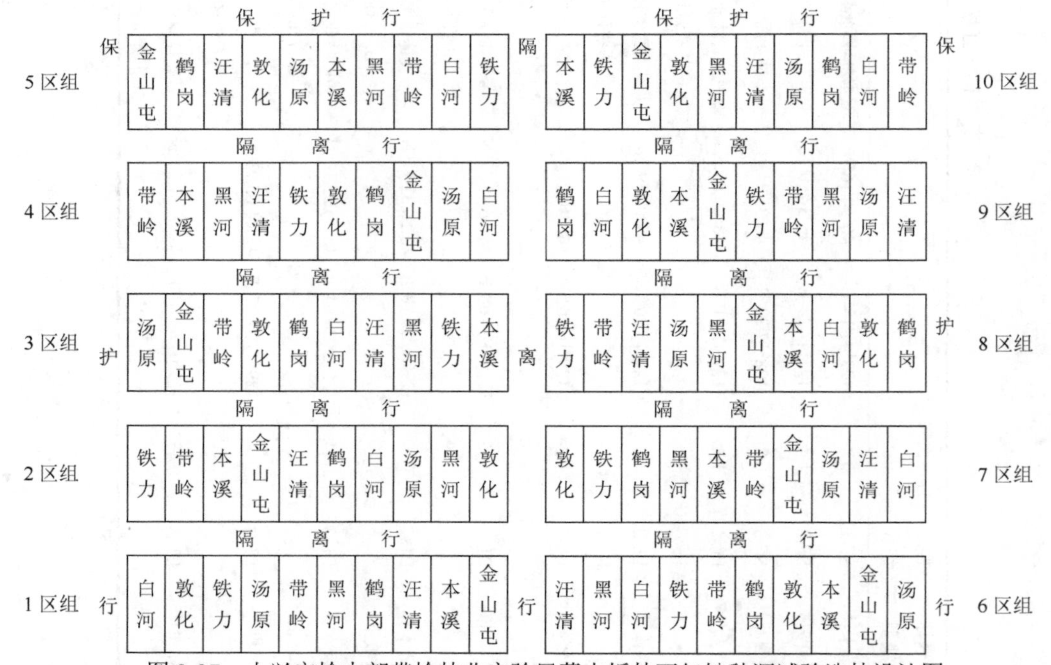

图 3-27　小兴安岭中部带岭林业实验局蒙古栎林下红松种源试验造林设计图

①随机完全区组设计。10 个种源，10 个区组，每小区 4 株，单行小区。株行距 2m×2m。②区组间用 1 行红皮云杉作隔离行，试验地四周用 1 行红皮云杉作保护行，保护行和隔离行的株行距与红松相同

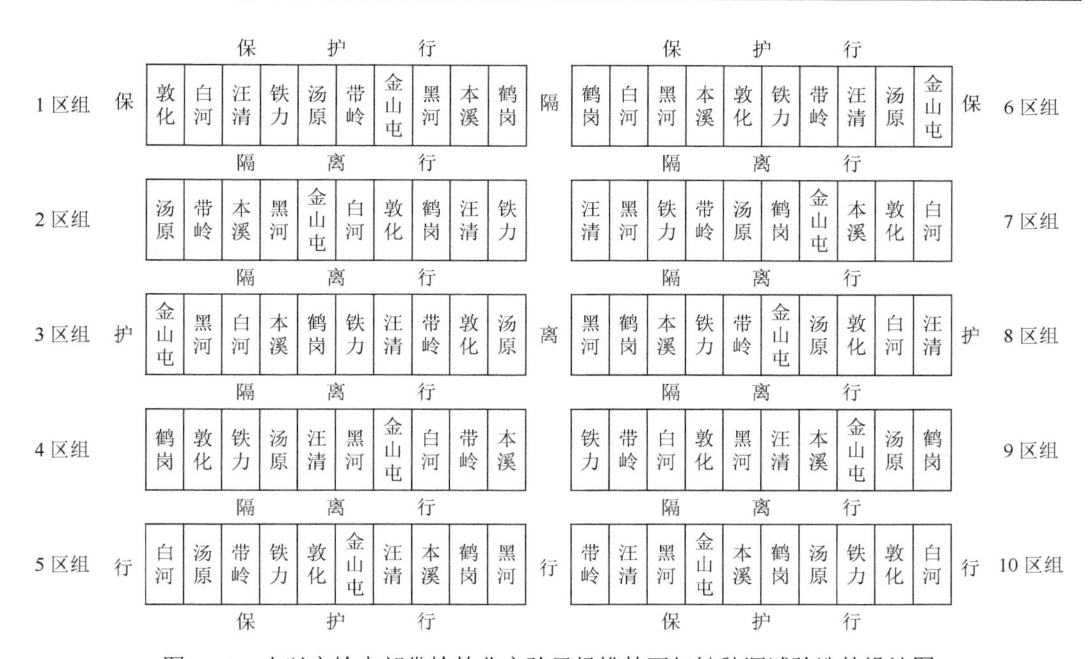

图 3-28 小兴安岭中部带岭林业实验局杨桦林下红松种源试验造林设计图

①随机完全区组设计。10 个种源，10 个区组，每小区 20 株，双行排列，每行 10 株。株行距 2m×2m。②区组间用 1 行红皮云杉作隔离行，试验地四周用 1 行红皮云杉作保护行，保护行和隔离行的株行距与红松相同

2. 小兴安岭北部丽林实验林场次生林下红松种源试验造林方案

试验采用随机完全区组设计，10 次重复，根据试验地面积大小确定小区株数为 4 ～ 20 株，株行距为 2m×2m，单行或者双行小区，见图 3-29 ～图 3-31。

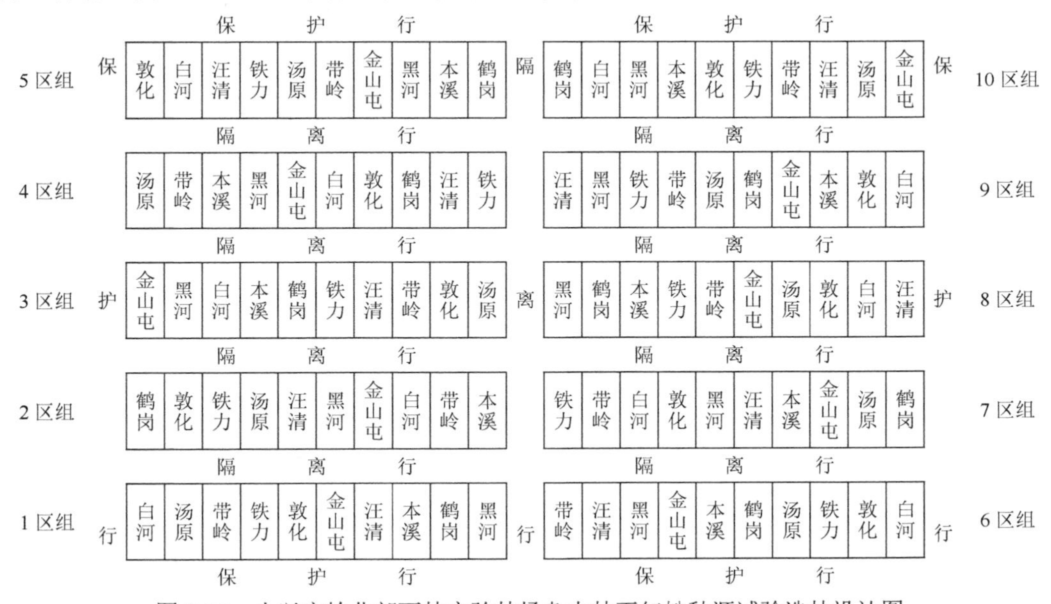

图 3-29 小兴安岭北部丽林实验林场杂木林下红松种源试验造林设计图

①随机完全区组设计。10 个种源，10 个区组，每小区 20 株，双行排列，每行 10 株。株行距 2m×2m。②区组间用 1 行红皮云杉作隔离行，试验地四周用 1 行红皮云杉作保护行，保护行和隔离行的株行距与红松相同

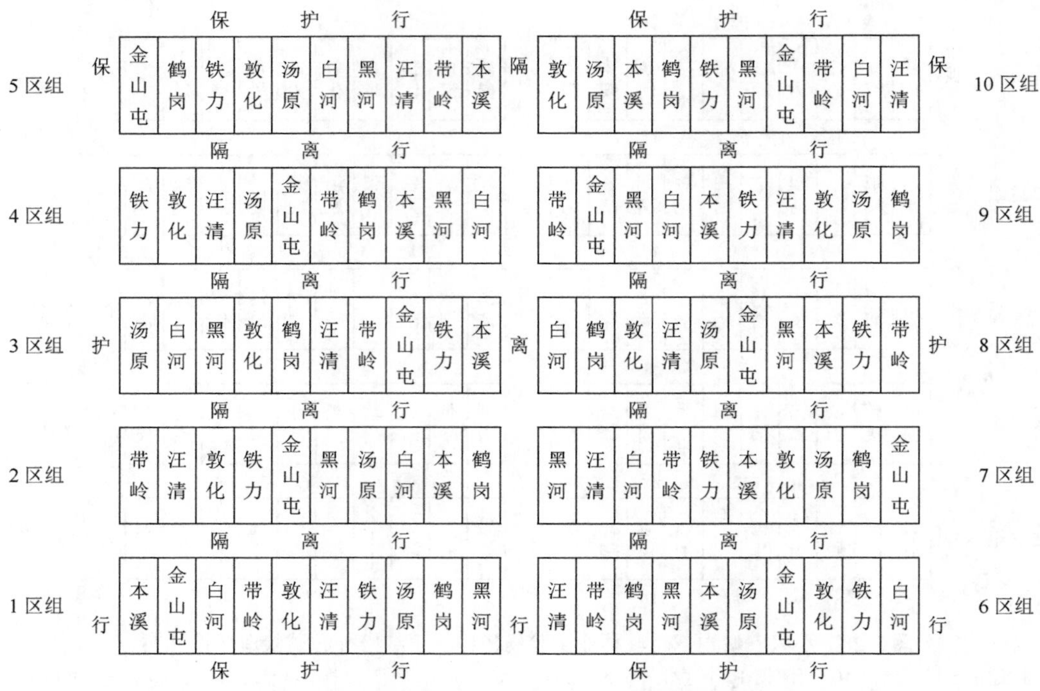

图 3-30　小兴安岭北部丽林实验林场杨桦林下红松种源试验造林设计图

①随机完全区组设计。10 个种源，10 个区组，每小区 8 株，双行排列，每行 4 株。株行距 2m×2m。②区组间用 1 行红皮云杉作隔离行，试验地四周用 1 行红皮云杉作保护行，保护行和隔离行的株行距与红松相同

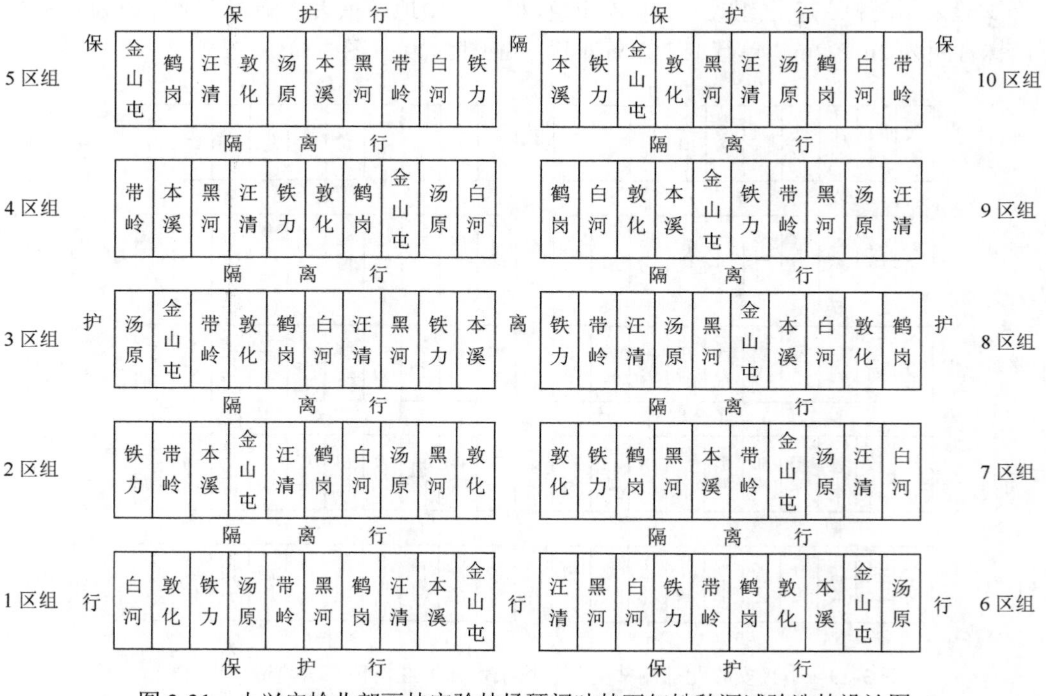

图 3-31　小兴安岭北部丽林实验林场硬阔叶林下红松种源试验造林设计图

①随机完全区组设计。10 个种源，10 个区组，每小区 4 株，单行小区。株行距 2m×2m。②区组间用 1 行红皮云杉作隔离行，试验地四周用 1 行红皮云杉作保护行，保护行和隔离行的株行距与红松相同

3. 小兴安岭南部双丰林业局次生林下红松种源试验造林方案

采用随机完全区组设计，10 个区组，根据试验地面积大小确定小区株数为 10 株或 20 株，株行距为 2m×3m，试验设计见图 3-32 ～图 3-34。

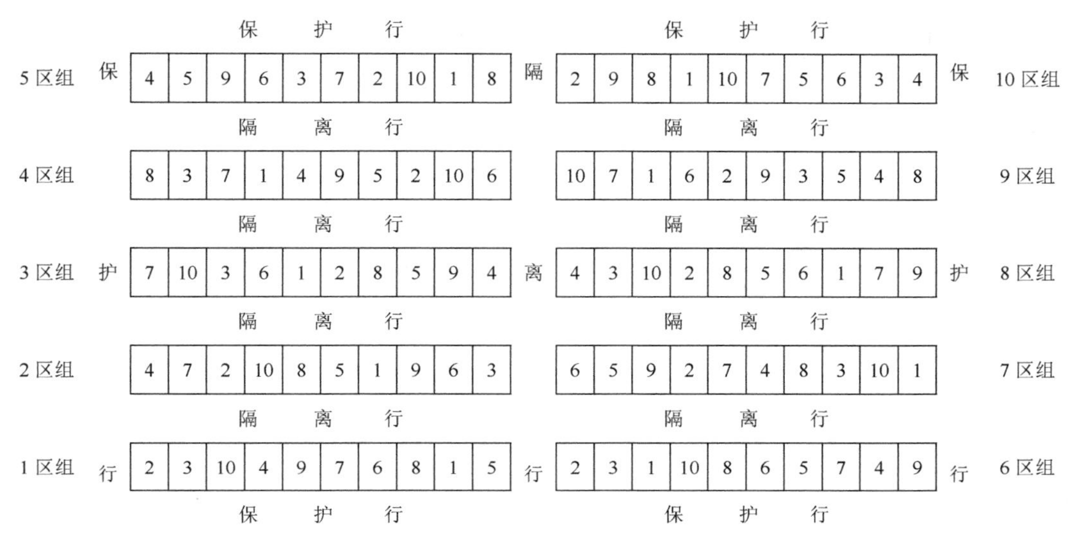

图 3-32　双丰林业局福民林场杨桦林下红松种源试验造林设计图

①红松种源代号：1. 带岭；2. 金山屯；3. 铁力；4. 黑河；5. 敦化；6. 白河；7. 鹤岗；8. 汤原；9. 本溪；10. 汪清。②随机完全区组设计，10 个区组，每小区 20 株，双行排列，每行 10 株，株行距 2m×3m。③上下区组间设置隔离行，左右区组间不设隔离行，区组外设保护行，用 1 行红皮云杉作隔离行和保护行，株行距与红松相同

1 区组		2 区组		3 区组		4 区组		5 区组		6 区组		7 区组		8 区组		9 区组		10 区组
9	隔	5	隔	8	隔	3	隔	9	隔	4	隔	2	隔	1	隔	4	隔	6
2		6		10		2		7		5		10		6		3		5
5		1		6		4		1		2		6		5		7		2
1		8		2		9		5		10		9		2		1		10
4	离	3	离	5	离	6	离	2	离	7	离	5	离	7	离	10	离	9
7		4		3		7		8		3		3		4		9		4
10		9		7		1		4		9		8		3		8		1
3		2		1		5		6		8		1		10		2		7
8		7		9		8		10		6		7		8		6		3
6	行	10	行	4	行	10	行	3	行	1	行	4	行	9	行	5	行	8

图 3-33　小兴安岭南部双丰林业局福民林场杂木林下红松种源试验造林设计图

①红松种源代号：1. 带岭；2. 金山屯；3. 铁力；4. 黑河；5. 敦化；6. 白河；7. 鹤岗；8. 汤原；9. 本溪；10. 汪清。②随机完全区组设计，10 个区组，每小区 10 株，双行排列，每行 5 株，株行距 2m×3m，隔离行为 1 行红皮云杉

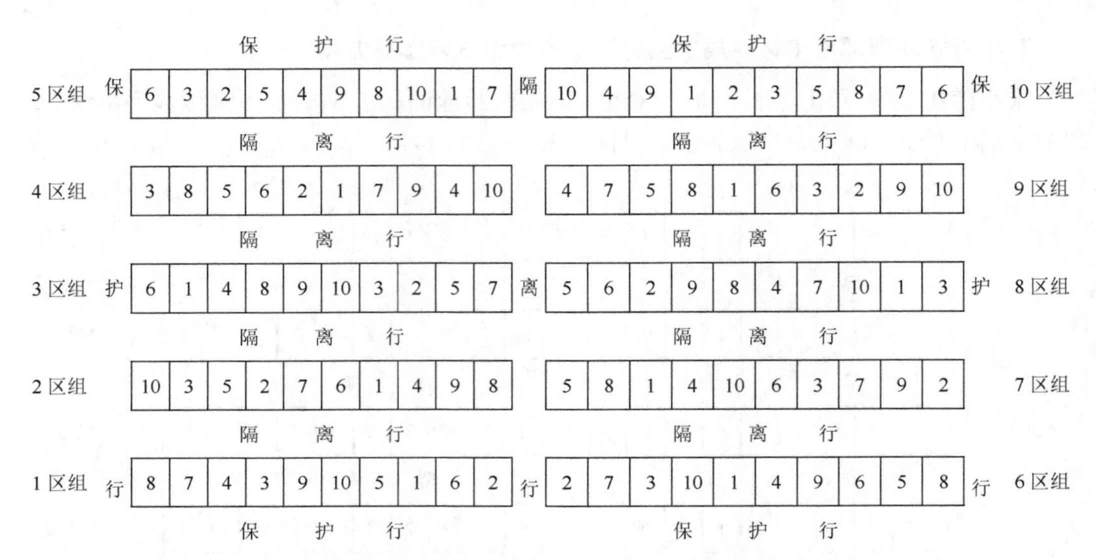

图 3-34　小兴安岭南部双丰林业局爱林经营所硬阔叶林下红松种源试验造林设计图

①红松种源代号：1. 带岭；2. 金山屯；3. 铁力；4. 黑河；5. 敦化；6. 白河；7. 鹤岗；8. 汤原；9. 本溪；10. 汪清。②随机完全区组设计，10 个区组，每小区 10 株，双行排列，每行 5 株，株行距 2m×3m。③区组间，用 1 行红皮云杉作为隔离行，试验地周围用 1 行红皮云杉作为保护行，株行距与红松相同

3.4.1.4　性状调查与统计分析

1. 主要调查性状

由于各种源试验点尚属幼林，因此现阶段只进行了成活率、保存率、地径、幼树高和当年高生长等调查。

2. 统计分析软件

采用 Minitab 软件和 SAS 软件。

3. 优良种源选择

根据不同地点、不同林型下红松种源试验结果进行方差分析和 Duncan 多重比较，为小兴安岭北部、中部和南部试验区域，即丽林实验林场（五营林业局）、带岭、双丰林业局 3 个代表性区域初步选出不同次生林下的优良种源。

3.4.2　丽林实验林场红松种源试验的结果

3.4.2.1　小兴安岭北部丽林实验林场不同林型下红松种源遗传变异与优良种源选择

2020 年秋季对 7 年生各造林地点不同林型下各种源的生长与适应性状进行了调查与统计，结果（表 3-17）表明：7 年生杨桦林下，红松各种源间地径、树高和保存率差异达极显著水平，当年高性状各种源间差异显著。杂木林下，红松各种源间地径、树高、当年高和保存率差异达极显著水平，各种源间近 3 年高生长性状差异显著。硬阔叶林下，

表 3-17　小兴安岭北部丽林实验林场红松各种源性状方差分析结果

性状	来源	杨桦林					杂木林					硬阔叶林				
		自由度	SS	MS	F	P	自由度	SS	MS	F	P	自由度	SS	MS	F	P
地径	种源	9	0.588 32	0.065 37	8.36^{**}	0.000	9	0.517 45	0.057 49	5.57^{**}	0.000	9	0.339 06	0.037 67	4.41^{**}	0.001
	误差	77	0.601 82	0.007 82			65	0.670 64	0.010 32			28	0.239 15	0.008 54		
	合计	95	1.309 37				83	1.342 55				46	0.830 18			
树高	种源	9	0.271 71	0.030 19	13.81^{**}	0.000	9	0.234 62	0.026 07	7.15^{**}	0.000	9	0.085 68	0.009 52	2.36^{*}	0.040
	误差	77	0.168 38	0.002 19			64	0.233 36	0.003 65			28	0.113 01	0.004 04		
	合计	95	0.469 47				82	0.509 09				46	0.284 09			
近 3 年高	种源	9	0.017 94	0.001 99	1.67	0.113	9	0.020 60	0.002 29	2.18^{*}	0.040	9	0.030 44	0.003 38	1.36	0.253
	误差	71	0.084 73	0.001 19			48	0.050 44	0.001 05			27	0.066 99	0.002 48		
	合计	89	0.221 09				66	0.147 04				45	0.111 65			
当年高	种源	9	0.008 21	0.000 91	2.49^{*}	0.015	9	0.005 81	0.000 65	2.84^{**}	0.007	9	0.017 77	0.001 97	1.61	0.161
	误差	77	0.028 24	0.000 37			65	0.014 78	0.000 23			28	0.034 33	0.001 23		
	合计	95	0.044 5				83	0.028 77				46	0.067 85			
保存率	种源	9	2.944 20	0.327 13	3.48^{**}	0.001	9	1.041 48	0.115 72	6.68^{**}	0.000	9	1.413 05	0.157 01	1.96	0.054
	误差	81	7.623 56	0.094 12			81	1.402 76	0.017 32			81	6.474 69	0.079 93		
	合计	99	11.070 5				99	2.898 63				99				

注: ** 表示显著性水平小于 0.01; * 表示显著性水平小于 0.05

各种源间地径性状差异极显著。

由于同一林型下，各种源的主要生长与适应性状存在显著或极显著差异，因此有必要为不同林型下红松人工造林进行种源选择。对不同林型下红松种源间地径、树高、当年高和保存率进行多重比较（表 3-18），并以存在极显著和显著的性状多重比较结果为依据进行优良种源选择。结果表明：杨桦林下，地径、树高、近 3 年高和当年高性状表现优良的种源为铁力种源，其地径、树高、近 3 年高和当年高生长分别超出对照（各种源均值）10.03%、21.18%、10.67% 和 16.47%。其次为鹤岗种源。杂木林下，铁力种源表现最好，其地径、树高、近 3 年高、当年高和保存率分别超出对照（各种源均值）12.48%、29.27%、11.45%、11.29% 和 16.71%。其次为本溪种源。硬阔叶林下，汪清种源表现最好，其地径和当年高分别超出对照（各种源均值）24.89% 和 8.97%。其次为鹤岗种源。

表 3-18　小兴安岭北部丽林实验林场红松各种源性状的多重比较

性状	杨桦林			杂木林			硬阔叶林		
	种源	平均值	多重比较	种源	平均值	多重比较	种源	平均值	多重比较
地径（cm）	鹤岗	0.832	A	鹤岗	0.718	A	汪清	0.863	A
	铁力	0.790	A	铁力	0.694	AB	鹤岗	0.853	AB
	白河	0.760	AB	本溪	0.688	ABC	铁力	0.771	AB
	汤原	0.742	AB	汪清	0.664	ABC	白河	0.695	AB
	金山屯	0.738	AB	白河	0.634	ABC	汤原	0.659	B
	本溪	0.717	AB	汤原	0.631	ABCD	敦化	0.655	B
	汪清	0.714	AB	金山屯	0.626	ABCD	金山屯	0.634	B
	带岭	0.710	AB	带岭	0.532	CD	本溪	0.627	B
	敦化	0.647	BC	敦化	0.525	CD	带岭	0.611	B
	黑河	0.532	C	黑河	0.461	D	黑河	0.541	B
树高（m）	铁力	0.440	A	本溪	0.373	A	鹤岗	0.422	A
	本溪	0.407	AB	铁力	0.371	A	汪清	0.415	A
	金山屯	0.397	AB	金山屯	0.316	AB	铁力	0.392	A
	汤原	0.386	AB	汤原	0.284	AB	敦化	0.364	A
	鹤岗	0.365	B	汪清	0.284	AB	汤原	0.328	A
	敦化	0.365	B	敦化	0.282	AB	金山屯	0.327	A
	汪清	0.364	B	鹤岗	0.282	AB	白河	0.312	A
	白河	0.342	B	白河	0.261	BC	本溪	0.297	A
	带岭	0.337	B	带岭	0.239	BC	带岭	0.295	A
	黑河	0.228	C	黑河	0.173	C	黑河	0.230	A

续表

性状	杨桦林			杂木林			硬阔叶林		
	种源	平均值	多重比较	种源	平均值	多重比较	种源	平均值	多重比较
近3年高（m）	铁力	0.225	A	本溪	0.202	A	鹤岗	0.213	A
	本溪	0.219	A	铁力	0.185	A	敦化	0.178	A
	白河	0.214	A	敦化	0.180	A	汪清	0.140	A
	敦化	0.212	A	白河	0.173	A	汤原	0.153	A
	汤原	0.205	A	鹤岗	0.172	A	黑河	0.160	A
	金山屯	0.205	A	汤原	0.162	A	金山屯	0.174	A
	带岭	0.200	A	汪清	0.161	A	铁力	0.157	A
	鹤岗	0.196	A	金山屯	0.160	A	带岭	0.128	A
	汪清	0.195	A	带岭	0.145	A	白河	0.165	A
	黑河	0.162	A	黑河	0.119	A	本溪	0.101	A
当年高（m）	敦化	0.099	A	敦化	0.076	A	鹤岗	0.112	A
	铁力	0.096	AB	金山屯	0.069	AB	敦化	0.105	A
	白河	0.094	AB	本溪	0.069	AB	汪清	0.085	A
	带岭	0.089	AB	铁力	0.069	AB	汤原	0.081	A
	金山屯	0.088	AB	鹤岗	0.065	AB	黑河	0.080	A
	鹤岗	0.082	AB	白河	0.060	AB	金山屯	0.079	A
	本溪	0.081	AB	汪清	0.059	AB	铁力	0.071	A
	汤原	0.080	AB	汤原	0.058	AB	带岭	0.065	A
	汪清	0.076	AB	带岭	0.049	AB	白河	0.063	A
	黑河	0.067	B	黑河	0.049	B	本溪	0.041	A
保存率（%）	金山屯	71.25	A	敦化	37.0	A	鹤岗	32.5	A
	敦化	66.25	AB	金山屯	34.5	AB	铁力	32.5	A
	鹤岗	57.50	ABC	鹤岗	22.5	ABC	汤原	27.5	A
	汤原	51.25	ABC	铁力	22.0	ABC	敦化	25.0	A
	白河	46.25	ABC	汤原	18.0	BC	带岭	22.5	A
	铁力	46.25	ABC	白河	12.5	C	金山屯	20.0	A
	带岭	43.75	ABC	带岭	12.5	C	白河	17.5	A
	汪清	42.50	ABC	本溪	11.0	C	本溪	7.5	A
	黑河	35.00	BC	黑河	11.0	C	汪清	5.0	A
	本溪	26.25	C	汪清	7.5	C	黑河	2.5	A

注：各个平均数间凡有一个相同字母的，为差异不显著；凡无相同字母的，为差异显著

3.4.2.2　小兴安岭北部丽林实验林场不同林型下红松遗传变异与造林效果比较

同一种源生长与适应性状在不同林型下存在显著或极显著差异，这表明林型可能对红松生长性状产生一定影响，为此对各林型下红松种源生长性状进行方差分析。结果（表 3-19）表明：林型对各种源的地径、树高、近 3 年高、当年高和保存率均产生极显著影响。同时，林型×种源对树高与当年高性状之间交互作用达到显著水平。同时，对各林型下，红松种源上述性状进行多重比较。结果（表 3-20）发现，杨桦林下，红松上述性状均表现优良，其次为硬阔叶林，上述 2 种林型间在地径、树高、当年高上无显著差异，且均优于杂木林。

表 3-19　小兴安岭北部丽林实验林场多林型方差分析结果

来源	地径					树高				
	自由度	SS	MS	*F*	*P*	自由度	SS	MS	*F*	*P*
林型	2	0.447 25	0.223 627	25.15**	0.000	2	0.250 49	0.125 245	41.12**	0.000
种源	9	0.869 34	0.096 594	10.86**	0.000	9	0.265 34	0.029 482	9.68**	0.000
林型×种源	18	0.199 98	0.011 110	1.25	0.228	18	0.097 29	0.005 405	1.77*	0.032
区组（林型）	27	0.525 66	0.019 469	2.19**	0.001	27	0.155 90	0.005 774	1.90**	0.008
误差	170	1.511 62	0.008 892			169	0.514 75	0.003 046		
合计	226	3.553 85				225	1.283 77			

来源	近 3 年高					当年高				
	自由度	SS	MS	*F*	*P*	自由度	SS	MS	*F*	*P*
林型	2	0.064 52	0.032 261	23.30**	0.000	2	0.023 52	0.011 76	25.85**	0.000
种源	9	0.023 91	0.002 656	1.92	0.054	9	0.016 31	0.001 81	3.98**	0.000
林型×种源	18	0.037 84	0.002 102	1.52	0.091	18	0.016 75	0.000 93	2.05*	0.010
区组（林型）	27	0.208 65	0.007 728	5.58**	0.000	27	0.031 98	0.001 18	2.60**	0.000
误差	146	0.202 16	0.001 385			170	0.077 35	0.000 46		
合计	202	0.537 08				226	0.165 91			

来源	保存率				
	自由度	SS	MS	*F*	*P*
林型	2	7.806 64	3.903 32	61.19**	0.000
种源	9	3.979 47	0.442 16	6.93**	0.000
林型×种源	18	1.419 26	0.078 85	1.24	0.233
区组（林型）	27	1.434 04	0.053 11	0.83	0.707
误差	243	15.501 1	0.063 79		
合计	299	30.140 4			

注：** 表示显著性水平小于 0.01，* 表示显著性水平小于 0.05

表 3-20　小兴安岭北部丽林实验林场林型间的多重比较

性状	林型	平均值	多重比较	性状	林型	平均值	多重比较
地径（cm）	杨桦林	0.720	A	树高（m）	杨桦林	0.364	A
	硬阔叶林	0.707	A		硬阔叶林	0.353	A
	杂木林	0.624	B		杂木林	0.292	B
近 3 年高（m）	杨桦林	0.205	A	当年高（m）	杨桦林	0.085	A
	杂木林	0.170	B		硬阔叶林	0.082	A
	硬阔叶林	0.165	B		杂木林	0.063	B
保存率（%）	杨桦林	48.63	A				
	硬阔叶林	19.25	B				
	杂木林	18.85	B				

注：①使用 Bonferroni 方法校正和 95.0% 置信度对性状进行多重比较；②保存率是用反正弦转换后的数据进行多重比较；③各个平均数间凡有一个相同字母的，为差异不显著；凡无相同字母的，为差异显著

3.4.3　带岭林业实验局红松种源试验的结果

3.4.3.1　不同林型下红松种源遗传变异与优良种源选择

2020 年秋季对 7 年生各造林地点不同林型下各种源生长与适应性状进行了调查与统计，结果（表 3-21）表明：杨桦林下，红松各种源间除地径和树高性状的差异达极显著水平外，当年高、近 3 年高与保存率性状各种源间差异均不显著。杂木林下，红松各种源间地径和树高性状差异极显著，保存率差异显著，近 3 年高与当年高性状各种源间差异不显著。硬阔叶林下，红松各种源间地径、树高和近 3 年高生长性状的差异达极显著水平，保存率差异显著，而当年高性状各种源间差异不显著。蒙古栎林下，红松各种源间树高性状差异极显著，地径和保存率各性状差异显著，近 3 年高与当年高性状各种源间差异不显著。

由于同一林型下，各种源的主要生长与适应性状存在明显区别，因此有必要为不同林型下红松人工造林进行种源选择。为此，对不同林型下红松种源间地径、树高、近 3 年高、当年高和保存率进行多重比较（表 3-22），并以存在极显著和显著性状的多重比较结果为依据进行优良种源选择。结果发现，杨桦林下，鹤岗种源在地径和树高性状表现优良，其分别超出对照（各种源均值）31.31% 和 19.27%。其次为本溪种源。杂木林下，鹤岗种源在地径、树高和保存率性状上表现优良，其分别超出对照（各种源均值）19.62%、1.24% 和 40.99%，其次为本溪种源。硬阔叶林下，铁力种源在地径、树高、近 3 年高生长性状和保存率上表现优良，分别超出对照（各种源均值）12.16%、26.67%、31.20% 和 0.21%，其次为鹤岗种源。蒙古栎林下，铁力种源的地径、树高和近 3 年高生长性状表现优良，分别超出对照（各种源均值）10.36%、27.67% 和 36.91%，其次为金山屯种源。

表 3-21　小兴安岭中部带岭红松各种源性状方差分析结果

性状	来源	杨桦林					杂木林					硬阔叶林					蒙古栎林				
		自由度	SS	MS	*F*	*P*	自由度	SS	MS	*F*	*P*	自由度	SS	MS	*F*	*P*	自由度	SS	MS	*F*	*P*
地径	种源	9	0.917	0.102	5.84**	0.000	9	0.604	0.067	4.47**	0.000	9	0.658	0.073	4.77**	0.000	9	0.458	0.051	2.20*	0.039
	误差	54	0.943	0.017			57	0.857	0.015			52	0.797	0.015			47	1.085	0.023		
	合计	72	2.116				75	1.492				70	1.722				65	1.754			
树高	种源	9	0.243	0.027	4.93**	0.000	9	0.312	0.035	6.01**	0.000	9	0.245	0.027	4.25**	0.000	9	0.279	0.031	6.90**	0.000
	误差	54	0.295	0.005			57	0.328	0.006			52	0.333	0.006			47	0.211	0.004		
	合计	72	0.639				75	0.676				70	0.656				65	0.529			
近 3 年高	种源	9	0.023	0.003	1.270	0.273	9	0.036	0.004	1.300	0.260	9	0.079	0.009	3.75**	0.001	9	0.041	0.005	2.010	0.060
	误差	54	0.110	0.002			56	0.174	0.003			52	0.121	0.002			46	0.104	0.002		
	合计	72	0.148				74	0.246				70	0.225				64	0.174			
当年高	种源	9	0.006	0.001	0.850	0.576	9	0.012	0.001	1.640	0.125	9	0.012	0.001	1.260	0.279	9	0.005	0.001	1.240	0.298
	误差	54	0.039	0.001			56	0.045	0.001			52	0.055	0.001			46	0.019	0.000		
	合计	72	0.062				74	0.075				70	0.074				64	0.026			
保存率	种源	9	2.481	0.276	1.880	0.067	9	3.380	0.376	2.48*	0.015	9	4.265	0.474	2.29*	0.024	9	2.894	0.322	2.25*	0.026
	误差	81	11.876	0.147			77	11.647	0.151			79	16.334	0.207			81	11.553	0.143		
	合计	99	20.080				95	17.681				97	21.548				99	16.318			

注：** 表示显著性水平小于 0.01，* 表示显著性水平小于 0.05

表 3-22　小兴安岭中部带岭红松各种源性状的多重比较

性状	杨桦林			杂木林			硬阔叶林			蒙古栎林		
	种源	平均值	多重比较	种源	平均值	多重比较	种源	平均值	多重比较	种源	平均值	多重比较
地径（cm）	鹤岗	0.926	A	鹤岗	0.909	A	鹤岗	0.914	A	金山屯	0.7821	A
	本溪	0.797	AB	本溪	0.884	AB	本溪	0.848	AB	铁力	0.7661	A
	汪清	0.751	AB	金山屯	0.798	AB	铁力	0.823	AB	白河	0.7639	AB
	铁力	0.721	AB	汪清	0.781	ABC	带岭	0.744	AB	本溪	0.7490	AB
	白河	0.718	ABC	白河	0.760	ABC	白河	0.721	AB	鹤岗	0.7136	AB
	金山屯	0.691	BC	汤原	0.756	ABC	汪清	0.706	B	汤原	0.7096	AB
	汤原	0.687	BC	铁力	0.753	ABC	汤原	0.694	B	汪清	0.6883	AB
	带岭	0.668	BC	带岭	0.721	ABC	金山屯	0.692	B	带岭	0.6488	AB
	敦化	0.625	BC	敦化	0.658	BC	敦化	0.615	B	敦化	0.6359	AB
	黑河	0.468	C	黑河	0.579	C	黑河	0.581	B	黑河	0.4849	B
树高（m）	本溪	0.421	A	本溪	0.503	A	本溪	0.499	A	铁力	0.4309	A
	鹤岗	0.388	AB	金山屯	0.436	AB	铁力	0.473	A	本溪	0.4050	A
	金山屯	0.372	AB	汪清	0.419	AB	带岭	0.421	AB	金山屯	0.3943	A
	铁力	0.356	AB	铁力	0.384	AB	金山屯	0.380	AB	汤原	0.3550	A
	汤原	0.322	ABC	鹤岗	0.376	AB	鹤岗	0.377	AB	敦化	0.3523	A
	汪清	0.315	ABC	敦化	0.367	AB	汪清	0.354	AB	白河	0.3387	A
	白河	0.309	ABC	带岭	0.360	AB	敦化	0.340	AB	鹤岗	0.3339	A
	敦化	0.287	ABC	汤原	0.323	BC	汤原	0.336	AB	带岭	0.3067	AB
	带岭	0.284	BC	白河	0.315	BC	白河	0.335	AB	汪清	0.2900	AB
	黑河	0.199	C	黑河	0.231	C	黑河	0.219	B	黑河	0.1683	B
近 3 年高(m）	鹤岗	0.180	A	汪清	0.226	A	铁力	0.246	A	铁力	0.2268	A
	白河	0.176	A	本溪	0.222	A	带岭	0.239	AB	金山屯	0.1870	AB
	汤原	0.168	A	带岭	0.212	A	鹤岗	0.198	ABC	敦化	0.1838	AB
	金山屯	0.167	A	金山屯	0.209	A	金山屯	0.198	ABC	白河	0.1750	AB
	铁力	0.161	A	敦化	0.199	A	本溪	0.196	ABC	带岭	0.1700	AB
	汪清	0.151	A	鹤岗	0.198	A	敦化	0.186	ABC	汤原	0.1629	AB
	本溪	0.149	A	铁力	0.186	A	白河	0.169	ABC	鹤岗	0.1513	AB
	敦化	0.145	A	白河	0.185	A	汪清	0.163	BC	汪清	0.1478	AB
	带岭	0.144	A	汤原	0.171	A	汤原	0.146	C	本溪	0.1370	AB
	黑河	0.120	A	黑河	0.156	A	黑河	0.134	C	黑河	0.1150	B

续表

性状	杨桦林			杂木林			硬阔叶林			蒙古栎林		
	种源	平均值	多重比较	种源	平均值	多重比较	种源	平均值	多重比较	种源	平均值	多重比较
当年高（m）	白河	0.068	A	汪清	0.098	A	带岭	0.102	A	铁力	0.0644	A
	汪清	0.068	A	鹤岗	0.078	A	本溪	0.085	A	白河	0.0617	A
	鹤岗	0.067	A	带岭	0.076	A	铁力	0.084	A	带岭	0.0563	A
	本溪	0.058	A	金山屯	0.076	A	敦化	0.077	A	敦化	0.0543	A
	敦化	0.053	A	本溪	0.071	A	鹤岗	0.074	A	金山屯	0.0490	A
	金山屯	0.053	A	铁力	0.068	A	金山屯	0.066	A	鹤岗	0.0444	A
	带岭	0.050	A	白河	0.066	A	汪清	0.062	A	汤原	0.0435	A
	汤原	0.048	A	敦化	0.063	A	白河	0.056	A	本溪	0.0413	A
	黑河	0.047	A	汤原	0.056	A	黑河	0.056	A	汪清	0.0344	A
	铁力	0.047	A	黑河	0.055	A	汤原	0.051	A	黑河	0.0333	A
保存率（%）	金山屯	57.50	A	汤原	62.50	A	汤原	66.67	A	敦化	50.00	A
	敦化	55.00	A	鹤岗	60.00	AB	鹤岗	55.00	AB	鹤岗	47.50	A
	铁力	52.50	A	黑河	50.00	AB	金山屯	52.50	AB	铁力	45.00	A
	带岭	47.50	A	金山屯	47.22	AB	敦化	50.00	AB	金山屯	42.50	A
	鹤岗	42.50	A	敦化	44.44	AB	铁力	40.00	AB	汤原	42.50	A
	汤原	42.50	A	白河	42.50	AB	黑河	35.00	AB	黑河	25.00	A
	黑河	32.50	A	铁力	41.67	AB	白河	30.00	AB	白河	22.50	A
	白河	30.00	A	带岭	37.50	AB	汪清	27.50	AB	带岭	22.50	A
	汪清	25.00	A	本溪	22.22	AB	带岭	25.00	AB	本溪	20.00	A
	本溪	20.00	A	汪清	17.50	B	本溪	17.50	B	汪清	12.50	A

注：各个平均数间凡有一个相同字母的，为差异不显著；凡无相同字母的，为差异显著

3.4.3.2　不同林型下红松种源遗传变异与造林效果

同一种源主要生长和适应性状在不同林型间存在一定差异，表明林型可能对红松生长性状产生一定影响，为此对种源各性状在林型间的差异进行了方差分析。结果（表 3-23）表明：各林型间红松树高、近 3 年高和当年高性状存在极显著差异，地径存在显著差异，保存率各林型差异不显著。同时，林型与各种源的生长与适应性状间交互作用不显著。

对各林型下红松差异显著或极显著性状进行多重比较，结果（表 3-24）表明：硬阔叶林下红松生长与适应性状整体表现优良，其次为杂木林和杨桦林，而蒙古栎林上述性状表现最差。

表 3-23　小兴安岭中部带岭实验林场不同林型红松性状方差分析结果

来源	地径					树高				
	自由度	SS	MS	*F*	*P*	自由度	SS	MS	*F*	*P*
林型	3	0.200 19	0.066 73	3.81*	0.011	3	0.121 172	0.040 391	7.27**	0
种源	9	2.093 28	0.232 59	13.27**	0	9	0.880 334	0.097 815	17.60**	0
林型×种源	27	0.505 85	0.018 74	1.07	0.38	27	0.181 591	0.006 726	1.21	0.227
区组（林型）	36	0.764 49	0.021 24	1.21	0.204	36	0.254 421	0.007 067	1.27	0.153
误差	210	3.682 04	0.017 53			210	1.167 223	0.005 558		
合计	285	7.245 85				285	2.604 74			

来源	近 3 年高					当年高				
	自由度	SS	MS	*F*	*P*	自由度	SS	MS	*F*	*P*
林型	3	0.060 868	0.020 289	8.29**	0	3	0.026 02	0.008 67	11.36**	0
种源	9	0.082 144	0.009 127	3.73**	0	9	0.012 97	0.001 44	1.89	0.055
林型×种源	27	0.090 718	0.003 36	1.37	0.113	27	0.021 43	0.000 79	1.04	0.417
区组（林型）	36	0.103 815	0.002 884	1.18	0.238	36	0.042 98	0.001 19	1.56*	0.029
误差	208	0.509 154	0.002 448			208	0.158 83	0.000 76		
合计	283	0.846 699				283	0.262 23			

来源	保存率				
	自由度	SS	MS	*F*	*P*
林型	3	0.806 9	0.269	1.66	0.175
种源	9	8.872	0.985 8	6.10**	0
林型×种源	27	4.123 8	0.152 7	0.94	0.547
区组（林型）	36	11.197 2	0.311	1.92**	0.002
误差	318	51.41	0.161 7		
合计	393	76.409 9			

注：** 表示显著性水平小于 0.01，* 表示显著性水平小于 0.05

表 3-24　小兴安岭中部带岭实验林场林型间的多重比较

性状	林型	平均值（cm）	多重比较	性状	林型	平均值（m）	多重比较
地径	杂木林	0.758	A	树高	硬阔叶林	0.372	A
	硬阔叶林	0.737	AB		杂木林	0.364	AB
	杨桦林	0.702	B		杨桦林	0.327	C
3 年高	杂木林	0.194	A	当年高	硬阔叶林	0.070	A
	硬阔叶林	0.188	AB		杂木林	0.069	A
	杨桦林	0.157	C		杨桦林	0.055	B
保存率	杂木林	42.71	A				
	杨桦林	40.50	A				
	硬阔叶林	39.54	A				

注：各个平均数间凡有一个相同字母的，为差异不显著；凡无相同字母的，为差异显著

3.4.4 双丰林业局红松种源试验的结果与分析

3.4.4.1 不同林型下红松种源遗传变异与优良种源选择

2020 年秋季对 7 年生各造林地点不同林型下各种源生长与适应性状进行了调查与统计，结果（表 3-25）表明：杨桦林下，红松各种源间地径、树高、近 3 年高和保存率差异极显著，当年高性状种源间差异显著。杂木林下，红松各种源间的地径、树高、近 3 年高、当年高和保存率均存在极显著差异。硬阔叶林下，红松各种源间地径、近 3 年高和当年高差异达极显著水平，树高性状种源间差异显著，保存率差异不显著。

由于同一林型下，各种源的主要生长与适应性状存在明显区别，因此有必要为不同林型下红松人工造林进行种源选择。为此，对不同林型下红松种源间地径、树高、近 3 年高、当年高和保存率进行多重比较（表 3-26），并以存在极显著和显著性状的多重比较结果为依据进行优良种源选择。结果发现，杨桦林下，鹤岗地径、树高、近 3 年高、当年高和保存率表现优良，分别超出对照（各种源均值）14.78%、13.83%、14.56%、23.35% 和 24.74%。杂木林下，鹤岗地径、树高、近 3 年高、当年高和保存率表现优良，分别超出对照（各种源均值）28.73%、17.57%、19.10%、24.35% 和 27.30%。硬阔叶林下，鹤岗种源的地径、树高、近 3 年高和当年高生长性状表现优良，分别超出对照（各种源均值）16.06%、7.21%、16.49% 和 13.21%。

3.4.4.2 不同林型下红松主要遗传变异与造林效果

同一种源主要生长和适应性状在不同林型间存在一定差异，表明林型可能对红松生长性状产生一定影响，为此对种源各性状在林型间的差异进行了方差分析。结果（表 3-27）表明：各林型间红松地径、树高、近 3 年高、当年高和保存率各性状间的差异均达到极显著水平。同时，林型与各种源的生长与适应性状间交互作用不显著。上述结果表明，天然次生林下进行红松造林时，必须重视林型的选择。

为筛选出最适宜进行林下红松造林的林型，对各林型下红松差异显著或极显著性状进行多重比较，结果（表 3-28）表明：杨桦林下红松生长与适应性状整体表现优良，其次为杂木林，而硬阔叶林上述性状表现较差。

3.4.5 小兴安岭地区红松多点、多林型种源试验与优良种源选择

为进一步了解同一林型下选择的优良种源在小兴安岭全分布区内的稳定性，有必要对双丰、带岭和丽林 3 个代表性地点的红松种源试验进行联合分析。此外，为了解不同林型对种源的影响是否具有地点效果，有必要对种源、试点和林型 3 因素对红松主要生长与适应性状的效果进行联合分析，结果（表 3-29）表明：不同地点之间，红松地径、树高、近 3 年高、当年高和保存率均存在极显著差异。而且，在地径性状上，地点与种源与林型交互作用的影响极显著，而种源与林型及种源、林型与地点之间交互作用影响不显著。树高性状上，地点与林型、地点与种源间交互作用影响极显著，地点、林型和种源之间交互作用影响显著。近 3 年高性状上，地点与林型之间交互作用影响极显著，而地点与

表 3-25　小兴安岭南部双丰林业局红松各种源性状方差分析

性状	来源	杨桦林					杂木林					硬阔叶林				
		自由度	SS	MS	*F*	*P*	自由度	SS	MS	*F*	*P*	自由度	SS	MS	*F*	*P*
地径	种源	9	0.309 77	0.034 42	2.80^{**}	0.007	9	1.103 54	0.122 61	16.54^{**}	0.000	9	0.296 16	0.032 91	4.17^{**}	0.000
	误差	81	0.995 63	0.012 29			76	0.563 33	0.007 41			59	0.465 24	0.007 88		
	合计	99	1.940 45				94	1.827 48				77	0.884 00			
树高	种源	9	0.217 14	0.024 13	3.57^{**}	0.001	9	0.585 07	0.065 01	20.61^{**}	0.000	9	0.121 20	0.013 47	2.53^{*}	0.016
	误差	81	0.547 37	0.006 76			76	0.239 75	0.003 15			59	0.313 80	0.005 32		
	合计	99	0.807 08				94	0.849 08				77	0.500 13			
近 3 年高	种源	9	0.075 95	0.008 44	3.21^{**}	0.002	9	0.105 41	0.011 71	6.61^{**}	0.000	9	0.021 06	0.002 34	3.15^{**}	0.004
	误差	81	0.212 63	0.002 63			71	0.125 86	0.001 77			59	0.043 89	0.000 74		
	合计	99	0.422 03				89	0.252 70				77	0.105 28			
当年高	种源	9	0.008 92	0.000 99	2.25^{*}	0.026	9	0.029 80	0.003 31	8.72^{**}	0.000	9	0.008 86	0.000 98	2.80^{**}	0.008
	误差	81	0.035 60	0.000 44			76	0.028 84	0.000 38			59	0.020 77	0.000 35		
	合计	99	0.055 36				94	0.070 22				77	0.034 28			
保存率	种源	9	4.144 28	0.460 48	6.51^{**}	0.000	9	6.973 2	0.774 8	5.54^{**}	0.000	9	0.856 6	0.095 2	0.86	0.563
	误差	81	5.727 28	0.070 71			79	11.044 0	0.139 8			81	8.947 0	0.110 5		
	合计	99	10.406 90				97	19.387 0				99	12.420 2			

注：** 表示显著性水平小于 0.01，* 表示显著性水平小于 0.05

表 3-26　小兴安岭南部双丰林业局红松各种源性状的多重比较

性状	杨桦林			杂木林			蒙古栎林		
	种源	平均值	多重比较	种源	平均值	多重比较	种源	平均值	多重比较
地径（cm）	鹤岗	0.970	A	鹤岗	0.957	A	鹤岗	0.798	A
	铁力	0.874	AB	金山屯	0.814	B	汤原	0.741	AB
	白河	0.867	AB	汤原	0.798	B	金山屯	0.737	AB
	汤原	0.853	AB	本溪	0.768	BC	铁力	0.728	AB
	金山屯	0.842	AB	白河	0.768	BC	白河	0.692	AB
	本溪	0.832	AB	铁力	0.760	BC	本溪	0.689	AB
	汪清	0.832	AB	带岭	0.724	BC	带岭	0.650	AB
	带岭	0.827	AB	汪清	0.680	BC	汪清	0.616	B
	敦化	0.822	AB	敦化	0.635	CD	黑河	0.615	B
	黑河	0.732	B	黑河	0.530	D	敦化	0.610	B
树高（m）	鹤岗	0.487	A	金山屯	0.493	A	金山屯	0.408	A
	本溪	0.482	A	本溪	0.467	A	铁力	0.395	AB
	铁力	0.470	A	鹤岗	0.461	A	本溪	0.376	AB
	金山屯	0.449	AB	铁力	0.459	A	鹤岗	0.373	AB
	汤原	0.434	AB	汤原	0.423	AB	汤原	0.368	AB
	敦化	0.432	AB	汪清	0.358	B	带岭	0.333	AB
	带岭	0.418	AB	带岭	0.349	B	白河	0.329	AB
	汪清	0.396	AB	敦化	0.339	B	敦化	0.321	AB
	白河	0.380	AB	白河	0.339	B	汪清	0.291	AB
	黑河	0.330	B	黑河	0.233	C	黑河	0.285	B
近 3 年高（m）	鹤岗	0.266	A	鹤岗	0.280	A	鹤岗	0.154	A
	铁力	0.258	A	金山屯	0.272	AB	金山屯	0.153	AB
	本溪	0.254	AB	铁力	0.263	AB	铁力	0.143	AB
	金山屯	0.250	AB	本溪	0.261	AB	汤原	0.140	AB
	带岭	0.247	AB	汤原	0.240	AB	白河	0.140	AB
	汤原	0.237	AB	带岭	0.229	AB	本溪	0.130	AB
	敦化	0.227	AB	白河	0.228	AB	带岭	0.124	AB
	汪清	0.206	AB	汪清	0.218	ABC	汪清	0.120	AB
	白河	0.199	AB	敦化	0.209	BC	敦化	0.117	AB
	黑河	0.178	B	黑河	0.151	C	黑河	0.101	B

续表

性状	杨桦林			杂木林			蒙古栎林		
	种源	平均值	多重比较	种源	平均值	多重比较	种源	平均值	多重比较
当年高（m）	鹤岗	0.112	A	鹤岗	0.119	A	金山屯	0.076	A
	带岭	0.095	AB	金山屯	0.115	AB	白河	0.073	AB
	铁力	0.094	AB	铁力	0.108	ABC	鹤岗	0.072	AB
	本溪	0.093	AB	汤原	0.104	ABC	铁力	0.072	AB
	敦化	0.092	AB	带岭	0.100	ABC	汤原	0.070	AB
	金山屯	0.092	AB	本溪	0.096	ABC	带岭	0.062	AB
	汤原	0.090	AB	白河	0.090	BCD	汪清	0.059	AB
	汪清	0.086	AB	敦化	0.086	BCD	敦化	0.057	AB
	白河	0.080	B	汪清	0.080	CD	本溪	0.054	AB
	黑河	0.074	B	黑河	0.059	D	黑河	0.041	B
保存率（%）	鹤岗	89.00	A	金山屯	88.00	A	铁力	43.00	A
	金山屯	83.50	AB	鹤岗	84.44	A	金山屯	42.00	A
	铁力	82.50	AB	敦化	82.00	A	汤原	42.00	A
	敦化	78.50	AB	汤原	81.00	A	敦化	39.00	A
	汤原	77.50	AB	铁力	71.00	AB	鹤岗	37.00	A
	带岭	76.50	AB	本溪	59.00	AB	黑河	35.00	A
	黑河	61.00	BC	带岭	58.89	AB	白河	32.00	A
	本溪	60.00	BC	黑河	56.00	AB	本溪	28.00	A
	白河	59.50	BC	白河	44.00	B	带岭	26.00	A
	汪清	45.50	C	汪清	39.00	B	汪清	19.00	A

注：各个平均数间凡有一个相同字母的，为差异不显著；凡无相同字母的，为差异显著

表 3-27 小兴安岭南部双丰实验林场多林型方差分析结果

来源	地径					树高				
	自由度	SS	MS	*F*	*P*	自由度	SS	MS	*F*	*P*
林型	2	0.980	0.490	52.31**	0.000	2	0.218	0.109	21.39**	0.000
种源	9	1.404	0.156	16.65**	0.000	9	0.756	0.084	16.49**	0.000
林型×种源	18	0.244	0.014	1.450	0.112	18	0.130	0.007	1.420	0.125
区组（林型）	27	0.918	0.034	3.63**	0.000	27	0.132	0.005	0.960	0.528
误差	216	2.024	0.009			216	1.101	0.005		
合计	272	5.571				272	2.337			

续表

来源	近3年高					当年高				
	自由度	SS	MS	*F*	*P*	自由度	SS	MS	*F*	*P*
林型	2	0.504	0.252	139.00**	0.000	2	0.041	0.021	52.23**	0.000
种源	9	0.165	0.018	10.10**	0.000	9	0.035	0.004	9.95**	0.000
林型×种源	18	0.035	0.002	1.060	0.394	18	0.010	0.001	1.370	0.148
区组（林型）	27	0.195	0.007	3.99**	0.000	27	0.027	0.001	2.54**	0.000
误差	211	0.382	0.002			216	0.085	0.000		
合计	267	1.281				272	0.199			

来源	保存率				
	自由度	SS	MS	*F*	*P*
林型	2	14.070	7.035	65.92**	0.000
种源	9	9.156	1.017	9.53**	0.000
林型×种源	18	2.849	0.158	1.480	0.097
区组（林型）	27	4.522	0.168	1.57*	0.041
误差	241	25.718	0.107		
合计	297	56.314			

注：** 表示显著性水平小于 0.01，* 表示显著性水平小于 0.05

表 3-28　小兴安岭南部双丰实验林场不同林型间的多重比较

性状	林型	平均值（cm）	多重比较	性状	林型	平均值（m）	多重比较
地径	杨桦林	0.845	A	树高	杨桦林	0.428	A
	杂木林	0.741	B		杂木林	0.392	B
	硬阔叶林	0.685	C		硬阔叶林	0.349	C
3年高	杂木林	0.238	A	当年高	杂木林	0.096	A
	杨桦林	0.232	A		杨桦林	0.091	A
	硬阔叶林	0.132	B		硬阔叶林	0.063	B
保存率	杨桦林	71.35	A				
	杂木林	66.22	A				
	硬阔叶林	34.30	B				

注：各个平均数间凡有一个相同字母的，为差异不显著；凡无相同字母的，为差异显著

种源及林型与种源和地点与林型、种源间交互作用影响不显著。当年高性状上，地点与林型及地点与种源影响极显著，地点与林型、种源间交互作用影响显著，林型与种源间交互作用不显著。在保存率性状上，地点与林型之间交互作用极显著，其余因素之间交互作用均不显著。上述结果表明，小兴安岭林天然次生林下红松造林时，有必要为不同地点（小兴安岭北部、中部和南部）和不同林型选择不同种源。

由于不同地点之间各种源各性状均存在极显著差异，因此有必要对红松适宜造林地点进行选择，为此对不同地点的所有林型下红松各种源性状进行多重比较。结果

表 3-29　红松生长与适应性状的多点、多林型方差分析

来源	地径					树高				
	自由度	SS	MS	*F*	*P*	自由度	SS	MS	*F*	*P*
地点	2	0.715	0.358	29.48**	0.000	2	0.381	0.190	39.05**	0.000
林型	2	0.325	0.163	13.41**	0.000	2	0.059	0.030	6.08**	0.002
种源	9	3.537	0.393	32.39**	0.000	9	1.329	0.148	30.30**	0.000
地点×林型	4	0.996	0.249	20.51**	0.000	4	0.498	0.125	25.56**	0.000
地点×种源	18	0.448	0.025	2.05**	0.006	18	0.213	0.012	2.43**	0.001
林型×种源	18	0.171	0.009	0.780	0.724	18	0.093	0.005	1.060	0.394
地点×林型×种源	36	0.394	0.011	0.900	0.635	36	0.260	0.007	1.48*	0.037
区组（地点）	27	0.813	0.030	2.48**	0.000	27	0.140	0.005	1.060	0.380
误差	603	7.317	0.012			602	2.935	0.005		
合计	719	14.716				718	5.909			

来源	近 3 年高					当年高				
	自由度	SS	MS	*F*	*P*	自由度	SS	MS	*F*	*P*
地点	2	0.058	0.029	13.15**	0.000	2	0.034	0.017	27.10**	0.000
林型	2	0.170	0.085	38.86**	0.000	2	0.003	0.002	2.710	0.068
种源	9	0.129	0.014	6.55**	0.000	9	0.026	0.003	4.65**	0.000
地点×林型	4	0.430	0.108	49.13**	0.000	4	0.073	0.018	29.47**	0.000
地点×种源	18	0.062	0.003	1.590	0.058	18	0.026	0.001	2.36**	0.001
林型×种源	18	0.035	0.002	0.900	0.578	18	0.007	0.000	0.640	0.869
地点×林型×种源	36	0.112	0.003	1.420	0.056	36	0.033	0.001	1.46*	0.043
区组（地点）	27	0.214	0.008	3.62**	0.000	27	0.027	0.001	1.61*	0.028
误差	573	1.255	0.002			602	0.375	0.001		
合计	689	2.466				718	0.606			

来源	保存率				
	自由度	SS	MS	*F*	*P*
地点	2	20.710	10.355	86.51**	0.000
林型	2	10.665	5.333	44.55**	0.000
种源	9	17.338	1.927	16.09**	0.000
地点×林型	4	11.147	2.787	23.28**	0.000
地点×种源	18	2.775	0.154	1.290	0.188
林型×种源	18	2.269	0.126	1.050	0.397
地点×林型×种源	36	5.384	0.150	1.250	0.152
区组（地点）	27	3.593	0.133	1.110	0.318
误差	775	92.765	0.120		
合计	891	166.647			

注：** 表示显著性水平小于 0.01，* 表示显著性水平小于 0.05

(表 3-30) 表明：双丰试点红松各性状表现最好，其次为带岭，而丽林红松各性状表现相对较差。上述结果完全符合红松分布区不同地点种群的生长规律。虽然小兴安岭地区为红松天然分布区，然而，分布区不同地点气候存在较大差异。南部由于水热条件好，因此红松生长速度快，北部则相反，而中部其生长性状表现介于南部与北部性状之间。上述结果进一步证明，天然次生林下，红松造林时，必须做到“适地点适种源，同一地点内适林型适种源”。

表 3-30　红松种源试验多地点间多重比较

性状	地点	平均值	多重比较	性状	地点	平均值	多重比较
地径 (cm)	双丰	0.763	A	树高 (m)	双丰	0.393	A
	带岭	0.733	B		带岭	0.354	B
	丽林	0.682	C		丽林	0.335	C
近 3 年高 (m)	双丰	0.205	A	当年高 (m)	双丰	0.085	A
	丽林	0.184	B		丽林	0.076	B
	带岭	0.179	B		带岭	0.065	C
保存率 (%)	双丰	57.23	A				
	带岭	40.90	B				
	丽林	28.91	C				

注：各个平均值如字母相同，为差异不显著；如字母不同，为差异显著

主要参考文献

柏广新, 牟长城. 2012. 抚育对长白山幼龄次生林群落结构与动态的影响. 东北林业大学学报, 40(10): 48-55.

陈大珂, 周晓峰, 丁宝永, 等. 1985. 黑龙江省天然次生林研究 (Ⅱ)——动态经营体系. 东北林业大学学报, 13(1): 1-18.

陈大珂, 周晓峰, 祝宁, 等. 1994. 天然次生林——结构 · 功能 · 动态与经营 . 哈尔滨: 东北林业大学出版社.

陈乾富. 1999. 毛竹林不同经营措施对林地土壤肥力的影响. 竹子研究会刊, 18(3): 19-24.

崔鸿侠, 唐万鹏, 胡兴宜, 等. 2012. 杨树人工林生长过程中碳储量动态. 东北林业大学学报, 40(2): 47-49.

崔武社, 于政中, 宋铁英, 等. 1993. 混交异龄林的一个动态模型. 山西农业大学学报, 13(3): 244-248.

崔云英, 兰士波, 李红艳. 2012. 天然杨桦次生林林分最适经营密度. 黑龙江生态工程职业学院学报, 25(1): 13-15.

范春楠, 郭忠玲, 郑金萍, 等. 2014. 磨盘山天然次生林凋落物数量及动态. 生态学报, 34(3): 633-641.

贾炜玮, 李凤日, 董利虎, 等. 2012. 基于相容性生物量模型的樟子松林碳密度与碳储量研究. 北京林业大学学报, 34(1): 6-13.

康迎昆, 侯振军. 2013. 天然阔叶混交林林分结构调整技术研究. 林业科技, 38(1): 9-12.

兰士波. 2007. 天然杨桦林密度效应的研究. 南京林业大学学报 (自然科学版), 31(2): 83-87.

兰士波. 2011. 天然杨桦工业纤维林优质高效经营技术. 北华大学学报 (自然科学版), 12(3): 334-340.

兰士波. 2012. 天然杨桦工业原料林密度调控技术. 北华大学学报 (自然科学版), 13(4): 457-462.

雷加富. 2007. 中国森林生态系统经营——实现林业可持续发展的战略途径. 北京: 中国林业出版社.

李景文. 1998. 红松混交林生态与经营. 哈尔滨: 东北林业大学出版社.

李静鹏, 徐明峰, 苏志尧, 等. 2013. 小尺度林分碳密度与碳储量研究. 华南农业大学学报, 34(2): 214-223.

李文华, 周晓峰, 刘兴土, 等. 2007. 中国东北森林与湿地保育与可持续发展战略研究. 北京: 科学出版社.
刘红民, 邢兆凯, 顾宇书, 等. 2012. 辽东山区天然次生阔叶混交林空间结构的研究. 西北林学院学报, 27(3): 150-154 .
刘慎谔. 1957. 关于大小兴安岭的森林更新问题. 林业科学, 3(3): 263-280.
刘亭岩, 张彦东, 彭红梅, 等. 2012. 林分密度对水曲柳人工幽灵林植被碳储量的影响. 东北林业大学学报, 40(6): 1-4.
骆期邦, 曾伟生, 贺东北, 等. 1999. 立木地上部分生物量模型的建立及其应用研究. 自然资源学报, 14(3): 271-277.
宁杨翠, 郑小贤, 蒋桂娟, 等. 2012. 长白山天然云冷杉异龄林林分结构动态变化研究. 西北林学院学报, 27(2): 169-174.
舒华铎, 石磊, 甘兆华, 等. 2011. 水胡黄天然次生林分紫椴更新技术. 林业科技情报, 43(3): 1-3.
孙楠, 李亚洲, 张怡春. 2010. 笑山林场天然阔叶混交林资源现状. 林业科技, 38(6): 20-23.
孙楠, 邢亚娟. 2018. 经营密度对蒙古栎次生林植物多样性的影响. 林业科技, 43(5): 1-3.
王业蘧. 1995. 阔叶红松林. 哈尔滨: 东北林业大学出版社.
王战. 1957. 对于小兴安岭红松林更新和主伐方式的意见. 林业科学, 3(3): 281-288.
乌吉斯古楞. 2010. 长白山过伐林区云冷杉针叶混交林经营模式研究. 北京林业大学博士学位论文.
巫涛, 彭重华, 田大伦, 等. 2012. 长沙市区马尾松人工林生态系统碳储量及其空间分布. 生态学报, 32(13): 4034-4342.
巫志龙, 周成军, 周新年, 等. 2013. 杉阔混交人工林林分空间结构分析. 林业科学研究, 26(5): 609-615.
吴增志. 1988. 合理的密度管理是提高林分生产力的重要途径. 世界林业研究, 1(2): 42-47.
徐宏远. 1994. 杨树工业用材林的定向培育. 世界林业研究, 7(2): 33-39.
徐振邦, 代力民, 陈吉泉, 等. 2001. 长白山红松阔叶混交林森林天然更新条件的研究. 生态学报, 21(9): 1413-1414.
杨磊. 2008. 硬阔叶林内树种的生态价值研究. 林业勘查设计, (1): 76-77.
叶子飘. 2010. 光合作用光和 CO_2 响应模型的研究进展. 植物生态学报, 34(6): 727-740.
殷东升, 张海峰, 王福德, 等. 2009. 小兴安岭白桦种群径级结构与生命表分析. 林业科技开发, 23(6): 40-43.
玉宝, 乌吉斯古楞, 王百田, 等. 2010. 兴安落叶松天然林不同林分结构林木水平分布格局特征研究. 林业科学研究, 23(1): 83-88.
臧润国, 成克武, 李俊清, 等. 2005. 天然林生物多样性保育与恢复. 北京: 中国科学技术出版社.
张鼎华, 叶章发, 范必有, 等. 2001. 抚育间伐对人工林土壤肥力的影响. 应用生态学报, 12(5): 672-676.
张会儒, 李凤日, 张秋良, 等. 2017. 东北过伐林区森林可持续经营技术. 北京: 中国林业出版社.
赵彤堂, 姚庆学, 魏利. 1993. 林分密度效应与密度定量管理技术. 哈尔滨: 东北林业大学出版社.
周晓峰. 1982. 红松阔叶林的恢复途径——栽针保阔. 东北林学院学报, 10(增刊): 18-28.
曾伟生, 于政中. 1991. 异龄林的生长动态研究. 林业科学, 27(3): 193-198.
Buongiorno J, Dahir S. 1994. Tree size diversity and economic returns in uneven-aged forest stands. For Sci, 40(1): 83-103.
Cao Q V. 2006. Predictions of individual tree and whole stand attributes for loblolly pine plantations. Forest Ecology and Management, 236(2): 342-347.
Gilliam F S, Turrill N L, Adams M B. 1995. Herbaceous layer and overstory species in clear-cut and mature central Appalachian hardwood forest. Ecol Appl, 5(4): 947-955.
Glover G D, Reganold J P, Andrews P K. 2000. Systematic method for rating soil quality of conventional, organic, and integrated apple orchards in Washington State. Agriculture, Ecosystem and Environment, 80: 29-45.

Hussain I, Olson K R, Wander M M, et al. 1999. Adaptation of soil quality indices and application to three tillage systems in southern Illinois. Soil Tillage Res, 50: 237-249.

Worrell R, Hampson A. 1997. The influence of some forest operations on the sustainable management of forest soils-a review. Forestry, 70(1): 61-85.

Zhao D, Bruce B, Machelle W. 2004. Individual tree diameter growth and mortality models for bottomland mixed species hardwood stands in the lower Mississippi alluvial valley. Forest Ecology and Management, 199(2): 307-322.

Zheng L, Lu L H. 2012. Standing crop and nutrient characteristics of forest floor litter in China. Journal of Northwest Forestry University, 27(1): 63-69.

第4章　张广才岭次生林抚育更新研究

张广才岭，位于黑龙江省东南部，向南延伸到吉林省敦化市北部，是中国东北地区东部山地的主体之一，北起松花江畔，南接长白山，东与完达山相连，西缘延伸到吉林省境内。该区地处中纬度，气候冬暖夏凉，雨量充沛，森林资源丰富，是我国重要的天然林分布区。由于森林资源的长期不合理利用，森林质量急剧下降，形成了大面积的天然次生林。天然林保护工程实施以来，该区森林资源得到了恢复性增长，但是，林分结构不合理、功能低下的问题仍然存在。因此，急需开展森林抚育更新研究，为提高森林质量提供理论和技术支撑。

本研究选择张广才岭腹地的蛟河林区，以典型森林类型针阔混交林为研究对象，通过森林抚育更新试验，研究幼苗存活的影响因素及机制、植物功能结构及谱系结构、森林生长与枯损模型以及抚育采伐对更新、功能结构和谱系结构的影响等基础科学问题，解析抚育措施对次生林可控结构和关键生态过程的影响机理，解决次生林抚育更新和功能提升的关键技术问题，以期为次生林稳定性维持和生态系统功能提升提供技术支撑。

4.1　研究区域概况

研究区域由吉林省蛟河林业实验区管理局管辖，处于吉林省蛟河市前进乡境内，属于长白山系张广才岭山脉。研究区域为季风性温带大陆性气候，年均气温为3.8℃。每年7月为最热月，平均气温21.7℃，1月为最冷月，平均气温–15.4℃。年均降水量695.9mm。样地类型为针阔叶混交林，属于长白山植被区系，该样地的土壤类型为暗棕色森林土，厚度为20～100cm。乔木树种主要包括红松（*Pinus koraiensis*）、裂叶榆（*Ulmus laciniata*）、紫椴（*Tilia amurensis*）、色木槭（*Acer mono*）、白牛槭（*Acer mandshuricum*）、胡桃楸（*Juglans mandshurica*）、水曲柳（*Fraxinus mandshurica*）、白桦（*Betula platyphylla*）等，灌木主要包括暴马丁香（*Syringa reticulata*）、毛榛（*Corylus mandshurica*）、瘤枝卫矛（*Euonymus verrucosus*）和东北鼠李（*Rhamnus schneideri* var. *manshurica*）等，草本主要包括白花碎米荠（*Cardamine leucantha*）、北重楼（*Paris verticillata*）、荷青花（*Hylomecon japonica*）、东北延胡索（*Corydalis ambigua* var.*amurensis*）、多被银莲花（*Anemone raddeana*）等。

4.1.1　样地设置及调查

针对采伐强度对比样地，2011年7月，经过踏查，在林分条件相对一致的近熟林内建立了4块面积为1hm^2（100m×100m）的固定监测样地，由于4块样地建立在天然林中，因此群落结构难以完全一致。在样地建立时，为了消除4块样地本身的结构差异对结果带来的不确定性，尽量选取了地形状况相同、林分条件均一、群落结构相似的4块样地。样地呈田字形分布，相互间隔为100m，目的是最大程度地降低4块样地之间的差异。样地位置确定以后，利用全站仪将每块样地划分为25块20m×20m的连续样方。记录样地内所有胸径≥1cm的木本植物的物种名称、胸径、树高、冠幅及位置坐标等，并挂牌标记用于长期观测。2011年12月，对4块样地进行了不同强度的抚育采伐。采伐起始径级为10cm，以胸高断面积为指标确定采伐强度，设计采伐强度为未采伐（对照），15%轻度采伐、30%中度采伐和50%重度采伐。采伐按照间密留匀，存优去劣的原则进行，以期达到调整林分结构，促进保留木生长的目的。采用目标树单木林分作业的方法，根据相邻木距离、生长状况及径级大小确定被采伐木。具体操作为：去除目标树周围距离较近的1株或多株树木，其中如果有生长状况不良的劣质木则首先去除，再去除个体数量较多的树种，使采伐强度达到或接近设计强度。采伐过程中记录被伐木的牌号，以确定实际采伐强度。2015年7月，对4块样地内所有胸径≥1cm的木本植物进行复测，并计算在个体水平上保留木4年间的平均胸高断面积增长量，以量化植株的生长状况。

天然更新监测样地总面积15hm^2，采伐强度大约为35%，于2014年10月进行采伐。采伐树种包括水曲柳、水榆花楸、紫椴、白桦等树种，采伐树种胸径范围为3.8～59.8cm。采伐后的剩余枝叶等利用堆腐方式置于林内。为了研究采伐对林下植被更新的影响，在采伐样地旁选取对照样地。对照样地为未经采伐、人为干扰很小的天然林，与实验样地相距500m以上。两块样地林型相同，海拔、坡度、坡向等相差很小。在两块样地内采用机械布点的方式分别设置了30个幼苗样方，各个样方之间距离20m。每个样方规格为2m×2m。幼苗样方的四个角采用红色PVC管扦插，用红色玻璃绳圈绕构成，PVC管上用油漆笔标注样方号。为了研究采伐后草本的动态变化及草本对幼苗的影响，考虑到在调查幼苗时会对草本产生一定的影响，所以将草本样方设置在幼苗样方旁。草本样方与幼苗样方大小相同，位于每个幼苗样方的东侧。草本样方以幼苗样方的东边界起始，用两根白色PVC管向东扦插，用白色玻璃绳圈绕形成。调查分为生物因素调查和环境因素调查两部分。生物因素主要调查了草本、乔木树种幼苗、幼苗样方周围10m范围内的乔木；环境因素主要调查了土壤水分、叶面积指数（LAI）及土壤各养分含量。

4.1.1.1　生物因素调查

幼苗调查于每月20日进行，每年生长季开始调查。幼苗调查从5月开始，于当年的8月结束，共计连续调查3年。幼苗调查是在两块样地的幼苗样方进行，调查中将胸径（DBH）＜1cm的乔木树种划分为幼苗，记录乔木树种幼苗的种类、年龄、基径和苗高，并挂牌标记，每次调查均记录幼苗的死亡及增补情况。草本调查与幼苗调查每月同时开始，调查了早春草本和夏季草本两部分。竞争木调查主要围绕幼苗样方进行，以幼苗样方的中心为原点，调查幼苗样方周围10m范围内DBH≥1cm的树木，记录树种、胸径及距离原点的距离。

4.1.1.2　环境因素调查

环境因素调查主要针对幼苗样方进行，土壤水分与叶面积指数（LAI）在每个月幼苗调查结束后进行。土壤水分调查是利用手持水分测定仪，分别插入各个幼苗样方的4个顶点，测量、读数并进行记录，取 4 个顶点的均值作为该样方的土壤水分值。叶面积指数是利用冠层分析仪进行测量，以各个幼苗样方的中心为测量点，手持水平状态，在样方上方 1.5m 处测量。测量过程中避开大的遮挡树枝或其他干扰物，按照顺序依次进行测量。土壤理化性质测定在野外采完土样后于实验室内进行。土样采集于 2016 年 7 月进行，在各个幼苗样方的 4 个顶点中任选 3 个，将枯落物去除后，采集地表 10cm 的土壤，每袋土壤重量均大于 500g，土壤装在标明样方号和序号的土壤袋内带回，在实验室内将土壤进行阴干、研磨、过筛处理。每个样方采集土壤 3 袋，共计 180 袋，在实验室内进行土壤理化性质分析。

为了研究采伐后环境对幼苗生长的影响，在实验过程中，采集了水曲柳、紫椴、红松 3 种乔木树种幼苗。水曲柳幼苗和红松幼苗均采集了当年生及多年生幼苗，紫椴幼苗采集了一年生幼苗。幼苗的年龄主要通过年轮来确定，试验中采集的多年生幼苗为 2 ～ 4 年生。幼苗采集是以各个幼苗样方为单位，在幼苗样方周围选取至少 30 株根、茎、叶完整的幼苗，用铲子将幼苗完整地挖出，并去除根部多余的土壤，装袋带回。水曲柳一年生幼苗和多年生幼苗共连续采集两年，紫椴和红松幼苗均采集一年。在实验室内，紫椴、红松、水曲柳幼苗的根、茎、叶都被分开，同时将各个物种幼苗的根用清水洗净并用纸将水吸干。以幼苗样方为单位，用扫描仪扫描这五组幼苗的根部，并用洗根系统分析幼苗的根面积。水曲柳、紫椴幼苗的叶面积则以样方为单位，扫描叶片并计算。红松的叶面积采用计算的方法，当年生红松叶并不是 5 针一束，采用测量方法，用游标卡尺测量针叶的厚度、宽度和长度来计算；多年生红松幼苗针叶已经形成五针一束，用游标卡尺测量针叶的底面直径和长，利用公式计算叶面积。将各个物种的一年生幼苗、多年生幼苗的根、茎、叶分别装在信封中，放入烘箱烘干，称量干重。为了研究土壤和光照对植物叶片中氮元素与磷元素含量的影响，以样方为单位将采集的水曲柳幼苗（当年生、多年生）的叶片烘干称重后，用球磨仪研磨成粉状，过筛后装入塑封袋内。叶片样本消煮后，利用元素分析仪测量叶片中的氮元素和磷元素含量。

4.1.2　幼苗存活影响因素分析

本节主要研究了影响幼苗存活的生物因素和环境因素，生物因素主要包括草本盖度及多样性、10m 范围内成年邻体大树胸高断面积及邻体幼苗间的相互影响，环境因素主要包括叶面积指数（LAI）和土壤理化性质。此外，还分析了幼苗的月际动态、年际动态及苗高、基径的生长。

幼苗的月际动态和年际动态：统计 2016 年与 2017 年的乔木幼苗物种及个数，计算幼苗密度及增补率（r）和死亡率（m）（姚杰等，2015），计算公式如下。

幼苗密度：幼苗密度=幼苗个体数/样方面积（m^2）

增补率（r）：$r=(\ln N_t-\ln S_t)/T$

死亡率（m）：$m=(\ln N_0-\ln S_t)/T$

式中，N_t 为第二次调查的幼苗个体数；N_0 是第一次调查的幼苗数；S_t 为在两次调查中均存活的幼苗数；T 为第一次调查和第二次调查间的时间差。

草本多样性相关公式如下。

物种丰富度（M）：

$$M=\frac{S}{\sqrt{N}}$$

辛普森多样性指数（Simpson's diversity index）（D_S）：

$$D_S=1-\sum_{i=1}^{S}p_i^2$$

香农-维纳多样性指数（Shannon-Wiener's diversity index）（H）：

$$H=-\sum_{i=1}^{S}p_i\log_2 p_i$$

物种均匀度（E）：

$$E=\frac{H}{H_{\max}}=\frac{H}{\log_2 S}$$

物种相对重要值（P_i）：

$$P_i=\frac{(\text{相对密度}+\text{相对频度}+\text{相对盖度})}{3}$$

成年邻体胸高断面积（A）计算公式：

$$\text{乔木邻体（}A\text{）：}A=\frac{\sum_{i}^{N}\mathrm{BA}_i}{\mathrm{DISTANCE}_i}$$

式中，i 指大树的个体；BA 指乔木树种的胸高断面积；DISTANCE 指研究的目标幼苗和乔木树种的距离；N 指以目标幼苗为中心、以 5m 和 10m 为半径的样圆内的同种或者异种乔木个体数之和。

在研究光照对幼苗的影响中，采用的指标有：叶面积指数（LAI）、叶质比（LMF）、根质比（RMF）、茎质比（SMF）、比叶面积（SLA）、叶面积比（LAR），其计算公式如下：

叶面积指数（LAI）=总叶面积/林地面积

叶质比（LMF）=叶干重/幼苗总干重

茎质比（SMF）=茎干重/幼苗总干重

根质比（RMF）=根干重/幼苗总干重

比叶面积（SLA）=总叶面积/总叶干重

叶面积比（LAR）=总叶面积/幼苗总干重

土壤变量主要包括：土壤营养元素、土壤酸碱度、土壤含水量。本节中的土壤元素测定了全氮、速效氮、全磷、全钾、土壤 pH、土壤有机质，各项元素测定方法依据《土壤农业化学分析方法》进行。为了降低实验误差，每个样方的土壤实验进行了 3 个重复，取其均值作为样方的土壤元素含量。

植物叶片元素含量主要测定了碳含量和磷含量，具体操作方法如下。①碳元素主要通过重铬酸钾-硫酸亚铁容量法测得：称取植物样品 0.1g 于干燥的试管内，用移液枪各移取浓硫酸和重铬酸钾5ml，等油浴温度达到185～195℃，将待测试管放入，试管溶液沸腾加热5min后拿出，晾凉后用硫酸亚铁溶液滴定。②磷元素主要通过钼锑抗比色法测得：称取0.2g植物样品于消化管中，加入5ml的浓硫酸后进行浓硫酸-双氧水法消煮，消煮完全后过滤至容量瓶中，加入2,4-二硝基酚，再用低浓度氢氧化钠，将容量瓶定容后，用分光光度计测量样品中的磷元素含量。

为了检验光照对草本的影响，采用了*T*检验和方差分析，研究采伐样地和对照样地的草本丰富度、多样性、均匀度、草本盖度的差异。生物因素和环境因素对幼苗生长更新采用了线性回归方法，研究幼苗生长更新与草本、成体大树、邻体幼苗及光照与土壤的相关关系，以及幼苗生物量分配受到的影响。为了更直接地比较土壤各养分对幼苗生长的影响，计算了各个自变量系数的优势比（odds ratio，OR），OR＞0，表示呈正相关关系，OR＜0，表示呈负相关关系。

4.1.3 功能结构及谱系结构

4.1.3.1 植物功能性状指标测定

在样地外相邻区域，采集测量了样地内所出现的22种乔木的6类关键功能性状：叶面积、比叶面积、叶碳含量、叶氮含量、叶片碳氮比和最大树高。其中，叶性状指标的标本采集和测定参照Cornelissen等（2003）的要求进行，该标准为采样个体及采样部位的选择、样本株数和测量方法的确定等提供了通用的规范与要求。本研究中，常见种的采样株数在30株以上，部分稀有种的采样株数确保在10株以上；最大树高的确立参考了吉林蛟河21hm^{2}近熟林样地的样地森林调查经验，即以每个树种最高的10个个体的平均值作为最大树高。所选性状中叶面积反映植物光捕获能力的强弱和生产力的高低（Wright et al.，2004）。比叶面积和叶氮含量均属叶经济型谱，比叶面积反映植物获取单位面积光照所进行的投资，叶氮含量反映植物的最大光合速率及资源获取率（Swenson et al.，2012）。叶碳含量表示植物的碳同化率，反映植物对有机物的积累；叶片碳氮比反映了树木的碳氮代谢情况及营养利用率（He et al.，2006；Russo et al.，2008）。最大树高反映了植物在群落中的光学生态位、光竞争能力及拓殖策略（Moles et al.，2009；Thomson et al.，2011）。

4.1.3.2 功能性状树和系统发育树构建

首先对数据进行了对数转化，然后通过主成分分析计算能代表所有功能性状的主成分轴，选取综合解释量在90%以上的主成分轴作为量化植物功能性状的综合指标。利用综合指标生成物种间的欧式距离矩阵，通过系统聚类法构建功能性状树（Petchey and Gaston，2002）。利用Phylomatic软件生成物种的系统发育拓扑结构（Webb and Donoghue，2005），通过分子及化石定年数据（Wikström et al.，2001），按照BLADJ算法，在Phylocom软件中计算代表物种分化时间的拓扑结构分支长度，构建系统发育树（Webb et al.，2008）。

4.1.3.3 计算功能结构和谱系结构

根据谱系保守性假说，亲缘关系较近的物种往往拥有相似的功能性状（Prinzing，2001；Wiens and Graham，2005），本研究采用 Blomberg's *K* 值法（Blomberg et al.，2003）检验植物功能性状的系统发育信号。当 $K>1$ 时，表示性状的系统发育信号较强；当 $K<1$ 时，表示性状的系统发育信号较弱。为衡量系统发育信号的显著性，随机变换系统发育树分支末端的物种 999 次，生成 999 个模拟值，比较真实值与模拟值的大小，如果真实值大于 95% 的模拟值，表示该性状的系统发育信号显著，否则表示该性状的系统发育信号不显著。

群落的功能结构和谱系结构具尺度依赖性，在不同的空间尺度上表现出的结构特征往往差别较大（Cavender-Bares et al.，2006；Kraft and Ackerly，2010）。本研究分别将 4 块样地划分为 100 个 10m×10m、25 个 20m×20m 和 4 个 50m×50m 的样方，分析不同空间尺度上采伐前后（2011 年和 2015 年）群落的结构特征。研究采用功能多样性（FD）及最近邻体性状距离指数（S.E.S. NN）来表征群落的功能结构；采用谱系多样性（PD）及最近亲缘关系指数（NTI）来表征群落的谱系结构。通过量化不同采伐强度下群落功能结构、谱系结构变化及多样性损失来评估采伐对群落结构的影响。功能多样性和谱系多样性分别采用基于性状距离（Mouchet et al.，2010；Purschke，et al.，2013）和谱系距离的多样性指数（Cadotte et al.，2008；Purschke et al.，2013）；最近邻体性状距离指数（S.E.S. NN）（Liu et al.，2013）和最近亲缘关系指数（NTI）的计算公式（Webb et al.，2002；Uriarte et al.，2010）分别为

$$\text{S.E.S. NN} = -\frac{NN_{obs} - NN_{mean}}{NN_{sd}}$$

$$NTI = -\frac{MNTD_{obs} - MNTD_{mean}}{MNTD_{sd}}$$

式中，NN_{obs} 表示样方内所有物种对的最近邻体性状距离实际值；NN_{mean} 表示 999 次零模型模拟的最近邻体性状距离平均值；NN_{sd} 表示 999 个模拟值的标准差；$MNTD_{obs}$ 表示样方内所有物种对的最近亲缘关系距离实际值；$MNTD_{mean}$ 表示 999 次零模型模拟的最近亲缘关系距离平均值；$MNTD_{sd}$ 表示 999 个模拟值的标准差。该方法保持了物种数和物种多度不变，通过从局域种库中随机抽取物种 999 次，计算样方中物种在零模型下的最近邻体性状距离和最近亲缘关系距离的分布情况，并利用随机分布结果将真实值标准化，获得该样方的最近邻体性状距离指数和最近亲缘关系指数。如果 S.E.S. NN＞0，则表示该样方中物种的功能结构为聚集型；S.E.S. NN＜0，表示该样方中物种的功能结构为发散型；S.E.S. NN=0，表示该样方中物种的功能结构为随机型。同理，如果 NTI＞0，则表示该样方中物种的谱系结构为聚集型；NTI＜0，表示该样方中物种的谱系结构为发散型；NTI=0，表示该样方中物种的谱系结构为随机型。

4.1.4　单木生长模型分析

4.1.4.1　林分立地质量

林分立地质量是直接影响树木生长量的因子之一，通过对立地质量的评估，可以帮助营林人员制定更为科学的造林与育林计划。在对林分立地质量进行评价时，我国研究人员最常使用的两个评定指标是地位级和地位级指数。地位级指数模型是林业中用来反映森林立地质量的基础模型，也是进行人造林树种选择的重要参考依据。除此之外，坡度、坡向、海拔与土壤腐殖质等指标也经常被研究人员用于进行立地质量评价。

4.1.4.2　林分竞争状态

在异龄混交林中，其特殊的组成结构导致不同树种之间的竞争极为复杂，那些在同龄林中成功应用的竞争指标并不能直接带入混交林生长模型中，由于内在结构不同，在选取混交林生长模型的竞争指标时，有诸多因素需要提前考量。例如，断面积在异龄林中就变成了不太理想的密度指标，因为在同龄林中年龄与立地指标的相关性在异龄林中并不适用。林分密度是展现林分竞争状态的一个良好指标，它可以反映出对林地生产潜力的利用程度。鉴于目前对混交林生长模型的需求逐渐强烈，急需一个可以更合理的反映混交林林分密度情况的方法，为此林业研究者做出了不同的努力，多种多样的评价方法陆续提出，但至今仍未有公认可行的统一方法。对于不同林分，研究者只能根据实际数据获取情况选择适合的指标来表示林分密度。林分密度指数（SDI）不仅包含了株数密度（N）与现实林分平均直径（Dg）这两个十分关键的密度指标，同时它也不会受到混交林立地质量与林分年龄的影响，因此在相关领域中 SDI 是使用频率最高、争议也最少的林分密度指标之一，已被成功地应用于建立不同区域的混交林模型（马武等，2015）。

4.1.4.3　林分年龄

混交林特殊的结构组成使其表现出不规则的年龄结构，林分生长模型中的关键变量林分年龄概念在混交异龄林中便没有太大的实际意义，因为在林分当中即使拥有同样体积的林木也会因年龄不同而导致各自拥有不同的生长量。为了解决年龄不一的问题，有学者采用隐去年龄的方法建立单木生长量模型，将林木生长量表达为树木自身大小、竞争因子与立地质量的函数，研究结果显示影响断面积生长量的最重要因子是林木大小（Monserud and Sterba，1996），这类模型是很多生长模型的原始形式。曾有研究人员试图直接以树木胸径代表林分年龄，进行模型构建，但并未获得较好的预测结果。葛宏立等（1997）建立了一种年龄隐含的生长模型，意图解决天然林的异龄问题，最终得到的模型精度也较高。综合考虑以上两种处理异龄林林分年龄的方法，本研究将使用直接隐去年龄的方法，构建蛟河针阔叶混交林的单木模型。

4.1.4.4　树种组成

与人工纯林不同，混交林是由许多不同树种组成，林分中各树种自身的生长速率并不相同，对于周围竞争压力的承受能力也不同，因此在天然混交林中各树种的生长趋势也不尽相同，在建立适用于天然混交林的单木生长模型时，必须考虑林分中树种组成的问题。在混交林单木生长模型的相关研究中，不同学者在表达其树种组成时采用了不同的方法：最常见的是将不同树种依据生物学特性进行分组合并，部分学者以树高为判断依据，根据树高在整个林分冠层中的位置对林木进行区分。此外，数学统计方法也被广泛使用，如使用主成分分析法和 F 检验法等对树种进行分组（雷相东和李希非，2003）。也存在不区分树种的单木生长量模型，将所有林木作为一个整体建模（任瑞娟等，2008）。

4.1.4.5　单木生长模型

单木生长模型的建立是为了能在特定条件下的林分中进行实际应用，考虑到数据的获取途径，模型当中自变量的选择被限制在林木自身特征、立地环境与竞争这三类因子中，因为这些指标都可以在相应的林分调查中获取，如胸径、树高、样地坡度、坡向等。根据本研究样地数据的实际获取情况，以树木自身大小、环境因子及竞争指标作为自变量，各树种的生长量作为因变量，使用经验方程法，构建蛟河天然混交林主要树种的单木模型。

以往的相关研究结果显示，使用经验方程法构造的模型比较简单并且应用十分广泛，尤其在天然混交林的预测与经营模拟中。经验方程法根据树木自身大小、竞争与立地环境之间的相互关系预估未来某段时间内林木的生长动态。经验方程法与生长分析法的区别在于：使用生长分析法建立的模型并不会考虑到时间变化所带来的影响，因其使用的数据均来自于解析木，模型只能揭示树木内在的生长规律。而一般经验方程法所使用的数据均来自长期监测的固定样地，林木经过两次及以上的测量，数据具有时间周期性，能够满足单木生长模型的建模需求，最终建立的单木模型有预测未来林木生长变化的能力，可以为后期营林决策提供科学的指导意见。

自变量为林分大小、竞争指标、立地因子，因变量为林木生长量，模型基本形式为

$$\ln(\mathrm{BAI}+1)=a+b\times \mathrm{SIZE}+c\times \mathrm{COMP}+d\times \mathrm{SITE}$$

式中，BAI 为林木 5 年间断面积生长量；a 为模型截距；b、c、d 分别为各变量的向量系数；SIZE 为表示林木自身大小的函数；COMP 为表示林木间竞争的函数；SITE 为反映立地质量的函数。

1. 模型因变量选择

胸径是立木测定的最基本因子之一，也是森林资源调查中最关键的调查因子（雷相东等，2009），在外业工作中十分容易获得。通过胸径可以直接计算出断面积与立木材积等关键生长信息。综合分析国内外相关领域的单木生长模型研究，使用最为频繁的因变量为胸径增量或断面积增量这两种形式，许多学者为目标林分构建了不同的单木生长模型（雷相东等，2009）。在先前研究中，研究人员多以 5 年作为生长周期，也有学者根据

各自数据情况不同选用 1 年、2 年或者 10 年的直径生长量。本节依据数据实际复测时间，将 5 年作为树木生长的预测周期。

2. 模型自变量选择

（1）SIZE 林木大小因子

采用林木的初期胸径（D）和冠幅（CW）及树高（H）3 个因子来表示林木自身的大小，其表达式为

$$b \times \mathrm{SIZE}=b_1\ln(D)+b_2D^2+b_3H+b_4\mathrm{CW}$$

式中，D 为初期胸径；H 为初期树高；CW 为冠幅；b 为林木大小变量的系数。胸径的平方可以有效地防止大材径的无限制增加。

（2）COMP 林分竞争因子

林分竞争因子是单木模型中最重要的自变量，竞争指标的选择直接关系到最终模型拟合效果，在不受其他条件干扰的情况下可以准确反映出林木之间各种竞争关系的指标是最为理想的（包昱君，2013）。竞争指标的选取首先要符合生理和生态学的原理构造；其次要有随环境与时间变化的灵活性，并能灵敏地反映竞争状态的变化；最后应当准确地反映林木的具体生长量。

竞争指数可以反映出林木所受竞争压力或竞争压力对其生长所产生的影响。至今与竞争指标有关的研究已十分普遍，不断有学者研建出可用于单木生长模型的竞争指标。单木模型的拟合精度很大程度取决于竞争指标构造的好与坏。根据是否需要单木的位置信息，单木生长模型中的竞争指标可以分为两类，一类是包含距离的称为与距离有关的竞争指标，另一类不考虑林木间距对竞争的影响，是与距离无关的竞争指标。近年来与竞争指标有关的研究越来越多，有学者对它们做了系统研究与分析，有助于我们更好地理解竞争指标在实际中的应用（任瑞娟等，2008）。

林分每公顷株数（N）可以反映出林分的密度情况，在天然混交林中，其树种组成不同，可能导致每公顷株数相同时林分平均直径因树种年龄不同而有很大差异，进而树木的胸高断面积也不同，所以不能很好地反映树木的密集度。值得注意的是，林分每公顷株数并不适用于所有状态的天然林，在天然林形成初期，林分内各树种状态极不稳定，林分株数可能在短时间内发生巨大变化，对于这一时期的天然林，林分每公顷株数并不能合理地反映林分密度情况（包昱君，2013）。因此只有当天然林发展到相对成熟的阶段，林分内生长进入相对稳定的状态，即树木数量不再出现巨幅波动时，每林分每公顷株数才是能准确地反映出林分密度大小的合适指标。从实用角度出发，每公顷株数测量十分简便，易于计算，因此经常作为竞争指标之一被用于模型构建。

林分每公顷断面积作为单木生长模型中经常用到的竞争变量之一，它可以反映出林分密度情况，尽管林分每公顷断面积会随着时间的变化逐渐增大，但仍有一个常数上限，即林分每公顷断面积的最大值（包昱君，2013）。通常来说，林分的立地质量会直接影响林分每公顷断面积，立地质量优异的林分中树木均可获得较好的生长，因此林分每公顷断面积也会较高；在立地环境较差的林分，这一指标就会降低。林分每公顷断面积所需的数据在外业调查中容易获取并且计算简便，在近年来的相关研究中使用较广。但对于

林分组成复杂的混交林，即使每公顷断面积相同的林分也会因树种不同、树高不同从而导致其立木材积不同，而林分每公顷断面积这一指标中并未包含树高这一变量，因此从某种程度上来说林分每公顷断面积不能完整地反映出混交林林分的实际收获量。

相对直径（RD）是指对象木直径与所在林分平均直径的比值，它可以清楚地反映出对象木在林分当中的竞争地位，以往研究显示相对直径是一个较好的竞争指标。当相对直径较小时，认为对象木受到的竞争压力较大，能够获得的生长量较少。反之则认为对象木在林分竞争中处于优势地位，并且具有较强的生长能力。

大于对象木的断面积（BAL）计算公式为

$$\mathrm{BAL} = \sum\left[\left(\pi D_i^{\,2}\right)/4 \times m\right]$$

式中，若 $D_i > D_0$，则 m=1；若 $D_i \leqslant D_0$，则 m=0，D_0 为对象木胸径。

大于对象木的断面积是指林分中胸径大于对象木的所有林木断面积之和，BAL 可以很好地反映林木对光的竞争情况（Adame et al.，2008），在林分当中，对光的竞争中体积较大的树木具有绝对的优势，而周围的小树其竞争力微乎其微，甚至可忽略不计（王莹等，2015），BAL 反映了那些大树的断面积，根据这一指标可以判断出林木在森林中的竞争地位，并且所需的基础数据在外业工作中易于获取，计算方法也极为简单（Ledermann and Eckmüllner，2004）。目前诸多学者普遍认可这一指标将在日后林分生长模型的相关研究中继续推广使用，经过研究人员长期的对比与试验后发现，BAL 多数情况下的表现均优于其他竞争指标。

郁闭度（P）也称林冠层盖度，是指林分中乔木的树冠在阳光直射下投在地面的总投影面积与林地总面积的比值，它可以反映出林分的结构、密度状况和对光的利用程度等，还可以描述林分中的树木在空间上的竞争关系，具有一定的生态学意义。在我国森林资源调查中，郁闭度的测量方法常见的有机械布点法和目测法。其测量均较为容易且不需要借助工具，是林业调查中常见的指标，但由于其获取方法较为粗糙，数值并不精确，因此研究者只在粗略预估林分密度时使用郁闭度这一指标，很少真正将其作为模型自变量用于模型构建。

以上列出了目前使用较为普遍的几个竞争指标，除此之外最大竞争指数、林分每公顷蓄积量、树冠面积指数、生长空间指数等也是与距离无关的竞争指数。它们之中有部分指标的获取并未使用精密度量仪器，还有些计算过程较为复杂，需额外测量较多的参数，无形中增加了外业的工作量。上述这些原因均在一定程度上阻碍了它们在林分生长模型中的发展与使用。

与距离有关的竞争指数是指在计算指标时将林木间距的影响考虑在内，在相关研究中使用最为频繁的是 Hegyi 简单竞争指数，这一指数在使用前，应当确定合适的竞争木数量，并对边缘木进行处理。在与这一指数有关的最初研究中，竞争半径被确定为 10 英尺（1 英尺=0.3048m），即以对象木为圆心，其半径 10 英尺范围内的所有林木均被划分为竞争木。随着相关概念的不断发展，后来有学者根据实际研究需求不同，开始自行确定竞争半径的大小，竞争半径的变化是为了不同研究均能选出更合适的竞争木参与模型的拟合。也有研究人员在确定竞争木时不考虑竞争半径的大小，而是直接选定离对象木最近的固定株数的树木作为竞争木，不同学者根据研究需求不同确定了不同的数值，如张成程（2009）在构建落叶松单木生长模型时选择 n=4 来筛选竞争木。也有学者将株数确定为 8 株，具体树木个数根据各自所研究林分的实际状况决定。在样地中除了确定对象木与竞争木外，还需考虑到边缘效应，位于样方边缘的树木称为边缘木，这些树木可能会影响最终模型结果，因此为了保证模型精度，在建模时边缘木应当被排除在外，既不可作为对象木也不能作为竞争木。但也有学者在进行研究时选择忽略边缘效应直接进行模型的构建（王莹等，2015）。与距离有关的竞争指数还有邻接木断面积、树冠竞争指数等，但由于测量工作量大或计算复杂等，均不如简单竞争指数在模型研究中的应用广泛。

本研究根据数据的实际获取情况，将采用林分每公顷株数（N）、相对直径（RD）、大于对象木的林木断面积之和（BAL）和对象木直径与林分中最大林木直径之比（DDM）这 4 个指标，将竞争影响 COMP 的表达如下：

$$c\times \mathrm{COMP}=c_1N+c_2\mathrm{BAL}+c_3\mathrm{RD}+c_4\mathrm{DDM}$$

式中，c 为待定参数。

（3）SITE 立地因子

先前单木生长模型的相关研究证明，立地条件也是会对林木生长量产生影响的因子之一。在一般野外调查中，海拔、坡度与坡向是 3 个与立地质量有关的地形因子，综合参考相关研究，本文将立地条件的函数表示为

$$d\times \mathrm{SITE}=d_1\times \mathrm{SL}+d_2\times \mathrm{SL}^2+d_3\times \mathrm{SLS}+d_4\times \mathrm{SLC}+d_5\times \mathrm{HB}$$

式中，SL 为坡率值，即坡度的正切值；SLS 和 SLC 为坡率和坡向 SLP 的组合项，SLS=SLsin(SLP)，SLC=SLcos(SLP)。坡向 SLP 以正东为零度起始，按逆时针方向计算，所以阴坡的 SLS 为正值，SLC 为负值；阳坡正好相反。SLS 值为负值；SLC 值为正；HB 为海拔。

3. 模型确立

将上述函数综合整理后得到主要树种单木胸高断面积生长方程为

$$\begin{aligned}\ln(\mathrm{BAI}+1)&= a+b\times \mathrm{SIZE}+c\times \mathrm{COMP}+d\times \mathrm{SITE} =a+b_1\ln(D)+b_2D^2+b_3H+b_4\mathrm{CW}+c_1N\\&+c_2\mathrm{BAL}+c_3\mathrm{RD}+c_4\mathrm{DDM}+d_1\times \mathrm{SL}+d_2\times \mathrm{SL}^2+d_3\times \mathrm{SLS}+d_4\times \mathrm{SLC}+d_5\times \mathrm{HB}\end{aligned}$$

式中各变量说明见表 4-1。

表 4-1　模型自变量及其说明

变量组	变量	说明
林木大小	D	树木初期胸径
	H	林木初期树高
	CW	树木初期冠幅
竞争因子	N	林分每公顷株数
	BAL	大于对象木的林木断面积之和
	RD	相对直径
	DDM	林木直径与最大林木直径之比

续表

变量组	变量	说明
立地因子	HB	海拔
	PD	坡度
	PX	坡向

4. 单木生长模型自变量筛选

根据模型实用原则，并不是所有自变量均能进入模型，而是筛选出与生长量相关性强的因子，剔除对模型贡献不大的指标。采用逐步回归的方法拟合各个变量，使用调整相关系数（R^2）来评价模型拟合的优度，随着被引入模型的自变量个数增加，模型的调整相关系数也会变大，但并不能认为自变量个数最多时模型拟合效果就是最好的。从生长模型未来的实用角度出发，所建模型不宜包含过多的变量，以免外业调查时工作量过大。随着模型中自变量数量的逐一增加，当 R^2 不再产生大幅变化而是增幅逐渐趋于稳定时，则此时的自变量个数即为模型的最佳自变量数量（闫明准，2009）。当最终进入模型的自变量仍然较多时，则参考各自变量的系数，删除对模型贡献较小的变量，保留对模型有较大影响的变量，确定最终模型形式。以图 4-1（色木槭）为例，图为变量的个数与调整相关系数的关系图，可见随着变量个数的增加，R^2 也在不断上升。但是当自变量个数为 4 ～ 8 时，R^2 的增加幅度明显较小。因此，确定模型最终引入自变量个数为 4 个。

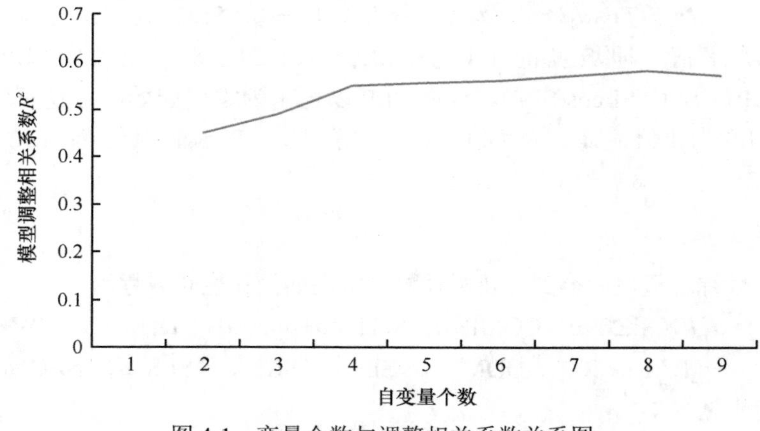

图 4-1　变量个数与调整相关系数关系图

5. 单木生长模型评价与检验

建立单木生长模型的主要目的是预估未来一段时间内林分的生长变化情况，进而为森林的经营决策提供有效的参考依据，因此所建立的单木生长模型需有一定的准确性和适应性，能够较为准确地预测未来的生长量变化。使用约百分之八十的数据建模，其余约百分之二十的数据用于模型验证。采用决定系数 R^2、均方根误差 RMSE 及相对误差 Bias% 对模型进行评价。

$$R^2 = 1 - \frac{\sum_{i=1}^{n}(y_i - \hat{y}_i)^2}{\sum_{i=1}^{n}(y_i - \overline{y}_i)^2}$$

$$\text{RMSE} = \sqrt{\sum_{i=1}^{n}(y_i - \hat{y}_i)^2 / n}$$

式中，y_i 为胸高断面积实测值；$\hat{y}_i$ 为胸高断面积预测值；$\overline{y_i}$ 为胸高断面积平均值；n 为观测值的数量。

4.1.5　单木枯损模型

4.1.5.1　单木枯损模型建立

除树木生长模型外，枯损模型也是林分生长模型的必要组分之一。随着科技水平的快速进步，森林的经营与管理理念也在不断更新，森林的经济效益受到越来越多的关注，尤其是我国商品林的生产与经营急需更为科学有效的指导。经营者更加期望可以掌握林木未来的生长动态变化，以便科学准确地规划采伐等重要的营林活动。林木枯损模型可以帮助营林者预估林分中树木生长及存活状态，以及为人类进行经营采伐等活动提供预判。按照林木生长模型的分类方法，林木枯损模型同样也可以分为三大类，分别是林分水平的枯损模型、径阶枯损模型及单木枯损模型。总结单木枯损模型的相关研究可以发现，Logistic 回归模型在相关研究中的使用频率最高，由于其预测值在 0 和 1 两个数值之间，因此整个模型具有较好的统计特性，只需选择合适的变量即可进行成功的预测，其模型基本形式为

$$P_i = \frac{1}{1 + \exp(-y)}$$

式中，P_i 为第 i 株树木枯损概率；$y=a_0+a_1x_1+a_2x_2+\cdots+a_nx_n$；式中，$x_1 \sim x_n$ 为所选择的自变量；$a_1 \sim a_n$ 为参考系数。

林木的枯损预估可以理解为林木枯损的概率，这种方法可以直接使用单木的自变量来估计单木的枯损概率，且因变量只有 0 和 1 两个值。

4.1.5.2　单木枯损模型评价与检验

利用独立检验样本数据，通过计算平均误差（ME）、标准误差（RMSE）、相对误差（Bias%）及预估精度（P）来评价枯损模型的拟合优度。

$$\text{ME} = \sum_{i=1}^{n}\left(\frac{y_i - \hat{y}_i}{n}\right)$$

$$\text{RMSE} = \sqrt{\sum_{i=1}^{n}(y_i - \hat{y}_i)^2 / n}$$

式中，y_i 为胸高断面积实测值；$\hat{y}_i$ 为胸高断面积预测值；n 为观测值的数量。

4.2 抚育采伐对林下更新影响

4.2.1 乔木树种幼苗更新生长

4.2.1.1 幼苗组成及数量特征

2016 年与 2017 年分别监测到乔木树种幼苗 4661 株和 2724 株，分别隶属于 8 科 9 种和 9 科 10 种，其中蒙古栎只在 2017 年监测到。在 2016 年和 2017 年内，水曲柳幼苗数量均达到 2000 以上，在 $4m^2$ 的幼苗样方内，幼苗密度也达到了（18.667±2.070）株/m^2 和（10.229±1.710）株/m^2（mean±SE，n=60），在乔木树种幼苗组成中占据优势地位。与其他树种幼苗相比，紫椴和白牛槭幼苗在两年的监测过程中个体数量相对较高，幼苗密度在（0.250±0.044）株/m^2 和（0.167±0.036）株/m^2 左右。糠椴、裂叶榆幼苗在两年的监测中，均只发现一株幼苗。不同物种的幼苗在月际间的动态变化较大。在两年的调查中，水曲柳、紫椴、白牛槭幼苗的个体总数分别占总幼苗数的 98.24% 和 95.08%，幼苗个体数均小于 10 的物种有 6 种，个体数仅占总幼苗数的 0.32% 和 0.55%。从幼苗的种频度来看，水曲柳、紫椴、白牛槭、色木槭幼苗分布相对比较广泛，其他树种幼苗分布相对较少。蒙古栎幼苗虽然个体数相对较多，但只在一个幼苗样方中监测到，幼苗分布聚集，这可能与周围蒙古栎母树相关。不同树种幼苗在空间分布上存在很大差异，仅有水曲柳幼苗在幼苗样方中密度大于 1 株/m^2，其他树种幼苗密度值都较低（表 4-2）。

表 4-2 2016 年与 2017 年幼苗组成及其数量特征

物种	幼苗数量（株）		幼苗密度（mean±SE，n=60）（株/m^2）		幼苗密度的变异系数（%）		种频度	
	2016	2017	2016	2017	2016	2017	2016	2017
水曲柳	4480	2455	18.667±2.070	10.229±1.710	85.90	129.50	60	59
紫椴	59	60	0.246±0.047	0.250±0.044	149.19	137.78	28	30
白牛槭	40	43	0.167±0.036	0.179±0.037	169.50	158.56	22	23
色木槭	27	32	0.113±0.032	0.133±0.026	218.14	152.31	17	23
胡桃楸	19	32	0.079±0.034	0.133±0.044	331.42	254.77	9	15
红松	13	31	0.054±0.028	0.129±0.043	399.40	255.71	6	15
簇毛槭	5	11	0.021±0.021	0.046±0.030	774.60	507.05	1	3
青楷槭	5	4	0.021±0.014	0.017±0.017	508.24	774.60	3	1
黄檗	4	2	0.017±0.008	0.008±0.006	377.32	543.06	4	2
春榆	3	5	0.013±0.007	0.021±0.011	439.57	400.85	3	4
千金榆	3	12	0.013±0.007	0.050±0.020	439.57	302.53	3	8
杉松	1	2	0.004±0.004	0.008±0.006	774.60	543.06	1	2
糠椴	1	1	0.004±0.004	0.004±0.004	774.60	774.60	1	1
裂叶榆	1	1	0.004±0.004	0.004±0.004	774.60	774.60	1	1
蒙古栎	—	33	—	0.138±0.138	—	774.60	—	1

4.2.1.2　幼苗月际动态

2016 年与 2017 年幼苗的月际动态变化一致，本节以 2016 年数据为例。2016 年全年共监测到 4004 株幼苗，其中新生幼苗 1581 株，多年生幼苗 2423 株。幼苗新增数量随着月份逐渐减少，6 月、7 月及 8 月的幼苗新增数量分别为 244 株、152 株、16 株，其中一年生新生幼苗的新增数量分别为 182 株、76 株、12 株，多年生幼苗增补数量分别为 62 株、76 株、4 株。6 月的幼苗增补率最大，为 0.315%，随着幼苗新生数量的降低，幼苗增补率逐渐下降，8 月的幼苗增补率仅为 0.031%。幼苗增补率在新生幼苗和多年生幼苗间存在差异，新生幼苗增补率在各月均大于多年生幼苗，但二者在 6 ～ 8 月均呈下降趋势，这与幼苗萌发更新的月际动态相关。幼苗的死亡数量随着月份逐渐减少，6 月、7 月及 8 月的幼苗死亡数量分别为 1132 株、589 株、279 株，其中一年生幼苗死亡数量分别为 744 株、218 株、118 株，多年生幼苗死亡数量分别为 388 株、371 株、161 株。幼苗死亡率在 6 月最大，为 1.262%，随着月份变化逐渐下降，随着幼苗死亡数量降低，8 月的幼苗死亡率最小，为 0.505%。在各个月份上，一年生幼苗死亡率与多年生幼苗死亡率表现出明显的差异性，一年生幼苗的死亡率较高。

采伐样地与对照样地的幼苗月际动态变化差异明显。采伐样地 2016 年共监测到 2469 株幼苗，其中一年生幼苗 387 株，多年生幼苗 2082 株，对照样地在 2016 年共监测到 1535 株，其中一年生幼苗 1194 株，多年生幼苗 341 株。采伐样地与对照样地幼苗总数差距较大，其中采伐样地中多年生幼苗数量较多，占总幼苗数的 84.3%，对照样地中一年生幼苗数量较多，是幼苗总量的 77.8%。采伐样地与对照样地的幼苗新增数均随着月份下降，采伐样地的幼苗新增数在各月普遍大于对照样地，其中 6 月两块样地的差距最大，相差幼苗株数为 112 株。因采伐样地的总幼苗数低于对照样地，增加幼苗株数占据比例差距大，在 7 月和 8 月采伐样地的增补率低于对照样地。幼苗的死亡数从 6 ～ 8 月整体上呈降低趋势，采伐样地的幼苗死亡数在 6 月低于对照样地，7 月、8 月高于对照样地，其中各月的多年生幼苗死亡数均大于一年生幼苗；对照样地的幼苗死亡情况与采伐样地相反，各月的一年生幼苗死亡数量大于多年生幼苗，以 6 月幼苗死亡率最高。两块样地的死亡率均随月份降低，采伐样地的幼苗死亡率明显低于对照样地，这可能是因为光照促进了幼苗的生长更新，利于幼苗存活，而多年生幼苗能削弱环境变化带来的不利影响，样地幼苗死亡率降低（表 4-3）。

4.2.1.3　幼苗年际动态

在 2015 ～ 2017 年，样地共监测到新生幼苗 15 种，共 6003 株。在幼苗数量上，水曲柳新生幼苗数量最多，其次为紫椴幼苗，而杉松、青楷槭、裂叶榆等木本植物幼苗数量较少，均低于 10 株。新生木本植物幼苗数量在年际动态间存在显著差异：2015 年监测到的新生幼苗总数量约为 2016 年幼苗总数的 3 倍，约为 2017 年幼苗总数的 19 倍；水曲柳幼苗、白牛槭幼苗、色木槭幼苗、胡桃楸幼苗等均在 2015 年达到了高峰，而红松幼苗在 2016 年达到了数量高峰，约为 2015 年幼苗数量的 13 倍和 2017 年幼苗数量的 3 倍。簇毛槭和裂叶榆乔木树种在三年调查中均未监测到新生幼苗，蒙古栎幼苗仅在 2017 年调

表 4-3　2016 年幼苗样方当年生与多年生幼苗月际动态变化

幼苗样方	幼苗年龄	5月	6月				7月				8月			
		幼苗数量	新增数（株）	死亡数（株）	死亡率（%）	增补率（%）	新增数（株）	死亡数（株）	死亡率（%）	增补率（%）	新增数（株）	死亡数（株）	死亡率（%）	增补率（%）
幼苗总样方	一年生	1311	182	744	2.794	0.928	76	218	1.228	0.478	12	118	0.831	0.093
	多年生	2281	62	388	0.622	0.107	76	371	0.752	0.167	4	161	0.392	0.010
	合计	3592	244	1132	1.262	0.315	152	589	0.877	0.248	16	279	0.505	0.031
采伐样地	一年生	229	121	76	1.195	1.942	32	53	0.768	0.483	5	30	0.485	0.085
	多年生	1953	57	274	0.391	0.111	69	339	0.776	0.172	3	134	1.167	0.009
	合计	2182	178	350	0.467	0.309	101	392	0.775	0.216	8	164	0.386	0.020
对照样地	一年生	1082	61	668	3.202	0.458	44	165	1.524	0.474	7	88	1.099	0.100
	多年生	328	5	114	1.423	0.077	7	32	0.564	0.131	1	27	0.576	0.023
	合计	1410	66	782	2.696	0.333	51	197	1.192	0.349	8	115	0.906	0.070

查到新生幼苗 51 株，在 2015 年和 2016 年中均未调查到。三年间共调查到多年生木本植物幼苗 4483 株，分属于 15 种乔木树种。水曲柳多年生幼苗数量最多，其次是白牛槭幼苗、色木槭幼苗、紫椴幼苗和胡桃楸幼苗，而糠椴、千金榆、裂叶榆和蒙古栎乔木树种幼苗较少，均低于 5 株。多年生木本植物幼苗在年际调查中也存在较大的差异：多年生幼苗总数在 2016 年达到高峰，约为 2015 年幼苗总数量的 32 倍和 2017 年幼苗总数量的 1.3 倍；水曲柳幼苗在 2016 年达到了最大值，约为 2015 年的 52 倍，而红松、紫椴、色木槭树种幼苗在 2017 年达到了高峰。胡桃楸、黄檗、青楷槭、春榆和裂叶榆树种多年生幼苗在 2015 年均未监测到，而蒙古栎多年生幼苗仅在 2017 年监测到 1 株（表 4-4）。

新生木本植物幼苗在 2015 ～ 2016 年共有 2287 株幼苗死亡，分属于 10 个物种，其中水曲柳幼苗的死亡数量最高，占总数量的 97.9%，糠椴、杉松、青楷槭树种幼苗死亡率最大，为 100%。在 2016 ～ 2017 年共有 10 种 1233 株乔木幼苗死亡，其中水曲柳幼苗死亡数量最高，约为总幼苗数量的 95%，其次为紫椴幼苗。杉松、青楷槭和春榆幼苗全部死亡，死亡率为 100%。除红松幼苗外，大部分树种幼苗在 2016 ～ 2017 年的死亡率均大于 2015 ～ 2016 年幼苗死亡率。多年生木本植物幼苗在 2015 ～ 2016 年共有 27 株幼苗死亡，分属于 6 个乔木树种，其中水曲柳幼苗的死亡数量最多，占幼苗总数量的 70.4%，糠椴和紫椴幼苗全部死亡。在 2016 ～ 2017 年共有 1061 株多年生幼苗死亡，分属于 9 个物种，其中水曲柳幼苗的死亡数量最多，占幼苗总数的 96.6%，春榆幼苗的死亡率最高，为 75%，千金榆幼苗在调查过程中全部死亡，红松、青楷槭、裂叶榆幼苗在调查中全部存活，死亡率为 0。除了紫椴、色木槭幼苗，其他大部分树种的多年生幼苗 2015 ～ 2016 年的死亡率均低于 2016 ～ 2017 年幼苗死亡率（表 4-4）。

4.2.1.4　幼苗高度级

在连续两年的调查过程中，样地整体的幼苗高度在各个高度级的分布上表现出相似性，均呈现单峰趋势，各月的幼苗数量主要集中在 5 ～ 10cm、10 ～ 15cm、15 ～ 20cm 三个高度级上，而 0 ～ 5cm、30cm 以上两个高度级的幼苗数量较少。各月高度级上的幼苗数量比较，5 月幼苗数量最多，随着月际变化，幼苗数量逐渐减少，20cm 以上高度级的幼苗数量逐渐增加，幼苗数量占据的比例随着月份增大。样地整体幼苗高度级的年际比较，2016 年幼苗数量明显高于 2017 年的幼苗数量，且在各个高度级上分布差异大。2016 年幼苗数量在各月上分布极不均匀，5 月的幼苗数量最大，5 ～ 10cm 高度级上幼苗数量明显高于其他月份及其他高度级，6 月幼苗数量锐减，幼苗数量在各高度级上分布逐渐均匀，6 ～ 8 月无明显差异。2017 年幼苗数量相对较低，在各高度级上差异较小，各月间的分布相对均匀（图 4-2）。

采伐样地与对照样地的幼苗高度级比较，采伐样地幼苗数量在各个高度级上分布趋势相同，主要集中在 5 ～ 30cm 的高度上，低于 5cm 和高于 30cm 的幼苗数量占据比例在各个月份中均比较小。随着月际动态演替，采伐样地的幼苗高度生长明显，幼苗数量在大高度级上占据的比例随月份逐渐增加，幼苗生长更新状态良好。采伐样地的 2016 年与 2017 年幼苗高度级比较，2016 年与 2017 年幼苗分布均呈单峰趋势，各个高度级上幼苗数量分别在各月间相近，没有明显差异；2016 年幼苗数量相对较高，幼苗高度主要集

表 4-4　2015～2017 年幼苗样方新生幼苗与多年生幼苗年际动态变化

物种	新生幼苗数量（株）			新生幼苗死亡数［死亡率（%）］		多年生幼苗数量（株）			多年生幼苗死亡数［死亡率（%）］		重要值		
	2015	2016	2017	2015～2016	2016～2017	2015	2016	2017	2015～2016	2016～2017	2015	2016	2017
白牛槭	20	7	4	9（45）	4（57.1）	14	34	36	1（7.1）	9（26.5）	7.69	6.19	7.48
簇毛槭	0	0	0	—	—	6	10	9	1（16.7）	3（30）	0.42	0.67	1.03
红松	2	27	9	1（50）	11（40.1）	1	3	19	0（0）	0（0）	1.08	4.27	3.65
糠椴	2	1	0	2（100）	0（0）	1	0	1	1（100）	—	1.08	0.31	0.3
千金榆	2	4	8	1（50）	3（75）	0	1	1	—	1（100）	0.72	1.56	1.85
色木槭	14	5	8	2（14.3）	3（60）	7	19	27	3（42.9）	6（31.6）	5.45	5.09	7.36
杉松	1	1	0	1（100）	1（100）	1	1	1	0（0）	0（0）	0.36	0.62	0.3
水曲柳	4131	1445	105	2238（54.2）	1172（81.1）	45	2340	1789	19（42.2）	1025（43.8）	69.23	65.35	59.78
紫椴	44	41	29	26（59.1）	31（75.6）	2	19	31	2（100）	7（36.8）	9.22	8.24	9.85
胡桃楸	18	9	2	6（33.3）	4（44.4）	0	20	23	—	6（30）	3.33	4.55	3.85
黄檗	3	0	1	0（0）	—	0	3	2	—	1（33.3）	1.08	0.94	0.89
青楷槭	1	1	3	1（100）	1（100）	0	3	3	—	0（0）	0.36	0.65	0.68
春榆	0	3	1	—	3（100）	0	4	4	—	3（75）	—	1.25	1.21
裂叶榆	0	0	0	—	—	0	1	1	—	0（0）	—	0.31	0.3
蒙古栎	0	0	51	—	—	0	0	1	—	—	—	—	1.47
合计	4238	1544	221	2287（53.9）	1233（79.9）	77	2458	1948	27（35.1）	1061（43.2）			

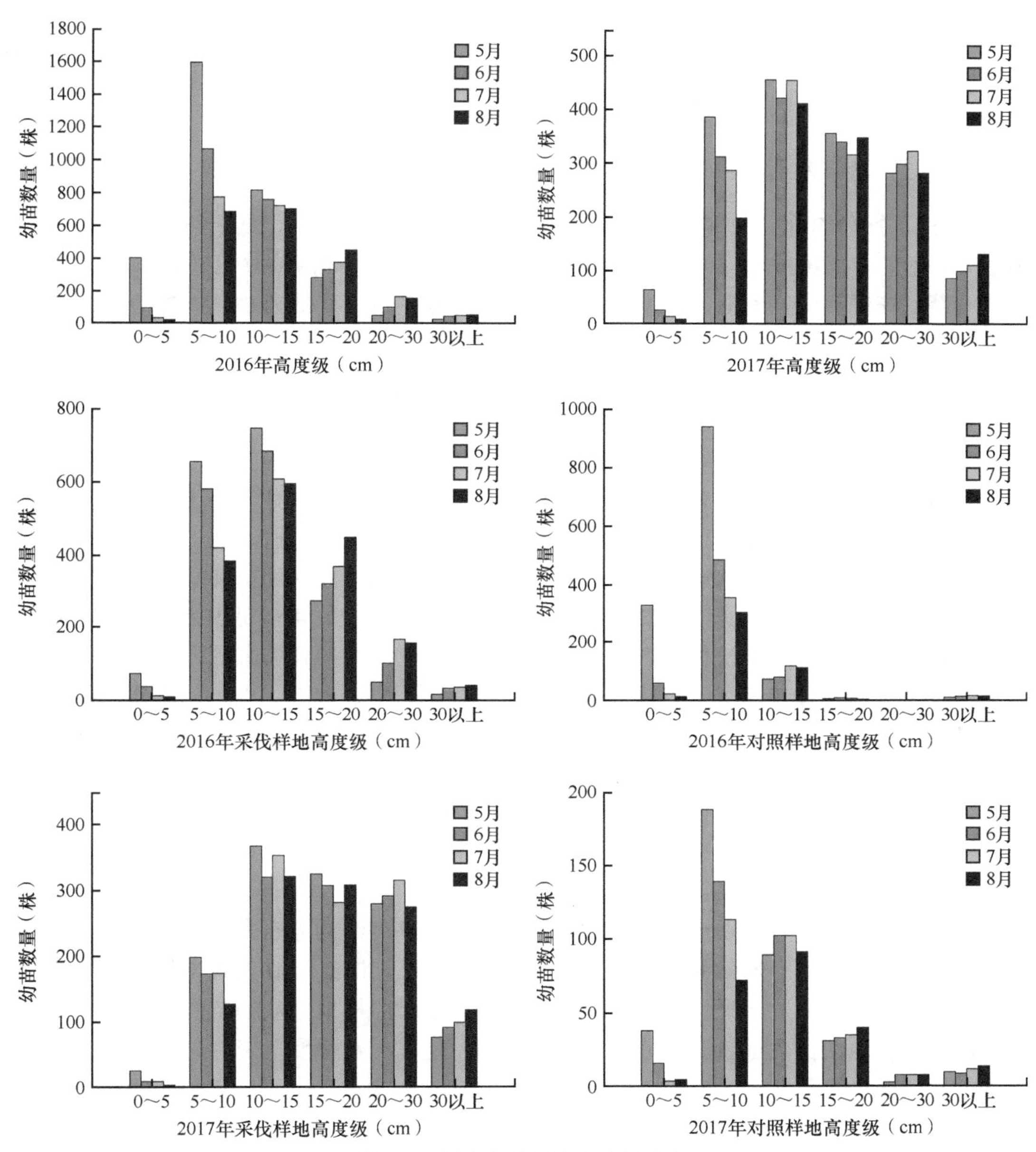

图 4-2　样方内幼苗的高度级分布

中在 5 ～ 20cm，其他高度级上幼苗数量相对较少，单峰趋势更明显；2017 年幼苗数量较低，幼苗高度主要集中在 10 ～ 30cm 高度上，30cm 以上的幼苗数比 2016 年同一级幼苗数高，表明从 2016 ～ 2017 年幼苗高度生长较好，幼苗处于生长更新阶段。对照样地的幼苗在各个高度级上分布非常不均匀，主要集中在 5 ～ 15cm 的高度上，高于 15cm 高度的幼苗数量在各月中占据比例非常小，随着月际动态演替，对照样地的幼苗高度生长不显著，幼苗数量随着月份减少。对照样地的 2016 年与 2017 年幼苗高度级比较，2016 年幼苗数量比 2017 年幼苗数量多，但 2016 年幼苗数量在各个高度级上分布极不均匀，5 ～ 10cm 高度上幼苗数量占极大比例，高度在 15cm 以上的幼苗数量非常少，幼苗数随着月份变化锐减；2017年幼苗分布相对比较均匀，主要集中在5～20cm的高度上，各个高度级上幼苗数量分别在各月间相近，差异并不显著，随着月份变化，大高度级上幼苗数量占据比例逐渐增大，幼苗生长更新状态相对得到改善。

4.2.1.5　结果与讨论

2015～2017年的3次调查中，共监测到15种木本植物幼苗，低于热带雨林幼苗物种数（李晓亮等，2009）。样地内存在的幼苗物种均属于样地内物种范畴，未出现其他物种幼苗。在调查中，紫椴、白牛槭树种幼苗数量较多，而其他树种，如青楷槭、裂叶榆、千金榆等幼苗数量较少，这可能是因为处于繁殖阶段的个体数较少，产生的种子较少，或者扩散限制机制阻碍了种子的传播；另外，种子的发芽率低、幼苗的定居能力差，以及有害的细菌、病原体和动物的啃啮等也会影响幼苗数量（宾粤，2011）。水曲柳幼苗在连续3年的调查中，新生幼苗和多年生幼苗数量均占据了绝对的优势，可能是因为不同物种幼苗存活的最适光照存在一定的差异，水曲柳属于阳性树种，采伐后林分内的光照条件得到很大改善，促进了土壤中的休眠种子萌发和幼苗的定居，利于水曲柳幼苗的生长存活。红松是构成乔木层的主要树种，但林下调查到的红松幼苗并不多，并且在年际间也存在明显的差异，这与姚杰等（2015）的研究结果一致，可能是因为红松种子主要是依靠动物进行传播，红松种子也是鸟类和啮齿类动物主要的食物来源之一，传播过程中动物对种子的采食严重影响着林下幼苗的数量（李俊清和祝宁，1990）；此外，红松种子靠重力传播，与靠风力传播的种子相比，红松种子的扩散能力弱，容易受到母体周围病原体的侵害（李昕等，1989），同时人类对红松种子的采摘极大地降低了种子到达土壤的数量（刘足根等，2004）。在研究中发现，不同年龄的乔木树种幼苗的死亡率存在差异，主要表现为新生幼苗的死亡率高于多年生幼苗，主要原因可能是多年生幼苗生存能力较强，削弱了周围环境变化对自身生长的不利影响。

幼苗的生长更新可以通过幼苗的数量变化和幼苗高度级的分布来表现，在一定程度上通过幼苗的年龄结构来揭示种群的延续力（李帅锋等，2012）。在调查期间，幼苗的死亡率在6月达到最大值，采伐样地的幼苗死亡率大于对照样地，从幼苗的高度级也同样发现，采伐样地幼苗数量较多，分布相对更均匀，这在一定程度上表明光照对幼苗的生长更新具有重要的影响，这与韩文娟等（2012）的研究结果一致。不同年龄的幼苗对光照的反应不同，研究结果表明，新生幼苗的死亡率远大于多年生幼苗，幼苗在0～5cm的高度级上数量很少，说明了新生幼苗更容易受到光照条件变化的影响。样地的总幼苗数量随着月份减少，从幼苗高度级的分布来看，0～5cm的幼苗数量占据比例逐渐减少，而较大高度级上幼苗数量逐渐增加，在一定程度上说明幼苗的高度随月份的生长变化比较明显，较高的幼苗更利于对光照的吸收利用，利于幼苗的生长。

4.2.2　草本生长动态

4.2.2.1　草本物种组成和多样性

东北地区的森林群落内的气温年变化大，降水量在各个月内差异很大。与乔木树种相比，草本对环境变化表现得更敏感。草本群落的物种组成、数量、盖度、多度等，在各个季节中变化很大，群落结构的差异显著。草本植物能够加快森林群落的物质循环、保持水源、提高生产力，对维持森林生态系统稳定性起到了重要的作用，这都与丰富的草本植物资源密切相关。草本物种组成主要基于 2016 年与 2017 年的草本数据，研究两年调查中，早春草本（4 月底至 5 月初）和夏季草本（6 月底至 7 月初）在结构上的差异性。草本多样性基于 2017 年的调查数据，研究草本植物的丰富度指数、均匀度指数、辛普森多样性指数和香农-维纳多样性指数在各个月份（4 ～ 8 月）的差异性，以及采伐样地和对照样地在不同月份中草本多样性的差异。

1. 草本物种组成

在 2016 ～ 2017 年草本群落调查过程中，共监测到 64 种草本植物，隶属于 26 个科。连续两年的调查中发现，与其他科物种相比，百合科和毛茛科在早春与夏季草本群落中物种数最大，表明在整个草本生长季中，百合科和毛茛科草本植物占据了群落的优势地位，并且这种优势在早春中表达得更加明显。此外，伞形科、莎草科和罂粟科草本植物虽然物种数不高，但拥有大量的个体数，在数量上占据一定优势。在早春和夏季中，还出现了大量单科单种的草本植物，例如，蔷薇科、茄科、花荵科、十字花科等。而早春草本与夏季草本在物种的群落组成上也存在很大的差异。在群落总物种数中，早春草本的物种数低于夏季草本，部分草本物种只在夏季调查中发现，如凤仙花科、鳞毛蕨科、天南星科等。在单科物种数方面，部分早春植物随着夏季物种群落的演替更新而逐渐死亡，单科的物种数降低，主要表现在毛茛科和罂粟科。部分草本物种的生长季较长，在早春和夏季的两次调查中均存在，但也存在差异，十字花科、罂粟科、黑药花科等物种在早春中个体数明显高于夏季，而茄科、荨麻科等物种的个体数在夏季最高，这主要与物种的生物特性有关（表 4-5）。

表 4-5　2016 年与 2017 年早春草本与夏季草本群落的物种组成

科	2016 年草本群落				2017 年草本群落			
	早春草本		夏季草本		早春草本		夏季草本	
	物种数	个体数	物种数	个体数	物种数	个体数	物种数	个体数
百合科	5	2029	5	72	5	1478	6	69
唇形科	1	2198	2	1716	1	945	2	2087
禾本科	1	35	1	248	0	0	1	41
黑药花科	1	668	1	12	1	386	1	18
虎耳草科	1	261	2	522	1	202	4	600
花荵科	1	66	1	15	1	42	1	54
菊科	2	21	3	38	1	14	4	81
毛茛科	10	8954	5	721	8	5600	6	340
蔷薇科	1	870	2	965	1	539	2	1577
茄科	1	372	1	716	1	376	1	836
伞形科	3	1177	3	1440	3	1190	2	2411

续表

科	2016年草本群落				2017年草本群落			
	早春草本		夏季草本		早春草本		夏季草本	
	物种数	个体数	物种数	个体数	物种数	个体数	物种数	个体数
莎草科	2	3535	2	3002	2	2528	3	5958
十字花科	1	322	1	262	1	433	1	258
荨麻科	1	21	2	989	0	0	3	1958
罂粟科	4	5637	1	16	3	3190	1	36
豆科	0	0	1	7	0	0	1	12
防己科	0	0	1	4	0	0	0	0
凤仙花科	0	0	1	975	0	0	1	317
鳞毛蕨科	0	0	1	18	0	0	1	9
茜草科	0	0	2	247	0	0	3	257
蹄盖蕨科	0	0	1	1017	0	0	1	1359
天南星科	0	0	1	81	0	0	1	163
铁线蕨科	0	0	1	7	0	0	1	4
蓼科	0	0	0	0	0	0	2	1106
水蕨科	0	0	1	121	0	0	1	253
五福花科	0	0	1	84	0	0	1	64

2016年早春草本调查过程中，监测到草本38种，隶属于16个科，多度在1000以上的物种共有10种；2017年早春草本调查过程中，监测到草本29种，隶属于13个科，多度在1000以上的物种共有7种。两次调查草本多度前五名为：黑水银莲花（3041、2649）、毛缘薹草（3278、2371）、多被银莲花（2092、2279）、东北延胡索（1978、1334）、朝鲜顶冰花（1845、1263）。2016年夏季草本调查过程中，监测到草本44种，隶属于26个科，多度在1000以上的物种共有4种；2017年夏季草本调查过程中，监测到草本52种隶属于26个科，多度在1000以上的物种共有6种。两次调查草本多度前五名分别为：毛缘薹草（2883、5468）、美汉草（1686、2063）、东北羊角芹（1229、2173）、东北蹄盖蕨（1017、1359）、蚊子草（950、1430）。

早春草本在物种组成上与夏季草本存在很大差异性。在早春草本的物种组成中，主要以黑水银莲花、多被银莲花、东北延胡索、朝鲜顶冰花等早春特有草本植物为主，这些特有草本在夏季调查期间已经死亡。在夏季草本调查过程中，东北蹄盖蕨、水金凤、宽叶荨麻等夏季草本取代早春草本，开始生长，并逐渐占据主导地位。早春和夏季草本中，会有一部分草本在早春和夏季都能生长。例如，毛缘薹草、美汉草、山茄子等草本，在早春草本群落和夏季草本群落中，均占据了主导地位。而荷青花、北重楼、角瓣延胡索等草本，虽然在早春和夏季调查过程中均出现，但是夏季调查过程中，其重要值明显降低，表明物种的优势地位随着夏季草本的演替而逐渐下降。鲜黄连、紫花变豆菜、山茄子等物种在早春和夏季调查中也均存在，但随着夏季草本物种的演替，物种的重要值增大，在群落结构中的重要性变大（表4-6）。

表 4-6　2016 年与 2017 年早春草本与夏季草本群落结构特征

物种	2016 年草本群落结构调查								2017 年草本群落结构调查							
	频次		多度		种盖度		重要值		频次		多度		种盖度		重要值	
	早春	夏季	早春	夏季	早春	夏季	早春	夏季	早春	夏季	早春	夏季	早春	夏季	早春	夏季
毛缘薹草	48	47	3278	2883	6.78	11.20	8.74	15.23	50	50	2317	5468	2.43	9.12	10.16	16.92
黑水银莲花	51	—	3041	—	13.31	—	10.91	—	53	—	2649	—	5.23	—	13.94	—
美汉草	53	53	2198	1686	8.26	12.06	8.13	13.02	47	52	945	2063	2.56	9.52	7.41	11.54
多被银莲花	37	—	2092	—	9.13	—	7.58	—	38	1	2279	13	3.98	0.03	10.98	0.1
东北延胡索	52	—	1978	—	7.19	—	7.43	—	49	—	1334	—	3.01	—	8.77	—
朝鲜顶冰花	51	—	1845	—	3.39	—	5.85	—	36	—	1263	—	1.35	—	6.1	—
荷青花	36	2	1689	16	8.12	0.18	6.67	0.26	17	5	699	36	1.06	0.17	3.53	0.47
东北扁果草	33	1	1659	1	5.83	0.04	5.67	0.09	24	—	175	—	0.8	—	2.64	—
东北延胡索	21	—	1495	—	3.55	—	4.11	—	41	—	1157	—	1.81	—	6.67	—
东北羊角芹	38	38	1098	1229	4.15	3.96	4.59	7.4	27	41	1166	2173	1.59	4.48	5.6	8.51
蚊子草	31	30	870	950	3.34	6.68	3.70	7.3	27	29	539	1430	1.23	6.85	4	7.66
侧金盏	25	—	771	—	2.87	—	3.13	—	20	—	329	—	1.01	—	2.92	—
北重楼	36	5	668	12	3.64	0.22	3.77	0.47	29	3	386	18	1.61	0.1	4.21	0.27
山茄子	20	29	372	716	1.47	6.02	1.90	6.36	17	25	376	836	0.71	3.87	2.52	4.93
白花碎米荠	33	25	322	262	1.49	2.67	2.43	3.53	22	26	433	258	1.48	1.35	3.75	2.78
毛金腰	7	4	261	470	0.64	1.42	0.88	2.05	8	7	202	358	0.34	1.14	1.24	1.62
角瓣延胡索	5	3	257	119	0.18	0.21	0.62	0.6	6	5	211	433	0.18	0.34	0.97	1.22
东北蹄盖蕨	—	42	—	1017	—	7.22	—	8.53	—	47	—	1359	—	7.68	—	9.12
水金凤	—	34	—	975	—	5.75	—	7.25	—	25	—	317	—	1.77	—	3.02
宽叶荨麻	2	38	21	947	0.06	7.00	0.14	7.98	—	39	—	1767	—	7.25	—	9.07
粟草	2	6	35	248	0.06	0.38	0.16	1.2	—	2	—	41	—	0.08	—	0.24
鲜黄连	2	2	56	218	0.1	0.1	0.2	0.72	1	4	14	141	0.01	0.26	0.1	0.62
紫花变豆菜	6	10	59	180	0.36	1.36	0.48	1.72	3	11	20	238	0.08	1.35	0.3	1.78
北乌头	9	11	88	160	0.28	1.12	0.62	1.64	3	15	22	78	0.1	0.39	0.33	1.29
茜草	—	12	—	129	—	0.92	—	1.55	—	8	—	111	—	0.48	—	0.94
水蕨菜	—	10	—	121	—	2.55	—	2.08	—	16	—	253	—	1.53	—	2.22
东北猪殃殃	—	3	—	118	—	0.28	—	0.62	—	3	—	110	—	0.2	—	0.48
东北天南星	—	12	—	81	—	0.46	—	1.23	—	17	—	163	—	0.83	—	1.78
蛇莓委陵菜	—	1	—	15	—	0.11	—	0.15	—	4	—	147	—	0.35	—	0.68
狭叶荨麻	—	2	—	42	—	0.39	—	0.41	—	5	—	138	—	0.37	—	0.74
异叶金腰	—	1	—	52	—	0.13	—	0.26	—	1	—	127	—	0.15	—	0.35
菟葵	25	—	90	—	0.83	—	1.54	—	18	—	111	—	0.39	—	1.73	—
鹿药	7	1	92	45	0.46	0.05	0.6	0.2	7	1	155	5	0.65	0.05	1.42	0.1

注：表格中草本调查样本选取了种多度在 100 以上数据

2. 草本群落多样性

林下草本多样性在生长季内随着月份表现出明显的变化。草本丰富度指数在 4 ～ 8 月，呈现单峰趋势，在 5 月达到最大值，随后逐渐下降。早春草本（4 月）虽然个体数量较多，但物种数相对较少，丰富度指数与 5 月存在显著差异。5 月夏季草本开始萌发生长，早春特有的短生长季草本仍处在演替后期，物种数达到了最大值，丰富度指数最高。随着夏季草本的更新演替，早春短生长季草本基本全部死亡，物种数降低，草本丰富度指数下降，至 8 月底，夏季草本逐渐死亡，丰富度指数最低。辛普森多样性指数和香农-维纳多样性指数变化趋势相一致，4 ～ 6 月差异不明显，7 月、8 月草本多样性逐渐降低，与 5 月表现出显著性差异，这可能是因为夏季草本随着月份逐渐完成演替过程，早春草本逐渐被夏季草本取代，物种多样性降低。草本均匀度指数在各个月份间没有表现出差异性（图 4-3）。

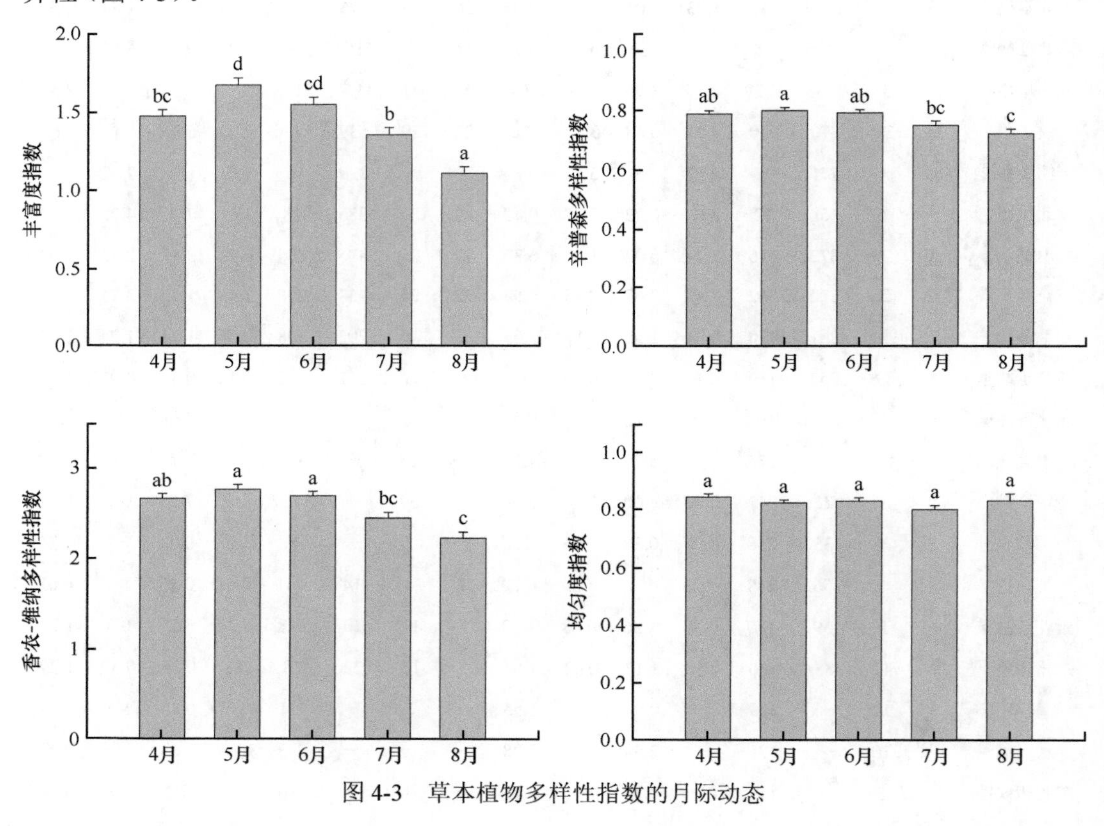

图 4-3　草本植物多样性指数的月际动态

样地采伐后林分产生林隙，郁闭度降低，林分的光照条件增强，间接改变了林分的水热条件和土壤条件，对草本植物多样性等产生一定的影响。以月份为单位，采伐样地的草本丰富度指数呈单峰趋势，在 5 月达到最大值；对照样地的丰富度指数在 4 月与 5 月相差不大，随后呈下降趋势。除 5 月外，采伐样地与对照样地的草本丰富度指数在其他月份差异较大。以样地为单位，采伐样地的草本丰富度指数在 4 月最低，与其他月份存在显著差异，5 月、6 月相差不大，与 7 月、8 月存在明显的差异性，8 月降到最低值；

而对照样地的 4 月、5 月草本丰富度指数相差不大，与其他月份表现出显著性差异，6 ～ 7 月差异不明显，8 月草本丰富度指数也最低。这可能是因为采伐样地郁闭度降低，光照条件增强，加快了夏季草本植物的演替进程，在 7 ～ 8 月草本开始逐渐衰败死亡，丰富度指数降低。草本辛普森多样性指数和香农-维纳多样性指数在月际动态中表现不同。采伐样地的辛普森多样性指数在各月间没有表现出差异性，而在对照样地中辛普森多样性指数在 4 ～ 6 月差异较小，而 7 月与 8 月多样性指数下降，与 4 月存在显著性差异。两块样地的草本月际动态比较发现，仅在 7 月两块样地草本多样性存在差异。香农-维纳多样性指数在采伐样地和对照样地趋势不同。采伐样地的多样性指数表现出单峰形式，5 月、6 月草本多样性最高，与 4 月和 8 月存在显著性差异。对照样地的草本多样性呈单调递减趋势，7 月与 8 月草本多样性较低，与早春和夏季草本差异显著。对比两块样地的草本月际动态发现，早春和晚夏的草本多样性差异显著不同，对照样地的草本多样性低于采伐样地。均匀度指数在样地间以及各个月份间均没有表现出差异性（图 4-4）。

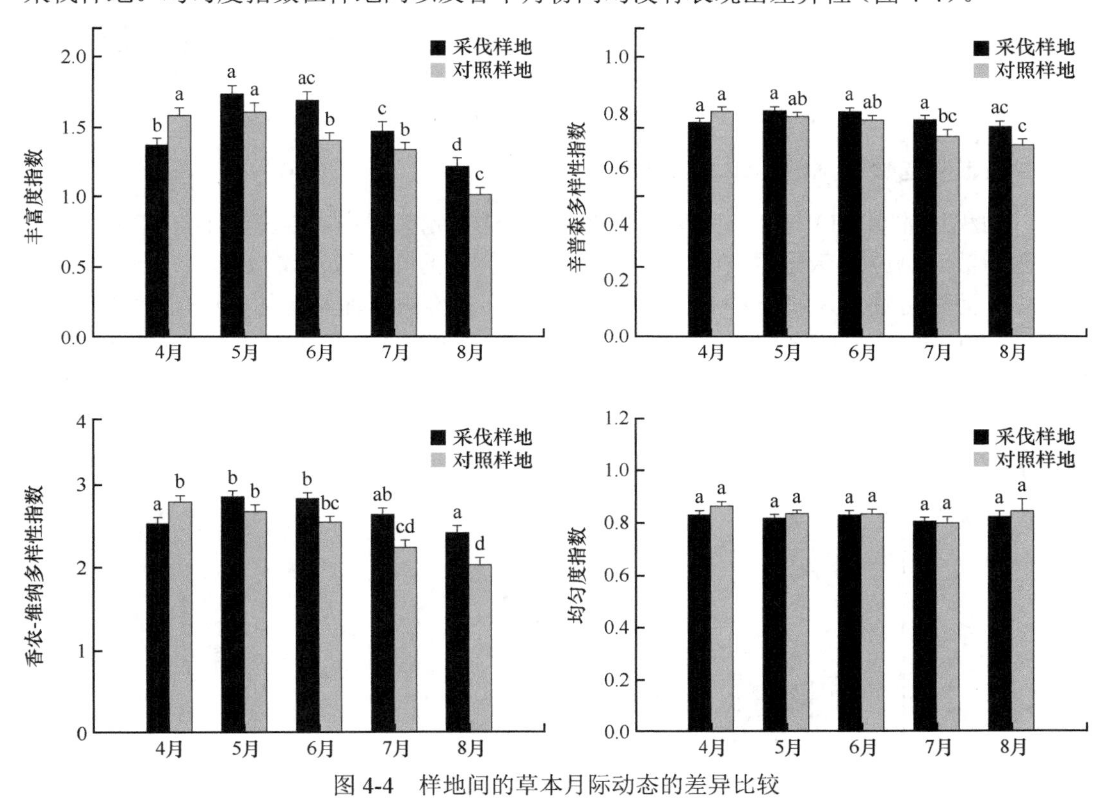

图 4-4　样地间的草本月际动态的差异比较

4.2.2.2　草本盖度生长及 LAI 的影响

1. 草本盖度的月际动态

植被盖度反映了植物的茂密程度及植物进行光合作用面积的大小，容易受到立地条件、土壤厚度、水热条件等因素的影响。在早春（4 月）到夏季末（8 月）的草本生长季，温度、湿度、光照等环境条件变化较大，草本盖度生长差异较大。4 月草本盖度较低，与其他月份表现出显著性差异，而 5 ～ 8 月草本盖度没有明显变化，这可能是因为早春草本在调查期间处于萌发阶段，叶片部分未伸展或者叶面积较小。草本盖度在采伐样地和对照样地表现出一致性，均在 4 月草本盖度最低，且与其他月份差异显著。采伐样地的草本盖度在各月均大于对照样地，5 ～ 8 月两块样地的草本盖度差异大，可能受光照条件影响（图 4-5）。

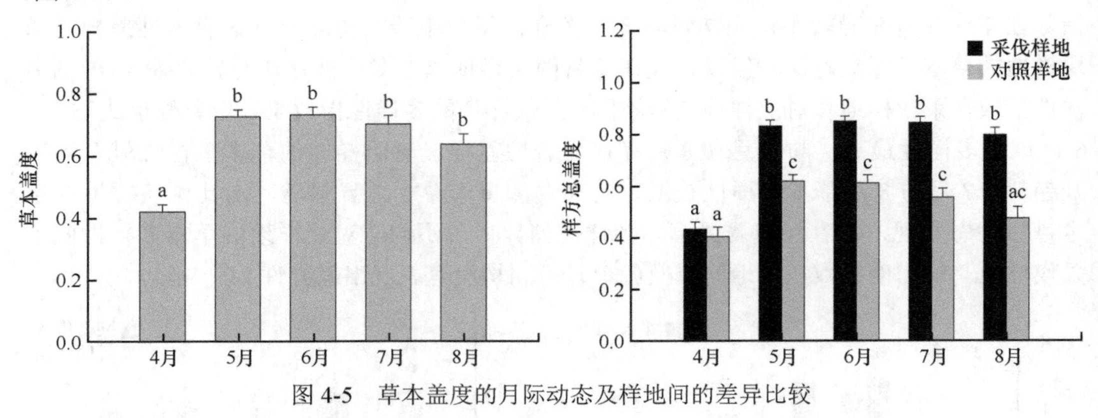

图 4-5　草本盖度的月际动态及样地间的差异比较

2. 叶面积指数（LAI）对草本盖度的影响

叶面积指数（LAI）与光照强度表现相反，LAI 值越大，光照强度越小，本节研究用叶面积指数（LAI）表示光照强度。根据实验测得样方的叶面积指数（LAI），依据数值跨度，将叶面积指数人为划分为 4 个梯度，研究各个月份的草本盖度在不同 LAI 梯度上的差异性，其中梯度 1 光照强度最大，梯度 4 光照强度最小。5 月、6 月的草本盖度在梯度 1、梯度 2 间没有差异，与梯度 3、梯度 4 表现出显著性差异，7 月、8 月草本盖度在前两个梯度和后两个梯度间表现出了显著性差异，梯度 1 与梯度 2、梯度 3 与梯度 4 之间没有表现出差异性。实验结果表明，草本盖度生长受光照强度影响很大，随着光照强度降低，草本样方总盖度呈降低趋势（图 4-6）。

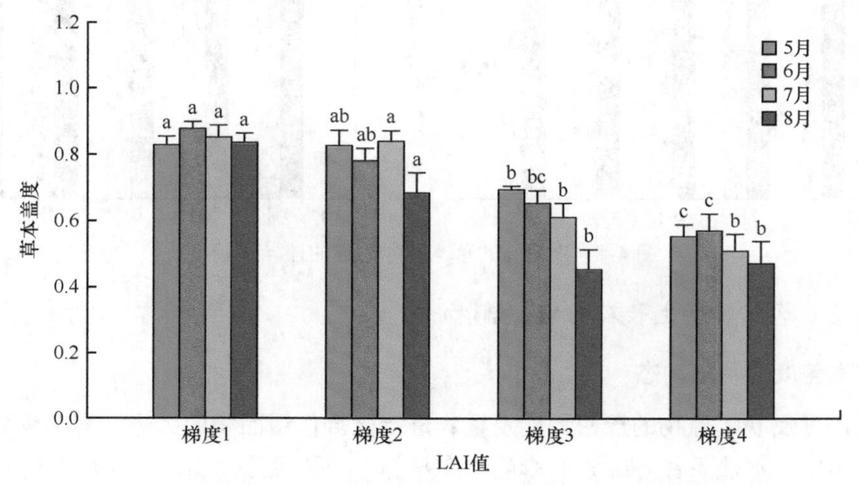

图 4-6　草本盖度与叶面积指数（LAI）在不同月份间的差异性比较

4.2.2.3 结果与讨论

草本多样性是森林生态系统的重要组成部分，在维持森林生态功能稳定性方面发挥着重要作用。吉林蛟河针阔叶混交林样地内草本植物物种丰富，共调查到 64 种草本植物，主要以毛茛科和百合科植物为主。早春植物和夏季植物存在显著差异。早春植物主要以黑水银莲花、多被银莲花、朝鲜顶冰花等为主，随着夏季草本演替更新，早春草本大量死亡，夏季草本逐渐占据优势，主要以山茄子、美汉草、宽叶荨麻为主，主要表现为夏季草本在物种个体数上低于早春草本，但夏季草本的物种数要高于早春草本。草本多样性在月际间变化很大，5 月草本丰富度指数最高，可能是因为早春草本处于生长旺季，夏季草本也开始生长，物种数增大。随后早春草本大量死亡，夏季草本演替逐渐完成，物种数减少，草本多样性也逐渐降低。

草本植物相对于乔木、灌木来说，对环境变化表现得更加敏感，对长白山植物群落的研究也证明环境梯度变化是导致物种丰富多样的主要原因（郝占庆等，2002）。大量研究表明，草本多样性受海拔、坡度、林龄等影响（陈廷贵和张金屯，2000；付晓燕等，2009；彭闪江等，2003）。光照作为影响环境异质性的重要因子，除对林分丰富度和森林植被覆盖度影响外，对草本多样性和盖度生长也具有一定的影响（Kirby，1988；Jennengs et al.，1999）。研究发现，采伐样地与对照样地的草本多样性具有显著不同。以样地为单位，除 4 月外，采伐样地的草本丰富度和多样性均高于对照样地；以月为研究对象，采伐样地与对照样地的草本多样性也存在显著性差异。这与刘斌等（2015）对小五台山草本多样性的研究相似。采伐样地的林分郁闭度低、光照强、湿度低，早春草本主要以喜阳植物为主，对照样地的郁闭度较高，一些耐阴喜湿的物种容易生长，物种数相对较高。此外，早春植物的生长对生态环境存在很强的依赖性，在外界的影响下，特定环境发生改变，对环境敏感的物种容易消失（夏富才等，2008）。随着树木叶片生长，采伐样地的光照条件充足，草本生长茂盛，为下层喜阴耐湿的草本植物创造了生长条件，草本多样性高。而对照样地光照强度弱，物种间竞争激烈，限制了植物生长，物种多样性较低。草本盖度是影响下层植被的重要因子，尤其是对林下乔木树种幼苗生长更新具有一定的影响。光照因子对草本盖度影响显著。研究发现，随着叶面积指数（LAI）的增加，草本盖度逐渐降低，各光照梯度间的草本盖度存在显著性差异。光照利于植物生长，而植物叶冠是进行光合作用的主要部位，植物在光照充足的条件下，利用光能积累生长所需有机物，更多的生物量将被分配到叶片吸收光能进行光合作用，草本盖度增大。

4.2.3 采伐条件下影响幼苗更新的生物因素

4.2.3.1 草本盖度和多样性对幼苗更新的影响

草本盖度和多样性在一定程度上限制了幼苗所需的光照条件和土壤养分，影响了幼苗的生长更新。在草本盖度（HC）、丰富度（richness）、辛普森多样性指数和香农-维纳多样性指数对幼苗生长的影响中，草本盖度对幼苗的苗高相对生长率（RGR.h）有显著影响，表明草本盖度有利于幼苗高度生长；香农-维纳多样性指数对幼苗的根干重（RW）和茎干重（SW）均表现出了显著的促进作用，表明草本多样性在一定程度上影响了幼苗根和茎的生长，使幼苗的根生物量和茎生物量增加，促进了幼苗的生长更新。草本多样性指数中，辛普森多样性指数对幼苗的根、茎、叶干重均没有表现出显著的相关关系。除幼苗的高生长、茎生物量和根生物量之外，草本盖度和多样性指数对幼苗的叶生物量（LW）、幼苗的基径相对生长率（RGR.b）没有表现出显著的相关关系。而草本丰富度对幼苗的根、茎、叶生物量分配及幼苗的高相对生长率和基径相对生长率也没有表现出明显的相关关系（表 4-7）。

表 4-7　草本盖度和多样性对幼苗生长与生物量分配的影响

变量		回归系数	标准误	T	P	R^2
根干重	丰富度指数	0.030	1.271	0.024	0.981	0.225
	辛普森多样性指数	–5.001	2.578	–1.94	0.059	
	香农-维纳多样性指数	6.554	3.234	2.026	0.048*	
	草本盖度	0.678	0.686	0.988	0.328	
茎干重	丰富度指数	–0.030	1.466	–0.020	0.984	0.229
	辛普森多样性指数	–6.059	2.972	–2.039	0.057	
	香农-维纳多样性指数	7.849	2.728	2.105	0.041*	
	草本盖度	0.784	0.791	0.991	0.327	
叶干重	丰富度指数	0.105	1.276	0.082	0.935	0.163
	辛普森多样性指数	–4.190	2.587	–1.620	0.112	
	香农-维纳多样性指数	5.328	3.245	1.642	0.107	
	草本盖度	0.795	0.688	1.155	0.254	
RGR.h	丰富度指数	–0.869	2.219	–0.392	0.697	0.112
	辛普森多样性指数	5.072	4.500	1.127	0.265	
	香农-维纳多样性指数	–5.625	5.646	–0.996	0.324	
	草本盖度	3.343	1.197	2.793	0.008**	
RGR.b	丰富度指数	–0.084	0.240	–0.348	0.729	0.033
	辛普森多样性指数	0.373	0.487	0.764	0.449	
	香农-维纳多样性指数	–0.245	0.612	–0.401	0.690	
	草本盖度	0.261	0.130	2.009	0.050	

注：$^{**}P<0.01$，$^{*}P<0.05$

4.2.3.2　幼苗分布与周围成体大树的关系

物种多度在前五位的乔木树种幼苗中，白牛槭幼苗密度与异种邻体大树胸高断面积之和（DB10）表现出显著的正相关关系（P 值为 0.038），而与同种邻体大树胸高断面积之和（NB10）没有表现出显著的相关关系（P 值为 0.936），表明了白牛槭成年大树对同种幼苗生长更新没有显著影响，异种邻体大树对白牛槭幼苗生长更新起到了一定的促进作用，利于白牛槭幼苗的定居；色木槭幼苗密度与同种邻体大树胸高断面积之和表现出显著的正相关关系（P 值为 0.003），与异种邻体大树胸高断面积之和没有明显的相关关系，表明色木槭成体大树对同种幼苗的生长更新起到了显著的促进作用，幼苗密度随着母树多度的增加而增加，并且不受异种邻体成年个体的限制影响。白牛槭幼苗密度和色木槭幼苗密度与同种邻体成年个体数（N10）和异种邻体成年个体数（D10）没有表现出显著的相关关系，在一定程度上说明幼苗密度与周围邻体成体大树的个体数量没有明显的相关关系，而邻体成体的胸高断面积影响着幼苗数量。除了以上两种乔木幼苗，水曲柳幼苗密度、紫椴幼苗密度、红松幼苗密度与同种邻体成年个体数量、异种邻体成年个体数量、同种邻体大树胸高断面积之和、异种邻体大树胸高断面积之和均没有表现出显著的相关关系，表明水曲柳幼苗、紫椴幼苗和红松幼苗的生长更新不受周围成体大树的影响（表 4-8）。

表 4-8　5 个物种幼苗密度与 10m 范围内的邻体个体数及总胸高断面积的回归结果

物种	变量	回归系数	标准误	T	P	R^2
白牛槭	N10	–0.039	0.026	–1.476	0.161	0.073
	D10	–0.013	0.006	–1.96	0.069	
	NB10	0.061	0.745	0.082	0.936	
	DB10	0.563	0.247	2.28	0.038*	
色木槭	N10	–0.005	0.007	–0.814	0.428	0.349
	D10	0.001	0.002	0.526	0.607	
	NB10	0.661	0.188	3.513	0.003**	
	DB10	–0.042	0.114	–0.368	0.718	
水曲柳	N10	–1.202	1.045	–1.15	0.255	0.098
	D10	–0.147	0.135	–1.093	0.28	
	NB10	–8.198	1.027	–0.799	0.428	
	DB10	–6.187	0.485	–1.277	0.207	
紫椴	N10	–0.105	0.067	–1.571	0.132	0.093
	D10	–0.005	0.006	–0.979	0.339	
	NB10	1.675	1.134	1.477	0.155	
	DB10	–0.102	0.213	–0.481	0.636	
红松	N10	0.158	0.244	0.648	0.537	–0.086
	D10	0.026	0.016	1.615	0.150	
	NB10	–0.879	1.253	–0.702	0.505	
	DB10	–1.103	0.795	–1.387	0.208	

注：$^{**}P<0.01$；$^{*}P<0.05$。NB10. 同种邻体大树胸高断面积之和；DB10. 异种邻体大树胸高断面积之和；N10. 同种邻体成年个体数；D10. 异种邻体成年个体数

4.2.3.3　不同年龄幼苗间的生长影响

幼苗在生长更新过程中受到同种幼苗和异种幼苗的密度制约，不同年龄阶段幼苗在生长期间也能产生相互影响。对多年生幼苗与一年生幼苗的生长更新比较，多年生幼苗数量在样地内占绝对优势，多年生幼苗密度和一年生幼苗密度存在明显的差异。就幼苗

的相对生长量而言，多年生幼苗的高相对生长率和一年生幼苗的高相对生长率之间存在显著差异，而基径相对生长率在多年生与一年生幼苗间没有表现出显著性差异（图 4-7）。

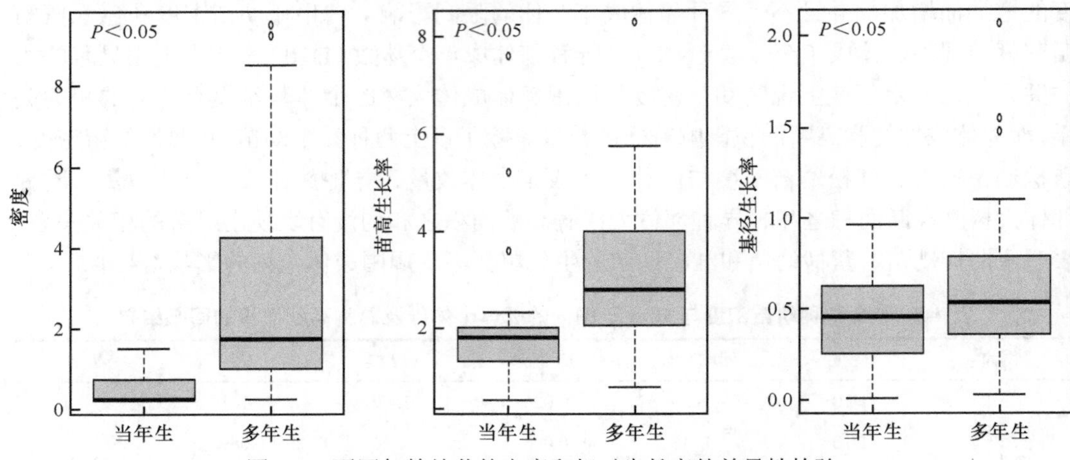

图 4-7　不同年龄幼苗的密度和相对生长率的差异性检验

在幼苗的生长过程中，不同年龄的幼苗之间相互影响，存在一定的相关关系。多年生幼苗的高相对生长率与一年生幼苗的基径相对生长率表现出显著的负相关关系，*P* 值为 0.025，而与一年生幼苗密度和基径相对生长率间没有明显的相关关系，表明了多年生幼苗的高生长在一定程度上抑制了一年生幼苗的基径生长。多年生幼苗密度和基径相对生长率与一年生幼苗密度、高相对生长率和基径相对生长率之间没有表现出显著的相关关系，表明多年生幼苗密度和基径生长对一年生幼苗的生长更新没有影响。一年生幼苗密度、基径相对生长率和高相对生长率对多年生幼苗的生长更新也没有表现出显著的相关关系（表 4-9）。

表 4-9　不同年龄幼苗的密度和相对生长率的回归结果

变量		回归系数	标准误	T	P	R^2
多年生幼苗密度	Den.N	–0.632	1.713	–0.369	0.720	–0.163
	RGRh.N	–0.953	3.729	–0.254	0.805	
	RGRb.N	2.334	2.153	1.084	0.304	
多年生幼苗高相对生长率	Den.N	0.099	0.076	1.294	0.225	0.242
	RGRh.N	0.073	0.167	0.435	0.673	
	RGRb.N	–0.252	0.096	–2.624	0.025*	
多年生幼苗基径相对生长率	Den.N	0.062	0.107	0.578	0.576	–0.228
	RGRh.N	–0.003	0.235	–0.012	0.990	
	RGRb.N	–0.086	0.135	–0.635	0.540	
一年生幼苗密度	Den.P	0.004	0.093	0.042	0.967	–0.282
	RGRh.P	0.120	2.237	0.054	0.958	
	RGRb.P	0.492	2.013	0.244	0.812	

续表

变量		回归系数	标准误	T	P	R^2
一年生幼苗高相对生长率	Den.P	0.002	0.043	0.053	0.959	−0.296
	RGRh.P	−0.065	1.020	−0.064	0.95	
	RGRb.P	0.152	0.918	0.166	0.872	
一年生幼苗基径相对生长率	Den.P	0.034	0.052	0.649	0.531	0.056
	RGRh.P	−2.130	1.256	−1.696	0.121	
	RGRb.P	1.030	1.130	0.912	0.383	

注：* 表示差异显著（$P<0.05$）

4.2.3.4　结果与讨论

在研究影响幼苗生长更新的生物因素中，草本是不容忽视的一大因素。在以往的草本研究中，主要集中在草本季节动态变化、多样性格局及环境解释等方面（夏富才等，2012；陈煜等，2016），而对影响乔木树种幼苗存活及生长方面很少涉及。幼苗存活状态在很大程度上取决于光照条件，高于乔木幼苗的草本植物阻挡了幼苗所需的光照，限制了幼苗的存活。在本研究中，草本盖度与幼苗苗高生长存在显著的正相关关系，草本多样性对幼苗的根、茎干重有一定的促进作用。植物在胁迫条件下，通过改变生物量分配的方式来满足各部位器官的供应及植物的生长发育需求（盛海燕等，2006）。研究中幼苗在草本盖度的遮荫下能够吸收利用的光照较少，为了获取更多光照，幼苗通过增加茎生物量分配来满足需求；而草本与幼苗之间存在营养竞争关系，在草本多样性较高的情况下，幼苗通过增加根和茎的生物量来获取、运输更多生长所需的营养物质。肖翠（2015）在对长白山不同林型的研究中发现，对于重力传播的幼苗，草本盖度与幼苗存活存在正相关关系；曾德慧等（2002）对樟子松幼苗的研究同样发现，适度的灌草层覆盖度有利于樟子松幼苗的天然更新。

林分内幼苗的空间分布除了受种子产量、扩散机制影响，还与周围成体大树的分布相关（王蕾，2010）。在研究中发现，色木槭幼苗密度与周围成体大树的胸高断面积表现出显著的正相关关系，表明幼苗数量随着周围同种大树胸高断面积的增加而增加，这与姚杰等（2015）在幼苗月际动态研究中的结果相一致。这可能是因为在样地内紫椴成体大树数量较多，分布广泛，产生了大量的种子，使母树周围存在充足的种源，进而使幼苗分布与同种大树分布存在一致性（李晓亮等，2009）。而研究中也发现白牛槭幼苗密度与周围异种胸高断面积表现出相关性，表明了白牛槭幼苗数量随异种大树胸高断面积的增大而增大。这可能是因为与异种成体大树相比，幼苗在同种母树周围更容易受到病原体和植食性昆虫的危害，而异种大树邻体阻碍了专一性病原体及昆虫对幼苗的危害，形成保护屏障，远离母树的幼苗存活率相对较高（Augspurger and Kelly，1984；Peters，2003；Gilbert et al.，2001）。白牛槭种子较大，主要散布在母树周围，幼苗容易受到母树影响，远离母树的幼苗存活率增加。样方周围树种起测径阶为 1cm，部分树种还不能产生种子，这可能是其他树种幼苗与周围大树没有表现出相关关系的原因。

幼苗在生长过程中，除了受母树影响，周围邻体幼苗也对目标幼苗存在影响。在有限的营养供给条件下，幼苗之间均存在激烈的竞争关系，一部分幼苗占据优势地位，另一部分幼苗生长则受到抑制（祝燕等，2009）。在大多数的研究中，主要集中在不同物种幼苗密度间的相互关系及不同年龄幼苗的死亡率差异上，而对不同年龄幼苗间相互影响的研究很少（刘何铭，2017；Gilbert et al.，2001）。本研究中，讨论了不同年龄幼苗间同种与异种在幼苗密度、苗高生长和基径生长间的关系。该研究发现，多年生幼苗高生长与一年生幼苗基径生长存在显著的负相关关系，表明了多年生幼苗在快速生长过程中抑制了一年生幼苗的基径生长，而与一年生幼苗的高生长没有表现出明显的相关关系。一方面可能是因为多年生幼苗植株发育相对完善，具有相对较强的竞争能力，抑制了一年生幼苗的生长；另一方面可能是因为幼苗的高生长决定了其能否定居成功，多年生幼苗相对较高，阻碍了一年生幼苗对光照的吸收利用，而一年生幼苗通过减少基径分配、增加高度来获取更多光照资源，完成定居（Lu et al.，2015）。

4.2.4 采伐条件下影响幼苗更新的环境因素

4.2.4.1 LAI 对幼苗生长的影响

1. LAI 对一年生幼苗生物量分配的影响

在研究光照对幼苗的影响中，用叶面积指数（LAI）来代表光照，光照强度越强，叶面积指数越小。叶质比（LMF）、根质比（RMF）、茎质比（SMF）分别为幼苗叶片干重、根干重、茎干重与幼苗植株总干重的比值，表示了幼苗对各部分器官的生物量分配。在对样地内所有一年生幼苗生长影响的研究中，LAI 对幼苗高相对生长率没有表现出显著的相关关系（*P* 值为 0.092），对幼苗基径相对生长率表现出了极显著的正相关关系（*P* 值为 0.002），表明良好的光照条件不利于幼苗基径生长，幼苗将更多的生物量分配到株高上，为捕获更多可利用光能打下基础。

不同种类幼苗的各性状变量对 LAI 表现出不同的响应。当年生水曲柳的叶面积与 LAI 没有表现出显著的相关关系，而比叶面积和叶面积比与 LAI 均表现出极显著的正相关关系（*P* 值均为 0.001）；水曲柳幼苗的根面积和根质比与 LAI 均表现出了显著的负相关关系（*P* 值分别为 0.003 和 0.017）；表明在光照充足的条件下，光照不再是限制幼苗生长的因素，水曲柳幼苗增加了根部生物量的投资，主要通过增加根系生长来获取更多的土壤养分，利于幼苗的定居与存活。与水曲柳幼苗的响应不同，紫椴一年生幼苗的叶面积、比叶面积、叶面积比与 LAI 均没有表现出显著的相关关系，而根面积和根质比与 LAI 表现出显著的负相关关系（*P* 值分别为 0.009 和 0.001）；除叶片和根以外，紫椴幼苗的茎受 LAI 的影响较大，紫椴幼苗的茎质比与 LAI 表现出极显著的正相关关系（*P* 值为 0.001），表明在充足的光照条件下，紫椴幼苗增加了根部的生物量分配，降低了幼苗茎部的生物量，通过增加幼苗的根重和根表面积来更好地吸收土壤养分。红松一年生幼苗对 LAI 的响应与水曲柳幼苗相似，比叶面积和叶面积比与 LAI 表现出显著的正相关关系（*P* 值分别为 0.018 和 0.009），而叶面积与 LAI 没有表现出显著的相关关系；红松幼苗的根面积与 LAI 表现出显著的负相关关系（*P* 值为 0.001），而根质比、叶质比等与 LAI 没有表现出显著的相关关系，表明在充足的光照条件下，红松一年生幼苗增加根的生物量投资，减少幼苗的叶面积和干重，利于幼苗定居（表 4-10）。

表 4-10　叶面积指数与幼苗性状变量相关性检验

物种	变量	r	P	df	t
一年生幼苗	苗高生长率	0.319	0.092	36	0.115
	基径生长率	0.478	0.002**	36	3.265
当年生水曲柳	叶面积	0.157	0.16	80	1.419
	根面积	–0.322	0.003**	80	–3.039
	比叶面积	0.357	0.001**	80	3.417
	叶生物量比	0.113	0.31	80	1.021
	茎生物量比	0.093	0.407	80	0.834
	根生物量比	–0.264	0.017*	80	–2.444
	叶面积比	0.346	0.001**	80	3.301
当年生紫椴	叶面积	–0.137	0.287	60	–1.074
	根面积	–0.326	0.009**	60	–2.672
	比叶面积	0.034	0.791	60	0.266
	叶生物量比	0.097	0.453	60	0.755
	茎生物量比	0.407	0.001**	60	3.452
	根生物量比	–0.516	0.001**	60	–4.669
	叶面积比	0.153	0.236	60	1.198
当年生红松	叶面积	0.13	0.304	63	–1.037
	根面积	–0.403	0.001**	63	–3.497
	比叶面积	0.292	0.018*	63	2.427
	叶生物量比	–0.055	0.664	63	–0.437
	茎生物量比	0.076	0.548	63	0.605
	根生物量比	–0.029	0.817	63	–0.233
	叶面积比	0.316	0.009**	63	2.648

注：**P＜0.01；*P＜0.05

2. LAI 对多年生幼苗生物量分配的影响

除了新生幼苗，多年生幼苗的生长也受到 LAI 的影响。与一年生幼苗对光照的响应完全相反，在研究样地中，LAI 对多年生幼苗的高相对生长率、基径相对生长率均表现出了极显著的负相关关系（P 值分别为 0.001 和 0.004），表明在光照强度充足的条件下，幼苗的株高和基径得到更快速的生长，在捕获更多光能时，也利于养分的输送。

多年生幼苗对 LAI 的响应与一年生幼苗有很大的不同。水曲柳多年生幼苗的叶面积与 LAI 表现出显著的负相关关系（P 值为 0.0004），幼苗的比叶面积和叶面积比与 LAI 表现出显著的正相关关系（P 值分别为 0.001 和 0.000）；除了水曲柳叶片，幼苗的根受 LAI 影响，幼苗的根面积、根质比、叶质比与 LAI 均表现为显著的正相关关系，表明了在良好的光照条件下，多年生幼苗根系相对完整，幼苗将大量生物量分配到叶片，增加叶面积，利于植物的光合作用，而水曲柳幼苗的茎受光照影响不显著。与水曲柳幼苗不同，红松多年生幼苗的叶面积、根面积、比叶面积和叶面积比与LAI均没有表现出明显的相关关系，在生物量分配中，叶质比与光照也没有表现出明显的相关关系，而茎质比则受LAI的显著影响，表现为茎干重随着LAI占幼苗总干重的比例上升（P值为0.016），表明光照对红松基径的生长有一定的限制作用，将更多生物量转移到叶片或者根部，提高自身光合作用或者吸收养分的能力（表4-11）。

表4-11 叶面积指数与幼苗性状变量相关性检验

物种	变量	r	P	df	t
多年生幼苗	苗高相对生长率	–0.453	0.001**	49	–3.557
	基径相对生长率	–0.399	0.004**	49	–3.044
多年生水曲柳	叶面积	–0.402	0.0004**	73	–3.749
	根面积	0.576	0.000**	73	–6.021
	比叶面积	0.382	0.001**	73	3.532
	叶生物量比	0.243	0.036*	73	2.137
	茎生物量比	0.216	0.053	73	1.889
	根生物量比	0.326	0.004**	73	–2.945
	叶面积比	0.49	0.000**	73	4.797
多年生红松	叶面积	–0.089	0.484	63	–0.707
	根面积	0.003	0.979	63	0.026
	比叶面积	0.042	0.738	63	0.336
	叶生物量比	–0.241	0.054	63	–1.967
	茎生物量比	0.297	0.016*	63	2.472
	根生物量比	–0.099	0.432	63	–0.792
	叶面积比	–0.016	0.898	63	–0.129

注：$^{**}P<0.01$；$^{*}P<0.05$

4.2.4.2 土壤对幼苗生长的影响

1. 土壤理化性质对幼苗生长的影响

采伐经营活动改变降落到地面的枯落物厚度，光照影响枯落物的分解作用，最终导致土壤理化性质的改变。采伐经营后，采伐样地和对照样地的土壤养分对比中，全氮、速效氮、全磷、有机质和土壤水分含量存在显著性差异，而全钾和土壤酸碱度（pH）并没有表现出差异性（表4-12）。

表4-12 不同样地的土壤元素差异比较

样地	全氮（g/kg）	速效氮（mg/kg）	全磷（mg/kg）	全钾（k/kg）	有机质（mg/g）	pH	水分（%）
采伐	0.967±0.035a	0.811±0.067a	1.622±0.106a	1.492±0.067a	22.6±0.775a	6.421±0.068a	57.681±2.428a
对照	1.169±0.046b	1.070±0.071b	1.173±0.112b	1.472±0.01a	26.014±0.996b	6.534±0.082a	44.38±2.652b

注：相同字母表示差异不显著，不同字母表示差异显著

土壤养分对幼苗生长具有很大的影响，在土壤对幼苗苗高的影响中，土壤全氮含量（TN）、速效氮含量（NA）和全磷含量（TP）对幼苗的苗高生长有显著影响，其中土壤全氮和速效氮与苗高相对生长率有显著的负相关关系，全磷与苗高相对生长率表现出显著的正相关。土壤全钾（TK）、有机质（C）、土壤酸碱度（pH）和土壤水分含量与幼苗苗高生长没有表现出明显的相关关系。土壤对幼苗基径生长的影响中，速效氮对幼苗的基径相对生长率起到了一定的抑制作用，土壤全氮、有机质、全磷、全钾、土壤酸碱度和土壤水分含量对幼苗的基径生长没有表现出明显的相关关系（图 4-8）。

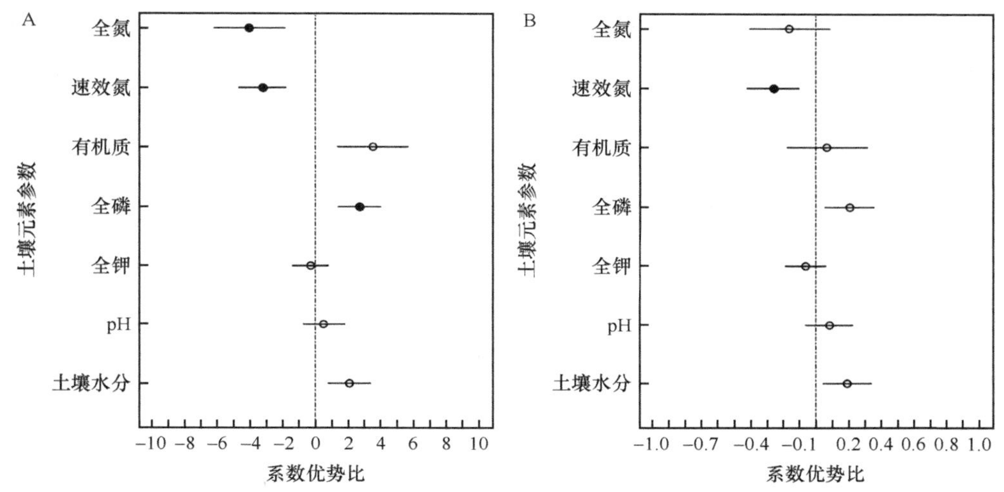

图 4-8　影响幼苗株高（A）和基径（B）生长的土壤元素的系数优势比

实心表示关系显著，空心表示不显著

除幼苗苗高和基径受土壤养分的影响外，幼苗根、茎、叶的生物量分配也受土壤养分的影响。当年生水曲柳幼苗的根干重、茎干重和叶干重均受土壤全氮、全钾和有机质的影响，其中全氮和有机质与幼苗根、茎、叶生物量分配有显著的负相关关系，全钾与幼苗各部分生物量分配表现出显著的正相关关系，在一定程度上表明了土壤全氮和有机质限制了幼苗的生物量分配，而全钾则有利于幼苗对各部位的生物量分配。水曲柳幼苗的各部分质量分数比较发现，幼苗的叶质比、根质比和茎质比分别受到土壤酸碱度、全钾和土壤速效氮的影响，表现出相应的正相关和负相关关系。当年生紫椴幼苗的根、叶干重受土壤养分影响较大，根部生物量与土壤速效氮、有机质和土壤酸碱度表现出显著的负相关关系，与土壤全磷和土壤水分含量表现出极显著的正相关关系；紫椴叶生物量仅与土壤速效氮表现出显著的负相关关系，与全磷和土壤水分含量表现出显著的正相关关系。在各部位质量比中，紫椴幼苗除叶质比受全氮和土壤水分的影响外，茎质比与土壤水分含量也表现出显著的负相关关系。与阔叶树种乔木幼苗不同，红松幼苗根和叶生物量不受土壤养分的影响，茎生物量与土壤全氮和有机质表现出显著的负相关关系，各部位的质量比与土壤也没有表现出明显的相关关系（表 4-13）。

表 4-13 一年生幼苗生物量分配对土壤元素的响应相关性

物种	变量	全氮	速效氮	全磷	全钾	有机质	pH	水分
当年生水曲柳	根干重	−0.312*	−0.166	−0.058	0.437**	−0.258*	0.074	0.157
	茎干重	−0.336**	−0.161	−0.134	0.456**	−0.292*	0.063	0.09
	叶干重	−0.367**	−0.215	−0.139	0.298*	−0.303*	0.034	0.103
	叶质比	−0.053	−0.167	−0.091	−0.238	−0.017	−0.289*	0.013
	根质比	−0.205	−0.086	0.116	0.281*	−0.106	0.206	0.128
	茎质比	0.224	0.261*	0.013	0.051	0.104	0.169	−0.116
当年生紫椴	根干重	−0.185	−0.256*	0.341**	−0.201	−0.22*	−0.319*	0.405**
	茎干重	0.033	−0.151	0.036	−0.246	0.003	−0.187	0.037
	叶干重	−0.026	−0.236*	0.271*	−0.128	−0.072	−0.179	0.404**
	叶质比	0.262*	0.162	0.072	0.073	0.178	−0.032	0.328*
	根质比	−0.137	−0.058	0.23	−0.178	−0.171	−0.202	0.247
	茎质比	0.203	0.100	−0.157	−0.184	0.187	−0.047	−0.285*
当年生红松	根干重	−0.188	−0.161	−0.064	−0.027	−0.208	−0.179	−0.060
	茎干重	−0.221*	−0.163	−0.017	−0.044	−0.224*	−0.219	0.017
	叶干重	−0.217	−0.170	−0.055	−0.042	−0.226	−0.206	−0.027
	叶质比	0.024	−0.038	−0.116	−0.050	−0.009	−0.062	−0.002
	根质比	0.051	−0.099	0.082	0.053	−0.026	0.088	−0.155
	茎质比	−0.069	0.125	0.051	0.007	0.032	−0.010	0.137

注：** $P<0.01$；* $P<0.05$

2. 土壤与水曲柳幼苗叶片氮磷元素含量的相关关系

土壤与水曲柳一年生和多年生幼苗叶片元素的线性关系表明，水曲柳一年生幼苗叶片氮元素含量与土壤中的氮元素之间存在明显的线性相关关系，并且表现出显著的正相关关系（$P<0.05$）（图 4-9A），叶片磷元素含量与土壤氮元素之间没有明显的相关关系（$P>0.05$）（图 4-9C）；对于水曲柳多年生幼苗而言，水曲柳幼苗叶片氮元素含量与土壤氮元素之间存在良好的线性关系，表现出极显著的正相关关系（$P<0.01$）（图 4-9B），水曲柳叶片中的磷元素含量与土壤氮元素之间不存在相关关系（$P>0.05$）（图 4-9D）。这表明幼苗叶片中的元素含量与土壤养分密切相关，其中与一年生幼苗相比，多年生幼苗与土壤养分联系更紧密，受土壤影响更大。

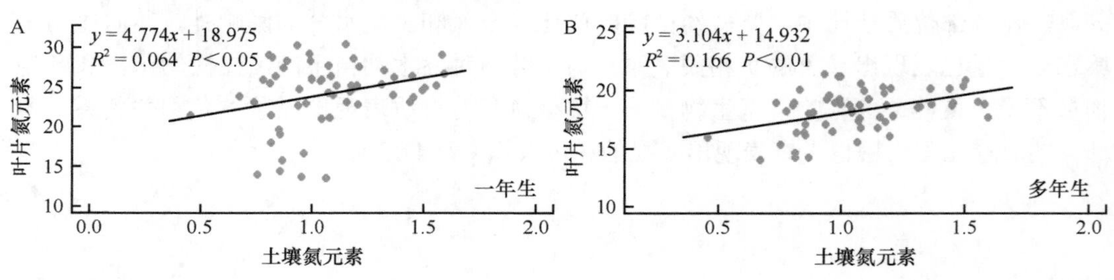

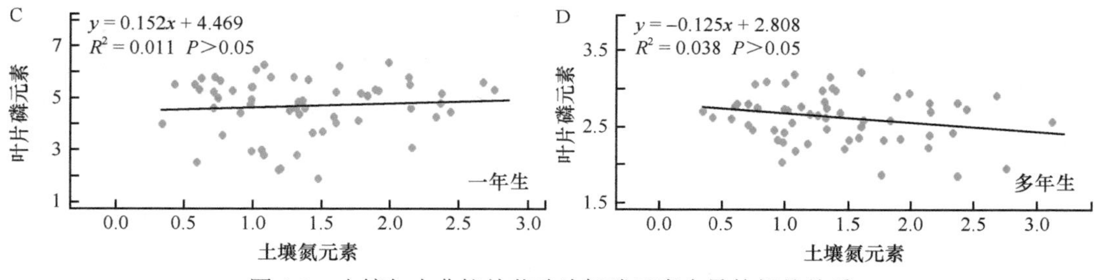

图 4-9　土壤与水曲柳幼苗叶片氮磷元素含量的相关关系

4.2.4.3　结果与讨论

在异质性环境中，植物主要通过改变自身形态来适应环境和提高竞争能力，而生物量分配是植物生活史理论中的核心概念，是植物适应异质性环境条件的主要对策之一（Niu et al.，2008）。幼苗期对环境变化十分敏感，在同等资源条件下，形态响应强的幼苗对异质性环境具有更强的适应能力，能够获取更多的资源，具有更大的存活优势（武高林等，2010）。光照和养分是最常见的影响幼苗存活生长的环境因子，光照和土壤养分异质性能够影响幼苗的生物量分配及形态变化，此外，光照还能通过影响光合作用进而影响植物对养分和水分的需求（Poorter and Nagel，2000）。在本节研究中，一年生幼苗与多年生幼苗对光照异质性的响应存在一定的差异。一年生幼苗根生物量和根表面积与光照存在显著的正相关关系，而幼苗茎生物量和叶片生物量随着光照强度的增加而降低。与一年生幼苗相比，光照促进了多年生幼苗苗高和基径的生长，而多年生幼苗根表面积与光照存在显著的负相关关系。冯博等（2016）对油松和红皮云杉等幼苗的研究却发现，光照促进了多年生幼苗根生物量分配，根表面积与光照存在显著的正相关关系。一方面可能是因为一年生幼苗受草本及多年生幼苗的遮荫，捕获利用的光照较少，在弱光条件下，幼苗会对根系生长投资更大，使根系发育更发达，利于对土壤养分和水分的吸收（Karel et al.，2006）；另一方面可能是因为多年生幼苗根系发育相对完整，幼苗间对土壤养分的竞争激烈，在良好的光照条件下，幼苗会增加地上部分生物量的分配，叶生物量、比叶面积等的增加能够加强植物对光照的捕获能力，利于幼苗的生存定居（薛伟等，2011）。

导致林分内土壤空间异质性的因素很多，近年来随着人类对林分的经营，采伐成为造成土壤养分空间异质性的重要原因之一。土壤理化性质对不同采伐方式的响应不同，周新年等（1998）在不同采伐方式的研究中发现，皆伐使林分光照强度增强，枯落物分解速率加快，土壤理化性质发生改变。谷会岩等（2009）对大兴安岭采伐干扰后土壤性质变化的研究发现，随着采伐次数的增加，土壤 pH、含碳量、氮元素和磷元素都逐渐降低。刘美爽等（2010）对采伐后的小兴安岭的土壤理化性质研究发现，林分择伐后，土壤速效氮和有效磷增加，而全氮、全磷和全钾表现出下降趋势。本节研究同样发现，采伐后林分土壤全氮、速效氮、全磷、有机质发生改变，而两块样地的土壤 pH 没有表现出显著性差异。这可能是因为林分采伐后，林分内树木少，凋落的枯落物较少，而采伐后林隙大，到达地面的光照强度增加，地表温度升高，利于微生物对枯落物的分解，土壤养分发生变化。

研究土壤对幼苗生长存活的影响除了能了解幼苗的生长特性，还能通过改变土壤养分条件来促进幼苗的定居（吴富勤等，2015）。土壤的养分条件直接影响幼苗的生长发育及生物量分配，在土壤养分较低的条件下，幼苗通过减少地上部分生物量的分配，增加根面积和根生物量来适应肥力下降的土壤环境；在土壤养分较高的条件下，幼苗地上部分将获得更多的生物量投资，幼苗株高、比叶面积等显著增加（Yan et al.，2016；武高林等，2010）。研究中，土壤全氮和速效氮抑制了幼苗的苗高与基径生长，而全磷对幼苗的高生长表现出了一定的促进作用。在幼苗生物量分配对土壤养分的响应中，土壤全氮、速效氮和有机质对幼苗的根干重、叶干重和茎干重都起到了一定的抑制作用，而全钾促进了水曲柳幼苗根、茎、叶的生物量分配，这与一些研究不一致。王静等（2017）通过对部分阔叶树种幼苗研究发现，土壤全氮和全磷与幼苗各个部位生物量呈显著的正相关关系，邓斌和曾德慧（2006）对樟子松幼苗生物量研究发现，添加氮元素促进幼苗叶片生长，而对幼苗根重起到了一定程度的抑制作用。这可能是因为在研究中以一年生幼苗为研究对象，而一年生幼苗的根、茎、叶生物量分配受光照、土壤养分等诸多因素的共同影响，其中以光照影响最显著，限制了土壤对幼苗生物量分配的调控。

土壤除了影响幼苗生物量分配，还与幼苗叶片元素含量具有一定的联系，Hedin（2004）和王静等（2017）的研究发现，植物地上部分的元素含量与土壤具有一定的相关性，幼苗各部位器官与土壤元素表现出相对一致性。植物中的氮元素和磷元素为协同元素，二者之间具有正相关关系，而氮和磷在植物生长发育过程中起着重要作用（Wright et al.，2005；胡耀升等，2014）。在研究中，土壤氮元素与幼苗叶片的氮含量有明显的线性关系，表明幼苗氮元素随土壤氮元素的增加而增加，而磷元素与幼苗叶片中的磷含量没有表现出相关关系，王静等（2017）对阔叶树种的研究也发现，花曲柳幼苗的磷含量与土壤磷元素不一致，在土壤磷元素最高的次生林中幼苗磷含量反而最低。这一方面可能是由于幼苗较小，需要的磷元素较少，只表现出对氮元素的需求，另一方面可能是因为植物对土壤中的磷元素吸收过程中，受到海拔、温度、土壤 pH 等诸多因素影响（耿燕等，2011），幼苗在对土壤磷吸收过程中受到了其他因素的限制，没有与土壤磷元素表现出相关性。

4.3　抚育采伐对功能结构和谱系结构的影响

4.3.1　功能性状的综合指标及其系统发育信号

本研究对所选用的 6 类功能性状进行主成分分析，结果显示前 4 轴主分量的解释量为 96.86%。因此选用前 4 轴主分量作为功能性状的综合指标，各主分量的载荷系数及其贡献率见表 4-14。

Blomberg's K 值检验结果显示：比叶面积、叶碳含量、叶氮含量、叶片碳氮比和最大树高 5 类功能性状均检测到显著的系统发育信号（$P<0.05$）。其中，比叶面积的 $K>1$，表明比叶面积具有较强的系统发育保守性；而其余性状的 $K<1$，表明其余性状的系统发育信号较弱（表 4-15）。

表 4-14　各主分量载荷系数及其贡献率

项目	功能性状	第一主分量	第二主分量	第三主分量	第四主分量	第五主分量	第六主分量
载荷系数	叶面积	0.327	–0.452	–0.306	–0.767	0.043	–0.074
	比叶面积	0.470	0.407	–0.150	0.034	0.719	0.271
	叶碳含量	–0.302	–0.099	–0.854	0.301	0.151	–0.238
	叶氮含量	0.511	0.020	–0.326	0.257	–0.598	0.456
	叶片碳氮比	–0.553	–0.019	–0.099	–0.257	0.067	0.783
	最大树高	0.120	–0.787	0.199	0.433	0.311	0.206
贡献率（%）		51.25	21.52	14.90	9.19	2.75	0.39
累计贡献率 *n*（%）		51.25	72.77	87.67	96.86	99.61	100

表 4-15　功能性状的系统发育信号

功能性状	*K* 值	*P* 值
叶面积	0.220	0.243
比叶面积	1.256	0.001
叶碳含量	0.410	0.008
叶氮含量	0.339	0.021
叶片碳氮比	0.611	0.015
最大树高	0.289	0.011

4.3.2　采伐对群落功能结构和谱系结构的影响

群落功能结构具尺度依赖性。由图 4-10 可知：在 10m×10m 的空间尺度上，4 块样地的功能结构均为聚集型，采伐后群落功能结构的聚集程度有所降低；在 20m×20m 的空间尺度上，除样地 1 接近随机分布外，其余样地的功能结构仍旧为聚集型，采伐后聚集程度有所增加；在 50m×50m 的空间尺度上，样地 1 和样地 4 的功能结构表现为聚集型，而样地 2 和样地 3 则表现为离散型，采伐后群落功能结构的离散程度有所下降，而聚集程度有所上升。

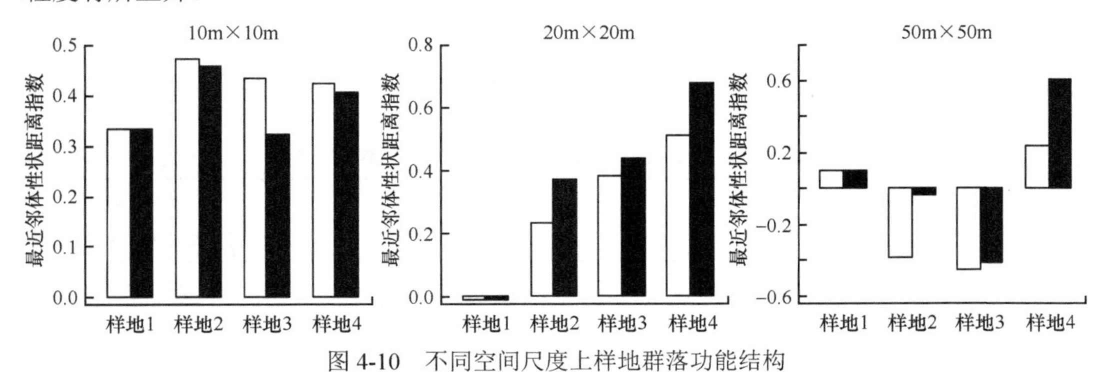

图 4-10　不同空间尺度上样地群落功能结构

白色条为采伐前，黑色为采伐后；指数值大于 0 表示功能结构为聚集型，小于 0 表示功能结构为发散型，等于 0 表示功能结构为随机型

图 4-11 表明，在相同空间尺度上群落的谱系结构与功能结构并不一致，在多数情况下甚至表现出相反的格局：在 10m×10m 的空间尺度上，除样地 2 的谱系结构表现为聚集型外，其余样地均为离散型，采伐后群落谱系结构的聚集程度下降，而离散程度上升；在 20m×20m 和 50m×50m 的空间尺度上，4 块样地的谱系结构均为离散型，采伐后群落离散程度下降。

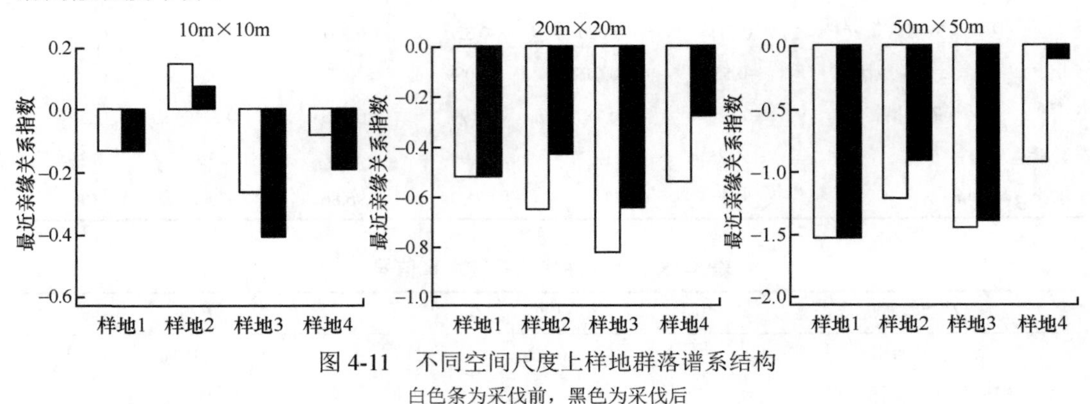

图 4-11　不同空间尺度上样地群落谱系结构

白色条为采伐前，黑色为采伐后

研究发现，虽然群落的谱系结构与功能结构表现并不一致，但它们对采伐的响应却具有一致性，即在 10m×10m 的空间尺度上采伐使群落的聚集程度下降，而离散程度上升，而在 20m×20m 和 50m×50m 的空间尺度上采伐使群落的聚集程度上升，而离散程度下降。

4.3.3　采伐对群落多样性和树木生长的影响

采伐会降低森林群落的功能多样性和谱系多样性，本研究采用采伐后群落多样性的损失来量化这种影响。表 4-16 表明，在 10m×10m 的空间尺度上采伐后功能多样性的损失分别为 14.57%（轻度采伐）、19.12%（中度采伐）和 33.82%（重度采伐）；在 20m×20m 的空间尺度上功能多样性的损失分别为 12.12%（轻度采伐）、28.80%（中度采伐）和 37.55%（重度采伐）；在 50m×50m 的空间尺度上功能多样性的损失分别为 5.78%（轻度采伐）、3.09%（中度采伐）和 28.04%（重度采伐）。表 4-16 还表明，在相同的空间尺度上，采伐后谱系多样性的损失量均小于功能多样性：在 10m×10m 的空间尺度上谱系多样性的损失分别为 13.26%（轻度采伐）、18.78%（中度采伐）和 29.16%（重度采伐）；在 20m×20m 的空间尺度上谱系多样性的损失分别为 9.34%（轻度采伐）、11.12%

表 4-16　森林采伐对生物多样性和保留木生长的影响

采伐强度（%）	功能多样性损失（%）			谱系多样性损失（%）			平均单株断面积增长量（cm^2）
	10m×10m	20m×20m	50m×50m	10m×10m	20m×20m	50m×50m	
0	0	0	0	0	0	0	16.54
15	14.57	12.12	5.78	13.26	9.34	4.51	18.33
30	19.12	28.80	3.09	18.78	11.12	2.91	24.05
50	33.82	37.55	28.04	29.16	18.63	16.03	20.29

（中度采伐）和 18.63%（重度采伐）；在 50m×50m 的空间尺度上谱系多样性的损失分别为 4.51%（轻度采伐）、2.91%（中度采伐）和 16.03%（重度采伐）。以上结果表明两种多样性指数对采伐的响应同样存在空间尺度效应，在中小尺度上，采伐的影响更加明显。同时研究表明与群落的谱系多样性相比，功能多样性对森林采伐更加敏感，更容易受到干扰活动的影响。

本研究采用 2011 ～ 2015 年单株树木平均胸高断面积的增长量来量化经历不同采伐强度后保留木的生长状况，平均单株胸高断面积增长量表现为中度采伐样地＞重度采伐样地＞轻度采伐样地＞对照样地，表明采伐有利于促进单株个体的生长，并且在中等强度采伐条件下促进作用最明显（表 4-16）。

4.3.4　总结与讨论

能够反映森林生态过程和进化历史的功能结构与谱系结构是群落结构的重要组成部分，探讨采伐前后群落功能结构和谱系结构的变化情况，有利于更加深入地理解采伐活动对森林群落的影响及其内在机制（宋凯等，2011）。群落的功能结构和谱系结构分别基于不同的信息构建而成（Webb et al.，2002；Norden et al.，2012），如果植物的功能性状具有较强的系统发育信号，那么在相同尺度上两种群落结构的表现应该是一致的（Flynn et al.，2011）。但本研究中群落的功能结构和谱系结构在同一尺度上表现出较大差异，样地内植物功能性状的系统发育信号较弱（Blomberg's $K<1$）可能是产生差异的主要原因（Losos，2008）。同时研究发现，群落的功能结构和谱系结构对采伐的响应是一致的，表明两种群落结构之间并非完全独立的，各功能性状（叶面积除外）的系统发育信号十分显著（$P<0.05$），尽管强度较弱，但却不能被忽略，这导致两种群落结构之间既存在着独立性又表现出关联性。

由于不同空间尺度上有不同的生态学过程发挥作用，因此在未受干扰的情况下，群落的功能结构和谱系结构应该表现出明显的尺度依赖性（Kraft and Ackerly，2010）。本研究发现，采伐对两种群落结构的影响同样具有尺度效应：在小尺度上，采伐使得群落的离散程度上升，而聚集程度下降；在大尺度上采伐使得群落的离散程度下降，而聚集程度上升。通常情况下群落聚集程度越高意味着个体间的竞争作用越强烈，而离散度越高意味着植物对生态位空间的利用越充分（Cavender-Bares et al.，2006；Lebrija-Trejos et al.，2010；Feng et al.，2014）。小尺度上群落结构的变化表明采伐能够减少树木个体间的竞争压力；大尺度上的结构变化表明采伐后群落中原本由物种占据的一部分生态位空间被释放出来，这就意味着如果采伐过度，生态位空间不能被充分利用，便会造成资源浪费。因此评价采伐对群落结构的影响应结合多个尺度进行综合考量。

功能多样性和谱系多样性对采伐强度的响应同样存在尺度效应，在小尺度上随着采伐强度的增加，两种多样性的损失率也呈明显的梯度性增加。而在大尺度上，轻度采伐和中度采伐条件下，两种多样性的损失并不明显，这可能是由于随着尺度的增加，群落中逐渐出现了功能冗余种（Loreau，2004）。功能冗余种是指具有相似的生态学特性或生活史策略的物种，通常情况下亲缘关系较近的物种往往构成功能冗余种，例如，生长在同一区域内的多种豆科植物，在生物固氮方面即构成冗余种（Gunderson，2000；Dalerum et al.，2012）。由于在较大尺度上冗余种的存在，中低强度的森林采伐对功能多样性和谱系多样性的影响有限，而在高强度的采伐条件下，冗余种的缓冲作用也不复存在，因此群落生物多样性迅速丧失。

除群落结构外，保留木的生长状况是评价采伐效益的另一个重要指标（Thorpe et al.，2007；Zhang et al.，2014）。本研究在探究采伐对群落结构和多样性影响的同时，还分析了经历不同采伐强度后保留木的生长差异。通常采伐后保留木因资源获取量增加、竞争压力减小而生长加快（Thorpe and Thomas，2007）。但本研究发现中等强度采伐条件下树木生长最快，表明在重度采伐条件下，森林的群落结构和生态系统功能已经遭到严重破坏，虽然此时竞争压力最小、资源最充分但并不利于树木生长。有研究表明，高强度的采伐使林分密度迅速降低，突然暴露在蒸发量更高、辐射更强的环境中，可能会导致敏感树种的生长不良、枯梢甚至死亡（Gadow and Schmidt，1998；Bladon et al.，2006）。

群落结构对于森林生态系统有着重要意义：在个体水平上，群落结构会对树木的生长状况和竞争优势产生重要影响；在林分水平上，群落结构决定着林分的生长、发育及稳定性（Stoll and Bergius，2005）。科学的森林采伐活动，必须以原有的群落结构为依据，并在此基础上进行调整和优化（Zhang et al.，2014）。在我国，绝大部分森林都遭受过采伐活动的影响，而只有 2% 的森林属于原始森林，因此探讨采伐前后森林群落结构的时空变化，对森林生态系统的经营管理有着重要的实践意义（Feng et al.，2014）。

4.4 单木生长模型

4.4.1 数据分析

首先将数据随机划分为两类（各占比约 80% 和 20%），其中 80% 的数据用于建模，剩余 20% 用于模型检验和验证。分别对不同树种的建模数据与验证数据进行对比，主要对比量为胸径增量的最大值、最小值、均值及标准偏差，最终结果如表 4-17 所示。

表 4-17 建模与验证数据直径生长量概况

树种	红松				色木槭			
建模数据	N=1105				N=2108			
	最小值	最大值	均值	标准偏差	最小值	最大值	均值	标准偏差
胸径（cm）	1.10	73.40	18.84	15.70	1.10	86.60	13.58	12.54
胸径增量（cm）	0.10	49.10	1.23	2.44	0.10	23.30	0.97	2.99
验证数据	N=276				N=520			
	最小值	最大值	均值	标准偏差	最小值	最大值	均值	标准偏差
胸径（cm）	1.30	70.60	18.27	15.43	1.00	67.80	14.19	12.85
胸径增量（cm）	0.10	8.30	1.06	0.94	0.10	26.60	0.85	1.40

续表

树种	水曲柳				春榆			
建模数据	N=1604				N=1643			
	最小值	最大值	均值	标准偏差	最小值	最大值	均值	标准偏差
胸径（cm）	1.50	69.50	25.17	11.82	1.00	62.50	8.01	8.48
胸径增量（cm）	0.10	30.50	2.29	9.90	0.10	14.60	0.74	0.85
验证数据	N=423				N=410			
	最小值	最大值	均值	标准偏差	最小值	最大值	均值	标准偏差
胸径（cm）	1.90	65.60	25.60	11.90	1.2	49.70	7.97	7.80
胸径增量（cm）	0.10	41.80	2.04	3.04	0.10	11.60	0.80	0.97
树种	紫椴				白桦			
建模数据	N=1176				N=705			
	最小值	最大值	均值	标准偏差	最小值	最大值	均值	标准偏差
胸径（cm）	1.20	68.30	20.22	13.07	2.3	54.5	20.33	8.30
胸径增量（cm）	0.10	39.10	1.08	2.09	0.90	19.60	1.03	1.72
验证数据	N=267				N=193			
	最小值	最大值	均值	标准偏差	最小值	最大值	均值	标准偏差
胸径（cm）	1.20	63.00	20.78	14.44	3.60	50.9	20.66	8.73
胸径增量（cm）	0.10	10.80	1.06	1.39	0.50	8.30	1.12	1.37
树种	蒙古栎				稠李			
建模数据	N=506				N=595			
	最小值	最大值	均值	标准偏差	最小值	最大值	均值	标准偏差
胸径（cm）	1.10	25.10	25.1	2.30	1.00	41.40	3.88	2.90
胸径增量（cm）	0.3	10.15	1.20	1.31	0.50	8.40	0.53	0.82
验证数据	N=127				N=174			
	最小值	最大值	均值	标准偏差	最小值	最大值	均值	标准偏差
胸径（cm）	1.5	88.7	24.67	13.33	1.40	16.60	4.00	2.77
胸径增量（cm）	0.2	27.77	1.28	1.98	0.80	7.50	0.56	1.06

4.4.2　单木生长模型拟合结果

根据表4-18可以看出，本研究中胸高断面积增量与各自变量的相关性要强于胸径增量作为因变量时的相关性，因此本研究将采用断面积增量来表示树木的生长量。先前相关研究中林木生长量模型自变量常见形式主要有两种，一种是直接使用树木5年的胸径（断面积）增量作为自变量，另一种是使用增量的对数。本研究对这两种自变量形式进行对比后显示，模型因变量采用对数形式时拟合效果较佳。由于树木生长增量不足 1 时因变量的对数形式会出现负数，因此将常数 1 加入因变量，防止自变量出现负值。因此本研究将 ln(BAI+l) 作为模型的因变量，自变量包括竞争因子、林分属性和立地因子。待选自变量包括表 4-1 中所有自变量及其变形形式如对数、平方等。最后采用多元线性回归模型当中的逐步回归，利用 SPSS 25.0 对各个树种的单木模型进行了拟合。

表 4-18　各自变量与生长量的相关系数

自变量	胸径增量	断面积增量
初始胸径自然对数［ln(*D*)］	0.201	0.582
初始胸径平方（D^2）	0.239	0.533
树高（*H*）	0.243	0.567
冠幅（CW）	0.230	0.504
林分每公顷株数（*N*）	–0.048	–0.163
大于对象木的林木断面积之和（BAL）	–0.234	–0.543
相对直径（RD）	0.235	0.588
对象木与最大林木直径比（DDM）	0.235	0.588
海拔（HB）	0.052	–0.008
坡度正切值（SL）	0.013	–0.020
坡度正切值平方（SL^2）	0.004	–0.024
坡度正切值与坡向组合项（SLC）	–0.013	0.005
坡度正切值与坡向组合项（SLS）	–0.002	0.025

4.4.2.1　色木槭胸高断面积生长模型

色木槭的模型拟合结果见表 4-19，将所有自变量及其变形形式进行拟合，从模型实用角度出发，最终余下相对直径（RD）、冠幅（CW）及树高（*H*）和海拔（HB）一共 4 项自变量在模型中。

表 4-19　色木槭生长模型拟合统计表

变量	回归系数	VIF
常数	–1.307（–2.911**）	—
树高	0.063（8.636**）	3.506
冠幅	0.057（3.588**）	2.519
相对直径	0.474（11.454**）	4.068
海拔	0.004（4.398**）	1.021
样本量	2108	
R^2	0.554	
调整 R^2	0.553	
F 值	*F*(4, 2970)=439.932，*P*=0.000	

注：因变量为 ln(BAI+1)；D-W 值（自相关检验的临界值）为 2.000；VIF. 方差膨胀因子；$**P<0.01$；括号里面为 *t* 值

综合考虑，色木槭的单木模型确定为

$$\ln(\text{BAI}+1)=0.474\times\text{RD}+0.063\times H+0.057\times\text{CW}+0.004\times\text{HB}-1.307$$

模型调整 R^2 值为 0.553，意味着相对直径、初始树高、冠幅和立地因子当中的海拔会影响色木槭断面积的生长，4 个指标的系数均大于零，说明树木个体越大，在林分中处于的竞争位置越具优势，获得的生长量也更多，且模型通过 F 检验（$P<0.05$）说明模型有效，对模型中的多重共线性检验后发现，模型当中 VIF 值均小于 5，意味着自变量间不存在共线性问题，模型较好。

4.4.2.2　春榆胸高断面积生长模型

在春榆单木生长模型中（表 4-20），最终引入的模型自变量包括：对象木与最大林木直径比（DDM）、初始胸径对数［$\ln(D)$］、树高（H）和冠幅（CW）。

表 4-20　春榆生长模型拟合统计表

变量	回归系数	VIF
常数	0.556（−1.791）	—
对象木与最大林木直径比	6.506（3.613**）	5.611
初始胸径对数	0.228（7.414**）	6.840
冠幅	0.067（3.862**）	2.344
树高	0.038（4.125**）	5.139
样本量	1643	
R^2	0.457	
调整 R^2	0.456	
F 值	$F(5, 2193)=314.133$，$P=0.000$	

注：因变量为 ln(BAI+1)；D-W 值为 1.969；$^{**}P<0.01$；括号里面为 t 值

最终确定春榆的单木生长模型为

$$\ln(\text{BAI}+1)=6.506\times\text{DDM}+0.228\times\ln(D)+0.067\times\text{CW}+0.038\times H+0.556$$

可见对象木与最大林木的直径比、初始胸径对数、树高和冠幅会影响春榆的生长量，其系数均为正，说明对象木自身个体越大，在林分中处于较为优势的竞争地位，能够获得的生长量也越大。在春榆断面积生长模型中有关立地状况的各因子均未能引入模型，在拟合过程中加入海拔虽然在一定程度上会提高模型的效果，但是影响并不大，说明立地因子对春榆断面积生长量的影响较小。最终模型调整 R^2 为 0.456，且模型通过 F 检验（$P<0.05$）说明模型有效，针对模型中多重共线性检验后发现，模型中 VIF 值有大于 5 但是小于 10 的情况出现，意味着春榆模型可能存在一定的共线性问题。

4.4.2.3　水曲柳单木生长模型

水曲柳单木生长模型中（表 4-21），最终引入的变量为初始胸径对数［$\ln(D)$］、树高（H）、冠幅（CW）及坡度和坡向的组合项（SLC）。

表 4-21　水曲柳生长模型拟合统计表

变量	回归系数	VIF
常数	–0.030（–0.046）	—
树高	0.057（7.138**）	1.668
冠幅	0.095（5.422**）	1.685
初始胸径对数	1.116（13.047**）	2.296
SLC	–0.554（–2.706**）	1.005
样本量	1604	
R^2	0.490	
调整 R^2	0.488	
F 值	$F(7, 2108)=192.655$，$P=0.000$	

注：因变量为 ln(BAI+1)；D-W 值为 1.977；**$P<0.01$；括号里面为 *t* 值

最终确定水曲柳单木生长模型为

$$\ln(\mathrm{BAI}+1)=1.116\times\ln(D)+0.095\times\mathrm{CW}+0.057\times H-0.554\times\mathrm{SLC}-0.030$$

最终引入模型的自变量为林木大小因子和立地因子，其中林木大小因子的系数均大于零，说明对象木的个体越大其胸高断面积生长量越大，SLC 为立地因子，其系数小于零，说明立地条件越好，水曲柳的生长反而会受到负面影响，模型 R^2 为 0.488，接近 0.5，说明所建立的模型仅能在一定程度上解释林木自身大小、竞争因子及立地因子对水曲柳生长的影响。对模型中多重共线性进行检验后发现，模型当中 VIF 值均小于 5，意味着自变量间不存在共线性问题。

4.4.2.4　紫椴胸高断面积生长模型

最终进入紫椴单木断面积生长模型的自变量为（表 4-22）：对象木与最大林木直径比（DDM）、对象木初始树高（*H*）及初始胸径对数［ln(*D*)］。

表 4-22　紫椴生长模型拟合统计表

变量	回归系数	VIF
常数	0.918（5.355**）	—
初始胸径对数	–0.488（–4.078**）	4.577
树高	0.080（7.192**）	3.413
对象木与最大林木直径比	13.763（13.282**）	5.226
样本量	1176	
R^2	0.560	
调整 R^2	0.558	
F 值	$F(5, 1758)=272.167$，$P=0.000$	

注：因变量为 ln(BAI+1)；D-W 值为 2.007；**$P<0.01$；括号里面为 *t* 值

最终确定紫椴的单木生长模型为

$$\ln(\mathrm{BAI}+1)=0.918+13.763\times\mathrm{DDM}+0.080\times H-0.488\times\ln(D)$$

引入模型的3个因子分别为竞争因子和林木大小因子，其中竞争因子对象木与最大林木直径比，表达林木自身大小的树高和初始胸径因子其系数均大于零，都说明树木自身个体越大，在竞争中越能获得优势地位，其生长量也越高。在紫椴单木生长模型中，立地因子均未被引入模型，说明立地因子对紫椴生长的影响较小。

4.4.2.5　红松胸高断面积生长模型

将所有自变量带入模型中拟合（表4-23），最后选入的变量为相对直径（RD）、初始胸径平方（D^2）及冠幅（CW）。

表4-23　红松生长模型拟合统计表

变量	回归系数	VIF
常数	0.635（7.820**）	—
初始胸径平方	–0.001（–9.474**）	1.085
相对直径	1.635（15.512**）	4.853
冠幅	0.062（2.301*）	2.991
样本量	1105	
R^2	0.543	
调整 R^2	0.542	
F 值	F(3, 1507)=515.396，P=0.000	

注：因变量为ln(BAI+1)；D-W值为1.988；*P＜0.05，**P＜0.01；括号里面为 t 值

综上红松单木生长模型最终确定为

$$\ln(BAI+1)=0.635+1.635\times RD+0.062\times CW-0.001\times D^2$$

竞争因子当中的相对直径对红松断面积生长影响最大，呈正相关，其次是林木大小因子当中的冠幅，胸径的平方系数为负，说明对于红松，林木自身胸径越大，其能够获得的生长量越小。模型 R^2 值为0.542，意味着胸径的平方、相对直径和冠幅可以较好地解释红松生长量变化情况。而且模型通过 F 检验，且VIF值均小于5，说明模型有效。

4.4.2.6　白桦胸高断面积生长模型

最终进入模型的自变量为（表4-24）：初始胸径对数［ln(D)］、树高（H）、海拔（HB）及大于对象木的林木断面积和（BAL）。

表4-24　白桦生长模型拟合统计表

变量	回归系数	VIF
常数	0.084（0.069）	—
海拔	–0.005（–2.162*）	1.017
初始胸径对数	1.223（7.043**）	2.240
树高	0.067（4.336**）	1.561
大于对象木的林木断面积和	–0.084（2.415*）	3.107

续表

变量	回归系数	VIF
样本量	705	
R^2	0.569	
调整 R^2	0.567	
F 值	$F(5, 865)=58.215$，$P=0.000$	

注：因变量为 ln(BAI+1)；D-W 值为 1.809；$*P<0.05$，$**P<0.01$；括号里面为 t 值

最后确定白桦的单木生长模型为

$$\ln(\text{BAI}+1)=0.084+1.223\times\ln(D)+0.067\times H-0.084\times\text{BAL}-0.005\times\text{HB}$$

林木自身大小、竞争因子及立地因子均被引入模型，其中初始胸径自然对数与树高的系数均为正，表明白桦自身个体越大，其越容易在竞争中占据优势地位，获得更大的断面积生长量，竞争因子中只有大于对象木的林木断面积之和被引入模型，其系数为负，说明林木之间的竞争与林木生长量呈负相关，即对象木受到的竞争压力越大，其获得的生长量越低。值得注意的是，立地因子中的海拔被引入模型，其系数为负，但是数值非常小，说明海拔越高的情况下，白桦的生长量可能会相应地减少。

4.4.2.7 稠李胸高断面积生长模型

最终进入模型的自变量为（表 4-25）：对象木与最大林木的直径比（DDM）、相对直径（RD）及树高（H）和坡度与坡向的组合项（SLC）。

表 4-25 稠李生长模型拟合统计表

变量	回归系数	VIF
常数	0.614（9.410**）	—
对象木与最大林木直径比	4.869（1.987*）	2.593
相对直径	0.832（0.212*）	2.739
树高	0.107（5.268**）	2.593
坡度与坡向组合项	0.976（0.030*）	1.013
样本量	595	
R^2	0.531	
调整 R^2	0.528	
F 值	$F(2,757)=62.358$，$P=0.000$	

注：因变量为 ln(BAI+1)；D-W 值为 1.826；$*P<0.05$，$**P<0.01$；括号里面为 t 值

最终确定稠李的单木生长模型为

$$\ln(\text{BAI}+1)=0.614+4.869\times\text{DDM}+0.832\times\text{RD}+0.107\times H+0.976\times\text{SLC}$$

竞争因子、林木大小因子与立地因子均被引入模型，其中对象木与最大林木的直径比与相对直径的系数均为正，说明对象木的自身个体越大，在林分中的竞争位置越具优势，林木生长量也越大，坡度与坡向的组合项系数也为正，说明立地条件越好，稠李的生长量也越大。模型 R^2 为 0.528，针对模型的多重共线性进行检验后发现，模型中 VIF 值全

部均小于 5，意味着不存在着共线性问题；并且 D-W 值在数字 2 附近，因而说明模型不存在自相关性，样本数据之间并没有关联关系，模型较好。

4.4.2.8　蒙古栎单木生长模型

最终进入模型的自变量（表 4-26）：对象木与最大林木直径比（DDM）、树高（H）和初始胸径对数 [ln(D)]。

表 4-26　蒙古栎生长模型拟合统计表

变量	回归系数	VIF
常数	1.132（3.467**）	—
初始胸径对数	0.094（0.510*）	4.114
树高	0.116（6.752**）	3.231
对象木与最大林木直径比	6.002（5.191**）	3.038
样本量	506	
R^2	0.540	
调整 R^2	0.537	
F 值	$F(4, 628)=197.728$，$P=0.000$	

注：因变量为 ln(BAI+1)；D-W 值为 1.884；*$P<0.05$，**$P<0.01$；括号里面为 t 值

最终确定蒙古栎的单木生长模型为

$$\ln(\mathrm{BAI}+1)=1.132+6.002\times \mathrm{DDM}+0.116\times H+0.094\times \ln(D)$$

最终引入模型的为林木大小因子和竞争因子，其中对象木与最大林木直径比对断面积生长的影响最显著，呈正相关，树高和初始胸径对数也为正，同样说明林分中，树木自身个体越大，越容易获得更大的生长量，立地因子未能被选入模型，说明环境对蒙古栎生长的影响较小，其生长量主要与竞争和林木自身大小相关。

4.4.3　单木生长模型评价与检验

使用 8 个主要树种蒙古栎、春榆、水曲柳、紫椴、红松、色木槭、白桦、稠李的 80% 数据用来建模，胸径增量为因变量，其他指数作为自变量带入 SPSS 中得到各树种的胸径生长方程参数，并进行模型评价，计算 R^2 和 RMSE%。此外用拟合得到的模型计算独立验证数据的胸高断面积预测值，并计算 R^2 和 RMSE% 及相对误差（表 4-27）。

表 4-27　模型拟合结果统计表

序号	树种	模拟拟合 R^2	模拟拟合 RMSE%	模拟拟合相对误差	模型验证 R^2	模型验证 RMSE%	模型验证相对误差
1	色木槭	0.553	0.346	0	0.483	0.235	0.015
2	春榆	0.456	0.356	0	0.487	0.265	0.012
3	水曲柳	0.488	0.378	0	0.429	0.227	0.014
4	紫椴	0.558	0.358	0	0.476	0.245	0.021

续表

序号	树种	模拟拟合 R^2	模拟拟合 RMSE%	模拟拟合 相对误差	模型验证 R^2	模型验证 RMSE%	模型验证 相对误差
5	红松	0.542	0.352	0	0.436	0.243	0.012
6	白桦	0.567	0.373	0	0.492	0.245	0.010
7	稠李	0.528	0.370	0	0.435	0.233	0.013
8	蒙古栎	0.537	0.349	0	0.417	0.217	0.010

根据模型验证数据得到的各树种的 R^2 和 RMSE% 可以看出，其数值与模型拟合数据基本相符，从建模数据的 R^2 可以看出，8 个树种的 R^2 为 0.456 ～ 0.567，白桦的模型精度最高，紫椴、色木槭和红松次之，春榆和水曲柳的模型精度较低。验证数据的 R^2 为 0.417 ～ 0.492，其精度均略低于建模数据的拟合精度，建模数据拟合结果显示 8 个树种的相对误差都接近 0，而验证数据拟合结果的相对误差也在 0.010 ～ 0.021，可见所建模型的相对误差均较小，说明本研究所建立的蛟河地区天然混交林主要树种胸径生长方程较为合理，可以满足日后的使用需求。

4.5　单木枯损模型

4.5.1　单木枯损模型的拟合

对样本单木模型中的自变量使用统计软件 SPSS，采用逐步回归的方法对模型参数进行拟合，因变量为包含 1=存活、0=枯死的双值变量，衡量回归方程的有树木胸径（D）、树木冠幅（CW）、林分每公顷株数（N）、大于对象木的林木断面积之和（BAL）、相对直径（RD）、海拔（HB）、坡度（PD）、坡向（PX）。其拟合结果见表 4-28。

表 4-28　红松单木枯损模型的拟合结果（N=1105）

逐步回归入选变量	R^2	RMSE%
D、CW	0.843 2	0.441 8
D、N	0.840 7	0.446 9
D、BAL、RD	0.751 6	0.788 32
D、HB、PD、PX	0.753 5	0.614 3
CW、N	0.836 7	0.486 7
CW、BAL、RD	0.784 3	0.645 3
CW、HB、PD、PX	0.787 6	0.645 8

在选入变量为 D、CW 时，R^2 为 0.8432，且 RMSE% 呈现最小，在所选入的变量中较为稳定。因此确认红松单木枯损模型为

$$P_i = \frac{1}{1 + \exp[-(a_0 + a_1 D + a_2 \mathrm{CW})]}$$

对其中 80% 的样本进行拟合，结果如表 4-29 所示。

表 4-29　红松单木枯损模型的拟合结果（N=1105）

参数	估计值	标准差	T	P	RSS	剩余标准差	R^2
a_0	23.173	2.155	6	0			
a_1	–175.890	20.345	–9	0	0.654	0.102	0.786
a_2	–300.880	49.089	–6	0			

得出红松枯损模型为

$$P_i = \frac{1}{1+\exp[-(23.173-175.890D-300.88\text{CW})]}$$

其中，初期胸径（D）越大，林木间竞争越大，树木枯死的可能性越低。从数据中也可以看出，a_1 的系数为负数，总体来说模型检验效果较符合实际应用需求。

4.5.2　单木枯损模型验证

对剩余 20% 数据进行回归检验的结果见表 4-30，模型精度为 0.633，处于较高水平，模型拟合效果较好。

表 4-30　红松单木枯损模型验证统计表

参数	平均误差	标准误差	相对误差	预估精度	F
P_i	0.001	0.048	0.186	0.633	0.512

同样，带入其他树种样本进行同步计算。

色木槭 P_i=1/{1+exp[–(23.173–175.890D–171.155CW)]}，预估精度为 0.646，F=0.723。

春榆 P_i=1/{1+exp[–(11.945–0.002D–36.554CW)]}，预估精度为 0.724，F=0.724。

水曲柳 P_i=1/{1+exp[–(255.163–10.747D–100.2992CW)]}，预估精度为 0.112，F=0.3143。

紫椴 P_i=1/{1+exp[–(93.236–46.238D–300.88CW)]}，预估精度为 0.154，F=0.142。

白桦 P_i=1/{1+exp[–(115.849–175.890D–3149.098CW)]}，预估精度为 0.653，F=0.783。

稠李 P_i=1/{1+exp[–(12.929–126.584D–125.1CW)]}，预估精度为 0.152，F=0.127。

蒙古栎 P_i=1/{1+exp[–(3.3829–0.004D–0.001CW)]}，预估精度为 0.665，F=0.717。

从单木枯损模型的验证结果可以看出，除了水曲柳、紫椴与稠李这 3 个树种的预估精度较低，其余 5 个树种均通过 F 检验且预估精度较高，而造成水曲柳、紫椴与稠李枯损模型预估精度较低的原因可能是建模样本量较少，独立检验样本数量也较少，因此模型不能系统地反映这 3 个树种的枯损规律。另外 5 个树种枯损模型的预估精度均在 63% 以上，可见在林木的初始胸径、竞争指数、立地因子这几个指标当中，林木自身大小对于林木枯损概率的影响最为显著，且其系数为负，说明林木自身直径越大，其枯损概率越小。这与以往学者的研究结论相同，即林木的径阶越大，其竞争力越强，枯损的概率也越低。

4.6 本章小结

4.6.1 幼苗的物种组成、月际及年际动态

在2015～2017年，共监测到乔木树种幼苗9科10种，在2016～2017年分别调查到幼苗14种和15种，幼苗的物种组成在月际及年际间差异较小，主要是由蒙古栎、糠椴等稀少物种引起一些变化。幼苗的死亡率和增补率在月际与年际间变化较大。在月季动态中，幼苗死亡率和增补率在6月达到最大值，分别为1.262%和0.315%。通过采伐样地与对照样地的对比，对照样地的死亡率和增补率高于采伐样地，并且于6月最大，分别为2.696%和0.333%。在幼苗年际动态中，幼苗的数量变化比较明显，其中以水曲柳幼苗和紫椴幼苗的死亡率高，数量变化显著。随着生长季的变化，幼苗数量逐渐减少。幼苗高度分布呈单峰趋势，主要集中在5～20cm上。采伐样地和对照样地内幼苗的物种组成上没有变化，但幼苗数量、株高及死亡率等存在很大不同，表明采伐影响了林下幼苗的定居生长，加快了幼苗层的演替更新速度。

4.6.2 草本多样性及月际动态

在对草本的调查中，共监测到草本植物26科64种，早春草本包括特有的朝鲜顶冰花、东北延胡索等，夏季草本主要包括水金凤、东北蹄盖蕨等，物种组成在月际间存在很大差异。草本多样性及盖度随着生长季发生变化，草本丰富度和盖度在6月达到最大，物种多样性只存在早春和夏季草本的差异。采伐样地和对照样地的草本多样性与盖度存在很大的差异，而叶面积指数对草本盖度和多样性存在显著影响，表明光照是影响草本生长及物种多样性的主要原因。

4.6.3 生物因素对幼苗生长更新的影响

幼苗是植物生活史中最敏感的时期，容易受到很多因素的影响。白牛槭幼苗和色木槭幼苗对邻体大树个体数与胸高断面积的回归表明，母树周围丰富的种源及母树带来的单一性病原体和植食性昆虫等因素，幼苗的空间分布受到同种邻体大树和异种邻体大树的双重影响。幼苗生长和生物量分配受到周围草本及不同年龄幼苗的影响。草本盖度促进幼苗高生长（P=0.008），草本多样性促进幼苗根、茎生物量分配（P=0.048，P=0.041），而多年生幼苗的高生长促进了当年生幼苗的基径生长（P=0.025），表明了幼苗在草本和周围邻体幼苗的影响下，为了适应环境带来的不利影响，增加了对根和茎的生物量投资来满足自身定居存活所需养分的吸收。

4.6.4 环境因素对幼苗生长更新的影响

最直接影响幼苗生长的环境因素为光照和土壤。幼苗利用光照进行光合作用直接产生自身所需养分。一年生幼苗和多年生幼苗对光照的响应不同。在良好的光照条件下，一年生幼苗增加根重和根面积，减少茎和叶的生物量；多年生幼苗的叶片和茎生长受光

照的促进作用，根生长受到抑制作用。结果表明，在强光照条件下，一年生幼苗根系相对完整，种间或种内竞争激烈，将生物量分配到茎和叶片的生长，通过捕获光能来完成自身生长；一年生幼苗在多种植物的遮荫下，对光能的捕获能力较弱，通过增加根生物量的投资来吸收土壤养分，利于新生幼苗的定居。采伐经营后，林分的土壤养分含量发生了改变，两块样地的土壤元素含量出现了显著性差异。土壤是幼苗养分吸收的直接来源，对幼苗的生物量分配起到了一定的限制作用，而幼苗地上部分元素含量也与土壤元素含量存在一定的相关性。

4.6.5　采伐干扰与功能结构及谱系结构

本研究从群落功能结构和谱系结构的角度出发，为评价不同强度森林采伐活动的影响提供了新的视角。研究表明，合理的森林采伐活动能调整群落结构、减少个体竞争、促进保留木生长，而过高强度的采伐会使森林的生态系统功能产生严重破坏，造成生态位空间过度释放，不利于资源的充分利用及树木快速生长。森林采伐会对群落的功能多样性和谱系多样性产生负面影响，但中低强度采伐对功能多样性和谱系多样性的影响是有限的，通常只体现在中小尺度上，而高强度的采伐即使在大尺度上也会对群落的功能多样性和谱系多样性产生显著破坏作用。从优化群落结构、提高木材产量、保护生物多样性和生态系统功能的角度出发，对温带针阔叶混交林的采伐应控制在中等强度以内，不宜进行高强度采伐。

4.6.6　主要树种单木生长模型

通过逐步回归的方法，将蛟河针阔叶混交林的 8 个主要树种的树木大小因子、竞争因子及立地因子与树木生长量直接拟合，分别得到了 8 个树种的单木生长与枯损模型。对比 8 个树种最终被引入方程的自变量发现：影响林木断面积生长的主要因素为林木大小指标和竞争指标，立地因子对于树木生长的影响比较小。对于各个自变量来说，除了红松单木模型，其余所有模型均包括树高因子。林木初始胸径被引入了春榆、水曲柳、紫椴、红松、白桦和蒙古栎这 6 个模型中，而只有色木槭、春榆、水曲柳和红松这 4 个模型当中包含了冠幅因子。对于竞争指标，对象木与最大林木的直径比和相对直径及大于对象木的断面积和均被引入模型，而林分每公顷株数未能被引入模型，推测原因为混交林中株密度并不能很好地反映林分的竞争情况。对于立地因子，只有海拔和坡度与坡向的组合项（SLC）被引入模型，但其系数值均较小，说明立地因子当中的海拔及坡度和坡向的组合项（SLC）虽然会对树木断面积增量产生影响，但是其影响并不如林木自身大小因子和竞争因子明显。所建立的模型经过检验后模型精度均较好，可以预测蛟河针阔叶混交林分未来一段时间内的树木生长与收获。本研究得出的结论与以往的研究基本一致，即影响林木生长的主要因子是林木自身大小及竞争因子，立地环境对树木生长量的影响很小。本研究在相关研究的基础上加入了树高和冠幅因子，结果表明树高因子相较于林木初始胸径更适合用来表示林木自身大小，在未来研究中可以着重探讨树高在单木生长模型当中的应用。

主要参考文献

包昱君. 2013. 汪清林业局云冷杉林单木生长模型的研究. 北京林业大学硕士学位论文.
宾粤. 2011. 生态位、扩散限制还是密度制约——鼎湖山南亚热带森林物种共存的可能机制. 中国科学院研究生院博士学位论文.
陈廷贵, 张金屯. 2000. 山西关帝山神尾沟植物群落物种多样性与环境关系的研究 I . 丰富度、均匀度和物种多样性指数. 应用与环境生物学报, (5): 406-411.
陈煜, 许金石, 张丽霞, 等. 2016. 太白山森林群落和林下草本物种变化的环境解释. 西北植物学报, 36(4): 784-795.
邓斌, 曾德慧. 2006. 添加氮肥对沙地樟子松幼苗生物量分配与叶片生理特性的影响. 生态学杂志, (11): 1312-1317.
邓磊, 张文辉, 何景峰, 等. 2011. 不同采伐强度对辽东栎林幼苗更新的影响. 西北林学院学报, 26(2): 160-166.
冯博, 徐程扬, 陈建军, 等. 2016. 光照对 3 种针叶树种幼苗生长与根系发育影响的研究. 吉林林业科技, 45(1): 28-32.
付晓燕, 江大勇, 郭万军, 等. 2009. 林龄、密度对华北落叶松人工林下生物多样性的影响. 河北林果研究, 24(1): 33-37.
葛宏立, 项小强, 何时珍, 等. 1997. 年龄隐含的生长模型在森林资源连续清查中的应用. 林业科学研究, (4): 81-85.
耿燕, 吴漪, 贺金生. 2011. 内蒙古草地叶片磷含量与土壤有效磷的关系. 植物生态学报, 35(1): 1-8.
谷会岩, 金靖博, 陈祥伟, 等. 2009. 采伐干扰对大兴安岭北坡兴安落叶松林土壤化学性质的影响. 土壤通报, 40(2): 272-275.
韩文娟, 袁晓青, 张文辉. 2012. 油松人工林林窗对幼苗天然更新的影响. 应用生态学报, 23(11): 2940-2948.
郝占庆, 于德永, 杨晓明, 等. 2002. 长白山北坡植物群落 α 多样性及其随海拔梯度的变化. 应用生态学报, (7): 785-789.
胡耀升, 么旭阳, 刘艳红. 2014. 长白山森林不同演替阶段植物与土壤氮磷的化学计量特征. 应用生态学报, 25(3): 632-638.
雷相东, 李希菲. 2003. 混交林生长模型研究进展. 北京林业大学学报, (3): 105-110.
雷相东, 李永慈, 向玮. 2009. 基于混合模型的单木断面积生长模型. 林业科学, 45(1): 74-80.
李俊清, 祝宁. 1990. 红松的种群结构与动态过程. 生态学杂志, (4): 8-12.
李帅锋, 刘万德, 苏建荣, 等. 2012. 普洱季风常绿阔叶林次生演替中木本植物幼苗更新特征. 生态学报, 32(18): 5653-5662.
李晓亮, 王洪, 郑征, 等. 2009. 西双版纳热带森林树种幼苗的组成、空间分布和旱季存活. 植物生态学报, 33(4): 658-671.
李昕, 徐振邦, 陶大立. 1989. 小兴安岭丰林自然保护区阔叶红松林红松天然更新研究. 东北林业大学学报, (6): 1-7.
刘斌, 陈波, 杨新兵, 等. 2015. 河北小五台山天然白桦林草本多样性影响因素研究. 生态科学, 34(2): 87-93.
刘何铭, 马遵平, 杨庆松, 等. 2017. 天童常绿阔叶林定居幼苗存活和生长的关联. 生物多样性, 25(1): 11-22.
刘美爽, 董希斌, 郭辉, 等. 2010. 小兴安岭低质林采伐改造后土壤理化性质变化分析. 东北林业大学学报, 38(10): 36-40.
刘足根, 姬兰柱, 郝占庆, 等. 2004. 松果采摘对长白山自然保护区红松天然更新的影响. 应用生态学报, (6): 958-962.

马武, 雷相东, 徐光, 等. 2015. 蒙古栎天然林单木生长模型研究——Ⅰ. 直径生长量模型. 西北农林科技大学学报(自然科学版), 43(2): 99-105.

彭闪江, 黄忠良, 徐国良, 等. 2003. 生境异质性对鼎湖山植物群落多样性的影响. 广西植物, (5): 391-398.

任瑞娟, 亢新刚, 杨华. 2008. 天然林单木生长模型研究进展. 西北林学院学报, (6): 203-206.

盛海燕, 李伟成, 葛滢. 2006. 明党参幼苗存活与生长对光照强度的响应. 应用生态学报, (5): 783-788.

宋凯, 米湘成, 贾琪, 等. 2011. 不同程度人为干扰对古田山森林群落谱系结构的影响. 生物多样性, 19(2): 190-196.

唐守正, 李希菲, 孟昭和. 1993. 林分生长模型研究的进展. 林业科学研究, (6): 672-679.

王静, 徐爽, 闫涛, 等. 2017. 土壤养分对辽东山区主要阔叶树种幼苗生长的影响. 生态学杂志, 36(11): 3148-3159.

王蕾. 2010. 长白山针阔混交林种子雨动态及扩散限制研究. 北京林业大学博士学位论文.

王绪高, 李秀珍, 孔繁花, 等. 2003. 大兴安岭北坡火烧迹地自然与人工干预下的植被恢复模式初探. 生态学杂志, (5): 30-34.

王莹, 王铮, 冯望. 2015. 与距离无关竞争因子对单木断面积生长的影响. 辽宁林业科技, (1): 53-55.

吴富勤, 张新军, 申仕康, 等. 2015. 土壤养分与水分对猪血木幼苗生长及生理特性的影响. 广东农业科学, 42(20): 45-51.

武高林, 陈敏, 杜国祯. 2010. 三种高寒植物幼苗生物量分配及性状特征对光照和养分的响应. 生态学报, 30(1): 60-66.

席青虎. 2009. 寒温带兴安落叶松林天然更新研究. 内蒙古农业大学硕士学位论文.

夏富才, 潘春芳, 赵秀海, 等. 2012. 长白山原始阔叶红松林林下草本植物多样性格局及其影响因素. 西北植物学报, 32(2): 370-376.

夏富才, 张春雨, 赵秀海, 等. 2008. 早春草本植物群落结构及其聚类分析. 东北师大学报(自然科学版), 40(4): 109-114.

肖翠. 2015. 长白山不同林型中幼苗存活影响因素的分析. 北京林业大学硕士学位论文.

薛伟, 李向义, 朱军涛, 等. 2011. 遮阴对疏叶骆驼刺叶形态和光合参数的影响. 植物生态学报, 35(1): 82-90.

闫明淮. 2009. 帽儿山地区天然次生林单木生长模型的研究. 东北林业大学硕士学位论文.

姚杰, 闫琰, 张春雨, 等. 2015. 吉林蛟河针阔混交林乔木幼苗组成与月际动态. 植物生态学报, 39(7): 717-725.

张成程. 2009. 落叶松人工林空间结构优化经营及可视化模拟的研究. 东北林业大学博士学位论文.

周新年, 邱仁辉, 杨玉盛, 等. 1998. 不同采伐、集材方式对林地土壤理化性质影响的研究. 林业科学, (3): 20-27.

祝燕, 米湘成, 马克平. 2009. 植物群落物种共存机制: 负密度制约假说. 生物多样性, 17(6): 594-604.

曾德慧, 尤文忠, 范志平, 等. 2002. 樟子松人工固沙林天然更新障碍因子分析. 应用生态学报, (3): 257-261.

Adame P, Hynynen J, Cañellas I, et al. 2008. Individual-tree diameter growth model for rebollo oak (*Quercus pyrenaica* Willd.) coppices. Forest Ecology and Management, 255(3-4): 1015-1022.

Asner G P, Knapp D E, Broadbent E N, et al. 2005. Selective logging in the Brazilian Amazon. Science, 310(5747): 480-482.

Augspurger C K, Kelly C K. 1984. Pathogen mortality of tropical tree seedlings: experimental studies of the effects of dispersal distance, seedling density, and light conditions. Oecologia, 61(2): 211-217.

Battaglia M, Sands P J. 1998. Process-based forest productivity models and their application in forest management. Forest Ecology and Management, 102(1): 1-32.

Bladon K D, Silins U, Landhäusser S M, et al. 2006. Differential transpiration by three boreal tree species in response to increased evaporative demand after variable retention harvesting. Agricultural and Forest Meteorology, 138(1): 104-119.

Blomberg S P, Garland T, Ives A R. 2003. Testing for phylogenetic signal in comparative data: behavioral traits are more labile. Evolution, 57(4): 717-745.

Cadotte M W, Cardinale B J, Oakley T H. 2008. Evolutionary history and the effect of biodiversity on plant productivity. Proceedings of the National Academy of Sciences, 105(44): 17012-17017.

Cannon C H, Peart D R, Leighton M. 1998. Tree species diversity in commercially logged Bornean rainforest. Science, 281(5381): 1366-1368.

Cavender-Bares J, Keen A, Miles B. 2006. Phylogenetic structure of Floridian plant communities depends on taxonomic and spatial scale. Ecology, 87(7): S109-S122.

Cornelissen J H C, Lavorel S, Garnier E, et al. 2003. A handbook of protocols for standardised and easy measurement of plant functional traits worldwide. Australian Journal of Botany, 51(4): 335-380.

Dalerum F, Cameron E Z, Kunkel K, et al. 2012. Interactive effects of species richness and species traits on functional diversity and redundancy. Theoretical Ecology, 5(1): 129-139.

Feng G, Svenning J C, Mi X C, et al. 2014. Anthropogenic disturbance shapes phylogenetic and functional tree community structure in a subtropical forest. Forest Ecology and Management, (313): 188-198.

Flynn D F B, Mirotchnick N, Jain M, et al. 2011. Functional and phylogenetic diversity as predictors of biodiversity-ecosystem-function relationships. Ecology, 92(8): 1573-1581.

Gadow K V, Schmidt M. 1998. Periodische inventuren und eingriffsinventuren. Forst und Holz, 53(22): 667-671.

Gilbert G S, Harms K E, Harmill D N, et al. 2001. Effects of seedling size, El Niño drought, seedling density, and distance to nearest conspecific adult on 6-year survival of *Ocotea whitei* seedlings in Panamá. Oecologia, 127: 509-516.

Gunderson L H. 2000. Ecological resilience-in theory and application. Annual Review of Ecology and Systematic, 31(1): 425-439.

He J S, Fang J, Wang Z, et al. 2006. Stoichiometry and large-scale patterns of leaf carbon and nitrogen in the grassland biomes of China. Oecologia, 149(1): 115-122.

Hedin L O. 2004. Global organization of terrestrial plant-nutrient interactions. Proceedings of the National Academy of Sciences of the United States of America, 101: 10849-10850.

Jennengs S B, Brown N D, Sheil D. 1999. Assessing forest canopies and understory illumination: canopy cover and other measures. Forstry, 72: 59-73.

Karel M, Raison R J, Anatolys P. 2006. Critical analysis of root: shoot ratios in terrestrial biomes. Global Change Biology, 12: 84-96.

Kirby K J. 1988. Changes in the ground flora under plantations on ancient woodland sites. Forestry, 61: 317-338.

Kraft N J B, Ackerly D D. 2010. Functional trait and phylogenetic tests of community assembly across spatial scales in an Amazonian forest. Ecological Monographs, 80(3): 401-422.

Lebrija-Trejos E, Pérez-García E A, Meave J A, et al. 2010. Functional traits and environmental filtering drive community assembly in a species-rich tropical system. Ecology, 91(2): 386-398.

Ledermann T, Eckmüllner O. 2004. A method to attain uniform resolution of the competition variable Basal-Area-in-Larger Trees (BAL) during forest growth projections of small plots. Ecological Modelling, 171(1-2): 195-206.

Liu X J, Swenson N G, Zhang J L, et al. 2013. The environment and space, not phylogeny, determine trait dispersion in a subtropical forest. Functional Ecology, 27(1): 264-272.

Loreau M. 2004. Does functional redundancy exist? Oikos, 104(3): 606-611.

Losos J B. 2008. Phylogenetic niche conservatism, phylogenetic signal and the relationship between phylogenetic relatedness and ecological similarity among species. Ecology Letters, 11(10): 995-1003.

Lu J M, Johnson D J, Qiao X J, et al. 2015. Density dependence and habitat preference shape seedling survival in a subtropical forest in central China. Journal of Plant Ecology, 8: 568-577.

Moles A T, Warton D I, Warman L, et al. 2009. Global patterns in plant height. Journal of Ecology, 97(5): 923-932.

Monserud R A , Sterba H. 1996. A basal area increment model for individual trees growing in even- and uneven-aged forest stands in Austria. Forest Ecology and Management, 80(1): 57-80.

Mouchet M A, Villeger S, Mason N W H, et al. 2010. Functional diversity measures: an overview of their redundancy and their ability to discriminate community assembly rules. Functional Ecology, 24(4): 867-876.

Niu K C, Luo Y J, Choler P. 2008. The role of biomass allocation strategy in diversity loss due to fertilization. Basic and Applied Ecology, 9: 485-493.

Norden N, Letcher S G, Boukili V, et al. 2012. Demographic drivers of successional changes in phylogenetic structure across life-history changes in plant communities. Ecology, 93(8): S70-S82.

Petchey O L, Gaston K J. 2002. Functional diversity (FD), species richness and community composition. Ecology Letters, 5(3): 402-411.

Peters H A. 2003. Neighbour-regulated mortality: the influence of positive and negative density dependence on tree populations in species-rich tropical forests. Ecology Letters, 6: 757-765.

Poorter A H, Nagel O. 2000. The role of biomass allocation in the growth response of plants to different levels of light, CO_2, nutrients and water: a quantitative review. Australian Journal of Plant Physiology, 27(6): 595-607.

Prinzing A. 2001. The niche of higher plants: evidence for phylogenetic conservatism. Proceedings of the Royal Society of London B: Biological Sciences, 268(1483): 2383-2389.

Purschke O, Schmid B C, Sykes M T, et al. 2013. Contrasting changes in taxonomic, phylogenetic and functional diversity during a long-term succession: insights into assembly processes. Journal of Ecology, 101(4): 857-866.

Roscher C, Schumacher J, Gubsch M, et al. 2012. Using plant functional traits to explain diversity-productivity relationships. PLoS One, 7(5): e36760.

Russo S E, Brown P, Tan S, et al. 2008. Interspecific demographic trade-offs and soil-related habitat associations of tree species along resource gradients. Journal of Ecology, 96(1): 192-203.

Srivastava D S, Cadotte M W, MacDonald A A M, et al. 2012. Phylogenetic diversity and the functioning of ecosystems. Ecology Letters, 15(7): 637-648.

Stoll P, Bergius E. 2005. Pattern and process: competition causes regular spacing of individuals within plant populations. Journal of Ecology, 93(2): 395-403.

Swenson N G, Erickson D L, Mi X, et al. 2012. Phylogenetic and functional alpha and beta diversity in temperate and tropical tree communities. Ecology, 93(sp8): S112-S125.

Thomson F J, Moles A T, Auld T D, et al. 2011. Seed dispersal distance is more strongly correlated with plant height than with seed mass. Journal of Ecology, 99(6): 1299-1307.

Thorpe H C, Thomas S C. 2007. Partial harvesting in the Canadian boreal: success will depend on stand dynamic responses. The Forestry Chronicle, 83(3): 319-325.

Thorpe H C, Thomas S C, Caspersen J P. 2007. Residual tree growth responses to partial stand harvest in the black spruce (*Picea mariana*) boreal forest. Canadian Journal of Forest Research, 37(9): 1563-1571.

Uriarte M, Swenson N G, Chazdon R L, et al. 2010. Trait similarity, shared ancestry and the structure of neighbourhood interactions in a subtropical wet forest: implications for community assembly. Ecology Letters, 13(12): 1503-1514.

Vanclay J K. 1994. Modelling Forest Growth and Yield: Applications to Mixed Tropical Forests. London: CAB International.

Webb C O, Ackerly D D, Kembel S W. 2008. Phylocom: software for the analysis of phylogenetic community structure and trait evolution. Bioinformatics, 24(18): 2098-2100.

Webb C O, Ackerly D D, McPeek M A, et al. 2002. Phylogenies and community ecology. Annual Review of Ecology and Systematics, 33(1): 475-505.

Webb C O, Donoghue M J. 2005. Phylomatic: tree assembly for applied phylogenetics. Molecular Ecology Notes, 5(1): 181-183.

Wiens J J, Graham C H. 2005. Niche conservatism: integrating evolution, ecology, and conservation biology. Annual Review of Ecology, Evolution, and Systematics, (36): 519-539.

Wikström N, Savolainen V, Chase M W. 2001. Evolution of the angiosperms: calibrating the family tree. Proceedings of the Royal Society of London B: Biological Sciences, 268(1482): 2211-2220.

Wright I J, Reich P B, Comelissen J H C. 2005. Assessing the generality of global leaf trait relationship. New Phytologist, 166: 485-496.

Wright I J, Reich P B, Westoby M, et al. 2004. The worldwide leaf economics spectrum. Nature, 428(6985): 821-827.

Yan B G, Jia Z H, Fan B, et al. 2016. Plants adapted to nutrient limitation allocate less biomass into stems in an arid-hot grassland. New Phytologist, 211: 1232-1240.

Zhang C Y, Zhao X H, Gadow K V. 2014. Analyzing selective harvest events in three large forest observational studies in North Eastern China. Forest Ecology and Management, (316): 100-109.

第5章　长白山次生林抚育更新研究

长白山林区是我国原始天然林的集中分布区，也是我国生物多样性最丰富的地区，是生产木材及非木质林产品的主要基地，在促进林区增收、维持林区社会稳定方面发挥着重要作用，同时在保障东北平原良好的农业生产环境，维持鸭绿江、松花江、图们江三大流域生态系统的结构和功能，固沙保土，增加碳汇等方面，具有更为重要的地位和作用。但该区域森林以采伐和火灾后形成的天然过伐林与天然次生林为主，林分质量不高，恢复生长缓慢。本研究以长白山林区3种典型次生林为对象，重点研究次生林结构分析与阶段划分、次生林更新机制、次生林生长及更新模型、抚育措施对林分结构和功能的影响，以及基于林分结构、发育阶段和主导功能的次生林抚育更新技术，通过目标树单株抚育更新，诱导形成混交、复层、异龄、稳定、高效的森林群落，使林分结构和功能趋于优化，提高长白山过伐林区次生林的质量，发挥出最佳的生态、经济和社会效益。

5.1　研究区域概况与样地设置

5.1.1　研究区域概况

研究区由吉林省汪清林业局管辖，位于延边朝鲜族自治州东部，属长白山系的中低山丘陵区，海拔360～1477m，属温带大陆性季风气候，主要特征是冬季漫长而寒冷、降水少，夏季短促温暖多雨，年均气温3.9℃，极端最高温差37.5℃，极端最低温–37.5℃，无霜期为138天，年均降水量550mm，其中5～9月的降水量为438mm，占全年总降水量的80%。流经的水系主要有珲春河水系、绥芬河水系和嘎呀河水系。根据汪清县1981～1984年土壤普查资料，汪清林业局属于低山灰化土灰棕壤区，在海拔800～1000m的高山地区为针叶林灰棕壤，而在海拔较低的沟谷地区，土壤类型为草甸土、泥炭土、沼泽土或者冲积土，土壤粒状结构湿润、松散，植物根系多分布于土厚40cm左右处。

该区植被属长白山植物区系，植物种类繁多。主要针叶树种有长白落叶松（*Larix olgensis*）、臭冷杉（*Abies nephrolepis*）、红松（*Pinus koraiensis*）、鱼鳞云杉（*Picea jezoensis*）等。主要阔叶树种有蒙古栎（*Quercus mongolica*）、白桦（*Betula platyphylla*）、大青杨（*Populus ussuriensis*）、硕桦（*Betula costata*）、色木槭（*Acer mono*）、水曲柳（*Fraxinus mandshurica*）、黄檗（*Phellodendron amurense*）、胡桃楸（*Juglans mandshurica*）、春榆（*Ulmus propinqua*）、紫椴（*Tilia amurensis*）等。主要林下小乔木和灌木有毛榛（*Corylus mandshurica*）、青楷槭（*Acer tegmentosum*）、花楷槭（*Acer ukurunduense*）、东北茶藨子（*Ribes mandshuricum*）、胡枝子（*Lespedeza bicolor*）、忍冬（*Lonicera japonica*）、刺五加（*Acanthopanax senticosus*）、五味子（*Schisandra chinensis*）、珍珠梅（*Sorbaria sorbifolia*）、山梅花（*Philadelphus incanus*）、绣线菊（*Spiraea salicifolia*）、粉枝柳（*Salix rorida*）、刺蔷薇（*Rosa acicularis*）

等。主要草本植物有宽叶薹草（*Carex siderosticta*）、木贼（*Equisetum hiemale*）、蚊子草（*Filipendula palmata*）、大叶章（*Deyeuxia langsdorffii*）、四叶重楼（*Paris quadrifolia*）、嵩草属（*Kobresia*）、山茄子（*Brachybotrys paridiformis*）、山芹（*Ostericum sieboldii*）、东北百合（*Lilium distichum*）等。

5.1.2 样地设置

云冷杉阔叶混交林、蒙古栎阔叶混交林和云冷杉针叶林是长白山区 3 种典型的次生林类型，本章节研究所用数据主要来源于这 3 类林分的固定样地。

5.1.2.1 云冷杉阔叶混交林样地

云冷杉阔叶混交林抚育更新理论与技术研究数据基于两类固定样地：一是吉林省森林资源连续清查中的云冷杉阔叶混交林固定样地；二是 2013 年设置的森林经营长期固定样地；其中发育阶段划分数据来源于森林资源连续清查固定样地，其他研究来源于森林经营长期固定样地。

1. 森林资源连续清查固定样地

样地为方形，面积为 0.06hm^2。主要调查因子有海拔、坡度、坡向、坡位、土壤类型及厚度、腐殖质厚度、林分平均年龄、优势树种、立木类型等。在每块样地中，记录胸径不小于 5cm 林木的树种名称、胸径等测树因子。选取未经采伐或采伐强度低于 15% 的第 5 次（1994 年）、第 7 次（2004 年）的 2 期固定样地数据做发育阶段划分研究，共 172 块样地。样地年龄采用优势树种平均年龄，样地平均树高是依据样地的平均胸径，在主林层中选择 3 ～ 5 株平均木，取其算术平均高。样地因子统计量见表 5-1。

表 5-1 云冷杉阔叶混交林森林资源连续清查固定样地因子统计量

因子	平均值±标准差	最大值	最小值
平均胸径（cm）	18.9±5.9	43.3	7.0
平均树高（m）	17.1±2.8	24.6	8.0
单位面积株数（株/hm^2）	1022±549	3333	150
单位面积蓄积量（m^3/hm^2）	184.1±91.4	551.1	5.0

2. 森林经营固定样地

2013 年在金沟岭林场 28 林班设置了 12 块 1hm^2（100m×100m）的云冷杉阔叶混交林样地，样地采用随机区组设计，共 4 种经营措施处理（传统经营、目标树经营 1、目标树经营 2、对照），每个区组 3 个重复。各经营措施的具体描述如下。

1）传统经营（TM）。按照《森林抚育规程》（GB/T 15781—2009）的要求对天然云冷杉阔叶混交林进行抚育采伐，其采伐强度控制在 25% 以内，采伐后郁闭度不低于 0.6。该经营措施主要伐除林分中生长不良的林木，即林分中生长过于集中且质量差、无培育前途的林木（主要指枯立木、濒死木、罹病木、被压木、弯曲木、多头木、霸王木，枝丫粗大且树干尖削度大的林木）。

2）目标树经营 1（CTR1）。按照目标树单株集约经营理念及林木分类原则，将样地内的所有活立木分为四大类，即目标树、特殊目标树、干扰树和一般林木。该经营措施的目标树保留密度设计为 100 株/hm^2 左右。其采伐作业流程为：首先选定目标树，其次确定及伐除干扰树，最后保留目标树和一般林木。

3）目标树经营 2（CTR2）。同 CTR1 的原则和作业方式大体一致，其与 CTR1 不同的地方是其目标树保留密度设计为 150 株/hm^2 左右。与 TM 中的抚育采伐相比，CTR1、CTR2 下的抚育对象主要为处于林分上林层中的优势及亚优势林木；然而，TM 中必须采伐的生长不良的林木可在 CTR1 和 CTR2 中有选择性保留。

4）对照（CT）。对照样地，不采取任何人为干预措施。

2013 年 8 月对样地做本底调查。按相邻格子法将样地划分成 10m×10m 的小样方，并对样地内胸径大于 1cm 的所有样木每木检尺，记录林木树种、胸径、树高和相对空间位置等信息。样地基本概况如表 5-2 所示。2015 年 1 月完成采伐作业，各样地的采伐情况见表 5-3。此外，分别于 2016 年 9 月及 2018 年 8 月对样地进行了复测。

表 5-2　云冷杉阔叶混交林森林经营固定样地基本概况

样地号	平均胸径（cm）	平均高（m）	蓄积量（m^3/hm^2）	树种组成
YLK-1	15.6	11.6	209.52	1 冷 1 云 1 红 1 落 1 枫 1 椴 1 杨 1 色 1 木 1 白
YLK-2	15.5	11.8	224.21	2 椴 1 云 1 冷 1 红 1 落 1 枫 1 色 1 杂 1 水
YLK-3	15.8	13.9	209.13	3 落 2 水 1 红 1 冷 1 枫 1 白 1 云
YLK-4	17.2	13.6	173.89	2 冷 2 落 1 云 1 红 1 椴 1 枫 1 白 1 杂
YLK-5	15.8	12.6	191.62	2 云 2 落 1 红 1 冷 1 椴 1 枫 1 云 1 色 1 榆
YLK-6	16.4	13.2	218.06	2 落 2 云 1 冷 1 红 1 白 1 枫 1 杨 1 云 1 椴
YLK-7	16.4	12.4	206.44	2 椴 1 冷 1 云 1 落 1 枫 1 杨 1 白 1 色 1 榆
YLK-8	16.1	12.9	182.55	2 云 1 冷 1 红 1 落 1 椴 1 枫 1 杨 1 榆 1 白
YLK-9	15.6	13.5	190.3	1 云 1 冷 1 红 1 椴 1 落 1 枫 1 杨 1 色 1 榆 1 杂
YLK-10	15.6	11.4	201.02	2 冷 1 红 1 白 1 云 1 落 1 椴 1 枫 1 杂 1 杨
YLK-11	15.7	11.3	221.8	2 冷 2 落 1 红 1 椴 1 枫 1 云 1 杨 1 色
YLK-12	16.8	13.2	203.64	1 云 1 冷 1 枫 1 红 1 落 1 椴 1 白 1 红 1 色 1 榆

注：YLK. 云冷杉阔叶混交林；冷. 冷杉；云. 鱼鳞云杉；红. 红松；落. 长白落叶松；枫. 硕桦；椴. 紫椴；杨. 大青杨；色. 色木槭；木. 木瓜；水. 水曲柳；白. 白桦；榆. 春榆；杂. 其他树种

表 5-3　云冷杉阔叶混交林森林经营固定样地采伐概况

样地号	经营措施	采伐株数	采伐量（m^3）	蓄积采伐强度（%）	目标树株数（株）
YLK-1	TM	76	34.2	21.2	128
YLK-2	TM	133	41.7	24.7	131
YLK-3	CTR1	29	9.4	5.0	91
YLK-4	CTR1	34	11.3	4.6	87

续表

样地号	经营措施	采伐株数	采伐量（m^3）	蓄积采伐强度（%）	目标树株数（株）
YLK-5	CTR1	45	9.2	4.92	78
YLK-6	CT	—	—	—	126
YLK-7	CT	—	—	—	134
YLK-8	CTR2	47	12.7	3.5	117
YLK-9	CTR2	36	10.6	3.8	110
YLK-10	CTR2	48	15	7.8	130
YLK-11	TM	53	20.9	11.2	134
YLK-12	CT	—	—	—	146

5.1.2.2　蒙古栎阔叶混交林样地

蒙古栎阔叶混交林样地为2013年在塔子沟林场28林班设置的森林经营长期固定样地。共计12块，每块面积1hm^2（100m×100m），实验设计和各经营措施的具体情况与5.1.2.1节中云冷杉阔叶混交林相同，包括采伐实验样地9块，含常规抚育样地3块和目标树单株经营样地6块。目的是通过目标树的标记和抚育采伐及人工促进天然更新，培育蒙古栎红松针阔叶混交林，目标树的理想株数为100～150株/hm^2。2013年8月完成本地调查，样地基本情况见表5-4，2015年1月采伐作业，采伐概况见表5-5。2016年8月和2018年8月分别进行了样地复测。

表5-4　蒙古栎阔叶混交林森林经营样地基本情况

样地号	平均胸径（cm）	平均高（m）	株数（株/hm^2）	断面积（m^2/hm^2）	蓄积量（m^3/hm^2）	树种组成	处理
ZH-1	17.6	11.1	773	18.78	123.69	6柞1桦1杨1红1杂	T1
ZH-2	16.3	11.3	898	18.7	120.55	4柞2杨1桦1色1椴1红	T2
ZH-3	15.4	10.4	1055	19.72	128.36	5柞2桦1色1杨1椴	T3
ZH-4	16.2	11.1	996	20.47	135.76	4柞2桦1色1椴1红1杂	T1
ZH-5	18.0	10.2	1049	26.61	176.53	5柞1桦1色1椴1红1杂	T0
ZH-6	17.2	14.0	560	13.05	90.15	3柞3桦3杂1落	T0
ZH-7	15.3	9.1	1030	18.88	120.33	5柞2桦1红1黑1杂	T1
ZH-8	15.7	11.3	1051	20.34	136.74	5柞3桦1黑1红	T3
ZH-9	17.2	10.1	801	18.64	125.66	6柞1黑1胡1水1杂	T1
ZH-10	17.3	12.0	947	22.29	153.06	6柞2桦1黑1杂	T3
ZH-11	17.1	11.1	1011	23.1	160.11	4柞3桦1杨2杂	T2
ZH-12	19.2	11.5	688	19.86	137.16	5柞2落1桦1水1杂	T0

注：ZH. 蒙古栎阔叶混交林；柞．蒙古栎；桦．白桦；杨．大青杨；红．红松；色．色木槭；椴．糠椴；落．长白落叶松；黑．黑桦；胡．胡桃楸；水．水曲柳；杂．其他树种

表 5-5　蒙古栎阔叶混交林森林经营样地采伐概况

样地号	采伐株数	采伐蓄积量（m^3）	蓄积采伐强度（%）	目标树株数（其中用材目标树）
ZH-1	21	11.97	9.50	—
ZH-2	59	8.72	6.87	155（77）
ZH-3	51	5.55	4.33	208（91）
ZH-4	25	4.88	3.53	180（72）
ZH-7	16	4.94	4.26	—
ZH-8	36	15.39	11.31	252（123）
ZH-9	19	2.47	2.08	—
ZH-10	36	5.57	3.82	195（123）
ZH-11	28	6.74	4.38	178（87）

以样地 ZH-5、ZH-11 和 ZH-12 的 2013 年与 2016 年两期调查数据为研究对象，开展蒙古栎阔叶混交林林层结构分析。

蒙古栎枝下高的广义非线性混合效应模型研究，数据来源于汪清林业局的蒙古栎天然林中建立的 118 块方形（$0.04hm^2$）永久样地（PSP）。PSP 嵌套在 15 个不同的地块中。在这些地块中，2010 年设立的 100 个 PSP 分布在金仓林场的 12 个地块，2013 年测得的 18 个 PSP 分布在塔子沟林场的 3 个地块。随机选取代表不同立地条件的林分样地。在每个样地内，测量所有胸径（DBH）不小于 5cm 的活立树木胸径、树高和枝下高。对于每个地块，林分优势树高（DH）和优势树胸径（DD）为 3 ～ 5 株优势树或亚优势树的算术平均值（Raulier et al.，2003）。林龄为 3 株优势树的平均年龄（杜纪山等，2000）。样地郁闭度（CD）采用 Fiala 等（2006）的方法获得，共收集 3685 株林木测量数据。异常值数据通过基于观察值与其期望值之间的马氏距离分布的多变量分析来检测（Calama and Montero，2004）。排除 6 个因过度采伐导致树木密度极低（3 个）、过熟（2 个）和受间伐干扰严重（1 个）的样地。剩余的 112 个 PSP 被随机分为两组：74 个 PSP、2165 株树用于模型拟合，38 个 PSP、968 株树用于模型验证。表 5-6 列出了有关数据的统计数字。

表 5-6　树木变量测量汇总统计

数据	变量	最小值	最大值	平均值	标准误
建模数据	样地面积（m^2）	400	2500	461	264
	HCB（m）	0.40	13.30	4.60	2.39
	DBH（cm）	5.00	70.10	15.42	8.40
	H（m）	2.10	25.60	12.18	4.18
	SD（株/hm^2）	275	1863	554	321
	CD	0.46	0.90	0.79	0.10
	DH（m）	12.54	23.78	17.69	2.43
	DD（cm）	16.75	38.90	26.65	5.05

续表

数据	变量	最小值	最大值	平均值	标准误
检验数据	样地面积（m^2）	400	2500	476	349
	HCB（m）	0.50	14.00	4.76	2.43
	DBH（cm）	5.00	48.20	16.48	8.65
	H（m）	2.20	25.60	12.49	4.14
	SD（株/hm^2）	300	1575	498	223
	CD	0.46	0.90	0.79	0.10
	DH（m）	12.43	22.98	17.59	2.30
	DD（cm）	16.88	34.55	25.92	4.65

注：HCB. 枝下高；DBH. 胸径；*H*. 总树高；SD. 林分密度；CD. 郁闭度；DH. 优势树高；DD. 优势树胸径

非线性树冠宽度模型数据源于汪清林业局蒙古栎天然林中建立的 104 个方形永久样地（PSP）。永久样地被嵌套在 13 个不同地块内。在全部地块中，2013 年建立的 102 个 PSP 面积为 0.04hm^2，分布在塔子沟林场的 12 个地块中，2010 年测量的其他两个 PSP 面积在规模上为 0.25hm^2，位于金仓林场 1 个地块中。随机选取样地来代表不同立地条件下的林分。

测量样地内胸径（DBH）5cm 以上的所有树木的胸径、树高（*H*）、枝下高（HCB）和 4 个树冠成分或树冠半径（CR_E、CR_W、CR_S 和 CR_N）。每株树的 4 个树冠成分的位置由两个方位角决定，其中第一个方位角被定义为一个从南到北的方向（CW_{SN}），第二个方位角垂直于第一个方位角（CW_{EW}）（Bragg，2001；Marshall et al.，2003）。树冠组成以树冠从树干中心到树干的最大程度的水平距离来测量。用测距仪进行垂直观察，确定了一个分支长度（Marshall et al.，2003）。

数据随机分为两组，一组用于模型拟合，一组用于模型验证。模型拟合数据集包含 66 个 PSP 中的 1432 株树，模型验证数据集包含 38 个 PSP 中的 775 株树。测量结果的乔木和林分特征见表 5-7。

表 5-7　树冠宽度模型拟合和模型验证数据集的统计信息

变量	建模数据				检验数据			
	最小值	最大值	平均值	标准差	最小值	最大值	平均值	标准误
HD（m）	13.23	23.78	18.02	2.18	12.43	22.98	17.40	2.06
DD（cm）	18.80	38.90	26.69	4.59	18.15	34.55	26.19	4.15
SD（株/hm^2）	275	925	529	153	300	875.00	497.78	128.19
DBH（cm）	5.00	70.10	17.60	8.74	5.00	48.20	17.85	8.49
H（m）	1.80	25.60	13.21	4.39	2.20	25.60	12.79	4.33
HCB（cm）	0.40	13.30	4.71	2.31	0.50	14.00	4.55	2.34
CR_E（m）	0.00	9.50	2.06	1.16	0.00	7.54	2.07	1.10
CR_W（m）	0.00	10.00	1.92	1.05	0.00	6.90	1.95	1.04
CR_S（m）	0.00	9.24	2.09	1.12	0.00	7.59	2.09	1.09

续表

变量	建模数据				检验数据			
	最小值	最大值	平均值	标准差	最小值	最大值	平均值	标准误
CR_N（m）	0.00	8.80	1.89	1.09	0.00	7.65	1.88	1.03
CW_{EW}（m）	0.00	17.60	3.97	1.90	0.25	5.80	2.01	0.88
CW_{SN}（m）	0.00	17.00	3.98	1.91	0.26	6.27	1.98	0.91
CW（m）	0.25	15.55	3.98	1.80	0.69	11.25	3.99	1.70

注：HD. 优势树高；DD. 优势树胸径；SD. 林分密度；*D*. 胸径；*H*. 总树高；HCB. 枝下高；CR_E. 东树冠半径；CR_W. 西树冠半径；CR_S. 南树冠半径；CR_N. 北树冠半径；CW_{EW}. 东西方树冠宽度；CW_{SN} . 南北树冠宽度；CW. 树冠宽度

5.1.2.3　云冷杉针叶林样地

云冷杉针叶林抚育更新理论与技术研究数据基于两类固定样地：一是 1987 ～ 1988 年设立的检查法试验样地；二是 2017 年设置的不同发育阶段固定样地。其中不同发育阶段林分结构优化研究数据来源于 2017 年设置的固定样地，其他研究来源于检查法试验样地数据。

1. 检查法试验样地

样地位于 1987 ～ 1988 年设立的检查法试验区中的Ⅰ区和Ⅱ区。Ⅰ区在 1987 年设立，面积 95.2hm²，共分为 5 个小区，各小区面积基本相同。在 5 个小区中机械设立 112 个 0.04hm²（20m×20m）的固定样地。II 区于 1988 年设立，面积为 110hm²，也分为 5 个小区，共 162 个样地。样地原始森林类型为阔叶红松混交林。20 世纪 50 ～ 80 年代，经过 2 ～ 3 次的集中抚育采伐后，经多年演变，大部分已成为以云冷杉为主的针阔叶混交林，以鱼鳞云杉、冷杉、红松为优势树种，其他树种还有长白落叶松、水曲柳、胡桃楸、蒙古栎、白桦、硕桦、春榆、色木槭、东北红豆杉（*Taxus cuspidata*）、大青杨、黄檗等。森林调查以小区为总体，从 1987 年开始至今，在未进行森林抚育时每两年左右进行一次复查；如有森林抚育时，抚育前后各调查一次。检查法各小区样地的基本概况、实际采伐时间和采伐强度见表 5-8。

云冷杉针叶林生长模型研建中，进界模型数据使用从 1987 ～ 2017 年的 5 年间隔数据，枯损模型建模采用 1987 ～ 2012 年的枯损数据，断面积生长研究数据来自 1987 ～ 2019 年、调查间隔为 5 年的每木调查数据，冠幅模型采用检查法试验样地 2017 年和 2018 年调查数据。

次生林更新特征研究，采用Ⅰ区的 2、4、5 小区的样地，2010 年在样地内以中心桩为中心，设置了 10m×10m 的样地作为更新样地，共 69 块样地，乔木样地调查以检查法试验样地 20m×20m 为研究对象（郭韦韦，2017）。之后，2011 年、2012 年、2014 年、2018 年和 2020 年都对样地进行了主林层及更新层的复测，经过数据一步处理和筛选，去除数据不全且样地破坏较严重的样地，选择了其中 56 块样地作为调查数据。选取 1hm² 云冷杉针叶林大样地作为分析林分结构的调查数据，分析林分结构更加准确且具有代表性。

表 5-8　云冷杉针叶林样地基本概况

区组	样地号	面积（hm^2）	样点数	样点面积（hm^2）	海拔（m）	坡向（°）	坡度（°）	土壤厚度（cm）	腐殖质厚度（cm）	起止时间	蓄积量范围（m^3/hm^2）	株数（株/hm^2）	平均胸径（cm）	抚育时间/抚育强度（%）
Ⅰ区	Ⅰ-1	16.1	19	0.76	713	315	12	40	15	1987～2017	184～265	779	18.6	1990/6.0；1992/5.2
	Ⅰ-2	18.8	23	0.92	713	315	15	40	20	1987～2019	156～256	765	17.4	1990/8.6；1995/10.3
	Ⅰ-3	18	22	0.88	742	315	12	40	15	1987～2019	141～224	725	17.6	1989/15.4；1994/14.5
	Ⅰ-4	18.5	22	0.88	714	225	15	40	15	1987～2017	163～242	811	18.5	1987/19.9；1993/10.0；2002/16.6
	Ⅰ-5	23.8	26	1.04	678	225	8	40	20	1987～2017	162～254	765	18.6	1987/21.7；1992/13.9；2001/13.7
Ⅱ区	Ⅱ-1	20.7	32	1.28	675	315	8	40	20	1988～2017	180～233	995	17.4	1992/20.0；2001/19.3
	Ⅱ-2	21.7	30	1.2	719	315	10	35	7	1988～2018	164～237	928	16.8	1991/5.2；1999/12.6
	Ⅱ-3	23.6	35	1.4	677	315	6	40	18	1988～2018	167～226	986	16.8	1990/15.0；1995/12.5
	Ⅱ-4	19.9	27	1.08	637	315	10	40	10	1988～2017	146～219	950	16.2	1988/16.2；1994/15.5
	Ⅱ-5	24.1	38	1.52	647	315	5	40	20	1988～2019	138～244	832	17.2	1988/20.0；1993/17.4

另外，分别于 2017 年和 2018 年 8 月在林区内设置了 4 块立地条件基本一致、有代表性的 60m×60m 的云冷杉针叶林样地，分别编号为样地 1 ～ 4。详细记录各样地的基本信息（包括样地编号、位置、坡度、坡向、海拔等）。采用相邻格子法，将标准地分为 10m×10m 的小样方，每个样方内，对乔木（胸径 DBH ≥5cm）进行每木检尺，幼苗或幼树（DBH＜5cm，且苗高≥0.3m）记录其树种、地径（DGH）、幼苗高或幼树高。将西南角定义为坐标原点，东西方向为 x 轴，南北方向为 y 轴，以 1m 为单位，建立二维平面直角坐标系，用皮尺测量所有调查树种的坐标信息。

2. 不同发育阶段固定样地

云冷杉针叶林各阶段结构优化方案研究数据来源于金沟岭林场的 3 块样地，分别为：样地 01，树种组成为 3 落 2 冷 2 云 2 枫 1 红（第二发育阶段）；样地 02，2 落 2 枫 1 冷 1 云 1 红（第一发育阶段），样地 03，4 冷 3 红 2 椴 1 云（第三发育阶段）的 3 块立地条件基本一致、有代表性的云冷杉针叶林样地，在经营历史上均受到一定程度的人工抚育采伐，其中前两块样地面积大小为 60m×60m，第三块样地面积为 100m×100m，分别于 2017 年 8 月、2018 年 8 月和 2019 年 8 月进行样地调查，对胸径≥5cm 的乔木树种，记录其树种名，测量其胸径、树高、冠幅（东西、南北方向）、第一活枝高、相对坐标值等。样地基本概况见表 5-9。

表 5-9　样地调查因子

样地号	密度（株/hm^2）	胸径（cm）		树高（m）		断面积（m^2）	树种组成
		平均值	最大值	平均值	最大值		
01	1200	17.4	43.2	13.6	33.0	28.634	3 落 2 冷 2 云 2 枫 1 红
02	1006	18.6	46.6	14.6	23.9	27.405	2 落 2 枫 1 冷 1 云 1 红
03	1207	18.2	62.7	12.4	39.9	31.242	4 冷 3 红 2 椴 1 云

注：落. 落叶松；冷. 冷杉；红. 红松；云. 鱼鳞云杉；枫. 硕桦；椴. 紫椴

5.2　云冷杉阔叶混交林抚育更新研究

5.2.1　云冷杉阔叶混交林发育阶段划分

处于不同发育阶段的森林，其结构、生长与环境间的关系均存在很大差异，森林经营措施也应有所不同。因此，将森林的生长发育阶段进行客观合理划分，对科学经营森林有着重要的现实意义。

5.2.1.1　*研究方法*

1. TWINSPAN 双向指示种分析法

TWINSPAN 双向指示种分析法是基于指示种分析修改而成，可以同时完成样方和种类分类（张金屯，1995）。本研究中 TWINSPAN 具体步骤如下。

将 172 块样地的 2 期（1994 年、2004 年）数据进行整理，去除第二期不属于云冷杉阔叶混交林类型的样地，共得到 285 块样地数据。

将水曲柳、黄檗、胡桃楸、白桦、硕桦合并为两个树种组，即水胡黄（水曲柳、胡桃楸、黄檗）和桦木（白桦、硕桦）。因此，用于指示种的树种（组）13 个，分别为云杉、冷杉、红松、长白落叶松、栎类、紫椴、水胡黄、大青杨、钻天柳、桦木、裂叶榆、其他硬阔叶类、其他软阔叶类。将其按树种组成蓄积百分比，形成原始数据矩阵 $\boldsymbol{Y}$（式 5-1）。

$$\boldsymbol{Y}=\begin{pmatrix}\boldsymbol{B}_{1\times m}\\ \boldsymbol{V}_{n\times m}\end{pmatrix} \tag{5-1}$$

式中，矩阵 $\boldsymbol{B}_{1\times m}$ 为由树种名组成的 $1\times m$ 的行向量；矩阵 $\boldsymbol{V}_{n\times m}$ 为各样地相应树种的蓄积百分比组成的 $n\times m$ 的矩阵；m、n 分别为树种数和样地个数，即 n=285，m=13。

运行 R 软件 TWINSPANR 包（Hill，1979；Rolecek et al.，2009），经过初步尝试，设置分类数（4）、伪树种水平（0、10、20、30、40、50、60）等参数，形成初始分类。

2. 林分结构分析方法

根据 TWINSPAN 法初始分类结果，从林分直径分布、垂直结构、树种多样性 3 个方面，分析判断云冷杉阔叶混交林的生长发育阶段。

（1）直径分布

威布尔（Weibull）分布能够较好地拟合云冷杉林的直径结构（赵俊卉，2010）。因此，采用威布尔分布对各类林分直径结构进行拟合，并用卡方检验判断直径分布拟合效果。威布尔分布的概率密度函数为

$$f(x)=\begin{cases}0, & x\leqslant a\\ \dfrac{c}{b}\times\left(\dfrac{x-a}{b}\right)^{c-1}\times e^{-\left(\frac{x-a}{b}\right)^{c}}, & x>a\end{cases} \tag{5-2}$$

式中，a、b、c 分别为位置、尺度和形状参数，其中，参数 a 取林分直径中最小径阶的下限值，即 a=5；x 为径阶组中值；$f(x)$ 为各径阶株数百分数。

（2）垂直结构

将样地树种合并整理成 6 个主要树种（组），即云杉、冷杉、红松、水胡黄（水曲柳、胡桃楸、黄檗）、软阔（大青杨、桦木、其他软阔）、硬阔（栎类、紫椴、裂叶榆、钻天柳、其他硬阔），计算 6 个主要树种（组）的平均高，并绘制各类树种（组）的树高分布图。

（3）树种多样性

采用树种数（S）、辛普森多样性指数（D）、阿拉塔洛（Alatalo）均匀度指数（E_a）和辛普森优势度指数（C_{si}）计算树种多样性。计算公式参考李俊清（2017）。

3. 林分生长分析方法

为了合理判断云冷杉天然阔叶混交林的生长发育阶段，除考虑林分的结构状况，还应综合考虑林分的生长变化。林分生长指标主要有以下几种。

1）样地的平均胸径（Dg）、平均高（hm）、优势高（ht）、优势径（dt）、单位面积株数（N）、单位面积胸高断面积（BA）、单位面积蓄积量（V）。

2）枯死木平均胸径（mortDg）、枯死木单位面积株数（mortN）、枯死木单位面积胸高断面积（mortBA）、枯死木单位面积蓄积量（mortV）。

3）林分的定期平均纯生长量（V_{szl}）。

5.2.1.2　结果与分析

1. 云冷杉阔叶混交林的 TWINSPAN 法分类结果

TWINSPAN 具体划分过程和结果见图 5-1。通过两次划分，把 285 块云冷杉阔叶混交林样地分为 3 类。剔除错分样地并结合样地树种组成信息，各类的林分特征如下。类 1：云杉桦木混交林，共 100 个样地，主要组成树种为云杉和桦木，其蓄积组成比分别约为 33.3% 和 29.5%。类 2：冷杉软阔叶混交林，共 127 块样地，主要组成树种为冷杉、紫椴、大青杨和桦木，其中，冷杉蓄积约占 22.7%，紫椴、大青杨和桦木分别约占 19.0%、12.4% 和 14.8%。类 3：红松云杉硬阔叶混交林，共 58 块样地，主要组成树种为红松、水胡黄、云杉，其中，红松约占 31.1%，水胡黄约占 15.8%，云杉约占 20.3%。

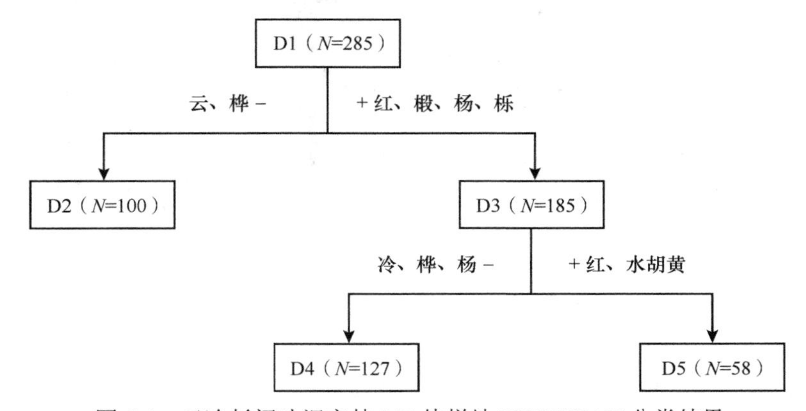

图 5-1　云冷杉阔叶混交林 285 块样地 TWINSPAN 分类结果

“–”为负指示种；“+”为正指示种；“D”为划分组；“N”为样地数量；“云”为云杉；“桦”为桦木；“红”为红松；“椴”为紫椴；“杨”为大青杨；“冷”为冷杉；“栎”为栎类；“水胡黄”为水曲柳、胡桃楸、黄檗

2. 云冷杉阔叶混交林各初始分类的直径分布

天然云冷杉阔叶混交林的直径结构为反“J”型曲线，小径阶林木居多，随径阶的增大，林木株数开始减小且减少到一定程度后渐趋平缓。各类林分的变异系数值都较小（0.63 ～ 0.74），说明其直径结构变化范围均较小；偏度值（0.76 ～ 1.51）、峰度值（2.97 ～ 3.45）均大于 0，说明中小径阶的林木居多，直径结构概率密度曲线呈右偏陡峭分布。通过对各类林分进行威布尔分布拟合和卡方检验，其中，类 1 和类 2 的 χ^2 值（分别为 2.07 和 3.28）均小于相应的临界值（7.96），说明类 1 和类 2 的直径分布符合三参数威布尔分布，类 3 的 χ^2 值（11.65）略大于相应的临界值（10.12），说明类 3 的直径分布不符合三参数威布尔分布。

3. 云冷杉阔叶混交林各初始分类的垂直结构

如图 5-2 所示，类 1：云杉居于主林层最高处，其他硬阔叶类、软阔叶类次之；红松的平均高最小。类 2：各树种（组）的平均树高非常接近，其差值约 2.5m。类 3：红松的平均高最大，处于主林层上层，云杉和水胡黄次之，软阔叶类最小。其中，各类中的冷杉的平均高几乎没有变化，类 1 和类 3 中的云杉远高于类 2，其差值分别为 2.6m 和 2.2m。红松平均高的变化为类 3＞类 2＞类 1，水胡黄平均高的变化为类 3＞类 1＞类 2，软阔叶类和其他硬阔叶类为类 1＞类 2 和类 3。由于红松、水曲柳、胡桃楸和黄檗为慢生型树种，均属于顶极树种，其将逐渐占据主林层上层。由此说明，类 3 晚于类 1 出现，类 2 先于类 1 出现。

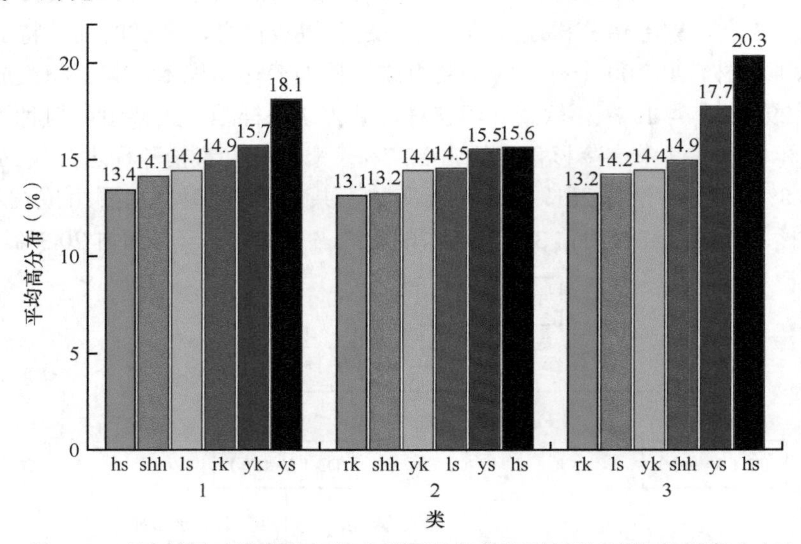

图 5-2　云冷杉阔叶混交林初始分类下的各类主要树种（组）的树高分布

hs 为红松；ls 为冷杉；ys 为云杉；rk 为软阔叶类；shh 为水胡黄；yk 为其他硬阔叶类

4. 云冷杉阔叶混交林各初始分类的树种多样性

由表 5-10 可知，各类树种数（S）、辛普森多样性指数（D）、阿拉塔洛均匀度指数（E_a）、辛普森优势度指数（C_{si}）间存在显著差异。其 S、D、E_a 值的大小排序为：类 2＞类 3＞类 1，而 C_{si} 值的大小排序为：类 2＜类 3＜类 1。因此，类 2 树种丰富度和多样性最高，且优势度最低，应处于生长发育前期；类 3 优势度较高，即顶极树种占优势，处于发育后期。

表 5-10　云冷杉阔叶混交林初始分类下各类树种多样性

指标	类别		
	1	2	3
树种数（S）	5.9±1.8c	7.7±1.7a	7.0±1.6b
辛普森多样性指数（D）	0.68±0.08c	0.75±0.09a	0.72±0.10b
阿拉塔洛均匀度指数（E_a）	8.88±9.65c	15.94±9.83a	12.40±9.43b
辛普森优势度指数（C_{si}）	1.49±0.20a	1.37±0.24c	1.43±0.27b

注：表中数值为“平均值±标准误”，同行不同小写字母表示差异显著（$P<0.05$）

5. 云冷杉阔叶混交林各初始分类的生长状况

从林分状态看（表 5-11），除每公顷胸高断面积和蓄积量外，各类林分的平均胸径、平均高、优势高、优势径、单位面积株数间均存在显著差异。林分的平均胸径、平均高、优势高、优势径、每公顷蓄积量的排序为：类 2＜类 1＜类 3；每公顷株数的大小排序为：

类 3＜类 1＜类 2。由此可知，类 2 处于发育前期，类 3 处于发育后期。

表 5-11　云冷杉阔叶混交林初始分类下各类生长状况

指标	类别		
	1	2	3
平均胸径（Dg）（cm）	19.5±5.9a	16.5±4.7b	20.5±5.8a
平均高（H）（m）	17.1±2.5a	16.0±2.4b	18.0±2.6a
优势高（ht）（m）	20.0±2.0a	19.5±2.1b	20.4±2.4a
优势径（dt）（cm）	35.4±7.8ab	33.9±9.3b	39.1±11.4a
单位面积株数（N）（株/hm^2）	1008±567b	1259±503a	881±414b
单位面积胸高断面积（BA）（m^2/hm^2）	25.0±8.7a	25.1±10.0a	27.0±13.9a
单位面积蓄积量（V）（m^3/hm^2）	182.1±70.9a	179.8±86.3a	189.2±121.8a
枯死木单位面积株数（mortN）（株/hm^2）	88±96ab	109±82a	29±25b
枯死木平均胸径（mortDg）（cm）	2.2±4.1a	1.6±1.93a	1.3±1.7a
枯死木单位面积胸高断面积（mortBA）（m^2/hm^2）	16.5±32.2a	11.7±16.1a	12.0±19.2a
枯死木单位面积蓄积量（mortV）（m^3/hm^2）	16.0±9.2a	13.1±8.2a	20.4±22.2a
定期平均纯生长量（V_{szl}）[$m^3/(hm^2 \cdot a)$]	0.61±5.35a	0.18±8.98a	–4.73±14.39a

注：表中数值为“平均值±标准误”，同行不同小写字母表示差异显著（$P<0.05$）

从枯死看，只有各类的单位面积枯死株数存在显著差异。但从数值变化而言，类 2 的枯死木株数最多，每公顷胸高断面积和每公顷蓄积量最小，说明类 2 处于生长发育阶段前期。类 3 的枯死木每公顷蓄积量最大，说明类 3 处于生长发育阶段后期。

从生长量看，各类的定期平均纯生长量间的差异不显著，但是，类 1、类 2 均为正值，类 1 大于类 2，说明类 1 先于类 2 出现，均处于生长累积阶段。类 3 为负值，说明类 3 生长量小于枯死量，处于发育阶段后期。

6. 发育阶段的确定

随着林分生长发育过程的推进，先锋树种逐渐衰退，物种多样性减少，树种优势度增加；垂直层次中，后期的顶极树种逐渐占据主林层；林分的定期平均纯生长量呈先增加后减少的趋势，并伴随自稀疏。因此，基于 TWINSPAN 的树种组成、林分水平和垂直结构、生长量、枯死等 7 个方面的综合分析，将云冷杉阔叶混交林的生长发育阶段依次划分为：阶段Ⅰ（冷杉软阔叶混交林）→阶段Ⅱ（云杉桦木混交林）→阶段Ⅲ（红松云杉硬阔叶混交林）（周梦丽等，2019）。

5.2.2　云冷杉阔叶混交林天然更新机制

云冷杉阔叶混交林是中国东北地区重要的森林类型（张春雨等，2008），是由长白山典型阔叶红松林和云冷杉针阔叶混交林多次采伐之后演替而来（陈科屹，2018）。该林分在涵养水源、保持水土、维护生态平衡方面有着不可替代的作用。但由于历史上的过度采伐，天然次生林质量普遍较低，生态服务功能薄弱，如何恢复云冷杉阔叶混交林天然更新进程，加快天然林演替速率，提高森林生产力已成为现在研究的热点问题（Tabarelli and Peres，2002）。

5.2.2.1 研究方法

在 5.1.2.1 节设置的 12 块样地中，每块样地内按照对角线五点取样法，即在四角与样地中心的对角线中点和样地中心位置布设 5 个种子收集器，12 块样地共 60 个收集器。收集器由 4 根 80cm 长的 PVC 管和网孔为 1mm 的尼龙网组成，并用 4 根长 1m 的 PVC 管做支架，收集器平均高度为 80cm，网底距地面 50cm，以尽可能减少动物取食影响，7～11 月，每个月收集一次样品。

对样地内收集的种子样品进行分拣、鉴定、计数和记录。将分拣出来的种子分为完整种子、干瘪或霉烂种子、被取食种子三类。对桦树种子采用四分法计数种子，将挑选出来的种子样品放置在玻璃板或光滑的桌面上，用分样板先将种子横向混合，之后纵向混合，如此混合 5 次，使种子混合均匀。然后摊平，种子厚度不超过 1cm，沿对角线将样品分成 4 个三角形，再取两个对顶三角形内的样品继续按以上方法分取，直到分到样本既能代表整个样品又方便计数为止。

5.2.2.2 森林更新限制因素

1. 种源限制

“种源限制”是指即使种子可以到达所有更新点，但无法产生足够的种子来饱和潜在的更新点的现象（Clark et al.，2007）。对大多数物种来说，种子的产量与来源是更新数量的决定性因素（Darrigo et al.，2016）。种子是幼苗更新的前提，充足的种子是森林更新各个阶段的保障，同时种子产量的变化会影响当地以植物果实或种子为食的动物和昆虫种群的变化（Jara-Guerrero et al.，2018）。捕食者饱和假说认为，在种子歉收年，捕食者种群数量会随着种子数量减少而减少；在种子丰收年，植物结实量大，使得捕食者的食物饱和，从而增加了更多的种子存活概率（Janzen，1971；Silvertown，1980）。由于树木结实存在“大小年”的现象，且时间不尽相同，因此各个树种之间幼苗更新也存在一定的时空差异，尤其是大种子树种，如东北天然云冷杉阔叶混交林内红松树种，作为长白山林区演替顶极群落的关键树种，在种子雨监测调查过程中，并未发现其种子，表明该树种天然更新存在种源更新障碍。红松属于大种子物种，其种子中含有丰富的脂肪、蛋白质和碳水化合物，是林内啮齿类动物的主要取食对象，所以针对红松树种应采用相应的人工促进更新技术来打破其更新障碍。另外，该森林群落内的其他主要树种，如云杉、冷杉等，在一年的种子雨监测过程中，发现种子数量较低，表明该树种也存在一定的种源更新障碍问题。针对种源限制的树种，在促进其天然更新进程中，可以通过增补种子来打破由种源引起的更新障碍问题。

2. 种子传播限制

研究表明，种子增补实验并不能很有效地改善林分更新状况，是由于植物种群受到的幼苗建立限制大于种子限制（Clark et al.，2007）。扩散是指从其原始位置（母树结实位置）

移动到另外一个潜在更新位置（Clobert et al.，2001）。而“扩散限制”是指母树虽然产生足够的种子，饱和了潜在更新点，但并没有足够的种子到达所有更新地点（Clark et al.，1998）的现象。种子扩散一般分为生物扩散和非生物扩散，种子扩散限制主要也是受这两方面因素影响。其中，生物扩散是热带地区最主要的种子扩散方式，是热带森林维持高的物种多样性的关键。主要包括一些鸟类、食草动物、啮齿类动物等，它们往往通过取食及自身毛发携带等方式将种子扩散到远离母树的更新地点。一般来说，种子由于重力作用，均呈现以母树为中心，呈聚集分布的空间扩散格局，大种子物种更为明显，是由于其种子内丰富的营养物质更能吸引鸟类和动物取食（Wunderle，1997；Tabarelli and Peres，2002），故一般大种子树种种子扩散以生物扩散为主。

尽管大部分种子的扩散会取决于生物，但是越来越多的植物已经进化出各种对策来选择扩散方式以提高更新潜力（Seale and Nakayama，2020）。非生物传播主要是通过风（Nathan et al.，2011）和水等环境因子传播。风几乎在所有环境中普遍存在，风扩散种子是最常见的。种子的一些特殊结构（如桦木科种子的膜状翅，槭树科种子的种子翅）会大大增强扩散潜力（Tackenberg et al.，2003）。

3. 种子萌发基质限制

当种子扩散到所有潜在更新地点之后仍面临着极大的挑战，虽然种子散布是限制森林更新的主要因素，但扩散到森林种子库里的种子能否萌发仍是一个复杂问题。种子萌发的一般条件为充足的水分、合适的气候条件、充分地接触土壤，以及具备相应的萌发基质。Gagne 等（2019）在加拿大魁北克地区的云冷杉针阔叶混交林内选择 6 种种子萌发基质，其中有矿物质土壤、苔藓、凋落物、草本、腐木和枯木，并调查幼苗更新状况。发现云杉种子很难在短时期内穿过凋落物层接触土壤并萌发，而腐木为种子提供了良好的发芽条件。另外发现如果林分内能透过 15% 的入射光，将大大提高该林分种子萌发及幼苗生长。

4. 幼苗建立限制

“幼苗建立限制”是指在可用的地点没有任何可存活的幼苗的现象。生态学理论认为，种子限制和幼苗建立限制对森林有重要影响，如影响森林群落的组成、结构和生物多样性，并不仅仅是增加种子数量就能保证加快森林更新，幼苗的建立也可能受到林下层中生物和非生物条件的限制，尤其是微地形的限制（Sangsupan et al.，2018）。林地土壤状况、凋落物、水文条件、光照等因素都会限制幼苗的生长。研究表明，在森林演替过程中，演替前期的小果实和小种子物种会逐步被演替后期大果实及大种子物种所取代（Richards，1996）。

5.2.2.3　种子雨空间分布特征

2018 年 7 ～ 11 月底共收集到种子 177 561 粒，树种长白落叶松、冷杉、桦树、水曲柳、紫椴、槭树，其数量（个数）组成见表 5-12。整体上种子保留度较高，完整种子占种子雨总量的 99.43%，干瘪或霉烂种子仅占 0.43%，被取食种子仅占 0.14%。其中，种子数量最多的是桦树，共占种子雨总量的 94.99%，其次为长白落叶松和冷杉。水曲柳的种子雨量最低，仅占总量的0.28%，但其种子完整率较高，达98.20%，仅次于桦树，而槭树的种子完整率最低，干瘪或腐烂种子数量甚至高于完整种子，完整种子率为45.50%。

表5-12 种子雨的数量（粒）和树种组成

树种	完整种子	干瘪或腐烂种子	被取食种子	合计
长白落叶松	5 382	91	196	5 669
紫椴	484	85	7	576
水曲柳	490	5	4	499
槭树	420	474	29	923
冷杉	1 099	117	18	1 234
桦树	168 660	0	0	168 660
合计	176 535	772	254	177 561
百分比（%）	99.43	0.43	0.14	

该林分平均种子雨密度为1257.42个/m^2，冷杉、水曲柳、长白落叶松、桦树的种子雨密度分别为8.75个/m^2、3.53个/m^2、39.91个/m^2、1204.89个/m^2、（表5-13）。方差分析结果表明，种子收集时间对整个群落种子雨有显著影响（$P<0.05$），10月是整个群落种子成熟高峰期，种子雨量显著高于其他月份（$P<0.05$）。长白落叶松、冷杉、桦树等树种的种子雨时间分布与总趋势一致，冷杉种子从8月开始掉落，10月结束。水曲柳种子成熟较早，集中在7月掉落。

表5-13 种子雨密度时间分布规律（平均值±标准误） （单位：个/m^2）

树种	7月	8月	9月	10月	11月	年际种子雨密度
冷杉	0.00±0.00	0.08±0.08	4.78±1.06	29.91±4.76	0.00±0.00	8.75±1.46
水曲柳	11.32±4.08	1.29±0.56	0.89±0.27	1.02±0.25	0.00±0.00	3.53±1.02
长白落叶松	1.42±0.81	1.37±0.56	32.06±3.19	125.63±11.17	0.00±0.00	39.91±3.57
桦树	500.72±53.39	324.59±47.83	1288.44±73.89	2699.43±203.33	0.00±0.00	1204.89±68.73
群落平均种子雨密度	536.97±85.93	333.96±74.52	1304.10±117.63	2861.19±316.41	0.00±0.00	1257.42±109.18

整个林分的变异系数为1.35，种子空间变异较大（表5-14），其中8月整个林分种子空间变异系数最高，达1.73，9月种子变异系数最小（0.70）。对于各优势树种来说，水曲柳种子空间变异系数为7.02（大部分收集器未收集到水曲柳种子），高于其他树种，桦树最小（1.38）。桦树种子在9月空间变异系数为0.69，变异程度相对较小，8月最大。

表5-14 主要优势树种种子雨空间变异

树种	7月	8月	9月	10月	11月	年空间变异
冷杉	0.00	7.55	1.72	1.23	0.00	2.59
水曲柳	4.36	5.28	3.70	2.97	0.00	7.02
长白落叶松	6.90	4.93	1.21	1.08	0.00	2.16
桦树	1.29	1.78	0.69	0.91	0.00	1.38
群落	1.24	1.73	0.70	0.86	0.00	1.35

整体来说，该地区云冷杉林种子产量丰富，但除桦树种子外，优势树种种子产量不高，且不能收集到全部物种的种子。大部分树种种子高峰期是 10 月，种子完整度较高，且空间分布变异程度较大。从研究结果可以看出，该林分并未演替到成熟阶段。为了确切把握森林更新与演替动态，还需长时间监测其他演替阶段种子雨特征。

5.2.3　云冷杉阔叶混交林更新模型

天然更新模型可提供准确的森林计划，能够模拟天然更新的现实状况和预测未来的恢复情况（Crotteau et al.，2014）。天然更新幼苗幼树株数是典型的计数数据，是离散型数据，因此泊松分布和负二项分布被广泛应用到天然更新计数模型中（Fyllas et al.，2008）。确定天然更新主要影响因子，构建天然更新模型，并进行模拟和预测，对于科学指导森林经营并提高天然更新质量十分必要（Eerikainen et al.，2007）。

5.2.3.1　*研究方法*

1. 数据获取

在 2018 年选择其中的 4 块样地 YLK-5、YLK-6、YLK-9 和 YLK-11 进行更新调查，其中每个样地除去 20m 的边缘效应后，选择中间 36 个 10m×10m 的小样方作为更新调查的对象。本研究幼苗定义为当年生幼苗（高度＜10cm），幼树定义为高度＞10cm 并且胸径＜1cm 的树木。调查更新幼苗和幼树的树种名称、坐标、树木高度、地径等。外业调查完毕后，由于在 $1hm^2$ 样地内林分因子差别巨大，在内业过程中，根据母树种子的传播距离和以往学者的经验，按照 20m×20m 一个小样地的规格对样地重新进行了划分，共 36 个小样地（Uprety et al.，2014）。统计各小样地内幼苗幼树的更新株数和林分公顷株数、林分公顷断面积、林分平均直径等因子。样地更新统计见表 5-15。

表 5-15　云冷杉针阔叶混交林样地更新统计表

林分因子	最大值	最小值	平均值（标准差）
林分公顷株数（株/hm^2）	2375	625	1330（449）
林分公顷断面积（m^2/hm^2）	41.56	16.25	25.61（6.49）
林分平均直径（cm）	20.8	11.0	16.1（2.9）
总体每公顷更新株数（株/hm^2）	5525	425	1815（1187）
白桦每公顷更新株数（株/hm^2）	1025	0	143（238）
红松每公顷更新株数（株/hm^2）	300	0	75（80）
冷杉每公顷更新株数（株/hm^2）	1450	25	548（435）
色木槭每公顷更新株数（株/hm^2）	1325	25	355（288）
水曲柳每公顷更新株数（株/hm^2）	1950	0	406（488）
云杉每公顷更新株数（株/hm^2）	900	0	165（190）

2. 林分因子选取

选取林分公顷株数、林分公顷断面积、林分平均直径、母树公顷株数及母树公顷断面积等因子，作为协变量加入天然更新计数模型中。

3. 模型选择与评价验证

研究选择泊松分布模型（Poisson）、负二项分布模型（NB）和广义线性混合效应模型（Li et al.，2011）作为基础模型，采用赤池信息量准则（Akaike information criterion，AIC）、贝叶斯信息准则（Bayesian information criterion，BIC）和–2* 对数似然值（–2*log likelihood，–2logL）这 3 个指标来比较不同模型间的模拟效果。选择确定系数（R^2）、均方根误差（RMSE）和平均绝对残差（$|\bar{E}|$）3 个模型精度评价指标对模拟效果进行效果验证（Calama and Montero，2004）。

5.2.3.2 结果与分析

利用方差膨胀因子（VIF＜10）和对森林天然更新有显著影响的林分因子（α=0.05）来筛选因子，最后作为协变量加入到模型中去。

1. 固定效应

利用泊松和负二项分布模型进行模拟，具体结果见表5-16。由于在模拟负二项分布时，对于各个树种所有林分因子的影响均不显著，只有截距参数显著，无法确定和筛选显著影响因子，因此表 5-16 中只包括泊松分布模拟结果。从表 5-16 中可以看出：母树公顷株数及母树公顷断面积对天然更新株数没有影响。林分因子对更新株数的影响因树种的不同而发生变化。如果不区分树种按总体进行模拟，则林分平均直径与更新株数呈负相关；影响白桦更新株数的因子中，林分公顷株数和林分平均直径均呈负相关；红松和水曲柳不受各个林分因子的影响，更新株数是随机的；冷杉的更新株数与林分公顷断面积呈负相关；色木槭和云杉的更新株数均与林分平均直径呈负相关。本研究中白桦和红松含有少量零值数据，进一步利用零膨胀泊松分布模型方法来解决存在的过量零值问题，精度均没有提高。

2. 随机效应

在标准泊松分布模型的基础上，考虑样地的随机效应。本研究考虑了随机截距和随机系数效应，但是在随机系数上所有模型均不能够收敛，只有在截距上考虑随机效应后模型收敛。当考虑了随机截距效应后（表 5-16），所有模型的模拟效果明显提高（AIC、BIC 和–2logL 值都明显降低）。进一步利用 LRT 卡方检验对模型之间的差异进行比较评价（表 5-16 的 LRT 值），除红松的模拟结果达到显著水平外（α=0.05，P＜0.001），其余树种均达到极显著水平（α=0.05，P＜0.0001）。

3. 模型验证

模型验证结果（表 5-17）表明，无论哪个树种，在考虑了随机截距效应后，模型的

表 5-16　森林天然更新幼苗幼树计数模型模拟结果

	参数	总体	白桦	红松	冷杉	色木槭	水曲柳	云杉
	模型编号	M1	M2	M3	M4	M5	M6	M7
固定效应	α_0	5.0478 (0.1149)***	7.7730 (0.8575)***	1.1170 (0.0954)***	4.0607 (0.1521)***	3.6928 (0.2586)***	2.7864 (0.0414)***	2.7196 (0.3820)***
	α_1		−0.0007 (0.0002)**					
	α_2				−0.0392 (0.0061)***			
	α_3	−0.0480 (0.0072)***	−0.3322 (0.0416)***			−0.0656 (0.0164)**		−0.0529 (0.0240)*
	AIC	1165.3	399.8	192.4	623.3	440.7	944.4	345.7
	BIC	1168.4	404.5	193.9	626.4	443.8	946.0	348.9
	−2logL	1161.3	393.8	190.4	619.3	436.7	942.4	341.7
	参数	总体	白桦	红松	冷杉	色木槭	水曲柳	云杉
	模型编号	M8	M9	M10	M11	M12	M13	M14
随机效应	α_0	5.1686 (0.6192)***	1.4836 (3.7479)	0.8190 (0.1825)***	3.6531 (0.6543)***	2.6388 (0.8570)**	1.5837 (0.3462)***	2.6640 (1.0128)*
	α_1		0.0007 (0.0010)					
	α_2				−0.0364 (0.0249)			
	α_3	−0.067 (0.0380)	−0.1247 (0.1631)			−0.0171 (0.0524)		−0.0746 (0.0628)
	AIC	368.7	196.4	163.6	300.6	269.5	271.5	212.7
	BIC	373.5	202.8	166.8	305.4	274.3	274.7	217.4
	−2logL	362.7	188.4	159.6	294.6	263.5	267.5	206.7
	方差协方差矩阵	0.3702 (0.0926)**	2.5733 (0.9722)*	0.5951 (0.2402)*	0.8037 (0.2283)*	0.6375 (0.1950)*	3.5785 (1.0866)*	0.7561 (0.2346)*
	LRT	798.6*** M1/M8	205.4*** M2/M9	30.8** M3/M10	324.7*** M4/M11	173.2*** M5/M12	674.9*** M6/M13	135.0*** M7/M14

注：括号内的值为标准差，* 表示 $P<0.05$，** 表示 $P<0.001$，*** 表示 $P<0.0001$；α_0 为截距参数，α_1 为林分公顷株数参数、α_2 为林分公顷断面积参数，α_3 为林分平均直径参数值

相关系数都显著提高，而均方根误差和平均绝对残差值显著降低。验证结果与表 5-16 中的模拟结果一致。红松和水曲柳的更新不受林分因子影响，所以确定系数为 0，但考虑随机效应后，确定系数几乎达到 1，其他树种没有考虑随机效应时，相关系数很低，而在考虑随机截距效应后，相关系数也几乎达到 1。这充分说明虽然林分因子对天然更新株数有显著影响，但更多的影响体现在截距的参数值上，说明更新的随机性很大，影响更新株数的因子还包括很多未知的因素。

表 5-17 天然更新模型验证结果

评价指标		模型形式						
		M1	M2	M3	M4	M5	M6	M7
固定效应	R^2	0.05	0.25	0	0.27	0.25	0	0.11
	RMSE	1158.7	207.4	79.5	420.1	278.9	488.2	189.0
	$\lvert\bar{E}\rvert$	867.1	139.2	57.6	337.1	213.7	405.1	131.5
评价指标		模型形式						
		M8	M9	M10	M11	M12	M13	M14
随机效应	R^2	0.998	0.998	0.992	0.999	0.999	0.999	0.998
	RMSE	40.3	13.1	24.8	26.2	28.7	11.7	24.8
	$\lvert\bar{E}\rvert$	30.9	10.6	18.7	21.6	22.9	10.8	19.6

5.2.4 云冷杉阔叶混交林抚育技术

天然林抚育是质量提升的一个重要措施。通过抚育间伐，调整树种组成和结构，促使森林生态系统向健康稳定的方向发展。本节基于在吉林省汪清林业局金沟岭林场建立的抚育间伐实验样地，分析了不同抚育措施对云冷杉阔叶混交林个体竞争关系的影响，提出了以目标树培育为核心的抚育技术。

5.2.4.1 抚育对主要目标树种竞争的影响

红松、云杉及冷杉是天然云冷杉阔叶混交林的主要目标树种，也是目标树经营的重要目标树种。因此，主要比较分析不同经营措施对红松、云杉及冷杉所受竞争作用的影响。

1. 不同经营措施对主要目标树种所受竞争强度的影响

采伐前后红松的竞争指数发生了变化，且伐后的竞争指数小于伐前，说明采伐降低了目标树种所受的竞争强度（图 5-3A）。相比于传统采伐来说，目标树经营显著降低了红松的竞争强度，传统采伐由于为全林经营，采伐前后红松的竞争变化很小。

采伐前后冷杉的竞争指数变化与红松类似，伐后竞争指数基本小于伐前（图 5-3B）。相比于传统采伐，目标树经营显著降低了冷杉的竞争强度，尤其是目标树经营 2 对径级为 16 ～ 26cm 的冷杉所受的竞争的降低作用最为明显。而传统采伐的影响只在 20 ～ 28cm。

采伐前后云杉的竞争指数变化略有不同（图 5-3C）。相比于目标树经营 1 组（CTR1）来说，目标树经营 2 组（CTR2）及传统经营组（TM）显著降低了云杉的竞争强度，且目标树经营 2 组的影响涵盖了几乎所有的径级，但传统经营的影响只限于 20 ～ 36cm。

2. 不同经营措施对主要目标树种所受竞争来源的影响

图 5-4 为实施不同经营措施前后的红松所受的主要竞争来源的影响。目标树经营 1 组（CTR1）的红松所受的主要竞争来源的变化为：山杨、长白落叶松、水曲柳（伐前）→山杨、长白落叶松、水曲柳（伐后）；目标树经营 2 组（CTR2）的红松所受的主要竞争来

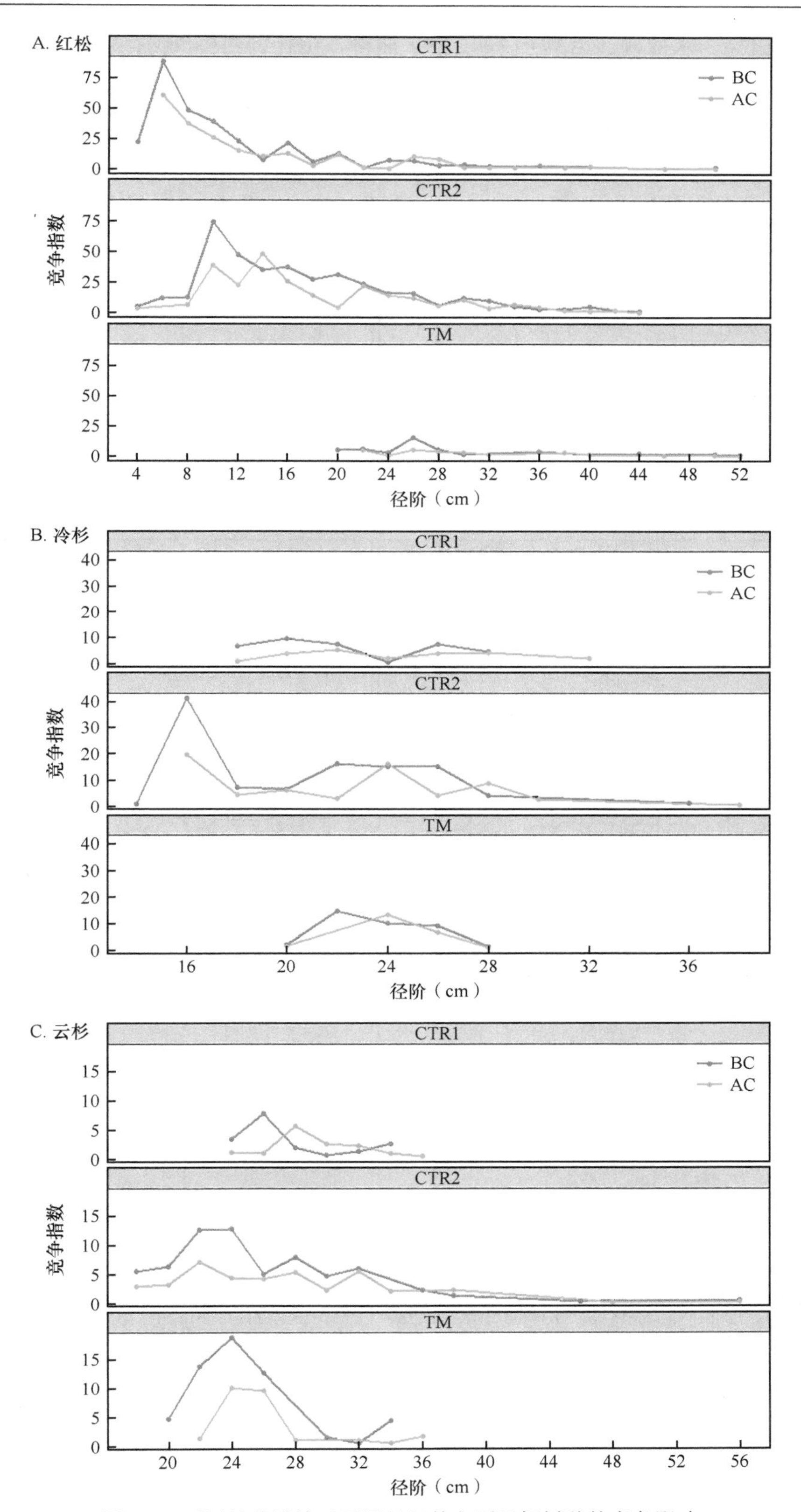

图 5-3　不同经营措施对不同径级的主要目标树种的竞争影响

BC、AC 分别为采伐前和采伐后

源的变化为白桦、水曲柳、山杨（伐前）→水曲柳、山杨、白桦（伐后）。

A. 目标树经营1组

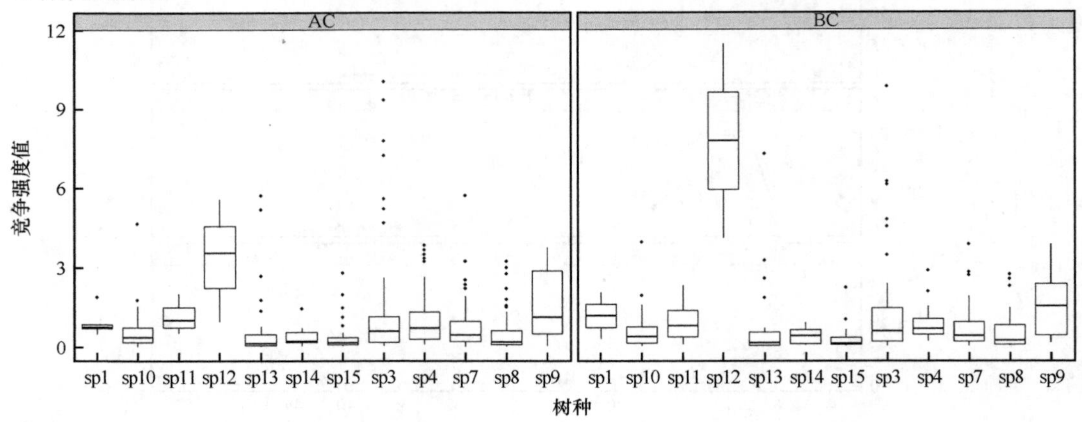

B. 目标树经营2组

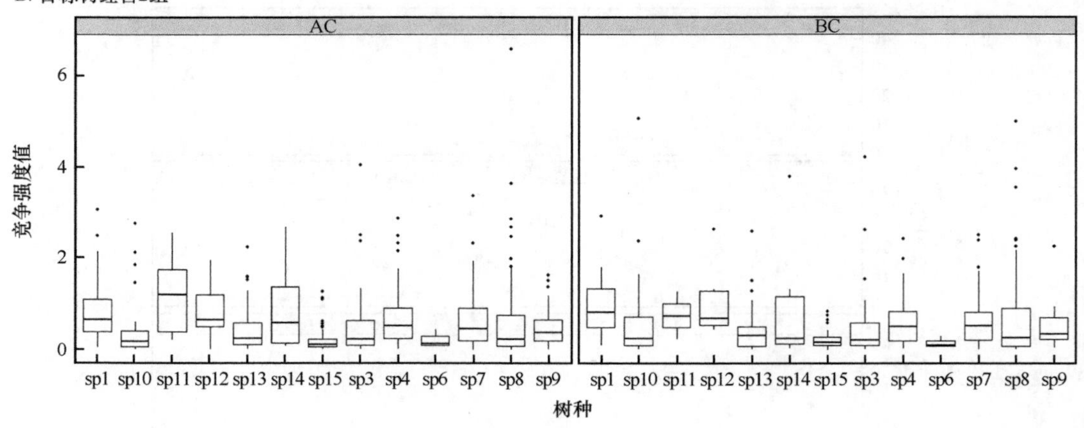

C. 传统经营

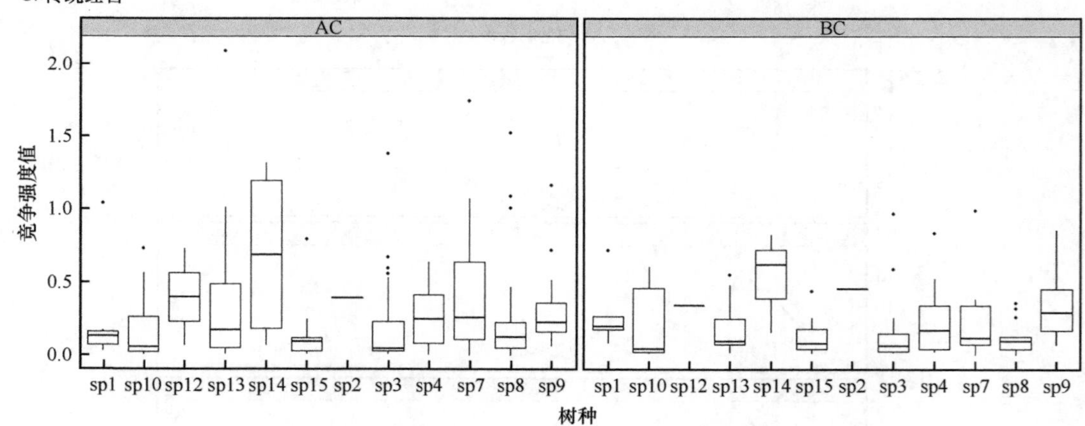

图 5-4　不同经营措施对红松所受竞争的影响

AC、BC 同图 5-3；sp1、sp2……sp15 分别代表白桦、白牛槭、紫椴、硕桦、黄檗、红豆杉、红松、冷杉、长白落叶松、色木槭、水曲柳、山杨、云杉、裂叶榆、杂木实施不同经营措施前后的冷杉所受的主要竞争来源的影响见图 5-5。传统经营组（TM）的冷杉的主要竞争来源的变化为云杉、冷杉、长白落叶松（伐前）→红松、长白落

A. 目标树经营1组

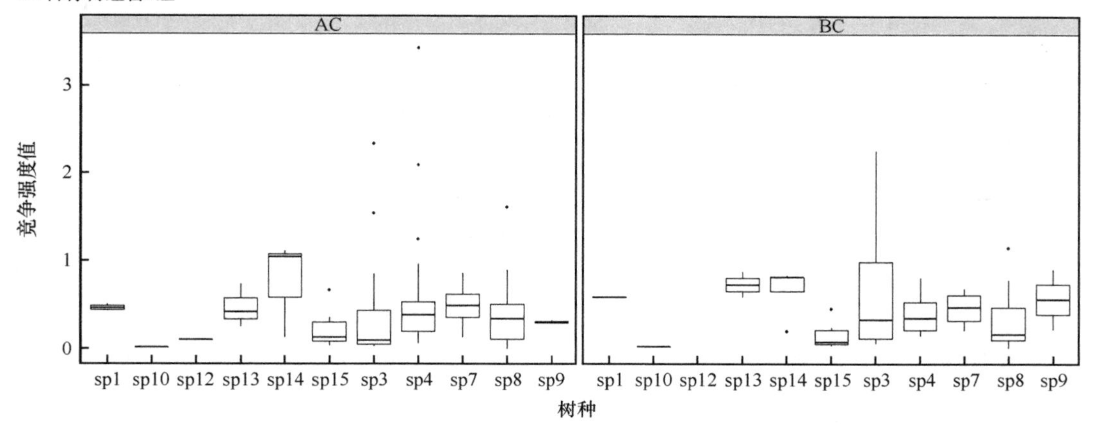

B. 目标树经营2组

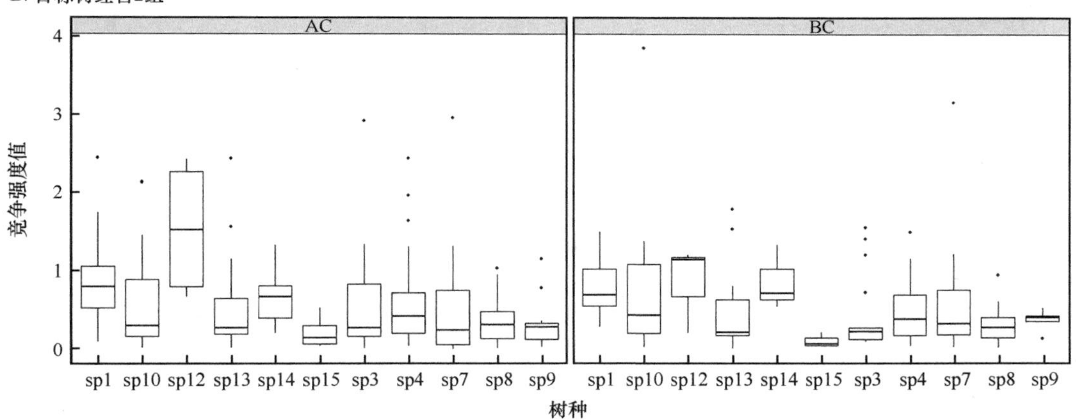

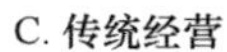

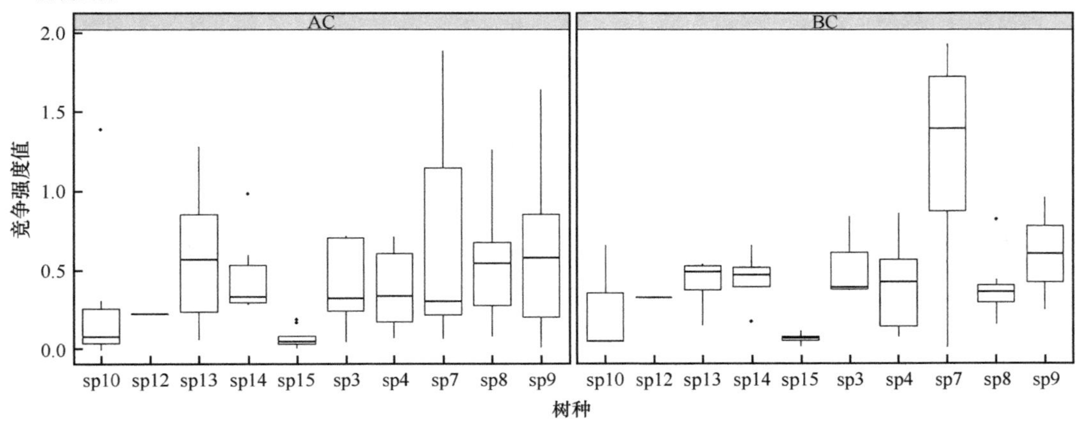

图 5-5　不同经营措施对冷杉所受竞争的影响

AC、BC 同图 5-3；sp1 ～ sp15 同图 5-4

叶松、云杉（伐后）；目标树经营 1 组（CTR1）的冷杉所受的主要竞争来源的变化为裂叶榆、红松、云杉（伐前）→裂叶榆、云杉、长白落叶松（伐后）；目标树经营 2 组（CTR2）的冷杉所受的主要竞争来源的变化为山杨、白桦、裂叶榆（伐前）→山杨、裂叶榆、白桦（伐后）。

图 5-6 为实施不同经营措施前后的云杉所受的主要竞争来源的影响。传统经营组（TM）的云杉的主要竞争来源的变化为裂叶榆、云杉、长白落叶松（伐前）→长白落叶松、裂叶榆、紫椴（伐后）；目标树经营 1 组（CTR1）的云杉的主要竞争来源的变化为长白落叶松、裂叶榆、云杉（伐前）→红松、裂叶榆、长白落叶松（伐后）；目标树经营 2 组（CTR2）的云杉的主要竞争来源的变化为山杨、裂叶榆、云杉（伐前）→山杨、白桦、云杉（伐后）。

综上，采伐改变了目标树种的竞争关系，其中，目标树经营 1 组及传统经营对红松、云杉和冷杉的竞争关系影响较大，而目标树经营 2 组对云杉的竞争关系影响较大。

A. 目标树经营1组

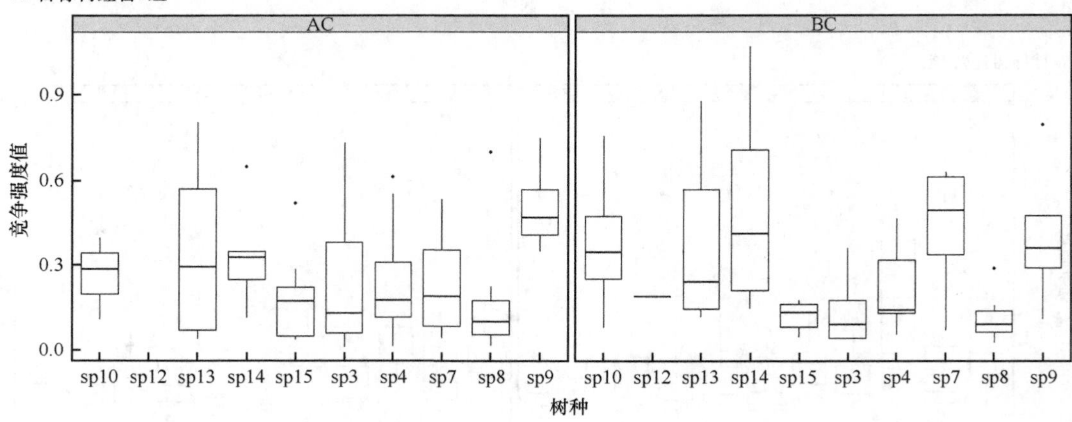

B. 目标树经营2组

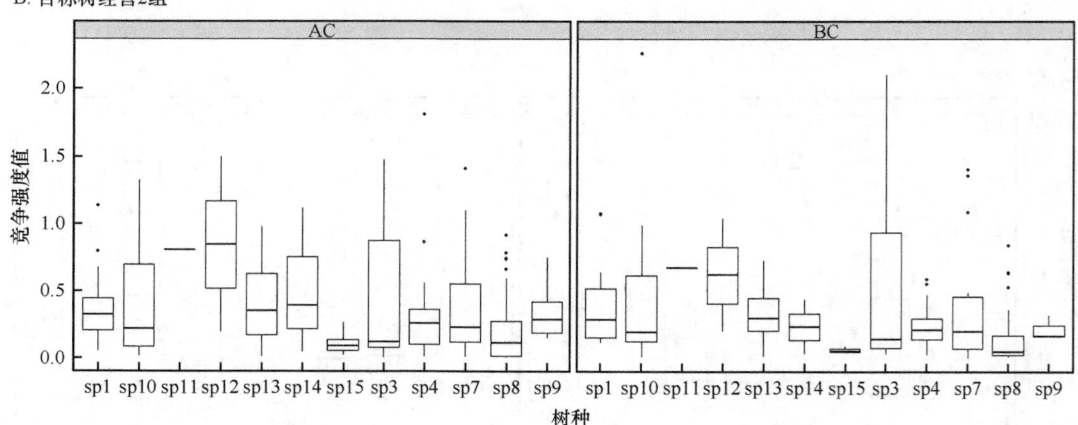

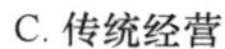
C. 传统经营

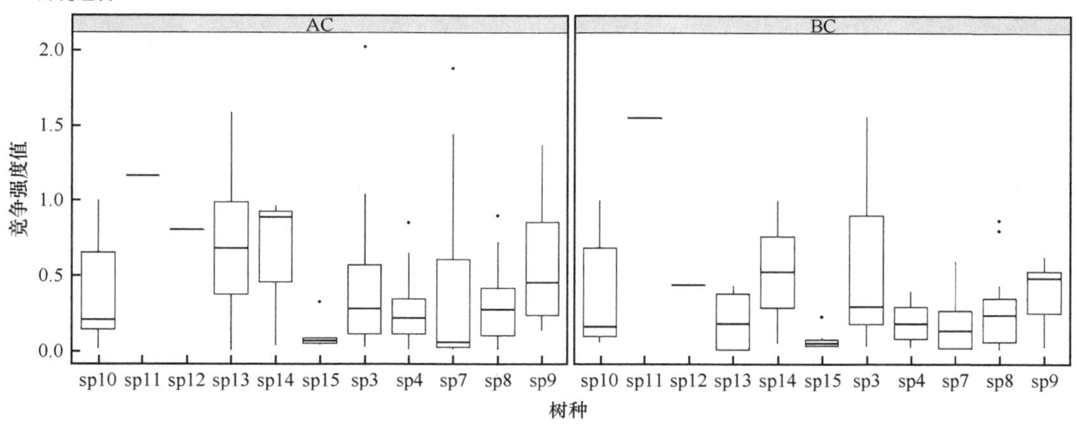

图 5-6　不同经营措施对云杉所受竞争的影响

AC、BC 同图 5-3；sp1 ～ sp15 同图 5-4

5.2.4.2　目标树抚育更新技术方案

由于天然云冷杉阔叶混交林的异龄特征，为培育恒续林，采用以目标树经单株抚育采伐为核心的经营模式，抚育和更新伴随着整个生长发育过程。其抚育技术包括抚育间伐开始期、林木分类、目标树密度、干扰树采伐、间隔期等方面。更新则以天然更新和人工促进天然更新为主。

1. 抚育间伐开始期

对于天然异龄林，将发育阶段和经营措施相结合，通常将其划分为建群阶段、竞争阶段、质量生长阶段、近自然阶段和恒续林阶段（陆元昌等，2009）。在质量生长阶段，林木出现显著分化，能明显地识别优势木时，即可进行以促进目标树生长为目标的抚育间伐。

2. 林木分类

在进行抚育间伐时，首先对林木进行分类，包括用材目标树、生态目标树、干扰树和一般林木 4 类。

用材目标树：占据主林层或之上的特优木或优势木，选择干形通直圆满、根部无损伤，树冠均匀饱满、无病虫害，高径比 70 ～ 80，冠高比 0.5 ～ 0.7 的目标树种的林木，包括云冷杉、红松、水曲柳、胡桃楸、黄檗、紫椴等，现场进行标记。

生态目标树：指有利于提高森林生物多样性、保护珍稀濒危树种、改善林分结构、为鸟类或其他动物提供栖息场所、保护和改良土壤、提升景观效果等功能的林木，包括红豆杉、红松、紫椴、色木槭、水曲柳、黄檗等，有鸟窝、蜂巢的林木，有树洞的树木等，现场也要进行标记。

干扰树：直接对目标树生长产生不利影响的、需要在近期或下一个生长期采伐利用的林木。尤其是一些大的山杨。

一般林木：除用材和生态目标树、干扰树之外的林木个体均为一般树木，不做标记。

3. 目标树密度

目标树密度决定了未来林分的整体质量和收获，与目标胸径和立地质量相关。前期研究结果表明（张会儒等，2016），对于针叶树，目标胸径在 40cm，软阔叶树（山杨、紫椴）为 40cm，其他硬阔叶树（水曲柳、胡桃楸、黄檗、蒙古栎、白桦、硕桦、黑桦等）为 50cm。从 5.2.4.1 节的分析结果来看，目标树密度为 120 ～ 130 株/hm^2，有利于调节目标树种的竞争关系。因此，建议云冷杉阔叶混交林目标树密度为 120 ～ 130 株/hm^2。

4. 采伐木选择

首先是影响目标树生长的干扰树。分 2 ～ 3 次，最终达到目标树形成自由树冠。其次是其他局部密度过大丛生木（需要定株）的树木。可依实际情况保留 2 ～ 3 株作为潜在目标树的树木。以目标树单株采伐为核心的经营模式，间伐强度依据目标树密度和林分质量而定。其控制指标为：间伐后目标树种平均胸径不降低，目标树种株数不减少，伐后郁闭度不低于 0.6。

5. 间伐间隔期

根据林分生长情况，建议为 5 ～ 7 年。

6. 更新技术

更新是指林分有充足的幼苗数量并能生长为幼树。从云冷杉阔叶混交林的林分更新调查来看，云冷杉有充足的幼苗，但红松及阔叶树更新数量严重不足。因此，一方面通过人工促进天然更新措施，通过割灌、破土增温等围绕幼苗幼树采取措施，为提供种子、种子发芽和幼苗幼树生长等创造有利条件。另一方面补植红松、水曲柳、黄檗、紫椴等树种，补植方法为采伐后林隙处补植和林下群团状补植。为促进更新层的主要目标树种（红松、冷杉及云杉）的生长，对于红松幼苗幼树的更新，可伐去上层乔木中的白桦、色木槭（第一林层），冷杉、色木槭（第二林层），硕桦、裂叶榆（第三林层）及更新层的杂木；对于冷杉幼苗幼树的更新，可伐去上层乔木中的白桦、山杨（第一林层），色木槭、杂木（第二林层），山杨、落叶松（第三林层）；对于云杉幼苗幼树的更新，可伐去上层乔木中的色木槭、杂木（第二林层），硕桦、裂叶榆（第三林层）。总的来说，促进红松、冷杉及云杉幼苗幼树生长，可伐去其周围生长的处于乔木层上层的白桦、色木槭、裂叶榆、硕桦及杂木，为幼苗生长提供充分的空间。

5.3　蒙古栎阔叶林抚育更新研究

5.3.1　蒙古栎阔叶林林层结构分析

以吉林省汪清林业局塔子沟林场蒙古栎阔叶林样地 2013 年和 2016 年两期的调查数据为研究对象，基于相邻木关系，在林层比（L）的基础上细化出对象木处于上、中、下层的 45 种“林层结构类型”，以区分对象木所处的林层间结构，运用此方法描述蒙古栎阔叶林各林层结构类型的株数分布，初步探究不同林层结构类型对于对象木生长影响的差异。

5.3.1.1　研究方法

1. 数据预处理

由于在两期的间隔期中，部分林木会由于竞争或其他原因而枯损，若对象木的相邻木中存在林木枯损情况，可能会提高目标树的定期生长量。为了分析这两种情况的胸径定期生长量（本节简称生长量）差异是否显著，对相邻木中是否存在枯损木两种情况的对象木生长量大小进行了 t 检验。结果 P 值（0.2862）＞0.05，拒绝原假设，表示两种情况对象木生长量大小没有显著性差异，因此，在研究不同林层比类型和不同林层结构类型对于对象木生长量大小的影响时，将不区分这两种情况。

由图 5-7 可以看出有部分的生长量值是极端偏大的，当某种林层结构类型的数量较少时，极端值可能会使该林层结构类型的生长量均值产生较大偏差，该值可能是测量误差引起，也可能是实际生长量确实较大，简单剔除可能造成本来平均生长量较大的林层结构类型平均生长量减小较多，并引起分析误差，因此需要对极端值进行缩小处理，缩小至不存在极端值为止，然后对处理后样本进行分析。

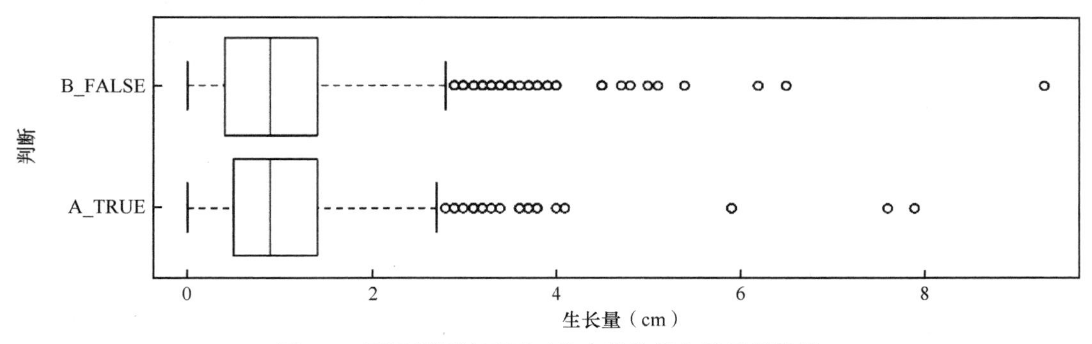

图 5-7　不同判断情况下对象木的胸径生长量箱线图

A_TURE 表示对象木周围相邻木中存在枯损，B_FALSE 表示对象木周围相邻木中无枯损

2. 林层划分与边缘矫正

改进国际林联（IUFRO）的林层划分方法进行林层划分（庄崇洋等，2014），首先统计样地内最高的 50 株优势木的树高平均值作为优势高（H），然后计算优势高（H）与最低树高（h_{min}）间的极差（H_{dist}），若对象木树高 $h < h_{min}+1/3 \times H_{dist}$，则划分入下层；$h_{min}+1/3 \times H_{dist} < h < h_{min}+2/3H_{dist}$，则划分入中层；$h > h_{min}+2/3 \times H_{dist}$，则划分入上层。

在判断对象木的相邻木时，其相邻木可能处于样地之外。为消除边缘效应，必须进行边缘矫正。采用 8 邻域缓冲区法进行边缘矫正，即将原样地复制，并在其左上、上、右上、左、右、左下、下和右下 8 个方位粘贴，形成 9 倍原样地大小的大样地，在大样地内进行相邻木的判断并计算各指标。在分析时，仅分析在原样地内分布的对象木。

3. 林层比与林层结构类型划分

林层比（L）是依照相邻木关系构建的描述与对象木不同层的相邻木所占比例的指标（安慧君，2003）。

$$L_i = \frac{1}{n}\sum_{j=1}^{n} s_{ij} \tag{5-3}$$

式中，当相邻木与对象木同层时，s_{ij}=0，否则，s_{ij}=1；L_i 为第 i 株对象木的林层比取值；n 为相邻木株数，按照惠刚盈和 Gadow（2016）的研究结论，我们采用 n=4 的取值，即仅分析距离对象木最近的 4 株相邻木，那么 L_i 取值有 0、0.25、0.5、0.75、1，分别代表与对象木同林层的相邻木有 4、3、2、1、0 株。

由于林层比仅考虑了相邻木是否与对象木处于同一林层，而未区分对象木所在林层，以及相邻木在其他林层的分布情况，没有较好地描述出林层的复杂结构。因此在考虑了对象木所处林层，并区分相邻木在不同林层中的分布株数，得到如图 5-8 中所示的 45 种林层结构类型，其中对象木处于上中下林层各 15 种情况，并按照林层比类型进行了分类，不同林层结构类型的演示图具体见图 5-8。

4. 数据分析

通过 R 语言编辑程序，设置 3 个样地的 8 邻域缓冲区、划分林层、判断相邻木及计算林层比，并判断对象木的林层结构类型。将 3 个样地数据汇总分析，区分对象木所处林层，统计各林层比和林层结构类型的株数；然后对林层比类型间的生长量进行多重均值比较，探究生长量均值的差异显著性；最后计算各林层结构类型的生长量均值，分层探讨林层结构类型与对象木生长量均值的规律，赋予增益效果值，检验与生长量均值的拟合效果。其中多重均值比较使用 multcomp 包的 glht() 函数进行，设置使用 0.05 的显著水平。

5.3.1.2 结果与分析

1. 各林层比株数分布

图 5-9 列出了 2016 年蒙古栎次生林在分林层情况下的各林层比类型的活立木株数分布。

由图 5-9 可知蒙古栎次生林各层的林木数量分布较为合理，中层的株数最多，上层和下层的株数相近，稍低于中层。总体而言，蒙古栎次生林分的林层比类型主要以类型 C 和类型 D 为主，即 2 株或 3 株相邻木与对象木不同层的情况较多；类型 B 和类型 E，即 1 株或 4 株相邻木与对象木不同层的情况也有部分分布；而 4 株相邻木都与对象木同层的类型 A 最少。对于下层对象木，当其相邻木不与其同层时，就会对其产生遮盖，抑制其生长，且从各类型间生长量的差异显著性可知，这种抑制效果在上方刚开始出现遮盖木时最为明显，且在增加两株后具有显著性差异，而上方遮盖木较多后，增加更多的遮盖木的抑制效果差异逐渐不显著；而对于上层对象木，由于其受光较好，拥有较高的生长量，当其相邻木不与其同层时，即减少了侧向的挤压，对其生长是有增益效果的，但这种增益效果在减少较多同层相邻木时才能显现，总体效果比下层差；而对于中层对象木，当其相邻木不与其同层时，既可能是在上方给予其遮盖，也可能是在下方减少了侧向挤压，作用较为复杂。

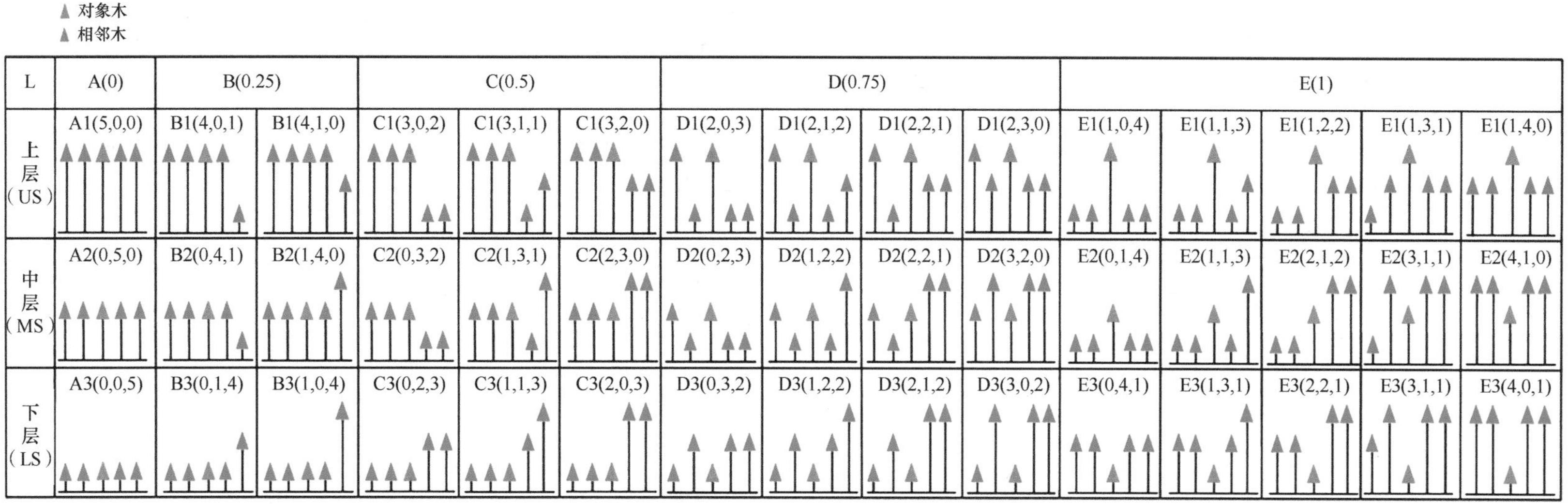

▲ 对象木
▲ 相邻木

L	A(0)	B(0.25)		C(0.5)			D(0.75)				E(1)				
上层（US）	A1(5,0,0)	B1(4,0,1)	B1(4,1,0)	C1(3,0,2)	C1(3,1,1)	C1(3,2,0)	D1(2,0,3)	D1(2,1,2)	D1(2,2,1)	D1(2,3,0)	E1(1,0,4)	E1(1,1,3)	E1(1,2,2)	E1(1,3,1)	E1(1,4,0)
中层（MS）	A2(0,5,0)	B2(0,4,1)	B2(1,4,0)	C2(0,3,2)	C2(1,3,1)	C2(2,3,0)	D2(0,2,3)	D2(1,2,2)	D2(2,2,1)	D2(3,2,0)	E2(0,1,4)	E2(1,1,3)	E2(2,1,2)	E2(3,1,1)	E2(4,1,0)
下层（LS）	A3(0,0,5)	B3(0,1,4)	B3(1,0,4)	C3(0,2,3)	C3(1,1,3)	C3(2,0,3)	D3(0,3,2)	D3(1,2,2)	D3(2,1,2)	D3(3,0,2)	E3(0,4,1)	E3(1,3,1)	E3(2,2,1)	E3(3,1,1)	E3(4,0,1)

图 5-8　对象木林层结构类型全解译图

US. 上层；MS. 中层；LS. 下层。A、B、C、D、E 分别对应林层比取值 0、0.25、0.5、0.75、1 的 5 种类型；1、2、3 分别代表对象木处于上层、中层和下层；括号内数字代表林层结构类型中，从上层到中层，再到下层的各层林木株数。例如，D2(0,2,3) 代表对象木处于中层，有 1 株相邻木与对象木同林层，剩余 3 株相邻木与对象木不同林层，上、中、下层依次有 0 株、2 株和 3 株树的林层结构类型。下同

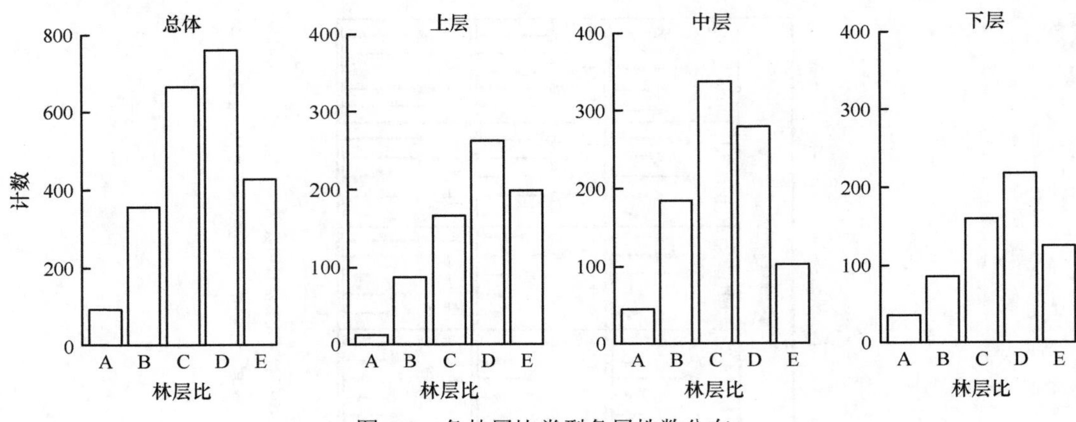

图 5-9　各林层比类型各层株数分布

2. 各林层结构类型株数分布

图 5-10 是将林层比的各类型展开为独一无二的林层结构类型后，做出的蒙古栎次生林各林层的林层结构类型株数分布图。

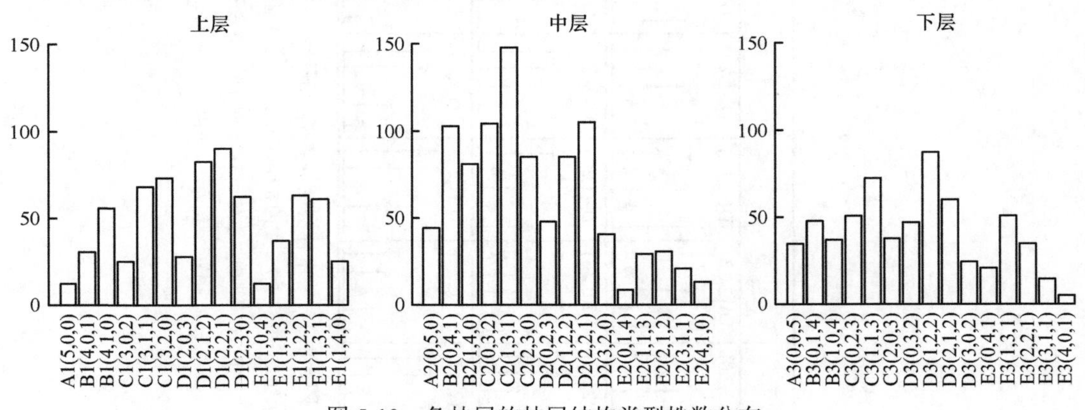

图 5-10　各林层的林层结构类型株数分布

总体而言，蒙古栎次生林分的林层结构类型具有以下普遍性：① 3 个林层都有林木分布的结构单元数量较多；②若 3 层中只有两层有林木分布，那么这两层相连的结构单元数量较多；③在以上两个条件下，中层的林木数量越多，该林层结构类型的数量就越多。说明了蒙古栎次生林分中对象木结构单元的垂直结构普遍较好，层次结构复杂，同层相互挤压的竞争少，对光照利用的效率较高；而 5 株同层的林层结构类型的数量，上层很小，而中下层较大，说明小树容易聚集分布，而大树分布一般不聚集。

3. 各林层比类型生长量差异分析

图 5-11 是林分总体和各林层的林层比类型之间生长量多重均值比较分析结果。对于林分总体，从林层比类型 A ～ E 生长量中位数出现了先下降后上升的凹型趋势，E 与 C 之间均值差异显著，A、D、B 之间及其与 E 和 C 的差异都不显著；上层呈现出逐步上升趋势，E 与 B 之间差异显著，A、C、D 之间及其与 E 和 B 的差异都不显著；中层与林分

总体的凹型趋势相似，但 A、B、C、D、E 的生长量均值之间差异都不显著；下层呈现出逐步下降的趋势，A 与 C、D、E 之间的生长量均值都差异显著，B 与 D、E 之间的差异显著，A 与 B 差异不显著，B 与 C 差异不显著，C、D、E 之间的差异都不显著。总体、上层和下层的各林层比类型的生长量均值之间存在部分的显著性差异，特别是下层各林层比类型之间差异程度最高，而中层的生长量均值之间没有显著性差异。

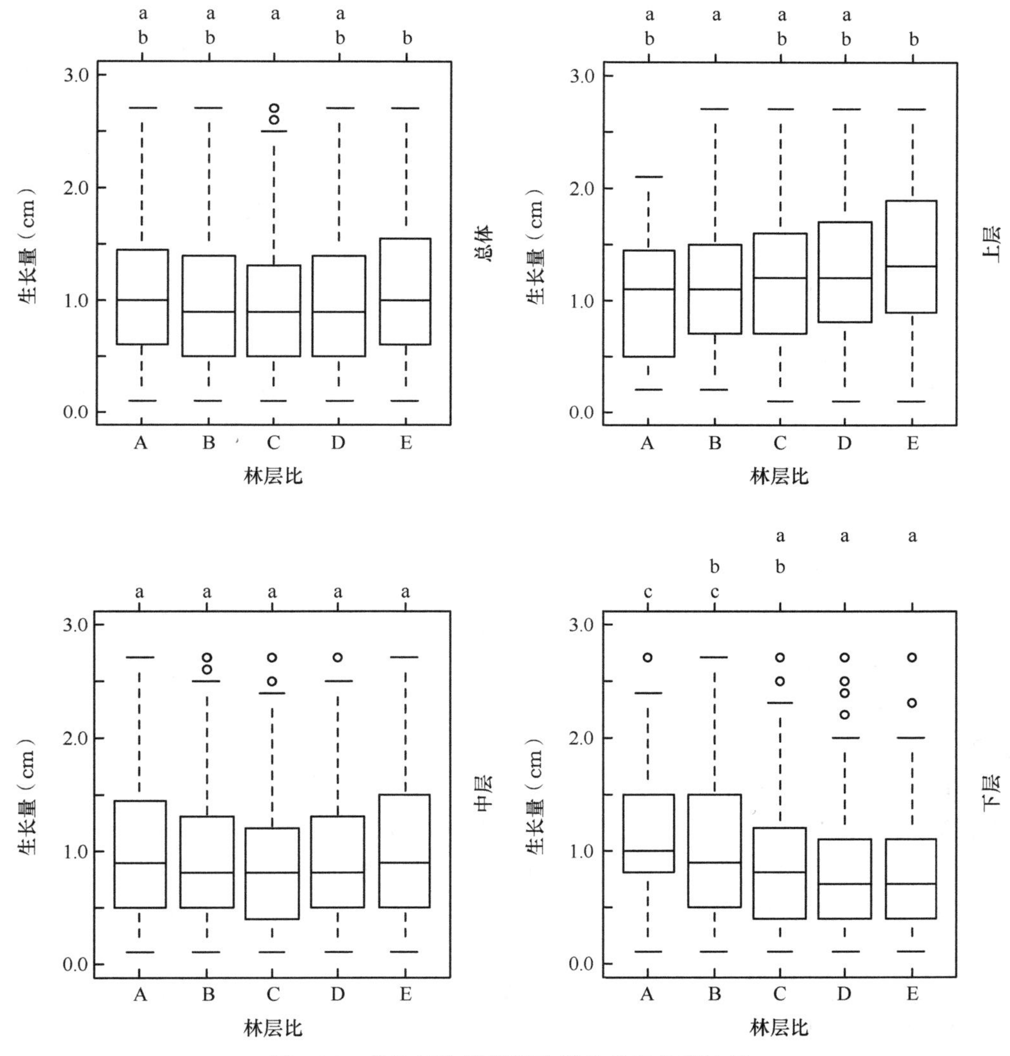

图 5-11　各林层比类型间生长量多重均值比较

各分图上部：各列间小写字母完全不同表示差异显著（$P<0.05$）

4. 不同林层结构类型生长量大小规律探讨

为了进一步分析林层结构类型与生长量大小之间的规律，区分对象木所在林层，将林层结构类型按照其生长量均值从大到小的顺序排序，结果见表 5-18。

表 5-18　各层林层结构类型排序

上层	生长量均值（cm）	中层	生长量均值（cm）	下层	生长量均值（cm）
E1(1,0,4)	1.83	E2(1,1,3)	1.23	E3(4,0,1)	1.54
E1(1,1,3)	1.57	E2(0,1,4)	1.18	A3(0,0,5)	1.25
D1(2,2,1)	1.32	A2(0,5,0)	1.00	B3(1,0,4)	1.09
D1(2,1,2)	1.31	C2(0,3,2)	0.98	E3(0,4,1)	0.96
E1(1,2,2)	1.30	D2(0,2,3)	0.97	C3(1,1,3)	0.88
E1(1,4,0)	1.28	E2(4,1,0)	0.96	D3(2,1,2)	0.88
D1(2,0,3)	1.26	C2(1,3,1)	0.94	D3(3,0,2)	0.87
E1(1,3,1)	1.22	D2(2,2,1)	0.91	B3(0,1,4)	0.86
C1(3,1,1)	1.16	D2(1,2,2)	0.91	D3(1,2,2)	0.77
C1(3,2,0)	1.15	B2(0,4,1)	0.91	C3(2,0,3)	0.74
C1(3,0,2)	1.12	B2(1,4,0)	0.91	C3(0,2,3)	0.73
B1(4,1,0)	1.12	D2(3,2,0)	0.84	E3(3,1,1)	0.73
B1(4,0,1)	1.08	E2(3,1,1)	0.81	E3(1,3,1)	0.72
D1(2,3,0)	1.05	E2(2,1,2)	0.77	E3(2,2,1)	0.62
A1(5,0,0)	0.82	C2(2,3,0)	0.68	D3(0,3,2)	0.61

通过分析表 5-18 中各林层结构类型的 5 株树在上、中、下层的不同分布格局和对应的对象木生长量可得以下规律。

1）当对象木处于上层时，其同层的相邻木越少，且不同层的相邻木处于不相邻的下层的株数越多，对象木的生长量越高。

2）当对象木处于中层时，可分为三组：第一组为上层相邻木较少（0 株或 1 株）且中层相邻木最少（0 株）和最多（或 4 株）的林层结构类型，中层相邻木越少，且上层相邻木越少时，生长量越高。第二组为上层相邻木较少（0 株或 1 株）且有一定（1 ～ 3 株）中层相邻木的林层结构类型和上层相邻木最多（4 株）的林层结构类型，中层相邻木越少，且上层相邻木越少时，生长量越高。第三组为上层相邻木较多（2 株或 3 株）的林层结构类型，中层相邻木越少，且上层相邻木越少时，生长量越高。生长量第一组＞第二组＞第三组。

3）当对象木处于下层时，可分为两组：第一组为下层相邻木较多（3 株或 4 株）的林层结构类型和下层相邻木最少（0 株）且相邻木在中、上层仅占据一层的林层结构类型，中层相邻木越少，且下层相邻木越少时，生长量越高。第二组为剩余的下层相邻木较少（0 ～ 2 株）的林层结构类型，中层相邻木越少，生长量越高，且当中层相邻木为 0 株和 3 株时，下层相邻木越少时，生长量越高；当中层相邻木为 1 株和 2 株时，上层相邻木越少时，生长量越高。第一组的生长量大于第二组。

基于以上规律，分林层将各个林层结构类型按照对生长量增益效果进行排序，并以区间 [0,1] 平均分配增益效果值，结果见表 5-19。

表 5-19　各林层结构类型增益效果赋值表

上层	中层	下层	增益效果值
A1(5,0,0)	C2(2,3,0)	D3(0,3,2)	0.07
B1(4,1,0)	D2(3,2,0)	E3(1,3,1)	0.13
B1(4,0,1)	D2(2,2,1)	E3(2,2,1)	0.20
C1(3,2,0)	E2(3,1,1)	D3(1,2,2)	0.27
C1(3,1,1)	E2(2,1,2)	C3(0,2,3)	0.33
C1(3,0,2)	B2(1,4,0)	E3(3,1,1)	0.40
D1(2,3,0)	B2(0,4,1)	D3(2,1,2)	0.47
D1(2,2,1)	C2(1,3,1)	C3(1,1,3)	0.53
D1(2,1,2)	C2(0,3,2)	C3(2,0,3)	0.60
D1(2,0,3)	D2(1,2,2)	D3(3,0,2)	0.67
E1(1,4,0)	D2(0,2,3)	E3(0,4,1)	0.73
E1(1,3,1)	E2(4,1,0)	B3(0,1,4)	0.80
E1(1,2,2)	A2(0,5,0)	A3(0,0,5)	0.87
E1(1,1,3)	E2(1,1,3)	B3(1,0,4)	0.93
E1(1,0,4)	E2(0,1,4)	E3(4,0,1)	1.00

对各个林层结构类型赋值后，构建增益效果与生长量之间的模型，结果如图 5-12 所示。

由图 5-12 可知，各林层使用线性拟合的增益效果与生长量均值的回归模型效果都较好，R^2 都在 0.66 之上，拟合效果为中层＞下层＞上层，分组排序的效果较好。上、中、下层的平均生长量基本都按照增益效果值的增加而增大，因此按照上述规律排序的林层结构类型是较为合理的。一元线性回归方程的斜率代表了生长量均值随增益效果值增大的增加速度，斜率大小排序为下层（0.7）＞上层（0.645）＞中层（0.407），说明了下层对象木的平均生长量对不同的林层结构单元最为敏感，上层则与下层相差不大，而中层对

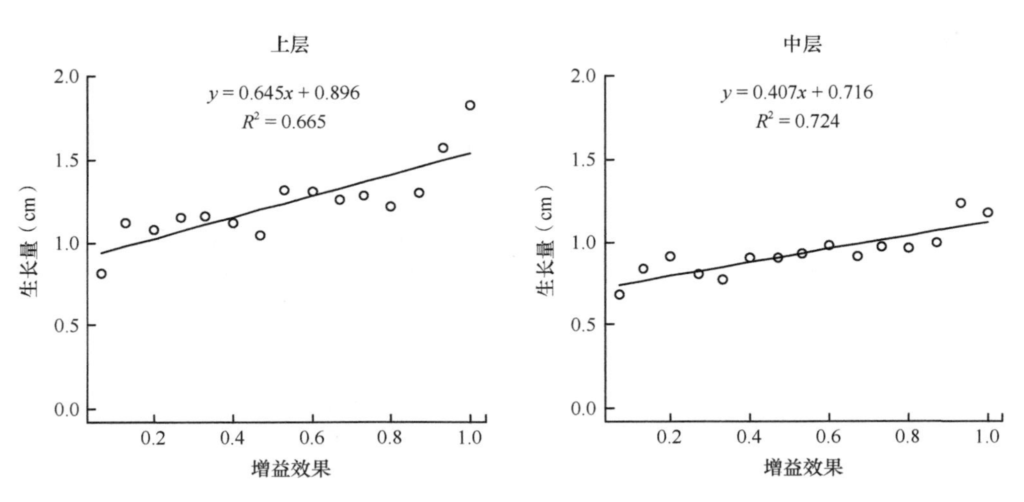

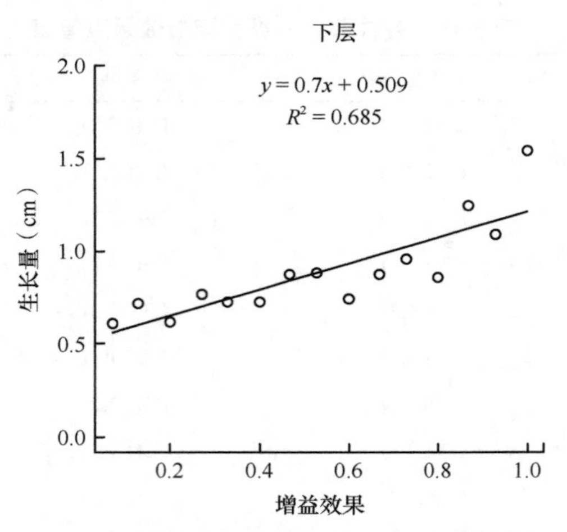

图 5-12 增益效果与生长量均值回归分析

象木的平均生长量对不同的林层结构单元最不敏感。同林层各林层结构类型的差别主要在于 4 株相邻木在上、中、下 3 层的不同分布格局，通过分析林层结构类型中各林层的分布株数，可以了解到对象木受到的上方遮盖与侧向挤压带来的竞争或对象木拥有的充足生长空间，进而可以与其生长量建立联系，对竞争指数的构建也有一定的指导价值（惠刚盈等，2013）。

5.3.2 蒙古栎阔叶林天然更新特征

栎属植物在全世界约有 450 种，中国约有 51 种，广泛分布于北温带至热带山区，我国栎类天然林资源总面积 1610 万 hm^2，占全国天然林总面积的 13.7%，在天然次生林中具有重要地位，是中国森林生态系统长期稳定的支撑树种。蒙古栎是我国落叶栎中分布最北的一种，也是我国东北地区混交林的主要建群种（李文英和顾万春，2005），在维护地域生态系统恢复和森林群落演替中起着关键作用。

蒙古栎作为大种子树种，在天然更新中面临着更严峻的挑战。大多数大种子物种为降低被捕食率，会在种子成熟散落后迅速发芽（图 5-13），但大部分会在短时间里死亡，特别是暴露在干燥环境中，大种子散落在林地上往往只能落在地表凋落物上而不能进入

图 5-13 蒙古栎种子发芽

土壤，但种子成熟时胚乳会储藏大量营养，使得种子在萌发后一段时间内仍能生长。散落在地表上的种子会在适宜的温度和充足的水分条件下生根发芽，如果根能及时接触土壤，吸收土壤养分就能成功更新（Kitajima，2000），但如果不能及时接触土壤，会由于长时间暴露在干燥环境内而死亡。另外，由于大种子自身比较重，比小种子扩散的可能性更小，扩散能力差的种子限制是森林更新较慢的原因（Reid et al.，2015）。

5.3.2.1 种子雨特征

2018 年 7～11 月，60 个种子收集器共收集到蒙古栎种子 1114 粒，由表 5-20 可以看出，蒙古栎整个种子雨持续近 90 天，从 7 月末开始结实，但以发育不完全的不成熟种子为主，8 月种子成熟度也不高。9 月是蒙古栎种子成熟高峰期，种子成熟度较高。总体来说，蒙古栎种子完整种子率较低，仅占种子总数的 55.39%，另外 44.61% 种子无种子活力，其中 23.97% 的种子是败育或被真菌感染的种子，剩余约 20.64% 是被柞栎象等昆虫蛀食的种子。

表 5-20 蒙古栎种子雨数量

月份	完整种子数量	干瘪或发霉种子数量	被取食种子数量	总数
7 月	1	30	0	31
8 月	71	74	26	171
9 月	519	134	203	856
10 月	26	29	1	56
11 月	0	0	0	0

林下更新的幼苗幼树是森林重要的组成部分，其数量和分布格局决定了林分未来的结构与功能，次生林天然更新良好的林分对森林生态系统的稳定和可持续发展发挥着重要作用。

5.3.2.2 种子雨空间分布格局

选取 4 块蒙古栎阔叶林固定样地进行蒙古栎幼苗调查。采用方差/均值（Cx）、负二项指数（K）、聚集度指标（I）（David 和 Moore 丛生指标）、Cassie. R. M. 指标（C_A）4 种空间分布类型评价方法判别蒙古栎幼苗空间分布状态，具体分级见表 5-21。

表 5-21 不同取样尺度下蒙古栎幼苗空间分布格局

样方尺度	样方号	Cx	K	I	C_A	分布状态
20m×20m	1	0.02	−0.33	−0.98	−0.32	均匀分布
	2	0.15	−0.87	−0.85	−0.60	均匀分布
	3	0.09	−0.45	−0.91	−0.35	均匀分布
	4	0.07	−0.43	−0.93	−0.35	均匀分布
30m×30m	1	0.03	−0.32	−0.97	−0.30	均匀分布
	2	0.26	−1.03	−0.74	−0.55	均匀分布
	3	0.14	−0.48	−0.86	−0.33	均匀分布
	4	0.11	−0.56	−0.89	−0.40	均匀分布

续表

样方尺度	样方号	Cx	K	I	C_A	分布状态
40m×40m	1	0.04	–0.30	–0.96	–0.28	均匀分布
	2	0.20	–0.90	–0.80	–0.58	均匀分布
	3	0.13	–0.40	–0.87	–0.31	均匀分布
	4	0.07	–0.37	–0.93	–0.32	均匀分布
50m×50m	1	0.03	–0.30	–0.97	–0.28	均匀分布
	2	0.22	–0.96	–0.78	–0.59	均匀分布
	3	0.17	–0.47	–0.83	–0.32	均匀分布
	4	0.12	–0.43	–0.88	–0.33	均匀分布
60m×60m	1	0.05	–0.35	–0.95	–0.31	均匀分布
	2	0.24	–1.02	–0.76	–0.59	均匀分布
	3	0.21	–0.54	–0.79	–0.34	均匀分布
	4	0.17	–0.48	–0.83	–0.33	均匀分布

调查结果表明，该地区蒙古栎实生幼苗数量较少，种子更新状况差。4 种空间分布指标均显示蒙古栎幼苗在不同样方尺度上呈均匀分布，且样地之间幼苗聚集程度差异较小，表明该地区蒙古栎幼苗呈均匀分布。随着样方尺度增加，聚集程度也随之增加，但增幅较小。

通过调查该地区蒙古栎种子雨和幼苗，可知该地区蒙古栎实生更新能力较差，种子产量低，受到种子限制问题严重。另外，由于蒙古栎种子质量大，不易扩散，且种子富含淀粉，易被动物与昆虫取食。种种状况使得蒙古栎天然更新面临着严峻的问题，这将不利于该种群持续存在，会在森林演替中逐步被淘汰。

5.3.3　蒙古栎阔叶林生长模型

5.3.3.1　单木树高生长模型

1. 研究方法

数据来自蒙古栎阔叶林固定样地 2013 年和 2018 年测量的树高数据。根据模型评价指标决定系数（R^2）、均方根误差（RMSE）、总相对误差（TRE）和赤池信息量准则（AIC），从基础模型中筛选出最佳基础模型：

$$\mathrm{HI} = ae^{b\ln D - cH^2} \tag{5-4}$$

式中，HI 表示树木年均树高生长量（m/a），H 表示树木初期树高（m），D 表示树木初期胸径（cm），a、b、c 表示需要估计的参数。

从林木自身大小、林木竞争及立地质量 3 个方面选取 15 个因变量：初期胸径（D）、初期断面积（BA）、胸径生长量（DI）、断面积生长量（BAI）、初期树高（H）、初期平均冠幅（MCW）、初期树高胸径比（HDR）、初期冠长比（CR）、与距离有关的 Hegyi 指数、基于交角竞争指数（aCI）、与距离无关的有胸径大于对象木的林分所有林木断面积和

（BAL）、林分总断面积（BASUM）、对象木树种的断面积与林分断面积的比值（SC）、对象木的胸径与林分所有树木平均胸径的比值（CI）。采用树高-胸径之间的关系来表示立地生产力（SPI）（Shumway，1982；娄明华，2016），由优势树和亚优势树的树高胸径关系所决定。

在基础模型中逐步引入这些变量，最终确定 D、H、CR 和 SPI 作为自变量构建蒙古栎阔叶林的树高生长量广义模型。模型表达式如下：

$$\begin{cases} \mathrm{HI}_{ijk} = e^{a+(b+u_{1i}+v_{1ij})\ln D_{ijk}+(c+u_{2i})H_{ijk}{}^{2}+(d+u_{3i}+v_{2ij})\ln \mathrm{CR}_{ijk}+e\mathrm{SPI}_{ij}} + \varepsilon_{ijk} \\ \boldsymbol{u}_i = (u_{1i}, u_{2i}, u_{3i})' \sim N(0, \boldsymbol{\Psi}_1), \\ \boldsymbol{v}_{ij} = (v_{1ij}, v_{2ij})' \sim N(0, \boldsymbol{\Psi}_2), \\ \varepsilon_{ijk} \sim N(0, \sigma^2), \\ i = 1, \cdots, 14, j = 1, \cdots, 12. \end{cases} \tag{5-5}$$

式中，HI_{ijk} 表示第 i 个树种第 j 个样地第 k 株树木年均树高生长量（m/a），H_{ijk} 表示第 i 个树种第 j 个样地第 k 株树木初期树高（m），D_{ijk} 表示第 i 个树种第 j 个样地第 k 株树木初期胸径（cm），CR_{ijk} 表示第 i 个树种第 j 个样地第 k 株树木初期冠长比，SPI_{ij} 表示第 i 个树种第 j 个样地上立地形（m），ε_{ijk} 表示第 i 个树种第 j 个样地第 k 株树木的随机误差，$\boldsymbol{u}_i$、$\boldsymbol{v}_{ij}$ 分别为树种和样地水平随机效应向量，$\boldsymbol{\Psi}_1$、$\boldsymbol{\Psi}_2$ 分别为对应随机效应方差协方差矩阵，σ^2 为随机误差方差，a、b、c、d、e 表示待估参数（李春明，2010；Fu et al.，2013）。

在树高生长广义模型的基础上引入了 12 个样地和 14 个树种作为随机效应，构建两水平混合效应模型，比较树高生长量广义模型和混合效应模型的拟合效果。

2. 结果与分析

广义模型：在式（5-5）中引入较为常用的 Hegyi、BAL 等竞争指数，发现其效果并不显著或是贡献率极小。为避免过拟合，选择 CR 和 SPI 作为附加变量，其模型形式为

$$\mathrm{HI}_{ijk} = e^{a+b\ln D_{ijk}+cH_{ijk}{}^{2}+d\ln \mathrm{CR}_{ijk}+e\mathrm{SPI}_{ij}} + \varepsilon_{ijk} \tag{5-6}$$

式中，变量与参数含义参见式（5-5）。

混合效应生长模型：在式（5-5）中考虑树种随机效应方差协方差矩阵为对角矩阵，样地随机效应方差协方差矩阵为无结构矩阵，确定蒙古栎阔叶林树高生长量两水平混合效应模型为

$$\begin{aligned} &\mathrm{HI}_{ijk} = e^{-1.60+(0.935+u_{1i}+v_{1ij})\ln D_{ijk}+(-0.00457+u_{2i})H_{ijk}{}^{2}+(-0.309+u_{3i}+v_{2ij})\ln \mathrm{CR}_{ijk}-0.0674\mathrm{SPI}_{ij}} + \varepsilon_{ijk} \\ &\boldsymbol{u}_i = \begin{bmatrix} u_{1i} \\ u_{2i} \\ u_{3i} \end{bmatrix} \sim N\left\{ \begin{bmatrix} 0 \\ 0 \\ 0 \end{bmatrix}, \ \boldsymbol{\Psi}_1 = \begin{pmatrix} 6.08\times10^{-11} & 0 & 0 \\ 0 & 8.76\times10^{-7} & 0 \\ 0 & 0 & 7.01\times10^{-6} \end{pmatrix} \right\} \\ &\boldsymbol{v}_{ij} = \begin{bmatrix} v_{1ij} \\ v_{2ij} \end{bmatrix} \sim N\left\{ \begin{bmatrix} 0 \\ 0 \end{bmatrix}, \ \boldsymbol{\Psi}_2 = \begin{pmatrix} 0.004\,72 & 0.0192 \\ 0.0192 & 0.116 \end{pmatrix} \right\} \\ &\varepsilon_{ijk}: N(0, 0.0989) \end{aligned} \tag{5-7}$$

式中，变量含义见式（5-5）。

式(5-7)的固定效应参数估计值和拟合指标见表 5-22,参数均显著(在水平 0.001 下)。各个评价指标均较式(5-6)有显著提升，这些数据表明树种和样地随机效应的引入极大地提升了模型的拟合精度，混合效应式(5-7)可用来描述蒙古栎阔叶林树高生长量。

表 5-22　随机效应不同组合的混合效应模型评价指标

树种随机效应	样地随机效应	Ψ 结构类型	RMSE	R^2	TRE	AIC
a	a	UN	0.316	0.412	25.2	543
a，b	a，b	DM	0.316	0.412	25.2	547
a，b，c	a，b，c	UN	0.316	0.412	25.2	551
a，b，c，d	a，b，c，d	DM	0.310	0.433	24.0	542
a，b，c，d，e	a，b，c，d，e	UN	0.311	0.429	24.2	551
a，d	a，d	DM	0.312	0.423	24.5	540
b，d	b，d	UN	0.311	0.429	24.2	540
b，c，d	b，d	DM	0.310	0.433	24.0	536
b，c，d	d	UN	0.314	0.416	24.9	537
b，c，d	b，d	DM	0.303	0.457	22.8	532

注：DM 表示对角矩阵，UN 表示无结构矩阵

3. 模型检验

利用混合效应模型绘制嵌套在树种水平下各个样地水平的蒙古栎阔叶林树高生长量曲线，结合树高生长量实测值展示在图 5-14 中。从这些图中可看出树高生长量曲线很好地穿越了蒙古栎阔叶林树高生长量实测值,再次验证了混合效应模型[式(5-7)]的有效性。

5.3.3.2　单木直径生长模型

1. 基础模型的确定

建立直径生长模型的数据来自 12 块蒙古栎样地 2013 年和 2018 年保留木的两期调查数据，其中 2013 年自变量的计算以伐后林分状态为基础。

从林木自身大小、周边林木的竞争及立地质量三方面选取影响因子，采用回归分析法,确定初期胸径（D)、初期平均冠幅（CW)、初期树高胸径比（HDR)、初期冠长比（CR)、林分密度指数（SDI)、基于交角的 aCI 指数、对象木树种的断面积与林分断面积的比值（SC）和与距离有关的 Hegyi 指数作为自变量，构建蒙古栎天然阔叶林的单木直径生长模型，模型形式为

$$\begin{aligned}\ln(D_2^2 - D^2) = a_1 + a_2 \ln D + a_3 D^2 + a_4 \ln \mathrm{CW} + a_5 \mathrm{SDI} + a_6 \mathrm{aCI} \\ + a_7 \mathrm{HDR} + a_8 \mathrm{CR} + a_9 \mathrm{SC} + a_{10} \mathrm{Hegyi}\end{aligned} \tag{5-8}$$

各变量对基础模型的影响见表 5-23。反映林木自身大小因子方面，lnD 的系数为正，D_2 的系数为负，说明林木直径生长随直径的增大而增大，而到一定程度后其速度会降低，呈现抛物线形式，这符合林木生长规律；CW 和 CR 的系数均为正，表明冠幅越大，冠长比越高，越有利于林木直径生长；而 HDR 的系数为负，反映树高胸径比影响了林木直径

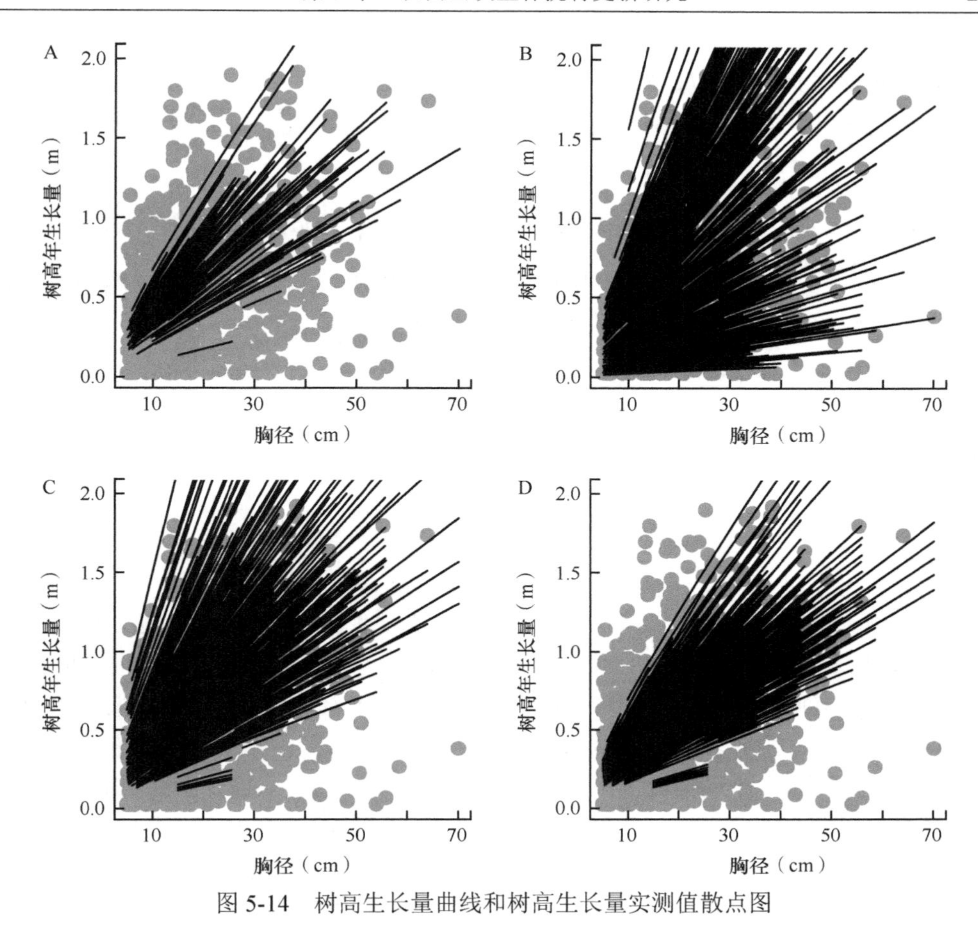

图 5-14　树高生长量曲线和树高生长量实测值散点图

生长，林木把更多的资源分配到树高的生长上。反映林木周围竞争因子方面，SDI、aCI、SC 和 Hegyi 的系数均为负，说明蒙古栎阔叶林林木之间的竞争已经存在，并且对林木直径生长产生了影响。

表 5-23　单木直径生长最优基础模型拟合结果

自变量	参数	t 值	P 值	方差膨胀因子
截距	2.2350	16.356	＜0.01	—
lnD	0.9899	29.439	＜0.01	5.914
lnCW	0.4898	17.196	＜0.01	2.404
SDI	−0.0014	−16.731	＜0.01	1.031
aCI	−1.2310	−15.521	＜0.01	2.092
HDR	−0.3823	−10.878	＜0.01	1.609
CR	0.4880	10.858	＜0.01	1.083
SC	−0.4778	−10.559	＜0.01	1.288
Hegyi	−0.0170	−7.553	＜0.01	1.491
D_2	−0.0002	−5.395	＜0.01	3.384

2. 单木直径生长混合效应模型

在式（5-8）引入树种和样地随机效应，确定蒙古栎阔叶林单木直径生长两水平混合效应模型为

$$\begin{aligned}\ln\left(D_2^2-D^2\right)_{ijk} &= 2.098+u_{1i}+v_{1ij}+\left(1.081+u_{2i}+v_{2ij}\right)\ln D_{ijk}+\left(-0.000\,21+u_{3i}+v_{3ij}\right)D_{ijk}^2\\ &+0.5263\ln \mathrm{CW}_{ijk}-0.001\,44\mathrm{SDI}_{ijk}-1.169\mathrm{aCI}_{ijk}+\left(-0.2170+u_{4i}+v_{4ij}\right)\mathrm{HDR}_{ijk}\\ &+0.2354\mathrm{CR}_{ijk}-1.292\mathrm{SC}_{ijk}-0.009\,81\mathrm{Hegyi}_{ijk}+\varepsilon_{ijk}\end{aligned} \quad (5\text{-}9)$$

$$\boldsymbol{u}_i=(u_{1i},u_{2i},u_{3i},u_{4i})'\sim N\{(0,0,0,0)',\boldsymbol{\Psi}_1=\mathrm{diag}(1.057,0.4386,0.000\,519,0.2608)\}$$

$$\boldsymbol{v}_i=(v_{1ij},v_{2ij},v_{3ij},v_{4ij})'\sim N\{(0,0,0,0)',\boldsymbol{\Psi}_2=\mathrm{diag}(0.1675,0.0518,0.000\,194,0.1988)\}$$

$$\varepsilon_{ijk}: N(0,0.4096)$$

式中，变量含义见式（5-8）和式（5-5）。

3. 模型评价

基于交叉验证的方法，式（5-8）和式（5-9）的 3 种预测方法（平均响应、树种水平和样地水平随机效应预测）的预测评价见表 5-24。式（5-9）基于不同水平随机效应预测的结果均好于其平均响应预测和式（5-8）的预测，RMSE 和 TRE 更小，R^2 更大。特别是式（5-9）基于嵌套在树种水平下的样地水平的预测精度最高，说明树种水平随机效应作用显著，而样地水平随机效应作用不明显，整体上，随机效应的引入提升了模型的预测精度。因此，推荐采用混合效应模型［式（5-9）］来预测蒙古栎阔叶林单木直径生长。

表 5-24　基于交叉验证的单木直径生长模型预测评价

模型		$\bar{e}$	RMSE	R^2	TRE
式（5-8）		0.0073	0.7375	0.5678	4.299
式（5-9）	平均响应	0.0671	0.7676	0.5317	4.827
	树种水平	0.0338	0.6948	0.6165	3.852
	样地水平	0.0454	0.6907	0.6210	3.831

5.3.3.3　单木冠幅-胸径模型

1. 研究方法

选择 9 个常用的冠幅-胸径关系作为候选基础模型（符利勇和孙华，2013；Sharma et al.，2016，2017；Fu et al.，2017；Hao et al.，2015），基于 12 块蒙古栎阔叶林样地的冠幅和胸径调查数据对基础模型进行拟合，得到最佳基础模型，形式为

$$\mathrm{CW}=\frac{a_1}{1+a_2e^{-a_3\mathrm{DBH}}} \quad (5\text{-}10)$$

式中，CW 表示林木平均冠幅，DBH 表示林木胸径，a_1、a_2、a_3 为参数。

2. 单木冠幅-胸径混合效应模型

为寻找最佳的样地和树种随机效应组合，出于混合效应模型收敛性角度，样地和树种随机效应方差协方差矩阵先设定为对角矩阵。根据混合效应模型的评价指标，同时结合不同参数上样地和树种随机效应的方差，方差越大说明随机效应在该参数上的影响越大，确定样地和树种随机效应均添加到参数 a_1、a_2、a_3 上，冠幅混合效应模型的评价指标最好。接着考虑样地和树种随机效应方差协方差矩阵结构，利用似然比检验避免过拟合，最终选择样地和树种随机效应方差协方差矩阵均为对角矩阵时，模型的各个评价指标达到最佳。因此，最终确定蒙古栎阔叶林单木冠幅-胸径两水平混合效应模型为

$$
\begin{aligned}
&\mathrm{CW}_{ijk}=\frac{10.35+u_{1i}+v_{1ij}}{1+\left(5.336+u_{2i}+v_{2ij}\right)e^{-\left(0.0780+u_{3i}+v_{3ij}\right)\mathrm{DBH}_{ijk}}}+\varepsilon_{ijk}\\
&\boldsymbol{u}_i=(u_{1i},u_{2i},u_{3i})'\sim N\left\{(0,0,0)',\boldsymbol{\Psi}_1=\mathrm{diag}(4.103,0.9765,0.000\,21)\right\}\\
&\boldsymbol{v}_i=(v_{1ij},v_{2ij},v_{3ij})'\sim N\left\{(0,0,0)',\boldsymbol{\Psi}_2=\mathrm{diag}(1.543,2.257,0.000\,165)\right\}\\
&\varepsilon_{ijk}:N(0,0.7952)
\end{aligned}
\tag{5-11}
$$

式中，变量含义见式（5-5）和式（5-10）。

3. 模型评价

基于交叉验证的方法对最佳基础模型和随机效应模型进行预测，通过交叉验证的方法表明基于嵌套在样地水平下的树种水平的混合效应模型预测精度最高，RMSE 为 0.8939m，R^2 为 0.7215，预测精度较高，可用于蒙古栎阔叶林单木冠幅的预测（表 5-25）。

表 5-25　基于交叉验证的单木冠幅-胸径模型预测评价

模型		$\bar{e}$	RMSE	R^2	TRE
式（5-10）		0.0000	1.031	0.6342	6.824
式（5-11）	平均响应	–0.0730	1.048	0.6214	6.620
	样地水平	–0.0002	0.9902	0.6625	6.173
	树种水平	–0.0047	0.8939	0.7215	5.146

5.3.3.4　枝下高模型

1. 基础模型选择

选择 5 个候选的 HCB 模型作为基础模型，采用决定系数 R^2、平均偏差 $\bar{e}$、偏差方差 σ_e^2、均方误差 RMSE 评估模型（表 5-26）。筛选出模型 II.3［式（5-12）］为蒙古栎枝下高的广义非线性混合效应模型的最佳基础模型。

$$
\mathrm{HCB}_{ijk}=H_{ijk}\Big/\left[1+\exp\left(\beta_0+\beta_1\mathrm{DBH}_{ijk}\right)\right]+\varepsilon_{ijk}
\tag{5-12}
$$

式中，HCB_{ijk}、H_{ijk} 和 DBH_{ijk} 是嵌套在第 i 个区组第 j 个样地第 k 株树的枝下高（m）、树高（m）、胸径（cm），β_0 和 β_1 是模型参数，ε_{ijk} 是误差项。

表 5-26　枝下高基础模型性能统计

模型	用于模型拟合的数据				用于模型验证的数据		
	$\bar{e}$	σ_e^2	RMSE	R^2	$\bar{e}$	σ_e^2	RMSE
II.1 HCB $=H[1.0-\exp(\beta_x)]$	0.0410	4.3040	2.0750	0.4965	0.1429	4.5805	2.1450
II.2 HCB $=H[1.0-\exp(\beta_x)^2]$	0.0409	4.3040	2.0750	0.4965	0.1427	4.5806	2.1450
II.3 HCB $=H[1.0+\exp(\beta_x)]$	0.0326	4.3015	2.0743	0.4972	0.1414	4.5552	2.1390
II.4 HCB $=H[1.0+c\times\exp(\beta_x)]^{1/m}$	0.0327	4.3015	2.0743	0.4972	0.1414	4.5556	2.1391
II.5 HCB $=H[1.0-c\times\exp(\beta_x^{w})]$	0.0350	4.3010	2.0742	0.4969	0.1431	4.5612	2.1405

2. 增加林分特征因子的模型

从林分或单木大小和活力效应、立地质量效应和竞争效应三方面筛选 18 个变量（表 5-27），利用最佳基础模型评估变量对 HCB 变化的潜在贡献。筛选出变量 DH（立地质量）和所有直径大于目标树的树木的总断面积（竞争效应），增加在式（5-13）中，用于建立两水平枝下高混合效应模型的最终基础模型形式为

$$\mathrm{HCB}_{ijk}=H_{ijk}\Big/\Big[1+\exp\big(\beta_0+\beta_1\mathrm{DBH}_{ijk}+\beta_2\mathrm{DH}_{ij}+\beta_3\mathrm{LDTBA}_{ijk}\big)\Big]+\varepsilon_{ijk} \tag{5-13}$$

式中，LDTBA_{ijk} 是所有直径大于目标树的第 i 个区组第 j 个样地第 k 株树木的断面积；DH_{ij} 是第 i 个区组第 j 个样地的优势树高；β_2 和 β_3 是模型参数。

表 5-27　枝下高模型候选变量

类别	变量
林分或单木大小和活力效应	林分密度（SD）、郁闭度（CD）、样地算术平均直径（AMD）、样地平均直径（QMD）、样地优势树直径（DD）、样地算术平均树高（AMH）
立地质量效应	立地指数（SI）、样地优势树高（DH）、纬度（LE）、经度（LG）、坡度（AT）、坡向（SE）、高程（EN）
竞争效应	直径大于目标树的树木个数（LDN）、直径大于目标树的所有树木的总直径（LDTD）、直径大于目标树的所有树木的平均直径（LDMD）、直径大于目标树的所有树木的总断面积（LDTBA）、直径大于目标树的所有树木的平均断面积（LDMBA）

3. 两水平非线性混合效应模型

考虑式（5-13）中所涉及的 4 个参数（$\beta_0\sim\beta_3$），在区组和样地水平上共获取 15 种随机效应组合。在 15 个两水平的非线性混合效应模型备选方案中，只有 12 个模型收敛于有意义的参数估计。在所有的备选模型中，式（5-14）显示最小的赤池信息量准则（AIC=8554）和最大对数似然（LL=–4265）：

$$\begin{cases}\mathrm{HCB}_{ijk}=H_{ijk}\Big/\Big\{1+\exp\Big[\beta_0+u_{0i}+u_{0ij}+\beta_1\mathrm{DBH}_{ijk}+\big(\beta_2+u_{2i}+u_{2ij}\big)\mathrm{DH}_{ij}+\beta_3\mathrm{LDTBA}_{ijk}\Big]\Big\}+\varepsilon_{ijk}\\ \varepsilon_{ij}=\big(\varepsilon_{ij1},\cdots,\varepsilon_{ijn_{ij}}\big)^T\sim N\big(0,R_{ij}=\sigma^2G_{ij}^{00.5}\Gamma_{ij}G_{ij}^{00.5}\big)\\ G_{ij}=\mathrm{diag}\big(\sigma^2\mathrm{H}_{ij1}^{2y},\cdots,\sigma^2\mathrm{H}_{ijn_{ij}}^{2y}\big)\\ \Gamma_{ij}=I_{n_{ij}}\end{cases} \tag{5-14}$$

式中，u_{0i} 和 u_{2i} 是区组 i 对 β_0 和 β_2 造成的随机效应，u_{0ij} 和 u_{2ij} 是嵌套在区组 i 中的样地 j 对 β_0 和 β_2 造成的随机效应。

4. 参数估计

式（5-13）和区组-样地两水平的式（5-14）的参数估计有显著性差异（$P<0.05$）。在替换估计参数后，式（5-14）变成：

$$\begin{aligned}&\mathrm{HCB}_{ijk}=H_{ijk}\Big/\left[1+\exp\begin{pmatrix}-0.9346+0.0203\mathrm{DBH}_{ijk}+\\0.0559\mathrm{DH}_{ij}+0.0102\mathrm{LDTBA}_{ijk}\end{pmatrix}\right]+\varepsilon_{ijk}\\&\varepsilon_{ij}\sim N\left(0,2.0247\right)\end{aligned}\tag{5-15}$$

式（5-14）变成：

$$\begin{aligned}&\mathrm{HCB}_{ijk}=H_{ijk}\Big/\left\{1+\exp\begin{bmatrix}-0.4358+u_{0i}+u_{0ij}+0.0170\mathrm{DBH}_{ijk}+\\\left(0.0372+u_{2i}+u_{2ij}\right)\mathrm{DH}_{ij}+0.0038\mathrm{LDTBA}_{ijk}\end{bmatrix}\right\}+\varepsilon_{ijk}\\&u_i=\begin{bmatrix}u_{0i}\\u_{1i}\end{bmatrix}\sim N\left\{\begin{bmatrix}0\\0\end{bmatrix},\ \hat{\Psi}_1=\begin{pmatrix}1.3195&-0.9880\\-0.9880&0.0717\end{pmatrix}\right\}\\&pu_{ij}=\begin{bmatrix}u_{0ij}\\u_{1ij}\end{bmatrix}\sim N\left\{\begin{bmatrix}0\\0\end{bmatrix},\ \hat{\Psi}_2=\begin{pmatrix}0.0053&-0.7460\\-0.7460&0.0044\end{pmatrix}\right\}\\&\varepsilon_{ij}\sim N\left(0,\hat{R}_{ij}=0.3030\hat{G}_{ij}^{0.5}\hat{\Gamma}_{ij}\hat{G}_{ij}^{0.5}\right)\\&\hat{G}_{ij}=\mathrm{diag}\left(0.3030H_{ij1}^{1.4213},\cdots,0.3030H_{ijn_{ij}}^{1.4213}\right)\\&\hat{\Gamma}_{ij}=I_{n_{ij}}\end{aligned}\tag{5-16}$$

式(5-15)只有一个方差(σ^2)，因为它的偏差方差被认为是同质的。相比式(5-15)，式(5-16) AIC 的减少和 LL 的增加（AIC=9205，LL=–4597）均为 7%。这表明式（5-16）的拟合能力比式（5-15）更好。此外，式（5-16）相较于式（5-15）的方差减少了 85%，这也意味着在区组和样地水平上对枝下高的变化有显著的随机效应。

5. 模型预测

采用 4 种抽样设计方案预测模型性能：①每个样地随机选择 1 ～ 8 株林木的 HCB；②每块样地 1 ～ 8 株最大林木的 HCB；③每块样地 1 ～ 8 株中等大小林木的 HCB；④每块样地 1 ～ 8 株最小林木的 HCB。

4 种抽样设计方案的模型均方根误差（RMSE）和偏差方差（σ_e^2）具有相同的趋势（图 5-15）。两水平 NLME 枝下高模型在每个备选方案中，当使用大量样本树来估计随机效应时，枝下高的预测准确性稳步提高。在区组和样地级别上，随着用于估计随机效应的样本树的数量不断增加，从两水平 NLME 式（5-16）预测得出的 RMSE/σ_e^2 的减少率在增加，但是在随机选择树木和中型树木的每个样地中有 4 个样本木，而选择最小和最大林木的样地中有 5 个样本木之后，这种减少率再下降。

模型偏差没有遵循相同的趋势。在为每个备选方案选择一株林木的情况下，最大林木的偏差最大，其次是最小林木和中型林木的偏差，而随机林木的偏差最小。对于每个备选方案，选择大于或等于 2 株林木时，最小林木的偏差最大。最后，用最大林木、中等林木和最小林木，模型的 RMSE、σ_e^2 和 $\hat{e}$ 的减少量均小于随机选择的林木。因此，使用 4 株随机选择的林木来估计随机效应可能会使得两水平 NLME 模型［式(5-16)］最具成本效益，预测最准确。

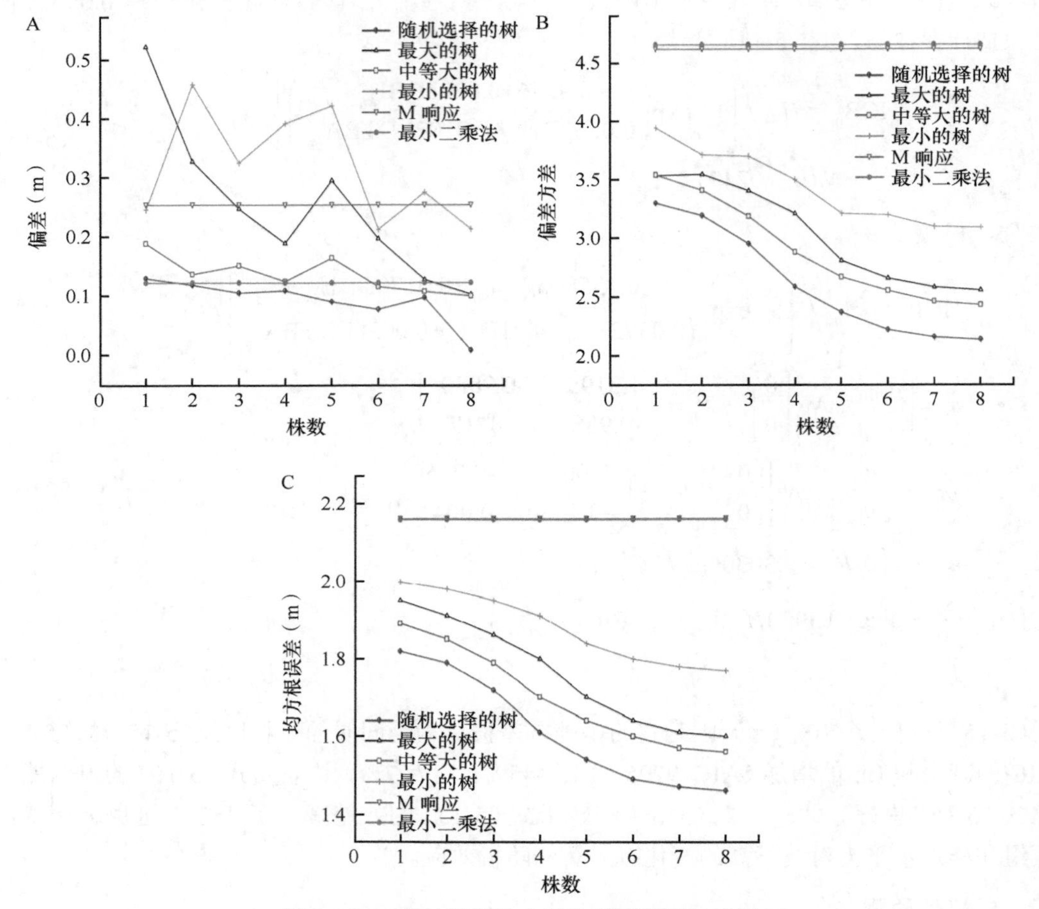

图 5-15　4 种抽样设计方案的模型预测结果图

6. 模型评估

对式(5-15)、式(5-16)及其 M 响应的预测值进行了比较(表 5-28)。简单 t 检验表明，所有情况下的平均偏差都没有显著差异($P<0.05$)。NLME 模型 R^2 最大，其次为 OLS 模型。显然 NLME 模型［式(5-16)］对两个数据集都产生了最准确的预测。

表 5-28　枝下高模型预测的验证统计

模型	用于模型拟合的数据				用于模型验证的数据		
	$\bar{e}$	σ_e^2	RMSE	R^2	$\bar{e}$	σ_e^2	RMSE
式(5-15)	−0.0003	3.9163	1.9790	0.5607	0.1210	4.6522	2.1603
式(5-16)							
M 响应	0.1313	4.1243	2.0351	0.5250	0.2529	4.6156	2.1632

续表

模型	用于模型拟合的数据				用于模型验证的数据		
	$\bar{e}$	σ_e^2	RMSE	R^2	$\bar{e}$	σ_e^2	RMSE
区组	–0.0220	3.2762	1.8102	0.6515	0.1394	4.1258	2.0359
区组+区组/样地（1 株树）					0.1284	3.2872	1.8176
区组+区组/样地（2 株树）					0.1171	3.1613	1.7819
区组+区组/样地（3 株树）					0.1038	2.9471	1.7198
区组+区组/样地（4 株树）	–0.0180	3.2152	1.7932	0.6597	0.1076	2.5812	1.6102
区组+区组/样地（5 株树）					0.0887	2.3614	1.5393
区组+区组/样地（6 株树）					0.0761	2.2102	1.4886
区组+区组/样地（7 株树）					0.0962	2.1523	1.4702
区组+区组/样地（8 株树）					0.0073	2.1311	1.4598

当使用随机选择的 1 ～ 8 株树来估计区组和样地的随机效应时，两水平 NLME 枝下高模型［式（5-16）］与 OLS 模型［式（5-15）］相比，导致 RMSE 从 16% 下降到 32%。这表明在区组和样地水平上对 HCB 变化的随机影响相当大，它们的加入大大提高了模型预测的准确性。

5.3.3.5　树冠宽度模型

1. 基础模型

采用以下模型作为基础模型来研制树冠模型系统（Fu et al.，2013）：

$$\mathrm{CW}=f(x,\beta)=(\beta_1+\beta_2\mathrm{HD})\Big/\big\{1+(\beta_3+\beta_4\mathrm{HCB})\exp\left[-(\beta_5+\beta_6 H)D\right]\big\}+\varepsilon \tag{5-17}$$

式中，x 是包含 D、H、HCB、HD 的协变量向量，$\beta=(\beta_1,\beta_2,\beta_3,\beta_4,\beta_5,\beta_6)$ 为 6 维参数向量，ε 为误差项。

将总树冠分解为东树冠半径（$\mathrm{CR_E}$）、西树冠半径（$\mathrm{CR_W}$）、南树冠半径（$\mathrm{CR_S}$）、北树冠半径（$\mathrm{CR_N}$）、东西树冠宽度（$\mathrm{CW_{EW}}$）、南北树冠宽度（$\mathrm{CW_{SN}}$）和树冠宽度（CW），分别使用非线性 OLS 对基础模型拟合，参数估计如表 5-29 所示。除 β_6 外，各方向树冠和总树冠模型的参数估计值均与 0 有显著差异（$P<0.05$）。基础模型对各方向树冠和总树冠模型的拟合与预测统计量见表 5-30。

表 5-29　基础模型的参数估计

参数	$\mathrm{CR_E}$	$\mathrm{CR_W}$	$\mathrm{CR_S}$	$\mathrm{CR_N}$	$\mathrm{CW_{EW}}$	$\mathrm{CW_{SN}}$	CW
β_1	3.0711	6.9515	5.1849	7.8279	10.7447	12.1300	11.1600
	（0.7202）	（0.7037）	（0.8338）	（1.4402）	（1.0820）	（1.4560）	（1.0370）
β_2	0.1732	–0.1094	0.0817	0.0434	0.0258	0.1359	0.0749
	（0.0381）	（0.0302）	（0.0373）	（0.0509）	（0.0491）	（0.0601）	（0.0453）
β_3	7.3371	4.4304	6.0285	9.1050	5.7604	7.1790	6.2890
	（0.6021）	（0.4224）	（0.5482）	（1.1605）	（0.3756）	（0.5207）	（0.3520）

续表

参数	CR_E	CR_W	CR_S	CR_N	CW_{EW}	CW_{SN}	CW
β_4	0.0847	0.2220	0.1123	0.0341	0.1554	0.0733	0.1143
	（0.0646）	（0.0579）	（0.0507）	（0.0615）	（0.0442）	（0.0387）	（0.0345）
β_5	0.0956	0.0526	0.0541	0.0482	0.0733	0.0523	0.0627
	（0.0106）	（0.0102）	（0.0083）	（0.0069）	（0.0076）	（0.0055）	（0.0056）
β_6	–0.0014	0.0011	0.0004	0.0002	–0.0002	0.0003	0.0001
	（0.0004）	（0.0005）	（0.0004）	（0.0003）	（0.0003）	（0.0002）	（0.0002）

注：分别使用普通非线性最小二乘法通过模型拟合数据集，东树冠半径（CR_E）、西树冠半径（CR_W）、南树冠半径（CR_S）、北树冠半径（CR_N）、东西树冠宽度（CW_{EW}）、南北树冠宽度（CW_{SN}）和树冠宽度（CW）。括号中为标准误差

表 5-30　基础模型精度评价指标

变量	用于模型拟合的数据					用于模型验证的数据			
	$\bar{e}$（m）	δ（m^2）	RMSE（m）	TRE（%）	R_a^2	$\bar{e}$（m）	δ（m^2）	RMSE（m）	TRE（%）
CR_E	–0.0002	0.7259	0.8520	35.2727	0.4493	–0.0074	0.7125	0.8442	34.3109
CR_W	–0.0003	0.6147	0.7840	32.0314	0.4288	–0.0266	0.6437	0.8027	32.6055
CR_S	0.0003	0.6659	0.8160	31.8900	0.4647	–0.0057	0.6522	0.8076	31.0364
CR_N	–0.0024	0.6314	0.7946	33.3162	0.4625	–0.0291	0.6631	0.8148	34.8156
CW_{EW}	–0.0008	1.4594	1.2081	36.6923	0.5874	–0.0405	0.8954	1.1192	27.9603
CW_{SN}	–0.0019	1.3293	1.1529	33.3727	0.6293	–0.0197	0.9191	1.1136	27.8005
CW	–0.0013	1.0110	1.0055	25.3993	0.6816	–0.0352	1.0474	1.0240	26.0100

注：同表 5-29

树冠组成分与总树冠之间的拟合和预测统计差异显著（$P<0.05$）。CR_E、CR_W、CW_{EW}、CR_S、CR_N、CW_{SN} 和 CW 基础模型的统计量与 0 无显著差异（$P>0.05$）。

2. DMS&OSPWS 和 DMS&TSPWS 参数估计

分解模型结构和一步比例加权系统（NSE&OSPWS）直接将总 CW 划分为 CR_E、CR_W、CR_W 和 CR_N 四个冠状分量，保证了其可加性。For i=1,⋯, n，CW_i、CR_{Ei}、CR_{Wi}、CR_{Si}、CR_{Ni} 分别表示 CW、CR_E、CR_W、CR_S 和 CR_N 作为第 i 个样方的树冠观测值，其值包含随机误差。NSE&OSPWS 树冠分量模型的表达式如下：

$$\begin{cases} CR_{Ei}=\dfrac{2f\left(x_{i,}\beta_E\right)}{f_E\left(x_i,\beta_E\right)+f_W\left(x_i,\beta_W\right)+f_S\left(x_i,\beta_S\right)+f_N\left(x_i,\beta_N\right)}CW_i+e_{Ei} \\ CR_{Wi}=\dfrac{2f\left(x_{i,}\beta_W\right)}{f_E\left(x_i,\beta_E\right)+f_W\left(x_i,\beta_W\right)+f_S\left(x_i,\beta_S\right)+f_N\left(x_i,\beta_N\right)}CW_i+e_{Wi} \\ CR_{Si}=\dfrac{2f\left(x_{i,}\beta_S\right)}{f_E\left(x_i,\beta_E\right)+f_W\left(x_i,\beta_W\right)+f_S\left(x_i,\beta_S\right)+f_N\left(x_i,\beta_N\right)}CW_i+e_{Si} \\ CR_{Ni}=\dfrac{2f\left(x_{i,}\beta_N\right)}{f_E\left(x_i,\beta_E\right)+f_W\left(x_i,\beta_W\right)+f_S\left(x_i,\beta_S\right)+f_N\left(x_i,\beta_N\right)}CW_i+e_{Ni} \\ CW_i=f_T\left(x_i,\beta_T\right)+e_{Ti} \end{cases} \tag{5-18}$$

在函数 $f_{\mathrm{E}}(x_i,\beta_{\mathrm{E}})$，$f_{\mathrm{W}}(x_i,\beta_{\mathrm{W}})$，$f_{\mathrm{S}}(x_i,\beta_{\mathrm{S}})$，$f_{\mathrm{N}}(x_i,\beta_{\mathrm{N}})$ 和 $f_{\mathrm{T}}(x_i,\beta_{\mathrm{T}})$ 分别从 $\mathrm{CR_E}$、$\mathrm{CR_W}$、$\mathrm{CR_S}$、$\mathrm{CR_N}$ 和 CW 的基础模型（5-17）获得；β_{E}、β_{W}、β_{S}、β_{N} 和 β_{T} 是 $\mathrm{CR_E}$、$\mathrm{CR_W}$、$\mathrm{CR_S}$、$\mathrm{CR_N}$ 和 CW 的参数向量。$e_i=(e_{\mathrm{E}i}, e_{\mathrm{W}i}, e_{\mathrm{S}i}, e_{\mathrm{N}i}, e_{\mathrm{T}i})^{\mathrm{T}}$ 是正态分布的五维向量与零均值和各自∑协方差矩阵。协方差矩阵∑5×5 维度用于占总树冠及其组件之间的内在相关性（唐守正等，2015）。

分解模型结构和两步比例加权系统（DMS& TSPWS）的表达式如下：

$$\begin{cases}\mathrm{CR}_{\mathrm{E}i}=2\dfrac{f_{\mathrm{E}}(x_i,\beta_{\mathrm{E}})}{f_{\mathrm{E}}(x_i,\beta_{\mathrm{E}})+f_{\mathrm{W}}(x_i,\beta_{\mathrm{W}})}\times\dfrac{f_{\mathrm{EW}}(x_i,\beta_{\mathrm{EW}})}{f_{\mathrm{EW}}(x_i,\beta_{\mathrm{EW}})+f_{\mathrm{SN}}(x_i,\beta_{\mathrm{SN}})}\mathrm{CW}_i+e_{\mathrm{E}i}\\ \mathrm{CR}_{\mathrm{W}i}=2\dfrac{f_{\mathrm{W}}(x_i,\beta_{\mathrm{W}})}{f_{\mathrm{E}}(x_i,\beta_{\mathrm{E}})+f_{\mathrm{W}}(x_i,\beta_{\mathrm{W}})}\times\dfrac{f_{\mathrm{EW}}(x_i,\beta_{\mathrm{EW}})}{f_{\mathrm{EW}}(x_i,\beta_{\mathrm{EW}})+f_{\mathrm{SN}}(x_i,\beta_{\mathrm{SN}})}\mathrm{CW}_i+e_{\mathrm{W}i}\\ \mathrm{CR}_{\mathrm{S}i}=2\dfrac{f_{\mathrm{S}}(x_i,\beta_{\mathrm{S}})}{f_{\mathrm{S}}(x_i,\beta_{\mathrm{S}})+f_{\mathrm{N}}(x_i,\beta_{\mathrm{N}})}\times\dfrac{f_{\mathrm{EW}}(x_i,\beta_{\mathrm{EW}})}{f_{\mathrm{EW}}(x_i,\beta_{\mathrm{EW}})+f_{\mathrm{SN}}(x_i,\beta_{\mathrm{SN}})}\mathrm{CW}_i+e_{\mathrm{S}i}\\ \mathrm{CR}_{\mathrm{N}i}=2\dfrac{f_{\mathrm{N}}(x_i,\beta_{\mathrm{N}})}{f_{\mathrm{S}}(x_i,\beta_{\mathrm{S}})+f_{\mathrm{N}}(x_i,\beta_{\mathrm{N}})}\times\dfrac{f_{\mathrm{EW}}(x_i,\beta_{\mathrm{EW}})}{f_{\mathrm{EW}}(x_i,\beta_{\mathrm{EW}})+f_{\mathrm{SN}}(x_i,\beta_{\mathrm{SN}})}\mathrm{CW}_i+e_{\mathrm{N}i}\\ \mathrm{CW}_i=f_{\mathrm{T}}(x_i,\beta_{\mathrm{T}})+e_{\mathrm{T}i}\end{cases}\tag{5-19}$$

式中，函数 $f_{\mathrm{EW}}(x_i,\beta_{\mathrm{EW}})$、$f_{\mathrm{SN}}(x_i,\beta_{\mathrm{SN}})$ 分别从基本模型式（5-17）中获得。该系统中所有其他变量、参数和方差协方差结构均与非线性 CW 模型系统中定义的相同［式（5-18）］。

表 5-31 列出了 DMS&OSPWS 和 DMS&TSPWS 拟合两阶段误差变量模型（TSEM）算法和非线性似然无关回归（NSUR）的参数估计，给出了这些拟合方法在每个 CW 模型系统中的相似参数估计。两种拟合方法（DMS&OSPWS 和 DMS&TSPWS）所有参数估计均具有极显著性（$P<0.05$），其大小和特征也具有生物学意义。

3. 树冠宽度（CW）模型系统评价

采用两阶段误差变量模型（TSEM）和非线性似然无关回归（NSUR）方法拟合的 CW 模型［式（5-18）和式（5-19）］系统的拟合及预测统计数据见表 5-32。两种拟合方法对各树冠分量和总 CW 的预测精度基本一致。两个系统都保证 $\mathrm{CR_E}$、$\mathrm{CR_W}$、$\mathrm{CW_{EW}}$、$\mathrm{CR_S}$、$\mathrm{CR_N}$、$\mathrm{CW_{SN}}$ 之和等于总 CW 的两倍。$\mathrm{CR_E}$、$\mathrm{CR_W}$、$\mathrm{CR_S}$、$\mathrm{CR_N}$ 和 CW 模型系统中的平均偏差［式（5-18）和式（5-19）］与 0 无显著差异（$P>0.05$）。系统对 $\mathrm{CR_W}$ 和 $\mathrm{CR_N}$ 的预测略过，对 $\mathrm{CR_E}$ 和 $\mathrm{CR_N}$ 的预测略过。对于总树冠而言，树冠模型（5-18）似乎比树冠模型（5-19）更有吸引力。

所有元素 $\sigma_{t_1t_2}$（$=t_1$, t_2=E, W, S, N, T）在∑差异有统计学意义（$P<0.05$），表明树冠分量和树冠分量之间的相关性很大。因此，选择树冠模型（5-18）来预测树冠组分和总树冠。

表 5-31　树冠宽度（CW）模型系统的参数估计

	TSEM							NSUR						
	CR_E	CR_W	CR_S	CR_N	CW	CW_{EW}	CW_{SN}	CR_E	CR_W	CR_S	CR_N	CW	CW_{EW}	CW_{SN}
冠幅模型［式（5-17）］														
β_1	12.7510	30.5517	15.7734	22.1270	10.6100	—	—	12.7510	30.5517	15.7734	22.1270	10.6101	—	—
β_2	0.3041	−1.0373	−0.0215	−0.3341	0.0678	—	—	0.3040	−1.0373	−0.0215	−0.3341	0.0678	—	—
β_3	4.4151	2.6506	3.5969	3.1233	6.2857	—	—	4.4151	2.6506	3.5970	3.1233	6.2857	—	—
β_4	−0.2372	0.7150	−0.2821	−0.1735	0.1170	—	—	−0.2372	0.7150	−0.2821	−0.1735	0.1171	—	—
β_5	0.3053	0.3352	0.3984	0.1931	0.0628	—	—	0.3053	0.3351	0.3984	0.1932	0.0628	—	—
β_6	−0.0126	0.0031	−0.0161	−0.0073	0.0001	—	—	−0.0125	0.0031	−0.0161	−0.0073	0.0001	—	—
冠幅模型［式（5-18）］														
β_1	2.0711	4.8711	3.1606	4.5286	10.5260	5.6950	4.3800	2.0711	4.8711	3.1606	4.5286	10.5260	5.6950	4.3800
β_2	0.7804	−1.9391	8.0052	4.9597	0.0707	7.8584	8.4130	0.7804	−1.9391	8.0052	4.9597	0.0707	7.8584	8.4130
β_3	5.8468	1.7863	2.5976	9.9970	6.2884	7.7100	8.6000	5.8468	1.7863	2.5976	9.9970	6.2884	7.7100	8.6000
β_4	1.6385	5.2535	6.1527	1.8670	0.1168	3.1484	6.3690	1.6385	5.2535	6.1527	1.8670	0.1168	3.1484	6.3690
β_5	0.5362	0.6560	2.5616	2.5379	0.0634	0.2436	0.2347	0.5362	0.6560	2.5616	2.5379	0.0634	0.2436	0.2347
β_6	−0.0203	−0.0094	0.1289	0.1278	0.0001	0.0043	0.0039	−0.0203	−0.0094	0.1289	0.1278	0.0001	0.0043	0.0038
冠幅模型［式（5-19）］														
β_1	3.2401	7.0800	5.0414	7.3450	—	—	—	3.2401	7.0800	5.0414	7.3450	—	—	—
β_2	0.1770	−0.1135	0.0861	0.0549	—	—	—	0.1771	−0.1135	0.0860	0.0549	—	—	—
β_3	7.4996	4.3776	6.0769	9.1610	—	—	—	7.4996	4.3776	6.0769	9.1611	—	—	—
β_4	0.0877	0.2156	0.1155	0.0314	—	—	—	0.0877	0.2157	0.1155	0.0314	—	—	—
β_5	0.0903	0.0497	0.0557	0.0514	—	—	—	0.0903	0.0497	0.0558	0.0515	—	—	—
β_6	−0.0013	0.0012	0.0004	0.0001	—	—	—	−0.0014	0.0012	0.0004	0.0001	—	—	—

注：同表 5-29

表 5-32　冠宽（CW）模型系统的评价指标

变量	用于模型拟合的数据					用于模型验证的数据			
	$\bar{e}$（m）	δ（m^2）	RMSE（m）	TRE（%）	R_a^2	$\bar{e}$（m）	δ（m^2）	RMSE（m）	TRE（%）
冠幅模型［式（5-18）］–TSEM									
CR_E	0.0054	0.4018	0.6339	27.3419	0.5326	0.0223	0.4146	0.6443	27.5638
CR_W	–0.0004	0.4261	0.6528	24.3876	0.5527	–0.0236	0.4325	0.6581	24.7034
CR_S	–0.0011	0.5796	0.7613	26.4790	0.5584	–0.0046	0.5731	0.7570	26.8920
CR_N	0.0020	0.4438	0.6662	28.4328	0.5724	0.0017	0.4502	0.6710	28.6531
CW	0.0087	0.7740	0.8798	19.9628	0.7631	–0.0042	0.7438	0.8624	20.0450
冠幅模型［式（5-18）］–NSUR									
CR_E	0.0053	0.4018	0.6339	27.3418	0.5326	0.0224	0.4147	0.6443	27.5639
CR_W	–0.0004	0.4260	0.6528	24.3876	0.5527	–0.0236	0.4325	0.6580	24.7034
CR_S	–0.0010	0.5796	0.7613	26.4790	0.5584	–0.0046	0.5731	0.7570	26.8921
CR_N	0.0019	0.4438	0.6662	28.4329	0.5724	0.0018	0.4501	0.6711	28.6531
CW	0.0087	0.7741	0.8798	19.9628	0.7630	–0.0042	0.7438	0.8624	20.0450
冠幅模型［式（5-19）］–TSEM									
CR_E	0.0126	0.4849	0.6965	31.4285	0.4826	0.0189	0.5541	0.7446	31.7926
CR_W	–0.0078	0.5371	0.7329	26.9427	0.5305	–0.0303	0.5687	0.7547	26.5548
CR_S	–0.0105	0.6427	0.8018	29.6379	0.5138	–0.0046	0.5974	0.7729	29.6277
CR_N	0.0340	0.5820	0.7636	30.1624	0.5472	0.0031	0.4633	0.6807	30.0714
CW	0.0105	0.7943	0.8913	20.6265	0.7449	–0.0065	0.7992	0.8940	20.7015
冠幅模型［式（5-19）］–NSUR									
CR_E	0.0127	0.4849	0.6968	31.4285	0.4825	0.0190	0.5540	0.7447	31.7927
CR_W	–0.0078	0.5371	0.7329	26.9428	0.5306	–0.0302	0.5687	0.7546	26.5549
CR_S	–0.0107	0.6428	0.8018	29.6379	0.5138	–0.0047	0.5976	0.7731	29.6275
CR_N	0.0341	0.5821	0.7636	30.1625	0.5474	0.0031	0.4632	0.6808	30.0715
CW	0.0104	0.7943	0.8914	20.6267	0.7448	–0.0066	0.7994	0.8941	20.7012

注：$\bar{e}$=预测误差均值，δ=残差方差，RMSE=均方根误差平方，TRE=总相对误差，R_a^2=调整判定系数

4. 树冠宽度模型系统比较

按照 Parresol（2001）中规定的模型结构，基于模型（5-17）的冠层组分（CR_E、CR_W、CR_S 和 CR_N）被约束为总 CW 的两倍，如下：

$$\begin{cases} CR_{Ei} = f_E\left(x_i, \beta_E\right) + e_{Ei} \\ CR_{Wi} = f_E\left(x_i, \beta_W\right) + e_{Wi} \\ CR_{Si} = f_E\left(x_i, \beta_S\right) + e_{Si} \\ CR_{Ni} = f_E\left(x_i, \beta_N\right) + e_{Ni} \\ CW_i = \dfrac{CR_{Ei} + CR_{Wi} + CR_{Si} + CR_{Ni}}{2} + e_{Ti} \end{cases} \tag{5-20}$$

$$e_{Ti} = \left(e_{Ei} + e_{Wi} + e_{Si} + e_{Ni}\right)/2$$

该模型系统中的其他变量、参数和方差协方差结构均与非线性 CW 模型系统中的定义同模型（5-18）。

为了比较树冠模型（5-17）的可加性特性，对模型拟合数据集拟合了不同的可加性模型结构，包括 AMS&OCT［CW 模型（5-20）］、AP 和 OLSSR。采用基于 NSUR 的连续波模型系统的参数估计模型验证数据集对 DMS&OSPWS、AMS&OCT、AP 和 OLSSR 进行评估。

图 5-16 显示了基于树冠分量 4 种模型结构（CR_E、CR_W、CR_S、CR_N）和总 CW 的验证数据集的 $\bar{e}$、σ、RMSE 和 TRE。与使用模型拟合数据集得到的结果相似，所有模型结构都保证 CR_E、CR_W、CR_S、CR_N 之和等于 CW 的两倍。CW 模型（5-18）和（5-20）对 CR_W、CR_S 及总 CW 的预测均略过，对 CR_E 和 CR_N 的预测不足。AP 和 OLSSR 对所有树冠组分和总 CW 的预测略高。然而，每种方法的过预测或欠预测误差与 0 无显著差异（$P>0.05$）。AP 和 OLSSR 表现相同。在模型结构中，NSUR 拟合的 CW 模型（5-18）系统性能最好，AP 拟合的 CW 模型（5-20）系统性能次之，OLSSR 系统性能最差。例如，统计 CW 模型（5-18）的 σ、RMSE 和 TRE 分别为 $12m^2$、6m、5%，小于 CW 模型（5-20）的 $29m^2$、16m、23%，小于 AP 模型的 $41m^2$、19m、30%，小于 OLSSR 模型。

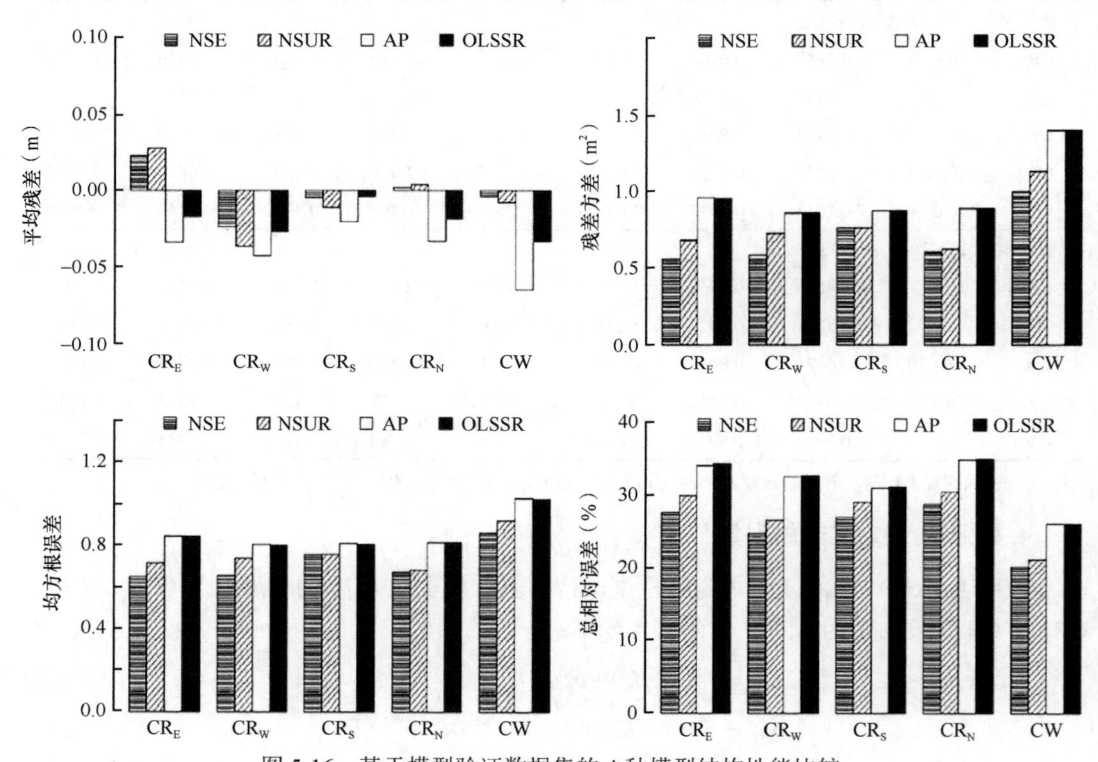

图 5-16 基于模型验证数据集的 4 种模型结构性能比较

NSE. 非线性联立方程组；NSUR. 非线性似然无关回归；AP. 调整比例；OLSSR. 普通最小二乘回归

树冠成分模型的可加性是为精确预测连续波模型而开发的所有树冠模型的理想特性。由于树冠模型考虑了组分和总树冠之间的固有相关性，它确实具有更大的统计效率（Parresol，1999，2001）。本研究中应用 NSE 方法（DMS&OSPWS、DMS&TSPWS、

AMS&OCT）来建立连续波模型系统，并将该方法与其他 3 种广泛使用的可加性模型结构（AP 和 OLSSR）进行了比较。每一种方法都确保 CR_E、CR_W、CR_S、CR_N 的总和等于总 CW 的两倍。DMS&OSPWS、DMS&TSPWS 和 AMS&OCT 通过随机误差的协方差矩阵成功地解释了冠分量之间的相关性，而其他方法在应用 AP 和 OLSSR 时则不能。

5.3.4　抚育间伐对蒙古栎阔叶林结构、生长和竞争关系影响

5.3.4.1　指标选取

1. 空间结构指标

基于 2013 年和 2018 年 12 块蒙古栎阔叶林样地中胸径 5cm 以上的林木数据计算林分结构对抚育间伐方案的响应。空间结构指标从角尺度（W）、混交度（M）、大小比数（U）和密集度（C）4 个方面考虑（惠刚盈等，1999），并通过空间结构综合指数（CSSI）综合效果分析（胡雪凡等，2019）。

董灵波等（2013）以角尺度、大小比数、混交度 3 个指标为"投入"，将林分的空间结构作为"产出"构建了天然林空间结构指数（FSSI）。本研究在此基础上引入了表示冠幅和林木间距离的指标密集度来构建空间结构综合指数（CSSI）。结合 4 个空间结构指标的定义，可以认为林分的混交度越大，大小比数和密集度越小，角尺度中等的条件下林分的空间结构最佳（CSSI=100），鉴于大小比数和密集度均是体现林木竞争关系的指标，因此两者权重各取 50% 来作为"投入"。函数表达式如下：

$$\mathrm{CSSI}=\sqrt[3]{M\left(100-2\times\left|W-50\right|\right)\times\sqrt{\left(100-U\right)\left(100-C\right)}} \tag{5-21}$$

式中，CSSI 为空间结构综合指数，M、W、U、C 分别为林分平均混交度、平均角尺度、平均大小比数和平均密集度。本研究中 $0\leqslant \mathrm{CSSI}\leqslant 100$，$0\leqslant M\leqslant 100$，$0\leqslant U\leqslant 100$，$0\leqslant W\leqslant 100$，$0\leqslant C\leqslant 100$。

2. 生长指标

从单木水平和林分水平上分析生长对抚育间伐的响应。为排除密度的影响，从每种措施中选取接近平均密度水平的样地来进行生长分析，即 ZH02（T2）、ZH03（T3）、ZH05（T0）和 ZH07（T1）。单木水平的生长变化主要从单木胸径和材积的年均生长量及生长率变化来衡量，而林分水平的生长变化主要从胸径、断面积及蓄积量的年均生长量和生长率变化来衡量。生长率计算使用普雷斯特公式计算。

3. 竞争指标

选取 Hegyi 竞争指数对蒙古栎阔叶林的竞争进行计算（Hegyi，1974）。

在确定合理竞争木数量时采用了有序样本聚类的方法，其递推公式为

$$\varphi\left[p_0\left(2,n\right)\right]=\min_{2\leqslant j\leqslant n}\left\{\varphi\left[p_0\left(1,j-1\right)\right]+D\left(j,n\right)\right\} \tag{5-22}$$

式中，φ 表示分类的损失函数，p_0 表示某一种分类方案，n 表示竞争木个数，这里 n=3, 4, 5, ⋯, 14, D 表示某类样本离差平方和。

利用抚育间伐前样地调查数据，样地内主要树种的 Hegyi 和 Hegyi_m 随竞争木株数 *n* 增加的计算结果显示，随着竞争木增多，Hegyi 和 Hegyi_m 呈上升趋势，且上升趋势逐步减缓。竞争强度较大树种的竞争排位并不随选择竞争木数量的增多而改变。而竞争强度较低的树种的竞争排序因竞争木选择的数量不同而发生变化。各竞争指数 Hegyi、Hegyi_intra、Hegyi_inter、Hegyi_m、Hegyi_intra_m 和 Hegyi_inter_m 的分类结果一致：[3, 4, 5, 6, 7] 和 [8, 9, 10, 11, 12, 13, 14]，这种划分下组内残差平方和最小，也即 7 和 8 为最优分割点。考虑到竞争木株数越多，计算值越稳定，本研究选取 8 个竞争木来计算 Hegyi，从而分析抚育间伐前林分的竞争状态及竞争对间伐的响应。

5.3.4.2　抚育间伐对蒙古栎阔叶林空间结构的影响

1. 目标树结构单元的空间结构指标变化

各方案样地两期调查目标树结构单元的混交度（*M*）、角尺度（*W*）、大小比数（*U*）和密集度（*C*）均值见表 5-33。目标树的 *M* 平均值提高，空间隔离程度增大，且基于目标树的抚育间伐方案对隔离程度的提高作用明显高于传统抚育间伐方案和对照样地。不同抚育间伐方案对目标树的 *W* 平均值影响不大且无明显规律：T0 和 T2 目标树 *W* 平均值略有上升，更趋向聚集分布；T1 和 T3 则有所下降，趋近随机分布。这表明林木空间分布格局对干扰树抚育间伐的响应具有不确定性。

表 5-33　目标树结构单元的空间结构指标变化

方案	*M* 平均值		*W* 平均值		*U* 平均值		*C* 平均值	
	2013	2018	2013	2018	2013	2018	2013	2018
T0	0.6241	0.6298	0.5069	0.5113	0.1681	0.1638	0.4289	0.3956
T1	0.6207	0.6317	0.5556	0.5235	0.1889	0.1865	0.3871	0.4000
T2	0.6423	0.7105	0.5072	0.5179	0.1663	0.1340	0.4550	0.4440
T3	0.5510	0.6136	0.5243	0.5227	0.1675	0.1445	0.4580	0.4283

注：*M* 代表混交度；*W* 代表角尺度；*U* 代表大小比数；*C* 代表密集度

目标树的 *U* 平均值均小于 0.2，这是由于目标树选取的大都是优势木，竞争力较强。4 种不同的抚育间伐方案下，目标树结构单元的 *U* 平均值均有一定程度的下降，说明目标树的空间优势度及大小分化程度有所提高，而基于目标树经营的抚育间伐对 *U* 的降低作用更为明显。除 T1 外，其他方案目标树结构单元的 *C* 平均值都有所下降。

2. 林分树种空间隔离程度

4 种抚育间伐方案前后样地中零度混交的林木比例下降，强度混交（0.75）和极强度混交（1.00）的林木比例上升，$\overline{M}$ 都有所提高（表 5-34）。其中 T1 的 $\overline{M}$ 提升幅度（8.0%）高于 T3（5.2%）、T2（4.2%）和 T0（4.1%），说明相对于对照样地来说，适度抚育间伐更有利于提高林分混交度，改善林分树种间隔离程度，T1 提升效果最好。

表 5-34　混交度频率分布及林分平均混交度变化

方案	2013						2018					
	频率分布					$\overline{M}$	频率分布					$\overline{M}$
	0.00	0.25	0.50	0.75	1.00		0.00	0.25	0.50	0.75	1.00	
T0	0.0886	0.1699	0.2492	0.2728	0.2195	0.5912	0.0734	0.1563	0.2435	0.2886	0.2383	0.6156
T1	0.1369	0.1849	0.2510	0.2463	0.1809	0.5373	0.0786	0.1865	0.2632	0.2778	0.1940	0.5805
T2	0.0655	0.1525	0.2346	0.2874	0.2600	0.6310	0.0514	0.1364	0.2234	0.3093	0.2795	0.6573
T3	0.1049	0.1737	0.2439	0.2771	0.2004	0.5736	0.0703	0.1699	0.2500	0.2959	0.2139	0.6033

3. 林分空间分布格局

抚育间伐前后 $\overline{W}$ 均大于 0.517，林分的空间分布格局呈聚集分布（表 5-35）。W 取值为 0.5 的林木比例高于 50%，大多数林木呈随机分布，4 种抚育间伐方案均降低了林分中绝对聚集分布的林木比例。T0、T1、T2、T3 方案 $\overline{W}$ 更靠近随机分布取值范围，林分空间分布格局趋向合理。

表 5-35　角尺度频率分布及林分平均角尺度变化

方案	伐前						伐后					
	频率分布					$\overline{W}$	频率分布					$\overline{W}$
	0.00	0.25	0.50	0.75	1.00		0.00	0.25	0.50	0.75	1.00	
T0	0.0073	0.1866	0.5793	0.1646	0.0622	0.5220	0.0065	0.1892	0.5790	0.1706	0.0547	0.5194
T1	0.0036	0.1892	0.5499	0.1794	0.0777	0.5346	0.0060	0.1891	0.5711	0.1778	0.0560	0.5222
T2	0.0029	0.1906	0.5670	0.1724	0.0671	0.5275	0.0051	0.1898	0.5672	0.1787	0.0592	0.5243
T3	0.0046	0.1791	0.5617	0.1864	0.0681	0.5336	0.0059	0.1989	0.5537	0.1865	0.0550	0.5215

4. 林分大小分化程度

T0、T1、T2、T3 方案的 $\overline{U}$ 均接近 0.5，说明整体大小分化程度和优势度都接近于中庸水平，且 U 各个取值的林木分布频率相对一致，都在 20% 左右（表 5-36）。抚育间伐后 U 为 0.25 的林木比例增加，其他取值的频率分布变化无明显规律。总体上讲，4 种方案对林分的大小分化度影响不大，T2、T3 处理后的大小比数平均值 $\overline{U}$ 略有下降，而 T0 和 T1 略有上升，说明基于目标树经营的抚育间伐相对于传统经营和对照来说，能提高林木的空间优势度及大小分化程度。

表 5-36　大小比数频率分布及林分平均大小比数变化

方案	伐前						伐后					
	频率分布					$\overline{U}$	频率分布					$\overline{U}$
	0.00	0.25	0.50	0.75	1.00		0.00	0.25	0.50	0.75	1.00	
T0	0.2098	0.1935	0.2016	0.2045	0.1907	0.4932	0.2057	0.2066	0.1957	0.1901	0.2018	0.4939
T1	0.2107	0.1914	0.2038	0.1947	0.1994	0.495	0.2019	0.2041	0.1996	0.1959	0.1985	0.4962
T2	0.2102	0.1939	0.2030	0.1919	0.2010	0.4949	0.2135	0.1976	0.1929	0.2003	0.1956	0.4917
T3	0.2053	0.1983	0.1989	0.1995	0.1980	0.4967	0.2080	0.2008	0.2041	0.1823	0.2048	0.4937

5. 林分密集度

4 种方案样地中 C 取值为 1.00 的树木所占比例最大，说明林木很密集的结构单元较多（表 5-37）。4 种处理下 $\overline{C}$ 变化程度不大，都略有上升，T2（6.6%）＞T1（4.1%）＞T3（3.8%）＞T0（0.9%）。所有样地中 C 取值为 0.25 的林木比例上升，C 取值为 1.00 的林木比例下降，说明林分中部分很密集的结构单元逐渐向比较密集过渡。

表 5-37 密集度频率分布及林分平均密集度

方案	伐前						伐后					
	频率分布					$\overline{C}$	频率分布					$\overline{C}$
	0.00	0.25	0.50	0.75	1.00		0.00	0.25	0.50	0.75	1.00	
T0	0.0345	0.0793	0.1069	0.1414	0.6379	0.3966	0.0282	0.0799	0.1523	0.2309	0.5087	0.4002
T1	0.0439	0.0658	0.1567	0.1505	0.5831	0.3882	0.0271	0.0842	0.1387	0.2184	0.5316	0.4043
T2	0.0048	0.0335	0.0909	0.1818	0.6890	0.4186	0.0071	0.0379	0.1032	0.1756	0.6761	0.4462
T3	0.0097	0.0291	0.0906	0.1165	0.7540	0.4162	0.0133	0.0485	0.1221	0.2018	0.6143	0.4322

6. 空间结构综合指数

由图 5-17 可以看出，目标树的 CSSI 相比于一般林木较高，说明目标树的空间结构更加合理。4 种方案实施 5 年后，CSSI 都得以提高，林分空间结构均有不同程度的优化，说明 4 种方案没有破坏样地中林木的空间结构情况，而是促使其更加合理。T0、T1、T2、T3 CSSI 的增加量分别为 1.4%、3.0%、0.9% 和 2.2%，传统抚育间伐（T1）对林分整体的空间结构优化效果最好，其次是目标树经营（T2 和 T3）和对照（T0）。各方案目标树的 CSSI 也都有所提高，且提高幅度表现为 T3（5.2%）＞T2（3.7%）＞T1（2.6%）＞T0（1.0%），表明基于目标树经营的抚育间伐对目标树结构单元的空间结构的改善情况优于传统抚育间伐。无论是从目标树结构单元考虑，还是从林分整体考虑，T3 方案对林分的优化程度均高于 T2。

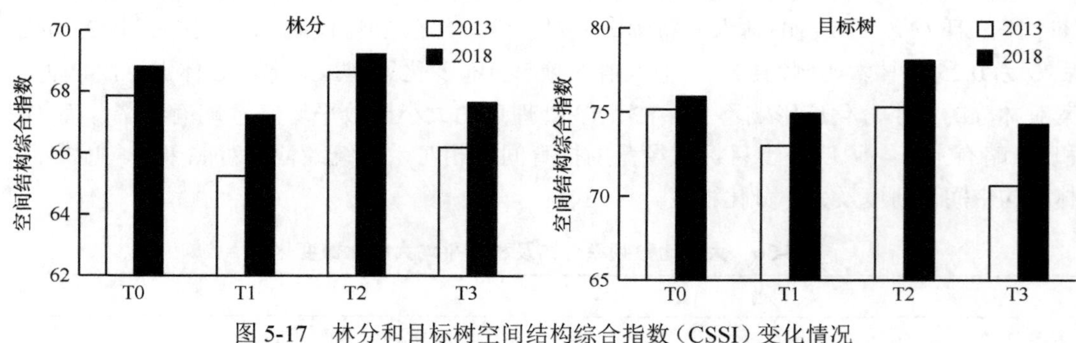

图 5-17 林分和目标树空间结构综合指数（CSSI）变化情况

5.3.4.3 抚育间伐对蒙古栎阔叶林生长的影响

1. 不同抚育间伐方案对单木生长的影响

（1）不同抚育间伐方案对胸径生长的影响

不同抚育间伐方案对目标树的胸径定期平均生长量（CT）的影响排序为 T3＞T2＞

T1＞T0，其中 T1、T2 和 T3 之间无显著差异，均与 T0 差异显著。非目标树的胸径生长量（NCT）排序结果为 T2＞T3＞T0＞T1。全部林木（AT）的胸径生长量排序结果为 T2＞T3＞T1＞T0（表 5-38）。

表 5-38　不同抚育间伐方案对单木胸径生长的影响

方案	胸径定期平均生长量			胸径定期生长率		
	CT	NCT	AT	CT	NCT	AT
T0	0.3290 （0.1497）a	0.2471 （0.1812）a	0.2562 （0.1798）a	1.2910 （0.6865）a	1.8220 （1.3291）a	1.7629 （1.2843）a
T1	0.4323 （0.1818）b	0.2422 （0.1759）a	0.2652 （0.1871）a	2.1958 （1.2230）b	1.9548 （1.3882）a	1.9840 （1.3709）b
T2	0.4488 （0.1934）b	0.3530 （0.2534）b	0.3608 （0.2503）b	1.8706 （0.9322）b	2.8551 （1.9784）b	2.7752 （1.9334）c
T3	0.4512 （0.1803）b	0.2821 （0.1730）c	0.2974 （0.1802）c	1.9978 （1.1849）b	2.3779 （1.4815）c	2.3436 （1.4607）d

注：表中数据形式为"平均值（标准差）"，表 5-39～表 5-43 同；同列不同字母表示差异显著

目标树胸径生长率排序为 T1＞T3＞T2＞T0。非目标树和全部林木的胸径生长率排序一致，均为 T2＞T3＞T1＞T0，非目标树胸径生长率多重比较的结果与生长量结果一致，全部林木胸径生长率多重比较结果显示各方案间差异显著。T1 目标树胸径生长率高于非目标树，T0、T2 和 T3 相反。

（2）不同抚育间伐方案对材积生长的影响

由表 5-39 可知，T1、T2 和 T3 目标树材积定期平均生长量的影响明显大于 T0，非目标树的材积定期平均生长量表现为 T2＞T0＞T3＞T1。目标树材积定期生长率结果排序为 T1＞T3＞T2＞T0，非目标树材积定期生长率则表现为 T2＞T3＞T1＞T0。

表 5-39　不同抚育间伐方案对单木材积生长的影响

方案	材积定期平均生长量			材积定期生长率		
	CT	NCT	AT	CT	NCT	AT
T0	0.0084 （0.0054）a	0.0050 （0.0061）a	0.0054 （0.0061）a	2.2180 （1.5815）a	4.1917 （3.3357）a	3.9721 （3.2479）a
T1	0.0094 （0.0056）ab	0.0040 （0.0049）b	0.0046 （0.0053）b	4.1670 （3.3795）b	4.3653 （3.4106）a	4.3413 （3.4055）a
T2	0.0115 （0.0060）b	0.0062 （0.0069）c	0.0066 （0.0070）c	3.6251 （2.4204）b	6.6732 （4.7001）b	6.4259 （4.6323）b
T3	0.0115 （0.0061）b	0.0046 （0.0048）ab	0.0052 （0.0053）ab	3.8644 （2.9316）b	5.5630 （3.7562）c	5.4096 （3.7200）c

注：同列不同字母表示差异显著

综上所述，4 种抚育间伐方案下，目标树单木胸径和材积定期平均生长量均明显高于非目标树的，而目标树的材积定期生长率略低于非目标树。4 种方案对蒙古栎次生林

单木生长的影响效果差异较明显。单木胸径定期生长量、生长率及材积生长量和生长率的最大值均出现在 T2。非目标树的相应最大值均出现在 T2。T0 单木胸径和材积定期生长率均是最低的。由此可以看出，相对于对照样地，采取了抚育间伐的样地对促进林木生长的效果更为明显。

2. 不同抚育间伐方案对林分生长的影响

本研究将径级划分为 3 个层次：特小径级（DBH ∈ [5, 20]），小径级（DBH ∈ [20, 40]），中径级（DBH ∈ [40, 60]）。样地内主要林木都处于特小径级和小径级。小径级的断面积生长量排序结果为 T0（0.3676）＞T1（0.2846）＞T3（0.2724）＞T2（0.2393），中径级为 T2（0.0405）＞T0（0.0377）＞T3（0.0287）＞T1（0.0142）。除 T0 外，其他 3 种方案的断面积平均生长量均表现为特小径级＞小径级＞中径级（表 5-40）。

表 5-40　各径级断面积定期平均生长量差异分析

方案	断面积定期平均生长量			
	全林	特小径级	小径级	中径级
T0	0.6820（0.0753）a	0.2767（0.0473）a	0.3676（0.0486）a	0.0377（0.0257）a
T1	0.6187（0.0410）a	0.3271（0.0243）a	0.2846（0.0231）ab	0.0142（0.0019）a
T2	0.7418（0.1421）a	0.4620（0.1716）a	0.2393（0.0297）b	0.0405（0.0075）a
T3	0.7012（0.0878）a	0.4001（0.1333）a	0.2724（0.0940）ab	0.0287（0.0122）a

注：同列不同字母表示差异显著

不同方案断面积生长率表现为特小径级＞小径级＞中径级（表 5-41）。全林分、特小径级和中径级的断面积生长率排序均为 T2＞T3＞T1＞T0。小径级林木断面积生长率排序为 T2＞T1＞T3＞T0。

表 5-41　各径级断面积定期生长率差异分析

方案	断面积定期生长率			
	全林	特小径级	小径级	中径级
T0	2.6776（0.3841）a	3.7956（0.1145）a	2.3970（0.4126）a	1.2190（0.5456）a
T1	3.3869（0.5350）ab	4.0353（0.4624）a	2.9221（0.5348）a	1.7146（0.9035）a
T2	4.2104（0.6620）b	5.9145（1.0289）b	3.1733（0.4147）a	2.0915（0.7434）a
T3	3.559（0.3761）ab	4.7261（0.3435）ab	2.7902（0.2345）a	1.7363（0.3939）a

注：同列不同字母表示差异显著

不同径级的蓄积定期生长量均为特小径级＞小径级＞中径级，与断面积定期生长率结果一致。全林蓄积定期生长量无显著差异（表 5-42）。不同径级间的蓄积定期生长率表现为特小径级＞小径级＞中径级。全林分和特小径级蓄积定期生长率排序为 T2＞T3＞T1＞T0。小径级和中径级蓄积定期生长率无显著差异（表 5-43）。

表 5-42　各径级蓄积定期生长量差异分析

方案	蓄积定期生长量			
	全林	特小径级	小径级	中径级
T0	4.7494（1.0119）a	2.1045（0.4104）a	2.5139（0.6844）a	0.1309（0.0814）a
T1	4.0733（0.0752）a	2.3043（0.1069）a	1.6968（0.0896）ab	0.1444（0.0193）a
T2	5.2140（1.6900）a	3.5151（1.4913）a	1.5109（0.2299）b	0.1880（0.1017）a
T3	4.7203（0.8395）a	2.9836（1.0980）a	1.5269（0.3704）b	0.2099（0.1010）a

注：同列不同字母表示差异显著

表 5-43　各径级蓄积定期生长率差异分析

方案	蓄积定期生长率			
	全林	特小径级	小径级	中径级
T0	2.6442（0.6373）a	3.9871（0.3346）a	2.2414（0.6738）a	0.8181（0.4258）a
T1	3.0430（0.3723）ab	4.0005（0.3724）a	2.3592（0.3508）a	1.8397（0.9660）a
T2	4.1793（0.6128）b	6.3196（0.7400）b	2.7730（0.4001）a	1.4987（0.3285）a
T3	3.4352（0.7742）ab	5.0729（0.5394）a	2.2999（0.2616）a	1.5844（0.3161）a

注：同列不同字母表示差异显著

综上所述，4 种方案下全林、特小径级林木、小径级林木、中径级林木的断面积生长量最大值分别出现在 T2、T2、T0 和 T2，蓄积定期生长量最大值同样也出现在 T2、T2、T0 和 T2 中，但断面积和蓄积定期生长量在 4 种方案间的差异多为不显著。全林、特小径级林木、小径级林木、中径级林木的断面积生长率均出现在 T2，4 种方案下全林分断面积与蓄积定期生长量的排序结果一致，不同径级断面积生长率、蓄积定期生长量和蓄积定期生长率均表现为特小径级＞小径级＞中径级，符合林木的生长特性，即林木生长一般是初期生长速度较快，后期逐渐趋于平缓。

5.3.4.4　抚育间伐对蒙古栎阔叶林竞争关系的影响

1. 林分初期竞争状态分析

在对样地的竞争强度分析之前，运用单因子方差分析确定样地在随机区组后各方案间的初始竞争是否有差异。随机区组后 T0、T1、T2 和 T3 的总竞争指数 Hegyi、种内竞争指数 Hegyi_intra 和种间竞争指数 Hegyi_inter 无显著差异（图 5-18）。

无论从总竞争还是平均竞争来说，种内竞争大于种间竞争的树种为：蒙古栎、白桦、水曲柳，种间竞争大于种内竞争的为：红松、色木槭、糠椴、大青杨、长白落叶松和黑桦，样地的种内竞争略低于种间竞争（图 5-19）。

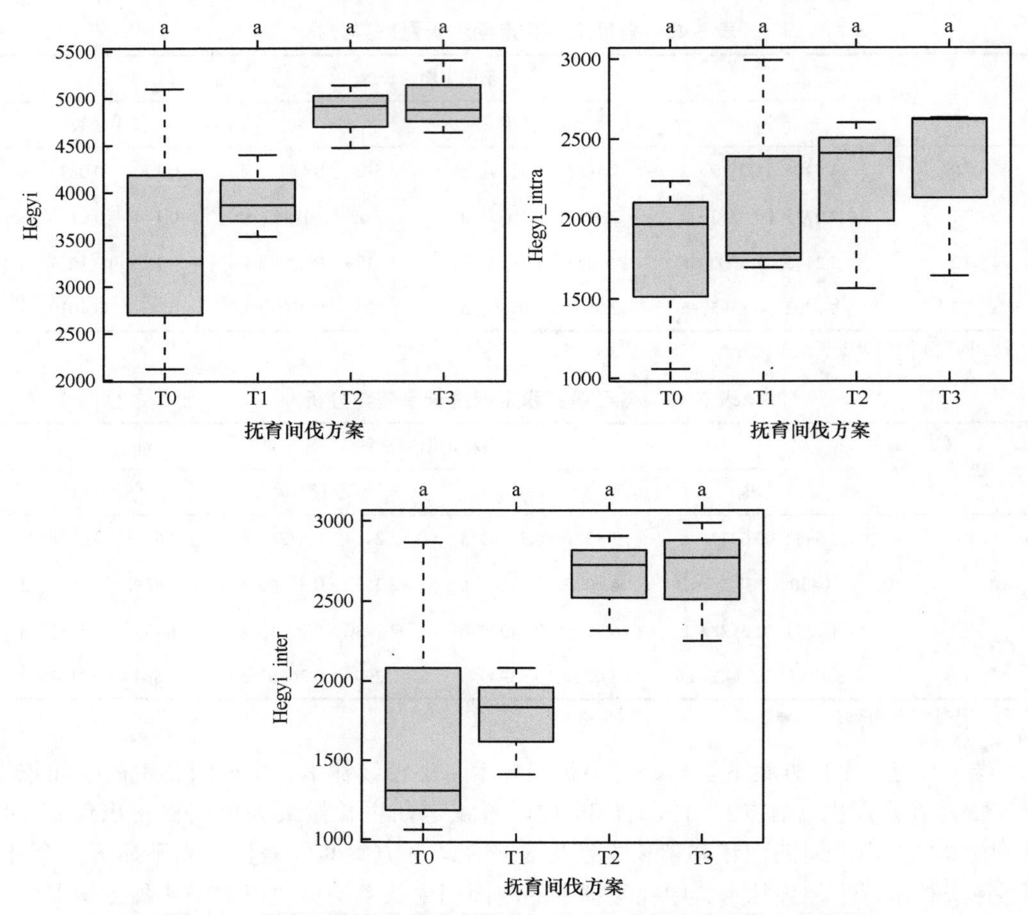

图 5-18　随机区组林分总竞争指数、种内和种间竞争指数方差分析

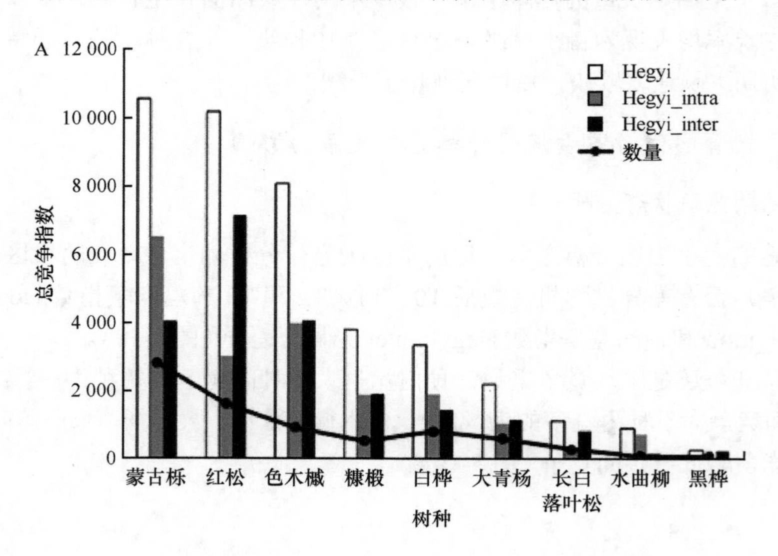

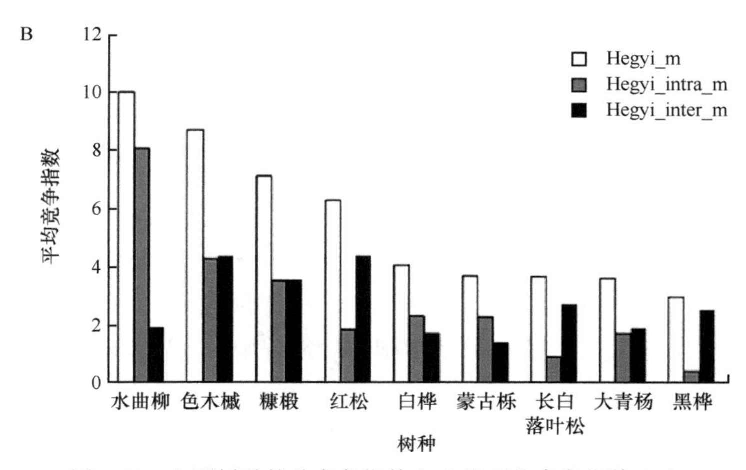

图 5-19　主要树种的总竞争指数（A）和平均竞争指数（B）

2. 林木竞争对不同抚育间伐方案的响应

（1）各林层竞争强度对不同抚育间伐方案的响应

按照国际林联（IUFRO）的林层划分标准，计算出每个样地树高的优势高（H），将树高 $h \leqslant 1/3H$ 的林木划为下林层，$1/3H < h < 2/3H$ 的林木划为中林层，树高 $h \geqslant 2/3H$ 的林木划为上林层。根据两期调查数据分别对各个林层的总竞争指数（Hegyi）和平均竞争指数（Hegyi_m）进行统计。

由表 5-44 可知，调查初期各林层的总竞争强度为中林层＞下林层＞上林层，2018 年 T0、T2 和 T3 各林层的竞争表现与 2013 年类似，只有 T1 的总竞争强度表现为中林层＞上林层＞下林层。2013 年和 2018 年的 Hegyi_m 均呈现为下林层＞中林层＞上林层。

表 5-44　不同抚育间伐方案下各林层的 Hegyi 和 Hegyi_m

方案	林层	Hegyi 2013	Hegyi 2018	Hegyi_m 2013	Hegyi_m 2018
T0	下林层	4 175.94	1 957.86	8.94	8.16
	中林层	5 106.43	5 729.61	5.11	5.85
	上林层	1 211.92	1 384.12	2.33	2.15
	小计	10 494.29	9 071.59	5.28	4.87
T1	下林层	4 181.23	595.78	8.67	10.45
	中林层	5 612.26	7 866.84	5.42	6.24
	上林层	2 013.44	2 203.51	2.94	2.62
	小计	11 806.93	10 666.13	5.36	4.94
T2	下林层	4 285.51	2 765.44	8.23	10.72
	中林层	8 441.90	9 218.68	6.32	6.03
	上林层	1 801.41	1 453.73	2.58	2.13
	小计	14 528.82	13 437.85	5.69	5.44

续表

方案	林层	Hegyi 2013	Hegyi 2018	Hegyi_m 2013	Hegyi_m 2018
T3	下林层	6 181.70	3 299.76	7.85	8.50
	中林层	6 974.19	8 485.58	5.82	5.48
	上林层	1 754.21	1 090.48	2.48	1.95
	小计	14 910.10	12 875.82	5.53	5.16

T0 下林层竞争减缓（53%），中、上林层竞争加剧（12%、14%），T1 下林层的竞争大幅降低（86%），但中、上林层的竞争加剧（40%、9%），T2、T3 上林层的竞争下降较多（19%、38%），下林层的林木竞争也有所降低（36%、47%），中林层的竞争提高（9%、22%）。

T0 下林层和上林层的 Hegyi_m 略微下降（9%、8%），中林层竞争加剧（15%），T1 下林层和中林层 Hegyi_m 有所上升（21%、15%），上林层有所降低（11%）。T2 和 T3 中林层和上林层的 Hegyi_m 下降，下林层的上升。

（2）种间竞争对不同抚育间伐方案的响应

通过对比 2013 年和 2018 年的平均种内竞争指数（Hegyi_intra_m）和平均种间竞争指数（Hegyi_inter_m）可知，T0、T1、T2、T3 样地的 Hegyi_intra_m 均呈下降趋势，Hegyi_inter_m 基本呈上升趋势，其中 T1 上升最明显（8%）（图 5-20）。

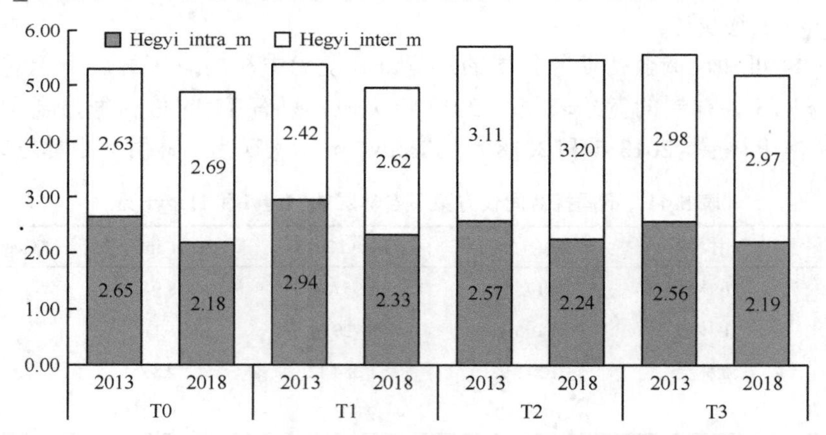

图 5-20 Hegyi_intra_m 和 Hegyi_inter_m 对不同抚育间伐方案的响应

不同方案树种的种间竞争见图 5-21。蒙古栎的种间竞争主要来自于红松和白桦。T0 方案下，两期（2013 年、2018 年）蒙古栎种间竞争树种的竞争强度及排序变化不大。T1 方案下，蒙古栎竞争树种排序未发生变化，来自红松的竞争有所提升，来自白桦和大青杨的竞争有所减少，其他树种变化不大。T2 方案下，来自红松和糠椴的竞争提高，来自白桦和大青杨的竞争降低。T3 方案下，来自白桦的竞争减少，而来自红松的竞争提高。

红松主要的竞争树种是蒙古栎，T0 方案下，红松的竞争树种强度排序变化不大，但来自落叶松和水曲柳的竞争强度增大，来自蒙古栎、糠椴和大青杨的竞争强度有所下降。T1 方案下，主要竞争树种的强度排序发生部分变化，但强度变化不大。T2 方案下，红

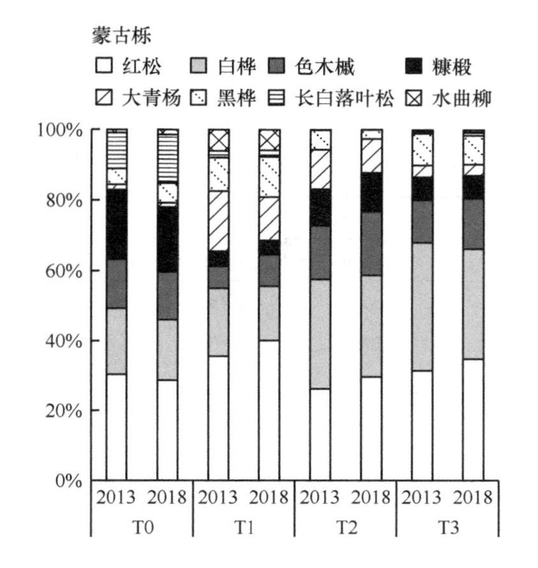

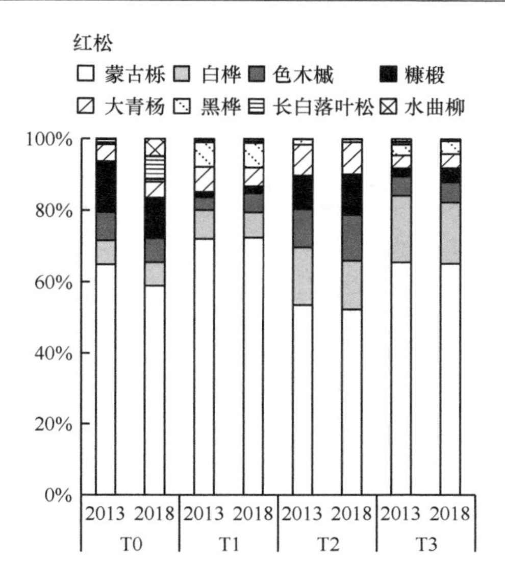

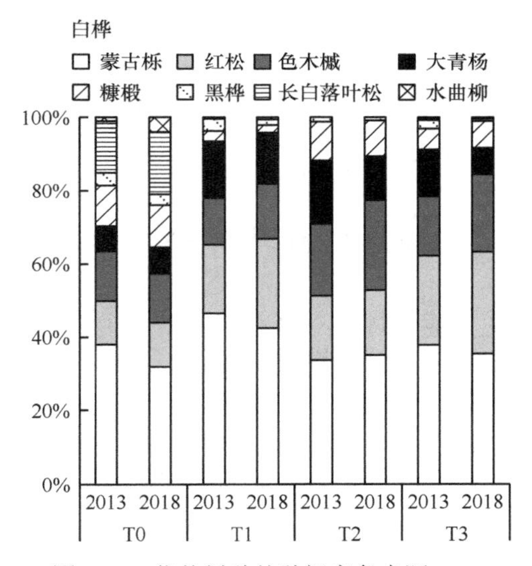

图 5-21　优势树种的种间竞争来源

松的竞争树种强度排序无变化，但来自白桦的竞争有所下降，来自色木槭和糠椴的竞争强度提高。T3 方案下，主要竞争树种的排序变化不大，来自糠椴的竞争提高，排序靠前。对于白桦来说，主要的竞争树种为蒙古栎和红松，其次为色木槭和大青杨。T0 方案下，白桦竞争树种强度和竞争排序无明显变化。T1 方案下，来自色木槭的竞争强度和排序提升。T2 方案下，来自大青杨的竞争强度下降，而来自色木槭的竞争强度升高。T3 方案下，竞争排序不变，但来自色木槭和糠椴的竞争强度提高，来自大青杨的竞争强度明显下降。

综上所述，T1、T0 方案下优势树种的竞争树种组成和强度变化不大且无明显趋势，而 T2 和 T3 方案下，各优势树种来自糠椴、色木槭的竞争强度增大，来自大青杨的竞争强度减小。

（3）目标树竞争对不同抚育间伐方案的响应

4 种方案下，目标树的 Hegyi_m 均呈下降趋势，4 种方案下目标树的 Hegyi_inter_m 下降程度接近(表 5-45)。目标树平均竞争的变化趋势与总体竞争的变化趋势和幅度一致。

表 5-45　不同抚育间伐方案下目标树和非目标树的平均竞争指数

方案	类别	2013 年			2018 年		
		Hegyi_m	Hegyi_intra_m	Hegyi_inter_m	Hegyi_m	Hegyi_intra_m	Hegyi_inter_m
T0	NCT	5.75	2.89	2.86	5.32	2.38	2.94
	CT	1.81	0.85	0.95	1.73	0.80	0.93
T1	NCT	5.81	3.21	2.60	5.37	2.53	2.84
	CT	2.19	1.05	1.14	2.02	0.96	1.06
T2	NCT	5.94	2.68	3.26	5.71	2.35	3.36
	CT	2.21	1.12	1.09	1.90	0.83	1.07
T3	NCT	5.87	2.69	3.19	5.53	2.32	3.21
	CT	2.36	1.38	0.98	2.00	1.07	0.93

目标树的 Hegyi_m 均明显小于非目标树。T0 和 T1 中非目标树的种内竞争下降幅度要明显大于目标树的种内竞争下降幅度，而 T2 和 T3 呈现出相反的趋势。目标树和非目标树的种间竞争变化不大（表 5-45）。

5.4　云冷杉针叶林抚育更新研究

研究结合检查法经营试验和抚育云冷杉林试验，开展定向抚育措施下的云冷杉针叶林更新机制、动态过程模型模拟等关键技术研究，阐明云冷杉天然林与目标顶极群落结构转化的过程机制，提出阶段优化方案和调控关键技术。根据云冷杉天然林树种结构、径级结构、树高结构、生长率变化、林内环境等特征，系统分析研究区域 30 多年来连续定向抚育措施下，云冷杉针叶林结构与功能变化特征，以及生态关键种和目标树种更新空间格局及不同生长阶段更新过程，在不同空间尺度下，不同株数密度林分内的不同生长发育阶段的空间分布格局，构建了单木枯损、冠幅、生长模型和各阶段结构优化模型。

5.4.1　云冷杉针叶林更新机制

5.4.1.1　林分更新株数密度特征

1. 主要树种天然更新株数特征

Ⅰ-4 小区的幼树更新优于其他两个小区（图 5-22）。所有幼树中，色木槭和冷杉始终占有绝对优势，其次是云杉、红松等占有一定的比例。随着时间推移，除阔叶树（除色木槭以外其他所有阔叶树种）外，主要树种幼树密度整体呈现下降的趋势，说明幼树枯损率较高，而幼苗进界到幼树的数量较少，尤其是 2012 年后急速下降，原因是 2012 年发生台风，导致样地乔木大面积风倒，部分林下幼树被砸死。值得注意的是，2014 年红松幼树数量呈现小幅增长，原因可能是红松幼树时需要光照，台风后林下光照充足，利于红松幼树生长（李冰等，2012；张国春，2011）。

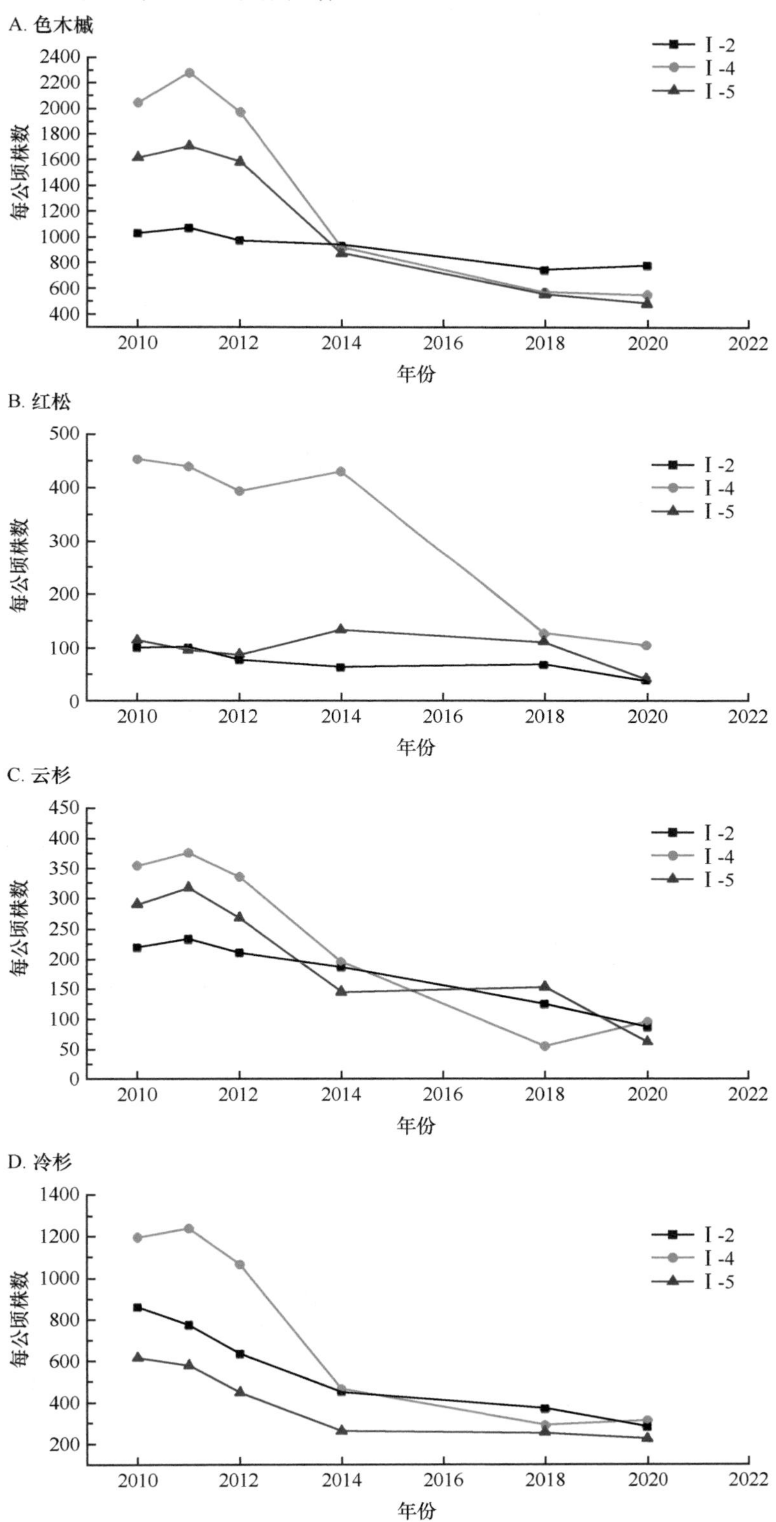

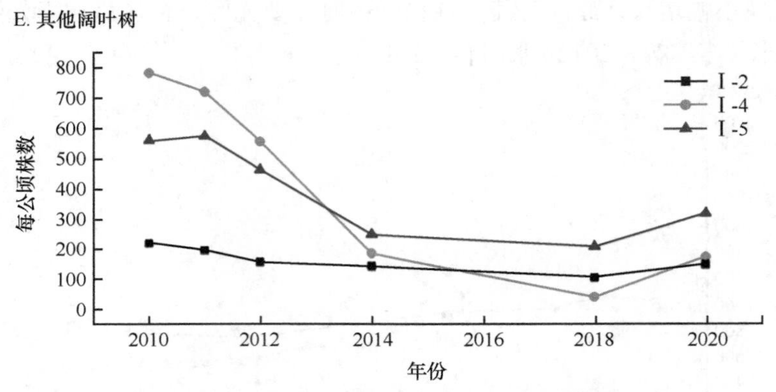

图 5-22　2010 ～ 2020 年主要树种天然更新株数

2. 不同郁闭度下幼树随地径级的株数分布

将郁闭度分为 4 个等级：0.61 ～ 0.70、0.71 ～ 0.80、0.81 ～ 0.90 和 0.91 ～ 1.00。统计发现（图 5-23），不同树种幼树在不同郁闭度下随地径级（以 1cm 间距划分地径）的株数分布有所不同。就幼树总体而言，不同郁闭度下的地径级分布趋势大致相同，整体呈反“J”形，随着地径级增加，株数逐渐减少，值得一提的是，地径级 1（地径范围 0 ～ 1cm）时的株数小于地径级 2 时的株数，这主要是因为本研究中并未统计高度 30cm 以下的幼苗，

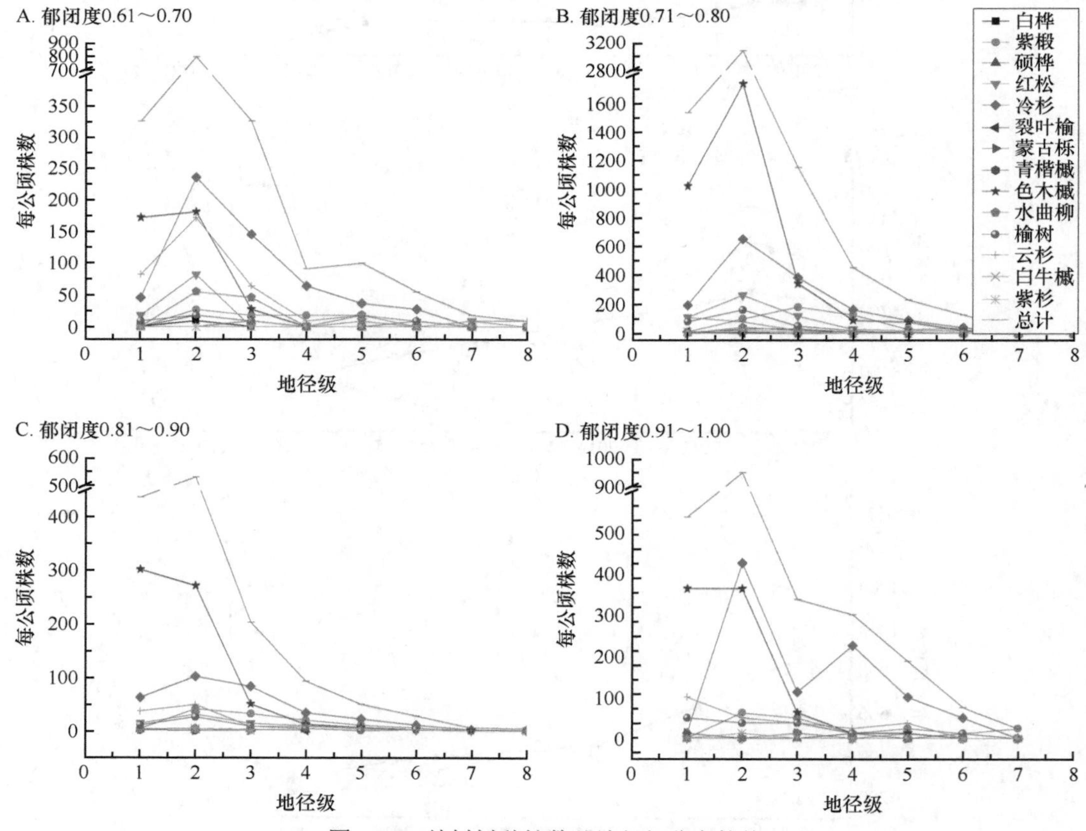

图 5-23　幼树树种株数随地径级分布趋势

所以地径在 0 ～ 1cm 的幼树株数大量缺失。色木槭和冷杉的幼树株数在幼树数量中占有最大的比例，但色木槭在所有样地中从地径级 2 到地径级 3 时的数量锐减。红松和紫椴的幼树数量随着地径增加“先增大后减少”。

5.4.1.2　幼树更新等级评价

1. 更新等级确定

选取更新密度、平均地径、平均高、平均地径生长量和平均高生长量等指标建立评价体系，计算更新指数。首先采用熵值法对 5 个指标进行标准化处理，计算 5 个指标的信息熵和变异系数，计算各指标的权重（表 5-46），发现每公顷株数在 5 个指标中占据的权重大，表明其对更新的影响大，更新幼树的高生长量占据的权重最小，表明其对更新质量的影响最小；由表 5-47 可以看出更新指数变化为 0.43 ～ 0.73，其中，编号 213 样地更新指数最小，代表了其更新效果最差，编号 208 和 519 样地更新指数最大，表示其更新效果最好。

表 5-46　更新指数各参数表

类别	平均地径	平均高	平均地径生长量	平均高生长量	每公顷株数（更新密度）
信息熵	0.995 086	0.995 997	0.995 777	0.996 381	0.993 345
变异系数	0.004 914	0.004 003	0.004 223	0.003 619	0.006 655
权重	0.209 862	0.170 948	0.180 367	0.154 585	0.284 238

表 5-47　更新等级聚类分析结果表

更新差		更新一般		更新好	
编号	更新指数	编号	更新指数	编号	更新指数
213	0.43	520	0.51	217	0.61
511	0.44	409	0.51	501	0.61
207	0.44	505	0.52	525	0.61
210	0.44	412	0.53	401	0.61
209	0.44	413	0.53	504	0.61
524	0.46	508	0.53	205	0.62
216	0.47	206	0.53	411	0.62
510	0.47	416	0.54	509	0.63
215	0.48	503	0.54	406	0.63
512	0.49	421	0.54	514	0.63
202	0.49	420	0.55	402	0.66
223	0.49	506	0.55	212	0.67
214	0.49	404	0.55	519	0.73
415	0.50	516	0.56	208	0.73
517	0.50	502	0.56		

续表

更新差		更新一般		更新好	
编号	更新指数	编号	更新指数	编号	更新指数
		518	0.57		
		220	0.57		
		422	0.57		
		410	0.57		
		405	0.57		
		522	0.57		
		407	0.58		
		507	0.58		
		408	0.59		
		419	0.59		
		403	0.60		
		418	0.60		

为便于后续数据分析，划分更新差异，根据更新指数采用聚类分析方法将56块样地划分为3个更新等级，更新差样地（$g\leqslant0.5$）、更新一般样地（$0.5<g\leqslant\leqslant0.6$）、更新好样地（$g>0.6$）3个更新等级的样地数分别为15、27、14。对比样地基本信息，不难发现更新差的样地表现为郁闭度较大，幼树得不到充足的阳光空气等，没有为更新幼树提供好的生长环境，且林下灌草长势优越，盖度大，与幼树表现为竞争关系，夺取了养分，导致更新效果差。

2. 不同更新等级下的更新数量特征分析

（1）不同更新等级样地幼树特征

分析454株更新幼树的平均地径和平均高（表5-48），结果表明更新差、更新一般和更新好的样地平均地径分别为31.02mm、38.23mm、41.57mm，树高分别为2.10m、2.61m、3.18m。其中更新一般的样地最接近林分的平均水平，但其树高变化幅度比较大，更新苗长势不均匀，更新好的样地幼树的更新树高最大。56块样地3种更新等级的样地林下平均密度分别为：380.00株/hm^2（更新差）、862.96株/hm^2（更新一般）和1264.29株/hm^2。

表5-48　不同更新等级样地幼树特征

更新等级	地径（mm）	树高	更新密度（株/hm^2）
更新差	31.02±1.179	2.10±0.09	380.00±63.396
更新一般	38.23±0.99	2.61±0.07	862.96±129.116
更新好	41.57±1.06	3.18±0.09	1264.29±321.843
总数	38.63±0.67	2.77±0.05	833.93±109.760

（2）不同更新等级样地主要树种平均地径和平均高分布变化

3类更新样地平均地径和平均高，总体呈现出更新好＞更新一般＞更新差（图5-24，

图 5-25）。更新差的样地中云杉平均地径比较大，是因为只有 3 株，地径分别是 44.29mm、36.25mm、34.29mm，由于其数量少，综合考虑表现为更新质量差；更新一般和更新好的样地中云杉数量增多使得平均地径变小，且呈递增趋势；其他树种均表现出更新越好的样地地径和高越大，更新一般的样地表现出各树种地径和高相差小，长势均匀。

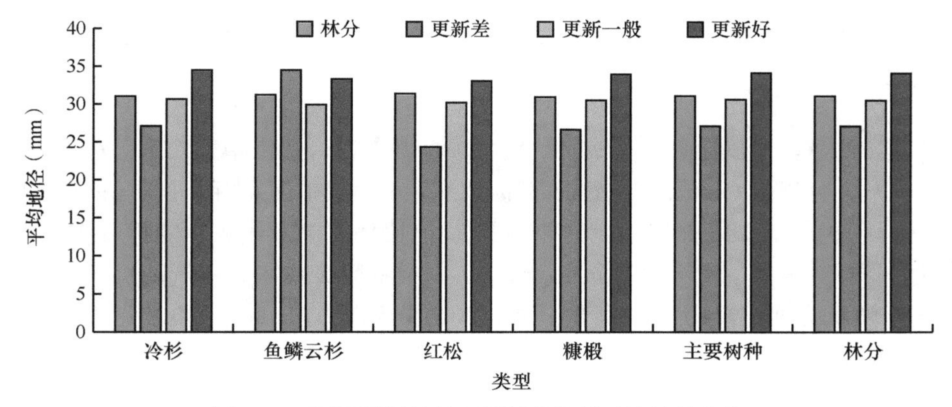

图 5-24 不同更新等级主要树种幼树平均地径变化

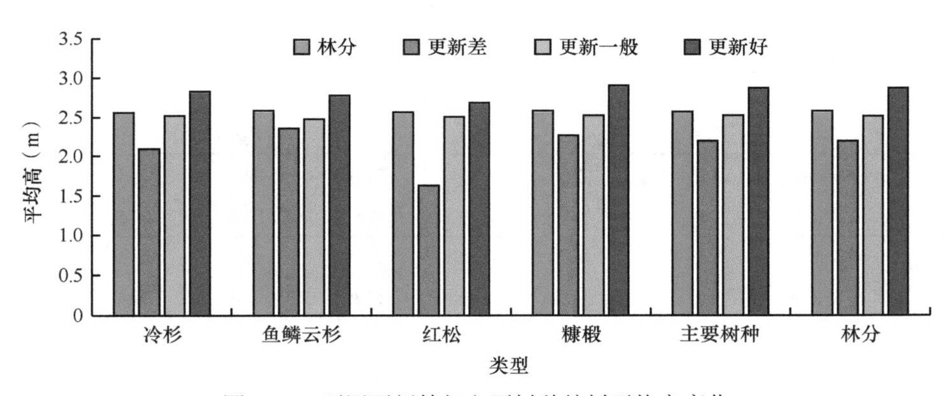

图 5-25 不同更新等级主要树种幼树平均高变化

（3）不同更新等级样地幼树地径与苗高的关系

3 类不同更新样地的地径和树高总体呈现出随着地径的增大，树高增长的趋势。采用 6 种函数对地径和树高进行函数拟合（表 5-49），结果表明更新差和更新好的样地拟合模型效果较好的是线性函数，R^2 分别为 0.446、0.599；更新一般的样地复合函数和增长函数拟合效果好。

表 5-49 三级更新样地幼树地径-树高函数模型拟合及决定系数对比表

函数类型	更新差		更新一般		更新好	
	模型	R^2	模型	R^2	模型	R^2
线性函数	N=0.0415x+1.0725	0.446	N=0.0470x+1.086	0.516	N=0.0563x+0.961	0.599
对数函数	N=–0.862+0.951log(x)	0.338	N=–2.140+1.412log(x)	0.451	N=–3.110+1.758log(x)	0.533
复合函数	$N=1.368\times1.016^{x}$	0.412	$N=1.450\times1.016^{x}$	0.520	$N=1.443\times1.018^{x}$	0.594
幂函数	$N=0.629x^{0.376}$	0.328	$N=0.4620x^{0.494}$	0.482	$N=0.371x^{0.578}$	0.562

续表

函数类型	更新差		更新一般		更新好	
	模型	R^2	模型	R^2	模型	R^2
增长函数	N=exp(0.313+0.0160x)	0.412	N=exp(0.372+0.0160x)	0.520	N=exp(0.367+0.0180x)	0.594
指数函数	N=1.368exp(0.0160x)	0.412	N=1.450exp(0.0160x)	0.520	N=1.443exp(0.0180x)	0.594

5.4.1.3 更新幼树空间格局特征分析

采用结合方差/均值比率法（V/m）、负二项参数（K）、丛生指数（I）、平均拥挤度指标（m^*）、聚块性指数（m^*/m）、Cassie 指标（CA）6 种聚集度指标，根据评判标准判断针叶林林分和更新的空间聚集程度，即方差/均值比率法 V/m=1 表示随机分布，V/m＞1 表示聚集分布，V/m＜1 表示均匀分布；通常负二项参数 K 越大越接近随机分布；丛生指数 I=0 表示随机分布，I＞0 表示聚集分布，I＜0 表示均匀分布；聚块性指数 m^*/m=1 表示随机分布，m^*/m＞1 表示聚集分布，m^*/m＜1 表示均匀分布。

不同更新等级的样地，林分林木的空间结构和更新幼树的空间结构表现出相同的空间格局，均呈现出聚集分布，具有一致性（表 5-50）。

表 5-50 林分林木与更新幼树空间格局特征分析

样地分类		空间格局参数						空间格局
		V/m	K	I	m^*	m^*/m	CA	
更新差	林分林木	5.20	7.00	4.20	33.60	1.14	0.14	聚集分布
	更新幼树	1.59	6.48	0.59	4.39	1.15	0.15	聚集分布
更新一般	林分林木	2.52	19.90	1.52	31.78	1.05	0.05	聚集分布
	更新幼树	5.22	2.05	4.22	12.85	1.49	0.49	聚集分布
更新好	林分林木	4.12	9.26	3.12	3.91	1.11	0.11	聚集分布
	更新幼树	11.47	1.21	10.47	23.11	1.83	0.83	聚集分布
总体	林分林木	123.08	0.24	122.08	151.25	5.19	4.19	聚集分布
	更新幼树	8.09	1.18	7.09	15.43	1.85	0.85	聚集分布

5.4.1.4 云杉幼苗与大树的最佳距离

本研究将以 5m×5m 的小样方为单元，使用 Surfer 软件，采用 Kriging 插值法，对云杉幼苗分布较多的几个样方中点与最近的大树所在样方的中点连接截取横截面，如图 5-26 和 5-27 所示。

标准地 1 中，以 5m×5m 的小样方为单元统计云杉幼苗株数，发现株数最多为 6 株，其次为 4 株、3 株，以 2 株分布较多。与最近云杉大树的距离最短为 10m，最长为 30m，但大多距离分布范围在 10～15m（图 5-26）。

标准地 2 中，云杉幼苗株数为 2 株以上时空间分布呈现斑块，对其与最近大树所在样方中点截取横截面进行分析，发现云杉幼苗与大树之间的距离主要分布在 10m 左右和 20～25m 范围（图 5-27）。云杉幼苗与大树的距离表现为标准地 1 比标准地 2 更小。

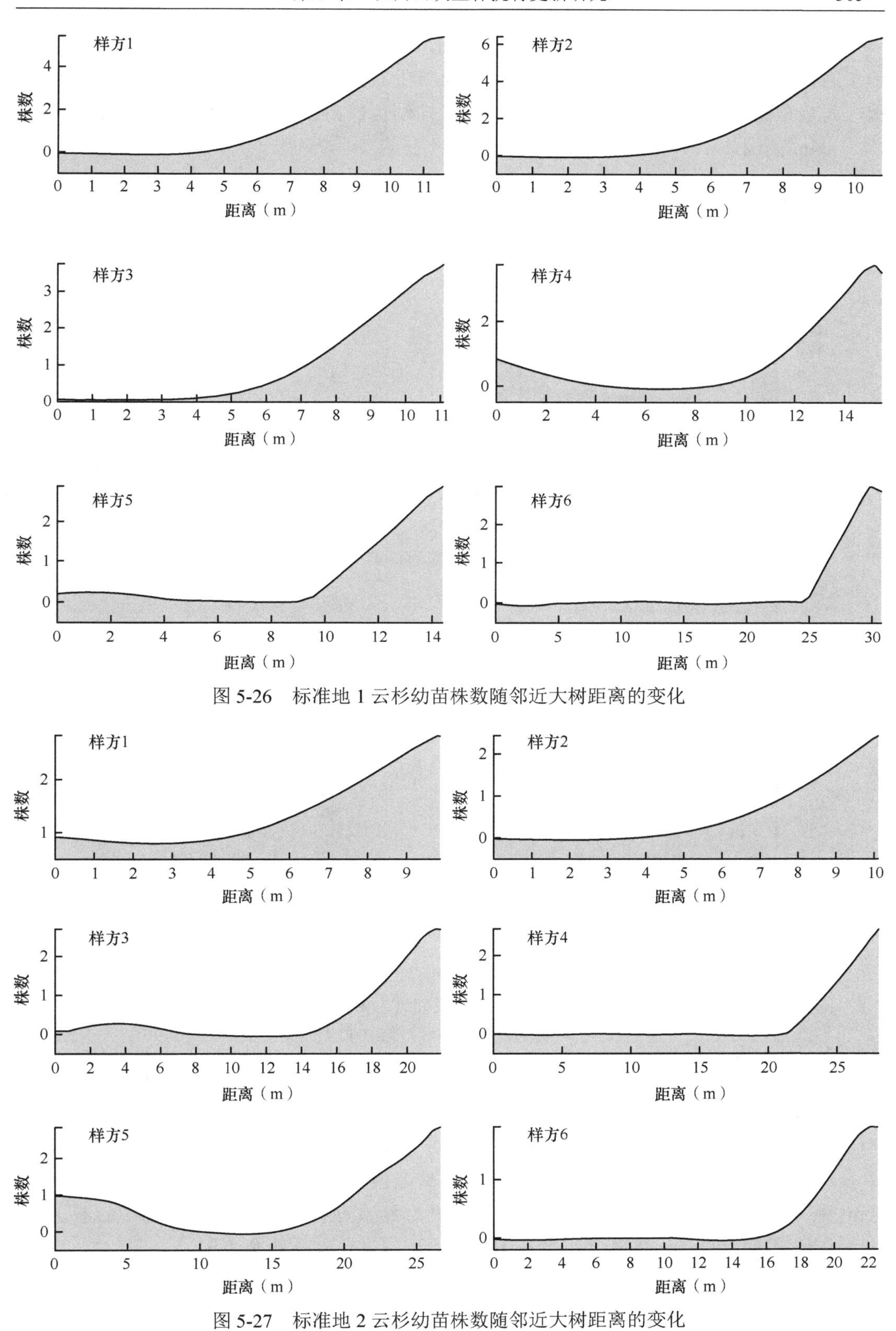

图 5-26　标准地 1 云杉幼苗株数随邻近大树距离的变化

图 5-27　标准地 2 云杉幼苗株数随邻近大树距离的变化

以云杉幼苗与邻近大树 1m 为距离区间，统计各区间的幼苗株数，如图 5-28 所示。由图 5-28A 可以看出，云杉幼苗集中分布于距离大树 7 ～ 10m 和 11 ～ 15m 的范围，其余距离株数分布较少；由图 5-28B 中可知幼苗株数出现两个峰值，即 10m 左右和 17 ～ 24m 范围。

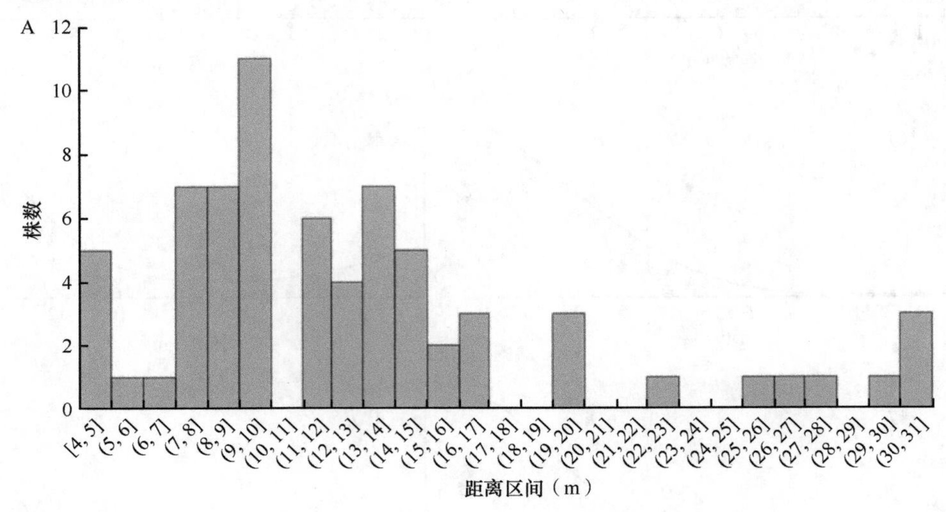

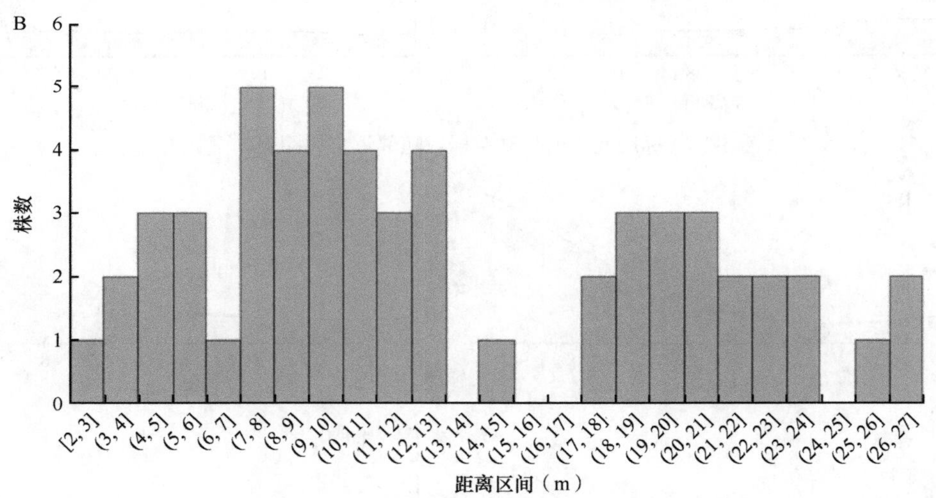

图 5-28　云杉幼苗株数随邻近大树距离的变化

A、B 分别代表标准地 1 和标准地 2

利用两种方法分析发现，云杉幼苗距大树的较远或较近的地方株数分布均较少，仅在距离大树一定距离范围内的株数分布较多。两种方法均显示，标准地 1 中云杉幼苗与大树距离较短，方法 1 显示云杉幼苗主要分布于大树的 10 ～ 15m 距离范围，方法 2 显示云杉幼苗与大树主要分布于 7 ～ 15m 距离范围，云杉幼苗与大树的最远距离约为 30m；标准地 2 中云杉幼苗主要集中分布于两个距离范围，方法 1 显示为 10m 附近与 20 ～ 25m 的距离范围，方法 2 主要在 10m 附近和 17 ～ 24m 距离范围。

两种方法对于确定云杉幼苗与大树的最佳距离都具有一定的指导意义。云杉幼苗与大树分布遵循 Janzen-Connell 假说，即在距离大树较远或较近的地方幼苗株数分布较少，幼苗多出现在距大树的一定距离范围内（韩有志和王政权，2002）。通过两种不同的方法对云杉幼苗与大树最佳距离的确定，发现在密度较小的林分中（如林分 1），光照条件较好，由于云杉幼苗在生长时需要大树的庇护，因此主要分布在与大树距离 10 ～ 15m 的范围内，在较远的距离幼苗株数较少；而对于密度较大的林分（如林分 2），由于林下部分区域光照条件较差，幼苗与大树距离分布在 10m 附近和 20 ～ 25m 范围。通过应用不同方法对两个林分进行分析，发现这两种方法分析结果相似，方法 1 直观地显示了幼苗与大树在林内的位置分布，可以通过横截面展现林分内不同区域的云杉幼苗与邻近大树的距离，但此方法在分布较离散的情况下需要截取多个横截面，操作较为繁杂。而方法 2 仅通过距离区间株数统计，确定最佳距离，方法操作较简便，但由于空间异质性，在不同的区域林木空间分布不同，因此该方法仅适用于平均状态。

5.4.2　云冷杉针叶林生长模型

本研究通过不同的单木生长因子，分别为云冷杉针叶林主要树种建立单木进界模型、单木枯损模型及单木断面积生长模型和单木冠幅生长模型，为理解单木生长规律及科学经营决策提供依据。

5.4.2.1　树种组划分和变量选择

1. 树种组划分

根据树种的生长和部分生物学特性，将树木分成 7 个树种组（吉林省林业厅，2013）：云杉、冷杉、红松、长白落叶松、慢生阔叶（包含水曲柳、紫椴、柞树、色木槭、硕桦、黄檗）、中生阔叶（包含春榆、白桦）、速生阔叶（包括大青杨、柳树），在后续建模中，根据研究内容的需要，将其部分树种组进行合并。由于云冷杉和红松等针叶树的幼树阶段生长习性相近，在进界模型中将其合并，树种划分为：①落叶松（长白落叶松）；②其他针叶树（云杉、冷杉和红松）；③阔叶树（慢生阔叶、中生阔叶和速生阔叶）。枯损与单木成熟相关，因此根据树种生长特性，同时合并枯损计数较少的速生阔叶树种，最后分为慢生针叶（包含红松和云杉）、中生针叶（包含冷杉和长白落叶松）、慢生阔叶、中生阔叶（将速生阔叶的大青杨、柳树并入中生阔叶）4 个树种组。

2. 变量选取

模型变量主要包括立地因子、单木因子、林分因子和竞争因子。其中，立地因子包括样地海拔（HB）、坡向（PX，以北为 0°，顺时针为正方向，范围为 0° ～ 360°）、坡度（PD）、土壤厚度（TR）和腐殖质厚度（FZZ）。单木因子包括胸径（D）、树高（H）、枝下高（BLC）、冠幅（CW，本节所指冠幅为两个方向平均值）、枯损和进界木情况，林分因子包括每公顷株数（N）、每公顷断面积（BA）、优势胸径（DD）、优势树高（HD）等及树木的枯损和进界木情况，此外还有部分其他组合因子，详见表 5-51。

表 5-51　基础模型候选自变量及其描述

变量组	变量	说明	变量	说明
单木因子	*D*	胸径（cm）	*H*	树高（m）
	HDR	高径比，即树高与胸径的比值	BLC	枝下高（m）
	CW	冠幅，本研究指两个方向平均值（m）		
林分因子	*N*	林分每公顷株数	BA	林分每公顷断面积（m^2/hm^2）
	DD	优势胸径，最大的3株树 *D* 的平均（cm）	Dg	林分每公顷断面积平均胸径（cm）
	HD	优势树高，最高的3株树 *H* 的平均（m）	Shannon-Wiener	香农-维纳指数，即生物多样性指数
	TI	间伐强度（%）	YaT	距离上一次间伐经过的年份
立地因子	HB	海拔（m）	PX	坡向（正北为0°，正东为90°，顺时针）
	PD	坡度（°）	TR	土壤厚度（cm）
	FZZ	腐殖质厚度（cm）	ln*E*	海拔的自然对数
	sin*A*	坡向的余弦值	cos*A*	坡向的正弦值
	Sl	坡率，即坡度的正切值	SlC	Sl 和 cos*A* 的乘积
	SlS	Sl 和 sin*A* 的乘积	sin*A*ln*E*	sin*A* 和 ln*E* 的乘积
	cos*A*ln*E*	cos*A* 和 ln*E* 的乘积		
竞争因子	BAP	各树种（组）断面积占林分断面积之比	BAI	样地内大于对象木的林木断面积和（m^2/hm^2）
	N_SZ	样地内各树种（组）的株数	BA_SZ	样地内各树种（组）的断面积（m^2/hm^2）
	LDN	大于对象木的株数	DBA	胸径的平方与林分断面积的比

进界模型研究林分变量信息详见表 5-52。

表 5-52　进界模型林分变量特征统计表

树种变量	长白落叶松			其他针叶树			阔叶树		
	BAI（m^2/hm^2）	BAP	*N*（株/hm^2）	BAI（m^2/hm^2）	BAP	*N*（株/hm^2）	BAI（m^2/hm^2）	BAP	*N*（株/hm^2）
平均值	6.37	0.28	862	14.30	0.63	822	4.06	0.20	825
最小值	0.06	0.003	150	0.24	0.02	50	0.06	0.002	50
最大值	27.06	0.96	1750	45.08	1	1850	23.83	1	1850
标准差	5.55	0.23	256	8.67	0.27	311	3.65	0..17	311

枯损模型研究数据以树种组为单位，通过随机抽样方法选取 80% 数据用于建模，剩余 20% 数据用于检验，建模数据和检验数据的基本因子见表 5-53。

表 5-53　枯损模型林分变量特征统计表

树种组	慢生针叶	中生针叶	慢生阔叶	中生阔叶
株数	32 372	32 372	34 547	18 933
D（cm）	5 ～ 75.1 （18.13±11.08）	5 ～ 75.1 （18.13±11.08）	5.0 ～ 72.2 （12.64±7.27）	5.0 ～ 46.9 （11.01±5.38）
BA（m^2/hm^2）	0.06 ～ 31.12 （10.38±5.65）	0.06 ～ 31.12 （10.38±5.65）	0.05 ～ 30.33 （6.66±5.19）	0.05 ～ 20.49 （3.37±3.08）
枯损株数	723	723	590	760

注：慢生针叶包含红松和云杉，中生针叶包含冷杉和长白落叶松，将数量少的速生阔叶中大青杨和柳树并入中生阔叶树种组，表内表示形式为最小值～最大值（平均值±标准差）

断面积生长模型数据概况见于表 5-54。

表 5-54　用于模型建立和验证的数据集概况

树种	数据集	株数	平均胸径（cm）	胸径平均生长量（cm）
中生针叶	建模	28 994	16.88±8.7①	0.39±0.21
	验证	12 435	16.97±8.8	0.41±0.2
慢生针叶	建模	21 552	18.37±10.88	0.36±0.2
	验证	9 239	18.28±10.9	0.38±0.19
中生阔叶	建模	10 286	11.5±5.6	0.1±0.13
	验证	4 410	11.42±5.5	0.12±0.15
慢生阔叶	建模	23 474	12.92±7.27	0.17±0
	验证	10 063	12.88±7.22	0.18±0
速生阔叶	建模	1 371	13.55±5.92	0.07±0.08
	验证	587	13.45±5.83	0.09±0.1

注：慢生针叶包含红松和云杉，中生针叶包含冷杉和长白落叶松；①表示为平均值±标准差

冠幅模型林分变量特征统计见表 5-55。

表 5-55　冠幅模型林分变量特征统计表

树种组	云杉	冷杉	红松	长白落叶松	慢阔	中阔
株数	371	851	408	148	1188	322
D（cm）	5 ～ 49.5 （22.66±11.8）	5 ～ 39.8 （14.71±8.54）	5 ～ 50.2 （23.62±7.25）	9.3 ～ 38.5 （25.27±7）	5 ～ 39.8 （15.48±7.95）	5.2 ～ 29.5 （14.83±6.26）
H（m）	1.8 ～ 28.4 （14.56±5.98）	1.7 ～ 30.4 （11.13±5.52）	1.9 ～ 26.2 （13.46±5.58）	10.3 ～ 28.1 （19.49±3.58）	2.2 ～ 27.3 （12.00±5.07）	3.6 ～ 26.8 （12.13±4.73）
CW（m）	1.35 ～ 15.9 （5.18±2.35）	0.8 ～ 19.2 （4.53±3.02）	0.98 ～ 15.85 （5.45±2.62）	1.6 ～ 15 （5.7±2.39）	1 ～ 22.35 （5.17±2.4）	1.55 ～ 11.35 （5.2±1.83）
BLC（m）	0.6 ～ 18.1 （5.97±3.58）	0.8 ～ 19.2 （4.53±3.02）	0.4 ～ 21.3 （6.37±3.32）	1.5 ～ 19.5 （11.3±3.52）	0.2 ～ 19 （5.53±3.33）	0.3 ～ 18.7 （5.4±3.13）

注：表内表示形式为最小值～最大值（平均值±标准差），中阔为中生阔叶和速生阔叶的合并树种组

5.4.2.2 进界模型

1. 模型拟合

林分进界木株数主要与林分年龄、林分株数密度、林分平均直径、林分优势木平均高有关，在变量选择中，首先通过方差膨胀因子（VIF）选择不具有多重共线性的变量，一般认为当 VIF＜10 时，就可以忽略变量之间共线性的问题。发现林分株数密度（N）、林分断面积（BA）、林分平均直径（Dg）及各树种断面积（Bai）任意两个变量之间均不存在多重共线性（VIF＜10）。将上述林分特征因子和立地因子作为自变量，通过不同模型模拟分析云冷杉林的进界情况。本研究采用零膨胀负二项（zero-inflated negative binomial，ZINB）回归模型拟合进界模型。零膨胀负二项回归模型是在零膨胀模型的基础上而提出的。其概率质量函数为

$$P\left(Y=y;\omega,\mu\right)=\begin{cases}\omega+\left(1-\omega\right)\dfrac{\theta^{\theta}}{\left(\theta+\mu\right)^{\theta}}, & y=0\\ \left(1-\omega\right)\dfrac{\Gamma\left(\theta+y\right)}{\Gamma\left(\theta\right)\Gamma\left(y+1\right)}\dfrac{\theta^{\theta}\mu^{y}}{\left(\theta+\mu\right)^{\left(\theta+y\right)}}, & y>0\end{cases} \tag{5-23}$$

当 ω=0 时，式（5-23）零膨胀负二项分布退化为负二项分布，当 $1/\theta$ 趋向于 0 时，零膨胀负二项变为零膨胀模型。

2. 参数估计

各树种组的零膨胀负二项形式的进界模型参数估计详见表 5-56。

表 5-56　各树种组的零膨胀负二项形式的进界模型参数估计

参数	长白落叶松		其他针叶树		阔叶树	
	离散部分	零部分	离散部分	零部分	离散部分	零部分
截距				3.2563***		
				（0.0314）		
BA		0.8773*	0.0425***	0.0989***	0.0473***	0.1401**
		（0.5033）	（0.0103）	（0.0236）	（0.0081）	（0.0609）
Dg						–0.2718**
						（0.119）
BA_SZ			–0.0365***		0.0989***	
			（0.0126）		（0.0195）	
N	–0.0023***	–0.0290*			–0.0020***	
	（0.0003）	（0.0175）			（0.0003）	
cos$A$ln$E$					–0.0419**	
					（0.0169）	

注：*** 表示 P＜0.001；** 表示 P＜0.01；* 表示 P＜0.05，括号内为标准误

落叶松随着样地每公顷株数的增多，进界数量下降。在零部分，各参数估计是在 0.1 水平上显著，且林分断面积与落叶松进界呈正相关，而每公顷株数与进界呈负相关。也就是说，在林地中，密度越大，进界现象越不容易发生。其他针叶树模型的离散部分，进界现象与林分断面积和针叶树断面积在 0.05 的水平上显著相关。林分胸高断面积的参数估计为正值，与针叶树的进界呈正相关，而针叶树种断面积为负值，与进界呈负相关，不利于林分进界现象的发生。在零部分，林分断面积参数的估计也在 0.05 的水平上显著，且林分断面积与进界呈正相关，阔叶树在离散部分，林分断面积与阔叶树断面积越大，进界株数越多，而每公顷株数则反之，这 3 个预测因子都是在 0.05 的水平上显著相关。此外，立地条件也对进界有影响，进界株数与 $\cos A \ln E$ 呈负相关，表明高海拔立地不利于林木更新进界的发生（白学平，2019）。

5.4.2.3　单木枯损模型

1. 基础模型

在进行林分调查时，单木的存活状态可以使用数字 0（枯死）或 1（存活）表示。因此，树木的枯损观测结果是一种离散型变量，由于函数的值域需要严格限制在 [0,1] 区间，使用非线性函数拟合通常较为困难，而线性模型在拟合林木枯损时也存在一定的局限性，因为其要求随机误差服从数学期望为 0 的正态分布，同时因变量为连续变量且服从正态分布，林木枯损的二分类变量显然不满足这一假设条件，且由于固定样地的重复观测值在时间上存在连续性。因此，本研究采用二分类 Logistic 回归混合效应模型（GLMM），加入了样地水平的随机效应，将不同组合的参数效应加入到模型中进行拟合并对比最终效果。单木枯损二分类 Logistic 混合模型的通用表达式如下：

$$P = \frac{\exp\left(b_0 + b_1x_1 + b_2x_2 + b_3x_3 + \cdots + b_nx_n\right)}{1 + \exp\left(b_0 + b_1x_1 + b_2x_2 + b_3x_3 + \cdots + b_nx_n\right)} \tag{5-24}$$

2. 混合效应模型

本研究中混合模型的构建遵循以下 3 个步骤。

1）确定参数效应。将模型中所有参数看作在样木及样地层次含有随机效应的混合参数，即含有“样木效应”和“样地效应”，根据各参数的生物学意义将含不同参数组合的模型进行拟合，利用 AIC、BIC 及对数似然比等统计量比较模型的拟合优度，选出最优参数组合。

2）确定误差效应的方差协方差结构（Ri）。拟采用一阶自回归模型、一阶移动平均模型及一阶自回归与移动平均模型来解决。

3）确定随机效应的方差协方差结构（D）。拟采用 4 种常用的方差协方差结构，即无结构（UN）、复合对称（CS）、对角矩阵（diagonal matrix）、广义正定矩阵（general positive definite matrix）。

随机效应的方差协方差结构反映了样地间的变化。本研究采用的是无结构（UN），矩阵数学形式见式（5-25）。

$$UN=\begin{Bmatrix} \sigma_{b_1}^2 & \sigma_{b_1b_2} & \sigma_{b_1b_3} & \sigma_{b_1b_4} \\ \sigma_{b_1b_2} & \sigma_{b_2}^2 & \sigma_{b_2b_3} & \sigma_{b_2b_4} \\ \sigma_{b_1b_3} & \sigma_{b_2b_3} & \sigma_{b_3}^2 & \sigma_{b_3b_4} \\ \sigma_{b_1b_4} & \sigma_{b_2b_4} & \sigma_{b_3b_4} & \sigma_{b_4}^2 \end{Bmatrix} \tag{5-25}$$

3. 阈值分析

通过二分类 Logistic 混合模型所得到的预测结果是每株树发生枯损的概率，因此需要确定合理阈值将预测概率结果转换为二分类预测结果，当枯损概率大于阈值时预测为枯死，小于阈值则预测为存活。阈值选取的合理性会对模型的预测效果有着较大影响。林木枯损预测混淆矩阵见表 5-57。

表 5-57　林木枯损预测结果混淆矩阵

项目		观测类别		行和
		枯损	存活	
预测类别	枯损	α_{11}	α_{12}	A_{1m}
	存活	α_{21}	α_{22}	A_{2m}
列和		A_{n1}	A_{n2}	A_{nm}
敏感度=α_{11}/A_{1m}；特异度=α_{22}/A_{2m}				

注：α_{11} 表示正确预测树木枯损的株数，α_{12} 表示错误预测树木枯损的株数，α_{21} 表示错误预测树木存活的株数，α_{22} 表示正确预测树木存活的株数，A_{1m} 表示枯损观测值，A_{2m} 表示存活观测值，A_{n1} 表示枯损预测值，A_{n2} 表示存活预测值，A_{nm} 表示总株数

本研究在 0 ～ 1 区间内，以 0.001 为间隔生成了 1000 个随机阈值，计算每个随机阈值对应的敏感度和特异度，各树种组模型采用 MST 原则（向玮等，2008）选取的阈值，MST 原则指敏感度和特异度之和最大时对应的阈值。

4. 参数估计

各树种组的二分类 Logistic 混合模型参数估计汇总见表 5-58。

表 5-58　二分类 Logistic 混合模型参数估计

变量	慢生针叶	中生针叶	慢生阔叶	中生阔叶
截距	–8.46（0.40）***	–4.83（0.15）***	–8.62（0.47）***	–4.70（0.44）***
D	0.45（0.04）***	0.93（0.07）***		
$1/D$		0.29（0.05）***	0.09（0.04）**	0.10（0.04）*
Dg	0.23（0.02）***		0.18（0.02）***	0.07（0.03）**
N		–0.39（0.07）***		
SW			0.29（0.10）***	
BAL		0.75（0.07）***		1.12（0.09）***
DBA	–0.26（0.06）***			
LDN		0.15（0.01）***	0.14（0.14）***	
InE				0.20（0.09）*

注：* 表示参数估计值显著（P＜0.05），** 表示参数估计值显著（P＜0.01），*** 表示参数估计值极显著（P＜0.001），括号内为标准误

胸径作为重要的测树因子在各树种的枯损模型中有较大影响，研究发现的林木枯损率（图 5-29）的曲线是一个典型的 U 形曲线（Eid and Tuhus，2001）。小树枯损数目最多，随着径级的增长枯损数量逐渐下降（王涛等，2018），但当胸径增大到受外在因素制约时，枯损数量又逐渐上升。幼树阶段处于林分下层，且与周围树木竞争力大，枯损率较高，随树木的生长出现下降，在生长到达顶峰后再次上升，此外，树木的心腐程度与胸径呈正相关（刘星旦等，2017），导致水分运输困难加大，树木体内的稳定状态更难以维持，增加受到病虫害的概率，会导致树木枯损率的上升（Ryan et al.，1997），检查法近 20 年来无大规模采伐作业，林内存在许多超大胸径的针叶树，处于林冠的上层，容易遭受风灾的影响（Larson and Franklin，2010），更易形成风倒而导致枯损，使得两种针叶树的模型中单木枯损与胸径成正比。而阔叶树种在林分中处于下层，大胸径的阔叶树较少，其枯损率曲线还仅处于 U 形曲线的下降阶段，表现出单木枯损与胸径成反比的趋势。

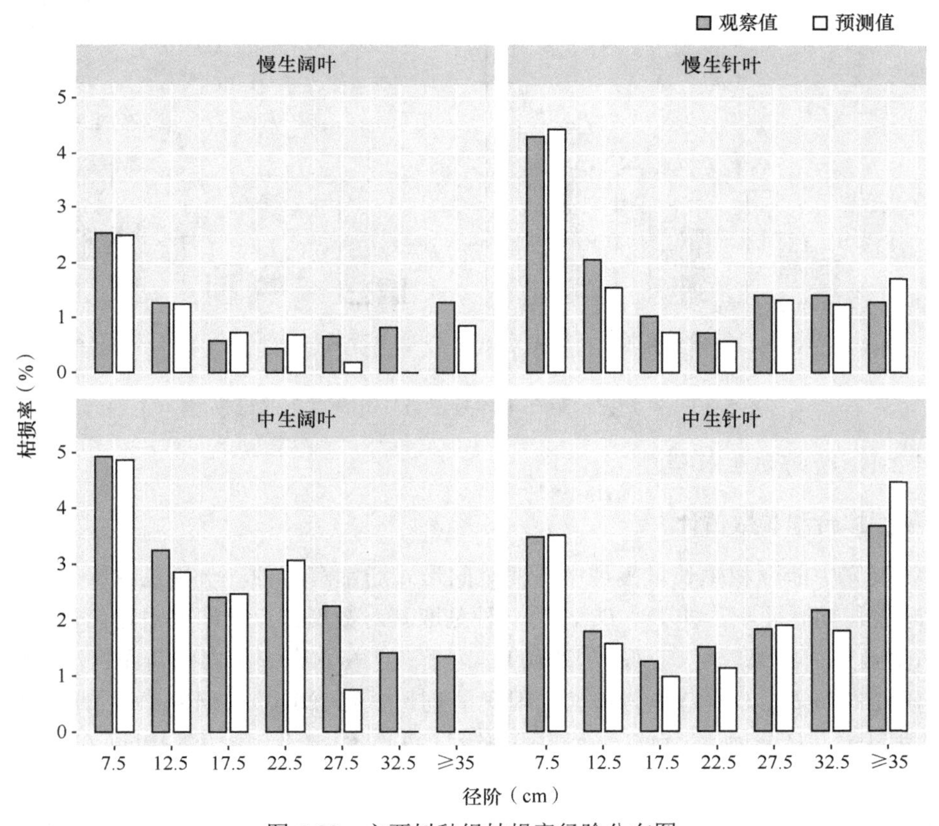

图 5-29　主要树种组枯损率径阶分布图

如图 5-30 所示，密度和竞争是树木间相互作用的一个重要方面，在表 5-58 中单木枯损与林分平均胸径（Dg）呈正相关，胸径与林分断面积比（DBA）在慢生针叶树种组模型呈负相关，大于对象木的株数（LDN）和断面积（BAL）在各树种模型中呈正相关等都说明随着竞争的加剧和单木个体的生长发育，林分竞争会引发森林的林木分级和自然稀疏，这一过程中，在林分密度较高的环境下且处于被压层的树木容易枯损。

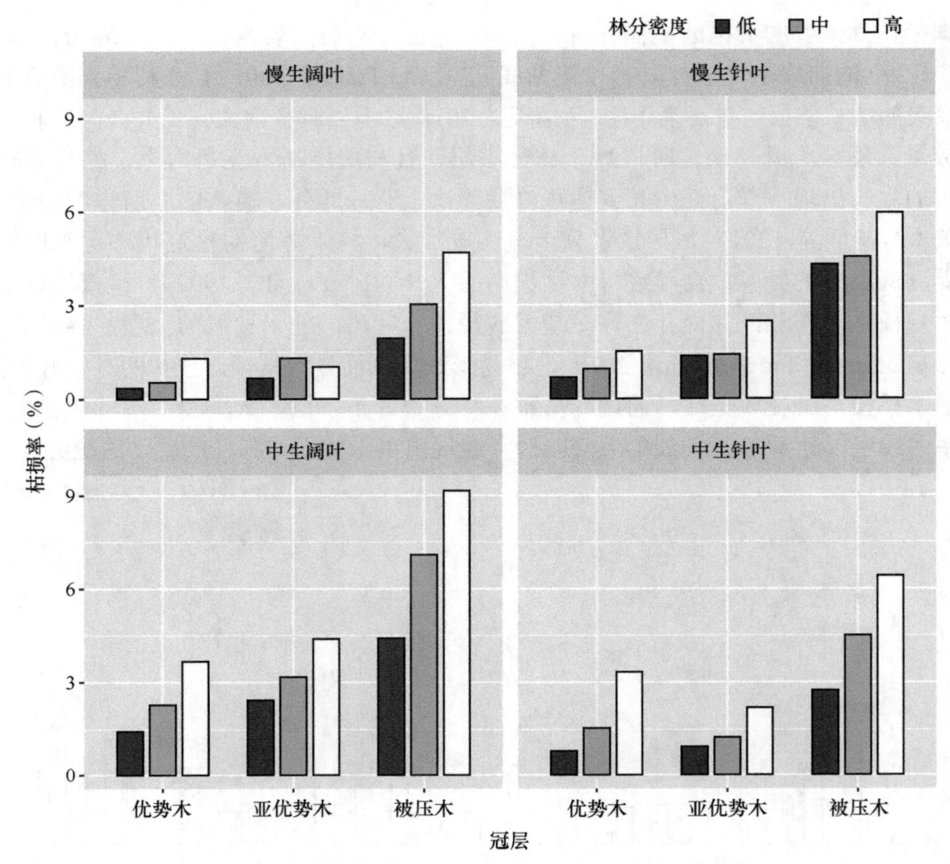

图 5-30　主要树种组在不同冠层与林分密度下的枯损率

5.4.2.4　断面积生长模型

1. 模型拟合和参数估计

以往研究中断面积生长量模型中自变量的形式通常有两种，一种是直接用 5 年后的断面积减去初期断面积，即 $D_2^2-D_1^2$，另一种是取其对数形式。本研究对这两种形式试验后发现，对数形式结果较好（赵俊卉，2010）。由于有些树木在 5 年内的断面积生长小于 1，因此本研究将 $\ln(D_2^2-D_1^2+1)$ 作为模型的因变量（杜志等，2020）。研究中评价的自变量组包括竞争因子、林分属性［包含采伐蓄积强度（TI）、距离上一次间伐时间（YaT）］和立地条件，各因子详见表 5-51。

本研究采用逐步回归，依据相关性分析，选择与因变量相关性强的自变量进入模型，自变量组包括单木因子、林分因子、竞争因子和立地因子，各因子详见表 5-51 对进入模型的变量进行回归系数显著性检验和共线性检验，最终模型形式如下：

$$\ln(D_2^2-D_1^2+1)=a+f(C)+f(A)+f(S) \tag{5-26}$$

式中，a 为截距，$f(C)$ 为以单木大小、竞争因子自变量的子模型，$f(A)$ 为包括林分属性因子和采伐强度的子模型，$f(S)$ 为以立地条件为自变量的子模型，3 个子模型均为线性模型。

由于断面积生长数据的重复观测和层次性，拟采用混合效应模型方法进行参数估计。对于基础模型，参数的计算拟采用基于最大似然估计的逐步回归法，参照本章枯损模型中混合模型原理，在基础模型上构建混合模型，各树种模型的参数估计详见表 5-59。

表 5-59　断面积生长混合模型的参数估计表

树种组	慢生针叶	中生针叶	慢生阔叶	中生阔叶	速生阔叶
截距	8.70（0.80）***	7.45（0.83）***	7.81（0.92）***	5.19（1.05）***	20.64（3.04）***
1/*D*	0.26（0.005）***	0.25（0.00）***	−18.00（0.17）***	0.26（0.01）***	0.28（0.015）***
D^2	−0.01（0.00）***	0.00（0.00）***	−0.00（0.00）***	0.01（0.00）***	−0.00（0.00）***
BA		−0.03（0.00）***	−0.02（0.00）***	0.04（0.00）***	
BA_SZ				0.07（0.00）***	
BAL	−0.03（0.00）***		−0.03（0.00）***	0.07（0.01）***	
N			−0.00（0.00）***		−0.00（0.00）***
N_SZ	−0.00（0.00）***	0.00（0.00）***			0.00（0.00）***
ln*E*	−1.11（0.12）***	−0.96（0.12）***	−0.34（0.14）**	−0.57（0.16）***	−3.00（0.47）**
SlC					0.53（0.38）*
SlS	0.26（0.07）***	0.57（0.07）***			
sin*A*ln*E*			0.01（0.00）**	0.01（0.00）***	
TI	0.87（0.09）***				
YaT	−0.02（0.00）***	−0.03（0.00）***	−0.03（0.00）***	−0.01（0.00）***	−0.07（0.01）***
u_i	0.31（0.81）	0.33（0.76）	0.31（0.89）	0.37（0.86）	0.47（0.85）
AIC	77 508.65	992 32.62	898 64.71	389 78.28	530 4.27
BIC	77 592.00	993 27.58	899 57.34	390 61.83	536 0.07

注：* 表示参数估计值显著（$P<0.05$），** 表示参数估计值显著（$P<0.01$），*** 表示参数估计值极显著（$P<0.001$），括号内为标准误，u_i 表示把样地层次作为随机效应的参数

从以上 5 个树种组的断面积生长模型来看：各竞争因子中，大于对象木的断面积对各树种的影响都较大，大于对象木的断面积较大的树木，其生长量较小，林分总断面积和株数密度也是影响断面积生长的重要因子，林分总断面积和株数密度越大，断面积生长量越小。本研究将采伐强度作为自变量，结果表明采伐不仅可以调节林分密度，采伐强度还可通过影响生长环境等对断面积生长量产生较大影响，所有树种的断面积生长量与林分距上一次采伐年成反比，采伐后减少了树木间的竞争，促进林分单木的生长（亢新刚等，2003），在立地因子中，断面积生长量与海拔的对数 ln*E* 成反比，在低海拔的阳坡，土壤的水肥营养条件较好且光照充足，单木断面积生长快（李俊清和周晓峰，1991）。

2. 模型评价

本研究对上述建立的慢生针叶、中生针叶、慢生阔叶、中生阔叶和速生阔叶的断面积生长混合模型的精度进行评价，并用独立数据进行验证，结果见表 5-60。从 R^2 来看，5 个树种组的精度为 0.51 ～ 0.72，模型精度由高到低依次为慢生针叶、中生针叶、速生阔叶、中生阔叶和慢生阔叶；从 RMSE 来看，建模数据和验证数据的 RMSE 分别为

0.7913 ～ 0.9517 和 0.8287 ～ 0.9928，可见用两者相差极小，模型稳定，可满足使用要求。

表 5-60 基于建模和检验数据的混合模型精度指标

数据集	统计量	慢生针叶	中生针叶	慢生阔叶	中生阔叶	速生阔叶
建模数据	MBE	–0.0012	–0.0048	0.0033	0.019	–0.0037
	MAE	0.5764	0.6073	0.707	0.7102	0.6947
	RMSE	0.7913	0.8365	0.9433	0.9383	0.9517
	R^2	0.7112	0.6754	0.5129	0.5425	0.5921
检验数据	MBE	0.0019	–0.0033	–0.0022	0.0086	–0.0405
	MAE	0.6249	0.6027	0.7132	0.7067	0.7160
	RMSE	0.8587	0.8287	0.9523	0.9255	0.9928

注：其中 MBE 为平均误差，MAE 为平均绝对误差，RMSE 为均方根误差，R^2 为决定系数

5.4.2.5 冠幅生长模型

1. 模型拟合

冠幅生长模型建立非线性混合模型，非线性混合效应模型包含固定效应参数和随机效应参数，是通过回归函数依赖于这两种类型参数的非线性关系建立的（Sheiner and Beal，1980；符利勇等，2012）。该模型的一般表达式为

$$\begin{cases} y_{ij} = f_i\left(v_i, \beta_i\right) + e_{ij} \\ e_i \mid \beta_i \sim N\left[0, \sigma_i\left(\beta_i, \gamma\right)\right] \\ \beta_i = g\left(z_i, \beta, b_i\right) \\ b_i \sim N\left(0, D\right), i = 1, 2, \cdots, m, \ j = 1, 2, \cdots, n_i \end{cases} \tag{5-27}$$

式中，y_{ij} 表示第 i 个研究对象在第 j 观测的响应变量值；参数向量 β_i 和预测变量 v_i 的非线性函数为 f_i；e_i 是 n_i 维误差项，假定对于所有的 i，e_i 都服从正态分布并满足 $E(e_i|\beta_i)=0$，$\mathrm{Var}(e_i|\beta_i)=\sigma_i(\beta_i,\gamma)$，$\sigma_i$ 是 e_i 的条件方差，为 $n_i \times n_i$ 维矩阵，与回归参数向量 β_i 及固定效应 γ 有关，$\beta_i=g(z_i, \beta, b_i)$ 为回归向量参数，与 $p\times 1$ 维的固定效应 β 及 $q\times 1$ 维的未观测随机效应 b_i 呈函数关系，一般情况只考虑 β_i 与 β、b_i 之间的线性关系。参照本章枯损模型中混合模型原理，在非线性回归模型上加入样地层次作为随机效应构建非线性混合模型，各树种冠幅模型形式见表 5-61。

表 5-61 各树种冠幅生长非线性混合模型形式

树种	模型形式
云杉	$\mathrm{CW} = \dfrac{\beta_1 + u_i}{1 + e^{\beta_2 + \beta_3 \times \ln(D+1)}} + \beta_4 \times \mathrm{BLC} + \beta_5 \times \mathrm{BAL} + \beta_6 \times \sin A \times \mathrm{Sl}$
冷杉	$\mathrm{CW} = \left(\beta_1 + u_i\right) \times \left(1 - e^{-\beta_2 \times D\beta_3}\right) + \beta_4 \times \mathrm{CL} + \beta_5 \times \mathrm{BAL} + \beta_6 \times \sin A \times \ln E$
红松	$\mathrm{CW} = \dfrac{\beta_1 + u_i}{1 + e^{\beta_2 + \beta_3 \times \ln(D+1)}} + \beta_4 \times \mathrm{BLC} + \beta_5 \times \mathrm{BAI} + \beta_6 \times \sin A \times \ln E$

续表

树种	模型形式
长白落叶松	$CW=\frac{(\beta_1+u_i)\times D}{\beta_2+D}+\beta_3\times BLC+\beta_4\times\sin A\times\ln E$
慢阔	$CW=\frac{\beta_1+u_i}{1+e^{\beta_2+\beta_3\times\ln(D+1)}}+\beta_4\times CR+\beta_5\times BAL$
中阔	$CW=a\times D^{\beta_2+u_i}+\beta_3\times BLC+\beta_4\times DBA$

注：β_1 ～ β_6 为混合模型的固定效应参数，u_i 为随机效应参数

2. 参数估计和模型评价

各树种组的非线性混合效应冠幅模型参数估计详见表 5-62。

表 5-62　断面积生长混合模型的参数估计表

树种组	云杉	冷杉	红松	长白落叶松	慢生阔叶	中生阔叶
β_1	8.50（0.46）***	5.37（1.02）**	10.3（0.65）***	12.5（0.81）***	7.84（2.31）*	2.23（0.26）***
β_2	1.18（0.19）***	0.2（0.01）*	1.29（0.10）***	20.36（1.56）***	0.92（0.02）***	0.34（0.04）***
β_3	–0.10（0.01）***	0.85（0.03）***	–0.08（0.01）***	–0.11（0.02）***	–0.11（0.00）***	–0.08（0.03）**
β_4	–0.06（0.03）*	0.07（0.01）**	–0.06（0.03）*	0.09（0.02）*	0.95（0.11）*	0.01（0.01）**
β_5	–0.03（0.01）*	–0.02（0.00）*	–0.03（0.01）*		–0.03（0.00）*	
β_6	–0.12（0.07）*	0.05（0.01）*	0.41（0.17）*			
u_i	1.39（1.38）	5.13（1.53）	1.17（1.55）	0.37（0.86）	0.47（0.85）	0.04（1.50）
AIC	1414.68	3158.52	1596.18	1978.28	1304.27	1223.23
BIC	1446.01	3196.493	1628.27	1061.83	1360.07	1245.88

注：* 表示参数估计值显著（$P<0.05$），** 表示参数估计值显著（$P<0.01$），*** 表示参数估计值极显著（$P<0.001$），括号（）内为标准误，u_i 表示把样地层次作为随机效应的参数

各树种的冠幅与胸径都呈正相关，胸径越大，能给树冠输送更多的水分和无机盐。与枝下高成反比，枝下高较低，树冠下层的枝死亡的情况较少，树冠进而获得更好的光照条件和更大的光照面积。红松的冠幅与树种组的平均断面积呈负相关，树种组的平均断面积大，表明单位面积蓄积量大，林分内竞争越激烈。在竞争因子中，各树种冠幅与大于对象木的林木断面积（BAL）呈负相关，意味着大于对象木的林木断面积越大，在林分中胸径大于对象木的林木越多，竞争越激烈，林木会逐渐限制其树冠的发展或逐渐趋于死亡，导致冠幅变小。

云杉模型中冠幅与立地因子（Sl）呈负相关，说明坡向的正弦值和坡率的乘积与冠幅具有负相关关系，随着坡度增大，冠幅的生长受到抑制（郭红，2007）；冷杉、红松、长白落叶松模型中冠幅与立地因子（ln$E$）呈正相关，高海拔样地树木较少，缺乏竞争木的对象木趋近于自由树，树冠的冠幅变大，从而增加树干对降水的截留，帮助其适应高海拔土壤水分较少的现实条件。

3. 模型检验

通过十折交叉验证的方法进行模型的检验（范永东，2013）并用以下指标进行评价：平均预测误差（$\bar{e}$）、残差的方差（δ）、均方根误差（RMSE）、决定系数（R^2），如此循环十次，把循环的各评价指标平均，对模型拟合结果进行验证，结果详见表 5-63，建模和检验数据中决定系数的差异为 0.0062 ～ 0.0303，表明所有的模型稳定性良好。

表 5-63　各树种冠幅模型的检验结果

树种	建模数据				检验数据			
	$\bar{e}$	δ	RMSE	R^2	$\bar{e}$	δ	RMSE	R^2
云杉	–0.0727	2.8691	1.6931	0.4700	–0.0729	2.9317	1.6800	0.4950
冷杉	–0.009	2.4248	1.5563	0.3316	–0.0155	2.3808	1.5075	0.3436
红松	–0.0258	3.0287	1.7384	0.5510	–0.0022	3.2543	1.7991	0.5448
长白落叶松	–0.1325	4.2912	2.0688	0.2243	–0.1529	4.3527	2.2034	0.2456
慢阔	0.0039	3.9385	1.9837	0.3111	–0.0225	4.5521	2.1246	0.2808
中阔	0.0219	2.6106	1.6134	0.2136	0.2186	2.5538	1.6125	0.2250

5.4.3　云冷杉针叶林结构优化

森林结构可看作森林动态和生物物理过程的共同作用结果，体现了林木及其属性的连接方式，是森林生态系统及生物多样性研究的重要内容（Pommerening and Stoyan，2008；惠刚盈等，2013）。森林结构分析是对林分更新、竞争、自然稀疏和干扰活动等一系列活动的反映，已成为合理经营管理森林的有效手段（Gadow et al.，2012）。通过对森林结构合理分析可准确描述当前的森林状态，并对结构进行合理调整，优化将来的发展方向（Franklin et al.，2002）。本小节以云冷杉针叶林为研究对象，明确林分结构优化目标，在合理描述林分结构的基础上，构建林分结构优化模型。通过模型确定采伐木，逐渐优化云冷杉针叶林的空间结构和非空间结构，为该地区森林的可持续经营提供有效指导。

5.4.3.1　林分结构分析参数

1. 空间结构参数选取

为更全面地评价林分中树种空间隔离程度、水平分布、大小分化程度、疏密程度、侧方和上方的竞争程度及林层多样性等空间结构特征，选取传统基于 4 株相邻木的混交度、角尺度、大小比数（惠刚盈，1999；惠刚盈和胡艳波，2001）、密集度（胡艳波和惠刚盈，2015）、基于交角的林木竞争指数（惠刚盈等，2013）、林层多样性指数（吕勇等，2012）等结构参数量化表达林分空间结构特征。

2. 结构参数的三元分布

利用三参数联合，构建结构参数的三元分布分析云冷杉针叶林空间结构特征。本节选取混交度（M）、角尺度（W）和大小比数（U）组成结构参数的三元分布法，评价林分空间结构特征（惠刚盈，1999；惠刚盈和胡艳波，2001）。

选取的空间结构参数分别从不同的方面将林分空间结构定量化为 5 种分布状态，三参数的联合即可获得 5×5×5=125 种结构参数组合，计算不同结构参数组合上的株数分布，可绘制株数分布频率值与混交度、角尺度和大小比数的三元分布图，x 轴表示林木混交程度，y 轴表示林木水平分布状态，z 轴表示不同大小分化程度林木的相对分布频率值。

5.4.3.2　林分结构量化分析

1. 树种组成

3 个样地代表了云冷杉针叶林发育的 3 个阶段，树种多样性丰富的针阔叶混交林处于树种竞争演替阶段，其中阔叶树种桦木蓄积比 20%，云冷杉蓄积比 20%（样地 2）为第一发育阶段；针叶树种比例增加（样地 1），云冷比杉蓄积比 40%，为第二发育阶段；云冷杉蓄积比增加到 50%（样地 3），针叶林为主林层，为第二发育阶段。

2. 直径结构分布特征

云冷杉针叶林 3 个发育阶段直径分布均呈现反“J”型分布曲线，呈现出异龄林直径分布规律。第一发育阶段径阶分布范围是 6 ～ 46cm；第二发育阶段径阶分布范围为 6 ～ 44cm；第三发育阶段径阶分布范围是 6 ～ 62cm，树种多集中分布于 6cm 径阶处，从 6cm 开始，随径级的增加林木株数急剧减少，10cm 径阶之后，林木株数减少幅度减缓，林木株数在 42cm 径阶之后分布较少，一些大径阶没有株数分布（图 5-31）。

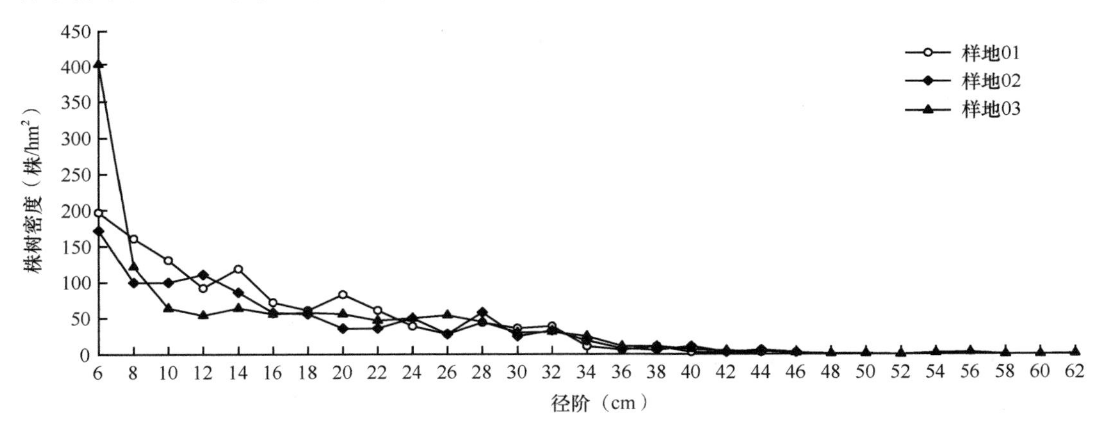

图 5-31　针阔叶混交林直径分布

采用负指数函数 $y=ae^{-bD}$ 分别拟合 3 块针阔叶混交林样地直径分布，得到样地 01 的拟合方程为 $y=0.2573e^{-0.081\,52D}$，R^2 为 0.95，q 值为 1.177；样地 02 的拟合方程为 $y=0.2362e^{-0.0772D}$，R^2 为 0.91，q 值为 1.167；样地 03 的拟合方程为 $y=4.4574e^{-0.4374D}$，R^2 为 0.84，q 值为 2.393。负指数分布对于第二发育阶段和第一发育阶段直径结构的拟合效果优于样地第三发育阶段，从 q 值来看，3 个发育阶段的样地林分直径分布结构可进一步进行优化调整，各样地拟合效果如图 5-32 所示。

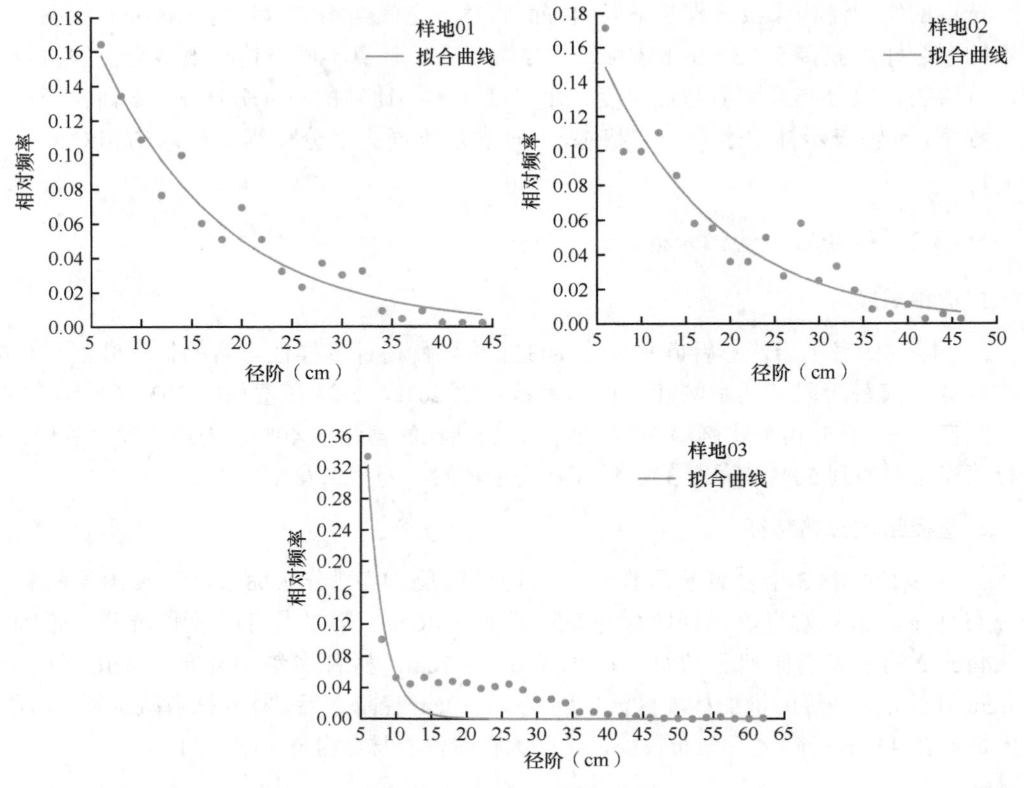

图 5-32　直径分布拟合曲线

3. 树种空间隔离程度

由图 5-33 可知，3 块样地随混交度指数增加，林木株数总体上呈增加的趋势，样地 01 平均混交度为 0.794，总体处于强度混交。随着混交程度的增加，林木株数逐渐增多，在混交度为 1.00 时，即 4 株相邻木全为不同种时，林木株数最多，所占比例为 0.447。

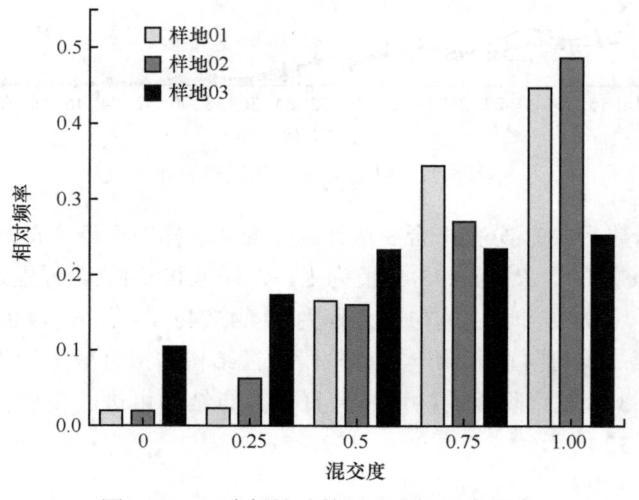

图 5-33　云冷杉针叶林树种空间隔离程度

样地 02 平均混交度为 0.785，总体处于强度混交状态，随着混交度的增加，林木株数逐渐增加，在极强度混交状态，林木株数最多，所占比例为 0.486，在零度混交时，即与本种树木相邻时，林木株数最少，所占比例为 0.020。样地 03 林木株数随混交度的增加，总体呈增加的趋势，平均混交度为 0.589，总体处于中强度混交。在极强度状态时，林木株数最多，所占比例为 0.253，在零度混交时，林木株数最少。

4. 林木大小分化程度

3 块样地大小比数在各分布状态的林木株数基本相似，大小比数变化幅度不大（图 5-34）。样地 01 大小比数总体呈减少的趋势，林木处于优势状态的株数分布最多，所占比例为 0.215，处于绝对劣势的林木株数分布最少，所占比例为 0.175。样地 02 大小比数先减少后增加，总体呈减少的趋势，在优势状态时林木分布最多，所占比例为 0.243，在劣势状态时林木分布最少，为 0.169。样地 03 林木株数呈先增加后减少的趋势，处于劣势状态的林木株数最多，所占比例为 0.215，处于绝对劣势状态的林木株数最少，为 0.165。从优势木所占比例来看，样地 02＞样地 01＞样地 03。

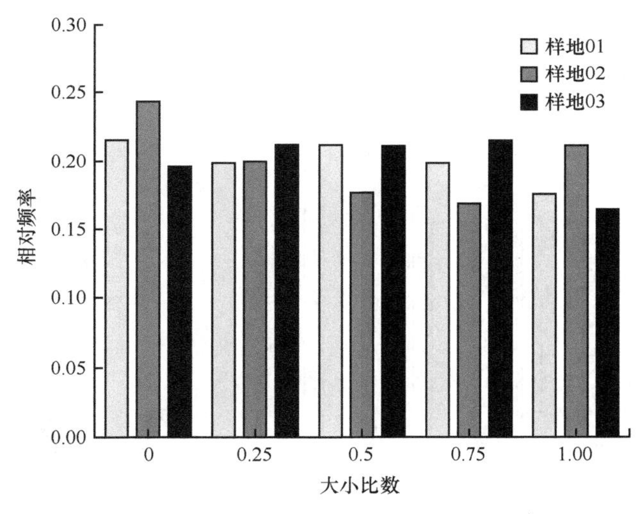

图 5-34　云冷杉针叶林林木大小分化程度

5. 林分密集度分析

3 块样地林木株数随密集度增加逐渐增加，密集度为 1.00 时林木株数显著高于其他密集度的株数分布（图 5-35）。3 块样地平均密集度分别为 0.858、0.953、0.854，密集度较高。样地 01 很稀疏的林木，即冠幅与 4 株相邻木均不相邻的株数仅占 0.030，样地 02 很稀疏的林木所占比例为 0.012，样地 03 很稀疏的林木所占比例为 0.010。从密集度来看，样地 02＞样地 01＞样地 03。

6. 林层多样性分析

3 块样地林层指数总体呈先增加后减少的趋势，样地林木株数主要集中在林层指数 0.17、0.33、0.50 处（图 5-36）。样地 01 平均林层指数为 0.448，在林层指数为 0.50 时林木株数分布最多，所占比例为 0.238；样地 02 平均林层指数为 0.492，在林层指数为 0.17

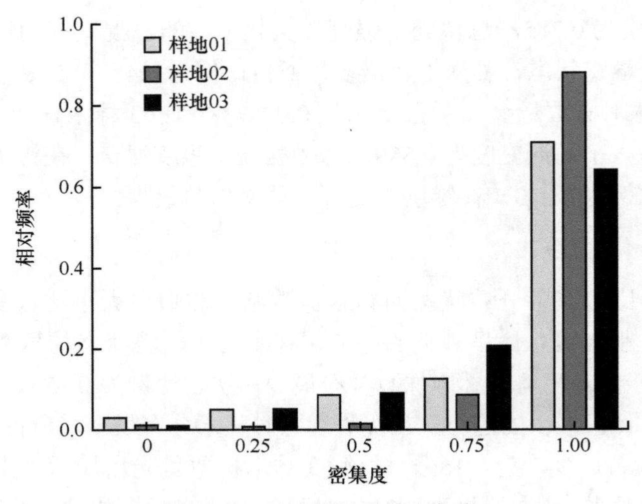

图 5-35 云冷杉针叶林密集度

时林木株数分布最多，所占比例为 0.220；样地 03 平均林层指数为 0.323，在林层指数为 0.33 时林木株数分布最多，所占比例为 0.254。从整体林层多样性来看，样地 02＞样地 01＞样地 03，3 块样地林层多样性均较低，需要进一步调整其林层结构。

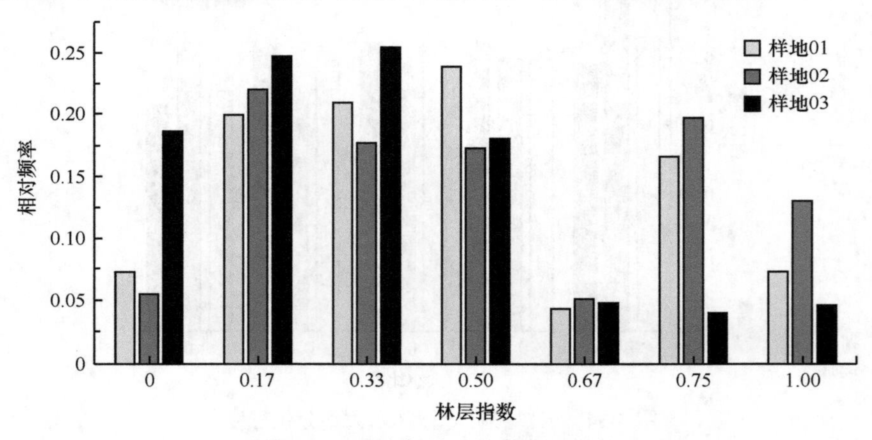

图 5-36 云冷杉针叶林林层多样性

7. 林木水平分布格局

3 块样地随角尺度增加，林木株数总体呈先增加后减少的趋势，平均角尺度分别为 0.517、0.510、0.508，总体处于随机分布状态；随机分布状态时，林木株数分布最多，所占比例分别为 0.583、0.569、0.558；很均匀分布状态时，林木株数分布最少，所占比例分别为 0.013、0.008、0.004（图 5-37）。从角尺度来看，样地 03＜样地 02＜样地 01，各样地林木仍存在水平分布状态不合理的林木，需要进一步调整其水平分布格局。

8. 优势树种竞争分析

（1）优势树种确定

依据各群落胸高断面积，利用优势度分析法确定各群落的优势树种。样地 01，*d* 值

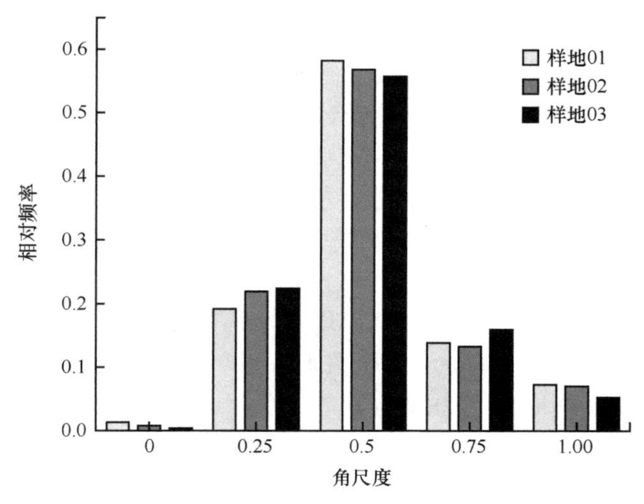

图 5-37　林木水平分布格局

最小为 0.000 115，群落有 6 个优势树种；样地 02，d 值最小为 0.000 065，群落有 7 个优势树种；样地 03，d 值最小为 0.000 037，群落有 3 个优势树种。

（2）优势树种竞争强度分析

由图 5-38 可知，样地 01 有 6 个优势树种，分别为长白落叶松、硕桦、云杉、白桦、冷杉、红松，其中，树种受到的平均竞争强度：冷杉＞云杉＞白桦＞红松＞硕桦＞长白落叶松，其中，冷杉受到的平均竞争强度最大，为 0.389，长白落叶松树种受到的平均竞争强度最小，为 0.0769。样地 02 有 7 个优势树种，分别为长白落叶松、硕桦、云杉、白桦、冷杉、红松、

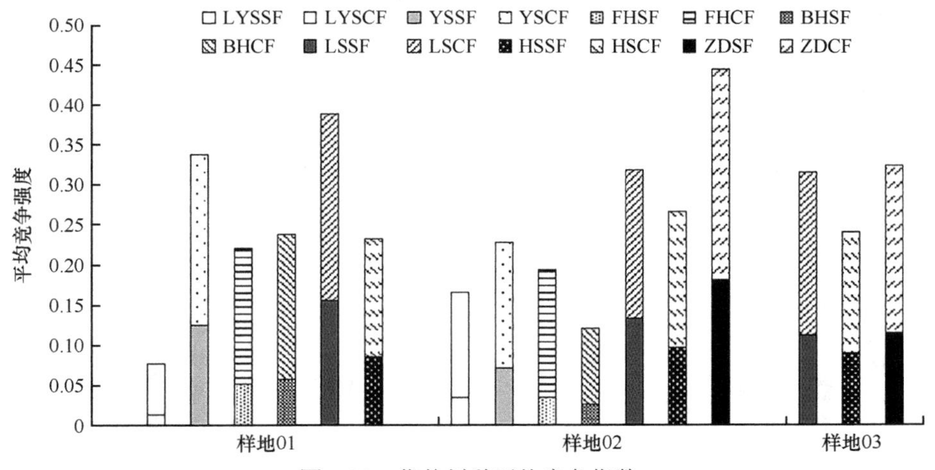

图 5-38　优势树种平均竞争指数

LYSSF. 长白落叶松上方遮盖（*Larix gmelinii* over shading）；LYSCF. 长白落叶松侧方竞争（*Larix gmelinii* side competition）；YSSF. 云杉上方遮盖（*Picea asperata* over shading）；YSCF. 云杉侧方竞争（*Picea asperata* side competition）；FHSF. 硕桦上方遮盖（*Betula costata* over shading）；FHCF. 硕桦侧方竞争（*Betula costata* side competition）；BHSF. 白桦上方遮盖（*Betula platyphylla* over shading）；BHCF. 白桦侧方竞争（*Betula platyphylla* side competition）；LSSF. 冷杉上方遮盖（*Abies fabri* over shading）；LSCF. 冷杉侧方竞争（*Abies fabri* side competition）；HSSF. 红松上方遮盖（*Pinus koraiensis* over shading）；HSCF. 红松侧方竞争（*Pinus koraiensis* side competition）；ZDSF. 紫椴上方遮盖（*Tilia amurensis* over shading）；ZDCF. 紫椴侧方竞争（*Tilia amurensis* side competition）

紫椴，树种受到的平均竞争强度：紫椴＞冷杉＞红松＞云杉＞硕桦＞长白落叶松＞白桦，其中，紫椴受到的平均竞争强度为0.445，白桦受到的竞争强度为0.120。样地03有3个优势树种，分别为冷杉、红松、紫椴，树种受到的平均竞争强度：紫椴＞冷杉＞红松，其中，紫椴受到的平均竞争强度为0.324，红松受到的竞争强度为0.240。

从上方竞争强度来看，样地01平均上方竞争强度为0.081，冷杉受到的平均上方竞争强度最大，为0.156，长白落叶松受到的平均上方竞争强度最低，为0.013；样地02平均上方竞争强度为0.082，紫椴受到的平均上方竞争强度最大，为0.181，白桦受到的平均上方竞争强度最低，为0.026；样地03平均上方竞争强度为0.106，其中紫椴的平均上方竞争强度最大，为0.115，红松的平均上方竞争强度最低，为0.090。

从侧方竞争来看，样地01平均侧方竞争强度为0.168，冷杉受到的平均侧方竞争强度最高，为0.233，长白落叶松受到的平均侧方竞争强度最低，为0.064；样地02平均侧方竞争强度为0.166，紫椴受到的平均侧方竞争强度最高，为0.264，白桦受到的平均侧方竞争强度最低，为0.094；样地03平均侧方竞争强度为0.187，紫椴受到的平均侧方竞争强度最高，为0.209，红松受到的平均侧方竞争强度最低，为0.151。总体来看，林木受到的侧方竞争强度高于上方竞争强度。

（3）种内种间竞争强度

由图5-39可知，对象木的竞争强度因竞争木种类不同而不同，样地01竞争木共有14种，优势树种有6种。落叶松种内竞争强度为4.6，伴生树种竞争强度总和为8.0；冷杉种内强度为25.0，伴生树种竞争强度总和为94.7；云杉种内竞争强度为3.3，伴生树种竞争强度总和为29.2；红松种内竞争强度为3.2，伴生树种竞争强度总和为17.6；白桦种内竞争强度为20.9，伴生树种竞争强度总和为16.5；硕桦种内竞争强度为5.6，伴生树种竞争强度总和为19.2。

样地02竞争木共有16种（将“杂木”归为1类），优势树种有7种。长白落叶松种内竞争强度为10.2，所有伴生树种竞争强度为11.7；冷杉种内竞争强度为7.3，所有伴生树种竞争强度为37.3；云杉种内竞争强度为2.3，所有伴生树种竞争强度为14.1；红松种

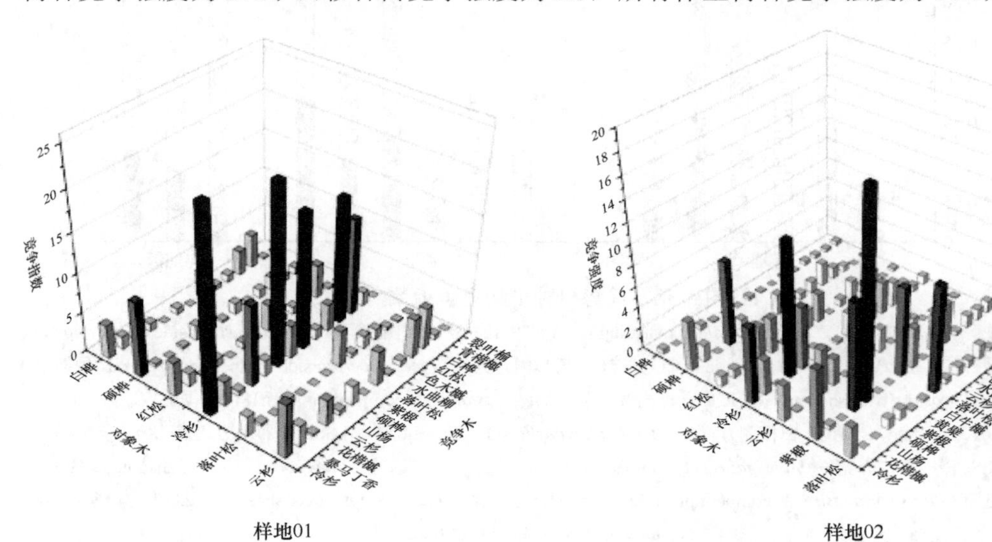

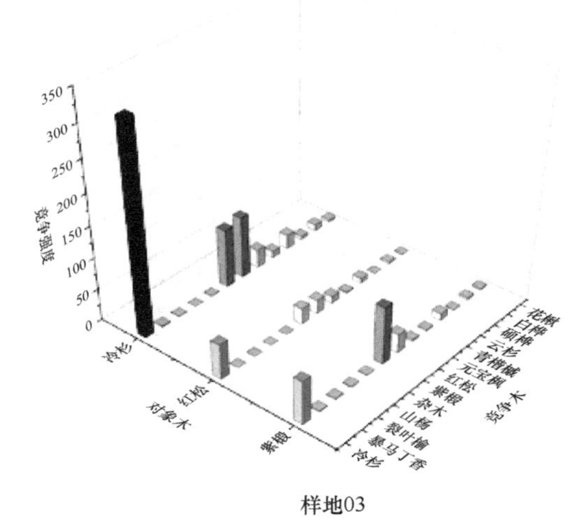

样地03

图 5-39　优势树种种内种间竞争

内竞争强度为 1.8，所有伴生树种竞争强度为 17.3；白桦种内竞争强度为 0.4，所有伴生树种竞争强度为 3.4；硕桦种内竞争强度为 8.2，所有伴生树种种内竞争强度为 17.4；紫椴种内竞争强度为 19.4，所有伴生树种竞争强度为 41.1。

样地 03 竞争木共有 13 种（将“杂木”归为 1 类），优势树种有 3 种。冷杉种内竞争强度为 329.6，所有伴生树种竞争强度为 282.3；红松种内竞争强度为 22.4，所有伴生树种竞争强度为 109.2；紫椴种内竞争强度为 91.9，所有伴生树种竞争强度为 128.6。

9. 林分空间结构参数的三元分布

基于林分空间结构混交度、角尺度、大小比数三参数联立，可得到林分空间结构参数的三元分布，共有 125 种空间结构参数组合，可更加细致地描述林分空间结构及微环境特征。

根据不同样地空间结构参数的三元分布特征，可看出三元分布法既包含一元和二元分布所描述的空间结构特征，同时又体现了更加细致的空间微环境特征（图 5-40）。

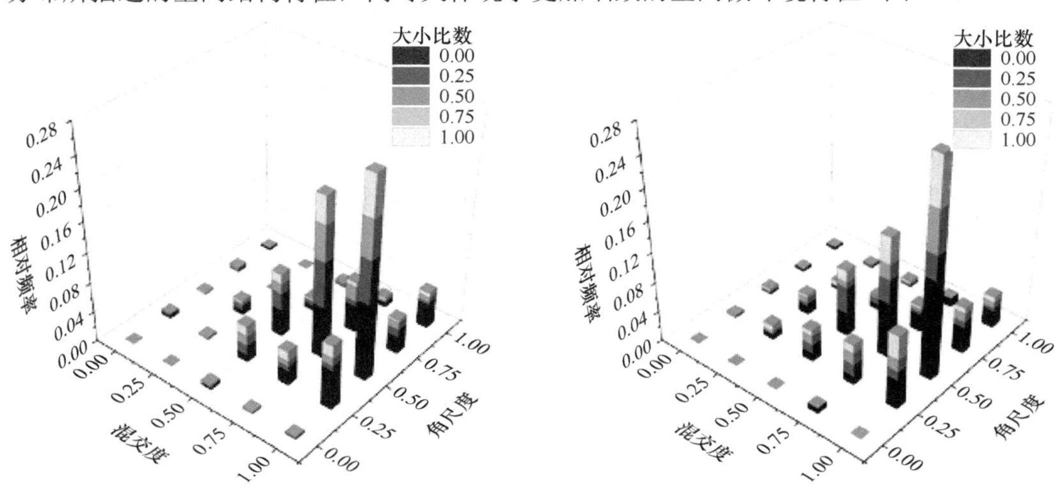

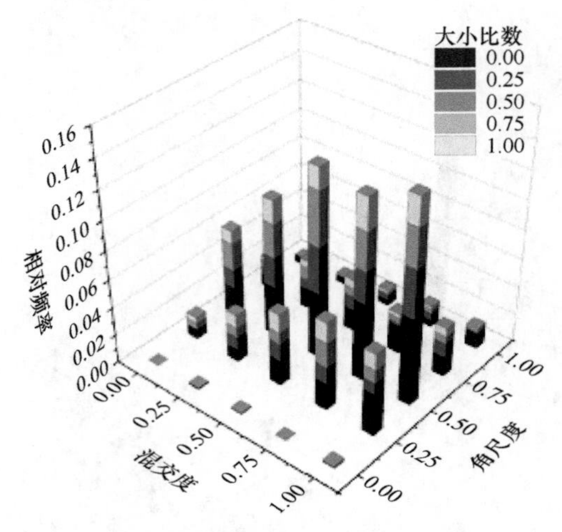

图 5-40　空间结构参数的三元分布

5.4.3.3　结构优化调整

1. 研究方法

（1）林分结构优化调整目标

调整 q 值的取值范围，使得 q 值处于合理的分布范围（1.2 ～ 1.5），设定株数采伐强度为 20%，伐后林分树种混交程度、林层多样性应不低于伐前，林分整体水平分布较抚育采伐前更加趋于随机分布，林分整体竞争强度和密集度较抚育采伐前进一步降低。

（2）林分结构优化模型

$$Q_{(g)} = \frac{\left(\left[1+M_{(g)}\right]/\sigma_M\right)\times\left[1+S_{(g)}\right]/\sigma_S}{\left[1+\mathrm{UCI}_{(g)}\right]\times\sigma_{\mathrm{UCI}}\times\left[1+\left|W_{(g)}-0.5\right|\right]\times\sigma_{|W-0.5|}\times\left[1+C_{(g)}\right]\times\sigma_C} \tag{5-28}$$

式中，$Q_{(g)}$、$M_{(g)}$、$S_{(g)}$、$\mathrm{UCI}_{(g)}$、$W_{(g)}$、$C_{(g)}$ 分别表示单木的综合抚育采伐指数、混交度、林层指数、基于交角的林木竞争指数、角尺度、密集度；σ_M、σ_S、σ_{UCI}、σ_W、σ_C 分别表示混交度、林层指数、交角林木竞争指数、角尺度、密集度的标准差。

（3）模型约束条件

目标：$\max\{Q_{(g)}\}$

约束条件：

$$\mathrm{sp}_{(g)} = \mathrm{sp}_{(0)}$$

$$D_{(g)} = D_{(0)}$$

$$q_{(g)} \geqslant 1.2$$

$$q_{(g)} \leqslant 1.5$$

$$\overline{M_{(g)}} \geqslant \overline{M_{(0)}}$$

$$\overline{S_{(g)}} \geqslant \overline{S_{(0)}}$$

$$\overline{\mathrm{UCI}_{(g)}} \leqslant \overline{\mathrm{UCI}_{(0)}}$$

$$\left|\overline{W_{(g)}} - 0.5\right| \leqslant \left|\overline{W_{(0)}} - 0.5\right|$$

$$\overline{C_{(g)}} \leqslant \overline{C_{(0)}}$$

$$T_{(g)} \leqslant 20\%$$

式中，$\mathrm{sp}_{(g)}$、$\mathrm{sp}_{(0)}$ 分别表示抚育采伐后、抚育采伐前样地树种的个数；$D_{(g)}$、$D_{(0)}$ 分别表示抚育采伐后、抚育采伐前样地径阶的个数；$q_{(g)}$ 表示抚育采伐后相邻径阶株数之比；$\overline{M_{(g)}}$、$\overline{M_{(0)}}$ 分别表示抚育采伐后、抚育采伐前样地的平均混交度；$\overline{S_{(g)}}$、$\overline{S_{(0)}}$ 分别表示抚育采伐后、抚育采伐前样地的平均林层指数；$\overline{\mathrm{UCI}_{(g)}}$、$\overline{\mathrm{UCI}_{(0)}}$ 分别表示抚育采伐后、抚育采伐前样地林木的平均竞争指数；$\overline{W_{(g)}}$、$\overline{W_{(0)}}$ 分别表示抚育采伐后、抚育采伐前林木的平均角尺度；$\overline{C_{(g)}}$、$\overline{C_{(0)}}$ 分别表示抚育采伐后、抚育采伐前样地林木的平均密集度，$T_{(g)}$ 指株数抚育采伐强度，本节设定株数抚育采伐强度为 20%，既可以维持林分结构的稳定，又为保留木的生长创造了空间。

（4）结构优化模拟算法

分别计算林分非空间结构参数和林分空间结构参数（混交度、角尺度和大小比数），在此基础上构建优势树种竞争指数、林层指数、密集度指数算法，进而构建林分结构优化模型基本算法。

2. 结果分析

（1）采伐木的确定

依据构建的采伐模型，对样地进行抚育采伐，在满足所有约束条件下，筛选采伐木。为了测试模型的稳定性及优化效果，本次研究从 3 块研究样地中选取了两块立地条件基本一致，面积大小均为 60m×60m 的样地，并设定相同的结构参数约束条件用于实例分析。由表 5-64 可知，本次确定样地 01 的采伐木 86 株，采伐强度为 19.90%，确定的采伐木中，共有 12 个树种，分别为：落叶松、白桦、色木槭、冷杉、硕桦、红松、山杨、云杉、青楷槭、水曲柳、紫椴、裂叶榆，以长白落叶松和冷杉为主，所占的比例分别为：29.07%、23.26%。确定样地 02 的采伐木 72 株，采伐强度为 19.89%，确定的采伐木共有 12 个树种，分别为：硕桦、紫椴、落叶松、冷杉、云杉、色木槭、白桦、青楷槭、红松、裂叶榆、水曲柳及其他杂木，以落叶松和紫椴为主，所占的比例分别为 22.22%、15.28%。

表 5-64　采伐木信息

样地	树种	株数	株数比例（%）	平均胸径（cm）	平均树高（m）	断面积（m^2）	断面积比例（%）
01	长白落叶松	25	29.07	24.4	22.6	1.171	39.88
	冷杉	20	23.26	19.6	17.5	0.605	20.59
	白桦	9	10.47	21.1	16.2	0.314	10.70

续表

样地	树种	株数	株数比例（%）	平均胸径（cm）	平均树高（m）	断面积（m^2）	断面积比例（%）
01	硕桦	9	10.47	15.6	15.7	0.171	5.82
	云杉	7	8.14	22.1	15.5	0.267	9.10
	红松	5	5.81	19.4	14.9	0.148	5.03
	色木槭	4	4.65	12.5	11.3	0.049	1.68
	山杨	2	2.33	22.2	18.3	0.077	2.63
	水曲柳	2	2.33	13.9	10.7	0.030	1.04
	青楷槭	1	1.16	20.5	15.2	0.033	1.12
	紫椴	1	1.16	27.6	23.8	0.060	2.04
	裂叶榆	1	1.16	11.7	12.0	0.011	0.37
02	长白落叶松	16	22.22	23.6	20.3	0.705	26.57
	紫椴	11	15.28	15.5	16.9	0.207	7.79
	硕桦	8	11.11	14.1	19.9	0.125	4.72
	冷杉	8	11.11	22.6	16.1	0.320	12.07
	云杉	7	9.72	23.5	19.4	0.303	11.42
	杂木	5	6.94	30.9	19.4	0.374	14.08
	白桦	5	6.94	22.5	19.1	0.199	7.49
	色木槭	3	4.17	12.6	11.6	0.037	1.40
	青楷槭	3	4.17	15.6	13.4	0.057	2.15
	红松	3	4.17	20.6	18.0	0.100	3.77
	水曲柳	2	2.78	37.0	21.9	0.215	8.10
	裂叶榆	1	1.39	12.1	15.1	0.012	0.43

由图 5-41 可知，样地 01 和样地 02 采伐木在样地中的准确位置分布及树种信息，林木图中设置了 5m 的缓冲区，由图可直观地看出采伐木均匀地分布在样地中，表明选取的采伐木较为合理。样地横轴为 x 轴，纵轴为 y 轴，不同符号表示采伐木的树种信息，阴影部分为缓冲区位置，缓冲区以内是核心区。

（2）抚育采伐后空间结构参数分析

图 5-42 表明，抚育采伐后样地 01 整体结构参数得到进一步优化，各参数的方差减小，这表明各空间结构参数相较抚育采伐前更加集中。从混交度来看，抚育采伐后样地整体混交度提高，抚育采伐后中度混交及弱度混交林木株数显著减少，抚育采伐后林分平均混交程度相较抚育采伐前进一步增加（$\overline{M}_0$=0.794，$\overline{M}$=0.808），混交度标准差进一步减少（$\sigma_{M_0}=0.231$，$\sigma_M=0.214$）。

从角尺度来看，抚育采伐后平均角尺度更加趋于随机分布（$\overline{W}_0=0.517$，$\overline{W}=0.495$），角尺度标准差进一步减少（$\sigma_{W_0}=0.163$，$\sigma_W=0.130$）。抚育采伐后角尺度指数在 0.5 附近的林木株数明显增加，角尺度等于 0.5 的林木株数比例由 0.583 增加到伐后的 0.755，林木整体水平分布格局更加趋于随机分布状态。

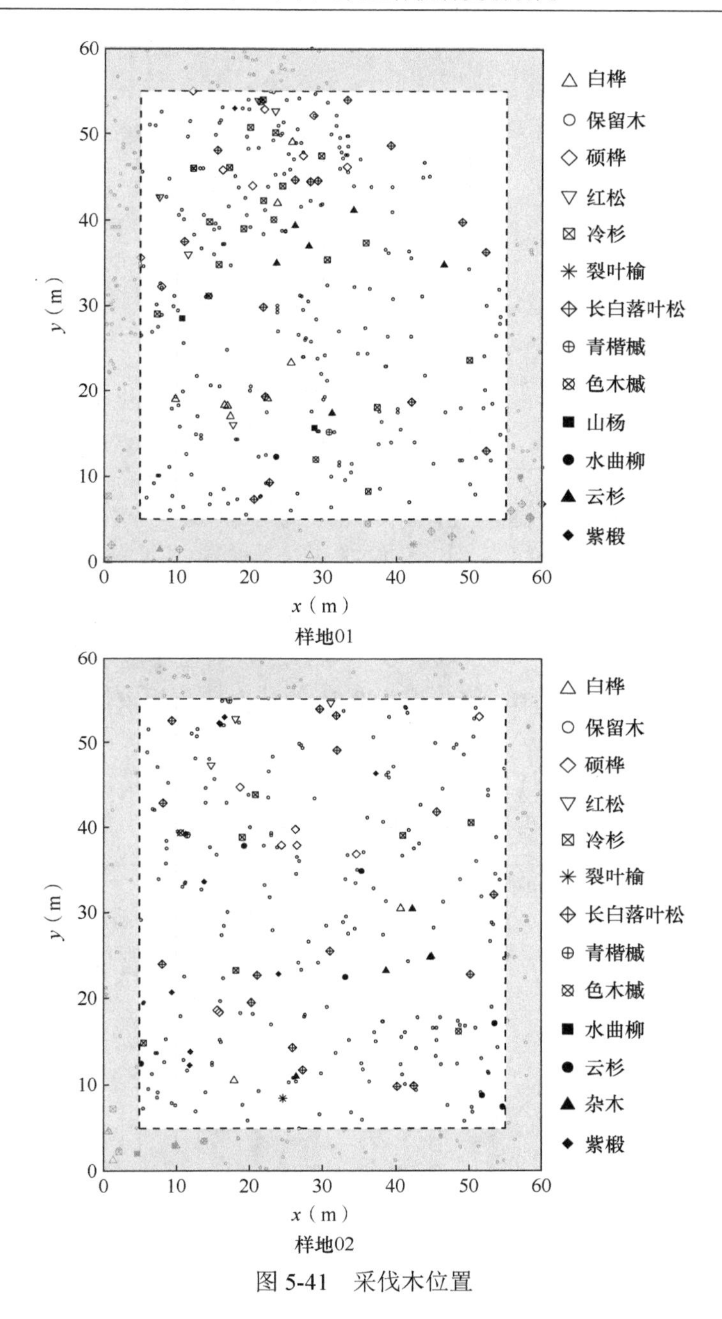

图 5-41　采伐木位置

从竞争指数来看，抚育采伐后样地整体竞争程度进一步降低（$\overline{\mathrm{UCI}_0}=0.313$，$\overline{\mathrm{UCI}}=0.306$），林木竞争指数标准差减少（$\sigma_{\mathrm{UCI}_0}=0.263$，$\sigma_{\mathrm{UCI}}=0.243$），所受竞争程度较大的林木得到有效伐除，绝大多数林木所受竞争程度较小。

从林层指数来看，抚育采伐后平均林层指数得到提高（$\overline{S_0}=0.448$，$\overline{S}=0.462$），林层多样性指数标准差进一步减少（$\sigma_{S_0}=0.271$，$\sigma_S=0.252$），林层指数大于等于 0.5 的林木株数比例由抚育采伐前的 0.520 增加到模拟抚育采伐后的 0.549，样地林层多样性整体提升。

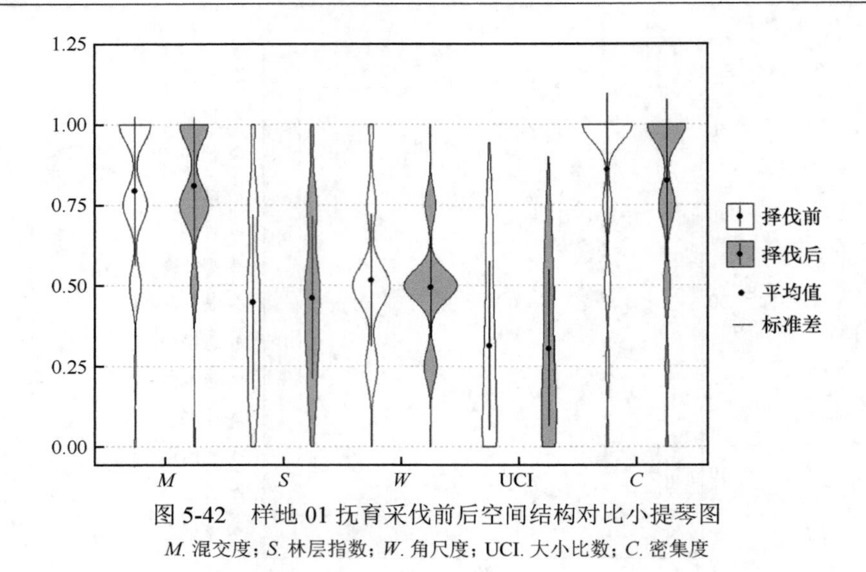

图 5-42　样地 01 抚育采伐前后空间结构对比小提琴图

M. 混交度；*S*. 林层指数；*W*. 角尺度；UCI. 大小比数；*C*. 密集度

从密集度指数来看，抚育采伐后样地平均密集度指数减少（$\overline{C_0}=0.858$，$\overline{C}=0.824$），密集度标准差进一步减少（$\sigma_{C_0}=0.259$，$\sigma_C=0.252$），对密集度较大的林木进行了有效采伐，保留了密集度较少的林木，密集度为 0.75 的林木株数相较抚育采伐前所占比例显著增加。

从图 5-43 可知，样地 02 抚育采伐后林分空间结构得到优化，伐后林分空间结构参数方差进一步减少，林木的结构参数更加集中。

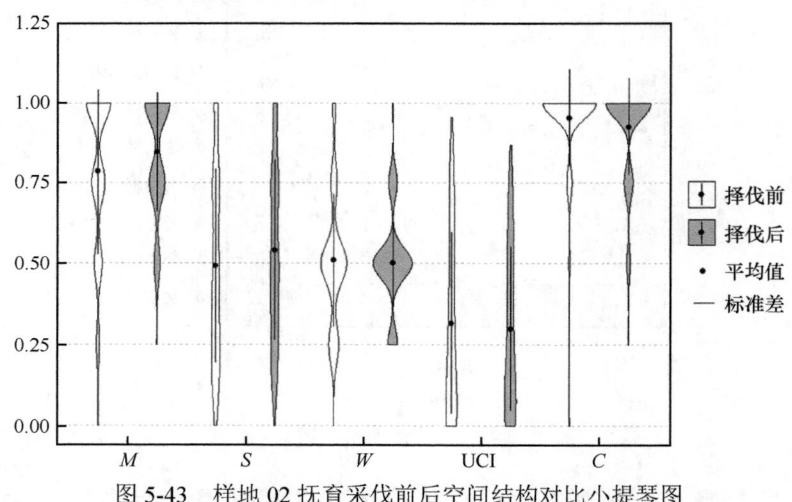

图 5-43　样地 02 抚育采伐前后空间结构对比小提琴图

M. 混交度；*S*. 林层指数；*W*. 角尺度；UCI. 大小比数；*C*. 密集度

从混交度来看，抚育采伐后零度混交的林木被全部伐除，林木处于中度混交以上的株数比例由 0.918 增加到采伐后的 0.990，林分整体混交度得到明显提高（$\overline{M_0}$=0.785，$\overline{M}=0.846$），林木混交度标准差进一步减少（$\sigma_{M_0}=0.257$，$\sigma_M=0.186$）。

从林木水平分布格局来看，样地林木分布更加趋于随机分布状态（$\overline{W_0}=0.510$，

$\overline{W}=0.500$），标准差进一步减小（$\sigma_{W_0}=0.160$，$\sigma_W=0.124$），角尺度等于 0.5 的林木株数由 0.569 增加到抚育采伐后的 0.677。

从竞争指数来看，样地竞争程度进一步减少（$\overline{\mathrm{UCI}_0}=0.317$，$\overline{\mathrm{UCI}}=0.298$），标准差减小（$\sigma_{\mathrm{UCI}_0}=0.280$，$\sigma_{\mathrm{UCI}}=0.253$），竞争指数小于 0.5 的林木株数比例由 0.698 增加到采伐后的 0.729。

从林层指数来看，林分整体林层多样性增加（$\overline{S_0}=0.492$，$\overline{S}=0.541$），标准差减少（$\sigma_{S_0}=0.299$，$\sigma_S=0.278$），林层指数大于等于 0.5 的林木株数比例由 0.549 增加到抚育采伐后的 0.635，林层多样性较高的林木株数明显增加。

从密集度来看，抚育采伐后密集度减少（$\overline{C_0}=0.953$，$\overline{C}=0.926$），处于 0.5 和 1.00 的林木株数明显增多，标准差减少（$\sigma_{C_0}=0.153$，$\sigma_C=0.151$），整体林分密集度降低。

（3）抚育采伐效果评价

由表 5-65 可知，根据约束条件，对林分的结构进行调整，在非空间结构方面，以 2cm 为径阶距划分径阶，样地 01 抚育采伐前后，径阶个数保持不变，径阶的分布范围均为 6 ～ 44cm；树种个数保持不变，树种数均为 20；直径结构呈反“J”型分布，q 值由 1.178 增加至 1.261，变化幅度为 7.14%，调整至合理的分布范围；在空间结构方面，抚育采伐后，混交度升高，变化幅度为 1.77%，这表明样地 01 抚育采伐后树种的隔离程度进一步提高，林分的混交程度进一步得到优化；林层指数得到提高，变化幅度为 3.16%，表明样地 01 林层结构多样性进一步得到提高；竞争指数降低，变化幅度为 2.39%，这表明抚育采伐措施有效降低了林木之间的竞争强度；角尺度变小，变化幅度为 4.24%，这表明抚育采伐后样地 01 林木的水平分布格局更加趋于随机分布；密集度变小，变化幅度为 4.01%，这表明抚育采伐后林分的密集度得到降低，增加了林内的透光性；构建的林分结构优化的目标函数值得到增加，变化幅度是 74.20%，这表明制定的抚育采伐措施有效地改善了林分的结构。

表 5-65　抚育采伐前后林分结构参数对比

样地	抚育采伐前后	树种数（株）	径阶数	q 值	混交度	林层指数	角尺度	竞争指数	密集度	目标函数值
01	抚育采伐前	14	20	1.178	0.794	0.448	0.517	0.313	0.858	1501.062
	抚育采伐后	14	20	1.261	0.808	0.462	0.495	0.306	0.824	2614.789
	变化趋势	—	—	变大	变大	变大	变小	变小	变小	变大
	变化幅度（%）	—	—	7.05	1.77	3.13	–4.26	–2.27	–4.00	74.20
02	抚育采伐前	16	21	1.167	0.785	0.492	0.510	0.317	0.953	1880.984
	抚育采伐后	16	21	1.240	0.846	0.541	0.500	0.298	0.926	4550.937
	变化趋势	—	—	变大	变大	变大	变小	变小	变小	变大
	变化幅度（%）	—	—	6.26	7.78	9.96	–1.96	–5.99	–2.83	141.94

注：“—”表示抚育采伐前后无变化

样地 02，抚育采伐后，树种数与径阶范围均保持不变，直径分布呈反“J”型分布，

q 值由 1.167 增加至 1.240，变化幅度为 6.29%。在空间结构方面，抚育采伐后，混交度增加了 7.78%，这表明林分的树种隔离程度进一步增加；林层指数的增加了 9.88%，变化幅度最大，这表明抚育采伐后增加了林层的结构多样性；竞争指数降低了 5.90%，这表明林木的竞争程度进一步降低；角尺度降低了 1.92%，抚育采伐后样地平均角尺度为 0.5，样地 02 林木的水平分布格局更加趋于随机分布状态；密集度降低了 2.85%，抚育采伐后林分密集度进一步降低，为保留木生长提供了空间；抚育采伐后，构建的林分结构优化的目标函数值增加了 141.94%，这表明抚育采伐措施极大地优化了样地 02 的林分结构。

主要参考文献

安慧君. 2003. 阔叶红松林空间结构研究. 北京林业大学博士学位论文.

白学平. 2019. 海拔对大兴安岭落叶松径向生长与气候响应的影响研究. 沈阳农业大学博士学位论文.

陈科屹. 2018. 云冷杉过伐林经营诊断及目标树抚育效果研究. 中国林业科学研究院博士学位论文.

董灵波, 刘兆刚, 马妍, 等. 2013. 天然林林分空间结构综合指数的研究. 北京林业大学学报, 35(1): 16-22.

杜纪山, 唐守正, 王洪良. 2000. 天然林区小班森林资源数据的更新模型. 林业科学, 36(2): 26-32.

杜志, 陈振雄, 孟京辉, 等. 2020. 基于混合效应的马尾松单木断面积预估模型. 中南林业科技大学学报, (9): 33-40.

范永东. 2013. 模型选择中的交叉验证方法综述. 山西大学硕士学位论文.

符利勇. 2012. 非线性混合效应模型及其在林业上应用. 中国林业科学研究院博士学位论文.

符利勇, 孙华. 2013. 基于混合效应模型的杉木单木冠幅预测模型. 林业科学, 49(8): 65-74.

郭红. 2007. 长白山地区森林景观格局与生态规划研究. 东北林业大学博士学位论文.

郭韦韦. 2017. 长白山云冷杉针阔混交林天然更新的优化结构和数量标准研究. 北京林业大学博士学位论文.

韩有志, 王政权. 2002. 森林更新与空间异质性. 应用生态学报, 13(5): 615-619.

胡雪凡, 张会儒, 周超凡, 等. 2019. 不同抚育间伐方式对蒙古栎次生林空间结构的影响. 北京林业大学学报, 41(5): 137-147.

胡艳波, 惠刚盈. 2015. 基于相邻木关系的林木密集程度表达方式研究. 北京林业大学学报, 37(9): 1-8.

惠刚盈. 1999. 角尺度——一个描述林木个体分布格局的结构参数. 林业科学, 35(1): 39-44.

惠刚盈. 2013. 基于相邻木关系的林分空间结构参数应用研究. 北京林业大学学报, 35(4): 1-9.

惠刚盈, Gadow K V. 2016. 结构化森林经营原理. 北京: 中国林业出版社.

惠刚盈, 胡艳波. 2001. 混交林树种空间隔离程度表达方式的研. 林业科学研究, 14(1): 23-27.

惠刚盈, 胡艳波, 赵中华, 等. 2013. 基于交角的林木竞争指数. 林业科学, 49(6): 68-73.

吉林省林业厅. 2013. 吉林省森林资源规划设计调查技术细则.

亢新刚, 胡文力, 董景林, 等. 2003. 过伐林区检查法经营针阔混交林林分结构动态. 北京林业大学学报, (6): 4-8.

雷相东, 张则路, 陈晓光. 2006. 长白落叶松等几个树种冠幅预测模型的研究. 北京林业大学学报, (6): 75-79.

李冰, 樊金拴, 车小强. 2012. 我国天然云冷杉针阔混交林结构特征 、更新特点及经营管理. 世界林业研究, 25(3): 43-49.

李春明. 2010. 混合效应模型在森林生长模拟研究中的应用. 中国林业科学研究院博士学位论文.

李俊清. 2017. 森林生态学. 3 版. 北京: 高等教育出版社: 249-250.

李俊清, 周晓峰. 1991. 东北山区主要造林树种适生立地条件研究. 东北林业大学学报, (S1): 1-8.

李文英, 顾万春. 2005. 蒙古栎天然群体表型多样性研究. 林业科学, (1): 49-56.
李想, 董利虎, 李凤日. 2018. 基于联立方程组的人工樟子松枝下高模型构建. 北京林业大学学报, 40(6): 9-18.
刘炜洋, 陈国富, 张彦冬. 2010. 不同林分内水曲柳天然更新及影响因子研究. 华东森林经理, 24(4): 19-23.
刘星旦, 康永祥, 甘明旭, 等. 2017. 黄帝陵古侧柏树干心腐研究. 西北林学院学报, (2): 10-15.
娄明华. 2016. 吉林天然栎类阔叶混交林的立地生产力基础模型研究. 中国林业科学研究院博士学位论文.
陆元昌, 张守攻, 雷相东, 等. 2009. 人工林近自然化改造的理论基础和实施技术. 世界林业研究, (1): 20-27.
吕勇, 臧颢, 万猷军, 等. 2012. 基于林层指数的青椆混交林林层结构研究. 林业资源管理, (3): 81-84.
唐守正, 李勇, 符利勇. 2015. 生物数学模型的统计学基础. 北京: 高等教育出版社.
王涛, 董利虎, 李凤日. 2018. 基于混合效应的杂种落叶松人工幼龄林单木枯损模型. 北京林业大学学报, 40(10): 1-12.
向玮, 雷相东, 刘刚, 等. 2008. 近天然落叶松云冷杉林单木枯损模型研究. 北京林业大学学报, (6): 90-98.
张春雨, 赵秀海, 夏富才. 2008. 长白山次生林树种空间分布及环境解释. 林业科学, (8): 1-8.
张国春. 2011. 长白山阔叶红松林红松更新与生长规律. 北京林业大学博士学位论文.
张会儒, 李凤日, 赵秀海, 等. 2016. 东北过伐林可持续经营技术. 北京: 中国林业出版社.
张金屯. 1995. 植被数量生态学方法. 北京: 中国科学技术出版社.
赵俊卉. 2010. 长白山云冷杉混交林生长模型的研究. 北京林业大学博士学位论文.
周梦丽, 雷相东, 国红, 等. 2019. 基于 TWINSPAN 分类的天然云冷杉-阔叶混交林发育阶段划分. 林业科学研究, 32(3): 49-55.
庄崇洋, 黄清麟, 马志波, 等. 2014. 林层划分方法综述. 世界林业研究, 27(6): 34-40.
Bragg D C. 2001. A local basal area adjustment for crown width prediction. Northern Journal of Applied Forestry, 18(1): 22-28.
Calama R, Montero G. 2004. Interregional nonlinear height-diameter model with random coefficients for stone pine in Spain. Journal of Forest Research, 34: 150-163.
Clark C J, Poulsen J R, Levey D J, et al. 2007. Are plant populations seed limited? A critique and meta-analysis of seed addition experiments. The American Naturalist, 170(1): 128-142.
Clark J S, Macklin E, Wood L. 1998. Stages and spatial scales of recruitment limitation in southern Appalachian forests. Ecological Monographs, 68: 213-235.
Clark T M, Santos B A, Arroyo-Rodríguez V, et al. 2012. Secondary forests as biodiversity repositories in human-modified landscapes: insights from the Neotropics. Boletim do Museu Paraense Emílio Goeldi. Ciências Naturais, 7(3): 319-328.
Clobert J. 2001. Dispersal. New York: Oxford University Press.
Crotteau J S, Ritchie M W, Morgan Varner J. 2014. A mixed-effects heterogeneous negative binomial model for postfire conifer regeneration in Northeastern California, USA. Forest Science, 60(2): 275-287.
Darrigo M R, Venticinque E M, Santos F A M D. 2016. Effects of reduced impact logging on the forest regeneration in the central Amazonia. Forest Ecology and Management, 360: 52-59.
Eerikainen K, Miina J, Valkonen S. 2007. Models for the regeneration establishment and the development of established seedlings in uneven-aged, Norway spruce dominated forest stands of southern Finland. For Ecol Manage, 242: 444-461.
Eid T, Tuhus E. 2001. Models for individual tree mortality in Norway. Forest Ecology & Management, 154(1-2): 69-84.
Fiala A C S, Garman S L, Gray A N. 2006. Comparison of five canopy cover estimation techniques in the western Oregon Cascades. Forest Ecology and Management, 232: 188-197.

Franklin J F, Spies T A, Pelt R V, et al. 2002. Disturbances and structural development of natural forest ecosystems with silvicultural implications, using Douglas-fir forests as an example. Forest Ecology and Management, 155(1): 399-423.

Fu L Y, Sharma R P, Hao K, et al. 2017. A generalized interregional nonlinear mixed-effects crown width model for prince rupprecht larch in northern China. Forest Ecology and Management, 389: 364-373.

Fu L, Sun H, Sharma R P, et al. 2013. Nonlinear mixed-effects crown width models for individual trees of Chinese fir (*Cunninghamia lanceolata*) in south-central China. Forest Ecology and Management, 302: 210-220.

Fyllas N M, Dimitrakopoulos P G, Troumbis A Y. 2008. Regeneration dynamics of a mixed Mediterranean pine forest in the absence of fire. Forest Ecology and Management, 256(8): 1552-1559.

Gadow K, Zhang C, Wehenkel C, et al. 2012. Forest structure and diversity//Pukkala T, von Gadow K. Continuous Cover Forestry. Managing Forest Ecosystems. Vol. 23. Dordrecht: Springer: 29-83.

Gagne L, Sirois L, Lavoie L, et al. 2019. Seed rain and seedling establishment of *Picea glauca* and *Abies balsamea* after partial cutting in plantations and natural stands. Forests, 10(3): 80-85.

Hegyi F. 1974. A simulation model for managing jack-pine stands simulation. Royal College of Forestry, 6: 74-90.

Hill M O. 1979. TWINSPAN—A fortran program for arranging multivariate data in an ordered two-way table by classification of the individuals and attributes. New York: Cornell University.

Janzen D H. 1971. Seed predation by animals. Annual Review of Ecology, Evolution, and Systematics, 2(1): 465-492.

Jara-Guerrero A, Escribano-Avila G, Espinosa C I, et al. 2018. White-tailed deer as the last megafauna dispersing seeds in neotropical dry forests: the role of fruit and seed traits. Biotropica, 50(1): 169-177.

Kitajima K. 2000. Ecology of seedling regeneration//Fenner M. Ecology of Seedling Regeneration. Wallingford: CABI Publishing: 331-359.

Larson A J, Franklin J F. 2010. The tree mortality regime in temperate old-growth coniferous forests: the role of physical damage. Canadian Journal of Forest Research, 40(11): 2091-2103.

Li R, Weiskittel A R, Kershaw Jr J A. 2011. Modeling annualized occurrence, frequency, and composition of ingrowth using mixed-effects zero-inflated models and permanent plots in the Acadian Forest Region of North America. Canadian Journal of Forest Research, 41: 2077-2089.

Marshall D D, Johnson G P, Hann D W. 2003. Crown profile equations for stand-grown western hemlock trees in northwestern Oregon. Canadian Journal of Forest Research, 33: 2059-2066.

Nathan R, Katul G G, Bohrer G, et al. 2011. Mechanistic models of seed dispersal by wind. Theoretical Ecology, 4: 113-132.

Parresol B R. 1999. Assessing tree and stand biomass: a review with examples and critical comparisons. Forest Science, 45(4): 573-593.

Parresol B R. 2001. Additivity of nonlinear biomass equations. Canadian Journal of Forest Research, 31: 865-878.

Pommerening A, Stoyan D. 2008. Reconstructing spatial tree point patterns from nearest neighbour summary statistics measured in small subwindows. Canadian Journal of Forest Research, 38(5): 1110-1122.

Raulier F, Lambert M, Pothier D, et al. 2003. Impact of dominant tree dynamics on site index curves. Forest Ecology and Management, 184: 65-78.

Reid J L, Holl K D, Zahawi R A. 2015. Seed dispersal limitations shift over time in tropical forest restoration. Ecology Applied, 25: 1072-1082.

Richards P W. 1996. The Tropical Rain Forest. 2nd Edition. Cambridge: Cambridge University Press.

Rolecek J, Tichy L, Zeleny D, et al. 2009. Modified TWINSPAN classification in which the hierarchy respects cluster heterogeneity. Journal of Vegetation Science, 20(4): 596-602.

Ryan M G, Binkley D, Fownes J H. 1997. Age-related decline in forest productivity: pattern and process. Advances in Ecological Research, 27: 213-262.

Sangsupan H A, Hibbs D E, Withrowrobinson B A, et al. 2018. Seed and microsite limitations of large-seeded, zoochorous trees in tropical forest restoration plantations in northern Thailand. Forest Ecology and Management, 390: 91-100.

Seale M, Nakayama N. 2020. From passive to informed: mechanical mechanisms of seed dispersal. New Phytologist, 225(2): 653-658.

Sharma R P, Bílek L, Vacek Z, et al. 2017. Modelling crown width-diameter relationship for Scots pine in the central Europe. Trees, 31(6): 1875-1889.

Sharma R P, Vacek Z, Vacek S. 2016. Individual tree crown width models for Norway spruce and European beech in Czech Republic. Forest Ecology and Management, 336: 208-220.

Sheiner L B, Beal S L. 1980. Evaluation of methods for estimating population pharmacokinetic parameters. Ⅰ. Michaelis-menten model: routine clinical pharmacokinetic data. Journal of Pharmacokinetics and Biopharmaceutics, 8(6): 553-571.

Shumway D L. 1982. Site quality estimation using height and diameter. Forest Science, 28(3): 639-645.

Silvertown J. 1980. The evolutionary ecology of mast seeding in trees. Biological Journal of The Linnean Society, 14(2): 235-250.

Tabarelli M, Peres C A. 2002. Abiotic and vertebrate seed dispersal in the Brazilian Atlantic forest: implications for forest regeneration. Biological Conservation, 106(2): 165-176.

Tackenberg O, Poschlod P, Bonn S. 2003. Assessment of wind dispersal potential in plant species. Ecological Monographs, 73: 191-205.

Uprety Y, Asselin H, Bergeron Y, et al. 2014. White pine (*Pinus strobus* L.) regeneration dynamics at the species' northern limit of continuous distribution. New Forests, 45: 131-147.

Wunderle J M. 1997. The role of animal seed dispersal in accelerating native forest regeneration on degraded tropical lands. Forest Ecology and Management, 99(1-2): 223-235.

Xu H, SunY J, Wang X J, et al. 2015. Linear mixed-effects models to describe individual tree crown width for China-Fir in Fujian Province, Southeast China. PLoS One, 10(4): e0122257.

第 6 章　辽东山区次生林抚育更新研究

辽宁东部山区（以下简称辽东山区）地处长白山脉龙岗山脉北麓，其森林植被在涵养水源、保持水土、调节气候、抗御和防止自然灾害、维持生态平衡及保护生物多样性等方面具有不可替代的重要作用，辽东山区还是辽宁省主要河流浑河、清河、太子河及部分鸭绿江水系的发源地和集水区，为大伙房水库、参窝水库、柴河水库等提供水源，是位于诸河流中、下游的沈阳、鞍山、抚顺、本溪、辽阳、铁岭等城市生活用水、工业用水及农田灌溉用水的主要水源，在保护生态安全及促进区域经济可持续发展中扮演着重要角色。辽东山区属于长白、华北两大植物区系的过渡地带，原生的地带性顶极植被——阔叶红松林经过长期掠夺式的采伐和破坏后逆行演替而形成天然次生林，林分密度小、质量差，林下更新不佳，中幼龄林多，成熟、过熟林少，林分水平结构多样，垂直结构简单，动态演替稳定性低。按照优势树种将现有天然次生林划分为蒙古栎林、阔叶混交林、花曲柳林、水曲柳林、胡桃楸林 5 个群落类型。本章以辽东山区的蒙古栎林和阔叶混交林为主要研究对象，依据固定监测大样地调查数据，结合生境因子数据，对乔木幼苗组成及其季节动态、不同发育阶段树种的空间格局和种间关联性，以及乔木幼苗季节存活及其影响因素进行分析，探讨次生林群落物种共存机制和生态学过程。在定量分析林分空间结构参数和物种多样性指数的基础上，利用灰色关联度分析方法探讨了不同类型次生林的林分空间结构与林下草本植物物种多样性之间的关系。对长期固定监测样地进行复测，从林分结构、林分活力、恢复及抵抗力和生态功能（水源涵养和碳汇功能）4 个方面选取评价指标并构建经营效果综合评价体系，运用主成分分析法、最小信息熵法等多种方法确定指标权重，采用综合指数评价法对不同经营模式进行定量评价，提出适宜的森林经营模式，以期为提升森林质量、实现森林的可持续发展提供参考。

6.1　研究区域概况

6.1.1　自然地理

辽东山区地处长白山脉龙岗山脉北麓，行政区域范围包括本溪、丹东、抚顺等 7 市的 31 个县（市、区），地域范围为以辽河及长大铁路以东的东部山区地带，总土地面积 557.25 万 hm^2，占辽宁省总面积的 38.43%。辽东山区属于温带大陆性湿润季风气候，冬季寒冷漫长，夏季多雨短暂。年均降水量 700 ～ 850mm，年蒸发量 925 ～ 1284mm，年均气温 4 ～ 11℃，年≥10℃的有效活动积温为 2497.5 ～ 3943.0℃，无霜期 120 ～ 139 天，年日照时数为 2403.1h。最热在 7 月，极端最高气温为 37.2℃，平均气温为 22.9℃，最冷在 1 月，极端最低气温为–37.6℃，平均气温为–16℃。雨量多集中在 7 月、8 月，占全年降水量的 60% 以上。

该区主要由龙岗山脉、老爷岭山脉及哈达岭山脉构成，地形复杂，地势以龙岗山脉为轴线，北部区域由东南向西北倾斜，南部区域由东北向西南倾斜。地貌以山地和丘陵为主，并与峡谷盆地呈镶嵌式复合分布，海拔多为 200 ～ 1000m，超过 1000m 的山峰有近 20 座。基岩主要有玄武岩、花岗岩、片麻岩及其他变质岩。辽东山区蕴藏着种类繁多的矿产资源，如铁、镁、铜、铝、锌、铀、金、滑石、硼等稀有元素和丰富的煤炭资源，许多矿种的储量在全国名列前茅。土壤以棕壤、暗棕壤为主，一般呈现酸性或中性壤土和砂壤土，阳坡土壤较为贫瘠，阴坡土壤湿度较大、肥力较高，适合多种森林植物生长。水系主要属辽河流域，主要支流有浑河、太子河，东南有鸭绿江、浑江、大洋河、主要分支水系均流贯于东部山区。

辽东山区植物资源以长白植物区系的植物为主，兼有一定的华北植物区系的成分，植物资源有 98 科 438 属 953 种，其中蕨类植物门 8 科 10 属 19 种、裸子植物门 3 科 8 属 20 种、被子植物门 87 科 420 属 914 种。长白区系的代表植物有红松（*Pinus koraiensis*）、杉松（*Abies holophylla*）、东北红豆杉（*Taxus cuspidata*）、色木槭（*Acer mono*）、硕桦（*Betula costata*）、三花槭（*Acer triflorum*）、蒙古栎（*Quercus mongolica*）、毛榛（*Corylus mandshurica*）、东北山梅花（*Philadelphus schrenkii*）、暴马丁香（*Syringa reticulata* subsp. *amurensis*）、东北桤木（*Alnus mandshurica*）等。华北植物区系的代表种有油松（*Pinus tabulaeformis*）、赤松（*P. densiflora*）、麻栎（*Quercus acutissima*）、栓皮栎（*Q. variabilis*）、小叶朴（*Celtis bungeana*）、荆条（*Vitex negundo* var. *heterophylla*）、酸枣（*Ziziphus jujuba*）、枸杞（*Lycium chinense*）等。还见有许多珍贵树种，如漆（*Toxicodendron vernicifluum*）、盐肤木（*Rhus chinensis*）、八角枫（*Alangium chinense*）、毛果绣线菊（*Spiraea trichocarpa*）、天女木兰（*Magnolia sieboldii*）、红果越桔（*Vaccinium koreanum*）等。藤本植物有软枣猕猴桃（*Actinidia arguta*）、五味子（*Schisandra chinensis*）、南蛇藤（*Celastrus orbiculatus*）等。

6.1.2　次生林现状

近 200 多年来，辽东山区的森林遭到几次大规模的破坏，在强烈的人为干扰下，阔叶红松林这一顶极森林生态系统逐渐演替为天然次生林和人工林。辽东山区现有天然次生林 179 万 hm^2，占有林地面积的 68%，占辽宁省天然林面积的 90%。辽东山区次生林的现状是：①中、幼龄林多，成、过熟林少。可供利用的资源越来越少，次生林资源的生态系统出现衰退趋势。②林分密度低。在现有次生林中实际密度超过经营密度的只有 20%，主要是中、幼龄林。达到经营密度 80% 以上的也不过 35%。这一问题单纯依靠抚育间伐不能解决，需要采取其他经营措施加以解决。③林分质量差，生产力低。现有次生林中，珍贵的阔叶树种稀少，无针叶树种更新，很难形成演替层。按照优势树种将辽宁省现有天然次生林类型划分为蒙古栎林、阔叶混交林、花曲柳林、水曲柳林、胡桃楸林 5 个群落类型。其中，阔叶混交林面积约 72.63 万 hm^2，占现有天然次生林面积的 40.6%。这部分天然次生林是以槭属、榆属、椴属等阔叶树类树种为主，混生多种树种，没有明显的优势树种。④林分结构复杂，层次不清。各树种早期生长迅速，生长潜力低。现林分平均蓄积量仅 $40m^3/hm^2$，中龄林年材积平均生长量不足 $3m^3/hm^2$。因此，不采取特殊的抚育措施，靠自然演替形成稳定的生产力高的森林植物群落需要相当长的时间。

⑤林下天然更新不均匀。大多数林下更新频度过低，靠自然演替无法形成演替层。其更新幼树每公顷株数大多在 1000 株以下，且珍贵的阔叶树种稀少。

辽宁省从 20 世纪 70 年代起，通过改造为主，抚育、改造结合的措施，对辽东山区次生林进行了改造，但由于缺乏统筹规划，营造了大片的纯林，森林病害发生严重，林地的生产力低。到 20 世纪 80 年代，在全面规划、因地制宜、综合利用原则的指导下，对辽东山区天然次生林进行林冠下更新云杉、冷杉等耐阴树种，营造异龄复层混交林；进行人工红松林改造，诱导同龄阔叶红松林；营造红松与水曲柳、白杨等混交林，取得了很好的成效。通过多年的科技推广及生产实践，我们取得了人工诱导阔叶红松林抚育间伐技术、异龄复层阔叶红松林人工诱导及经营技术等一些重大的科研成果，为辽东山区天然次生林的分类经营及保护工作提供了技术支持。

6.2 次生林更新规律及维持机制研究

6.2.1 乔木幼苗组成及其季节动态

森林更新是持续且复杂的生态学过程，是生态系统动态研究的重要内容之一。木本植物空间和时间上的不断扩大、繁衍，对未来群落内物种的组成和分布产生了深远的影响（D’Amato et al.，2009）。木本植物生活史中，幼苗时期由于资源积累不足，防御能力较弱，受到较大的环境约束和胁迫，幼苗的个体数量和存活动态极易发生变化，如施璐璐等（2014）对百山祖国家级自然保护区内木本植物幼苗的研究发现，2009 年、2010 年和 2011 年的幼苗存活率分别为 7.7%、20.8% 和 0.3%，幼苗存活率不高且波动较大。幼苗阶段是植物生活史中个体生长最为脆弱、对生境变化最为敏感的时期。木本植物在幼苗阶段的组成和结构均具有明显的变化，如张健等（2009）对长白山阔叶红松林乔木树种幼苗的研究发现，乔木幼苗的数量组成在年际间具有明显波动，其中水曲柳、紫椴、红松最为明显；闫琰等（2016）对蛟河地区 3 个不同演替阶段针阔叶混交林样地的幼苗研究发现，其物种组成和数量在空间分布上存在年际间的差异。

有研究表明，幼苗动态特征随时空变化存在较大的差异（Connell and Green，2000），即便在很短的时间内，幼苗的组成、数量和死亡等动态特征也可能发生明显的变化。为避免忽略幼苗细微的、真实的动态变化过程，探究短时间内幼苗动态（如月际动态、季节动态）特征是十分必要的。本节分析辽东山区次生林样地乔木幼苗组成与季节动态，对了解温带次生林演替格局具有重要意义。

6.2.1.1 材料与方法

1. 样地设置与调查

（1）样地设置

2017 年，参照美国 CTFS（centre for tropical forest science）样地建设标准和操作规范（Condit，1995），在辽宁省本溪满族自治县老边沟次生林内设置一块 4hm^2 样地，样地规格为 200m×200m，用全站仪将整个样地划分成 100 个 20m×20m 的样方（选定一个样地的起始点，然后从该点出发，用全站仪沿着东西方向和南北方向每隔 20m 定点），并将每个样方标号（图 6-1）。

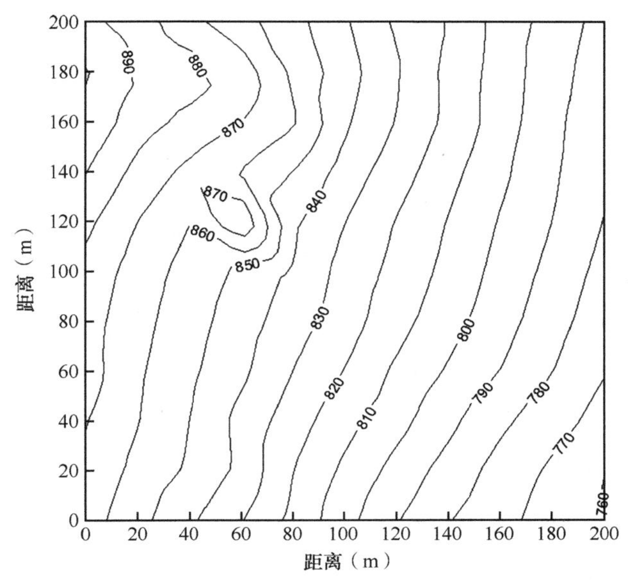

图 6-1　辽东山区次生林 4hm^2 固定监测样地的地形图

（2）木本植物调查

植被调查时，调查研究区内所有胸径（DBH）≥1cm 的木本植物（包括乔木与灌木），记录木本植物树种、胸径、分支、状态及坐标等，并挂牌标记，以便长期监测。为了方便记录坐标，调查前将每个 20m×20m 的样方又分为 16 个 5m×5m 的小样方以便测定物种坐标位置，大树调查于 2017 年 8 月完成。

（3）幼苗调查

将每个 20m×20m 的样方划分成 16 个 5m×5m 的样方，整个样地共计 1600 个。以 5m×5m 的样方为基本单位，对于胸径（DBH）≤1cm 的木本植物（不限高度），记录其种类、高度及坐标等，挂牌标记，以便长期监测。此工作于 2018 年 7～8 月完成，于 2019 年 5 月、7 月和 9 月对样地内胸径（DBH）≤1cm 的木本植物进行复查，记录幼苗新生与死亡情况，并估算 5m×5m 样方的草本盖度（%）。

（4）生境测定

地形因子：样地建立时，记录每个样方结点的高差，根据已知点的海拔，得到整个样地不同样方结点的海拔。坡度和凹凸度等指标根据海拔计算。

岩石裸露程度：2019 年 5 月、7 月和 9 月对样地内幼苗进行复查时，估算 5m×5m 样方的岩石裸露百分比（%）。

2. 数据分析方法

（1）幼苗密度计算

$$幼苗密度=样方内幼苗个体数/样方面积（25m^2）\tag{6-1}$$

（2）幼苗死亡率（m）与新增率（r）计算。

$$m=(N_0-S_t)/N_0 \tag{6-2}$$

$$r=(N_t-N_0)/N_0 \tag{6-3}$$

式中，N_0 和 N_t 分别为样地中第 1 次和第 2 次调查幼苗个体数，S_t 为第 2 次调查时仍存活的个体数。

（3）幼苗重要值计算

$$重要值=(相对多度+相对频度)/2 \tag{6-4}$$

$$相对多度=(某种幼苗的多度/所有幼苗多度和)\times 100\% \tag{6-5}$$

$$相对频度=(某种幼苗的频度/所有幼苗频度和)\times 100\% \tag{6-6}$$

（4）非参数的多元方差分析

这是一种利用置换方法来检验多元方差分析的非参数多元方差分析（permutation based MANOVA，perMANOVA），可用于在距离测量的基础上进行多变量和单变量方差分析。本研究用 perMANOVA 检验调查期间乔木幼苗的组成和分布是否存在差异。

6.2.1.2　结果与分析

1. 乔木幼苗物种组成与数量特征

2019 年 5 月共监测到 6212 株乔木幼苗，隶属 15 科 19 属 24 种，树种最多的科为槭树科，共有 4 种。数量最多的种为色木槭，有 1434 株；最少的为栾树，仅有 2 株（表 6-1）。优势种共 6 种：色木槭、暴马丁香、青楷槭、稠李、裂叶榆和天女木兰。

表 6-1　2019 年 5 月幼苗组成与数量特征

树种名	多度	频度	相对多度 (%)	相对频度 (%)	重要值 (%)
色木槭	1434	695	23.08	24.64	23.86
暴马丁香	1326	512	21.35	18.14	19.75
青楷槭	732	196	11.78	6.95	9.37
稠李	699	213	11.24	7.55	9.40
裂叶榆	604	361	9.72	12.79	11.25
天女木兰	465	261	7.49	9.25	8.37
假色槭	254	139	4.09	4.93	4.51
小楷槭	211	86	3.40	3.05	3.22
紫椴	90	59	1.45	2.08	1.77
花曲柳	83	62	1.34	2.20	1.77
千金榆	82	62	1.32	2.20	1.76
三花槭	50	38	0.80	1.35	1.08
胡桃楸	34	28	0.55	0.99	0.77
辽东楤木	29	20	0.47	0.71	0.59
山樱花	24	14	0.39	0.50	0.44
水榆花楸	24	17	0.39	0.60	0.49
蒙古栎	19	12	0.31	0.43	0.37

续表

树种名	多度	频度	相对多度 (%)	相对频度 (%)	重要值 (%)
灯台树	15	12	0.24	0.43	0.33
水曲柳	12	11	0.19	0.39	0.29
朝鲜槐	8	7	0.13	0.25	0.19
黄檗	7	7	0.11	0.25	0.18
黄榆	5	4	0.08	0.14	0.11
刺楸	3	3	0.05	0.11	0.08
栾树	2	2	0.03	0.07	0.05
总计	6212	2821	100	100	100

对 1600 个 5m×5m 样方中调查到的乔木幼苗树种数进行统计发现（图 6-2），2019 年 5 月、7 月和 9 月未发现任何乔木幼苗的样方数分别为 290、302 和 318 个，占所有样方数的 18.1%、18.9% 和 19.9%。大部分样方集中在 1 ～ 2 种，且 2019 年 5 月、7 月和 9 月发现 1 ～ 2 种乔木幼苗的样方数分别为 894、906 和 912 个，占所有样方数的 55.9%、56.6% 和 57.0%。

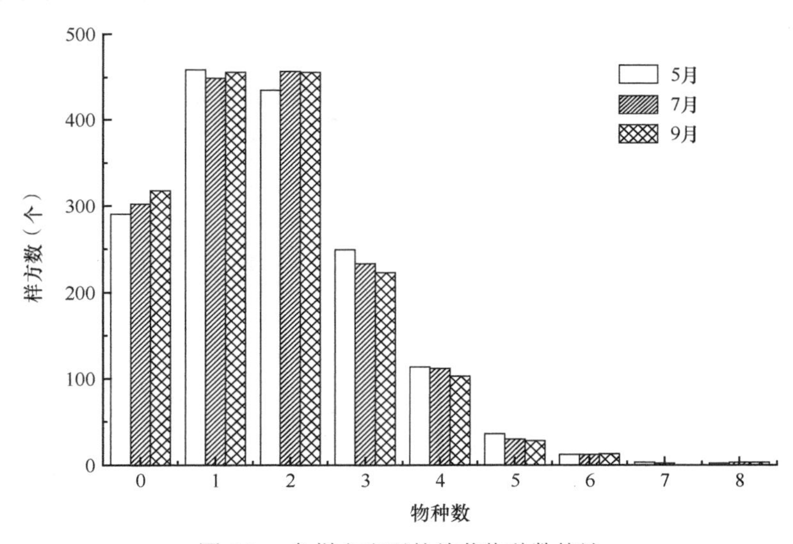

图 6-2　各样方出现的幼苗物种数统计

由表 6-1 可知，不同乔木树种幼苗数量差异较大，色木槭等 6 个优势种幼苗总数为 5260，占总体的 84.7%，重要值和为 82.0%。幼苗数量＞1000 的只有两种，为色木槭和暴马丁香，而幼苗数量＜100 的有 16 种，重要值和仅占 10.27%。幼苗频度差异较大，色木槭、暴马丁香和裂叶榆分布较为广泛，相对频度＞10%；而栾树的相对频度不足 1%。包含栾树在内，其他树种幼苗相对频度较低，变化范围为 0.07% ～ 9.25%。

perMANOVA 的结果显示（表 6-2），2019 年 5 ～ 9 月乔木幼苗的数量组成和分布存在极显著差异（F=4043.5，P=0.001）。从 3 次调查乔木幼苗的数量组成和分布的两两比较来看，乔木幼苗的数量组成和分布均存在极显著差异（P=0.001）。

表 6-2　2019 年 5 ～ 9 月乔木幼苗的非参数多元方差分析

	自由度 df	平方和 SS	均方和 MS	*F*	*P*
月份	2	343.04	171.518	4043.5	0.001^{***}
残差	4797	203.48	0.042		
总数	4799	546.51			
5 月 vs.7 月				2690.023	0.001
5 月 vs.9 月				5066.789	0.001
7 月 vs.9 月				7674.128	0.001

注：*** 表示 $P<0.001$

2. 新增幼苗数量与组成

2019 年 5 ～ 9 月，共记录到 18 种 393 株新增幼苗（表 6-3）。小楷槭（*Acer komarovii*）、紫椴（*Tilia amurensis*）、千金榆（*Carpinus cordata*）、辽东楤木（*Aralia elata*）和黄檗（*Phellodendron amurense*）只在 7 月记录到新增幼苗，而刺楸只在 9 月记录到新增幼苗。三花槭（*Acer triflorum*）、山樱花（*Cerasus serrulata*）、水榆花楸（*Sorbus alnifolia*）、水曲柳（*Fraxinus mandschurica*）、朝鲜槐（*Maackia amurensis*）、黄榆（*Ulmus macrocarpa*）和栾树这 7 个树种在 7 月与 9 月两次调查中均无新增幼苗的发现。

表 6-3　不同月份幼苗树种组成、新增率及其各新增幼苗出现样方数

树种名	幼苗数量（株）			新增幼苗数量（株）		新增幼苗出现样方数（个）		幼苗新增率 (%)	
	5 月	7 月	9 月	5 ～ 7 月	7 ～ 9 月	5 ～ 7 月	7 ～ 9 月	5 ～ 7 月	7 ～ 9 月
色木槭	1434	1395	1353	26	22	25	18	1.8	1.6
暴马丁香	1326	1282	1210	34	15	29	11	2.6	1.2
青楷槭	732	753	726	51	3	12	3	7.0	0.4
稠李	699	683	657	10	9	7	5	1.4	1.3
裂叶榆	604	588	545	21	10	15	9	3.5	1.7
天女木兰	465	468	442	27	4	15	4	5.8	0.9
假色槭	254	242	237	2	3	1	3	0.8	1.2
小楷槭	211	210	204	3	0	1	0	1.4	0
紫椴	90	88	86	1	0	1	0	1.1	0
花曲柳	83	83	84	6	6	5	4	7.2	7.2
千金榆	82	80	76	3	0	3	0	3.7	0
三花槭	50	45	44	0	0	0	0	0	0
胡桃楸	34	30	24	16	1	13	1	47.1	3.3
辽东楤木	29	30	28	3	0	2	0	10.3	0
山樱花	24	22	21	0	0	0	0	0	0
水榆花楸	24	21	19	0	0	0	0	0	0
蒙古栎	19	17	18	1	2	1	2	5.3	11.8

续表

树种名	幼苗数量（株）			新增幼苗数量（株）		新增幼苗出现样方数（个）		幼苗新增率 (%)	
	5 月	7 月	9 月	5～7 月	7～9 月	5～7 月	7～9 月	5～7 月	7～9 月
灯台树	15	15	13	1	2	1	2	6.7	13.3
水曲柳	12	11	10	0	0	0	0	0	0
朝鲜槐	8	7	7	0	0	0	0	0	0
黄檗	7	8	6	1	0	1	0	14.3	0
黄榆	5	5	5	0	0	0	0	0	0
刺楸	3	3	4	0	1	0	1	0	33.3
栾树	2	1	1	0	0	0	0	0	0

5～7 月，共记录到 16 种 206 株新增幼苗，7～9 月，共记录到 12 种 78 株新增幼苗。7 月调查时新增幼苗的树种和数量均高于 9 月。对 2019 年 7 月和 9 月各样方中出现的新苗的树种组成进行统计发现，7 月有 119 个小样方（占 5m×5m 样方总数的 7.44%）调查到新生幼苗，单个样方内新增树种最多为 2 种，有 13 个样方。出现 1 种树种幼苗的样方最多，为 106 个。9 月有 60 个 5m×5m 样方（占 5m×5m 样方总数的 3.75%）调查到新生幼苗，单个样方内新增树种最多为 2 种，有 3 个样方。出现 1 种的样方最多，为 57 个。

perMANOVA 的结果显示，新增幼苗的数量组成和分布在季节间存在极显著差异（表 6-4）（F=2710.2，P=0.001），这与某些树种幼苗大量新增和死亡有关。除假色槭（*Acer pseudosieboldianum*）、蒙古栎、灯台树和刺楸外，其他树种新增幼苗均表现为 5～7 月多于 7～9 月。暴马丁香、青楷槭、裂叶榆、天女木兰和胡桃楸新增数量差异明显。5～7 月新增数量是 7～9 月数量的 2 至多倍，而青楷槭更是高达 17 倍。随着调查的进行，新增幼苗数量整体呈现下降趋势。

表 6-4　2019 年 5～9 月新增乔木幼苗的非参数多元方差分析

	自由度 df	平方和 SS	均方和 MS	F	P
月份	1	166.76	166.761	2710.2	0.001***
残差	3198	196.78	0.062		
总数	3199	363.54			

注：*** 表示 $P<0.001$

3. 死亡幼苗数量与组成

2019 年 5～7 月，除黄檗、黄榆和刺楸外，21 个树种死亡幼苗共计 331 株。优势种幼苗的死亡数量较多，占死亡总数的 78.5%。2019 年 7～9 月，除朝鲜槐、黄榆、刺楸和栾树外，20 个树种死亡幼苗共计 344 株。优势种幼苗死亡数量较多，占死亡总数的 86.3%。2019 年 7 月幼苗死亡数量高于 9 月的有 12 个树种；数量低于 9 月的有 7 个树种；而 7 月和 9 月两次调查均无死亡幼苗的有 5 个树种。2019 年 5～7 月各个树种幼苗的死亡率整体高于 7～9 月（表 6-5）。已有幼苗死亡数量最多的为暴马丁香，死亡率为 6.4%，尽管黄檗已有幼苗死亡数量仅为 2，但是其已有幼苗死亡率高达 25%。新增幼苗死亡数量最多的为青楷槭，死亡率为21.6%，灯台树新增幼苗死亡数量仅为1，但死亡率却为100%。通过比较新增幼苗和已有幼苗的死亡情况可以发现，新增幼苗死亡率明显高于已有幼苗死亡率。

表 6-5　不同月份幼苗树种组成、死亡数量和死亡率

物种名	幼苗死亡数量（株）		幼苗死亡率（%）		已有幼苗死亡数量（株）	已有幼苗死亡率（%）	新增幼苗死亡数量（株）	新增幼苗死亡率（%）
	5～7月	7～9月	5～7月	7～9月	7～9月	7～9月	7～9月	7～9月
色木槭	65	62	4.5	4.4	54	3.9	8	30.8
暴马丁香	78	87	5.9	6.8	82	6.4	5	14.7
青楷槭	30	30	4.1	4	19	2.5	11	21.6
稠李	26	35	3.7	5.1	34	5	1	10
裂叶榆	38	53	6.3	9	49	8.3	4	19
天女木兰	23	30	4.9	6.4	25	5.3	5	18.5
假色槭	14	9	5.5	3.7	9	3.7	0	0
小楷槭	4	6	1.9	2.9	5	2.4	1	33.3
紫椴	3	2	3.3	2.3	2	2.3	0	0
花曲柳	6	5	7.2	6	4	4.8	1	16.7
千金榆	5	4	6.1	5	3	3.8	1	33.3
三花槭	5	1	10	2.2	1	2.2	0	0
胡桃楸	20	7	58.8	23.3	2	6.7	5	31.3
辽东楤木	2	2	6.9	6.7	2	6.7	0	0
山樱花	2	1	8.3	4.5	1	4.5	0	0
水榆花楸	3	2	12.5	9.5	2	9.5	0	0
蒙古栎	3	1	15.8	5.9	1	5.9	0	0
灯台树	1	4	6.7	26.7	3	20	1	100
水曲柳	1	1	8.3	9.1	1	9.1	0	0
朝鲜槐	1	0	12.5	0	0	0	0	0
黄檗	0	2	0	25	2	25	0	0
黄榆	0	0	0	0	0	0	0	0
刺楸	0	0	0	0	0	0	0	0
栾树	1	0	50	0	0	0	0	0

6.2.1.3　讨论

通过对辽东山区 $4hm^2$ 样地内1600个5m×5m样方3次调查数据分析发现，辽东山区次生林乔木幼苗的树种组成较为丰富，其数量、新增与死亡等随树种和季节变化明显。2019年3次调查到的24种乔木幼苗均在该样地的乔木树种范围内，没有调查到其他树种幼苗。3次调查结果表明，乔木幼苗的树种组成没有发生明显的变化，说明该林分更新良好（蔡军奇等，2018），但在样方间存在明显的差异，这与乔木幼苗的新增与死亡有关。优势树种组成在调查期间没有改变，说明群落结构相对稳定。

2019 年 3 次调查发现，不同树种幼苗数量差异明显，且调查到幼苗的样方数占所有样方比例均高于 80%，说明幼苗更新良好。部分样方没有发现幼苗，可能与种子数量和扩散限制有关。裂叶榆幼苗数量比青楷槭和稠李少，但裂叶榆频度很高，分布较青楷槭和稠李广泛。这可能受种源分布和树种特异性的影响。裂叶榆和青楷槭果实类型相同，为翅果，而稠李的果实类型为核果。果实类型会影响种子扩散方式，进而影响种子传播距离和分布。翅果一般靠风力传播，而核果靠重力或者动物传播。靠风力传播的树种比靠重力传播和动物传播的树种分布广泛（Condit et al.，2000）。而稠李种子数量在经动物传播过程中会因动物的取食而减少，对种子的扩散和分布有一定的影响。裂叶榆和青楷槭都靠风力传播，但是裂叶榆花果期较为提前，果实成熟时温度适宜，利于种子萌发，幼苗更新更有优势。

乔木幼苗数量在不同树种和季节间表现出较大的差异。大部分树种 5 月的幼苗数量＞7 月的幼苗数量＞9 月的幼苗数量，幼苗数量总体表现为下降趋势，可能与幼苗间的竞争有关。幼苗的生长发育会受到光、水分和土壤养分等因素的影响（杞金华等，2015）。幼苗在生长发育过程中对资源的需求逐渐增大，种间和种内竞争也逐渐加剧，最终影响幼苗存活。

调查发现，7 月的新增幼苗数量及其出现样方数大于 9 月，可能是因为 6 月普遍出现新增幼苗高峰，随着生长季的结束，新增幼苗数量明显减少。调查结果表明，样地内包括三花槭在内的 7 个树种在 7 月和 9 月两次调查均未发现新增幼苗。这可能与种群内作为种子来源的乔木数量较少有关。另外，种子扩散方式和动物对种子及幼苗的取食也会影响幼苗的更新。幼苗新增率在树种和季节间差异明显。除假色槭、蒙古栎、灯台树和刺楸外，其他幼苗 7 月幼苗新增率均大于 9 月。胡桃楸幼苗新增率差异尤其明显，7 月幼苗新增率是 9 月的 14.3 倍，且胡桃楸幼苗在 7 月大量新增又大量死亡。这可能与种子丰歉年、种源数量和树种生物学特性有关。胡桃楸的种子扩散方式为重力传播和动物传播，动物对森林生态系统中种子的扩散起到重要作用（Perea et al.，2011）。而动物在觅食时往往会根据投入的时间和消耗的能量来选择不同的取食和搬运策略。一般而言，种子大小、种皮厚度和硬度等都会影响动物的取食行为。对于个头较大、种皮偏厚偏硬的种子一般会经由搬运再进行取食或贮藏；而对于个头较小、种皮偏薄偏脆的种子会被就地取食。胡桃楸种皮较厚、种子较大，在经由啮齿动物搬运后往往有较大概率逃脱被取食的命运。且胡桃楸属阳性树种，光照理想的地方胡桃楸种子才能萌发生长，而样地内生长季期间林冠郁闭度较小、无法满足其幼苗定居，胡桃楸幼苗随即死亡。再有，人为活动如对胡桃楸落地果实的捡取也会影响胡桃楸幼苗的更新与建立。

一般而言，新增幼苗死亡率远远高于已有幼苗死亡率。刚刚萌发建立的幼苗会受到诸多威胁，线虫动物会取食萌发期或早期建立的幼苗根部（Barot et al.，1999），鸟类也会啄食幼苗嫩茎（陈永富，2012）。建立早期的幼苗子叶也会被动物取食（高贤明等，2003），而子叶被取食的幼苗更容易死亡（闫兴富等，2011）。因此，新增幼苗往往比已有幼苗更为脆弱敏感。本研究发现，大部分树种的幼苗死亡率表现为 7 月＞9 月，可见，幼苗的大量新增也会伴随着幼苗的大量死亡。

6.2.1.4 结论

调查期间共记录到24种乔木幼苗，乔木幼苗树种组成在季节间没有明显变化，但幼苗的新增与死亡导致树种组成在样方间变化明显。由于幼苗间存在竞争，幼苗数量在不同树种和季节间表现出较大的差异。种子数量和扩散方式及其动物的取食影响幼苗新增率，新增率在树种和季节间差异明显。新增幼苗往往比已有幼苗更为脆弱敏感，新增幼苗死亡率要远远高于已有幼苗死亡率。

6.2.2 不同发育阶段树种的空间格局与种间空间关联性

种群的空间格局既能提供群落结构的关键信息，也是理解群落动态的基础。空间格局会影响种间关联性，即不同种群空间分布的相互关系。种间关联性的研究对于理解种群间的相互作用和生态关系起着重要的作用，并提供种群动态的信息。研究表明，许多因素都会影响聚集格局，如生境异质性、种子散布、种内竞争或这些因素的某种组合，聚集分布往往占据较大比例。Nguyen 等（2016）发现在热带常绿阔叶林中调查的18个树种中有16个表现出聚集分布。Wang 等（2010）发现在中国东北温带森林中，聚集的物种高达90.5%。Zhang 等（2010）调查了喀斯特地区的8种优势树种，发现6个树种的聚集分布与海拔和岩石裸露程度有关。Inman-Narahari 等（2014）调查了18个热带森林微生境中的4个本地物种，得出了幼苗的聚集分布是生境异质性导致的结论。种子散布能力影响树种的分布格局，小规模聚集是由于种子的短距离扩散和种内相互作用，而大规模空间聚集则受到生境异质性的影响（Zhang et al.，2013）。种间空间关联性是物种间相互作用和物种对环境适应的结果，当环境条件良好时，种间空间关联性主要呈现负相关，而当环境压力增大时，种间空间关联性呈现正相关（应力梯度假说）。木本植物的空间格局和种间空间关联性是生物因素和环境因素共同作用的结果，从幼苗到成树的发育过程，树种间的相互作用会增加，并决定空间格局（Condit et al.，2000）。总体而言，影响幼苗空间分布的主要因素是种子扩散方式和不均匀萌发，影响成树空间分布的主要因素是竞争和生境异质性，影响种间空间关联性的主要因素是生境异质性、植株大小和物种间相互作用。

本节分析了辽东山区次生林乔木幼苗阶段相对于其他发育阶段的树种空间格局和种间空间关联性，并提出两个科学问题：①辽东山区次生林乔木幼苗阶段相对于其他发育阶段树种的空间格局和种间空间关联性是否存在显著差异？②哪些生态学过程（如扩散限制、生境异质性、物种间的互利作用和竞争作用）会影响辽东山区次生林树种的空间格局和种间空间关联性？

6.2.2.1 材料与方法

1. 样地设置与调查

2017年对本溪满族自治县老边沟 $4hm^2$ 次生林样地内胸径（DBH）≥1cm 的所有木本

植物进行调查，记录植株的种类、胸径及坐标等，并挂牌标记，2018 年对胸径≤1cm 的所有木本植物进行调查，记录其种类、高度及坐标。2017 年每木调查结果显示，样地内共 14 036 个个体，隶属于 24 科 34 属 46 种。每个发育阶段（幼苗、幼树和成树）选择数量≥20 的树种（表 6-6）。

表 6-6　分析物种在幼苗、幼树和成树阶段的个体数量　（单位：株）

树种	幼苗数量	幼树数量	成树数量
色木槭	1527	2614	555
裂叶榆	633	1312	518
暴马丁香	1419	758	45
花曲柳	88	276	362
假色槭	266	405	207
稠李	718	220	30
千金榆	95	172	59
三花槭	52	140	23
青楷槭	780	101	58
紫椴	98	93	64
水榆花楸	25	56	51

注：不同生长阶段的划分标准：对于所有树种，幼苗 DBH＜1cm；对于较大的林冠层树种（如花曲柳、紫椴等），幼树为 1cm≤DBH＜8cm，成树 DBH ≥8cm；对于较小的林冠层树种，幼树为 1cm≤DBH＜5cm，成树 DBH ≥5cm

2. 研究方法

本研究主要以 Ripley's *K* 函数为基础，运用双关联函数 g(r) 分别以样方中每个植物个体空间分布坐标点分析不同尺度乔木幼苗的分布格局。双关联函数 $g(r)$ 推演过程如下。

$$g(r)=\frac{1}{2\pi r}\frac{dK(r)}{d(r)} \tag{6-7}$$

Ripley's *K* 函数又称二阶函数，是常用而有效的空间点格局分析方法，即在以某一任意点为圆心、r 为半径的圆内，期望点数与样方内实际点数的比值。$g(r)$ 函数是在 Ripley's *K* 函数的基础上，以环来代替 Ripley's *K* 函数中的圆，通过利用两点之间的距离，计算特定圆环区域内出现的点的数量来分析空间分布格局，是一种关联性函数。与 Ripley's *K* 函数相比，$g(r)$ 函数用于空间分布格局的研究更加直观准确，它能够有效地排除 Ripley's *K* 函数在小尺度上出现的累积效应。当 $g(r)$=1.0 时，个体分布表示为完全随机分布；当 $g(r)$＞1.0，表示为聚集分布；当 $g(r)$＜1.0 时，表示为均匀分布。

完全随机零模型（complete spatial randomness null model，CSR）假设种群的空间分布不受任何生物因素和非生物因素的影响，种群个体相互独立且个体出现的概率都相同。

异质性泊松过程零模型（heterogeneous poisson process null model，HPP）即排除生境异质性的零假设模型。常用于模拟物种与生境之间的关系。种群个体密度与生境异质性的关系用空间异质性密度函数 $\lambda(s)$ 来表示，异质性密度函数 $\lambda(s)$ 随位置 s 发生变化，用物种分布模型和生境模型来估计异质性密度函数 $\lambda(s)$ 的参数。拟合出的 log 多项式模型如下：

$$\lambda(s)=\exp\left[\beta^{\mathrm{T}}x(s)\right] \tag{6-8}$$

式中，β^{T} 为回归参数的向量；$x(s)$ 为环境变量的向量。本研究中以 5m×5m 尺度上的坡度、坡向、凹凸度和海拔作为环境变量。

采用完全随机零模型和异质性泊松过程零模型分析不同尺度下的乔木幼苗的分布格局与种间空间关联性，分析尺度范围均为 0 ～ 50m，应用蒙特卡罗循环模拟 199 次，置信区间的置信度为 95%，点格局分析使用 R 3.6.2 软件。在分析分布格局时，由于点格局分析存在样本量限制的问题，本研究只分析样地内个体数≥20 的乔木树种。在分析种间空间关联性时，树种 1 的位置保持不变，用树种 2 的位置计算模拟值，通过实测值与模拟值分析树种 2 在树种 1 周围的分布情况，如果实测值显著小于模拟值，表示 2 个物种在空间上呈负相关，反之则正相关。

6.2.2.2　结果与分析

1. 空间格局

在幼苗阶段，大部分树种呈明显的聚集分布，且在 CSR 模型下聚集程度随着尺度的增加而下降（图 6-3）。所有树种（100%）均在 0 ～ 22m 尺度上聚集，且聚集树种比例随尺度的增加而减小，在 50m 尺度上最小，为 0.455。与此相反，随机和均匀分布的物种比例在大尺度上增加。在 HPP 模型下，均匀分布成为主要分布方式，且在 0 ～ 50m 尺度上均匀分布比例为 0.636。

在幼树阶段，CSR 模型下大部分树种呈聚集分布（图 6-4）。所有树种（100%）均在 0 ～ 19m 尺度上聚集。聚集树种比例随着尺度的增加而降低，在 50m 尺度上最小，为 0.455。与幼苗阶段相似，随机分布的树种比例随着尺度的增加而增加。在 HPP 模型下，随机分布的树种比例在小尺度上为 0.727，比例随着尺度的增加而减小，最小值为 0.455。而均匀分布的树种比例随着尺度的增加而增加，最大值为 0.545。

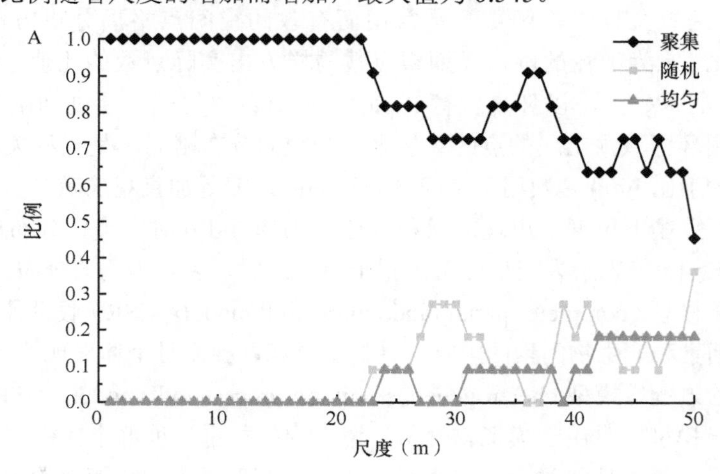

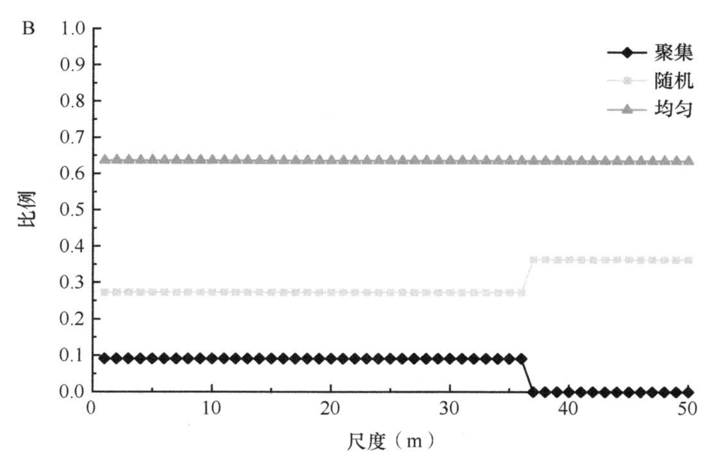

图 6-3　CSR 模型（A）和 HPP 模型（B）不同尺度幼苗分布格局的树种比例

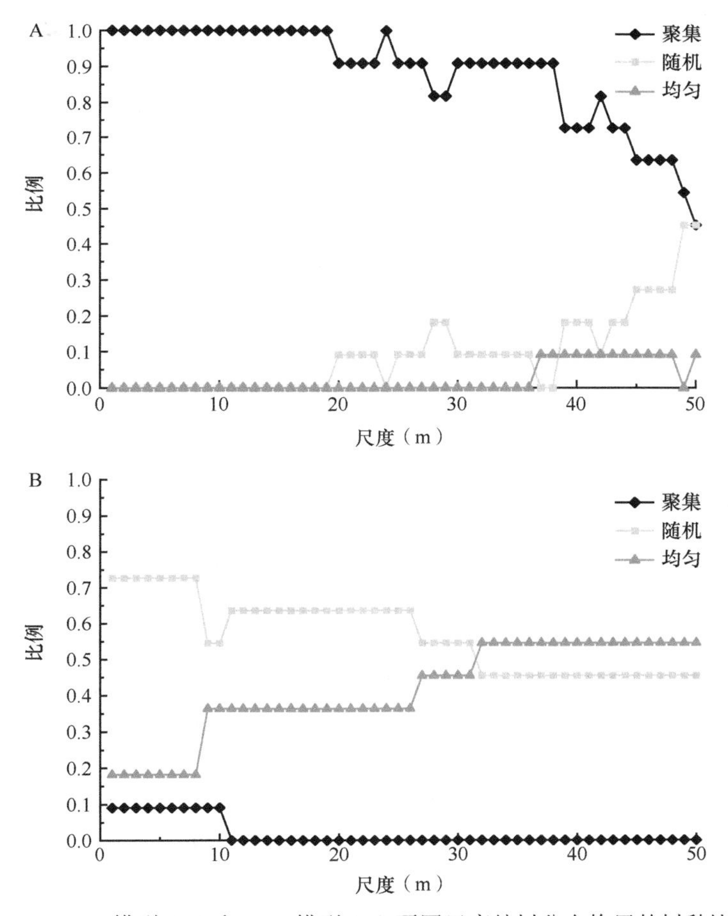

图 6-4　CSR 模型（A）和 HPP 模型（B）不同尺度幼树分布格局的树种比例

在成树阶段，CSR 模型下大部分树种呈聚集分布（图 6-5）。与幼苗和幼树相似的是，聚集树种比例随着尺度的增大而减小。而随机分布树种比例随着尺度的增大而增大。在 HPP 模型下，随机和均匀分布为主要分布方式，树种比例分别为 0.534 和 0.455。

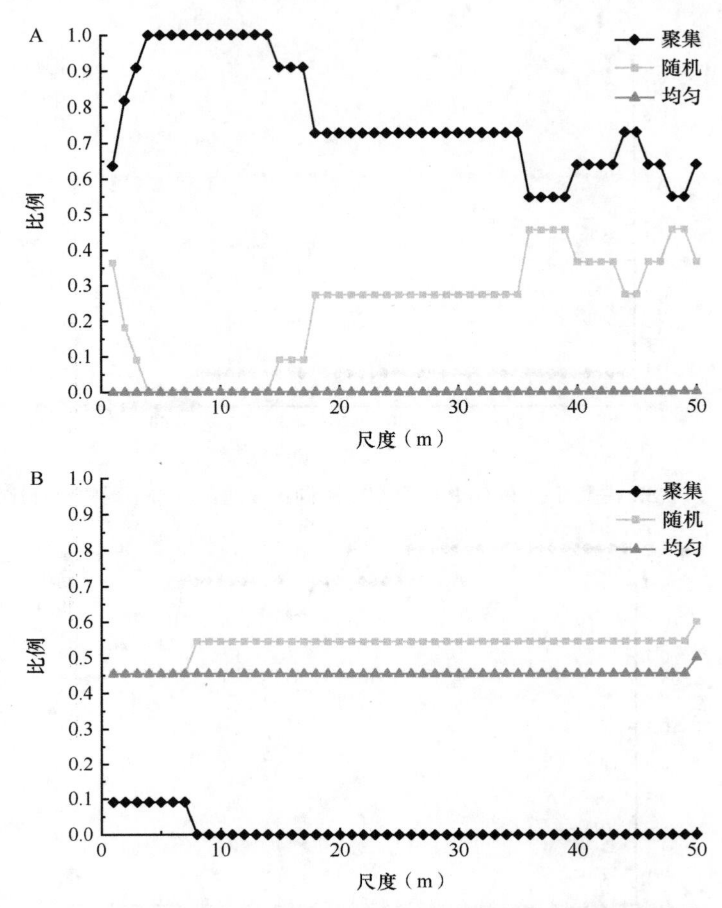

图 6-5　CSR 模型（A）和 HPP 模型（B）不同尺度成树分布格局的树种比例

2. 种间空间关联性

本研究分析了 110 对树种对。在 CSR 模型下，幼苗阶段的大部分树种对呈正相关。正相关树种对比例随着尺度的增加而增加，从 0.445 增加到 0.655。而无相关和负相关树种对比例随尺度的增加而减少（图 6-6）。在 HPP 模型下，0 ～ 8m 尺度上大部分树种对间无相关，而 12 ～ 50m 尺度上大部分树种对呈负相关。负相关树种对比例随着尺度的增加而增加，比例从 0.227 增加到 0.582；而无相关树种对比例随尺度的增加而减少，从 0.664 减少到 0.291。正相关树种对比例变化趋于平缓，比例从 0.164 减少到 0.082。

在幼树阶段，CSR 模型下 0 ～ 6m 尺度上无相关、负相关和正相关树种对比例几乎相同；而在较大尺度上，无相关和正相关的树种对比例要高于负相关（图 6-7）。在 HPP 模型下，无相关的树种对比例要高于正相关和负相关。无相关树种对比例随着尺度的增加而减少，从 0.709 减少到 0.482。而负相关树种对比例随着尺度的增加而增加，从 0.218 增加到 0.455。正相关树种对比例趋于平缓，从 0.136 减少到 0.036。

在成树阶段，CSR 模型下无相关树种对比例要高于正相关和负相关。无相关树种对随着尺度的增加而减少，从 0.618 减少到 0.373；而正相关树种对比例随着尺度的增加而增加，比例从 0.227 增加到 0.473。负相关树种对的比例也呈下降趋势，从 15.5% 到 3.6%

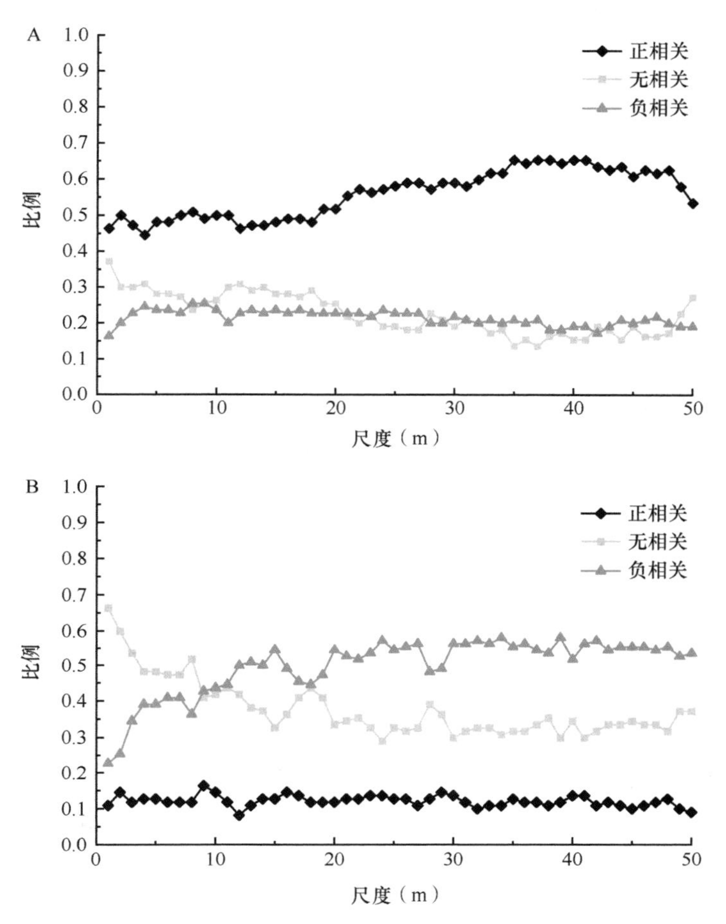

图6-6　CSR模型（A）和HPP模型（B）不同尺度幼苗种间关联性树种对比例

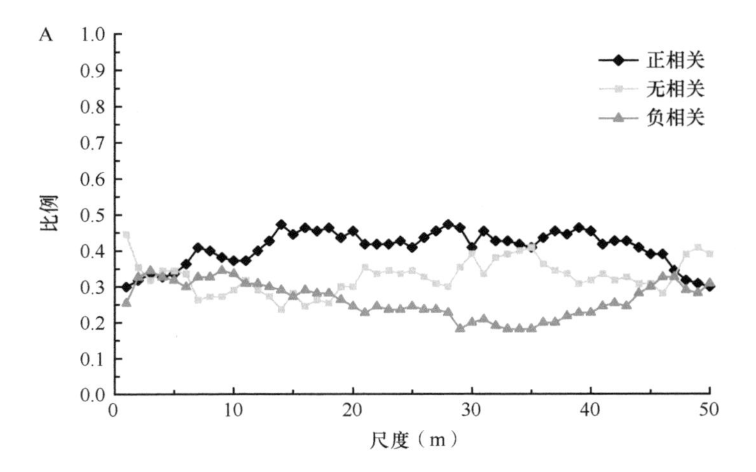

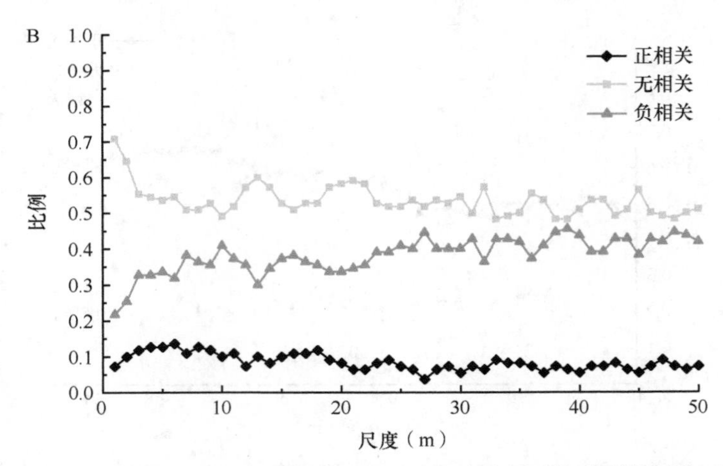

图 6-7　CSR 模型（A）和 HPP 模型（B）不同尺度幼树种间关联性树种对比例

不等（图 6-8）。在 HPP 模型下，无相关树种对的比例远远高于负相关和正相关树种对，平均比例分别为 0.654、0.285 和 0.061。

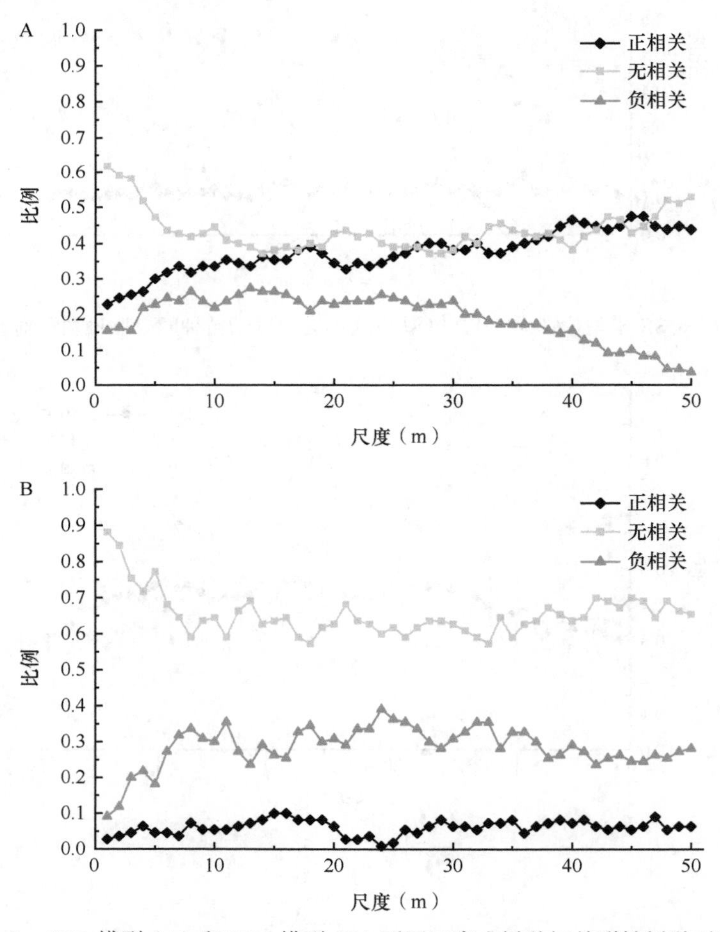

图 6-8　CSR 模型（A）和 HPP 模型（B）不同尺度成树种间关联性树种对比例

6.2.2.3　讨论

1. 空间格局

种子扩散限制和生境异质性是决定次生林树种分布格局的两个主要因素。研究发现：在 CSR 模型下，大部分树种在 3 个阶段都呈聚集分布。在 0 ～ 50m 尺度下，聚集分布的树种比例呈下降趋势。造成这种现象的原因可能是种子扩散限制和种子萌发的不均匀性。种子的局部扩散造成大部分种子留在母树下，且种子数量通常随与母树距离的增加而减少。母树为幼苗提供庇护，使幼苗可以充分利用资源，增加生存和生长的机会。因此，尽管存在负密度制约，大多数幼苗仍然聚集在成树周围，导致聚集分布。树种的聚集分布降低了树种间的相遇概率和种间竞争的可能性，有利于物种共存。

此外，树种的生境偏好会导致聚集分布。在消除生境异质性影响的同时，HPP 模型下，幼苗、幼树和成树阶段时均匀或随机分布成为主要分布方式。实际上，小尺度上树种的种子扩散影响了空间格局，而大尺度上生境异质性是影响空间格局的主要因素（袁志良等，2011）。本研究发现，在 0 ～ 10m 尺度下，幼苗、幼树和成树阶段的聚集分布树种比例分别为 100%、100% 和 93.6%，而在 40 ～ 50m 尺度下，比例分别为 65.3%、66.1% 和 63.6%。因此，生境异质性在树种分布格局中起着重要作用。有研究发现，生境异质性造成不同的地形、土壤养分和光照强度，进而影响树种的空间格局（宋于洋等，2010；袁志良等，2011）。例如，Fang 等（2017）发现地形和土壤在常绿阔叶林树种分布格局中起着重要的作用。由于生境异质性可以增加局部适宜环境下的植株密度，促进物种聚集，有限资源的不均匀分布可能影响树种分布格局。

Condit 等（2000）发现随着生长阶段的进行，树种趋于均匀或随机分布。本研究表明，不同树种在幼苗、幼树和成树阶段的空间格局有一定的相似性，但在具体尺度上也存在一定的差异。CSR 模型下，大多数树种在幼苗、幼树和成树阶段聚集分布，这与其他温带森林相一致（Liu et al.，2014）。本研究发现在幼苗、幼树和成树阶段，0 ～ 50m 尺度聚集分布平均树种比例分别为 85.6%、88.4% 和 76.7%，在一定程度上支持了前人的研究，即随着生长阶段的进行聚集分布物种比例会随之减少。不同生长阶段影响树种空间格局的因素不同。例如，影响幼苗分布的主要因素是种子的萌发和扩散，而影响成树分布的主要因素是环境（Hubbell，1979）。本研究在消除生境异质性的影响后，即 HPP 模型下，有 1 个树种在幼树和成树阶段较小尺度下仍呈现聚集格局，因此，可以推断这个树种在幼树和成树阶段的空间格局也受小尺度种子扩散限制的影响。

2. 种间空间关联性

聚集、随机和均匀的分布格局表明，两个物种之间的生态关系分别是互利的、不明显的和相互排斥的。在本研究中，0 ～ 50m 尺度下，幼苗、幼树和成树阶段在 CSR 模型下的正相关树种对比例分别为 56.0%、40.8% 和 37.5%。正相关的树种对比例随生长阶段的增加而降低。在消除生境异质性影响后，HPP 模型下负相关和无相关成为 3 个阶段的主要模型。研究结果表明，生境异质性是影响树种空间关联性的重要因素之一。HPP 模型下，幼苗阶段以负相关为主，幼树和成树阶段以无相关为主。其原因可能是幼苗阶段树种对环境（生境异质性和邻域植物）的敏感性高于成树阶段。邻域植物和对资源的竞争会影响生态位分化。当树种需要相同的生境条件时，它们之间将存在竞争。幼苗阶段竞争较为激烈，也可能是幼苗阶段个体之间在有限的空间所致。因此，空间关联强度会随着生长过程而降低（Gu et al.，2017）。

树种在不同生长阶段的种间关联性差异可能受到植株大小的影响，植株大小差异越大，个体间正相关越弱。本研究 CSR 模型下幼苗阶段正相关树种对比例（56.0%）高于幼树和成树阶段（40.8% 和 37.5%）。因为幼苗个体大小差异不明显，幼苗阶段树种间的正相关较幼树和成树阶段的更为强烈。此外，较大的个体对土壤养分、光照和其他资源更有竞争力，当木本植物从幼苗发育到成树时，这种正相关关系可能会因为竞争而消失。本研究还发现去除生境异质性的影响，即 HPP 模型下，树种间逐渐从幼苗阶段的负相关变为幼树和成树阶段的无相关，可能是幼苗大量死亡导致种间的空间距离增大并消除幼树和成树阶段负相关的原因。

6.2.2.4 结论

树种在幼苗、幼树和成树阶段表现出相似的空间格局。尽管聚集程度随生长阶段（幼苗、幼树和成树）降低，但在 3 个阶段均以聚集分布为主。种间空间关联性强度随生长阶段（幼苗、幼树和成树）的进行而降低，生境异质性、竞争（邻近植物和资源）和植株大小会影响种间空间关联性。研究推断幼苗和幼树阶段种间空间关联性部分反映了成树阶段种间空间关联性。

6.2.3 乔木幼苗季节存活及其影响因素

木本植物幼苗的存活影响着森林群落的结构及森林生态系统的稳定性，因而一直是森林生态学研究的重要内容之一。乔木幼苗存活受到诸多因素影响，包括遗传、生态特性等内在因素，以及动物、母树等相邻植物、灌草和其分泌的化学物质等生物因子，也包括光照、温度、土壤、地形、岩石等生境因子，还包括生物和生境因子的共同作用。

随着季节的变化，影响幼苗存活的因素可能会发生改变。例如，季节间降水较少导致干旱胁迫的发生，而土壤含水量是幼苗存活的限制性因素（施璐璐等，2014）。干旱条件下负密度制约效应的影响会大大增强（Lin et al.，2012），影响幼苗生长，导致幼苗的大量死亡（闫兴富和曹敏，2007），而这种影响也存在较明显的种间差异（李晓亮等，2009）。对于土层较薄、岩石裸露程度较高的地区，过多的降水会导致径流，幼苗根系较浅，其存活会受到严重影响。同时，季节变化也会影响灌丛和草本盖度。一般盖度适中的灌丛和草本会对幼苗起到保护作用，如截留雨水、保持土壤含水量、阻碍动物对幼苗的取食等（曾德慧等，2002）。然而，过量的灌丛和草本会与幼苗产生竞争，阻碍幼苗的更新，抑制幼苗的存活（Duclos et al.，2013）。

本研究基于 2019 年 3 次乔木幼苗调查数据，分析生物因子和生境因子对乔木幼苗存活的相对重要性是否存在季节性差异。

6.2.3.1　材料与方法

1. 生物和生境因子

在选择生物邻体适宜半径时，先进行了筛选：幼苗邻体的参考半径为 0.5m、0.8m 和 1m，大树邻体的参考半径为 5m、10m、15m 和 20m，选择模型赤池信息量准则（AIC）最小的尺度作为生物邻体的计算半径，最终确定幼苗邻体半径为 1m，大树邻体半径为 20m。大树邻体的作用是大树大小除以大树和目标幼苗之间的距离，即基于 2017 年的调查数据（胸径＞1cm 的木本植物），计算目标幼苗 20m 半径范围内同种和异种大树的胸高断面积除以大树和目标幼苗之间的距离之和。

$$A = \sum_{i}^{N} \mathrm{BA}_i \big/ \mathrm{DISTANCE}_i \tag{6-9}$$

式中，BA 为大树胸高断面积，DISTANCE 为大树和幼苗之间的距离，i 是大树的个体，只有距 $4\mathrm{hm}^2$ 样地边界 20m 以上（包括 20m）的幼苗用于本研究中。

涉及的地形指标有海拔、坡度和凹凸度。利用软件分析高程数据来获取地形因子。

2. 模型构建

乔木幼苗季节性存活影响因素分析过程中，选取 2019 年 3 次幼苗调查数据，以 5 ～ 7 月、7 ～ 9 月的存活概率为因变量，以生物和生境为自变量，采用广义线性混合模型（generalized linear mixed model，GLMM）对生物因子和生境因子在幼苗存活过程中的影响做了分析。本研究中，GLMM 实质上是逻辑斯谛回归，以幼苗的存活状态与否，即 1（活）或 0（死）作为因变量。所有连续型自变量在进入模型之前都要进行标准化，即该值减去平均值后除以标准差。

构建 4 种模型。①零模型：幼苗高度+随机效应。②生物模型：幼苗高度+生物因子（大树和幼苗邻体+草本盖度）+随机效应。③生境模型：幼苗高度+生境因子（海拔、坡度、凹凸度和岩石裸露百分比）+随机效应。④生物生境模型：高度+生物因子+生境因子+随机效应。模型之间的比较运用 AIC 值，模型之间 AIC 值的差异小于 2 时，被视为是等同的。

从 3 个水平上进行分析：①群落水平（5 ～ 7 月和 7 ～ 9 月）；②种子传播水平（5 ～ 9 月）；③树种水平（常见种：多度≥100 的树种）（5 ～ 9 月）。同一样方内的幼苗存活率相似，为消除这种空间自相关，把样方作为随机效应。鉴于同一树种幼苗的存活率也较为相似，除了树种水平，其他研究水平幼苗存活模型中均把树种作为随机效应。为了估计每个自变量对幼苗存活概率的影响，计算自变量系数的优势比（odds ratio，OR）。OR＞1 表明正相关，而 OR＜1 表明负相关。

采用 Microsoft Excel 2010 和 R 3.6.2 进行数据统计与分析及绘图。

3. 模型参数统计

对 2019 年 5 月乔木幼苗数量和平均高度进行统计（表 6-7），幼苗存活模型中参数的数值范围、中值及均值见表 6-8。

表 6-7　2019 年 5 月乔木幼苗数量和平均高度

树种	科	种子传播类型	幼苗数量（株）	平均高度（m）
色木槭	槭树科	风力传播	1434	1.39
暴马丁香	木犀科	风力传播	1326	1.08
青楷槭	槭树科	风力传播	732	1.15
稠李	蔷薇科	重力传播	699	1.21
裂叶榆	榆科	风力传播	604	0.98
天女木兰	木兰科	重力传播	465	1.29
假色槭	槭树科	风力传播	254	1.15
小楷槭	槭树科	风力传播	211	1.35
紫椴	椴树科	重力传播	90	1.36
花曲柳	木犀科	风力传播	83	0.81
千金榆	桦木科	风力传播	82	1.18
三花槭	槭树科	风力传播	50	1.22
胡桃楸	胡桃科	重力传播	34	0.46
辽东楤木	五加科	重力传播	29	0.63
山樱花	蔷薇科	重力传播	24	1.24
水榆花楸	蔷薇科	重力传播	24	0.97
蒙古栎	壳斗科	重力传播	19	0.64
灯台树	山茱萸科	重力传播	15	0.85
水曲柳	木犀科	风力传播	12	0.79
朝鲜槐	豆科	风力传播	8	0.69
黄檗	芸香科	重力传播	7	0.43
黄榆	榆科	风力传播	5	1.23
刺楸	五加科	重力传播	3	0.37
栾树	无患子科	重力传播	2	2.14
总计	—	—	6212	—

表 6-8　乔木幼苗存活模型参数

模型参数		时间（月）	数据			
			最小值	最大值	均值	中值
幼苗高度（m）		5～7	0.04	5.00	1.19	1.10
		7～9	0.06	5.20	1.21	1.12
草本盖度（%）		5～7	0.00	80.00	17.04	15.00
		7～9	0.00	100.00	33.31	30.00
大树邻体作用	同种胸高断面积（cm^2）	5～7	0.00	25 483.15	1 172.21	420.90
		7～9	0.00	6 985.46	308.79	71.87
	异种胸高断面积（cm^2）	5～7	7 327.22	57 305.05	31 114.99	29 739.75
		7～9	8 081.70	35 671.80	21 515.75	20 950.53

续表

模型参数		时间（月）	数据			
			最小值	最大值	均值	中值
幼苗邻体作用	同种幼苗数量（株）	5～7	1.00	18.00	2.11	1.00
		7～9	1.00	18.00	2.16	1.00
	异种幼苗数量（株）	5～7	0.00	13.00	0.62	0.00
		7～9	0.00	12.00	0.62	0.00
地形因素	海拔（m）	5～7	760.65	898.49	829.81	828.28
		7～9	760.65	898.07	830.37	829.37
	坡度（°）	5～7	19.57	65.79	32.05	30.64
		7～9	19.57	65.79	32.08	30.70
	凹凸度（°）	5～7	–2.31	4.86	0.05	0.00
		7～9	–2.31	4.86	0.06	0.00
	岩石裸露百分比（%）	5～7	0.00	100.00	33.34	10.00
		7～9	0.00	100.00	30.40	20.00

4. 最优模型选择

各个模型拟合 AIC 值及最优模型见表 6-9。

表 6-9　乔木幼苗存活模型 AIC 值

研究水平		月份	备选模型			
			零模型	生物模型	生境模型	生物生境模型
群落水平		5～7	1458.80	1455.60	1463.81	1459.09
		7～9	1389.43	1376.60	1392.32	1380.19
种子传播水平	风力传播	5～9	1675.24	1679.77	1679.98	1683.83
	重力传播		532.04	529.19	534.50	529.10
物种水平	色木槭	5～9	455.80	460.41	460.39	464.45
	暴马丁香		567.89	575.46	574.20	579.53
	青楷槭		157.40	159.93	159.11	159.19
	稠李		212.03	214.28	214.79	214.88
	裂叶榆		270.38	273.30	271.80	274.32
	天女木兰		158.76	170.77	166.62	175.05
	假色槭		79.15	94.96	86.86	101.49

注：群落水平 5～7 月和 7～9 月幼苗存活的最优模型相同，因此，种子传播水平和树种水平的分析基于 5～9 月

6.2.3.2　结果与分析

1. 群落水平

在群落水平上，5～7 月 4 个备选模型对乔木幼苗存活的解释能力存在明显差异，其中生物模型是最优模型（图 6-9A），其存活与幼苗高度呈极显著正相关（OR=2.02，

P＜0.001），与同种大树邻体呈显著负相关（OR=0.83，P＜0.01）；7～9月4个模型中生物模型是最优模型（图6-9B），其存活与幼苗高度呈极显著正相关（OR=2.68，P＜0.001），与同种幼苗邻体呈显著正相关（OR=1.41，P＜0.01）。而与同种大树邻体呈显著负相关（OR=0.83，P＜0.001）。

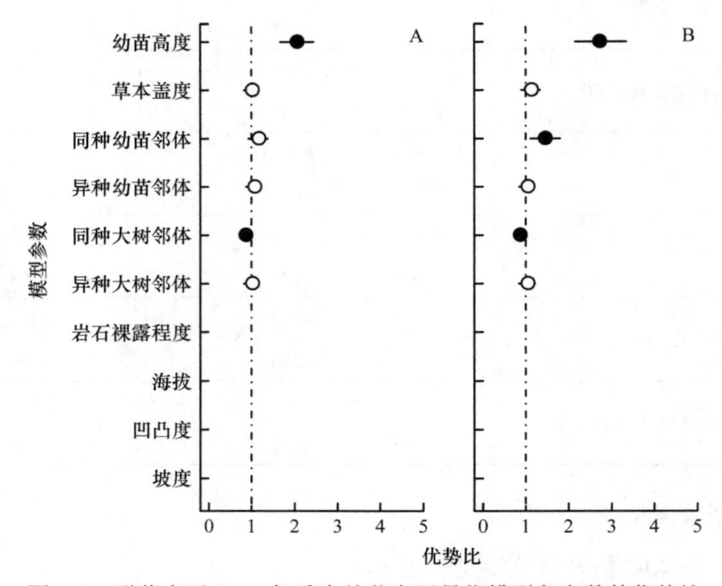

图6-9 群落水平2019年乔木幼苗存活最优模型各参数的优势比

A. 2019年5～7月；B. 2019年7～9月。圆圈表示各参数在模型中的估计值，水平线表示95%的置信区间，显著的参数估计值用实心圆表示

2. 种子传播水平

在种子传播水平上，风力传播的幼苗存活，其零模型拟合程度最佳，幼苗存活与幼苗高度呈极显著正相关（OR=2.28，P＜0.001）（图6-10A）；重力传播幼苗存活的最后模型是生物模型和生物生境模型，幼苗存活与幼苗高度呈极显著正相关（OR=1.82，P＜0.001），与同种幼苗邻体呈显著正相关（OR=1.56，P＜0.01），与海拔呈显著正相关（OR=1.73，P＜0.05），而与同种大树呈显著负相关（OR=0.61，P＜0.01）（图6-10B）。

3. 物种水平

除裂叶榆外的其他6个乔木树种幼苗存活的最优模型均为零模型，与生物和生境因子没有显著关系。其中，色木槭与假色槭的幼苗存活与幼苗高度呈极显著正相关（OR=3.73，P＜0.001；OR=1.71，P＜0.001）；暴马丁香和稠李幼苗存活与幼苗高度呈显著正相关（OR=1.39，P＜0.05；OR=2.04，P＜0.01）；而青楷槭与天女木兰幼苗存活与幼苗高度没有相关性。裂叶榆幼苗存活最优模型为零模型与生境模型（图6-11），幼苗存活与幼苗高度呈显著正相关（OR=1.73，P＜0.05），而与坡度呈显著负相关（OR=0.69，P＜0.05）（图6-11B）。

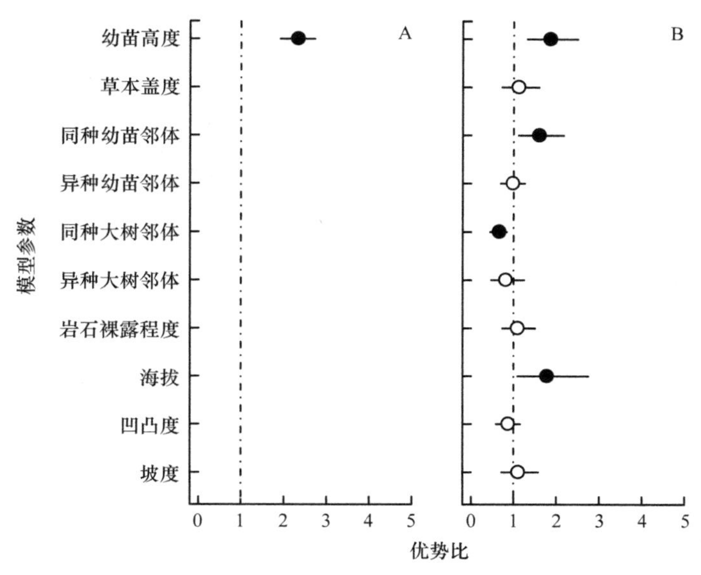

图 6-10　种子传播水平 2019 年 5 ～ 9 月乔木幼苗存活最优模型各参数的优势比

A. 风力传播；B. 重力传播

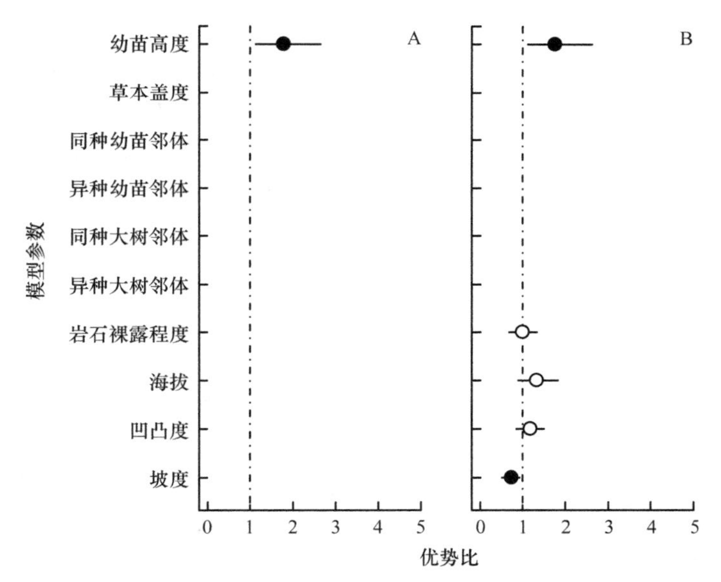

图 6-11　物种水平 2019 年 5 ～ 9 月裂叶榆幼苗存活最优模型各参数的优势比

A. 零模型；B. 生境模型

6.2.3.3　讨论

1. 群落水平

群落水平上，两个时间段乔木幼苗存活最优模型均为生物模型，幼苗存活主要受生物因子的影响。两个时间段幼苗存活均与同种大树邻体呈显著负相关，可能是由于同种大树争夺了更多的土壤水分、养分和光照，限制了幼苗存活（Wright，2002），这一结果在一定程度上验证了负密度制约的存在。一般而言，同种幼苗大多会抑制种子的萌发和幼苗的生长，Zhu 等（2015）也发现同种幼苗会抑制幼苗存活。然而，本研究 7 ～ 9 月幼苗存活与同种幼苗邻体呈显著正相关，这与很多研究者的结论不同（Webb et al.，2006；Bai et al.，2012），可能是由于环境条件相对较差时，物种间的相互作用通常表现为正相关。研究地岩石裸露程度较高，土层较薄，目标幼苗数量不足以表现出异种间的正相关，相对较为聚集的同种幼苗表现出正相关，且 7 ～ 9 月的幼苗数量较 5 ～ 7 月少，因此，同种幼苗间的互利作用更为明显。

Wright（2002）认为生境因子是幼苗存活的限制性因素。随着幼苗龄级的增加，幼苗对土壤水分和养分需求增加，生境因子对幼苗存活的影响会逐渐加深。然而，本研究幼苗的季节性存活过程中生物因子的影响更为重要，可能是由于幼苗建成后短期内的死亡率大大降低。幼苗死亡率较低时，生境因子对幼苗存活的影响很难在较短的时间内表现出来，生境因子对幼苗存活的影响也会随着监测时间的延长更为明显。与辽东山区次生林乔木幼苗年际动态（蔡军奇等，2018）相比，本研究监测时间较短，幼苗死亡率相对较低，且监测期内并未发生包括温度和降水等气候条件明显的变化，因此，群落水平生物因子和生境因子对乔木幼苗存活的相对重要性并未出现季节性差异。

2. 种子传播水平

种子传播方式不同，影响幼苗存活的因子也不同。对于风力传播的树种，最优模型为零模型，幼苗的存活主要受自身高度的影响。相对于重力传播的树种，风力传播树种的种子会扩散到更远的地方，远离母树，大大降低了母树对资源的竞争。树种依靠风力传播使种子到达更远的地方，更有可能到达幼苗更易存活的区域，降低幼苗死亡率（Bai et al.，2012），本研究中风力传播的树种相对重力传播的树种死亡率低（9.54% vs. 10.84%，5 ～ 9 月）。而当幼苗死亡率较小时，生境因子在短时间内不会表现出对幼苗存活的影响。

重力传播树种的幼苗存活既受生物因子影响，也受生境因子影响。生物因子的影响主要在于同种大树邻体对幼苗存活的抑制作用。重力传播的树种，种子传播的距离较近，通常在母树周围，幼苗建立后由于负密度制约效应的存在，大树邻体对光照、水分、养分的竞争，长此以往，导致幼苗的死亡（Wright，2002）。而且母树周围容易形成较高的幼苗密度，容易吸引专一的植物病原菌和捕食者，这些有害生物导致更多母树周围幼苗的死亡（Li and Ma，2003）。同种幼苗邻体的促进作用大概是由于幼苗数量小，同种幼苗的相互作用表现为显著正相关。生境因子的影响主要是海拔，幼苗的存活与海拔呈显著正相关，可能是由于海拔较高的区域光照条件较好（李晓亮等，2009），利于幼苗存活；海拔较低的区域草本相对密集，释放出的化学物质抑制幼苗生长和存活（Rey et al.，2003）。

3. 物种水平

除青楷槭和天女木兰的幼苗存活与幼苗高度没有表现出显著相关外，其余 5 个树种乔木幼苗存活均与幼苗高度呈显著正相关，这与前人的观点相一致（Lin et al.，2012）。幼苗高度是影响幼苗建立和存活的关键因素，一定程度上反映了幼苗的生长状况。一般而言，幼苗的高度越高，对光的竞争能力越强，从而更有可能避免死亡。对于青楷槭而言，其幼苗茎叶幼嫩，调查期间在其生长区域发现野生动物活动的痕迹及青楷槭幼苗顶部幼嫩茎叶被取食的痕迹，幼苗即使生长，高度反而因动物取食而降低。天女木兰为重力传播树种，果实较大，营养物质较多，萌发初期对外界依赖较小，而多年生幼苗生长缓慢，短期内幼苗高度增长不明显，是否受幼苗高度影响还需长期监测。

裂叶榆幼苗存活与坡度呈显著负相关，较大的坡度不利于裂叶榆幼苗的存活。坡度的变化影响着土壤的厚度，坡度越大，土层厚度越薄，土壤中水分和养分流失速度越快，不利于幼苗存活。裂叶榆是风力传播树种，种子质量小且轻，萌发后幼苗根系较浅。坡度越大的地方径流越强（Wright，2002），不仅影响土壤湿度，较强的径流会损伤幼苗根系，抑制幼苗更新存活。

6.2.3.4　结论

不同水平上影响幼苗季节性存活的因素不同。群落水平上，乔木幼苗存活主要受生物因子的影响，同种大树邻体导致的负密度制约效应抑制幼苗存活，而 7 ～ 9 月为了更好地更新，幼苗间的互利作用明显，幼苗存活与同种幼苗邻体呈显著正相关。种子传播水平上，影响幼苗存活的因素存在显著差异。风力传播树种由于种子传播距离较远，更容易传播到适宜生长的地方，幼苗存活只与自身高度有关；而重力传播树种由于种子传播距离近，幼苗存活极易受到同种大树邻体的抑制作用，又因幼苗数量较少，幼苗间互利作用较为明显，同种幼苗邻体促进幼苗存活；且海拔较高光照条件好、草本及其释放的化学物质少，利用幼苗存活。物种水平上，大多数树种的幼苗存活与自身高度有关，裂叶榆作为风力传播树种，幼苗存活受坡度抑制，坡度越大越不易存活。

6.3　次生林空间结构对草本物种多样性的影响

生物多样性是指在一定时间和一定地区所有生物（植物、动物、微生物等）及其遗传变异和生态系统的复杂性的总称，是人类赖以生存和发展的物质基础。物种多样性是生物多样性的重要组成部分，能够反映生物群落在组成、结构、功能和动态等方面的异质性。森林生态系统是地球上的生物与其环境相互作用形成的复杂的系统之一，蕴含了陆地生态系统约 82% 的生物量和 50% 的生物多样性。作为森林生态系统基本组成结构的植物群落是维护和调节森林生态系统平衡和改善生态环境的基础，种群间相互作用和种群与生态环境因子间相互关系决定着森林植被群落的发展进程。森林植被群落在垂直方向上可以明显划分为乔木层、灌木层和草本层三层，乔木层是森林生态系统固碳的主体，草本层占据森林生态系统物种丰富度的 90% 以上。乔木空间结构直接影响着林下草本物种生长的微环境，决定着草本物种的生长、繁殖和死亡，并在很大程度上决定着林分的稳定性、发展方向和经营措施。草本植物更新周期短、适应能力强，对林下微环境变化更敏感。因此，研究乔木层空间结构对林下草本物种多样性的影响具有重要的实践指导意义。

目前众多学者对林下草本物种的多样性进行了研究，谭一波等（2019）在桂西南喀斯特地区研究了土壤、地形和光照等环境因子对蚬木林林下草本植被分布格局的影响机制；朱媛君等（2018）针对张北杨树人工林研究了树高、胸径、冠幅、密度、枝下高、死亡率等林分因子对林下草本物种多样性的影响；张维伟等（2019）研究了黄土高原桥山林区麻栎林树高、胸径、冠幅、枝下高等林分结构特征与草本层物种多样性相关关系；崔静等（2018）采用时空替代法研究了黄土丘陵区人工柠条林年龄结构对林下草本植物物种多样性的影响；杨振奇等（2018）采用 CCA、PCCA 方法研究了黄土高原砒砂岩区人工沙棘林下草本物种多样性与地形、土壤等环境因子的关系特征。综合来看，现阶段的研究主要集中在人工林环境因子（地形、土壤、光照等）与非空间结构因子（树高、胸径、冠幅、密度、年龄结构等）对林下草本物种多样性的影响方面，针对次生林林分空间结构因子对林下植被物种多样性的研究较少。辽东山区是我国东北地区重要的天然林区，次生林为其主要的林分类型，合理地经营次生林对于实现辽东山区森林资源的可持续发展具有重要的现实意义。因此，本研究以辽东山区的栎类纯林、栎类混交林和胡桃楸混交林 3 种典型次生林为研究对象，在定量分析林分空间结构参数和物种多样性指数的基础上，利用灰色关联度分析方法探讨了不同类型次生林的林分空间结构与林下草本植物物种多样性之间的关系，以期为该区域次生林空间结构调控和生物多样性保护提供科学依据。

6.3.1　材料与方法

6.3.1.1　样地设置与林分调查

2017 年和 2018 年的 6 ～ 9 月，采用典型取样法在本溪满族自治县草河口镇、碱厂镇、草河城镇的栎类纯林、栎类混交林和胡桃楸混交林中，分别设置 11 块面积为 $0.1hm^2$ 的圆形调查样地，共计 33 块调查样地。对样地内胸径大于等于 5cm 的乔木进行每木检尺，调查乔木树种名称、水平坐标、胸径、树高、冠幅、第一枝下高、健康状况等。在调查样地内均匀设置 3 个 1m×1m 草本样方，调查草本物种名称、多度、平均高度、盖度、总盖度等，并记录经纬度、海拔、坡位、坡度、坡向、郁闭度、林龄、森林类型、土壤类型、腐殖质层厚度等样地基本信息。样地基本概况见表 6-10。

表 6-10　样地基本概况

林分类型	样地编号	林龄（年）	树种组成	海拔（m）	坡度（°）	坡向
栎类纯林（PQF）	1	41	10 栎类+花曲柳	486	17	西南
	2	46	10 栎类+色木槭	517	28	东北
	3	44	9 栎类 1 紫椴	444	23	南
	4	59	10 栎类+花曲柳	710	29	北
	5	41	10 栎类	220	19	南
	6	29	8 栎类 1 色木槭 1 辽椴	382	24	西
	7	37	9 栎类 1 春榆	303	27	南
	8	35	8 栎类 1 赤松 1 水榆花楸	349	25	北
	9	42	10 栎类+假色槭	391	25	西南
	10	32	9 栎类 1 胡桃楸	414	29	西北
	11	41	10 栎类+胡桃楸	394	23	南

续表

林分类型	样地编号	林龄（年）	树种组成	海拔（m）	坡度（°）	坡向
栎类混交林（MQF）	12	40	7 栎类 2 色木槭 1 胡桃楸	440	19	东北
	13	62	7 栎类 3 胡桃楸	360	21	西北
	14	54	5 栎类 2 山杨 1 胡桃楸 1 花曲柳 1 色木槭	352	26	西北
	15	60	7 栎类 1 黑桦 1 胡桃楸 1 山杨	386	17	西
	16	42	6 栎类 4 胡桃楸	397	20	西南
	17	30	5 栎类 4 辽椴 1 紫椴	416	27	北
	18	31	7 栎类 2 花曲柳 1 黑桦	330	19	北
	19	32	5 栎类 2 胡桃楸 1 花曲柳 1 黑桦	449	20	北
	20	47	6 栎类 2 黑桦 1 色木槭 1 辽椴	328	27	西
	21	27	7 栎类 2 赤松 1 春榆	395	35	西
	22	54	6 栎类 3 紫椴 1 辽椴	480	23	西
胡桃楸混交林（MMF）	23	32	6 胡桃楸 2 栎类 1 花曲柳 1 色木槭	682	15	北
	24	37	5 胡桃楸 2 栎类 2 花曲柳 1 春榆	650	18	东
	25	35	6 胡桃楸 1 落叶松 1 栎类 1 色木槭 1 花曲柳	662	15	西
	26	41	6 胡桃楸 1 花曲柳 1 色木槭 1 栎类 1 千金榆	671	12	南
	27	35	7 胡桃楸 1 花曲柳 1 栎类 1 色木槭	693	19	西北
	28	40	6 胡桃楸 2 花曲柳 1 栎类 1 千金榆	704	21	北
	29	46	7 胡桃楸 1 花曲柳 1 色木槭 1 栎类	697	19	西
	30	29	6 胡桃楸 2 春榆 1 黄檗 1 刺槐	433	30	东北
	31	57	5 胡桃楸 2 色木槭 2 裂叶榆 1 稠李	757	15	北
	32	40	6 胡桃楸 3 黄檗 1 刺槐	350	15	西
	33	32	5 胡桃楸 3 花曲柳 1 栎类 1 朝鲜槐	512	15	南

6.3.1.2　林分空间结构单元

林木空间结构单元常用 4 株相邻木法和 Voronoi 图法确定，而后者克服了可能将参照树的相邻木排除在外或将非相邻木计算在内的缺陷，近年来被广泛应用。本研究采用 Voronoi 图中的相邻多边形确定林分空间结构单元中相邻木的个数 n，经距离缓冲区法（5m 缓冲区）进行边缘矫正后，基于林木位置坐标信息应用 ArcGIS 软件生成样地的 Voronoi 图（图 6-12）。

本研究采用混交度（M_i）、角尺度（W_i）、开敞度（B_i）、林层指数（S_i）、竞争指数（CI_i）作为表达林分空间结构的参数。大小比数仅能从种群的角度来了解某个种在林分中的竞争情况，而其平均值却不能反映整个林分的竞争程度，因此本研究并未选择大小比数来表达林分空间结构。各参数的具体计算公式见表 6-11。

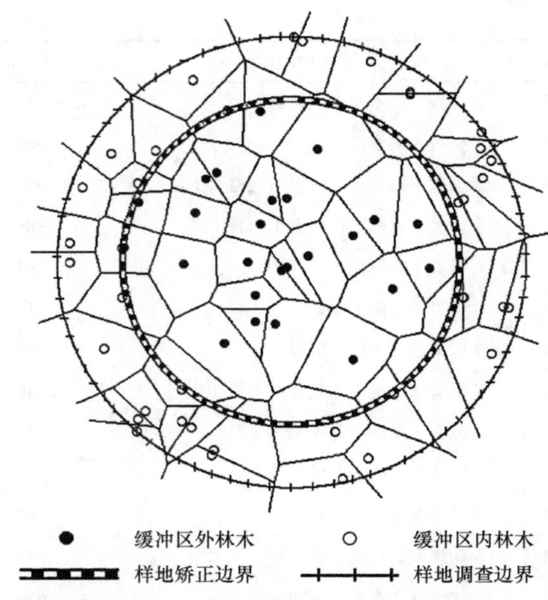

图 6-12　由样地内林木坐标点构建的 Voronoi 图林分空间结构参数

表 6-11　空间结构参数说明

空间结构参数	公式	备注
混交度	$M_i=\frac{1}{n}\sum_{j=1}^{n}V_{ij}$	当参照树 i 与相邻木 j 非同种时，V_{ij}=1，反之 V_{ij}=0；n 为最近相邻木株数（本节余同）
角尺度	$W_i=\frac{1}{n}\sum_{j=1}^{n}Z_{ij}$	当第 j 个 α 角小于标准角 α_0 时，Z_{ij}=1，反之 Z_{ij}=0；α_0=360/(n+1)
开敞度	$B_i=\frac{1}{n}\sum_{j=1}^{n}D_{ij}/H_{ij}$	D_{ij} 为参照树到第 j 株相邻木的距离，H_{ij} 为第 j 株相邻木的高度
林层指数	$S_i=\frac{Z_i}{3}\times\frac{1}{n}\sum_{j=1}^{n}S_{ij}$	Z_i 为参照树的空间结构单元内林层的个数；当参照树与最近相邻木第 j 株相邻木属同一林层时，S_{ij}=0，反之 S_{ij}=1
竞争指数	$\mathrm{CI}_i=\sum_{j=1}^{n}\frac{d_j}{d_i\cdot L_{ij}}$	d_j 为最相邻木 j 的胸径，d_i 为参照树 i 的胸径，L_{ij} 为参照树 i 与第 j 株相邻木之间的水平距离

6.3.1.3　物种多样性指数

本研究采用 α 多样性测度方法中的帕特里克（Patrick）丰富度指数（S）、香农-维纳多样性指数（H）、辛普森优势度指数（D）、皮诺（Pielou）均匀度指数（J）（周伟等，2011）来分析林下草本物种多样性水平。各参数的具体计算公式见表 6-12。

表 6-12　物种多样性指数说明

物种多样性指数	公式	备注
帕特里克丰富度指数	S	S 为样地中某一层次物种的总数，P_i 为物种 i 的个数占总个体数的比例
香农-维纳多样性指数	$H=-\sum_{i=1}^{S}P_i^2\ln P_i$	
辛普森优势度指数	$D=1-\sum_{i=1}^{S}P_i^2$	
皮诺均匀度指数	$J=\frac{H}{\ln S}$	

6.3.1.4　灰色关联度分析

灰色关联度分析是一种定量化比较分析方法，根据系统中数据序列的几何相似程度来分析各因素间的关联程度，能够有效地反映系统中各因素的相互影响关系。本研究将 30 个次生林样地林下草本物种多样性指数和空间结构参数作为一个灰色系统，以林下草本的帕特里克丰富度指数、香农-维纳多样性指数、辛普森优势度指数和皮诺均匀度指数 4 个多样性指数作为参考数列（X_0），以角尺度、混交度、开敞度、林层指数和竞争指数 5 个空间结构参数作为比较数列（X_i），来分析林分空间结构因子与林下草本物种多样性的关联程度。

关联系数反映参考数列与比较数列在某一时刻的紧密（靠近）程度，其计算公式如下：

$$\varepsilon_i(k)=\frac{\Delta\min+\rho\Delta\max}{\Delta i(k)+\rho\Delta\max} \tag{6-10}$$

式中，$\varepsilon_i(k)$ 为参考数列与比较数列在 k 点时的关联系数；$\Delta i(k)$ 为两个数列在 k 点时的绝对差；$\Delta\max$ 和 $\Delta\min$ 分别表示各个时刻两个数列绝对差中的最大值和最小值，一般取 $\Delta\min=0$；ρ 为分辨系数，用于增加关联系数之间的差异显著性，减小由最大绝对差引起的失真，其值在区间 $(0,1)$，通常取 $\rho=0.5$。

关联度是参考数列与比较数列关联性大小的度量，用各个时刻两个数列关联系数的平均值表示，其计算公式如下：

$$r_i=\frac{1}{n}\sum_{k=1}^{n}\varepsilon_i(k) \tag{6-11}$$

6.3.1.5　数据分析

采用 Python 3.7 编程语言计算林分空间结构参数和林下草本物种多样性指数。采用 SPSS 25.0 软件进行方差分析（$\alpha=0.05$）和多重比较（LSD 法）。采用 DPS 18.1 软件进行林分空间结构与林下草本物种多样性的灰色关联度分析，采用标准化的方法消除各指标数据的量纲，分辨系数为 0.5。采用 Excel 2016 软件进行数据处理和制图。

6.3.2 结果与分析

6.3.2.1 不同林分空间结构分析

方差分析结果表明，3 种次生林的混交度、林层指数和竞争指数存在显著差异（$P<0.05$），而角尺度和开敞度差异不显著（$P>0.05$）。由图 6-13 可知，3 种林分的混交度排序为：胡桃楸混交林（0.6670）＞栎类混交林（0.6014）＞栎类纯林（0.2396），胡桃楸

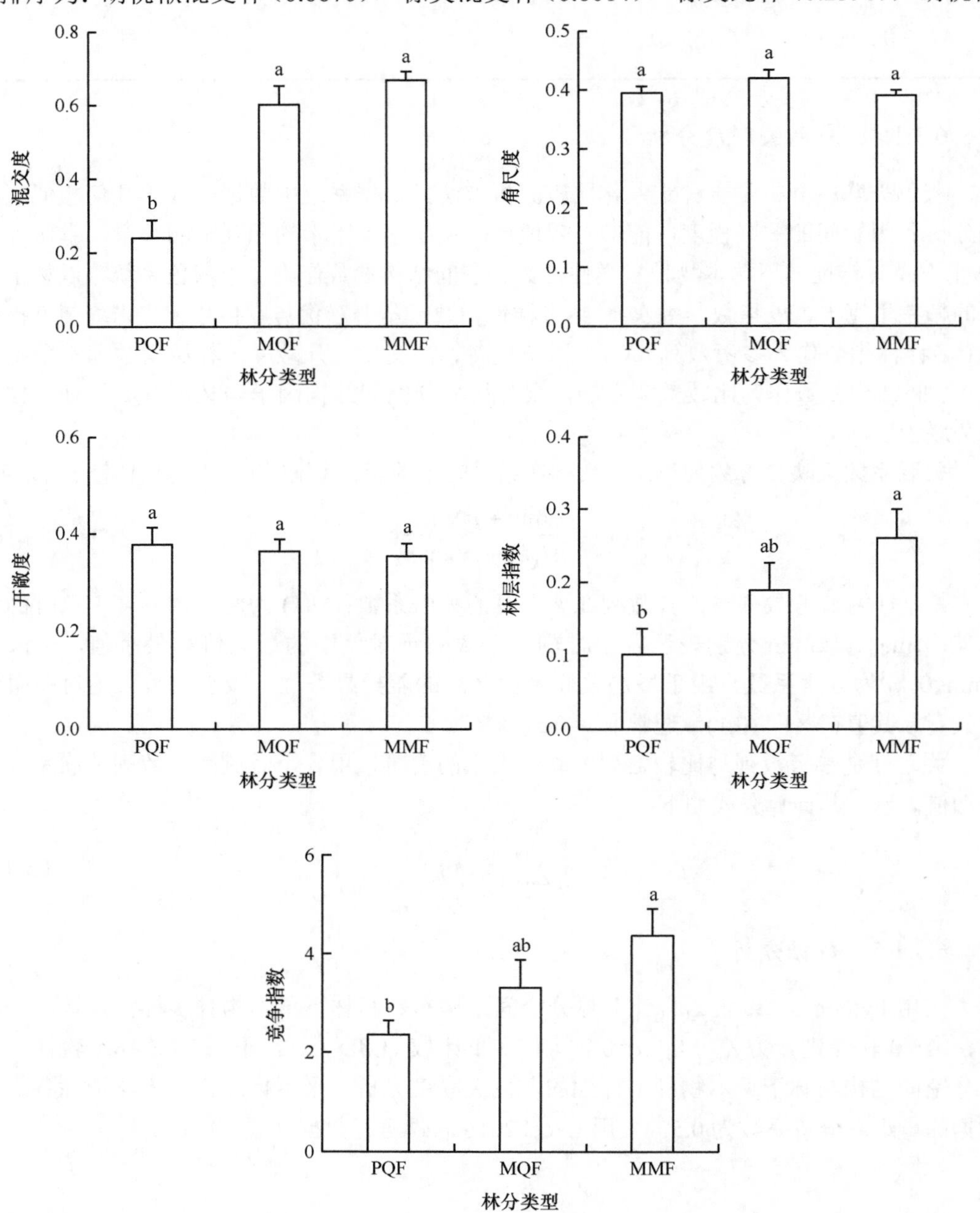

图 6-13　空间结构参数

图中小写字母表示林下群落不同层次物种多样性指数差异显著（$P<0.05$）。本节余同

混交林和栎类混交林均达到极强度混交，栎类纯林为弱度混交，且混交林和纯林的混交度存在显著性差异（$P>0.05$）；3 种林分的角尺度达到 0.3894 ～ 0.4189，林木水平分布格局均接近随机分布；3 种林分的开敞度达到 0.3536 ～ 0.3779，林木生长空间均处于基本充足状态；栎类纯林、栎类混交林和胡桃楸混交林的林层指数分别为 0.1014、0.1884 和 0.2601，两种混交林对垂直空间利用程度较好，并且胡桃楸混交林与栎类纯林存在显著性差异（$P>0.05$）；栎类纯林、栎类混交林和胡桃楸混交林的竞争指数分别为 2.3594、3.3067 和 4.3686，混交林林木间的竞争压力明显大于纯林。综合来看，3 种天然次生林的空间结构整体表现为：胡桃楸混交林＞栎类混交林＞栎类纯林。

6.3.2.2　不同林分林下草本物种多样性分析

3 种次生林样地内共发现林下草本植物 128 种，分属 45 科 93 属。其中栎类纯林样地内共发现林下草本植物 54 种，分属 28 科 45 属；栎类混交林样地内共发现林下草本植物 71 种，分属 33 科 55 属；胡桃楸混交林样地内共发现林下草本植物 69 种，分属 33 科 60 属。

由图 6-14 可知，林下草本的帕特里克丰富度指数、香农-维纳多样性指数、辛普森优势度指数和皮诺均匀度指数都表现出栎类混交林＞胡桃楸混交林＞栎类纯林的规律，其中，帕特里克丰富度指数和香农-维纳多样性指数方差分析结果均达到差异显著水平

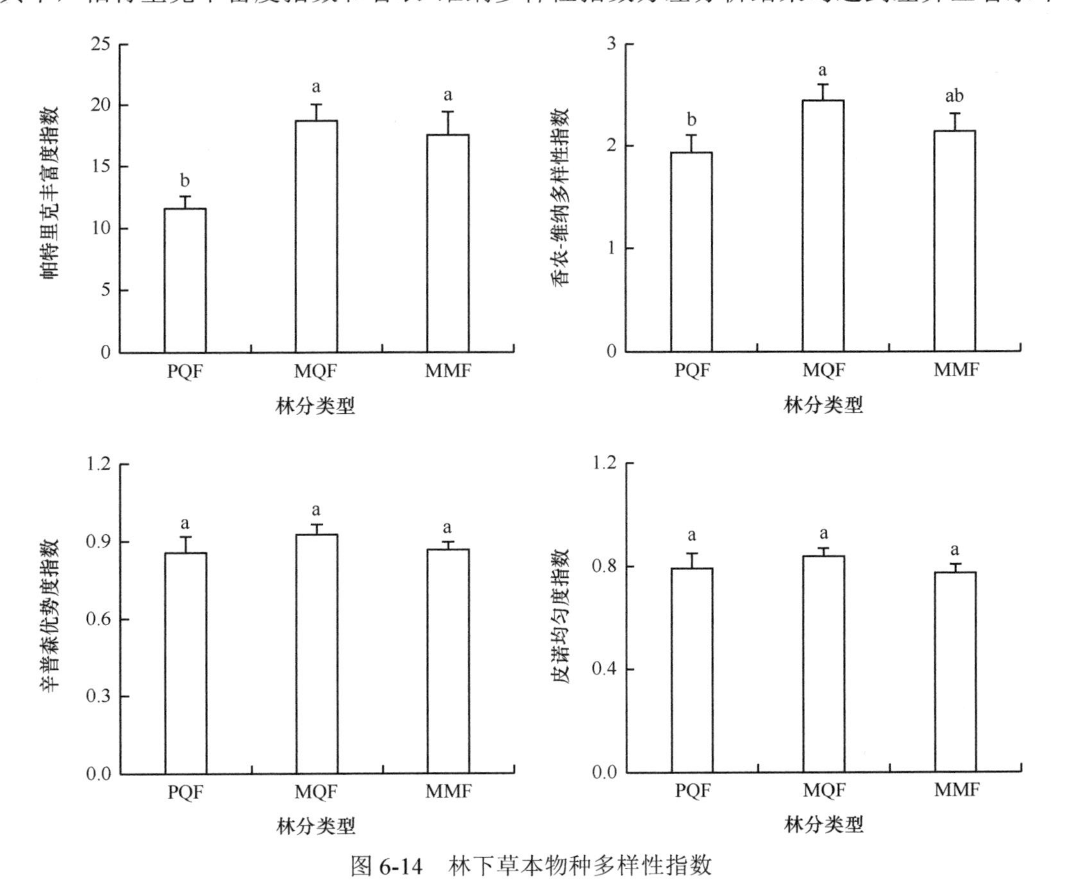

图 6-14　林下草本物种多样性指数

（$P<0.05$），而辛普森优势度指数和皮诺均匀度指数在3种林分间的差异不显著（$P>0.05$）。栎类纯林、栎类混交林和胡桃楸混交林林下草本的帕特里克丰富度指数分别为11.57、18.71和17.57，栎类混交林和胡桃楸混交林林下草本的物种丰富度明显高于栎类纯林，分别为栎类纯林的1.6倍和1.5倍。栎类纯林、栎类混交林和胡桃楸混交林林下草本的香农-维纳多样性指数分别为1.9301、2.4382和2.1396，栎类混交林与栎类纯林存在显著性差异（$P<0.05$）。

6.3.2.3 林分空间结构与草本物种多样性的灰色关联度分析

为进一步探讨林分空间结构对林下草本物种多样性的影响，运用DPS 18.1数据处理系统进行林分空间结构参数与林下草本物种多样性指数的灰色关联度分析，结果见表6-13。由表6-13可知，对于栎类纯林，角尺度与香农-维纳多样性指数、辛普森优势度指数、皮诺均匀度指数的关联程度最大，混交度与帕特里克丰富度指数的关联程度最大，说明对栎类纯林林下草本物种多样性影响最大的空间结构参数是角尺度，其次是混交度。对于栎类混交林，混交度与辛普森优势度指数、皮诺均匀度指数的关联程度最大，角尺度与帕特里克丰富度指数的关联程度最大，开敞度与香农-维纳多样性指数的关联程度最大，说明对栎类混交林林下草本物种多样性影响最大的空间结构参数是混交度，其次是角尺度和开敞度。对于胡桃楸混交林，混交度与帕特里克丰富度指数、香农-维纳多样性指数的关联程度最大，开敞度与辛普森优势度指数、皮诺均匀度指数的关联程度最大，说明对胡桃楸混交林林下草本物种多样性影响较大的空间结构参数是混交度和开敞度。可以看出，3种林分的空间结构参数与林下草本物种多样性指数的灰色关联度均较高，同一空间结构参数与不同多样性指数的关联度存在差异，说明草本层物种多样性受多个空间结构参数指数共同影响。总体而言，林分混交度是影响3种林分林下草本物种多样性的共同关键因子，混交度和开敞度是影响两种混交林林下草本物种多样性的关键因子。

表6-13 林下草本植被物种多样性与林分空间结构关联度及其排序

林分类型	空间结构参数	帕特里克丰富度指数		香农-维纳多样性指数		辛普森优势度指数		皮诺均匀度指数	
		数值	排序	数值	排序	数值	排序	数值	排序
PQF	混交度	0.7213	1	0.7429	2	0.7728	2	0.7534	2
	角尺度	0.6527	2	0.8032	1	0.8094	1	0.8033	1
	开敞度	0.6369	4	0.6724	3	0.6985	5	0.6893	5
	林层指数	0.6507	3	0.6571	4	0.7153	4	0.7176	4
	竞争指数	0.5970	5	0.6461	5	0.7216	3	0.7213	3
MQF	混交度	0.6563	4	0.7112	2	0.7476	1	0.7278	1
	角尺度	0.6975	1	0.6412	5	0.6196	5	0.5944	5
	开敞度	0.6885	2	0.7114	1	0.7061	2	0.6840	2
	林层指数	0.6112	5	0.6620	3	0.6858	3	0.6766	3
	竞争指数	0.6645	3	0.6556	4	0.6550	4	0.6462	4

续表

林分类型	空间结构参数	帕特里克丰富度指数		香农-维纳多样性指数		辛普森优势度指数		皮诺均匀度指数	
		数值	排序	数值	排序	数值	排序	数值	排序
MMF	混交度	0.6943	1	0.5884	1	0.6943	3	0.6801	2
	角尺度	0.6127	3	0.5706	3	0.6267	5	0.5785	5
	开敞度	0.5808	5	0.5772	2	0.7643	1	0.7495	1
	林层指数	0.6650	2	0.5429	4	0.6376	4	0.5810	4
	竞争指数	0.6118	4	0.5421	5	0.7282	2	0.6725	3

6.3.3　结论与讨论

原始林是森林生物与环境相互依存和相互作用、长期协同进化的产物，次生林可以理解为是原始林生态系统的一种退化，由于生态系统的基本结构和固有功能的破坏或丧失，生物多样性下降、稳定性和抗逆能力减弱、系统生产力降低。次生林经营就是通过合理的人为措施使次生林的发展既符合自然演替规律，又能满足人类的生态和经济效益需求。林分空间结构决定了林木之间的竞争势及空间生态位，合理的林分空间结构是确保森林生态系统健康发展的关键因素，因此要实现培育多功能森林的目标，就必须了解林分空间结构的现状，通过调整建立或者维护最佳的林分空间结构。研究区的栎类纯林、栎类混交林和胡桃楸混交林 3 种天然次生林在树种隔离程度（混交度）、林层多样性（林层指数）、林木竞争强度（竞争指数）3 个方面存在显著差异，总体来看，混交林的空间结构优于纯林，这与王伟平等（2020）、曹小玉等（2019）、张连金等（2018）的研究结果一致。坡位是在小尺度上影响森林植被分布及其结构的主要地形因子之一，下坡位林分空间结构在很大程度上要优于上坡位。本项研究中的两种混交林类型相比，胡桃楸混交林的树种隔离程度、林层多样性和林木竞争强度表现较好，这可能是因为胡桃楸混交林主要分布在立地条件较好的下坡位，而栎类混交林主要分布在立地条件较差的中、上坡位。加之栎类作为辽东山区主要用材树种之一，历史上遭到严重的破坏，并且栎类次生林长期以来一直被作为改造的对象，不合理的人为干扰较为严重，导致种群结构处于退化状态（尤文忠等，2015）。

不同森林类型在树种组成、空间结构等方面的不同，造成了林内的微环境（光照、温度、水分等）、土壤性质和凋落物性质等林分立地条件的差异，并对林下植被的物种组成、分布格局和生长发育产生间接影响。研究区 3 种天然次生林林下草本的帕特里克丰富度指数和香农-维纳多样性指数存在显著差异，胡桃楸混交林和栎类混交林较优，栎类纯林较差。混交林较纯林相比，其林下枯枝落叶物丰富且质量高，微生物活动频繁，养分分解能力及转化速率加快，土壤结构改善，土壤肥力和持水性能提升，有利于林下植物的生长和发育（马洁怡等，2020）。同时，混交林水平结构和垂直结构复杂，林冠呈多层镶嵌郁闭，林内光斑组成和光照强度多样化，存在光合作用的空间匹配效应，显著提升林下植被的光能利用效率，进而提高了林下草本植物的物种多样性（Longuetaud et al., 2013）。而栎类纯林的上林层比例较大，群落结构相对简单，林下光照条件在时空上分布差异不明显，并且栎类纯林的立地条件比较严酷，土壤贫瘠干旱，因而造成林下草本生物多样性偏低。

林分空间结构决定了种群内树木间的空间排列方式及对周边环境资源的占用能力，会对林分的生长、稳定性及生物多样性等产生影响。体现林分内树种隔离程度的混交度和体现树木个体水平分布格局的角尺度，会对林下枯落物分布及林内光斑分布造成影响，导致林下植被多样性特征出现差异（袁士云等，2010）。开敞度能够直观反映林木生长空间的大小，是体现林下个体所处的光环境情况的一种测量指标，林下植被多样性表现为开敞度基本充足的林分高于开敞度严重不足的林分（黎芳等，2016）。在本研究中，林分混交度与林下草本物种多样性表现出较为明显的关联，角尺度和开敞度也在不同林分类型与林下草本物种多样性存在不同程度的关联性，较好地说明了林分的空间结构与林下草本的物种多样性具有明显的关系。因此，在辽东山区次生林经营管理过程中，可以选择以调整树种结构为主，调整林木的水平和垂直空间分布格局为辅的林分空间结构优化方案，有利于提高林下草本植物的物种多样性。

灰色关联度分析具有样本要求少、计算量小、量化结果与定性分析一致等优点，但其评价结果只能给出评价对象的优劣次序，无法评估影响其优劣的内部因素，同时参数序列的选择不同也会对评价结果造成偏差。因此，本研究还需加大数据调查量，在此基础上结合回归分析、相关分析等统计方法，进一步揭示辽东山区天然次生林的林分空间结构与林下植被物种多样性之间是否存在线性或非线性关系。

6.4　次生林抚育经营效果评价研究

森林经营是林业发展永恒的主题，是实现森林质量提升的根本途径。森林经营效果评价作为森林经营工作的最后一个环节至关重要，其好坏不仅关系到森林经营工作的成败，而且关系到一个地区甚至我国林业的健康和可持续发展。不同森林经营模式会产生不同的经营效果，只有科学评价经营效果才能确定最佳经营方案，优化生态、经济和社会效益。目前关于森林经营效果评价研究多局限在不同经营模式对林分生产力、水源涵养功能、林下植被多样性等单方面的评价，关于森林经营综合效果评价的研究较为薄弱，然而经营措施对森林的影响是综合的、多方面的，单纯就某一方面经营效果进行评价并不科学，甚至会影响人们对经营措施的判断，因此，构建森林经营效果评价体系，对森林经营效果进行多方面综合评价是科学确定森林经营措施的重要依据，对发挥森林的多种功能，实现可持续经营具有重要意义。

随着可持续森林经营理念的不断深入，森林经营以由单纯追求木材收获最大化转变为培育健康稳定的森林，发挥森林的多种功能为目标，因此在森林经营效果评价体系的构建上不仅要考虑生产力方面的指标，还应增加林分结构、林分抗干扰能力和生态功能等方面的指标，在指标的选择上应遵循科学性和可获得性原则，力求评价指标体系科学、合理。本研究在参考相关文献和专家咨询的基础上，采用层次分析法从林分结构、林分活力、恢复及抵抗力和生态功能（水源涵养和碳汇功能）4 个方面，选取评价指标并构建经营效果综合评价体系，运用主成分分析法、最小信息熵法等多种方法确定指标权重，对不同经营模式进行定量综合评价，提出适宜的森林经营模式，以期为提升森林质量、实现森林的可持续发展提供参考。

6.4.1　材料与方法

6.4.1.1　样地设置与调查

1. 蒙古栎林

在辽宁省本溪市碱厂林场选择立地条件和生长状况基本一致的52年生蒙古栎次生林，设置3个面积为25m×40m的固定样地，于2012年进行3种强度的采伐作业，按蓄积量计算分别为强度采伐（40%）、中度采伐（29%）和未采伐样地对照（0%）。不同采伐强度间设置50m隔离带，依据间密留匀、留优去劣的原则，去除径级较小的被压木、濒死木和枯立木及干形不良的干扰树，采伐后林分因子见表6-14。对样地内胸径≥5cm的林木进行每木检尺，记录树种名称、位置、胸径、树高、冠幅、枝下高及生长情况。同时，在各样地的四角和中心分别设置面积为2m×2m灌木样方和1m×1m的草本样方，共设置15个灌木和15个草本样方，并对样方内灌木、草本及更新情况进行调查，每隔2～3年复测1次。

表6-14　蒙古栎近成熟林样地基本情况

采伐强度	坡度（°）	坡向	林龄（年）	海拔（m）	平均胸径（cm）	蓄积量（m^3/hm^2）	保留株数（株/hm^2）
强度采伐	32	阳坡	52	718	23.5	148.04	470
中度采伐	31	阳坡	52	698	21.9	158.10	640
对照	32	阳坡	52	694	17.4	191.46	1260

2. 阔叶混交林

试验地位于辽宁省本溪市草河口镇正沟村大倒木沟，1995年4月在全面踏查的基础上，在林分状况相对一致的26年生的阔叶混交林固定样地，按照林分密度设置4种间伐强度的作业区，分别为强度间伐（41%）、中度间伐（30%）、弱度间伐（12%）和未间伐对照样地（0%）。不同作业区间设置50m隔离带，采取下层抚育法，依据间密留疏、留优去劣的原则，伐除径级较小的受压木、濒死木和枯立木，以及干形不良的林木，间伐后林分因子见表6-15。同时，在每块作业区内设置30m×30m的标准地，对标准地内胸径≥5cm的林木进行每木检尺，记录林木的树种名称、胸径、树高、冠幅、枝下高及生长情况，每隔2～3年复测1次。于2018年6月在对标准地复测的同时，在各标准地的四角和中心分别设置面积为2m×2m的灌木样方和1m×1m的草本样方，共设置15个灌木和15个草本样方，并对样方内灌木、草本及更新情况进行调查，记录灌木的种类、数量、高度等，草本的种类、平均高、盖度、株数/丛数等，更新幼苗的种类、数量、高度和地径。

表 6-15　阔叶混交林样地基本情况

间伐强度	坡向	坡度（°）	林龄（年）	密度（株/hm²）	胸径（cm）	蓄积量（m³/hm²）	树种组成
强度间伐	西	24	26	900	12.8	74.77	7 栎 2 槭 1 其他
中度间伐	西	23	26	989	12.1	71.06	7 栎 2 胡 1 其他
弱度间伐	西	18	26	1266	12.0	87.51	8 栎 1 胡 1 椴
对照	西	19	26	1433	11.2	80.90	7 栎 2 胡 1 其他

注：栎代表蒙古栎，槭代表色木槭，胡代表胡桃楸，椴代表紫椴

6.4.1.2　蓄积量计算

本研究采用辽宁东部林区柞树、软阔和硬阔一元立木材积表计算各树种材积，样地内所有树种单株材积之和为全林分蓄积量，然后换算成每公顷蓄积量。

采用北方森林的生长季算法，即将 1 ～ 4 月、5 月、6 月、7 月和 8 ～ 12 月分别定义为 0、0.2、0.5、0.9 和 1 个生长季，计算伐后不同时间林分的蓄积年生长率。

蓄积年生长率计算使用普雷斯特公式计算。

$$P_n = \left[\frac{y_a - y_{a-n}}{y_a + y_{a-n}}\right] \times \frac{200}{n} \tag{6-12}$$

式中，P_n 为 n 年间的平均生长率；y_a 和 y_{a-n} 分别为 a 和 a–n 年的蓄积量。

6.4.1.3　直径结构威布尔（Weibull）分布

采用威布尔分布概率密度函数对 4 块样地全林分直径结构进行拟合，威布尔分布概率密度函数公式为

$$f(x) = \begin{cases} 0 & x \leqslant a \\ \dfrac{c}{b}\left(\dfrac{x-a}{b}\right)^{c-1} \cdot \exp\left[-\left(\dfrac{x-a}{b}\right)^{c}\right] & x > a, b > 0, c > 0 \end{cases} \tag{6-13}$$

式中，a 为位置参数；b 为尺度参数；c 为形状参数；x 为林木胸径。

6.4.1.4　林分空间结构指数的计算

选取混交度、角尺度、大小比数和竞争指数作为表达林分空间结构的参数。同时为消除边缘效应对林分空间结构的影响，设置 5m 缓冲区。本研究空间结构单元数 n 取 4。

1）混交度定义为与中心木不属同种的相邻木占所考察相邻木的比例，用公式表示为

$$M_i = \frac{1}{n}\sum_{j=1}^{n} v_{ij} \tag{6-14}$$

式中，M_i 为第 i 株目标树的混交度；n 为相邻木数量（下同）；v_{ij} 取值为

$$v_{ij} = \begin{cases} 1 & \text{第}j\text{株相邻木与中心木树种不相同} \\ 0 & \text{第}j\text{株相邻木与中心木树种相同} \end{cases}$$

林分平均混交度为

$$\overline{M} = \frac{1}{N}\sum_{i=1}^{N} M_i \qquad (6\text{-}15)$$

式中，N 为样地内林木总株数（下同）。

2）角尺度定义为夹角小于标准角（取值为 72°）的个数占所考察相邻木的比例，用公式表示为

$$W_i = \frac{1}{n}\sum_{j=1}^{n} z_{ij} \qquad (6\text{-}16)$$

式中，W_i 为第 i 株中心木的角尺度；z_{ij} 取值为

$$z_{ij} = \begin{cases} 1 & \text{第}j\text{个夹角}\alpha_j\text{小于标准角}\alpha_0 \\ 0 & \text{第}j\text{个夹角}\alpha_j\text{大于标准角}\alpha_0 \end{cases}$$

林分平均角尺度为

$$\overline{W} = \frac{1}{N}\sum_{i=1}^{N} W_i \qquad (6\text{-}17)$$

3）大小比数定义为林木大小指标（胸径、树高、冠幅等）大于中心木的相邻木占所考察相邻木的比例，林木大小指标可以是胸径、树高和冠幅等，本研究采用胸径。胸径大小比数用公式表示为

$$U_i = \frac{1}{n}\sum_{j=1}^{n} k_{ij} \qquad (6\text{-}18)$$

式中，U_i 为第 i 株中心木的胸径大小比数；k_{ij} 取值为

$$k_{ij} = \begin{cases} 1 & \text{第}j\text{株相邻木的胸径比中心木大} \\ 0 & \text{第}j\text{株相邻木的胸径比中心木小} \end{cases}$$

分树种计算的大小比数的均值即树种在林分所测指标上的优势程度，可用下式计算：

$$\overline{U} = \frac{1}{N}\sum_{i=1}^{N} U_i \qquad (6\text{-}19)$$

4）竞争指数采用 Hegyi 简单竞争指数计算林木所承受的竞争压力，用四邻木法确定竞争木，计算公式如下：

$$\mathrm{CI}_i = \sum_{j=1}^{N} \frac{D_j / D_i}{\mathrm{DIST}_{ij}} \qquad (6\text{-}20)$$

式中，CI_i 为对象木 i 的简单竞争指数；D_i 为对象木 i 的胸径；D_j 为对象木周围第 j 竞争木的胸径（j=1, 2, 3, 4）；DIST_{ij} 为对象木 i 与竞争木 j 之间的距离。

6.4.1.5　多样性指标计算

（1）物种丰富度 S

因各样地面积一致，采用样方内物种数目 S 表示物种丰富度。

（2）香农-维纳多样性指数

$$H' = -\sum_{i=1}^{S} P_i \ln p_i \tag{6-21}$$

式中，$P_i=N_i/N$。

（3）辛普森多样性指数

$$\lambda = -\sum_{i=1}^{S} \frac{n_i\left(n_i - 1\right)}{N\left(N - 1\right)} \tag{6-22}$$

（4）皮诺均匀度指数

$$J_{sw}=H'/H_{max} \tag{6-23}$$

式中，$H_{max}=\ln S$，S 为样方内物种数目；P_i 为第 i 个物种个体数在群落中的比率；N 为物种个体总数；N_i 为第 i 个物种的个体数。

6.4.1.6 冠层结构测定

使用 WinScanopy 2010a For Canopy Analysis，通过 180° 鱼眼镜头和数码相机对冠层进行拍照，拍照地点位于各灌木层样方的中心，为避免灌木进入拍摄视野，拍摄高度设置为 1.8m，为排除太阳直射产生的巨大光斑，拍摄时间选择在天气晴朗的上午 8:00 ～ 9:00 或下午的 14:00 ～ 16:00，每个地点拍摄 3 张照片，共获取分析照片 45 张。利用 WinScanopy 分析软件、XLScanopy 数据处理软件进行分析，获得的参数主要包括：叶面积指数、林冠隙数、林冠开阔度、平均叶倾角、林下散射光、林下直射光、林下总辐射等。

6.4.1.7 枯落物蓄积量及持水性能测定

在样地的四角及中心位置，设置 5 个 30cm×30cm 枯落物样方，按未分解层和半分解层进行取样，带回实验室，置于 85℃的烘箱烘干至恒重，根据干重计算蓄积量。枯落物最大持水量和持水率采用室内浸泡法测定。

计算公式为

$$C = \left(W_1 - W_0\right)/W_0 \times 100\% \tag{6-24}$$

式中，C 为枯落物最大持水率（%）；W_1 为枯落物饱和湿重（kg）；W_0 为枯落物干重（kg）。

$$V=L\cdot C \tag{6-25}$$

式中，V 为枯落物最大持水量（t/hm^2）；L 为枯落物蓄积量（t/hm^2）。

6.4.1.8 土壤物理性质及持水量测定

在样地内沿对角线挖土壤剖面 3 个，用环刀对 0 ～ 20cm 土层进行取样，设置 3 次重复，带回实验室采用环刀法对土壤的物理性质进行测定。采用下式计算土壤的最大持水量和非毛管持水量。

$$\mathrm{Wt}=10\,000\cdot \mathrm{Pt}\cdot h \tag{6-26}$$

$$\mathrm{Wo}=10\,000\cdot \mathrm{Po}\cdot h \tag{6-27}$$

$$Wc=10\,000 \cdot Pc \cdot h \tag{6-28}$$

式中，Wt为土壤最大持水量（t/hm^2）；Wo为土壤非毛管持水量（t/hm^2）；Wc为土壤毛管持水量（t/hm^2）；Po为土壤非毛管孔隙度（%）；Pc为土壤毛管孔隙度（%）；Pt为土壤总孔隙度（%）；h为土层厚度（m）。

6.4.1.9 乔、灌、草生物量和碳含量测定

1. 乔木层生物量估算

本研究各样地乔木树种的生物量估测采用异速生长方程和样地调查数据相结合的方法，各树种生物量模型见表6-16。

表6-16 主要树种不同器官生物量异速生长方程

树种	干	枝	叶	根
蒙古栎	$W_D=0.304\,9D^{2.168\,01}$	$W_L=0.002\,12D^{2.95}$	$W_{si}=0.003\,21D^{2.473\,23}$	$W_R=0.090\,17D^{2.000\,2}$
色木槭	$W_D=1.370\,9D^{1.671\,34}$	$W_L=0.055\,79D^{1.669\,07}$	$W_{si}=0.090\,56D^{1.612\,42}$	$W_R=0.382\,3D^{1.606\,01}$
紫椴	$W_D=0.065\,6D^{2.391\,06}$	$W_L=0.004\,72D^{2.545\,627}$	$W_{si}=0.006\,02D^{2.592\,14}$	$W_R=0.270\,40D^{1.299\,15}$
胡桃楸	$\lg(W)=-0.782\,0+2.194\,0\lg(D)$	$\lg(W)=-2.359\,0+2.898\,0\lg(D)$	$\lg(W)=-1.414\,0+1.639\,0\lg(D)$	$\lg(W)=-1.734\,0+2.397\,0\lg(D)$
水曲柳	$\lg(W)=-0.884\,0+2.316\,0\lg(D)$	$\lg(W)=-2.037\,0+2.785\,0\lg(D)$	$\lg(W)=-2.067\,0+2.180\,0\lg(D)$	$\lg(W)=-1.604\,0+2.467\,0\lg(D)$

注：W表示生物量，kg；D表示胸径，cm

乔木生物量具体计算公式：

$$W_p = \sum_{i=1}^{n} \sum_{j=1}^{m} W_S = \sum_{i=1}^{n} \sum_{j=1}^{m} \left(W_D + W_L + W_{si} + W_R\right) \tag{6-29}$$

2. 林下植被和枯落物生物量测定

在每个样地内沿对角线分别设置2m×2m的灌木样方，1m×1m的草本样方和0.2m×0.2m的枯落物样方各5个，采用全收获法收集灌木（地上、地下部分）、草本和枯落物，现场称量鲜重。分别对灌木、草本及枯落物进行取样，带回实验室在85℃的恒温箱中烘干至恒重，测定其含水率，从而推算林下植被及枯落物生物量。

3. 碳含量测定

乔木层按各树种标准木的干、枝、叶、根分别取样，灌木分别对地上、地下部分混合取样，将所取样品进行烘干、粉碎、研磨、过筛，采用元素分析仪EA3000测定碳含量。

6.4.1.10 碳储量计算

乔木层碳储量等于林木各器官（干、枝、叶、根）碳含量乘以其相应部位的生物量。林下植被（灌木、草本）和枯落物碳储量等于其生物量乘以相应的碳含量。

土壤层碳储量计算公式为

$$\mathrm{SOC}_n = \sum_{i=1}^{n} \left(1 - G_i\right) \times D_i \times C_i \times T_i / 10 \tag{6-30}$$

式中，SOC_n为分n层调查的土壤单位面积碳储量（Mg C/hm^2），G_i为第i层直径≥2mm

的石砾含量（%），D_i 为第 i 层土壤容重（g/cm^3），C_i 为第 i 层土壤有机碳含量（g/kg），T_i 为第 i 层的土壤厚度（cm）。

6.4.1.11　评价方法

1. 原始数据无量纲化处理

在综合评价体系中，由于各个指标之间计量单位和数量级的不尽相同，使各个指标间不具有可比性，因此在分析数据前，需对原始数据进行无量纲化处理。本研究采用极差法对原始数据进行标准化处理，具体计算公式如下：

$$y_{ij}=\frac{x_{ij}-\min\left(x_{ij}\right)}{\max\left(x_{ij}\right)-\min\left(x_{ij}\right)} \tag{6-31}$$

$$y_{ij}=\frac{\max\left(x_{ij}\right)-x_{ij}}{\max\left(x_{ij}\right)-\min\left(x_{ij}\right)} \tag{6-32}$$

式中，x_{ij} 为第 i 个评价单元第 j 项评价指标；y_{ij} 为标准化后第 i 个评价单元第 j 项评价指标；其中，正向指标采用式（6-31）进行无量纲化处理，负向指标采用式（6-32）进行无量纲化处理。

2. 确定指标权重

指标权重的确定方法有很多种，主要包括层次分析法（AHP）、专家打分法（Delphi）、主成分分析法、熵权法等，这些方法包括主观赋权法和客观赋权法。主观赋权法，如专家打分法和层次分析法，指人们对分析对象的各个因素按照重要程度，依据主观经验确定权重，但客观性较差。客观赋权法指对实际发生的资料进行整理、计算和分析，从而得到权重，如主成分分析法和熵权法，该方法与实践结合性较差。为了消除主观和客观的影响，本研究采用主客观相结合的方法确定各评价指标的权重，首先利用 AHP 法和熵权法分别计算各指标权重，然后再利用最小信息熵原理将两种方法的权重组合计算组合权重。

（1）层次分析法确定权重

邀请 15 位林学、生态学等方面的专家对同一层次的各指标进行两两比较打分，构造两两比较判断矩阵，并进行一致性检验，确定指标权重，然后利用同一层次中所有本层次对应从属指标的权重值，以及上层次所有指标的权重，进行加权计算本层次所有指标对最高层次的权重值，最后得到基于层次分析法的综合权重，记作 W_{1i}。

（2）熵权法确定权重

本研究设有 m 个评价指标，n 个评价对象，形成原始数据矩阵 $\boldsymbol{X}=(X_{ij})_{m\times n}$，对第 i 个指标的熵定义为

$$e_j=-k\sum\nolimits_{i=1}^{n}P_{ij}\ln P_{ij} \tag{6-33}$$

式中，e_j 代表第 j 项指标的熵值；$P_{ij}=X_{ij}\Big/\sum\nolimits_{i=1}^{n}X_{ij}$，$k=1/\ln n$（$i=1, 2, 3, \cdots, n$；$j=1, 2, 3, \cdots, m$）。

信息熵冗余度计算公式为 $d_j=1-e_j$，各指标的权重为 $W_{2i}=d_j\Big/\sum_{j=1}^{m}d_j$（$j=1,\cdots,m$）。

（3）最小相对信息熵确定组合权重

根据最小相对信息熵原理，用拉格朗日乘数法优化可得组合权重，其计算公式如下：

$$W_i=\frac{\left(W_{1i}W_{2i}\right)^{0.5}}{\sum_{i=1}^{m}\left[\left(W_{1i}W_{2i}\right)^{0.5}\right]} \tag{6-34}$$

（4）主成分分析

利用 SPSS 20.0 选取方差累计贡献率≥80% 的前 m 个主成分，构建 m 个主成分与标准化变量之间的关系：

$$Y_k=b_{k1}x_1'+b_{k2}x_2'+\cdots+b_{kp}x_{1p}' \tag{6-35}$$

式中，Y_k 是第 k 个主成分（$k=1, 2, 3, \cdots, m$）；b_{k1} 是第 k 个主成分的因子载荷。

各个主成分的权重采用第 k 个主成分的方差贡献率和所确定的 m 个主成分的总贡献率比值来表示：

$$w_k=\frac{\lambda_k}{\sum_{k=1}^{m}\lambda_k} \tag{6-36}$$

式中，w_k 是第 k 个主成分的权重；λ_k 是第 k 个主成分的方差贡献率。

3. 综合评价模型

本研究采用综合指数评价法进行经营效果综合得分计算，计算公式如下：

$$F=\sum_{j=1}^{m}W_iX_{ij} \tag{6-37}$$

式中，F 表示不同采伐强度蒙古栎林经营效果的综合评价得分，得分越高说明经营效果越好。

6.4.2　结果与分析

6.4.2.1　蒙古栎林

1. 抚育间伐对林分生长的影响

（1）林分平均胸径生长变化

分析林分胸径生长动态可知，强度、中度采伐林分的平均胸径在伐后各个生长阶段均高于对照，且随着采伐强度的增加而增大。采伐 7 年后，强度、中度采伐林分平均胸径分别比对照高 6.9cm 和 5.2cm（图 6-15）。在林分胸径定期生长量方面（图 6-16），强度、中度采伐在伐后前 5 年均明显高于对照，而在伐后 5 ～ 7 年均低于对照，主要是在伐后 5 ～ 7 年对照样地内大量小径木枯死，林分平均胸径大幅增加所致。7 年间胸径增加量表现为强度采伐最大，为 3cm，其次为中度采伐，为 2.7cm，对照最少，为 2.6cm。由此可知，采伐促进了林分胸径的生长，且表现为采伐强度越强，胸径增加量越大。

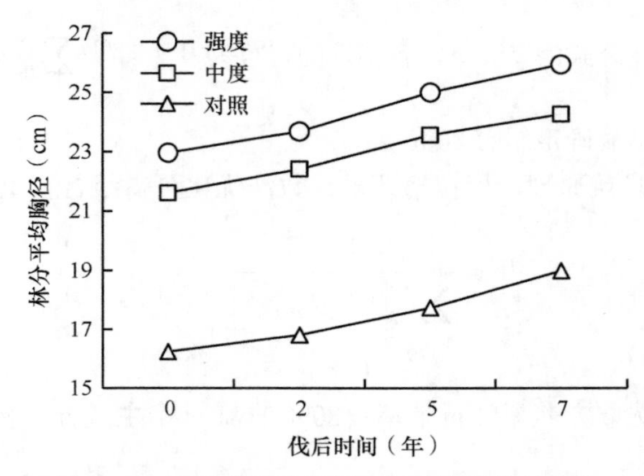

图 6-15　不同采伐强度蒙古栎林胸径生长动态

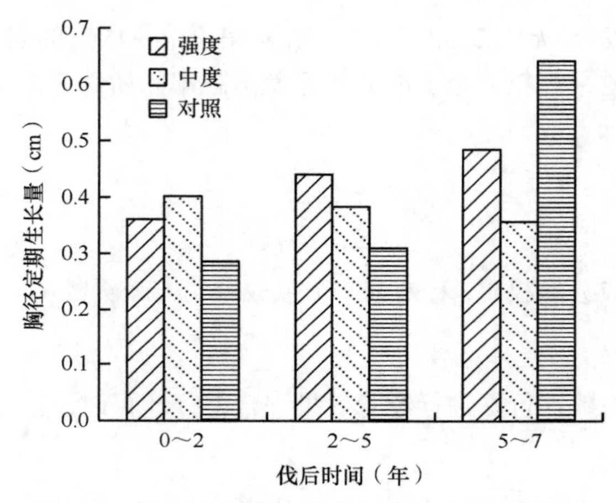

图 6-16　不同采伐强度蒙古栎林胸径定期生长量

（2）林分单株材积生长

由表 6-17 可知，采伐对林分单株材积影响显著，强度、中度处理平均单株材积在伐后不同生长阶段均显著高于对照（P＜0.05），在采伐后 7 年，林分平均单株材积表现为强度采伐＞中度采伐＞对照。在单株材积生长量方面，强度、中度处理显著高于对照（P＜0.05），分别比对照增加 114%、76.74%，且强度处理显著高于中度处理（P＜0.05）（表 6-17）。说明采伐可有效促进林分单株材积的生长，且表现为采伐强度越大，促进作用越强。

表 6-17　不同采伐强度单株材积多重比较　（单位：m^3）

试验类型	伐后时间				单株材积生长量
	0 年	2 年	5 年	7 年	
强度采伐	0.296±0.017a	0.314±0.016a	0.355±0.018a	0.388±0.022a	0.092±0.011a
中度采伐	0.255±0.011b	0.277±0.012a	0.310±0.013a	0.330±0.014b	0.076±0.004b
对照	0.152±0.010c	0.165±0.011b	0.189±0.014b	0.217±0.016c	0.043±0.004c

注：同列不同字母代表在 0.05 水平下差异显著

（3）林分蓄积量生长变化

不同采伐强度林分蓄积量较对照均有不同程度的减小，采伐当年，强度、中度处理林分蓄积量分别低于对照 22.68% 和 17.42%，采伐 7 年后，强度、中度处理蓄积量分别低于对照 12.52%、5.4%，说明采伐促进了林分蓄积量的生长，采伐林分蓄积量与对照之间差距随着时间的增长逐渐缩小（表 6-18）。进一步分析林分蓄积年生长率可知，除强度采伐在伐后初期（2 年）由于采伐砸死部分林木，林分蓄积年生长率低于对照外，其他生长阶段，采伐样地林分蓄积年生长率均高于对照，伐后 7 年林分平均蓄积年生长率表现为中度（3.50%）＞强度（3.32%）＞对照（1.55%）（表 6-18），说明采伐虽然降低了林分的蓄积量，但能够提高林分蓄积年生长速度。同时研究中发现，强度采伐在采伐初期（伐后 2 年），林分蓄积年生长率较低，这可能是由于对林分干扰较大，短期内林分生产力难以恢复所致。

表 6-18　不同生长阶段蒙古栎林蓄积量和蓄积年生长率

处理	蓄积量（m^3/hm^2）				蓄积年生长率（%）			
	伐后当年	伐后 2 年	伐后 5 年	伐后 7 年	0～2 年	2～5 年	5～7 年	7 年平均
强度采伐	148.04	150.71	170.41	186.40	0.9	4.1	4.6	3.32
中度采伐	158.10	171.52	192.15	201.57	4.1	3.8	2.5	3.50
对照	191.46	203.23	209.39	213.08	3.0	1.0	0.9	1.55

（4）林分直径结构变化

不同采伐强度林分直径结构分布如图 6-17 所示。强度和中度处理林分直径分布曲线呈单峰型曲线，对照为多峰曲线，且各样地均表现为随着时间的推移，小径级林木逐渐减少，中大径级林木逐渐增加。采伐 7 年后，强度、中度处理胸径≥26cm 径阶林木所占比例明显高于对照，表现为强度处理（55.25%）＞中度处理（44.26%）＞对照（19.39%），而胸径≤14cm 径阶林木所占比例明显低于对照（29.67%），仅为 2.08% 和 0%（图 6-18），强度处理林分还出现了 36cm 和 38cm 径阶林木，而中度处理径阶分布较为集中，主要在 24～30cm 径阶范围内。总体上来看，采伐促进了林木径阶分布曲线逐渐向右偏移，且表现为采伐强度越大，右偏幅度越大。说明采伐有助于提高中、大径阶林木比例，采伐强度越大，中、大径阶林木比例越高。

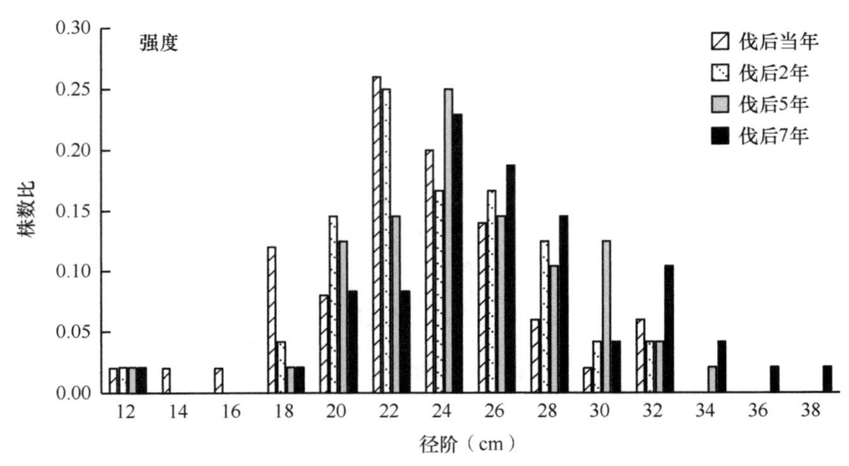

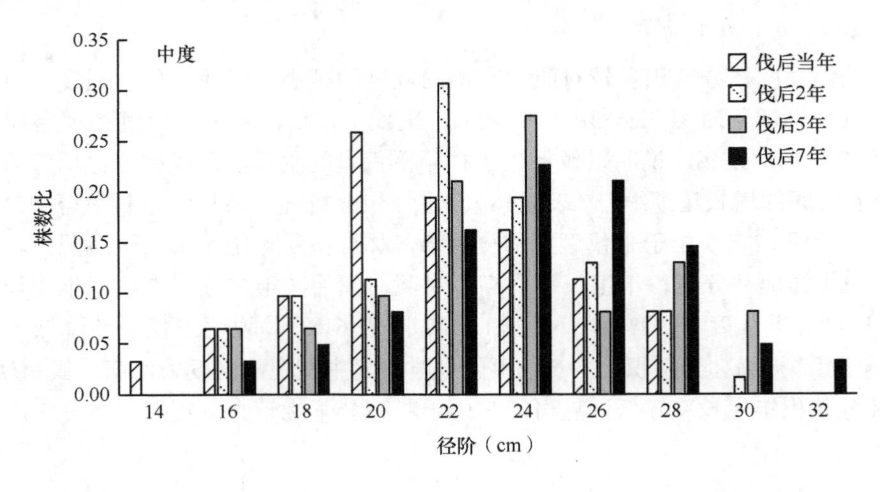

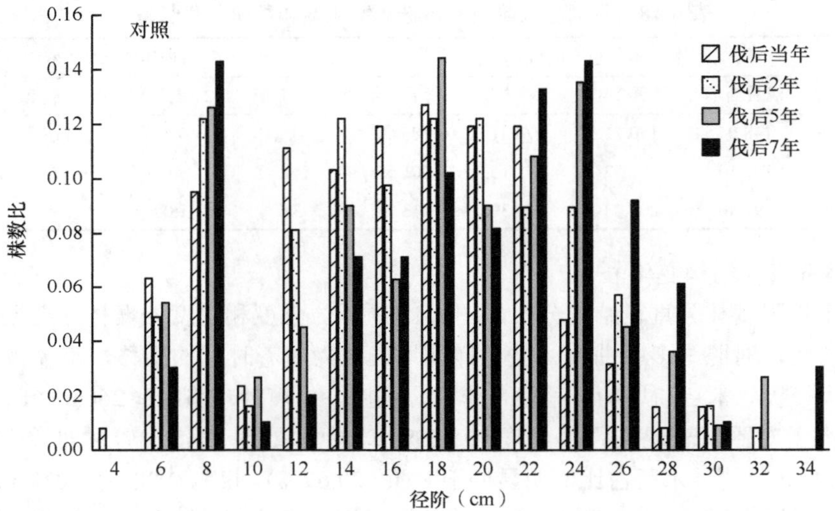

图 6-17　各样地不同生长阶段林分径级分布

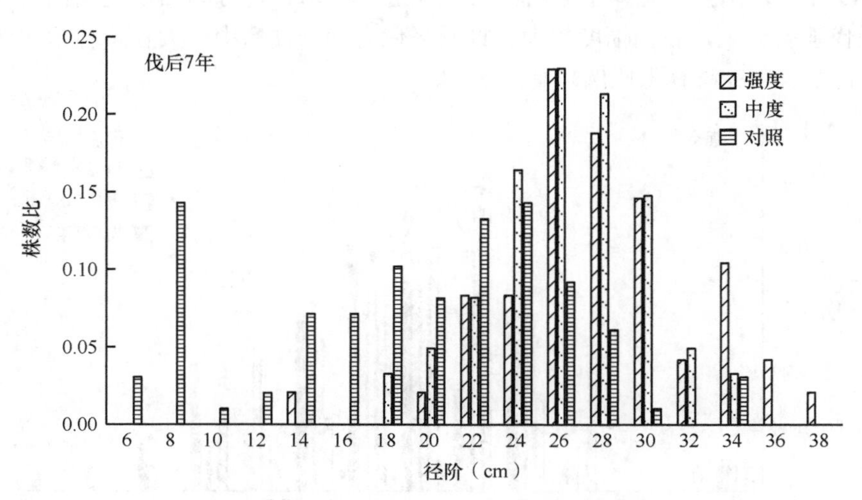

图 6-18　采伐 7 年后不同强度采伐林分径级结构分布

2. 不同采伐强度对林分枯死率的影响

比较不同生长阶段林分枯死率可知（表 6-19），强度采伐，在采伐初期（伐后 2 年），林分枯死率相对较高，为 4%，此后，各间隔期枯死率均为 0，中度采伐在伐后的 5 年内枯死率均为 0，在采伐后的 5 ～ 7 年间的枯损率为 1.61%，对照在伐后 0 ～ 2 年，枯损率相对较低，但随后的 2 ～ 5 年和 5 ～ 7 年枯死率均大于 10%。伐后 7 年林分总枯死率表现为对照（23.78%）＞强度采伐（4%）＞中度采伐（1.61%），强度、中度采伐枯死率仅为对照的 16.8% 和 6.8%。由此可知，采伐能够提高林分质量，降低林分的枯死率，但采伐强度过大，在采伐初期林分的枯死率较高，这一方面是因采伐强度过大，在采伐过程中增加了压倒、损伤保留木的风险，另一方面，采伐强度过大，降低了林分抵御风害、雪压等自然灾害的能力，从而导致林分枯死率增加。

表 6-19　不同采伐强度蒙古栎林林分枯死率（%）

处理	0 ～ 2 年	2 ～ 5 年	5 ～ 7 年	7 年总枯死率
强度采伐	4.00	0.00	0.00	4.00
中度采伐	0.00	0.00	1.61	1.61
对照	1.59	10.48	11.71	23.78

3. 不同采伐强度对林下更新和林下植被物种多样性的影响

（1）林下更新树种组成

由表 6-20 可知，不同采伐强度林下更新幼苗（幼树）的物种数有所降低，优势树种有所变化，其中，对照样地幼苗（幼树）物种数最多，共 14 种，强度和中度采伐样地均比对照少 3 种，为 11 种。采伐后元宝槭、朝鲜槐的优势地位上升，春榆的优势地位下降，对照样地中没有紫椴更新的幼苗（幼树），采伐样地中紫椴的优势地位逐渐上升，优势树种蒙古栎、花曲柳、紫椴在强度、中度和对照样地的重要值之和分别为 24.46%、22.32% 和 21.63%，说明优势种在中度采伐样地中更新最好，优势地位明显。

表 6-20　不同采伐强度更新树种重要值

树种名称	重要值（%）		
	强度	中度	对照
元宝槭	16.28	15.72	8.16
稠李	12.44	7.98	5.22
朝鲜槐	11.19	12.91	5.10
蒙古栎	10.78	6.11	7.57
假色槭	9.47	8.80	11.61
毛樱桃	9.41	9.06	5.62
紫椴	9.40	12.23	—
黄檗	7.51	7.13	5.75
桑树	5.86	—	—

续表

树种名称	重要值（%）		
	强度	中度	对照
刺楸	4.37	—	—
暴马丁香	3.29	—	3.34
花曲柳	—	11.83	10.49
春榆	—	4.17	11.99
水曲柳	—	4.07	—
千金榆	—	—	10.52
三花槭	—	—	7.06
小叶杨	—	—	4.23
鼠李	—	—	3.34

注：“—”表示样地中未发现该树种

（2）林下更新幼苗（幼树）密度及生长情况

比较不同采伐强度林下更新幼苗（幼树）密度（表 6-21）可知，强度、中度处理林下幼苗密度显著高于对照（$P<0.05$），分别为对照的 1.8 倍和 1.6 倍，且随着采伐强度的增大而增加。优势种（花曲柳、蒙古栎、紫椴、黄檗）更新幼苗密度与林分相似，强度、中度处理显著高于对照，分别高出对照 57.14% 和 107.14%（$P<0.05$）。进一步分析林分更新幼苗的生长状况可知，强度、中度处理更新幼苗基径和苗高分别低于对照 23.33%、17.27% 和 10%、11.82%，但仅强度处理与对照间差异显著（$P<0.05$）。优势种更新幼苗的生长情况表现为强度、中度处理基径和苗高分别高于对照 8.5%、21.28% 和 13.50%、2.66%，但差异均不显著（$P>0.05$）。由此可知，采伐能够促进林下幼苗更新数量的增加和生长，且表现为采伐强度越大，林下更新幼苗密度越大，但优势种更新幼苗密度以中度采伐最大。

（3）林下植被物种多样性

采伐 7 年后，强度处理灌木层物种丰富度和对照相同，都为 16 种，中度处理比对照少 3 种，草本层物种丰富度表现为强度、中度处理明显高于对照，分别比对照多 7 种、8 种。总体上，采伐增加了林下植被物种的丰富度（表 6-22）。

表 6-21　不同采伐强度幼苗密度及生长情况

处理	林分			优势种			建群种占比（%）
	密度（株/hm^2）	基径（cm）	苗高（cm）	密度（株/hm^2）	基径（cm）	苗高（cm）	
强度采伐	415 00±700 8a	0.46±0.03a	54.6±2.4a	110 00±680 8a	0.51±0.06a	55.5±5.9a	26.5
中度采伐	385 00±832 9a	0.54±0.03ab	58.2±2.4ab	145 00±430 1a	0.57±0.05a	50.2±2.5a	37.66
对照	235 00±217 9b	0.60±0.06b	66.0±5.1b	700 0±266 9b	0.47±0.07a	48.9±7.5a	29.79

注：同列不同小写字母表示 0.05 水平下差异显著

表 6-22 采伐 7 年后林下植被物种多样性

处理	灌木+更新				草本多样性			
	香农-维纳多样性指数	辛普森多样性指数	皮诺均匀度指数	丰富度	香农-维纳多样性指数	辛普森多样性指数	皮诺均匀度指数	丰富度
强度采伐	1.864	0.730	0.672	16	2.585	0.906	0.894	18
中度采伐	1.971	0.772	0.768	13	2.510	0.895	0.853	19
对照	1.877	0.694	0.677	16	1.882	0.773	0.785	11

灌木层香农-维纳多样性指数和皮诺均匀度指数均表现为中度处理大于对照，强度处理略低于对照。草本层香农-维纳多样性指数、辛普森多样性指数和皮诺均匀度指数表现出的规律基本一致，即强度处理＞中度处理＞对照（表 6-22）。总体上，草本层 3 个多样性指数大于灌木层。由此可知，采伐能够促进林下植被物种多样性的增加，但灌木层和草本层表现的规律并不一致，灌木层表现为随着采伐强度的增加呈先增加后降低的趋势，草本层表现为随着采伐强度的增加而增加。

4. 抚育间伐对林分空间结构的影响

（1）树种隔离程度

由表 6-23 可知，强度、中度、对照林分的平均混交度分别为 0.04、0.00 和 0.43，强度、中度处理属于零度混交，对照属于中度混交。结合混交度频率分布可知，强度和中度处理中零度混交所占比例均大于 90%，说明这两个样地中绝大多数林木处于单种聚集状态，近似于纯林。在对照样地中，零度混交所占比例为 28%，处于强度和极强度混交林木比例之和为 34%，说明在对照样地中，处于单种聚集状态的林木较少，大多数的林木处于与其他树种混交状态，树种隔离程度相对较高。

表 6-23 不同采伐强度蒙古栎林混交度及其频率分布

处理	混交度频率分布					平均值
	0	0.25	0.5	0.75	1	
强度采伐	0.90	0.08	0.00	0.00	0.03	0.04
中度采伐	1.00	0.00	0.00	0.00	0.00	0.00
对照	0.28	0.26	0.12	0.12	0.22	0.43

（2）林分空间分布格局

对林分角尺度及其频率分布进行分析可知（图 6-19），中度采伐样地平均角尺度为 0.483，在 0.475≤W_i≤0.517，属于随机分布，强度、对照样地的平均角尺度分别为 0.519、0.570，W_i＞0.517 属于聚集分布。结合角尺度频率分布可知，对照样地内角尺度为 0.5 的林木比例为 62%，说明大多数的林木处于随机分布，但由于聚集分布和绝对聚集分布林木比例之和为 28%，呈现右侧大于左侧状态，因此林分整体呈聚集分布。在中度处理样地内，处于随机分布林木比例较对照有所提高，且处于聚集和绝对聚集分布的林木比例均有所减少，因此，林分整体为随机分布。强度处理样地内，虽然处于随机分布林木的比例有所减少，但处于均匀分布的林木比例增加，呈现为右侧略大于左侧状态，因此，林分整体略偏聚集分布。由此可知，中度采伐在一定程度上能够改善林木的空间分布格局，促进林分整体向随机分布方向发展。

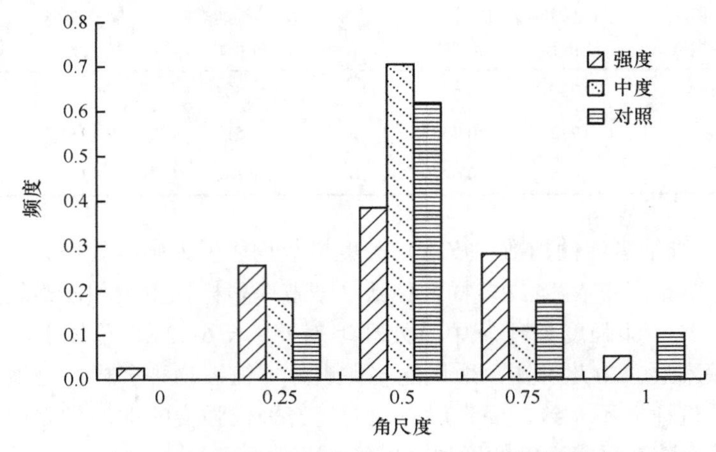

图 6-19　不同采伐强度林分角尺度及其频率分布

（3）林分胸径大小分化程度

不同采伐强度林分胸径大小比数及其频率分布如表 6-24 所示，3 块样地的平均胸径大小比数为 0.44 ～ 0.53，变化幅度较小，各频率分布差异不大，说明大小比数在反映林分整体分化程度上灵敏度较差。因此，本研究采用 Hegyi 竞争指数来反映林木所受的竞争压力。

表 6-24　不同采伐强度蒙古栎林胸径大小比数及其频率分布

处理	胸径大小比数及其频率分布					平均值
	0	0.25	0.5	0.75	1	
强度采伐	0.15	0.18	0.28	0.15	0.23	0.53
中度采伐	0.18	0.30	0.23	0.16	0.14	0.44
对照	0.19	0.19	0.25	0.18	0.19	0.50

（4）林木竞争状况

由表 6-25 可知，采伐能够有效地释放林木之间的竞争压力，强度、中度处理林分的平均 Hegyi 竞争指数显著低于对照（$P<0.05$），仅为对照的 32.46%、42.65%，且表现为随着采伐强度的增加竞争压力呈降低趋势。与对照相比，强度、中度处理 Hegyi 竞争指数最大值逐渐变小，最小值基本稳定在 0.6 左右，说明采伐对于竞争压力较大的林木缓释压力的效果较好。

表 6-25　不同采伐强度林木竞争压力差异

采伐类型	竞争指数最大值	竞争指数最小值	变异系数（%）	竞争压力指数
强度采伐	3.75	0.61	50.92	1.37a
中度采伐	5.81	0.69	59.31	1.80a
对照	11.77	0.60	91.46	4.22b

注：同列不同小写字母表示 0.05 水平下差异显著

5. 抚育间伐对林分冠层结构特征的影响

（1）林分冠层结构

林隙分数是指一个区域的空隙度——位于天空区域的像素占此区域总像素的比例。开阔度是图像得来的林隙分数经过补偿计算剔除了植被阻隔的影响得出的实际冠层林隙分数。比较不同采伐强度林隙分数和林冠开阔度可知，强度、中度处理林隙分数和开阔度均高于对照，分别比对照提高了 93.78%、53% 和 112.89%、59.27%，但中度处理与对照间差异并不显著（$P>0.05$）（图 6-20）。总体上，林隙分数和林冠开阔度均表现为随采伐强度的增加而增加。

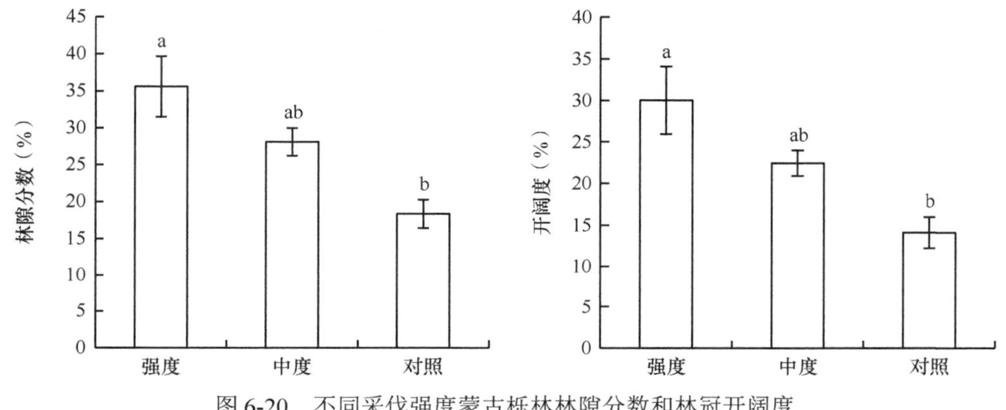

图 6-20 不同采伐强度蒙古栎林林隙分数和林冠开阔度

林分叶面积指数（LAI）指单位土地面积上的总叶面积，它是群落结构的一个重要特征指数。叶面积指数在一定程度上是生理活动旺盛的标志。由图 6-21 可知，与林隙分数和林冠开阔度表现出的规律不同，叶面积指数表现为随采伐强度的增加而降低的趋势，强度、中度处理分别低于对照 40.20% 和 28.19%（$P<0.05$），强度和中度处理之间差异不显著（$P>0.05$）。

林分平均叶倾角（MLA）指叶表面垂线与铅垂线的夹角，一个植被群体的叶倾角分布模式可以从0°（水平叶）到90°（垂直叶）。分析不同采伐强度林分平均叶倾角可知（图6-21），强度、中度处理平均叶倾角均低于对照，分别为对照的 72.69% 和 71.19%，但差异并不显著（$P>0.05$）。

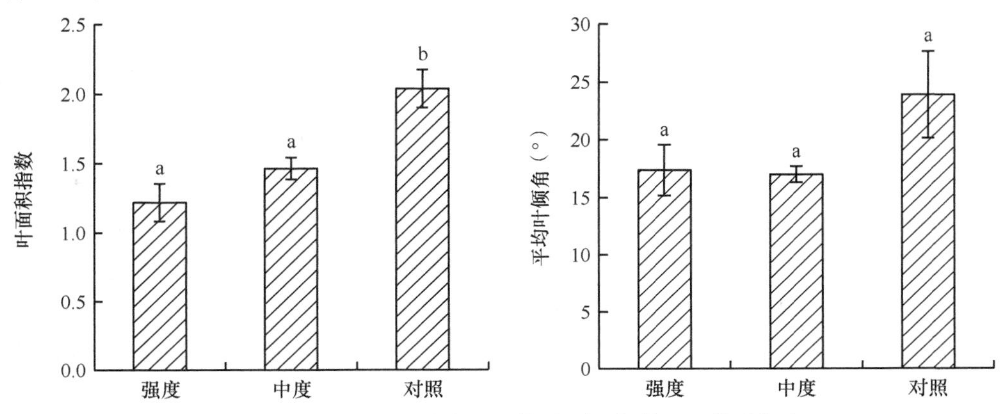

图 6-21 不同采伐强度蒙古栎林叶面积指数和平均叶倾角

（2）林下光环境

在森林群落中，林下光照强度和分布与森林冠层结构的空间分布格局密切相关。由表 6-26 可知，不同采伐强度林下总光合辐射占冠上总辐射的 24.70% ～ 45.40%，其中，直射光占林下总辐射的 86.16% ～ 88.71%，散射光占林下总辐射的 11.31% ～ 13.80%。分析林下总光合辐射可知，强度、中度处理林下总光合辐射均高于对照，分别比对照高 79.36% 和 17.08%，但中度处理与对照之间差异不显著（$P>0.05$）。由此可见，林下总光合辐射仅占冠上总光合辐射的一小部分，其中大部分光合辐射被林冠层截获，且林冠层截获光合辐射的能力随着择伐强度的增加而降低。在林下总光合辐射中，直射光占绝大部分，散射光仅占一小部分，直射光对林下植物生长的贡献较大。

表 6-26　不同采伐强度蒙古栎林光环境特征

采伐强度	林下直射光［MJ/(m²·d)］	林下散射光［MJ/(m²·d)］	林下总光合辐射［MJ/(m²·d)］	冠上总辐射［MJ/(m²·d)］	林下直射占林下总辐射百分比（%）	林下散射占林下总辐射百分比（%）	林下总辐射占冠上总辐射百分比（%）
强度采伐	8.94±1.70a	1.14±0.12a	10.08±1.82a	22.21±0.09a	88.71	11.31	45.40
中度采伐	5.67±0.56b	0.91±0.06ab	6.58±0.54b	21.78±0.01a	86.16	13.80	30.19
对照	4.97±0.82b	0.65±0.06b	5.62±0.83b	22.73±0.01a	88.47	11.49	24.70

注：同列不同小写字母表示 0.05 水平下差异显著

6. 抚育间伐对土壤和枯落物水源涵养功能的影响

森林的涵养水源功能是森林生态系统服务功能的重要组成部分，森林所具有的这种功能是通过林冠、地被物和林地土壤 3 个作用层而发挥的。森林群落地上部分通过林冠截留降水，能削弱降水侵蚀力，减少土壤侵蚀量。但林木地上部分的持水量通常仅占林分水源涵养能力的 15% 以下，而森林土壤才是森林涵养水源的主体。因此，本研究选取土壤层和枯落物层水文指标来反映林分水源涵养功能。

（1）林分土壤水源涵养效益

土壤容重是反映土壤物理性质的重要指标之一。土壤容重越小，土壤的通气透水性越好，所在的土壤涵养水源、保持水土的能力就越好，否则相反。土壤非毛管孔隙度与土壤通透性有关，非毛管孔隙度越高，降水的下渗速度越快，其涵养水源和保持水土的能力越强。土壤最大持水量能够反映土壤的储蓄和调节水分的潜在能力，也可以反映土壤水源涵养能力。因此，本研究选用土壤容重、土壤非毛管孔隙度和土壤最大持水量对林分土壤水源涵养效益进行评价。

通过对不同采伐强度土壤容重进行分析可知（表 6-27），与对照相比，强度、中度处理林分的土壤容重均高于对照，表现为强度处理＞中度处理＞对照。方差结果表明，仅强度处理与对照间差异显著（$P<0.05$），中度处理与对照间差异不显著（$P>0.05$），且不同采伐处理之间差异也不显著（$P>0.05$）。土壤非毛管孔隙度表现为强度、中度处理均小于对照，且随着采伐强度的增加而减小，但差异并不显著（$P>0.05$）。土壤最大持水量随着采伐强度的增大而降低，与对照相比，强度、中度处理分别降低了 3.94% 和 2.38%。由此可知，强度采伐增加了土壤容重，降低了土壤非毛管孔隙度和土壤最大持水量，不利于土壤涵养水源，中度采伐对土壤水源涵养性能影响不大。

表 6-27　不同采伐强度对土壤水源涵养效益的影响

处理	土壤容重（g/hm^2）	土壤非毛管孔隙度（%）	土壤最大持水量（t/hm^2）
强度采伐	1.12±0.15ac	14.27±3.42a	560.23±18.50a
中度采伐	1.06±0.17bc	14.91±6.43a	569.30±25.57a
对照	0.94±0.19b	16.84±7.61a	583.19±15.51b

注：同列不同字母表示在 0.05 水平下差异显著

（2）林分枯落物水源涵养效益

枯落物蓄积量是反映林地涵养水源能力的重要因素之一，由表 6-28 可知，强度、中度采伐枯落物蓄积量均显著高于对照（$P<0.05$），分别比对照高 8.07% 和 17.14%，而各采伐强度间差异不显著（$P>0.05$），说明采伐有利于林分枯落物蓄积量的增加，以中度采伐效果最佳。枯落物最大持水量与蓄积量表现出的规律基本一致，即强度、中度采伐显著高于对照（$P<0.05$），强度和中度采伐之间差异不显著（$P>0.05$）。在枯落物最大持水率方面，方差分析结果表明，3 块样地之间差异均不显著（$P>0.05$）。由此可知，中度采伐可明显提高林分枯落物蓄积量和持水性能。

表 6-28　采伐对蒙古栎林枯落物水文特性的影响

处理	蓄积量（t/hm^2）	最大持水量（t/hm^2）	最大持水率（%）
强度采伐	7.63±0.53a	4.28±0.46a	57.30±2.61a
中度采伐	8.27±0.61a	4.89±0.31a	59.24±1.89a
对照	7.06±0.52b	3.06±0.6b	60.55±1.56a

注：同列不同小写字母表示 0.05 水平下差异显著

7. 抚育间伐对林分生态系统碳储量的影响

森林是陆地生态系统最大的碳库，储存了陆地生态系统中 50% ～ 60% 的碳，有效地降低了大气中温室气体浓度，在减缓全球气候变暖方面具有作用。有研究表明，森林经营活动对森林生态系统碳动态具有重要影响。因此，加强森林经营管理对森林生态系统碳储量影响的研究，促进森林碳汇功能发挥具有重要意义。本研究将森林生态系统碳储量作为经营效果评价的一项指标，有助于森林经营者准确把握经营活动对森林碳储量的影响机制，为制定科学合理的经营措施提供依据。

（1）林分乔木层碳储量

采伐 7 年后，乔木层碳储量如表 6-29 所示，强度、中度处理和对照样地乔木层碳储量分别为 108.49t/hm^2、127.98t/hm^2 和 128.17t/hm^2，与对照相比，强度处理乔木层碳储量降低了 15.36%，中度处理略低于对照，表明采伐在一定程度上降低了林分乔木层碳储量，且表现为随着采伐强度的增加，降低幅度随之增大。

对乔木层各器官碳储量进行分析可知，树干碳储量所占比例最大，为 76.77% ～ 78.09%，其次为树根和树枝，所占比例分别为 12.71% ～ 13.75% 和 6.77% ～ 7.40%，树叶所占比例最小，为 2.26% ～ 2.30%，且不同采伐强度乔木层碳储量在各器官的分配特征基本一致，即树干＞树根＞树枝＞树叶。这说明采伐没有改变蒙古栎林乔木层各器官碳储量的分配格局。

表 6-29　不同采伐强度乔木层各器官碳储量分配特征

处理	树干		树枝		树叶		树根		总计（t/hm^2）
	碳储量（t/hm^2）	占比（%）	碳储量（t/hm^2）	占比（%）	碳储量（t/hm^2）	占比（%）	碳储量（t/hm^2）	占比（%）	
强度采伐	84.19	77.61	8.03	7.40	2.47	2.28	13.79	12.71	108.48
中度采伐	99.94	78.09	8.67	6.77	2.89	2.26	16.48	12.88	127.98
对照	98.40	76.77	9.19	7.17	2.95	2.30	17.63	13.76	128.17

（2）林下植被层、枯落物层和土壤层碳储量

由表 6-30 可知，采伐对蒙古栎林灌木层、草本层和土壤层碳储量影响显著。就灌木层碳储量而言，与对照相比，强度、中度采伐灌木层碳储量均显著增加了 55.56%（$P<0.05$），而强度和中度采伐之间差异不显著（$P>0.05$）。草本层碳储量表现为强度采伐（$0.37t/hm^2$）＞中度采伐（$0.26t/hm^2$）＞对照（$0.01t/hm^2$），其中，强度、中度采伐均显著高于对照（$P<0.05$），分别为对照的 37 倍和 26 倍，且强度采伐显著高于中度采伐（$P<0.05$）。枯落物层碳储量与草本层表现出的规律不同，其碳储量大小依次为：中度采伐＞强度采伐＞对照，但三者之间差异并不显著（$P>0.05$）。土壤层碳储量表现为强度采伐显著高于中度采伐和对照（$P<0.05$），分别为中度采伐和对照的 1.5 倍和 1.3 倍，中度采伐与对照之间无显著差异（$P>0.05$）。由此可知，采伐促进了灌木层、草本层碳储量的增加，且随着采伐强度的增加而增大，对枯落物层碳储量影响不显著，土壤层碳储量表现为强度采伐最大。

表 6-30　不同采伐强度林下植被层、枯落物层及土壤层碳储量

采伐强度	碳储量（t/hm^2）			
	灌木层	草本层	枯落物层	土壤层
强度采伐	0.56±0.04a	0.37±0.03a	2.82±0.11a	73.65±4.72a
中度采伐	0.56±0.02a	0.26±0.03b	3.12±0.29a	47.72±2.56b
对照	0.36±0.03b	0.01±0.00c	2.66±0.22a	54.67±3.72b

注：同列不同小写字母表示 0.05 水平下差异显著

（3）林分总碳储量及各组分分配特征

对林分总碳储量进行分析可知，强度、中度处理和对照林分总碳储量分别为 $185.88t/hm^2$、$179.64t/hm^2$ 和 $185.87t/hm^2$，强度处理与对照总碳储量相差不大，中度采伐低于对照 3.35%，各组分碳储量表现为乔木层占比最高，为 58.36%～71.24%，其次为土壤层，为 26.56%～39.62%，枯落物层为 1.43%～1.74%，灌木层和草本层所占比例较小，分别为 0.19%～0.31%、0～0.2%（表 6-31）。

综上分析可知，采伐虽然减少了乔木层碳储量，但增加了土壤层和林下植被的碳储量，从而弥补了乔木层所减少的碳储量，导致林分总碳储量相差不大。

表 6-31　不同采伐强度林分总碳储量及各组分所占比例

处理	林分总碳储量（t/hm^2）	乔木层占比（%）	灌木层占比（%）	草本层占比（%）	枯落物层占比（%）	土壤层占比（%）
强度采伐	185.88	58.36	0.30	0.20	1.52	39.62
中度采伐	179.64	71.24	0.31	0.14	1.74	26.56
对照	185.87	68.96	0.19	0.00	1.43	29.41

8. 抚育经营效果综合评价

本研究从林分结构、林分活力、恢复及抵抗力和生态功能（水源涵养和碳储量）4 个方面，共选取 27 个指标，采用多指标综合评价方法对林分的经营效果进行评价。通过计算确定不同采伐强度蒙古栎林经营效果评价体系中各指标权重，具体权重值见表 6-32。

表 6-32　不同采伐强度蒙古栎林经营效果指标体系层次结构

目标层	约束层	指标层	权重值		
			层次分析法	熵权法	组合
林分经营效果评价指标	林分结构	混交度	0.136	0.059	0.102
		角尺度	0.050	0.000	0.002
		大小比数	0.092	0.037	0.067
		叶面积指数	0.043	0.042	0.048
		郁闭度	0.109	0.035	0.070
	林分活力	单株材积生长量	0.055	0.032	0.047
		蓄积增加量	0.063	0.031	0.050
		建群种更新密度	0.056	0.034	0.049
		建群种更新苗基径	0.051	0.037	0.050
		建群种更新苗苗高	0.046	0.049	0.054
	恢复及抵抗力	枯损率	0.032	0.030	0.035
		灌木层香农-维纳多样性指数	0.025	0.057	0.043
		灌木层皮诺均匀度指数	0.022	0.068	0.044
	恢复及抵抗力	灌木层丰富度	0.016	0.030	0.025
		草本层香农-维纳多样性指数	0.030	0.030	0.035
		草本层皮诺均匀度指数	0.027	0.032	0.033
		草本层丰富度	0.019	0.031	0.027
	生态功能	土壤容重	0.014	0.040	0.027
		非毛管孔隙度	0.018	0.045	0.032
		土壤最大持水量	0.009	0.038	0.021
		枯落物蓄积量	0.012	0.035	0.024

续表

目标层	约束层	指标层	权重值		
			层次分析法	熵权法	组合
林分经营效果评价指标	生态功能	枯落物最大持水量	0.012	0.032	0.022
		乔木层碳储量	0.038	0.030	0.039
		灌木层碳储量	0.001	0.030	0.005
		草本层碳储量	0.000	0.032	0.001
		枯落物层碳储量	0.003	0.039	0.012
		土壤层碳储量	0.024	0.044	0.036

通过计算得出，强度、中度处理和对照林分的综合得分分别为 0.42、0.64 和 0.41（图 6-22），强度采伐与对照综合得分相近，中度采伐综合得分高于对照。可见，30% 采伐强度更有利于近成熟的蒙古栎林综合效益的发挥。

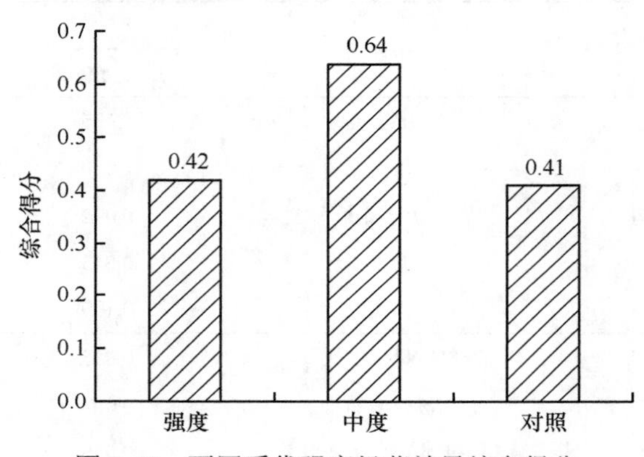

图 6-22　不同采伐强度经营效果综合得分

6.4.2.2　阔叶混交林

1. 抚育间伐对林分生长的影响

（1）胸径生长变化

由图 6-23可知，在伐后的 24 年内，各间伐样地的平均胸径在各生长阶段中均大于对照，伐后当年强度间伐样地的平均胸径最大，为 12.8cm，其次是中度和弱度间伐，分别为 12.1cm 和 12cm，最后为对照，为 11.2cm，随着时间的增加，弱度、中度间伐的平均胸径生长较快，分别在伐后第 9 年和第 12 年超过强度间伐，间伐 24 年后，4 块样地平均胸径表现为弱度间伐（21.6cm）>中度间伐（20.5cm）>强度间伐（20.3）>对照（19.6cm）。就胸径的定期生长量而言（图 6-24），弱度间伐在整个生长过程中均高于对照，中度间伐与对照没有明显差异，强度间伐则一直低于对照，截止间伐后的第 24 年，弱度间伐胸径增加量最大，增加了 9.4cm，其次为对照和中度间伐，都增加了 8.4cm，强度间伐增加最小，为 7.5cm。

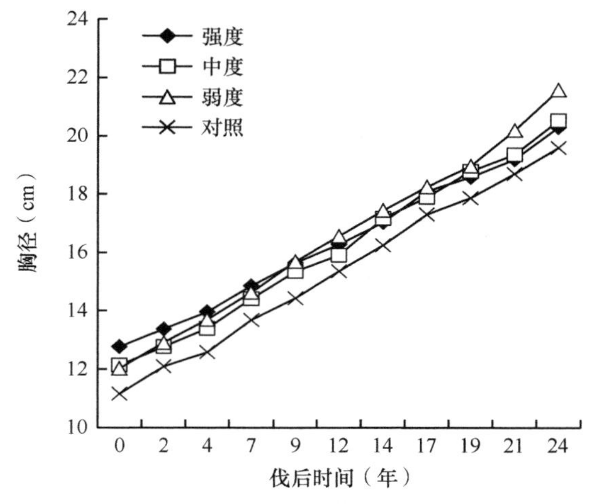

图6-23　不同间伐强度林分胸径生长动态

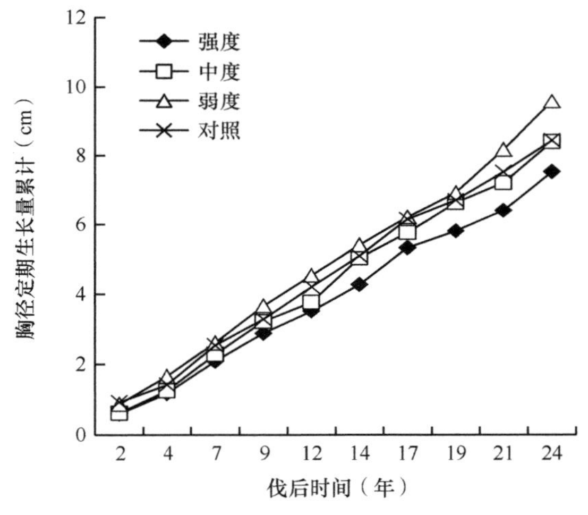

图6-24　不同间伐强度胸径定期生长量累计

（2）蓄积量生长变化

由林分蓄积量生长动态图（图6-25）可知，间伐当年除弱度间伐样地蓄积量略高于对照外，中度、强度间伐样地的蓄积量均小于对照，分别比对照减少了12.29%和8%，但抚育间伐促进了林分蓄积量的增加，在间伐后的第7年，强度、中度间伐样地蓄积量超过对照，此后一直高于对照。间伐后第24年，强度、中度、弱度间伐蓄积量分别比对照增加了1.8%、3.03%、11.5%，表现为弱度间伐（179.07m^3/hm^2）＞中度间伐（164.72m^3/hm^2）＞强度间伐（162.80m^3/hm^2）＞对照（159.87m^3/hm^2），蓄积增加量表现为中度间伐（92.95m^3/hm^2）＞弱度间伐（90.91m^3/hm^2）＞强度间伐（87.52m^3/hm^2）＞对照（78.04m^3/hm^2）。进一步分析林分蓄积量年均生长率可知（图6-26），各间伐样地蓄积量年均生长率随时间的增加总体呈下降趋势，在间伐后的0～9年，间伐样地的蓄积量年均生长率均大于对照，在伐后的9～12年，仅强度间伐的蓄积量年均生长率明显高于对照，中度间伐与对照无明显差异，弱度间伐低于对照，伐后12～24年，各间伐样地蓄积量年均生长率表现为略低于对照或与对照无明显差异。总体来看，24 年间林分蓄积量年均生长率表现为中度间伐（3.28%）＞强度间伐（3.07%）＞弱度间伐（2.84%）＞对照（2.69%）。由此可知，抚育间伐能够促进林分蓄积量的生长，以中度间伐的促进作用最强，且间伐林分的蓄积量年均生长率随着时间的增加呈下降趋势。

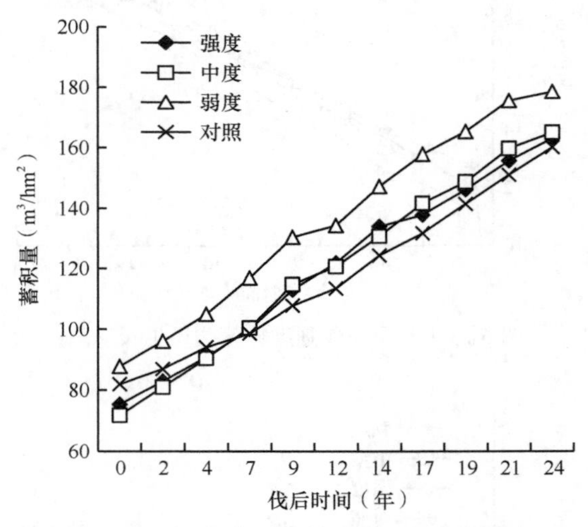

图 6-25　不同间伐强度林分蓄积量生长动态

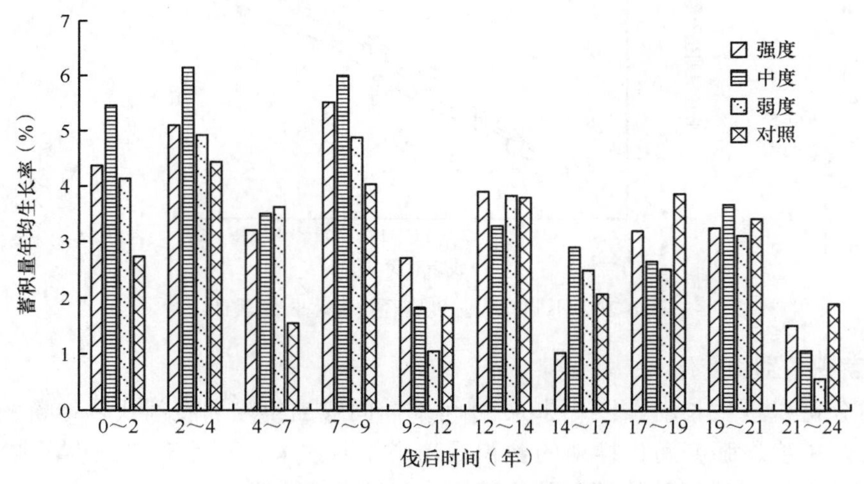

图 6-26　不同间伐强度林分蓄积量年均生长率

2. 抚育间伐对林分直径结构的影响

（1）抚育间伐对威布尔分布曲线的影响

由图 6-27 可以看出，随着伐后时间的延长，各样地威布尔分布曲线峰值位置逐渐右移，峰值逐渐变小。其中，弱度间伐样地的峰值位置向右移动最大，从伐后当年到伐后第 23 年，峰值位置从 11cm 增加到 22cm，峰值从 0.165 降低到 0.103，中度和对照样地的峰值位置分别从 12cm、10cm 增加到 20cm、19cm，峰值分别从 0.177、0.279 降到 0.096、0.138。强度间伐峰值位置向右移动得最小，从 12cm 增加到 17cm，仅增加了

5cm，峰值由 0.175 降到 0.132。

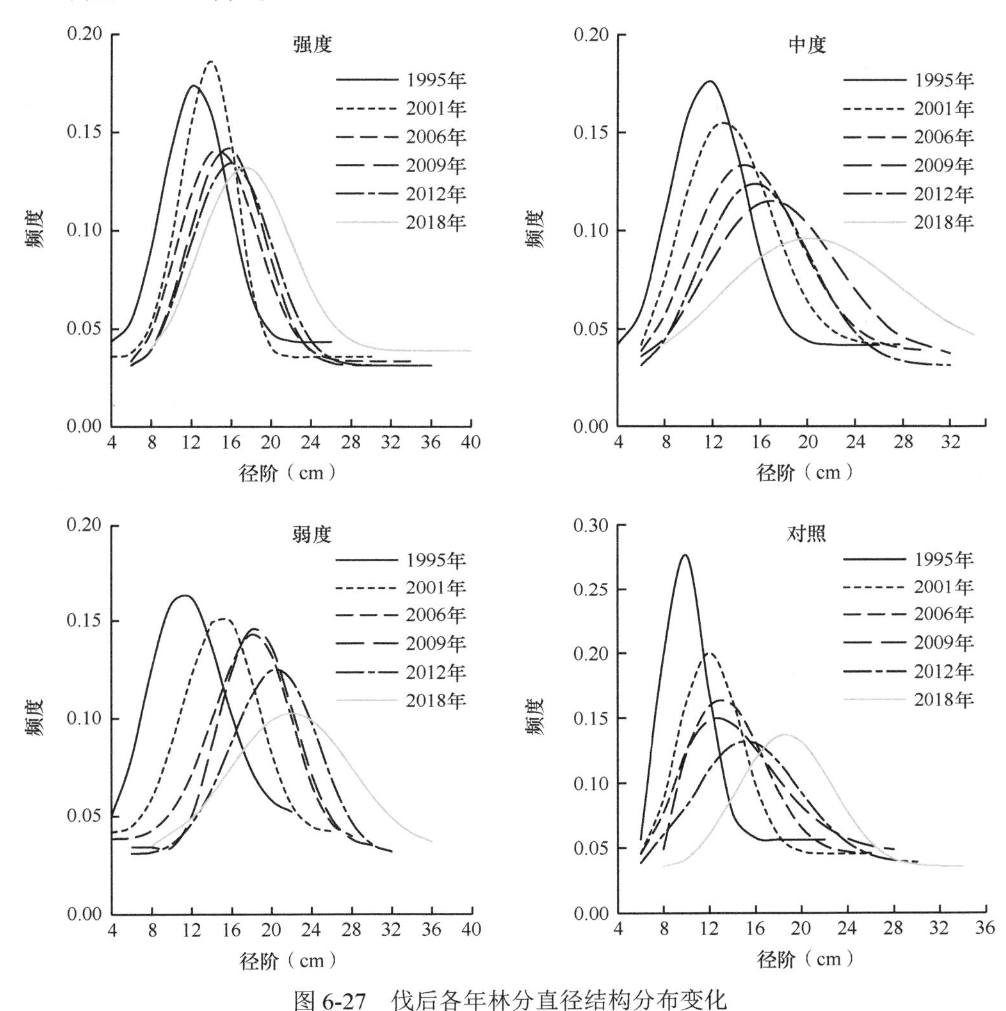

图 6-27　伐后各年林分直径结构分布变化

由图 6-28 可知，抚育间伐对各样地威布尔分布曲线有显著的影响。间伐当年，3 个

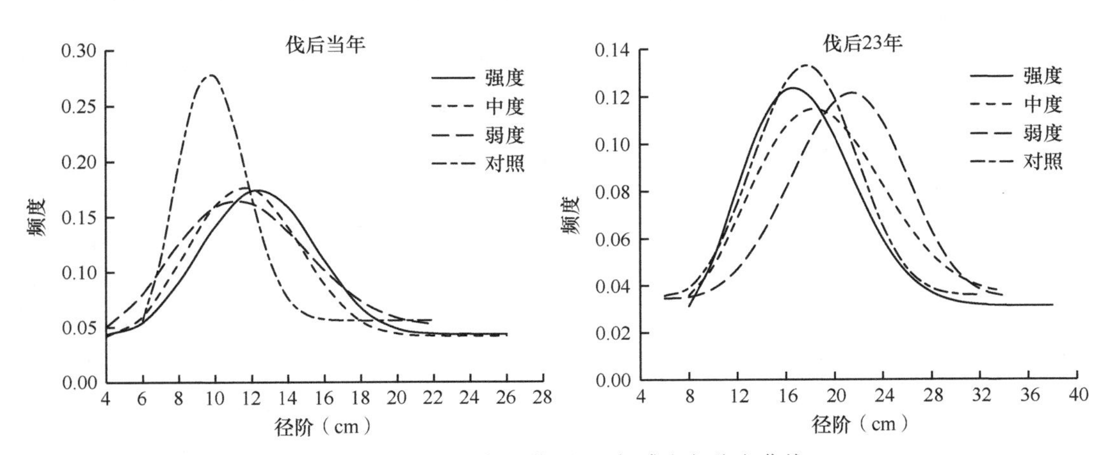

图 6-28　伐后当年和伐后 23 年威布尔分布曲线

间伐样地的威布尔分布曲线由高峰狭窄变为低峰宽广，峰值位置向右移动，移动幅度随间伐强度增加而增大，峰值变小，大小依次为对照、中度、强度、弱度。经过 23 年的生长，中度、弱度间伐样地的峰值位置较对照依然向右偏移，分别比对照右移 1.6cm、3.5cm，峰值比对照低 0.04、0.03，而强度间伐样地的峰值位置较对照左移动 1.1cm，峰值较对照低 0.05。

（2）抚育间伐对威布尔分布函数三参数的影响

由表 6-33 可知，威布尔分布概率密度函数位置参数 *a* 值的范围为 4.57 ～ 17.99，各样地 *a* 值随伐后年限的增加呈增大趋势，且 *a* 值受抚育间伐强度的影响较大，抚育间伐当年，间伐样地的 *a* 值均大于对照，表现为间伐强度越大，*a* 值越大。尺度参数 *b* 值的范围为 1.75 ～ 4.31，间伐当年，除弱度间伐外，中、强度间伐 *b* 值均高于对照，*b* 值随时间增加未表现出明显的变化规律。形状参数 *c* 值的范围为 3.60 ～ 8.00，说明各分布曲线均为“山”形负偏曲线。在间伐当年，各间伐样地 *c* 值均小于对照，3 个间伐样地间差异不明显，随着时间的增加，对照样地除伐后第 14 年 *c* 值较大外，其余年间 *c* 值均保持不变，三个间伐样地 *c* 值表现为随时间的增加先增加后趋于平稳的趋势。

表 6-33　间伐后林分直径结构参数变化

伐后时间（年）	强度间伐			中度间伐			弱度间伐			对照		
	a	*b*	*c*	*a*	*b*	*c*	*a*	*b*	*c*	*a*	*b*	*c*
0	9.49	3.21	3.98	8.71	3.01	3.98	8.81	2.50	4.00	4.57	2.53	5.97
6	10.59	4.20	3.99	8.68	2.43	5.97	12.11	3.51	4.00	7.08	2.76	5.98
11	10.17	2.77	5.98	10.66	2.51	5.99	15.58	4.31	3.60	8.60	2.54	5.97
14	10.91	3.10	5.97	11.42	2.65	5.97	13.69	3.82	6.00	7.66	1.75	7.98
17	11.44	3.02	5.97	13.20	2.61	5.97	15.66	3.89	6.00	11.08	2.58	5.98
20	10.75	2.45	8.00	—	—	—	16.75	3.82	6.00	13.09	3.29	5.99
24	11.76	2.77	7.38	—	—	—	17.99	3.20	6.00	12.49	3.00	5.98

注：“—”代表未通过卡方检验

3. 抚育间伐对林分枯死率的影响

由不同间伐强度后林分年均枯死率动态图（图 6-29）可知，强度间伐林分的年均枯死率表现为伐后前 14 年，保持较低的水平，平均值为 0.66%，伐后 14 ～ 17 年，年均枯死率大幅增加，平均值为 3.25%，而后下降至 0.43%，在伐后的 21 ～ 24 年，年均枯死率又增加至 2.75%。中度间伐年均枯死率在间伐后的前 12 年均较低，平均值为 0.81%，在间伐后的 12 ～ 14 年增加至 3.36%，而后降至 1.07%，在伐后的 21 ～ 24 年，增加至 3.14%。弱度间伐在伐后的前 12 年，林分年均枯死率比强度、中度间伐略高，平均值为 2.1%，在伐后 12 ～ 17 年降低至 1.23%，在伐后的 17 ～ 24 年逐渐增加，平均值为 3.01%。对照样地一直保持相对较高的枯死率。总体来说，间伐 24 年，林分的年均枯死率表现为对照（2.19%）＞弱度间伐（1.87%）＞中度间伐（1.27%）＞强度间伐（1.07%），随着间伐强度的增加，年均枯死率逐渐降低（图 6-29）。由此可知，抚育间伐能够降低林分的枯死率，中度、强度间伐在间伐后前 12 年左右，降低效果较为明显，而后期效果逐渐减弱，弱度间伐由于其采伐强度较小，降低林分枯死率的作用相对较弱。

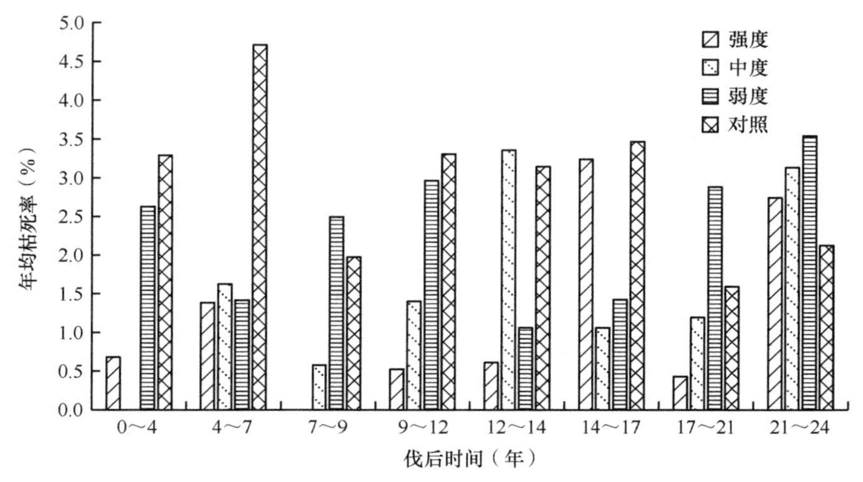

图 6-29　不同间伐强度林分年均枯死率

4. 抚育间伐对林分空间结构的影响

（1）林分种间隔离程度

从不同间伐强度样地平均混交度及其频率分布可以看出（表 6-34），强度间伐样地的平均混交度最大，为 0.488，属于中度混交，中度间伐样地平均混交度为 0.363，属于弱度混交向中度混交的过渡类型，弱度间伐和对照样地平均混交度较低，分别为 0.260 和 0.211，属于弱度混交。随着间伐强度的增大，林分平均混交度逐渐增大。结合频率分布可知，弱度和对照样地处于零度混交的林木株数均大于 50%，说明在弱度和对照样地内有一半以上林木处于单种聚集状态，随着间伐强度的增加，零度混交林木个体逐渐减少至 20% 以下，强度和极强度混交林木个体逐渐增加，且表现为随着间伐强度的增大，强度和极强度混交林木比例之和逐渐增大。由此可知，间伐能够提高林分平均混交度，增强林分的稳定性，间伐强度越大，林分平均混交度越高。

表 6-34　不同间伐强度林分平均混交度及其频率分布

采伐类型	频率分布					平均值
	0	0.25	0.5	0.75	1	
强度间伐	0.186	0.256	0.093	0.349	0.116	0.488
中度间伐	0.157	0.216	0.078	0.294	0.098	0.363
弱度间伐	0.510	0.235	0.078	0.059	0.118	0.260
对照	0.622	0.133	0.067	0.133	0.044	0.211

（2）林木个体空间分布格局

从不同间伐强度样地的平均角尺度可知（图 6-30），除中度间伐样地外，其余 3 块样

地平均角尺度均在 $0.475 \leqslant W_i \leqslant 0.517$，属于随机分布，中度间伐样地平均角尺度为 0.529，略大于 0.517，属于聚集分布。从角尺度分布频率来看，强度、弱度间伐处于随机分布林木比例相较于对照均有所提高，而处于极度聚集分布林木比例有所下降。中度间伐处于极度聚集分布林木个体较高，右侧大于左侧，导致林分平均混交度较高，这可能与间伐时采伐木的选择较为粗放有关。总体来看，间伐能够提高随机分布林木的比例，对于改善林分整体分布格局具有一定的积极作用，但具有一定的不确定性。

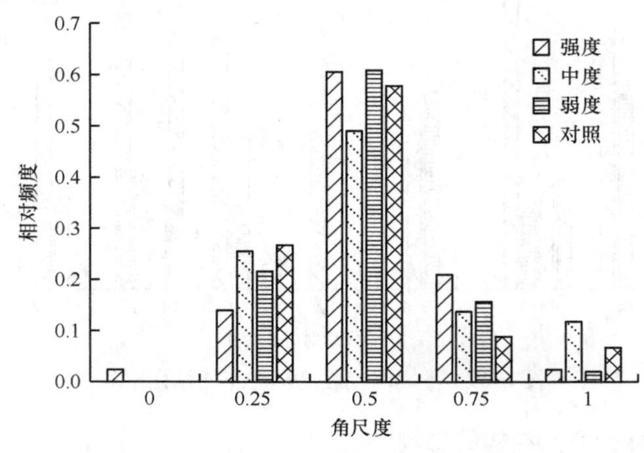

图 6-30　不同间伐强度林分角尺度及其频率分布

（3）林木大小分化程度

由不同间伐强度各样地平均大小比数及其频率分布可知（表 6-35），4 块样地的平均大小比数为 0.467 ～ 0.495，变化幅度较小，在 0.016 ～ 0.028 范围内浮动，各频率分布差异不大，说明大小比数在反映林分整体分化程度上灵敏度较差。

表 6-35　不同间伐强度林分大小比数及其频率分布

采伐类型	频率分布					平均值
	0	0.25	0.5	0.75	1	
强度间伐	0.186	0.279	0.186	0.116	0.233	0.483
中度间伐	0.176	0.255	0.216	0.157	0.196	0.485
弱度间伐	0.196	0.216	0.157	0.275	0.157	0.495
对照	0.244	0.222	0.156	0.178	0.200	0.467

进一步分析主要树种大小比数可知（表 6-36），蒙古栎平均大小比数在中度、弱度和对照样地内均保持不变，约为 0.43，在强度间伐样地内减少为 0.390，说明蒙古栎经过弱度和中度间伐后，其优势地位没有发生变化，强度间伐后其优势地位有所增加；胡桃楸经过中度和强度间伐后，大小比数增加至 0.417 和 0.250，说明胡桃楸在经过中度和强度间伐后优势地位有所减弱。整体上，紫椴在各林分中均处于劣势地位，经过弱度间伐后，优势地位有所提高，强度间伐后优势地位有所减弱，花曲柳、色木槭在各样地内均处于劣势或极劣势地位。由此可知，抚育间伐能够提高蒙古栎在林分中的优势地位，但降低

了胡桃楸的优势地位，这可能与间伐时选择胸径较大的胡桃楸进行采伐有关。

表 6-36　不同间伐强度林分主要树种大小比数

主要树种	采伐类型			
	强度	中度	弱度	对照
蒙古栎	0.390	0.433	0.429	0.432
胡桃楸	0.250	0.417	—	0.000
紫椴	0.875	0.750	0.583	0.750
花曲柳	—	0.750	1.000	—
色木槭	0.708	1.000	1.000	—

注：“—”为样地内无此种

（4）林分空间竞争

由图 6-31 可知，4 块样地平均竞争指数总体相差较小，在 2.07 ～ 2.51 变动，表现为中度间伐的竞争指数最大，其次为强度间伐和弱度间伐，对照样地的竞争指数最小，说明经过 20 余年的生长，间伐林分已经基本郁闭，抚育间伐给林木生长空间带来的释放效应逐渐消失，林木之间竞争加剧，中度间伐林木之间的竞争压力表现尤为突出。

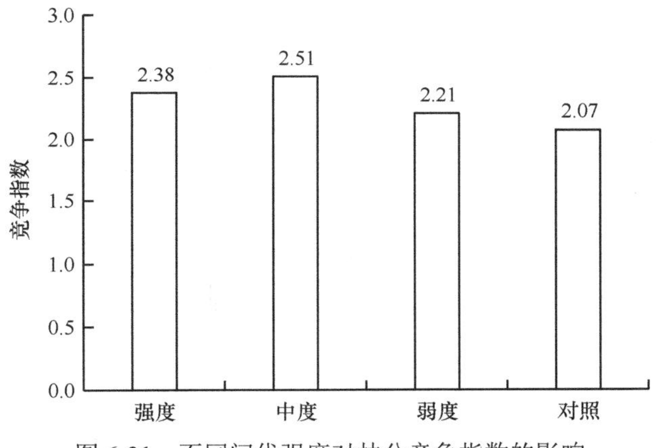

图 6-31　不同间伐强度对林分竞争指数的影响

5. 抚育间伐对林下更新和林下植被多样性的影响

（1）林下更新密度

根据国家林业局资源管理司 2002 年制定的《东北内蒙古国有林重点林区采伐更新作业调查设计规范》中有关幼苗幼树更新的评价标准，对不同间伐强度阔叶混交林的更新情况进行评价，由表 6-37 可知，在幼苗高度小于 30cm 时，4 块样地更新株数都较小，属于更新不良，尤其是中度间伐样地，小于 30cm 的幼苗数量为 0。在高度级 30cm≤H≤49cm 和 H ≥50cm 时，除中度间伐样地在苗高 30cm≤H≤49cm 范围内，更新密度属于中等外，其他 3 块样地均属于更新状况良好。总体来说，4 块样地的更新状况良好，但苗高小于 30cm 的幼苗数量较少。

表 6-37　不同间伐强度阔叶混交林林分更新情况　（单位：株/hm）

处理	幼苗高度（cm）			总计
	$H<30$	$30\leqslant H\leqslant 49$	$H\geqslant 50$	
强度间伐	1 500	3 500	24 000	29 000
中度间伐	0	2 000	20 500	22 500
弱度间伐	2 000	4 000	20 000	26 000
对照	1 500	5 000	22 000	28 500

进一步分析林分总更新幼苗密度和建群种（蒙古栎、胡桃楸、紫椴、花曲柳）更新密度可知，各间伐样地林下总更新幼苗密度与对照间无显著差异（$P>0.05$），且各间伐强度之间差异也不显著（$P>0.05$）（图 6-32）。建群种幼苗（幼树）密度表现为强度间伐显著低于对照（$P<0.05$），仅为对照的 39.13%，其他间伐样地与对照之间无显著差异（$P>0.05$）。总体来看，间伐 24 年后，抚育间伐对林下幼苗幼树密度影响并不显著。

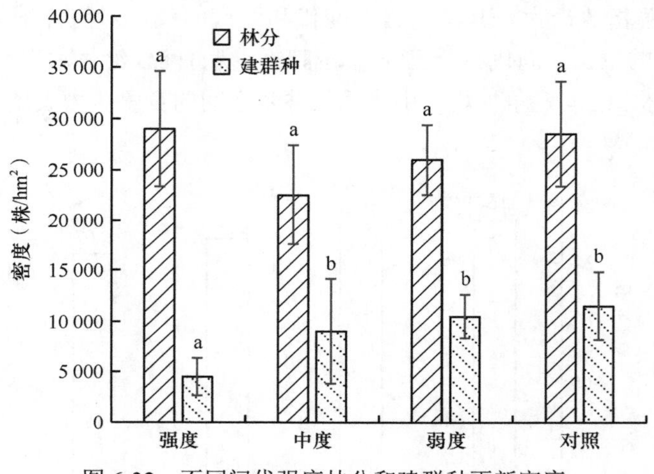

图 6-32　不同间伐强度林分和建群种更新密度

（2）林下更新幼苗（幼树）生长情况

比较不同间伐强度林分幼苗（幼树）的生长情况可知，除中度间伐幼苗（幼树）基径和苗高显著高于对照（$P<0.05$）外，强度、弱度间伐与对照间均无显著差异（$P>0.05$）。建群种幼苗（幼树）生长情况表现为中度间伐幼苗（幼树）的基径和苗高显著高于对照 34.81% 和 36.02%（$P<0.05$），其他间伐样地与对照无显著差异（$P>0.05$）（表 6-38）。

表 6-38　间伐强度对林分和建群种幼苗生长的影响

处理	林分		建群种	
	基径（mm）	苗高（cm）	基径（mm）	苗高（cm）
强度间伐	7.54±0.50a	82.59±4.30a	5.78±1.45a	55.67±9.68a
中度间伐	9.25±0.72b	101.36±6.68b	9.41±1.12b	108.11±9.50b
弱度间伐	7.51±0.57a	82.19±5.98a	6.89±0.68ab	71.86±7.79a
对照	7.43±0.51a	87.42±6.17a	6.98±0.55a	79.48±7.09a

注：同列不同小写字母表示 0.05 水平下差异显著

（3）林分物种多样性

间伐 24 年后，对照和中度间伐样地乔木层物种丰富度均为 13 种，强度和弱度间伐分别为 12 种和 11 种，4 块样地乔木层物种丰富度相差不大，灌木层物种极少，强、中、弱度和对照样地分别为 3 种、5 种、3 种和 5 种，3 块间伐样地草本层物种丰富度明显大于对照，表现为弱度＞强度＞中度＞对照。林分总物种丰富度表现为强度、中度、弱度间伐分别比对照多 2 种、3 种、3 种（表 6-39）。

表 6-39　间伐 24 年后林分物种丰富度

处理	乔木	灌木	草本	合计
强度间伐	12	3	21	36
中度间伐	13	5	19	37
弱度间伐	11	3	23	37
对照	13	5	16	34

间伐 24 年后，强度、弱度间伐乔木层香农-维纳多样性指数和辛普森优势度指数均高于对照，中度间伐与对照相近，皮诺均匀度指数表现出的规律与 2 个多样性指数相同。灌木层香农-维纳多样性指数和辛普森优势度指数表现为强度、中度间伐高于对照和弱度间伐，对照和弱度间伐较为接近，皮诺均匀度指数表现为中度间伐＞强度间伐＞弱度间伐＞对照。草本层香农-维纳多样性指数和辛普森优势度指数表现为中度样地略高于对照，强度和弱度间伐与对照较为接近，皮诺均匀度指数表现的规律与香农-维纳多样性指数和辛普森优势度指数基本一致（表 6-40）。由此可知，间伐 24 年后，除中度间伐灌木层和草本层香农-维纳多样性指数、辛普森优势度指数和皮诺均匀度指数略高于对照外，其他间伐样地灌、草层物种多样性指数和皮诺均匀度指数与对照无明显差异。

表 6-40　间伐 24 年后不同处理林分物种多样性

处理	乔木			更新+灌木			草本		
	香农-维纳多样性指数	辛普森优势度指数	皮诺均匀度指数	香农-维纳多样性指数	辛普森优势度指数	皮诺均匀度指数	香农-维纳多样性指数	辛普森优势度指数	皮诺均匀度指数
强度间伐	1.263	0.625	0.705	2.120	0.818	0.827	2.495	0.867	0.820
中度间伐	0.926	0.415	0.476	2.352	0.882	0.868	2.677	0.918	0.909
弱度间伐	1.282	0.566	0.616	1.931	0.817	0.805	2.493	0.887	0.795
对照	0.903	0.435	0.504	1.994	0.803	0.719	2.426	0.889	0.875

6. 抚育间伐对土壤和枯落物水源涵养功能的影响

（1）林分土壤水源涵养效益

通过对间伐 9 年和 24 年后林分土壤容重进行分析可知，间伐 9 年后，间伐林分的土壤容重明显低于对照，强度、中度、弱度间伐分别比对照低 13.16%、45.61% 和 4.39%（图 6-33）。间伐 24 年后，强度和弱度间伐林分的土壤容重分别低于对照 2.36% 和 1.18%，中度间伐高于对照 14.17%，但方差分析结果显示差异不显著（$P>0.05$）（图 6-33）。对伐后 9 年和伐后 24 年各林分土壤容重进行对比分析可知，除了中度间伐样地伐后 24 年土壤容重比伐后 9 年高 56.45%，其他样地土壤容重均表现为伐后 24 年＜伐后 9 年。

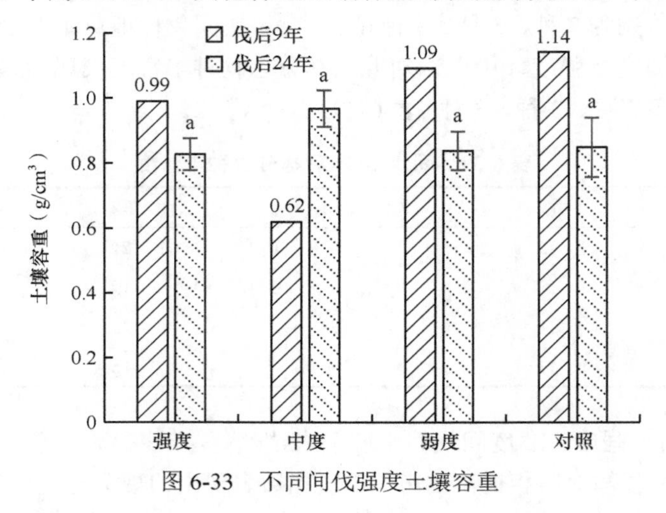

图 6-33　不同间伐强度土壤容重

进一步分析土壤最大持水量可知，间伐 9 年后土壤最大持水量表现为弱度、中度和强度间伐明显高于对照，分别比对照高 155.70%、50.63% 和 14.56%。间伐 24 年后，各间伐强度土壤最大持水量均低于对照，弱度、中度和强度间伐分别比对照低 28.92%、16.41% 和 11.72%，但差异并不显著（$P>0.05$）（图 6-34）。同时比较伐后 9 年和伐后 24 年土壤最大持水量可知，除弱度间伐外，其他 3 块样地土壤最大持水量均表现为伐后 24 年＞伐后 9 年。

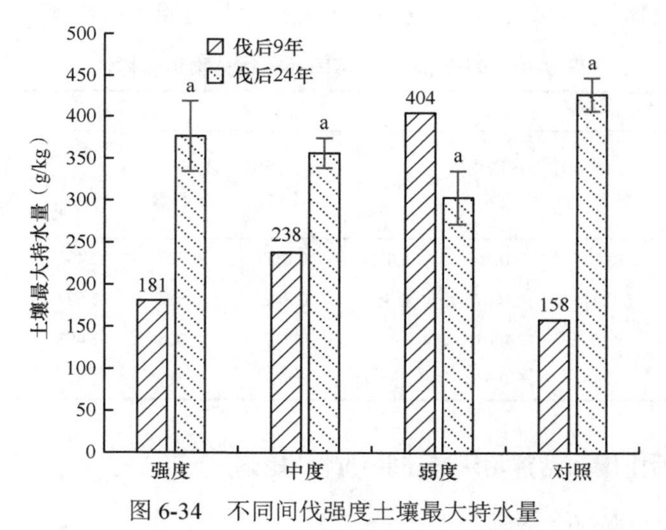

图 6-34　不同间伐强度土壤最大持水量

综上所述，抚育间伐在间伐初期（间伐后 9 年）能够改善土壤的团粒结构，降低土壤容重，提高土壤最大持水量，但随着林分的逐渐郁闭，林下微环境与对照无明显差异，间伐对土壤的改良作用逐渐减弱，导致间伐林分的土壤容重和最大持水量与对照无明显差异，但随着时间的增加，土壤容重呈降低趋势，土壤最大持水量呈增加趋势。

（2）林分枯落物水源涵养效益

林分枯落物是林地水文效应的第二活动层，吸水能力强，其蓄水量主要取决于枯落物的蓄积量和它自身的持水能力。枯落物的持水能力多用干物质的最大持水量和最大持水率来表示。因此，本研究采用枯落物蓄积量、最大持水量和最大持水率3个指标来评价林分枯落物的水源涵养效益。

由表6-41可知，林分枯落物蓄积量和最大持水量表现出相同的规律，中度间伐显著高于对照，枯落物蓄积量和最大持水量分别比对照高101.47%和108.29%（P<0.05），强度、弱度间伐略高于对照，但差异不显著（P>0.05）。枯落物持水率表现为各间伐样地与对照间差异均不显著（P>0.05）。由此可知，伐后24年，除中度间伐林分枯落物的蓄水能力显著高于对照外，其他间伐样地与对照之间差异均不显著。

表6-41　不同间伐强度林分枯落物持水性能

处理类型	蓄积量（t/hm）	最大持水量（t/hm^2）	最大持水率（%）
强度间伐	7.11±1.79b	16.28±2.11b	2.46±0.07a
中度间伐	9.57±2.38a	21.87±2.36a	2.19±0.43a
弱度间伐	5.98±1.47b	15.10±1.65b	2.39±0.25a
对照	4.75±1.45b	10.50±1.65b	2.21±0.18a

注：同列不同小写字母表示0.05水平下差异显著

7. 抚育间伐对林分碳储量影响

（1）乔木层各器官碳储量及其分配

不同间伐强度乔木层生物量和碳储量测定结果显示（表6-42），强度、中度、弱度间伐和对照乔木层生物量分别为193.75t/hm^2、210.33t/hm^2、226.65t/hm^{2}和176.66t/hm^2，乔木层碳储量分别为94.29t/hm^2、105.88t/hm^2、109.25t/hm^{2}和85.39t/hm^2。强度、中度和弱度间伐样地乔木层生物量分别高出对照9.67%、19.06%和28.30%，碳储量分别高出对照10.42%、24.00%和27.94%，表现为弱度间伐>中度间伐>强度间伐>对照。可见，间伐有利于阔叶混交林乔木层生物量和碳储量的提高，但对各器官生物量和碳储量在乔木层的分配无显著影响。

从乔木层各器官碳储量的分配来看（表6-42），4块样地乔木层各器官碳储量在乔木层的分配顺序基本相同，均以树干的碳储量最高，所占百分比为77.15%～78.01%，其次为树根和树枝，分别为12.52%～13.39%和6.89%～7.55%，树叶所占比例最小，为2.23%～2.58%。

表6-42　不同间伐强度下乔木层碳储量及分配特征

项目	强度间伐			中度间伐			弱度间伐			对照		
	生物量（t/hm^2）	碳储量（t/hm^2）	比例（%）	生物量（t/hm^2）	碳储量（t/hm^2）	比例（%）	生物量（t/hm^2）	碳储量（t/hm^2）	比例（%）	生物量（t/hm^2）	碳储量（t/hm^2）	比例（%）
树干	147.86	72.74	77.15	160.36	81.93	77.38	174.87	85.14	77.93	136.54	66.61	78.01
树枝	13.70	6.50	6.89	16.31	7.99	7.55	15.88	7.71	7.06	12.09	5.88	6.89

续表

项目	强度间伐			中度间伐			弱度间伐			对照		
	生物量（t/hm^2）	碳储量（t/hm^2）	比例（%）	生物量（t/hm^2）	碳储量（t/hm^2）	比例（%）	生物量（t/hm^2）	碳储量（t/hm^2）	比例（%）	生物量（t/hm^2）	碳储量（t/hm^2）	比例（%）
树叶	5.00	2.42	2.57	4.69	2.36	2.23	5.44	2.71	2.48	4.40	2.21	2.58
树根	27.19	12.63	13.39	28.97	13.60	12.84	30.46	13.69	12.53	23.63	10.69	12.52
合计	193.75	94.29	100	210.33	105.88	100	226.65	109.25	100	176.66	85.39	100

（2）林下植被、枯落物及土壤碳储量

林下植被和枯落物碳库在森林生态系统中所占比例较小，然而由于其周转较快，是森林生态系统植被碳库转移的重要途径，因此在生态系统碳循环中具有重要作用。由表6-43可知，不同间伐强度灌木层碳储量表现为强度间伐＞对照＞中度间伐＞弱度间伐，但各间伐样地与对照间均未表现出显著性差异（$P>0.05$），且除强度间伐显著高于弱度间伐外（$P<0.05$），其他间伐样地间差异也不显著（$P>0.05$）。草本层碳储量除了强度间伐显著低于对照（$P<0.05$），其他间伐样地与对照之间差异均不显著（$P>0.05$）。枯落物层和土壤层碳储量均表现为4块样地之间差异不显著（$P>0.05$）。这表明经过24年生长后，间伐处理对林下植被、枯落物及土壤碳储量并无显著影响。

表6-43　不同间伐强度林下植被、枯落物及土壤碳储量　　（单位：t/hm^2）

处理	灌木层	草本层	枯落物层	土壤层
强度间伐	0.43±0.22a	0.16±0.08b	3.74±0.25a	39.69±3.71a
中度间伐	0.29±0.09ab	0.21±0.01a	2.77±0.18a	43.05±3.44a
弱度间伐	0.10±0.04b	0.22±0.09a	3.26±0.64a	44.25±2.14a
对照	0.30±0.06ab	0.48±0.08a	3.05±0.45a	35.84±2.75a

注：同列不同字母代表差异显著（$P<0.05$）

（3）林分总碳储量

由表6-44可知，4块样地总碳储量分别为138.31t/hm^2、152.20t/hm^2、157.08t/hm^2和125.06t/hm^2，强度、中度和弱度间伐林分总碳储量分别高出对照10.59%、21.70%和25.60%，这表明间伐有利于提高蒙古栎阔叶混交林林分总碳储量。进一步分析林分各组分碳储量分配格局可知，各组分碳储量在4块样地中均表现出相同的规律，即乔木层碳储量所占比例最大，为68.17%～69.57%，其次为土壤层和枯落物层，所占比例分别为28.17%～28.70%和1.82%～2.70%，林下植被所占比例最小，为0.20%～0.62%。可见，间伐处理并未改变碳储量在各组分中的分配。

表6-44　不同间伐强度林分总碳储量及各组分分配特征

组分	强度间伐		中度间伐		弱度间伐		对照	
	碳储量（t/hm^2）	比例（%）	碳储量（t/hm^2）	比例（%）	碳储量（t/hm^2）	比例（%）	碳储量（t/hm^2）	比例（%）
乔木层	94.29	68.17	105.88	69.57	109.25	69.55	85.39	68.28

续表

组分	强度间伐		中度间伐		弱度间伐		对照	
	碳储量（t/hm^2）	比例（%）	碳储量（t/hm^2）	比例（%）	碳储量（t/hm^2）	比例（%）	碳储量（t/hm^2）	比例（%）
林下植被层	0.59±0.30	0.43	0.50±0.10	0.33	0.32±0.13	0.20	0.78±0.14	0.62
枯落物层	3.74±0.25	2.70	2.77±0.18	1.82	3.26±0.64	2.08	3.05±0.45	2.44
土壤层	39.69±3.71	28.70	43.05±3.44	28.28	44.25±2.14	28.17	35.84±2.75	28.66
合计	138.31	100	152.20	100	157.08	100	125.06	100

8. 抚育经营效果综合评价

本研究从林分结构、林分活力、恢复及抵抗力和生态功能（水源涵养和碳储量）4 个方面，共选取 20 个指标，采用多指标综合评价方法对林分的经营效果进行评价。使用 SPSS 20.0 对标准化后的数据进行主成分分析，得到总方差分析结果（表 6-45）。由表 6-45 可知，前 3 个成分的累计方差贡献率达到了 100%，所以选择 3 个主成分来表达各间伐强度的总体经营效果。

表 6-45　总方差分析

主成分	特征值	贡献率（%）	累计贡献率（%）
1	10.583	52.916	52.916
2	5.385	26.927	79.843
3	4.031	20.157	100

通过分析得到 3 个主成分的因子载荷，如表 6-46 所示。由表 6-46 可知，第 1 主成分在枯落物最大持水量、草本层多样性、枯落物蓄积量、蓄积增加量、竞争指数等指标上的载荷较大；第 2 主成分在乔木层多样性、郁闭度、枯落物碳储量等指标载荷较大；第 3 主成分在混交度、林分枯死率、建群种占幼苗的比例等指标的载荷较大。

表 6-46　因子载荷

项目层	指标层	主成分		
		1	2	3
林分结构	混交度	0.421	0.472	0.775
	角尺度	−0.787	0.596	−0.162
	竞争指数	−0.880	−0.061	−0.470
	郁闭度	−0.522	−0.852	0.022
林分活力	蓄积增加量	0.953	0.278	−0.120
	更新苗密度	−0.853	0.45	0.263
	建群种占幼苗的比例	0.069	−0.651	−0.756

续表

项目层	指标层	主成分		
		1	2	3
恢复及抵抗力	乔木层多样性	0.089	0.988	–0.128
	灌木层多样性	0.709	–0.434	0.556
	草本层多样性	0.930	–0.33	0.161
	林分枯死率	0.523	0.353	0.776
生态功能	土壤容重	–0.713	0.696	–0.089
	非毛管孔隙度	–0.865	–0.17	0.472
	土壤最大持水量	–0.652	–0.507	0.565
	枯落物蓄积量	0.915	–0.176	0.362
	枯落物最大持水量	0.969	–0.077	0.235
	乔木层碳储量	0.840	0.244	–0.484
	林下植被碳储量	–0.686	–0.48	0.546
	枯落物层碳储量	–0.304	0.884	0.355
	土壤层碳储量	0.850	0.313	–0.424

首先计算出 3 个主成分的因子得分，然后确定每个主成分的权重，3 个主成分的权重依次为 0.529、0.269 和 0.202，并计算各个样地抚育间伐经营效果的综合评价得分，从高到低依次为中度间伐(2.41)、强度间伐(2.04)、弱度间伐(1.61)和对照(–0.10)(图 6-35)。中度间伐样地的综合得分最高，说明抚育间伐强度为 30% 时样地的综合效果最好。

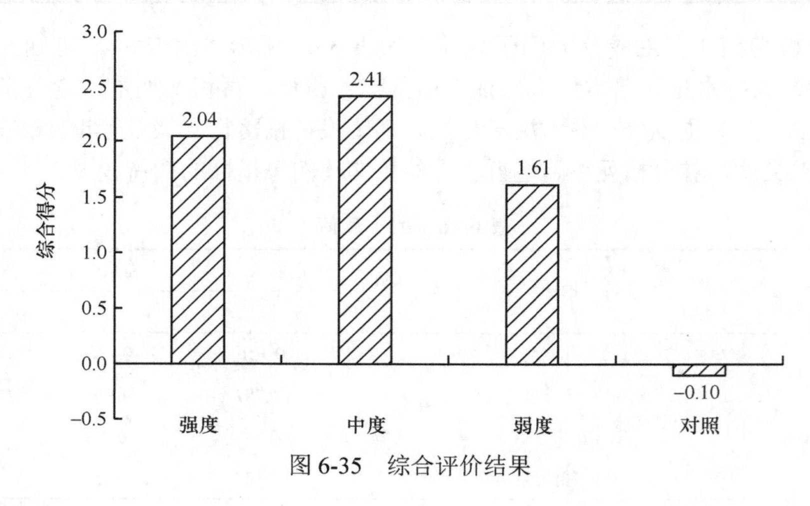

图 6-35　综合评价结果

6.4.3　结论与讨论

6.4.3.1　蒙古栎林

本研究结果表明，适宜的采伐强度能够改善林分冠层结构，提高林分开阔度，增加林下光合有效辐射，促进蒙古栎胸径和单株材积的生长，这与以往许多研究结果相一致，采伐降低了林分的密度，减少了林木间的竞争，为保留木创造了更多的营养和生长空间，从而促进了保留木胸径和单株材积的生长。同时，研究发现，采伐能够明显提高林分蓄积量年均生长率，且随着采伐强度的增加而增加，但短期内（采伐7年）采伐林分蓄积量仍低于对照。国内外一些学者研究也表明，采伐能够促进蓄积生长率的增加，但短期内仍不能弥补因保留木株数的减少而导致蓄积量的损失（徐金良等，2014），但李春义等（2007）对油松人工林研究得出间伐6年后林分蓄积量高于对照的结论。同时，汤景明等（2018）对间伐4年后日本落叶松人工林的生长情况进行调查得出，林分蓄积量在较小间伐强度（<35%）增加，在较大间伐强度（>50%）下降的结论。可见，采伐对林分蓄积量的影响并没有统一的定论，与林分类型、发育阶段、采伐方式和强度及伐后恢复期长短均有关。

林分径级分布是林分生长稳定性及其株间竞争的主要指标，了解和掌握林分的径级分布结构，能够为林分经营管理提供理论依据。有研究表明，择伐能够调整林分结构（董希斌，2002）。本研究中，采伐7年后，采伐林分径级分布曲线逐渐向中大径级方向偏移，且采伐强度越大，偏移幅度越大。对照样地小径材林木数量相对较多，中度采伐径级分布较为集中，强度采伐大径材数量居多，说明采伐有助于提高中大径级林木比例，改善林分结构，提高林分的质量，且大径材林木的比例随着择伐强度的增大而增大。

已有研究表明，林分郁闭后，林木之间营养和生长空间竞争激烈，从而引起一部分林木枯损死亡，采伐能够改善林地卫生条件，释放林木之间的竞争，从而降低了林分的枯死率（雷相东等，2005）。本研究也得出了相同的结论。同时，研究发现，强度处理林分枯死率在伐后初期（2年）相对较大，这一方面是因为采伐强度过大，在采伐过程中增加了压倒、损伤保留木的风险；另一方面，采伐强度过大，降低了林分抵御风害、雪压等自然灾害的能力，从而导致枯死率较高。所以，从可持续森林经营的角度来说，对林分结构进行调整时，采伐强度不宜过大。

许多研究表明，采伐能够提高林下灌木层和草本层物种丰富度和多样性，本研究也得出相同的结论。采伐降低了林分郁闭度，改善了林下光照条件和温湿度，促进了林下喜光灌木和草本的繁衍与扩张，导致林下植被物种多样性的增加。研究中发现，灌木层香农-维纳多样性指数、辛普森优势度指数强度采伐较中度呈降低趋势，这可能是由于林冠开阔度过大，少数竞争能力强的种群（如卫矛）密度显著增加，但均匀度指数下降，而辛普森优势度指数和香农-维纳多样性指数受均匀度影响较大，从而导致两个多样性指数降低。

采伐改变了林木的空间关系、竞争态势和分布格局，适宜的采伐强度有利于优化林分空间结构，增强林分功能和稳定性。本研究表明，中度采伐能够促进林木分布格局向随机分布方向发展，而强度择伐却降低了随机分布林木的比例，使林分整体向偏聚集分布方向发展。此研究结果与郑丽凤和周新年（2009）对中亚热带天然针阔叶混交林及吴蒙蒙等（2013）对阔叶红松林的研究结果相一致，即适当强度的采伐能够降低林木分布的聚集度，但当采伐强度超过一定的阈值，反而增加了林分的平均角尺度。在林分混交度方面，有研究表明，适度的采伐能够提高林分的混交度，强度采伐反而降低了林分的混交度（李建等，2017），本研究中，采伐后林分的混交度大幅度降低，林分趋向于纯林，这可能与采伐过程中主要关注采伐强度和培育目标树种，对采伐对象选择过于粗放和随意，未重视林木的生物特性、空间位置和种间竞争关系有关。

综上所述，在对林分结构进行调整时，应采用中度采伐（以蓄积量计采伐强度为30%）为宜，采伐强度过大，不利于林分结构的优化和稳定性的维持，在采伐木的选择时，应尽量考虑林木的生物学特性和林木空间位置，将角尺度较大、混交度较小的林木作为采伐木，并注意调节林木之间的竞争关系，从而优化林分的空间结构，增强碳汇功能，实现森林的可持续经营。

6.4.3.2 阔叶混交林

本研究分析了不同间伐强度蒙古栎阔叶混交林的生长动态。研究发现，间伐后 0 ～ 24 年，各间伐强度样地的平均胸径和蓄积量均大于对照，且经过 24 年的生长，弱度间伐样地的平均胸径和蓄积量高于其他两个强度，说明弱度间伐对蒙古栎阔叶混交林生长的促进作用最大。同时，由林分蓄积年生长率可知，在伐后 0 ～ 9 年伐样地的蓄积年生长率显著大于对照，而在伐后的 11 ～ 24 年蓄积年生长率表现为间伐样地略高于对照或与对照相近，这说明间伐在一定程度上减少了林木间的竞争，增加了林内光照，为保留木创造了更多的养分和生长空间，从而促进了林分的生长，然而这种促进作用并不是一直持续的，经过 10 年左右的生长，间伐样地再一次郁闭，林木之间竞争加剧，导致林分的蓄积年生长率逐渐减少，而对照经过 10 年的自然稀疏，林分密度逐渐减小，此时间伐样地与对照相比，在养分和生长空间上已无明显优势，导致间伐样地在 11 ～ 24 年的蓄积年生长率与对照无明显差异。另外，从林分枯死率也可以得到证明，在伐后的前 12 年，对照样地的枯死率均显著大于间伐样地，而伐后 13 ～ 24 年，间伐样地的枯死率大于或接近对照，这说明间伐样地经过 10 年左右的生长又重新郁闭，林木之间竞争激烈，从而导致枯死率增加。因此，建议蒙古栎阔叶混交林在初次间伐后 10 年左右林分再次郁闭时可进行再次间伐，从而提高林分生产力。

本研究采用单峰威布尔分布概率密度函数对不同间伐强度蒙古栎阔叶混交林的直径结构进行拟合，R^2 为 0.63 ～ 0.90，卡方检验显著，说明威布尔分布函数能够较好地描述阔叶混交林的直径结构，可以用来预估阔叶混交林的直径分布、林分出材量及评价经营效果。同时研究发现，抚育间伐能使直径分布曲线向右移动，且右移幅度随间伐强度增加而增大，峰值变低，这表明间伐不仅能提高林分平均胸径而且间伐后林木直径分布分散，能够比较合理地利用林分的营养空间。同时本研究发现，威布尔函数中参数 a 受间伐和林龄影响较大，这与王蒙和李凤日（2016）利用威布尔分布函数对落叶松人工林直径拟合时得到的结论一致，因此，在采用威布尔参数对林分直径进行拟合时，将 a 设成定值是不准确的。

科学的森林经营应建立在空间结构与功能关系的基础上，林分结构越合理，林分的功能越强，稳定性越高（赵中华等，2008）。本研究利用混交度、角尺度、大小比数和竞争指数等空间结构参数对间伐后蒙古栎阔叶混交林的空间结构进行了分析。研究结果表明，一定强度的间伐能够提高林分的混交度，与赵中华等（2008）、胡雪凡等（2019）的研究结果一致。但也有研究认为，高强度的间伐反而降低了林分的混交度，这可能是过度的采伐干扰，降低了物种的丰富度，使群落变得不稳定（李建等，2017）。此外，间伐能够提高随机分布林木的比例，对于改善林分整体分布格局具有一定的积极作用，但具有一定的不确定性。本研究发现，3 块间伐样地林分的平均竞争指数均高于对照，这与姜廷山等（2018）、刘泰瑞等（2019）的研究结果不一致。究其原因：本研究中的蒙古栎阔叶混交林距初次采伐已 20 余年，由采伐带来生长空间的释放效应已经逐渐减弱，林分已经郁闭，从而导致林木之间竞争加剧，而对照样地经过自然稀疏，林分密度减少，林木之间的竞争相对较弱。因此，建议应对该林分再次采取抚育间伐措施，降低林木之间的竞争，提高林分生产力。在选取采伐木时，可以有意识地选择混交度为 0 或 0.25 的林木，以提高林分的混交度，增强林分的稳定性。在林木空间分布格局调控上，应尽量将角尺度为 0.5 的林木作为保留木，使林分整体呈随机分布。

森林土壤是森林发挥水文效应最主要的场所，影响着土壤水分储存和水分入渗等主要森林水文过程与功能，并在生态系统物质循环和能量流动方面起着重要作用。许多研究表明，适当强度的抚育间伐能够提高土壤质量，增强土壤水源涵养能力，本研究中，在间伐 9 年后，间伐样地土壤容重较对照降低，土壤最大持水量较对照增加，但间伐 24 年后，间伐样地的土壤容重和最大持水量与对照无显著差异（$P>0.05$）。分析其原因可能是间伐初期，林内微环境显著改善，土壤中微生物和酶活性增强，土壤腐殖质含量增加，从而改善了土壤团粒结构，提高了土壤质量，但随着林分的逐渐郁闭，林下微环境与对照已无明显差异，间伐对土壤的改良作用逐渐减弱，从而导致间伐林分的土壤容重和最大持水量与对照无显著差异。同时，研究发现，随着时间的增加，土壤容重呈降低趋势，土壤最大持水量呈增大趋势。说明随着林分的逐渐郁闭，林分土壤质量和水源涵养能力逐渐提高。枯落物作为地被物的重要组成部分，其对林地水源涵养能力的贡献不可小视。本研究，间伐 24 年后，除中度间伐样地枯落物蓄积量和最大持水量分别高于对照 101.47% 和 108.29%（$P<0.05$）外，其他间伐样地与对照无显著差异。这可能与林分密度及灌、草之间生物量的消长有关。综上所述，抚育间伐 24 年后，除中度间伐样地枯落物层水源涵养功能率高于对照外，其他间伐样地土壤和枯落物层的水源涵养功能与对照均无显著差异。

森林抚育作为重要的改善林木生长条件的经营措施，对森林生态系统生物量和碳储量有着重要影响。抚育间伐对乔木层碳储量影响的结论并不统一。有研究表明，抚育间伐降低了林分密度，改善了林木生长条件，林木之间的竞争压力减少，从而提高了林木的生长量和生物量，乔木层碳储量也得到了提高（明安刚等，2013）。但也有研究认为，间伐虽然能够提高单木的生产力，但不足以弥补因保留木的减少导致单位面积生产力的下降，所以间伐降低了乔木层的碳储量（徐金良等，2014）。本研究结果表明，间伐 24 年后，强度、中度和弱度间伐样地乔木层碳储量分别高出对照 10.42%、24.00% 和 27.94%。表明虽然间伐在短期内降低了单位面积生物量，导致乔木层碳储量的减少，但经过足够长的恢复期，间伐样地碳储量能够恢复到未间伐水平甚至超过未间伐样地。与此同时，研究发现，间伐样地林下植被碳储量与对照间差异并不显著。这与多数研究结论相悖。这可能是由于大多数研究都集中在间伐后的 3 ～ 8 年（黄雪蔓等，2016；成向荣等，2012），此时，间伐林分并未郁闭，林下光照和水分条件得到明显改善，从而促进了林下植被的生长发育，生物量和碳储量有所增加，本研究为间伐 24 年后，间伐林分已经完全郁闭，林下环境与对照相似，因此，不同间伐强度林下植被生长差异较小，导致各样地间林下植被碳储量差异不显著。本研究中，间伐 24 年后各间伐样地土壤碳储量之间差异并不显著，抚育间伐后，短期内林地表层土壤温度升高，土壤呼吸速率增加，枯落物输入量减少，影响地表有机物的积累，但长期内，土壤中有机碳主要来源（地表凋落物的分解和林木根系）在各样地内差异不显著，林内小气候基本相似，因此，各间伐样地土壤碳储量与对照差异不显著。可见，间伐对土壤碳储量的影响与森林恢复时间有关。森林经营是影响森林碳储量的首要因素，有关森林经营对森林生态系统碳储量的影响存在不一致的结论。成向荣等（2012）对间伐 5 年后麻栎人工林碳密度的研究表明，抚育间伐有利于麻栎人工林碳密度的增加。孙志虎等（2016）在对落叶松人工林的研究中也得出相同的结论。黄雪蔓等（2016）对间伐 8 年后杉木人工林碳储量的研究认为，虽然间伐降低了乔木层碳储量，但灌木层、土壤层和整个系统碳储量在不同间伐强度之间均无显著差异。Ruiz-Peinado 等（2013）对地中海地区海岸松间伐 26 年后的研究发现，抚育间伐显著降低了生态系统碳储量，随间伐强度增加，生态系统碳储量明显降低。本研究中，间伐 24 年后，强度、中度和弱度间伐林分总碳储量分别高出对照 10.59%、21.70% 和 25.60%，表明间伐有利于蒙古栎阔叶混交林林分总碳储量的增加。主要原因是抚育间伐改善了林分结构，促进了保留木的生长和木本植物的更新，经过长期的恢复性生长，林分总碳储量高于未间伐样地。

本研究采用文献法和专家咨询相结合的方法，筛选出能够反映林分结构、林分活力、恢复及抵抗力和生态功能（涵养水源和碳储量）4 个方面 20 个指标，应用主成分分析法确定各评价指标权重，建立森林经营效果评价体系，对不同间伐强度经营效果进行综合评价，结果表明，间伐强度为 30% 时，蒙古栎阔叶混交林的综合经营效果最佳。

主要参考文献

蔡军奇, 刘大鹏, 张淑媛, 等. 2018. 辽东山区次生林乔木幼苗组成及其年际动态. 生物多样性, 26(11): 1147-1157.

曹小玉, 李际平, 委霞. 2019. 亚热带典型林分空间结构与林下草本物种多样性的差异特征分析及其关联度. 草业科学, 36(10): 2466-2475.

陈永富. 2012. 森林天然更新障碍机制研究进展. 世界林业研究, 25(2): 41-45.

成向荣, 虞木奎, 葛乐, 等. 2012. 不同间伐强度下麻栎人工林碳密度及其空间分布. 应用生态学报, 23(5): 1175-1180.

崔静, 黄佳健, 陈云明, 等. 2018. 黄土丘陵区人工柠条林下草本植物物种多样性研究. 西北林学院学报, 33(3): 14-20.

董希斌. 2002. 森林择伐对林分的影响. 东北林业大学学报, 30(5): 15-18.

高贤明, 杜晓军, 王中磊. 2003. 北京东灵山区两种生境条件下辽东栎幼苗补充与建立的比较. 植物生态学报, 27(3): 404-411.

胡雪凡, 张会儒, 周超凡, 等. 2019. 不同抚育间伐方式对蒙古栎次生林空间结构的影响. 北京林业大学学报, 41(5): 137-147.

黄雪蔓, 尤业明, 蓝嘉川, 等. 2016. 不同间伐强度对杉木人工林碳储量及其分配的影响. 生态学报, 36(1): 156-163.

姜廷山, 王鹤智, 董灵波, 等. 2018. 不同抚育强度对兴安落叶松林空间结构的影响. 东北林业大学学报, 46(12): 9-14, 19.
雷相东, 陆元昌, 张会儒, 等. 2005. 抚育间伐对落叶松云冷杉混交林的影响. 林业科学, 41(4): 78-85.
黎芳, 潘萍, 宁金魁, 等. 2016. 飞播马尾松林林分空间结构对林下植被多样性的影响. 东北林业大学学报, 44(11): 31-35.
李春义, 马履一, 王希群, 等. 2007. 抚育间伐对北京山区侧柏人工林林下植物多样性的短期影响. 北京林业大学学报, 29(3): 60-66.
李建, 彭鹏, 何怀江, 等. 2017. 采伐对吉林蛟河针阔混交林空间结构的影响. 北京林业大学学报, 39(9): 48-57.
李晓亮, 王洪, 郑征, 等. 2009. 西双版纳热带森林树种幼苗的组成、空间分布和旱季存活. 植物生态学报, 33(4): 658-671.
刘泰瑞, 董威, 覃志杰, 等. 2019. 不同间伐强度对华北落叶松人工林竞争关系的影响. 森林与环境学报, 39(2): 153-158.
马洁怡, 赵友朋, 张金池, 等. 2020. 凤阳山不同林分土壤腐殖质特征及影响因素. 东北林业大学学报, 48(1): 62-67.
明安刚, 张治军, 谌红辉, 等. 2013. 抚育间伐对马尾松人工林生物量与碳贮量的影响. 林业科学, 49(10): 1-6.
杞金华, 章永江, 张一平, 等. 2015. 水分条件变化对哀牢山亚热带常绿阔叶林林下幼苗死亡率的影响. 生态学报, 35(8): 2521-2528.
施璐璐, 骆争荣, 夏家天, 等. 2014. 亚热带中山常绿阔叶林木本植物幼苗数量动态及其与生境的相关性. 生态学报, 34(22): 6510-6518.
宋于洋, 李园园, 张文辉. 2010. 梭梭种群不同发育阶段的空间格局与关联性分析. 生态学报, 30(16): 4317-4327.
孙志虎, 王秀琴, 陈祥伟. 2016. 不同抚育间伐强度对落叶松人工林生态系统碳储量影响. 北京林业大学学报, 38(12): 1-13.
谭一波, 申文辉, 付孜, 等. 2019. 环境因子对桂西南蚬木林下植被物种多样性变异的解释. 生物多样性, 27(9): 970-983.
汤景明, 孙拥康, 冯骏, 等. 2018. 不同强度间伐对日本落叶松人工林生长及林下植物多样性的影响. 中南林业科技大学学报, 38(6): 90-93, 122.
王蒙, 李凤日. 2016. 基于抚育间伐效应的落叶松人工林直径分布动态模拟. 应用生态学报, 27(8): 2429-2437.
王伟平, 王玉杰, 李绍才, 等. 2020. 四川盆周山地5种典型林分的空间结构对比分析. 中南林业科技大学学报, 40(2): 43-53.
吴蒙蒙, 王立海, 侯红亚, 等. 2013. 采伐强度对阔叶红松林空间结构的影响. 东北林业大学学报, 41(9): 6-9.
徐金良, 毛玉明, 成向荣, 等. 2014. 间伐对杉木人工林碳储量的长期影响. 应用生态学报, 25(7): 1898-1904.
闫兴富, 曹敏. 2007. 不同光照对望天树种子萌发和幼苗早期生长的影响. 应用生态学报, 18(1): 23-29.
闫兴富, 杜茜, 石淳, 等. 2011. 六盘山区辽东栎的实生苗更新及其影响因子. 植物生态学报, 35(9): 914-925.
闫琰, 姚杰, 张新娜, 等. 2016. 吉林蛟河不同演替阶段针阔混交林木本植物幼苗空间分布与年际动态. 生态学报, 36(23): 7644-7654.
杨振奇, 秦富仓, 张晓娜, 等. 2018. 砒砂岩区不同立地类型人工沙棘林下草本物种多样性环境解释. 生态学报, 38(14): 5132-5140.

尤文忠, 赵刚, 张慧东, 等. 2015. 抚育间伐对蒙古栎次生林生长的影响. 生态学报, 35(1): 56-64.
袁士云, 张宋智, 刘文桢, 等. 2010. 小陇山辽东栎次生林的结构特征和物种多样性. 林业科学, 46(5): 27-34.
袁志良, 王婷, 朱学灵, 等. 2011. 宝天曼落叶阔叶林样地栓皮栎种群空间格局. 生物多样性, 19(2): 224-231.
曾德慧, 尤文忠, 范志平, 等. 2002. 樟子松人工固沙林天然更新障碍因子分析. 应用生态学报, 13(3): 257-261.
张健, 李步杭, 白雪娇, 等. 2009. 长白山阔叶红松林乔木树种幼苗组成及其年际动态. 生物多样性, 17(4): 385-396.
张连金, 赖光辉, 封焕英, 等. 2018. 京西油松生态公益林空间结构评价. 生态学杂志, 37(5): 1316-1325.
张维伟, 薛文艳, 杨斌, 等. 2019. 桥山栎林群落结构特征与物种多样性相关关系分析. 生态学报, 39(11): 3991-4001.
赵中华, 袁士云, 惠刚盈, 等. 2008. 经营措施对林分空间结构特征的影响. 西北农林科技大学学报 (自然科学版): 36(7): 135-142.
郑丽凤, 周新年. 2009. 择伐强度对中亚热带天然针阔混交林林分空间结构的影响. 武汉植物学研究, 27(5): 515-521.
周伟, 赵成章, 王科明, 等. 2011. 黑河上游草地蝗虫群落特征及其与植被的关系. 水土保持通报, 31(1): 35-39.
朱媛君, 杨晓晖, 时忠杰, 等. 2018. 林分因子对张北杨树人工林林下草本层物种多样性的影响. 生态学杂志, 37(10): 2869-2879.
Bai X, Queenborough S, Wang, X, et al. 2012. Effects of local biotic neighbors and habitat heterogeneity on tree and shrub seedling survival in an old-growth temperate forest. Oecologia, 170(3): 755-765.
Barot S, Gignoux J, Menaut J C. 1999. Seed shadows, survival and recruitment: how simple mechanisms lead to dynamics of population recruitment curves. Oikos, 86(2): 320-330.
Condit R. 1995. Research in large, long-term tropical forest plots. Trends Ecology Evolution, 10(1): 18-22.
Condit R, Ashton P S, Baker P, et al. 2000. Spatial patterns in the distribution of tropical tree species. Science, 288(5470): 1414-1418.
Connell J H, Green P T. 2000. Seedling dynamics over thirty-two years in a tropical rain forest tree. Ecology, 81(2): 568-584.
D'Amato A W, Orwig D A, Foster D R. 2009. Understory vegetation in old-growth and second-growth *Tsuga canadensis* forests in western Massachusetts. Forest Ecology and Management, 257: 1043-1052.
Duclos V, Boudreau S, Chapman C A. 2013. Shrub cover influence on seedling growth and survival following logging of a tropical forest. Biotropica, 45(4): 419-426.
Fang X F, Shen G C, Yang Q S, et al. 2017. Habitat heterogeneity explains mosaics of evergreen and deciduous trees at local-scales in a subtropical evergreen broad-leaved forest. Journal of Vegetation Science, 28(2): 379-388.
Gu L, Gong Z W, Li W Z. 2017. Niches and interspecific associations of dominant populations in three changed stages of natural secondary forests on loess plateau, P. R. China. Science Report, 7(1): 6604.
Hubbell S P. 1979. Tree dispersion, abundance, and diversity in a tropical dry forest. Science, 203(4387): 1299-1309.
Inman-Narahari F, Ostertag R, Asner G P, et al. 2014. Trade-offs in seedling growth and survival within and across tropical forest microhabitats. Ecology and Evolution, 4(19): 3755-3767.
Li Q K, Ma K P. 2003. Factors affecting establishment of *Quercus liaotungensis* Koidz. under mature mixed oak forest overstory and in shrubland. Forest Ecology and Management, 176(1): 133-146.

Lin L X, Comita L S, Zheng Z, et al. 2012. Seasonal differentiation in density-dependent seedling survival in a tropical rain forest. Journal of Ecology, 100(4): 905-914.

Liu Y Y, Li F R, Jin G Z. 2014. Spatial patterns and associations of four species in an old-growth temperate forest. Journal of Plant Interactions, 9(1): 745-753.

Longuetaud F, Piboule A, Wernsdorfer H, et al. 2013. Crown plasticity reduces inter-tree competition in a mixed broadleaved forest. European Journal of Forest Research, 132(4): 621-634.

Nguyen H H, Uria-Diez J, Wiegand K, et al. 2016. Spatial distribution and association patterns in a tropical evergreen broad-leaved forest of north-central Vietnam. Journal of Vegetation Science, 27(2): 318-327.

Perea R, San Miguel A, Gil L. 2011. Flying vs. climbing: factors controlling arboreal seed removal in oak-beech forests. Forest Ecology and Management, 262(7): 1251-1257.

Rey B, José M, Espigares T, et al. 2003. Simulated effects of herb competition on planted *Quercus faginea* seedlings in Mediterranean abandoned cropland. Applied Vegetation Science, 6(2): 213-222.

Ruiz-Peinado R, Brvo-Oviedo A L, Pez-Senespleda E, et al. 2013. Do thinnings influence biomass and soil carbon stocks in Mediterranean maritime pinewoods. European Journal of Forest Research, 132(2): 253-262.

Wang X G, Wiegand T, Hao Z Q, et al. 2010. Species associations in an old-growth temperate forest in north-eastern China. Journal of Ecology, 98(3): 674-686.

Webb C O, Gilbert G S, Donoghue M J. 2006. Phylodiversity-dependent seedling mortality, size structure, and disease in a Bornean rain forest. Ecology, 87(Suppl 7): S123-131.

Wright S J. 2002. Plant diversity in tropical forests: a review of mechanisms of species coexistence. Oecologia, 130(1): 1-14.

Zhang Z H, Hu G, Zhu J D, et al. 2010. Spatial patterns and interspecific associations of dominant tree species in two old-growth karst forests, SW China. Ecological Research, 25(6): 1151-1160.

Zhang Z H, Hu G, Zhu J D, et al. 2013. Aggregated spatial distributions of species in a subtropical karst forest, southwestern China. Journal of Plant Ecology, 6(2): 131-140.

Zhu Y, Comita L S, Hubbell S P, et al. 2015. Conspecific and phylogenetic density-dependent survival differs across life stages in a tropical forest. Journal of Ecology, 103(4): 957-966.

第7章　东北天然次生林抚育更新辅助决策支持系统

随着信息科技的发展，物联网、大数据、图像识别、智能分析等技术在森林经营中也逐渐得到应用。在森林资源信息采集方面，由于计算机和传感器技术的发展，基于卫星影像和地面图像的林分结构研究开始涌现，研究内容也增加了林木的空间结构信息，因此对于林木竞争关系的表述也更加客观。近年来，我国有关林分结构方面的研究得到长足发展，特别是基于地面图像的林分结构预估方法研究和世界先进国家处于相同水平。林分空间结构模拟与可视化研究方面，国内外大量的学者通过树种组成、直径分布、树龄分布、树高分布和空间配置、空间隔离度、角尺度等对林分的空间结构开展了系统的研究并取得了卓有成效的研究成果；利用计算机图形学、干形曲线、自然生长、三维模拟等方法，国内外学者对林木单木形态、林分结构重构与模拟开展了相关研究，以可视化系统为基础构建了单木、林分的可视化模拟系统。在森林抚育经营决策支持系统建设方面，国外发达国家开展过有益尝试，美国的“森林生物多样性决策支持系统”“木材收获计划决策支持系统”，西班牙的“农林系统规划决策支持系统”，澳大利亚的“造林规划决策支持系统”，但针对次生林抚育经营的决策支持系统尚为少见。

基于东北天然次生林抚育经营决策现状，通过对基于林分图像数据的林分信息智能提取技术、天然次生林空间结构竞争模拟技术、次生林抚育决策优化等关键技术的研究，利用现有计算机信息技术，包括数据库技术、软件工程技术、程序设计等信息技术，我们初步构建了东北天然次生林抚育更新模拟和抚育决策支持系统，并集成其他课题的研究成果，最终为东北天然次生林科学抚育经营提供了有效的辅助支撑。

7.1　研究区域概况

本研究主要的试验区是吉林省汪清试验区和内蒙古根河试验区，其中汪清试验区位于吉林省汪清林业局金沟岭林场，属于吉林省东部山区长白山系老爷岭山脉雪岭支脉。试验地的坡度一般为5°～25°，个别陡坡在35°以上。年均气温为3.9℃，年均降水量为650mm，其中5～9月的降水量为438mm。海拔范围为300～1200m，土壤主要为玄武岩中低山灰土灰褐色土壤类型，平均厚度约40cm。该地区植被属于长白山植物区系，主要树种有长白落叶松、云杉、冷杉、红松，还有水曲柳、白桦、紫椴、色木槭、硕桦、春榆等阔叶树种。

根河试验区潮查林场位于内蒙古自治区根河市中部，试验地位于内蒙古大兴安岭西北麓的寒温带针叶原始林内。该区山脉多南北走向，呈北高南低之势，山峦起伏，以斜坡为主，其次为缓坡，平均海拔950m，最高1210m。潮查河是本场北部主要河流，河长27km，流经根河市区注入根河。该区域的森林覆盖率大于90%，属大陆性季风气候区的低山丘陵地带，坡度一般小于15°，年均气温–7～–5℃，冬寒夏温，年均降水量为384～528mm，其中60%集中在7～8月；9月至次年5月初为降雪期，降雪厚度

20 ～ 40cm，降雪量占全年降水量的 12%；全年地表蒸散量 800 ～ 1200mm，无霜期 80 天。乔木以兴安落叶松为主，因立地条件及海拔不同，兴安落叶松林呈现不同的森林类型，其中，最具代表性的有杜鹃-兴安落叶松林、越桔-兴安落叶松林、杜香-兴安落叶松林、草类-兴安落叶松林及白桦-落叶松林等。另外，其他乔木还有山杨、樟子松等树种。

7.2 天然次生林图像林分因子智能理解

7.2.1 数据与方法

7.2.1.1 数据

在根河试验区的兴安落叶松林内设置 400m^2 的样地，对样地内林分进行图像拍摄、每木检尺和实测树高。图像包括纵向和树冠两个方向。在蓄积量等参数解译中，使用的是林分密度相关信息，因而对图像采集设备没有特别的要求，可以是带照相功能的手机，也可以是网络相机，本研究使用分辨率为 3456×5184 像素的佳能单反 700D 型相机采集的图像，样地单位面积蓄积量分布区间为 16 ～ 367m^3/hm^2。

1. 纵剖面图像获取

用卷尺和红绳划定 20m×20m 样地，每间隔 5m 进行一次样地林分的纵剖面和树冠图像拍摄，对纵剖面以北→东北→东→东南→南→西南→西→西北次序，即纵剖面图像采集从磁北方向开始，摄影时保持过光心和成像中心的连线与摄影方向地面平行，每隔 45° 纵向采集 1 张，图像编号分别为⧉ 1、⧉ 2、⧉ 3、⧉ 4、⧉ 5、⧉ 6、⧉ 7、⧉ 8。最终，每个样地共 200 幅纵剖面拍摄。

2. 冠层拍摄

每个拍摄点为中心 *O* 点，镜头对准树冠（天空），对树冠连续摄影 2 张，图像编号为⧉ 9、⧉ 10。每个样地共 50 幅冠层拍摄。相机自动曝光摄影模式，由于天空明亮，往往会产生对比度偏大的图像，因此采集树冠图像适宜用手动模式摄影，或者在镜头前加装中性密度滤光片（neutral-density filter）。需要注意的是，由于曝光时间延长，需要注意防抖或用三脚架。

3. 图像命名

由于图像众多，如果不进行合理的命名，之后的内业工作可能无法正常进行，因此，必须对外业图像进行合理命名，图像文件名至少包含以下 7 位：

样地号（3 位）+摄影位置号（2 位）+图像号（2 位）

1）样地号：000 ～ 999，可以按照调查次序，或者是经营单位从西北到东南的样地次序编号。

2）摄影位置号：如图 7-1 所示，摄影位置号为 01 ～ 25，按照拍摄站点行走次序顺序编号。

3）图像号：按图 7-2 所示，首先是林分纵剖面图像编号，按照北、东北、东……每隔 45° 增加 1 号；完成 360° 拍摄后对树冠拍摄 2 张，即编号分别为：1、2……9、10。

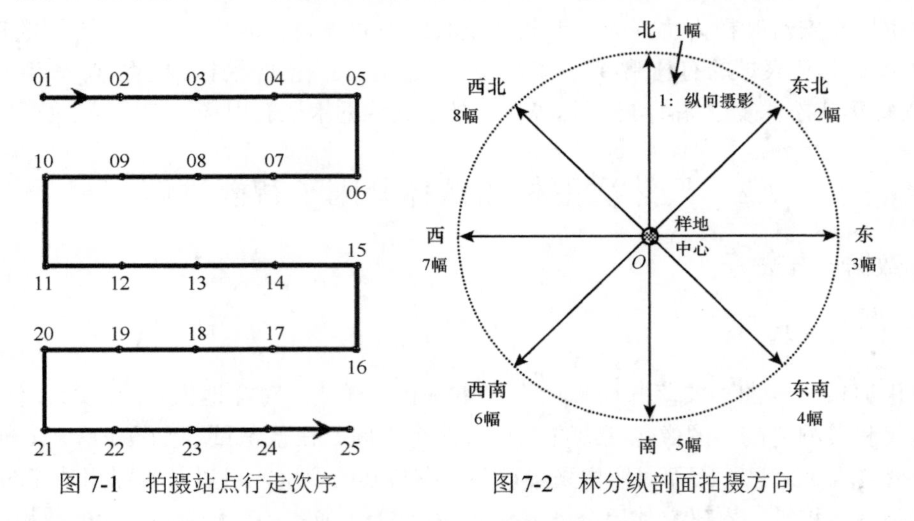

图 7-1　拍摄站点行走次序　　图 7-2　林分纵剖面拍摄方向

图 7-3、图 7-4 是野外实际获取的纵向与横向图像样例。

图 7-3　林内纵向图像

图 7-4　树冠图像

模型研建需要林分基础数据支撑，因此，样地内胸径大于 3cm 的林木胸径、树高、冠幅、枝下高均要实测。另外，样地的海拔、坡位、坡向、坡度、经纬度、灌草、土壤等信息是主要的分类因子，也需要记录。

7.2.1.2　*方法*

随着智能手机、照相机、网络相机等的广泛使用，图像及视频数据被大量采集。图像是与人类视觉感官最接近的数据，同时它也往往占据着巨大的存储空间，以林内野外伺服仪 1 台 78 万像素（1024×768）的网络相机为例，如果每间隔 2min 拍摄 1 组 8 个方向的图像，则这台相机 1 年的数据量就达 1540T。如何有效利用图像数据成为各专业领域中被普遍关注的热点问题。森林测定需要消耗大量的人力、财力和物力，如果能够从林内图像等中自动抽取森林参数，不仅可以节省人力财物，而且可以增加调查的时效性，必将极大地改观森林测定技术。基于林内图像的智能理解，从方法论角度至少包括两个途径：一是研建数学模型，然后基于模型进行预估；二是建立各种森林参数知识库，然后把实际森林数据与库中数据做比对，即可得到相关信息。前者的优势是只要测定代表性数据，定标模型马上就能使用。由于树木生长周期较长，因此后者需要相对漫长的建库过程，一旦完成建库，则从图像中抽取森林或林木参数会变得简单高效。在本项目执行过程中，我们用这两类方法分别对林分郁闭度、碳储量、蓄积量等参数进行估计，以期能为未来海量的林木图像利用提供方法上的借鉴。

7.2.2　图像基本信息

如果空间点的齐次坐标是 $\tilde{x}=(x\ \ y\ \ x\ \ 1)'$，其在图像上的对应坐标是 $\tilde{u}=(u\ \ v\ \ 1)'$，则二者满足 $\tilde{u}=\tau P\tilde{x}$，$P$ 是 3×4 的投影矩阵，τ 是一标量，即空间点 $\tilde{x}$ 经过照相机镜头投影为 $\tilde{u}$，τ 是缩放倍数，如图 7-5 所示。

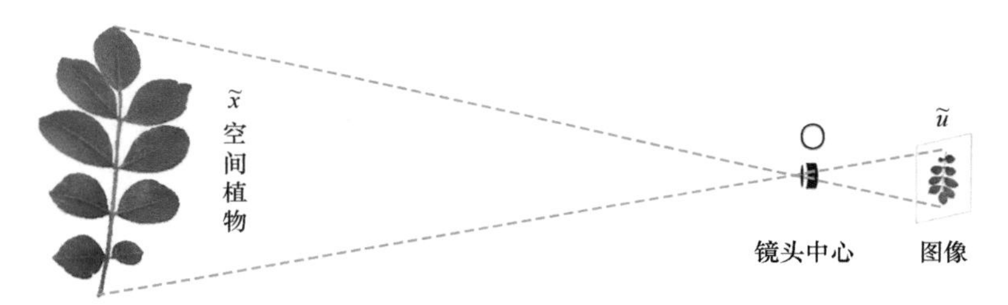

图 7-5　空间植物中心投影成像与数字化过程

摄影过程是照相机对空间采样的一个过程，可以假想把成像面分割成 $m\times n$ 个小矩形块，每个小矩形块边缘点经过光心向空间放射，形成一个光心处最小、向外逐渐加大的四棱台的扫射体，空间中位于扫射体内的所有信息“浓缩”到成像面上的一点即所成的像，如图 7-6 中 (i, j) 位置图像就是空间放射四棱台的一个浓缩点。很明显，照相过程会丢失空间信息。浓缩过程是把亮度按照从最暗到最亮量化成 256 个等级、分别用 0、1……254、255 或者反向表示并记录到图像面的对应位置上。在量化过程中根据量化间隔是否一定分为等距量化和非等距量化两种。例如，线性量化为等距量化，对数量化、渐减量化等为非等距量化。显见，位置和亮度是图像的两个基本属性。这是把空间信息转化为图像的一个理解方法，实际过程要复杂得多。

一幅在横、纵向分别有 m、n 个像素的数字图像，其在设备坐标系中的标记方法如图 7-7 所示，图像最左上角像素标记为 (0, 0)，向右每增加一个像素横坐标值增加 1，同样向下每增加一个像素纵坐标值增加 1，即横纵坐标值最大的位置是图像的最右下角。这是访问图像中每一个像素的方法。但是在计算机存储上记录的不是位置而是每一个像素位置的灰度值 f_{ij}，即以一个矩阵形式记录图像灰度值。实际上，计算机中的各种图像处理操作，基本是针对 (i, j) 位置的像素值 f_{ij} 的。

m–1
i
y
p a q
d o b
u c v
2
1
0
0 1 2
j
n–1
x

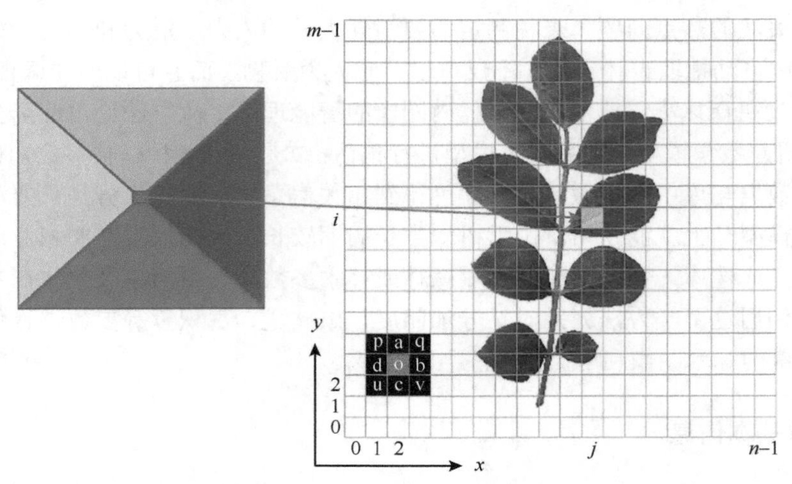

图 7-6　图像的两个基本属性

图中字母为中心像素点周围像素的编号

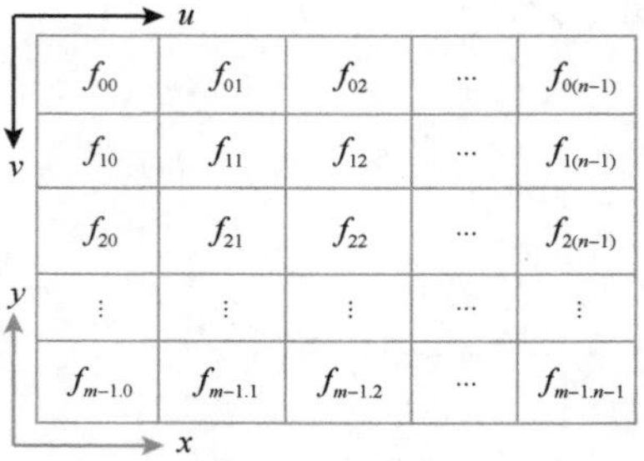

u
v
y
x
f_{00} f_{01} f_{02} … $f_{0(n-1)}$
f_{10} f_{11} f_{12} … $f_{1(n-1)}$
f_{20} f_{21} f_{22} … $f_{2(n-1)}$
⋮ ⋮ ⋮ … ⋮
$f_{m-1.0}$ $f_{m-1.1}$ $f_{m-1.2}$ … $f_{m-1.n-1}$

图 7-7　数字图像中的像素表记法

目前有多种图像格式，不同格式的图像存储方式也不尽一致，比如在微软视窗系统中最基本的 bmp 图像，采用的是常规的数学坐标系格式，左下角为坐标原点 (0, 0)，横轴向右增加，纵轴向上增加，此时，C^{++}语言对像素的引用格式是 Image[(m–i)*n+j]。因此，在处理图像时，一定要考虑图像的具体存储格式。

7.2.3　特征图像提取

很多图像理解技术都需要提取特征林木图像，其目的是对兴趣图像部分进行专有分析。特征提取算法众多，但是没有通用的准确提取算法，尤其是对于树木图像更是困难重重，这里给出几种相对泛用方法。

7.2.3.1　大津法

1979 年，日本学者大津展之提出了一种基于一维灰度直方图的图像分割阈值选取方法，命名为大津法，根据其原理也被称为最大类间方差法。该方法具有较好的分割性能，在目前众多的阈值分割算法中，是最常被使用的阈值化方法之一。该方法的基本理论是选取使得图像目标与背景间的分离程度最好时的阈值作为最佳分割阈值，是一种具有客观评价标准的图像分割方法。根据图像的灰度特性，大津法选取的最佳阈值若使图像前景与背景间的类间方差最大，说明图像前景与背景间的差别最大。大津法主要对目标和背景灰度特性区分明显且对信噪比较大的图像分割效果较好。对于背景较复杂、灰度直方图峰值不明显的图像，该分割方法往往将背景与前景目标混杂，难以将前景与背景较好地分割出来，因此很多研究学者从各种不同的角度对 Otsu（大津）图像分割法进行了研究和改进。

对于给定的一张数字图像，灰度级为 $[0, 1, \cdots, L-1]$ 共 L 个灰度值，灰度级为 i 的像素数为 n_i，则图像总像素数和各像素值的概率为

$$N=\sum_{i=0}^{L-1} n_i \tag{7-1}$$

$$p_i=n_i/N \tag{7-2}$$

$$\sum_{i=0}^{L-1} p_i=1 \tag{7-3}$$

如果阈值 $t\in[0, L-1]$，将像素按照灰度级划分为两类 C_0 和 C_1，即 $C_0=\{0, \cdots, t\}$，$C_1=\{t+1, \cdots, L-1\}$，对于灰度分布的概率，整体图像灰度的统计均值为

$$\mu=\sum_{i=0}^{L-1} i p_i \tag{7-4}$$

C_0 和 C_1 的概率分别为

$$\omega_0(t)=P_r(C_0)=\sum_{i=0}^{t} p_i=\omega(t) \tag{7-5}$$

$$\omega_1(t)=P_r(C_1)=\sum_{i=t+1}^{L-1} p_i=1-\omega(t) \tag{7-6}$$

则 C_0 和 C_1 的均值分别为

$$\mu_0(t)=\sum_{i=0}^{t} i p_i/\omega_0(t)=\mu(t)/\omega(t) \tag{7-7}$$

$$\mu_1(t)=\sum_{i=t+1}^{L-1} i p_i/\omega_1(t)=[\mu-\mu(t)]/[1-\omega(t)] \tag{7-8}$$

其中，

$$\mu(t)=\sum_{i=0}^{t} i p_i$$

$$\omega(t)=\sum_{i=0}^{t} p_i$$

由以上各式可以得到：

$$\mu=\omega_0(t)\mu_0(t)+\omega_1(t)\mu_1(t) \tag{7-9}$$

设 $\sigma_B^2(t)$ 表示直方图中阈值为 t 时的类间方差，则

$$\sigma_B^2(t)=\omega_0(t)[\mu_0(t)-\mu]^2+\omega_1(t)[\mu_1(t)-\mu]^2 \tag{7-10}$$

在 $[0, L-1]$ 的范围内依次取分割阈值 T，该阈值分割的两个区域 C_0 和 C_1 的类间方差达到最大时，被分割的这两个类被认为是分割的最佳状态，而此时的阈值 T 被认为是该图像分割的最佳阈值，即最佳阈值 T 可以通过求 $\sigma_B^2(t)$ 的最大值而得到，则

$$T = \arg \max_{t \in \{0,1,2,\cdots,L-1\}} \sigma_B^2(t) \tag{7-11}$$

用最大类间方差来确定最佳分割阈值，不需要认为设定其他参数是一种自动选取阈值的方法。经过对此次研究使用图像的具体实验显示，在植物叶边缘由于光衍射的影响，前景植物与背景天空临界处的灰度差异不明显。而由大津法选取阈值的公式可知，在目标和背景的临界处灰度的变化大，类间方差最大，这时的灰度值为最佳阈值。因此大津法选取阈值分割银杏冠层图像的结果在临界处将部分前景植物划分到背景中剔除，使得前景区域偏小。图 7-8B 是利用大津法对图 7-8A 图的处理结果，其中，目标信息不变，把背景改为黑色。可以看到，认为是背景的部分不多，用大津法提取该图的结果不理想。

A. 原图　　B. 大津法

C. 对称交叉熵法　　D. 绿率法

图 7-8　几种算法的前景图像识别结果

7.2.3.2　对称交叉熵法

对称交叉熵法也是基于全局阈值的一种处理方法。

如果找到图像中一个灰度值 t_s，通过如下方法把图像变为只有前景和背景两个灰度级的新图像 I_{new}：

$$I_{\text{new}} = \begin{cases} a & \text{if } g \leqslant t_s \\ b & \text{other} \end{cases} \tag{7-12}$$

且新旧图像间满足约束条件：

1）$g_i \in \{a,b\}$

$$2)\ \sum_{g\leqslant t_s} gh_g = \sum_{g\leqslant t_s} a$$

$$3)\ \sum_{g>t_s} gh_g = \sum_{g>t_s} b$$

显然，h_g 是灰度为 g 的像素数即灰度直方图，a 是 $g\leqslant t_s$ 的灰度平均值，b 是 $g>t_s$ 的灰度平均值时，容易满足此约束条件。其中，

$$\begin{cases} a = \dfrac{\sum_{g\leqslant t_s} gh_g}{\sum_{g\leqslant t_s} h_g} \\ b = \dfrac{\sum_{g>t_s} gh_g}{\sum_{g>t_s} h_g} \end{cases}$$

那么，t_s 的取值是多少能够得到这个新图像？Brink 和 Pendock（1996）使用对称交叉熵全局阈值，即使式（7-13）d_t 值达到最小的 t_s，就能够把图像分割成只有前景和背景两大类的新图像（I_{new}）。

$$d_t = \sum_{g=0}^{t_s} ah_g \log\frac{a}{g} + \sum_{g=t_s+1}^{255} bh_g \log\frac{b}{g} \tag{7-13}$$

对称交叉熵法给出了一个优化的阈值，这个数值对于光照均匀的图像往往能取得较好的分割结果。

与大津法相比，对称交叉熵法仅仅是选取全局阈值的方法不同，对于同类型图像，二者的特征提取效果往往有相似之处。图 7-8C 是对称交叉熵法的处理结果，可以看到，结果与大津法接近，这张图的处理结果基本是不成功的。

7.2.3.3　绿率法

如果树木与背景在颜色上存在明显差别，基于某种颜色所占比例的方法往往会得到较理想的结果。

如果 B、G、R 分别代表彩色图像中每个像素蓝绿红通道中的灰度值，由于树冠是绿色的，因此树冠像素中的 G 应该占据 BGR 中的较大比例，以此作为树冠图像分类提取的一个指标也许能得到很满意的结果。

定义

$$r_g = \frac{G}{R+G+B} \tag{7-14}$$

我们把 r_g 称为绿率。然后计算每个像素的 r_g 值，当 r_g 大于某阈值 ϑ 时，则该像素属于植物体，否则该像素归类为背景像素，即

$$p_{\text{BGR}} = \begin{cases} \text{树木，当 } r_g > \vartheta \\ \text{背景，其他} \end{cases} \tag{7-15}$$

此时问题的难点变成如何确定阈值 ϑ。如果 ϑ 太大，可能所有像素都成为背景；相反，ϑ 太小则所有像素都归类为植物体。通过大量实验，表明 $\vartheta \in [0.35, 0.42]$ 时通常能取得很好的分类效果。图 7-8D 是基于本算法 ϑ=0.41 时对图 7-8A 的处理结果，该图效果明显

优于大津法和对称交叉熵法。

需要说明的是，在使用本算法遍历图像时，首先要判断像素是否为黑色（$R=G=B=0$），如果是黑色表明不是树冠，不进行处理，直接变为背景；如果 $R+G+B>0$，则进一步计算 r_g 并判断该像素归属，当 $r_g \leqslant \vartheta$，则把 RGB 全置换成 0，直至最后完成整张树冠图像分类提取。

7.2.4　郁闭度计测

7.2.4.1　经典郁闭度计测方法

郁闭度是乔木树冠垂直投影面积与林地面积之比，在一般情况下常采用简单易行的样点测定法，即在林分调查中，机械布设 N 个样点，在各样点位置上抬头垂直昂视，判断该样点是否被树冠覆盖，被遮盖的计数，反之不计数，最终把被覆盖的样点数占全部观测点的比例定为该林分的郁闭度。

比如下面的方形样地，沿着两个对角线，每隔一定距离检查被树冠遮挡情况，其中被树冠覆盖的点数是 8 个，无覆盖的点数也是 8 个，则该林分的郁闭度 8/16=0.5（图 7-9）。

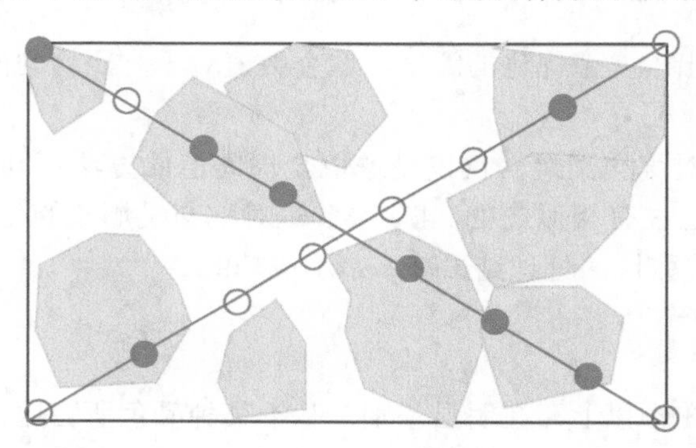

图 7-9　郁闭度测定

图中黑点表示被树冠覆盖的点，白点表示没有被树冠覆盖的点

这种方法简单易行，但是因为树冠遮挡与否依靠人眼来判断，主观性比较大，特别是位于树冠边缘的位置更是很难准确判断，误差较大。还有很多其他郁闭度测定方法，有兴趣可以参考相关文献，这里不再赘述。

7.2.4.2　郁闭度计测的图像方法

由航空照片、高分辨率卫星影像或地面摄影图像来估计郁闭度是一种很有发展前途的方法。特别是随着智能手机或数码相机的普及，根据林内图像计测郁闭度，因工作量相对较小且能够达到很高的精度，所以越来越显示出其优势。

基于图像计测郁闭度与地面调查原理一样，统计树冠占整张图的比例即可，在图像处理技术中有众多方法可以判断某像素是否为树冠，因此，可以进一步计算郁闭度。如图 7-10B 是图 7-10A 彩色图的二值化结果，其中，树冠像素占整张图的比例是 0.463，因此可以说这张图所代表的林分郁闭度是 0.463。

图 7-10　彩色图像（A）与二值化结果（B）

由于照相机是利用中心投影摄取图像，越靠近镜头，边缘的图像误差会越大，因此，在野外郁闭度测定实践中，可以通过摄取林分内不同点图像，然后把各图像郁闭度均值作为测定林分的最终郁闭度。

7.2.5　单位面积碳储量测算

森林是生物库中碳的主要吸收者和储存者，碳的不同存在形式对地球环境有重要影响。在全球日益变暖的今天，掌握森林碳储量、削减大气中二氧化碳浓度，已经成为国家发展和国际贸易中必须考虑的内容，因此，如何准确测算森林碳储量成为人们普遍关注的问题。

森林碳储量估计是一个很棘手的问题，相对而言，遥感手段估计碳储量省时省力，但航摄仪通常置于飞机或卫星上，使其应用受到很大限制；由于数字相机已经非常普及，甚至智能手机都具备照相功能，如果数据源也可以是这类图像，那么这显然要比星载或机载影像更具实用性，当然，必须解决算法问题使其达到应用精度。因此，从普通图像入手，探讨适合林内图像的分类算法和碳储量预估模型，提出一种简洁高效的单位面积碳储量调查方法成为我们研究的主要目的。

森林越密集，图像前景点数也会显得越稠密；林木越高大，成像后它所占用的图像纵向像素数越多，就是说，图像中隐含着林分的疏密和大小信息。容易想到，这种“密集”“高大”的表象与林分的碳储量存在正相关关系，因此，我们提出用“密闭度”来表达林分的疏密程度，进而以此为自变量来估算林分碳储量。

假设在某空间点周围存在虚拟环幕，外围林木投影到环幕上，我们把环幕上林木点与整个环幕面积的比值称为林分密闭度，显然其区间是 [0, 1]。现在的问题是如何得到密闭度？如果在某测点用照相机环周摄影得到 n 帧图像，通过图像分析的办法抽取每张图像的密闭度，则此 n 帧图像的平均密闭度值就是该点代表的林分密闭度。

有了林分密闭度 x 后，接下来的工作就是如何基于此自变量估计森林碳储量。这时我们会利用统计模型来完成对碳储量的测算。

林业模型种类繁多，下面是几个常用的模型。

直线方程：
$$y = a_0 + a_1 x \tag{7-16}$$

幂函数曲线：
$$y = a_0 x^{a_1} \tag{7-17}$$

指数函数曲线：
$$y = a_0 \mathrm{e}^{-a_1 x} \tag{7-18}$$

单分子式曲线：
$$y = a_0\left(1 - a_1 \mathrm{e}^{-a_2 x}\right) \tag{7-19}$$

逻辑斯谛曲线：
$$y = \frac{a_0}{1 + a_1 \mathrm{e}^{-a_2 x}} \tag{7-20}$$

理查兹曲线：
$$y = a_0(1 - \mathrm{e}^{-a_1 x})^{a_2} \tag{7-21}$$

利用大兴安岭西北坡兴安落叶松的50块样地数据，测试诸多模型，最后选出较好的二参数和三参数模型如下：

$$y = -13.7046 + 150.9334x \tag{7-22}$$

$$y = \frac{127.7994}{1 + 17.7854\mathrm{e}^{-5.6630x}} \tag{7-23}$$

两个模型的决定系数分别为0.852和0.859。从散点图看，点较为分散，说明基于密闭度的碳储量估算还受其他因素影响。在野外我们能够看到，不同海拔树木的高径表现出差异，因此，我们继续把海拔因素加入到单位面积碳储量估算模型中。

引入虚拟变量 k，海拔小于750m定义 k=0，否则 k=1，那么，把海拔因素置于哪个模型参数上？经过测试，k 加入到模型如下位置能够达到较高的预测精度：

$$y = \left(b_0 + b_1 k\right) + a_0 x \tag{7-24}$$

$$y = \frac{a_0}{1 + \left(b_0 + b_1 k\right)\mathrm{e}^{-a_1 x}} \tag{7-25}$$

拟合模型，得到最终的预测模型：

$$y = -\left(8.6871 + 15.609k\right) + 157.7323x \tag{7-26}$$

$$y = \frac{131.9522}{1 + \left(14.544 + 11.2149k\right)\mathrm{e}^{-5.6991x}} \tag{7-27}$$

进一步，计算密闭度和海拔对单位面积碳储量的贡献率，数据计算结果是5.68∶1.00，说明密闭度对估计单位面积碳储量的贡献率要远大于海拔。

我们的研究表明，通过图像可以实现对单位面积林木碳储量的估计，即通过摄取林木一周的图像，就可得到以该点为中心的林木公顷碳储量，为了和材积表对应，我们姑且把这种方法称为图像表。显然，在林内照几张照片比每木检尺具有更高的效率。因此，通过建立某一树种广泛样地的图像表，然后以此为基础估计该类型的单位面积林地碳储量将可能成为未来一种全新的快速测算方法。

7.2.6　林分蓄积量测定

蓄积量是森林测定的主要因子之一，也是森林经营者最关注的指标，因此，蓄积量测定方法一直以来得到广泛的关注，材积表法、平均木法、蓄积量三要素法等都是普遍使用的方法，其共同点是烦琐、野外测定工作量大。鉴于此，我们尝试以林分图像为基础数据源，通过深度学习的方法估测林分蓄积量，旨在增加信息技术在森林测定中的应用份额，减少野外调查量。

近年来，随着计算机技术和相应核心算法的发展，深度学习技术已应用在多个领域，且成果显著，也为林业研究提供了新思路。文献显示，深度学习方法在林业中应用主要集中对空中影像的解析，它需要航空（天）器平台，通用性受到限制，且无法解决林内诸多因子的估计问题。相比之下，利用数码相机或智能手机采集的地面林分图像，不仅获取简单，而且可以解决小样方内的树种识别和林分蓄积量估测等工作。因此，我们首先利用深度学习的方法对地面林分图像中的林木进行精确分割和分类，并取分割和分类后的像素信息，进一步应用生物统计模型的方法估计林业蓄积量。具体步骤如下。

首先，利用 vgg16 模型预训练完成的 UNet 网络，对复杂背景下的地面林分树种图像进行语义分割，对单幅地面林分图像中树木类型和数量进行精确的分割和检测，并计算出分割后的每个树种的像素数占整个图像总像素数的比值。

其次，对已经提取到的各个树种像素数占整个图像总像素数的比值做加权计算，将其作为自变量，林分蓄积量为因变量，采用非线性混合效应模型，构建加权像素百分比-林分蓄积量估测模型。求解出不同树种各自对应的林分蓄积量估测方程，解决不同森林类型下林分蓄积量的差异。

7.2.6.1　UNet 结构

从方法论的角度来看，林木识别和检测可以看作一个语义分割问题。因此，我们对树种图像进行语义分割采用的方法为 UNet 网络模型。UNet 通俗来讲也是卷积神经网络的一种变形，具体来说是在全卷积网络的基础上进行改进，因其结构形似字母 U，故得名 UNet。

整个 UNet 模型主要由两部分组成：收缩路径和扩展路径。收缩路径主要是用来捕捉图像中的上下文信息，提取出来的高像素特征会在上采样过程中与新的特征图进行结合，最大程度地保留前面下采样过程中一些重要的特征信息。而为了能使网络结构更高效地运行，结构中没有设置全连接层，这样可以很大程度地减少训练参数的数量，并得益于特殊的 U 形结构从而可以很好地保留图片中的所有信息。收缩路径上，每一个网络层都包含 3×3 的卷积层，并且每个卷积层后面采用 ReLU 激活函数。研究中为了让网络更好地收敛，加入 Batch Normalization 层。采用 2×2 的最大池化法，步长设置为 2，来对原始图片进行降采样操作。

而与之相对应的扩展路径则是为了对图片中所需要分割出来的部分进行精准定位。在扩展路径中，每一层网络层都包含 3×3 的卷积层，上卷积中，每一步会有一个 2×2

的卷积层，步长设置为 2，激活函数也是 ReLU，也加入 Batch Normalization 层。

由于我们用于图像分割的数据集由 3000 张图像组成，若采用从头开始训练模型的方式，对计算机硬件要求较高，且训练时间较长。因此为了提高训练效率，节约硬件资源，决定采用迁移学习的方式，将 vgg16 模型在 ImageNet 图像数据集上学习得到的知识迁移到树种图像分割任务中。

通用起见，我们对大兴安岭常见的几个常见树种统一考虑，树种的分割结果分别用不同颜色进行显示，红色代表白桦，绿色代表山杨，蓝色代表落叶松，紫色代表樟子松，黑色代表无关背景。图 7-11 是一个分割结果。

A. 原图　B. 分类结果

图 7-11　山杨、白桦、落叶松混交林分图像分类

7.2.6.2　蓄积量估计

考虑到林分在各个方向的密度会不一致，因此，获取林分内部图像时采用从磁北方向开始按顺时针每隔 45° 拍摄 1 张图像，将每周 8 张作为 1 组用来估计林分蓄积量的策略，组中各树种像素数合计占本组全部树种像素数合计的百分比作为估计单位面积蓄积量的自变量。假设样地内有 m 个树种，第 i 树种在第 j 张图像内的像素数是 p_{ij}，则把 x_i 作为估计样地内 i 树种的单位面积蓄积量 y_i 的自变量。如果 m=1 表明是纯林，那么根据 $y_i(i=1, 2, \cdots, m)$ 可以计算树种组成。

$$x_i = \frac{\sum_{j=1}^{8} p_{ij}}{\sum_{i=1}^{m}\sum_{j=1}^{8} p_{ij}} \tag{7-28}$$

借用非线性混合效应模型的估计方法，我们把树种作为分类变量，通过对大量数学模型的测试，最后使用式（7-29）来估计单位面积上的林分蓄积量。

$$y = \left(a + s_i\right) x^b \tag{7-29}$$

式中，a、b 是模型参数，s_i 是与树种相关的调整参数，s_1、s_2、s_3、s_4 分别代表兴安落叶松、白桦、樟子松和山杨。模型拟合参数与评价指标见表 7-1。

表 7-1　模型拟合参数与评价指标

参数				评价指标			
项目		a	b	R^2	RMSE	AIC	BIC
固定效应		1062.31	1.348				
随机效应	s_1	−66.538		0.807	30.539	759.7	778.76
	s_2	−379.991					
	s_3	457.201					
	s_4	−10.672					

注：表中参数在显著性水平为 0.05 下 t 检验均显著

最终，兴安落叶松、白桦、樟子松和山杨的蓄积量计算式分别为：y=995.771$x^{1.348}$、y=682.318$x^{1.348}$、y=1519.510$x^{1.348}$、y=1051.637$x^{1.348}$。

7.3　天然次生林空间模拟与可视化技术

7.3.1　数据与方法

7.3.1.1　数据

基于无人机遥感的森林参数提取系统以小型无人机平台搭载传感器（激光雷达、可见光、多光谱等）为基础，通过外业作业获取正射影像和激光点云数据。数据获取作业技术指标航线设计及飞行如下。

1. 激光雷达作业技术指标

1）激光雷达设计飞行方向须沿样区中样块的长边。

2）激光雷达扫描角范围为−60° 至+60°，航带重叠率不低于 85%（在−15° 至+15° 范围内，保证样带和样区激光点云全覆盖）。

3）整体点密度优于 25 点/m^2。

4）对点云数据进行预处理（如去噪、航带匹配、坐标转换等），生成预处理后的点云数据（las 格式），GPS 时间单位为 s，GPS 时间值不少于小数点后 6 位数字。

5）进行点云分类，区分地面、建筑、植被和其他，在分类后的点云数据基础上生成数字高程模型（digital elevation model，DEM）、数字表面模型（digital surface model，DSM）、冠层高度模型（canopy height model，CHM），空间分辨率 0.2m。

6）激光雷达的差分基站采用千寻差分信号的固定解坐标。

2. 正射影像作业技术指标

1）外业获取真彩色影像，航向重叠率不低于 80%，旁向重叠率不低于 70%，航飞分辨率不低于 0.1m。

2）需对获取数据进行后期空三、正射纠正和镶嵌处理，提交 DOM 成果。DOM 成果要求图幅无扭曲、拉花、变形、错位，图幅颜色要求拼接过渡自然，图幅整体色调自然。

3）DOM 空间分辨率需优于 0.1m；地物点相对于最近野外平面控制点的点位中误差与邻近地物点间距中误差不大于表 7-2 规定。

表 7-2　DOM 平面位置中误差　（单位：m）

比例尺	平地、丘陵地（坡度＜6°）	山地、高山地（坡度≥6°）
1∶1000	±0.60	±0.80

图幅精度需优于 1∶1000 比例尺精度，中误差控制在图上距离的 0.8mm，即 0.8m。最大误差控制在 1.6m 以内。

4）影像的差分基站采用千寻差分信号的固定解坐标。

3. 激光雷达航线设计及飞行作业

用无人机激光雷达系统，选择合适的起飞场地，架设基准站，量测基准站斜高，并使用千寻差分测量出该基准站的坐标值。设备通电后，静止保证 POS 系统能够处于最佳的工作状态，之后飞机升空先飞行 W 航线，再按照设计航线沿测区长边、采用仿地飞行的方式飞行，数据采集完成后，再次飞行 W 航线，静止，关掉 POS 系统，地面 GPS 接收机待飞机关掉 POS 系统后，再次使用移动站模式测量架站处坐标，之后 GPS 设备关机。

激光雷达需按照测区长边进行飞行，并且需要参考测区地形进行仿地飞行，最终按照航点的方式进行飞行设计，航线可参考图 7-12 类型进行设计。

图 7-12　激光雷达航测航线参考

4. 正射影像航线设计及飞行作业

正射影像数据获取分可见光与多光谱两种类型数据获取，其航线与飞行作业方式一致。利用无人机系统的仿地飞行能力，将该区域的 DEM（SRTM）导入遥控器，即可在遥控器中规划仿地飞行航线。航线通常采用平行线的形式，但需根据地形确定航线的朝向（图 7-13）。

对于正射影像地面分辨率，在规划正射影像航线时应结合调查需要，结合航高与相机类型通过地面采用距离（ground sampling distance，GSD）公式进行计算，确定航向重叠度、旁向重叠度和航高后，航线规划软件将自动规划出航线。

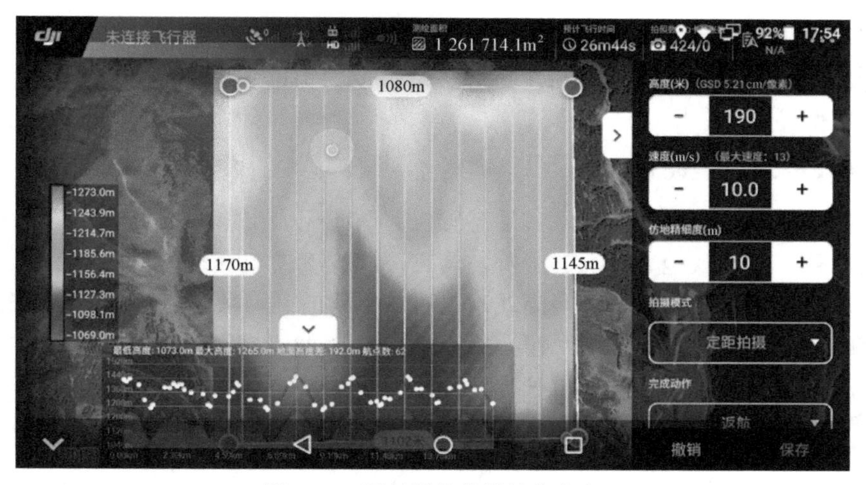

图 7-13　正射影像航测航线参考

$$\mathrm{GSD}=\frac{H\times \mathrm{Pix}}{f}=L\times \mathrm{Pix} \tag{7-30}$$

Pix 为相机像元大小：

$$\mathrm{Pix}=\frac{\mathrm{Px}}{\text{像素长}}=\frac{\mathrm{Py}}{\text{像素宽}} \tag{7-31}$$

L 为摄影比例尺：

$$L=\frac{H}{f} \tag{7-32}$$

式中，H 为航飞高度（m），f 为相机焦距（m），Px、Py 为相机 CCD 尺寸的长和宽。

航线基线长：

$$\mathrm{Bx}=\mathrm{Py}\times L\times(1-\mathrm{Dx}\%) \tag{7-33}$$

$$\mathrm{By}=\mathrm{Px}\times L\times(1-\mathrm{Dy}\%) \tag{7-34}$$

式中，Bx 为航向基线长，By 为旁向基线长；Dx 为航向重叠度，Dy 为旁向重叠度。

7.3.1.2　方法

在无人机数据采集正射影像和点云数据（激光点云、摄影测量点云）的基础上，通过构建相应的模型进行林木分割，以分割结果为基础，提取林木位置、冠幅、树高等因子。其中图像分割是关键内容，主要在此基础上采用 K-Means 聚类，使用期望最大化算法（expectation-maximization）来进行混合高斯密度估计（density estimation）算法进行求解。

7.3.2　基于无人机采集数据的林木参数提取

7.3.2.1　林分航测与数据预处理

基于小型无人机平台传感器的森林参数提取系统，以小型无人机平台各类传感器

（Lidar、CCD、Sequoia、RedEdge 等）采集的数据为基础，结合空三加密算法、滤波、图像特征匹配、机器学习等算法构建森林参数提取所需的正射影像、DEM、三维场景、激光点云数据等成果数据。

1. 正射影像数据生成

正射影像是具有正射投影性质的遥感影像。原始无人机影像因成像时受传感器内部状态变化、外部状态及地表状况的影响，均有不同程度的畸变和失真。对影像的几何处理，不仅提取空间信息，如绘制等高线，也可按正确的几何关系对影像灰度进行重新采样，形成新的正射影像。立体摄影测量数据处理指以外业成果为基础，进行内业数据匹配、拼接生成所需的点云、正射影像、三维场景数据。具体流程见图 7-14。

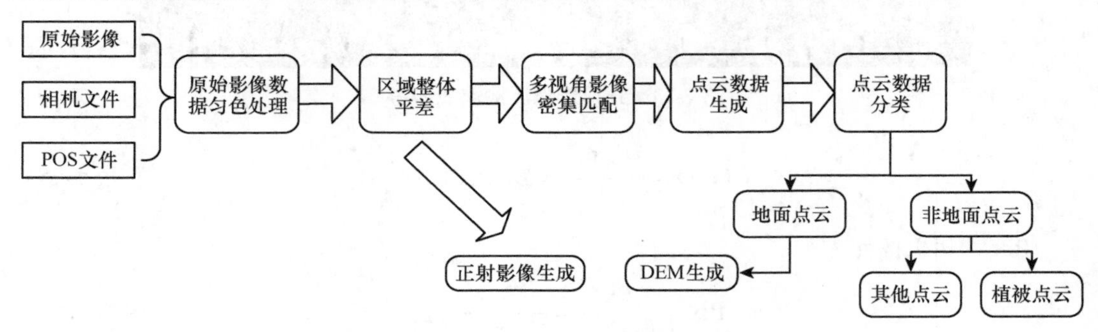

图 7-14　无人机正射影像数据处理流程

原始影像数据匀色处理：从原始影像集中选择一张色调饱和、符合森林参数提取和场景构建所需的影像图片，将其他图像的色调进行处理，使一次任务测区图片色调基本一致的处理方法。

区域整体平差：结合测区航线、GCP、空三加密算法对测区符合要求的图像进行地理匹配，对所有坐标进行校正使之符合精度要求，并与基础数据匹配。

多视角影像密集匹配：在地理匹配与空三匹配的基础上，应用 SLAM 算法进行摄影测量的密集点云影像匹配。

点云数据生成：在密集匹配的基础上，生成密集点云，并进行交互式数据检查与修正。

点云数据分类：在密集点云的基础上，利用 CSF 算法提取地面点云，并将其他点云数据设置为非地面点云。

DEM 生成：利用提取的地面点云生成 DEM 数据。

正射影像生成：结合生成的 DEM 与无人机图像数据，通过拼接线生成正射影像数据。

2. 机载激光点云数据处理

机载激光点云数据处理分为预处理与分类后处理，其中预处理主要实现对无人机平台航迹的解算，以及通过对激光测距数据、IMU 姿态数据、DGPS 数据及扫描角数据进行相应的处理，计算出激光脚点的三维坐标信息；通常采用激光传感器厂商提供软件实现。分类后处理则根据具体应用需要进行数据处理和分割等（图 7-15）。

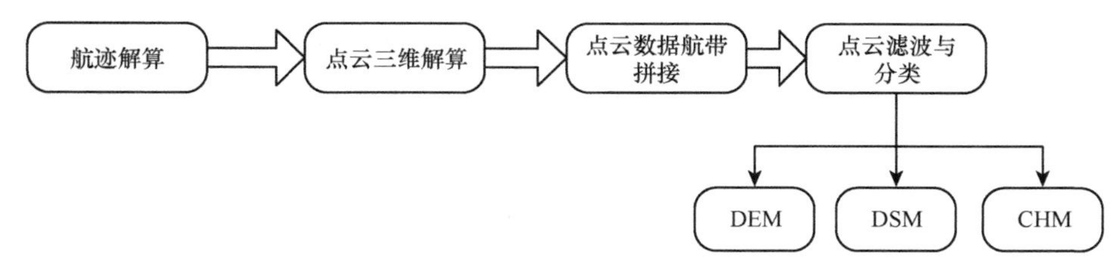

图 7-15　无人机激光雷达数据处理流程

在这些过程中以点云滤波与分类工作对后期林分参数提出尤为重要，其中 DEM 数据的生成亦同样采用 CSF 算法进行地面点云数据的提取和处理。

冠层高度模型（CHM）：是开展次生林林木参数提取、林分结构分析重要的基础数据，通常采用式（7-35）获取：

$$\mathrm{CHM}=\mathrm{DSM}-\mathrm{DEM} \tag{7-35}$$

7.3.2.2　林分点云数据分割与参数提取

在无人机数据采集正射影像和点云数据（激光点云、摄影测量点云）的基础上，通过构建相应的模型进行林木分割，以分割结果为基础，提取林木位置、冠幅、树高等因子。

1. 基于高斯分布的林木点云分割

假定对于给定的类别，距离聚类中心越近，属于该类别的可能性就越大，而林木点云具有聚类的分布特点（图 7-16）。

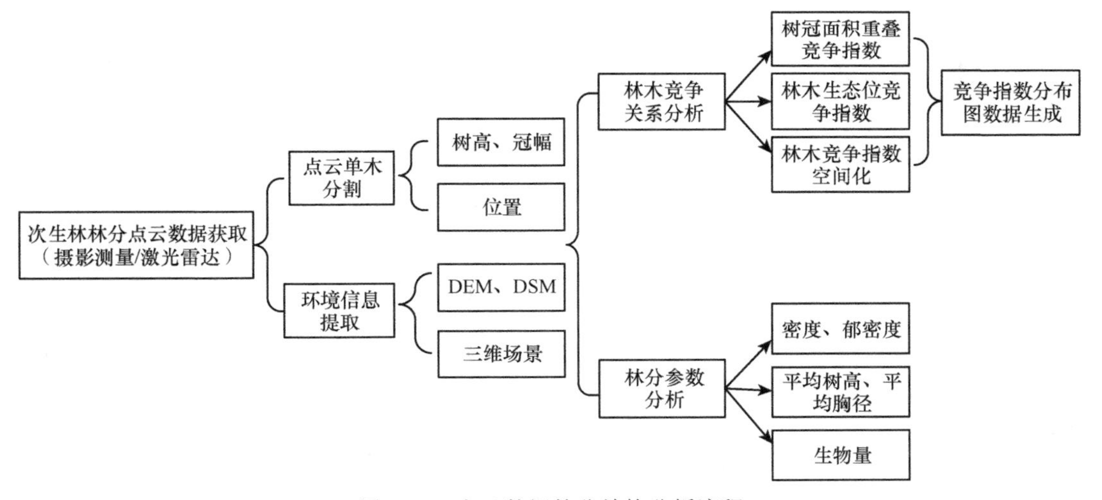

图 7-16　点云数据林分结构分析流程

高斯分布密度函数为

$$p(x)=\frac{1}{\sqrt{2\pi}}\exp\left(-\frac{x^2}{2}\right) \tag{7-36}$$

$$p(x,y)=p(x)p(y)=\frac{1}{\sqrt{2\pi}}\exp\left(-\frac{x^2+y^2}{2}\right) \tag{7-37}$$

但是林分林木点云很少存在单高斯分布的情况，由于次生林林分的复杂性，林木点云呈现的是聚合而且混杂的趋势，因此使用单一的高斯分布对林木分布进行拟合可能存在较大误差，此时需要考虑多高斯分布的情况。

$$p(x)=\sum_{k=1}^{K}\pi_k N\left(x\mid\mu_k,\sum_K\right) \tag{7-38}$$

式中，$N(x|\mu_k)$ 表示为均值为 μ_k 协方差矩阵为 $\sum_K$ 的高斯分布，实际上高斯混合分布可以看作 K 个高斯分布的求和。而理论上无限个高斯函数可以拟合任意分布，因此只要在 K 足够大的情况下可以对任意分布进行拟合。

（1）对于林分内林木株数已知的点云林木分割

在假设已知林分中林木株数即高斯模型数量的情况下，对于一个林分的林木分布函数即混合高斯分布模型的求解实际上就是每一株林木对应的高斯模型的参数 μ 和$\sum$的求解，一般来说就是使得所有样本都分到最大概率的那一类中，采用的方法一般是最大似然方法，公式表示为

$$f=\prod_{i=1}^{N}p(x_i) \tag{7-39}$$

实际上由于概率都小于 1，在连乘过程中容易出现精度不足的现象，因此通过取对数将连乘转换为累加进行处理。即将高斯混合分布的公式代入式（7-39）并去对数，则参数求解问题转换为

$$\max\sum_{i=1}^{N}\log\left[\sum_{k=1}^{K}\pi_k N\left(x_i\mid\mu_k,\sigma_k\right)\right] \tag{7-40}$$

对于求极值问题一般都是求导，然后导数等于 0 进行求解，但是式（7-40）太复杂，求导过于复杂，因此不建议采用求导的方式求极值，一般来说是采用 E-M 方法进行求解。实际上对于式（7-40）的 E-M 求解这里有一个训练的过程，一般来说给的训练数据都是 (x, label)，即数据与其所属类别，对于样本 x 它属于某一个类别 k 的概率为

$$\omega_k(k)=\frac{\pi_k N\left(x\mid\mu_k,\sigma_k\right)}{\sum_{j=1}^{K}\sigma_j N\left(x\mid\mu_j,\sigma_j\right)} \tag{7-41}$$

在这里是假设所有类别的均值和协方差矩阵都是已知的，从而判断样本属于类别 k 的概率，因此我们是需要给出一个初始值的。由给定的初始值就可以计算出属于每一类的概率，对于每一类实际是计算其期望和方差，因此已知每一个样本属于某一类后，每一类的期望和方差的计算方法就是

$$\mu_k=\frac{1}{N}\sum_{i=1}^{N}\omega_i(k)x_i \tag{7-42}$$

$$\sigma_k=\frac{1}{N}\sum_{i=1}^{N}\omega_i(k)\left(x_i-\mu_i\right)\left(x_i-\mu_i\right)^{\mathrm{T}} \tag{7-43}$$

$$N_k=\sum_{i=1}^{N}\omega_i(k) \tag{7-44}$$

分析上面的公式，我们可以根据样本对每一类的均值及方差进行重新估计，得到新的均值和方差，并以此迭代最终达到收敛。最简单的实现方式为 K-Means 方式，通过迭代实现聚类。

（2）对于林分内林木株数未知的点云林木分割

现实情况下，对于某林分而言，其林木株数为一个未知数，因而 K 未知，那么在此情况下求解就与上述的求解方式有着区别。因为在进行参数估计的时候还需要对类别数目有一个估计，实际上给定的类别数目越多估计肯定越准确，但是如果给定类别数目过多可能出现过拟合的现象，所以需要对类别数目有一个约束，通常情况下有 3 种约束方式：L_0、L_1、L_2 约束。解释一下，0 范约束表示类别前系数 π_i 不为 0 的情况尽量多，1 范约束表示类别前系数 π_i 的 1 范值尽量小，2 范约束表示类别前系数 π_i 的 2 范值尽量小。从误差的角度来说，若将混合高斯分布看作对真值的拟合，则误差描述为

$$E(x) = f(x) + r \tag{7-45}$$

式中，$f(x)$ 为拟合误差，r 为约束项，实际上应使得误差最小，然后将高斯分布代入到以上的计算过程中；则有

$$E(x) = p_t(x) - p(x) + r = p_t(x) - \sum_{k=1}^{K} \pi_k N\left(x|\mu_k, \sum_K\right) + \alpha \sum_i^k |\pi_i| \tag{7-46}$$

式（7-46）加上了 L_1 约束，则在求解过程中高斯分布的数目都是需要求解的，同样采用 E-M 方法进行求解，但是在求解过程中还需要对 K 值进行调整使其达到最佳值。实际上 α 是对稀疏度的约束，在求解过程中能够体现出来，值越大则越稀疏，越小则稀疏度越低。

（3）K-Means 方法

K-Means 方法是输入聚类个数 k，以及包含 n 个数据对象的数据库，输出满足方差最小标准的 k 个聚类。同一聚类中的对象相似度较高；而不同聚类中的对象相似度较小。聚类相似度是利用各聚类中对象的均值所获得一个“中心对象”（引力中心）来进行计算的。

K-Means 方法的基本步骤：① n 个数据对象任意选择 k 个对象作为初始聚类中心。②根据每个聚类对象的均值（中心对象），计算每个对象与这些中心对象的距离；并根据最小距离重新对相应对象进行划分。③重新计算每个（有变化）聚类的均值（中心对象）。④计算标准测度函数，当满足一定条件，如函数收敛时，则算法终止；如果条件不满足则回到步骤②。

（4）E-M 方法

使用期望最大化算法（expectation-maximization）来进行混合高斯密度估计（density estimation）算法基本步骤如下。

循环以下步骤，直至收敛：{

（E 步）对于每个点，计算

$$\omega_j^{(i)} := p\left[z^{(i)} = j \mid x^{(i)}; \phi, \mu, \sum\right] \tag{7-47}$$

（M 步）更新参数

$$\phi_j := \sum_{i=1}^{m} \omega_j^{(i)} \tag{7-48}$$

$$\mu_j := \frac{\sum_{i=1}^{m} \omega_j^{(i)} x^i}{\sum_{i=1}^{m} \omega_j^{(i)}} \tag{7-49}$$

$$\sum\nolimits_j := \frac{\sum_{i=1}^{m} \omega_j^{(i)} \left(x^i - \mu_j\right)\left(x^i - \mu_j\right)^{\mathrm{T}}}{\sum_{i=1}^{m} \omega_j^{(i)}} \tag{7-50}$$

（5）算法实现

采用 Python 语言，在 Scikit-learn 算法库的支撑下，将点云数据转换为 ASCII 文件后使用 Scikit-learn 算法库进行分析处理，处理结果见图 7-17。

```
import joblib as jbb
from sklearn.mixture import GaussianMixture
df=pd.read_csv("/content/drive/My Drive/Colab Notebooks/LiAir_S220_og_subset1.csv")
df2d=df.loc[:,["X","Y"]]
gmm32_2d = GaussianMixture(n_components=32)
gmm32_2d.fit(df2d)
jbb.dump(gmm32_2d, 'gmm32_2d.model')
labels = gmm32_2d.predict(df2d)
plt.figure(figsize=(15,15))
plt.scatter(df2d.X,df2d.Y, c=labels, s=40, cmap='viridis');
```

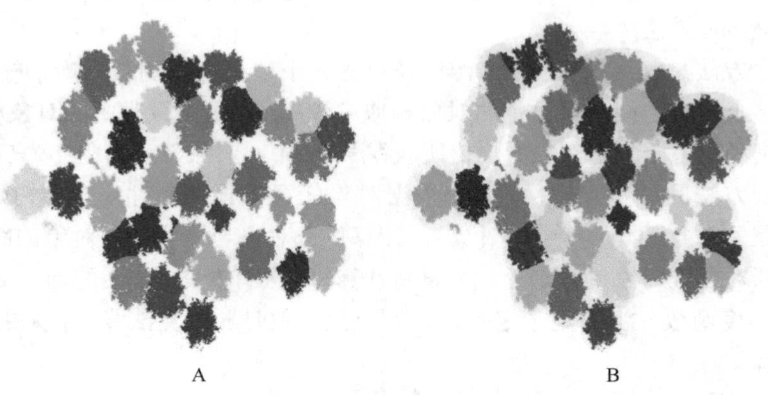

图 7-17　基于混合高斯模型的林木分割结果

7.3.3　次生林林分结构指标可视化

林分结构是林分特征的重要内容，林分结构研究是经营森林的理论基础。表达林分结构的指标，按传统森林经理学的研究方法，主要以树种组成、年龄、直径、树高、形数、林层、密度和蓄积量等指标描述。这些指标在描述林分的数量特征时是不可缺少的，它们提供了森林经营的基础信息。林分结构因子通常包括树种、年龄、直径、树高及个体分布格局等。林分结构包含着林分所有的信息，通过林分调查获得林分各种信息，为林分的科学经营管理提供依据。同时，林分的结构决定林分的功能，有什么样的林分结构，就有相应的林分功能。反之，林分功能的强弱，能够反映林分结构的合理与否。

林分结构包括空间结构和非空间结构。非空间结构包括直径结构、生长量和树种多样性等，空间结构包括林木空间分布格局、混交、大小分化 3 个方面。林分结构是个外在的空间概念。目前已经提出很多量化林分结构的方法，主要分为两类。①非空间方法：非空间方法是用来描述林分平均特征，不受林分相对位置的约束。非空间指数可以量化垂直结构、水平结构和物种多样性，如香农-维纳多样性指数、辛普森优势度指数、植物高指数、垂直物种层面和林分内多样性指数等。②空间方法：空间方法又可分为用空间指数表达的方法和建立在空间统计技术基础上的方法。这些方法在描述林分结构时都把林木位置考虑进去。

7.3.3.1　次生林林分空间结构指标

传统的林分结构分析多以数表形式为主，可反映林分的总体状况，但难以真实反映林分林木真实情况，本研究以林分结构空间分析方法为主，通过结合林木位置信息重点研究。

1. 潜在可利用面积指数

潜在可利用面积指数需要每株树周围的多边形结构，每株树之间的距离在恰当的角度被分为两部分。这些多边形被认为是生长的潜在可利用面积。

2. 大小比指数

大小比指数是距离隐含的竞争指数。结合惠刚盈等于 2007 年提出的描述林木大小分化和反映树种优势的林分空间结构参数，其值越小，表明比中心木大的相邻木越少。用公式表示为

$$U_i = \frac{1}{n}\sum_{j=1}^{n} k_{ij} \tag{7-51}$$

式中，U_i 为大小比数，n 为中心木 i 的相邻木数，k_{ij} 为离散型变量。

$$k_{ij} = \begin{cases} 0 & d_j < d_i \\ 1 & d_j \geqslant d_i \end{cases} \tag{7-52}$$

式中，d_j、d_i 分别为相邻木与中心木的度量变量，一般采用胸径、树高、冠幅及生物量等。

3. 株距指数

株距指数（SI）也称空间指数或相对空间。

4. 竞争压力指数

竞争压力指数用于表明林木间的竞争压力，与对象木和竞争木的树冠重叠面积相关。

$$\mathrm{CSI}_i = 100 \times \left[\frac{\sum \mathrm{AO}_{ij} + A_i}{A_i} \right] \tag{7-53}$$

式中，CSI_i 为对项目的竞争压力指数；AO_{ij} 是竞争木 j 和对象木 i 影响圈重叠面积；A_i 是对象木 i 的影响圈。以此为基础派生出以下算法，见表 7-3（曹小玉等，2016）。

表 7-3 竞争指数计算式

竞争指标	表达式形式	说明
Staebler 指数（AO-COD）	$\text{AO}-\text{COD}=\sum_{j=1}^{n}D_{ij}$	D_{ij} 为对象木与竞争木 j 重叠的距离
Hegyi 指数（H）	$H=\sum_{j=1}^{n}\frac{D_j}{D_i}\times\frac{1}{d_{ij}}$	D_i、D_j 分别为对象木 i 与竞争木 j 的胸径，d_{ij} 为 i 与 j 之间的距离
Lorimer 指数（L）	$L=\sum_{j=1}^{n}\frac{D_j}{D_i}$	D_i、D_j 分别为对象木 i 与竞争木 j 的初期胸径
Daniels 竞争指数（D）	$D=\frac{d_i^2}{\sum_{j=1}^{n}d_j^2}$	d_i、d_j 分别为对象木 i 与竞争木 j 的初期胸径
Bella 竞争指数（CIO）	$\text{CIO}=\sum_{j=1}^{n}\frac{\text{ZO}_{ij}}{\text{ZA}_i}\left[\frac{D_j}{D_i}\right]$	ZO_{ij} 为对象木 i 与竞争木 j 冠幅重叠的面积，ZA_i 为对象木 i 的冠幅面积，D_i、D_j 分别为 i 与 j 的初期胸径
Martin & Ek 指数（ME）	$\text{ME}=\sum_{j=1}^{n}\frac{D_j}{D_i}\times e^{-\left[\frac{16d_{ij}}{D_i+D_j}\right]}$	D_i、D_j 分别为对象木 i 与竞争木 j 的初期胸径，d_{ij} 为 i 与 j 之间的距离
Gerrard 指数（GC）	$\text{GC}=\sum_{j=1}^{n}\frac{\text{ZO}_{ij}}{\text{ZA}_i}$	ZO_{ij} 为对象木 i 与竞争木 j 冠幅重叠的面积，ZA_i 为对象木 i 的冠幅面积
Biging & Dobbertin 指数（CC）	$\text{CC}=\sum_{j=1}^{n}\frac{\text{CC}_j}{\text{CC}_i\left(d_{ij}+1\right)}$	以对象木树高 66% 为基准高，CC_j 为竞争木 j 在基准高的横断面积；CC_i 为对象木 i 在基准高的断面积，d_{ij} 为 i 与 j 之间的距离

竞争木的确定主要通过竞争范围来确定，通常采用 Voronoi 图或加权 Voronoi 图来确定或基于沈琛琛等（2012）提出采用对象木与周围相邻木之间的距离小于二者树高之和的一定倍数（1/4、1/6、1/8）时，即可确定为对象木的竞争木，即以相对动态的固定半径方法确定竞争木的个数。

5. 混交度

计算林分内各树种的占比及其占比分布情况，主要混交度计算方法如表 7-4 所示。

表 7-4 混交度计算式

混交度	表达式	说明
简单混交度	$M_i=\frac{1}{n}\sum_{j=1}^{n}v_{ij}$	M_i 为中心木 i 的混交度，n 是中心木 i 的相邻木株数，v_{ij} 为离散型变量，当中心木 i 的第 j 株相邻木与中心木 i 为不同树种时，v_{ij}=1；否则，v_{ij}=0
多样性混交度	$M_i=\frac{n_i}{n^2}\sum_{j=1}^{n}v_{ij}$	M_i 为中心木 i 的混交度，n 是中心木 i 的相邻木株数，n_i 为中心木 i 的 n 株最近邻近木中不同树种的个数，v_{ij} 为离散型变量，当中心木 i 的第 j 株相邻木与中心木 i 为不同树种时，v_{ij}=1；否则，v_{ij}=0

续表

混交度	表达式	说明
树种分隔程度	$M_{s_i}=\frac{s_i}{5}M_i$	M_{s_i} 为以中心木 i 及其最近邻近木组成的空间结构单元的物种空间状态，s_i 为结构单元中的树种数，M_i 为树种混交度
物种多样性辛普森指数	$M_{c_i}=\frac{M_i}{2}\left(1-\sum_{j=1}^{s_i}p_j^2+\frac{c_i}{n_i}\right)$ $M_{c_i}=\frac{1}{2}\left(D_i+\frac{c_i}{n_i}\right)\times M_i$	M_{c_i} 为中心木 i 点的全混交度；M_i 为中心木 i 的简单混交度；s_i 为中心木 i 所在空间结构单元内的树种个数；n_i 为相邻木中不同树种的个数，p_j 是空间结构单元中第 j 树种的株数比例，D_i 为中心木 i 所在空间结构单元的辛普森优势度指数
辛普森指数	$D_i=1-\sum_{j=1}^{s_i}p_j^2$	设种 i 的个体数占群落中总个体数的比例为 p_j，那么，随机取两个个体的联合概率就为 p_j^2。将群落中全部种的概率合起来，就可得到辛普森指数

6. 林分林木空间格局指标

林木空间分布格局以林分为整体研究对象，是单株林木生长特征、竞争植物及外部环境因素等综合作用的结果，分为聚集、随机和均匀分布。如何定义和量化林木空间分布格局一直是林木空间分布研究的重点与热点问题，林木分布格局指数按照与距离的相关性，分为与距离有关的和与距离无关的两种空间分布格局指数（表 7-5）。结合整体任务设计和数据情况，本研究以与距离有关的空间分布格局指数为主要研究对象。

表 7-5　林分林木空间格局指标表达式

空间分布格局指标	表达式	说明
聚集指数	$R=\dfrac{\frac{1}{N}\sum_{i=1}^{N}r_i}{\frac{1}{2}\sqrt{\frac{F}{N}}}$	r_i 为第 i 株林木与其最近相邻木之间的距离，N 为林分林木株数，F 为林分面积
聚集指数 Donnelly 修正式	$R=\dfrac{\frac{1}{N}\sum_{i=1}^{N}r_i}{\frac{1}{2}\sqrt{\frac{F}{N}}+\frac{0.0514p}{N}+\frac{0.041p}{N^{\frac{3}{2}}}}$	p 为林分周长
Ripley's K 函数	$\hat{K}(d)=A\sum_{i=1}^{N}\sum_{j=1}^{N}\frac{\delta_{ij}(d)}{N^2},i\neq j$ $\hat{L}(d)=\sqrt{\frac{\hat{K}(d)}{\pi}}-d$	N 为林分林木株数，A 为林分面积，d 为空间距离，d_{ij} 为林木 i 与 j 之间的距离，当 $d_{ij}\leqslant d$ 时 $\delta_{ij}(d)=1$，否则 $\delta_{ij}(d)=0$；当 $\hat{L}(d)=0$，林分呈随机分布，$\hat{L}(d)>0$，林分呈聚集分布，$\hat{L}(d)<0$，林分呈均匀分布

7. 林木角尺度

对林分内林木个体在水平面上的格局进行分析，惠刚盈和克劳斯·冯佳多（2003）提出一种不用测量林木间距离的结构参数——角尺度，其结果既可用单个林木值的分布，又可以用具有说服力的林分值，从而使一个详细的林分结构分析和接近实际的林分重建成为可能。

$$W_i=\frac{1}{N}\sum_{j=1}^{n}Z_{ij} \tag{7-54}$$

式中，$Z_{ij}=\begin{cases}1 & \alpha_j<\alpha_0\\0 & \alpha_j\geqslant\alpha_0\end{cases}$，$N$ 为对象木株数之和，n 为相邻木的对象木株数。

7.3.3.2 次生林林分结构指标可视化

传统的林分结构分析结果以数表为主，难以支撑经营措施的精准实施。结合 GIS 的空间分析和空间插值方法，以林木位置为基础，采用各类指标为标量开展面向空间分析与空间插值的结构指标空间分布方法进行研究，以图的方式承载林分的指标数据；为经营措施的“有的放矢”提供高精度的基础数据。

1. 林分林木关系可视化

以林木位置为基础，对林木分布区域进行德洛奈（Delaunay）三角化，构建 Voronoi 图，以其多边形面积表示林木影响范围，计算相应的 Voronoi 图的角尺度、基于德洛奈三角网的集聚指数和 Voronoi 图多边形面积的变异系数等参数，结合样木位置、冠幅、胸径等信息，基于德洛奈三角化分析林木间关系指标，并进行竞争关系的交互式查询分析（图 7-18，图 7-19）。

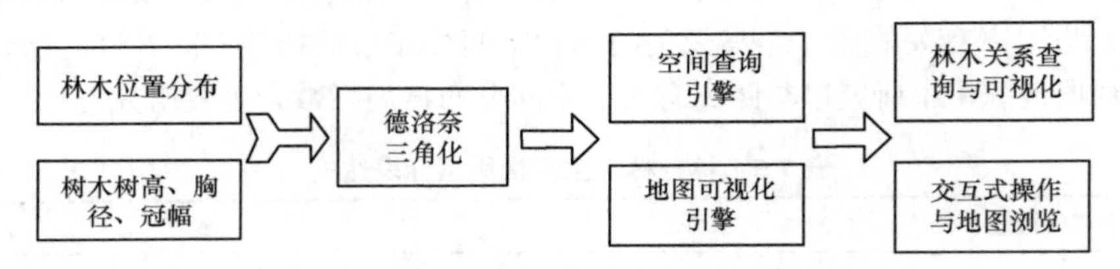

图 7-18 林木德洛奈关系图生成

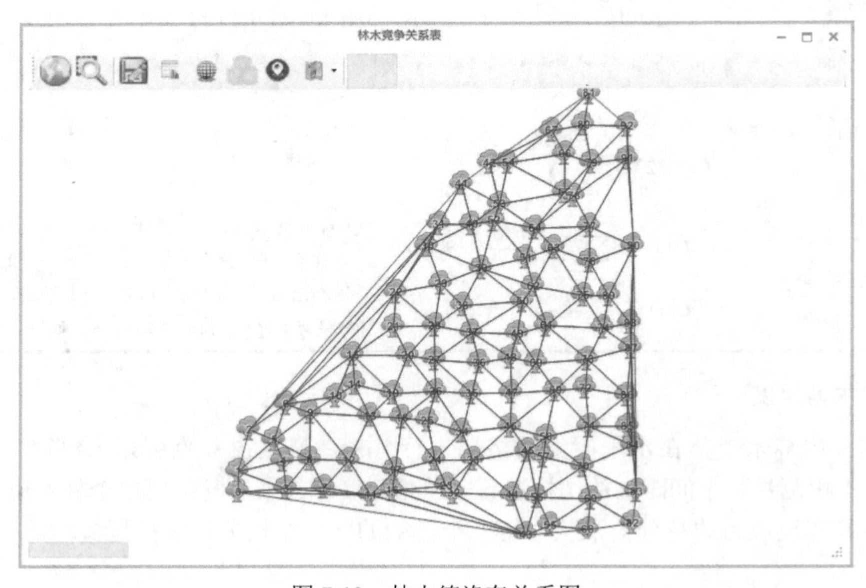

图 7-19 林木德洛奈关系图

2. 林分空间生态位可视化

在林木间关系的基础上，以 Voronoi 图、热力图、蜂窝网格图等为载体，实现对林分结构指标图的生成。

林分空间结构图以林木空间分布为基础，构建 Voronoi 图，所生成的多边形都有唯一的林木与之相关联，其内任一点到该林木的距离总小于到其他林木的距离。该多边形定义为林木的“影响圈”，即林木所占据的空间生态位，反映了林木间相互作用及对环境适应的结果，其面积或周长度量了该空间的大小，其面积的倒数则表示该林木的点密度（图 7-20）。一定范围内 Voronoi 多边形平均面积 $\overline{s}$ 的倒数则表示该区域内林木的空间密度 ρ，即

$$\rho = \frac{1}{\overline{s}} \tag{7-55}$$

式中，$\overline{s} = \frac{1}{n}\sum_{i=1}^{n} s_i$，$s_i$ 为单株林木 Voronoi 多边形的面积。刘帅等（2014）提出使用变异系数（coefficient of variation，CV）来衡量 Voronoi 多边形面积的相对变化，其表达式为

$$\mathrm{CV} = \frac{\sigma}{\overline{s}} = \frac{\sqrt{\frac{1}{n}\sum_{i=1}^{n}\left(x_i - \overline{x}_i\right)^2}}{\frac{1}{n}\sum_{i-1}^{n} x_i} \tag{7-56}$$

式中，σ 是 n 个彼此邻接的 Voronoi 多边形面积的标准差，$\overline{s}$ 是其面积均值，x_i 表示第 i 个 Voronoi 多边形的面积，$\overline{x_i}$ 表示第 i 个 Voronoi 多边形及其相邻 Voronoi 多边形面积的均值，并证明 Voronoi 图变异系数和角尺度存在显著的正相关关系，表明基于 Voronoi 图的格局分析方法同样能有效刻画林木空间分布特征。

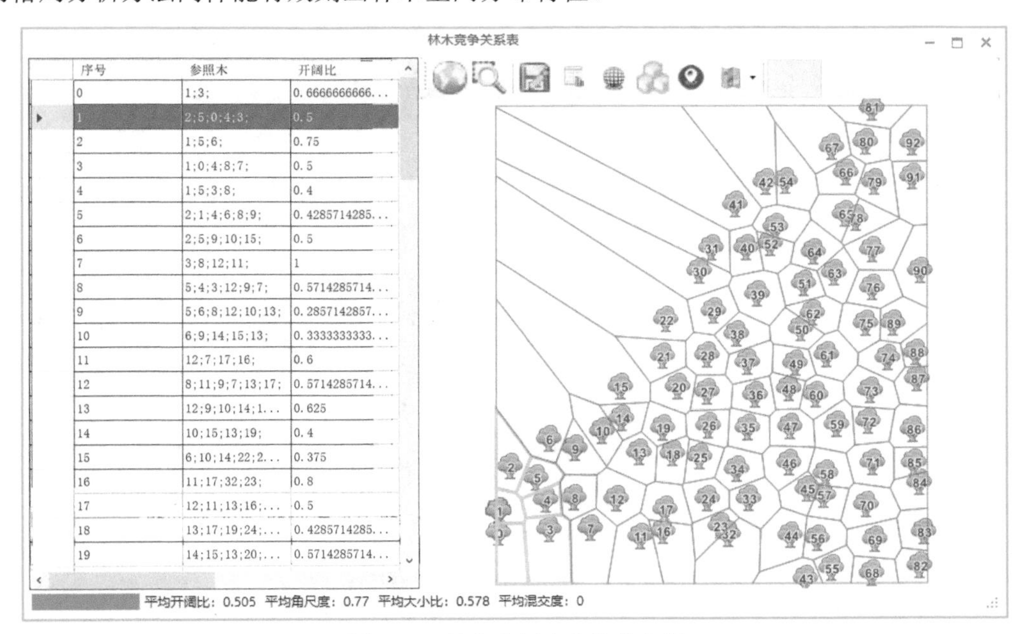

图 7-20　林木空间生态位分布图

3. 林分竞争指标可视化

结合热力图、蜂窝网格图，将林分竞争指标采用二维分布图的形式进行可视化，使经营决策有图可依（图 7-21 ～图 7-23）。

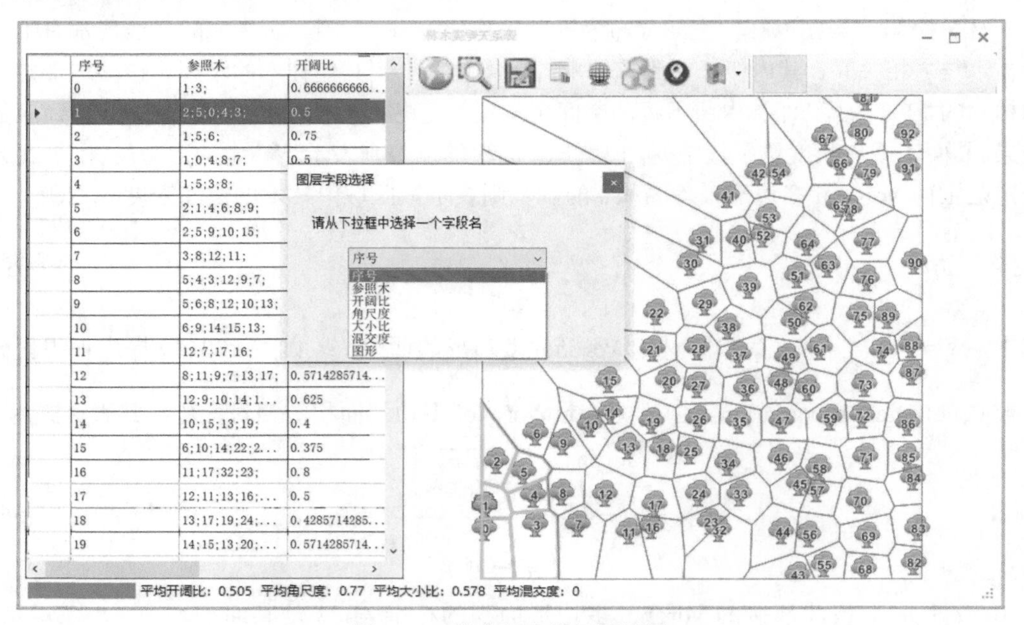

图 7-21　林分结构指标图设置

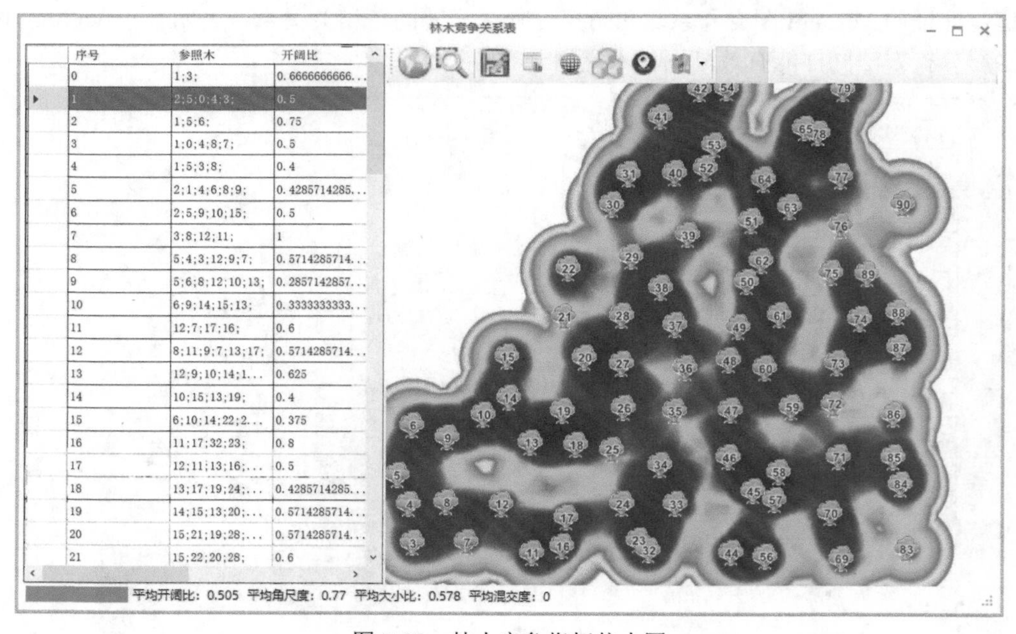

图 7-22　林木竞争指标热力图

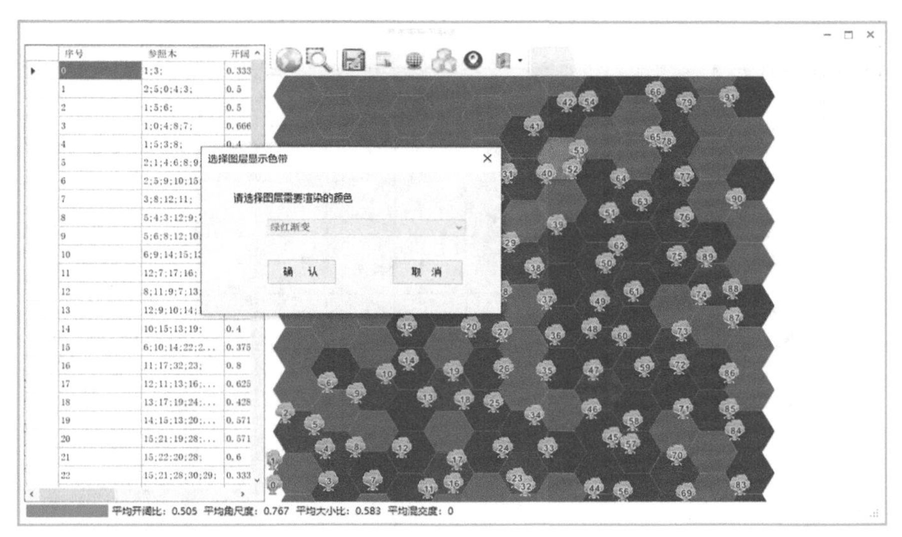

图 7-23　林分结构指标蜂窝网格图

7.4　次生林抚育更新决策优化技术

7.4.1　数据与方法

7.4.1.1　数据

数据主要是汪清林业局金沟岭林场次生混交林的 2 个样地。所有样地均建立于 2013 年，每个样地的大小为 100m×100m。位于海拔为 740m 的不同斜坡。在样地中主要树种有长白落叶松、云杉、冷杉、红松，还有水曲柳、白桦、紫椴、色木槭、硕桦、春榆等阔叶树种。每一个样地中记录了每木检尺、胸径、树高、样地位置、海拔、坡度、坡位、东西、南北冠幅等。每个 100m×100m 大样地又分成 100 个 10m×10m 小样地（图 7-24），小样地编号由 2 位数组成，第一位是小样地的列号，第二位数是行号，比如图 7-24 中“00”意味着这个小样地是 0 列 0 行，“90”意味着这个小样地是 9 列 0 行，“09”意味着 0 列 9 行，“99”意味着 9 列 9 行。记录了每个小样地的相对位置（x 和 y 实际坐标），还记录近自然管理目标树的相关因素，例如，森林分类（Z 代表目标树，S 代表特殊目标树，B 代表干扰树或竞争树，N 代表一般木）。表 7-6 显示了地块和树木的信息。

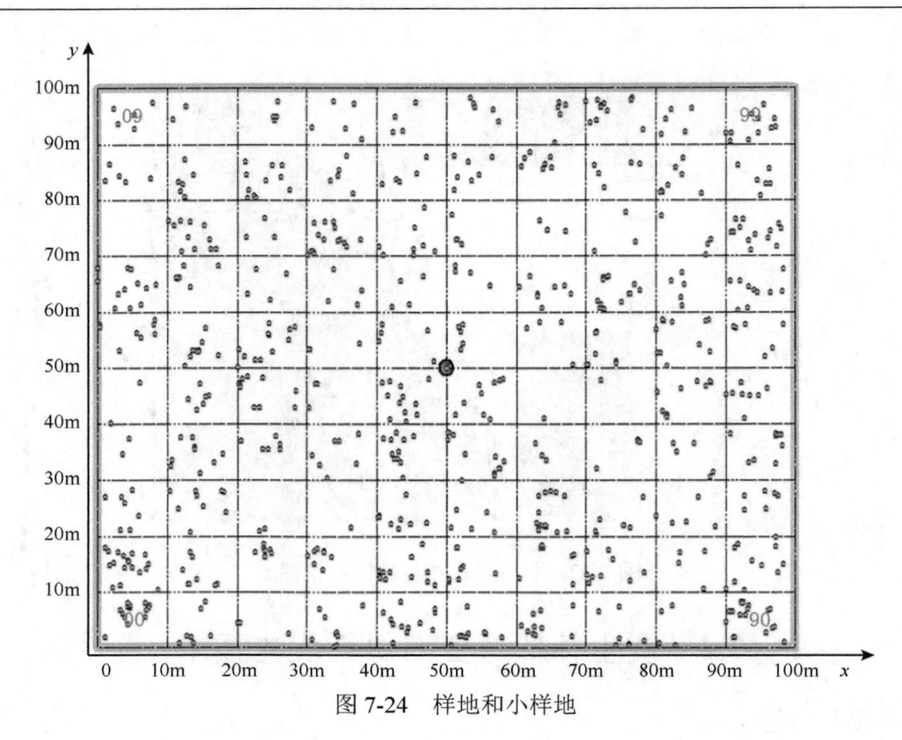

图 7-24　样地和小样地

表 7-6　样地基本信息

样地号	海拔（m）	郁闭度	总株数	胸径（cm）	树高（m）	树种	株数	胸径（cm）	树高（m）
YLK-1	742	59	732	15.58	15.39	白桦	21	17.10	19.84
						白牛槭	3	20.87	16.20
						紫椴	121	11.68	10.92
						硕桦	55	17.05	17.58
						红松	59	17.66	13.65
						冷杉	120	13.05	12.07
						长白落叶松	92	22.23	22.82
						色木槭	41	9.22	9.35
						水曲柳	3	19.43	22.93
						山杨	4	16.88	20.18
						春榆	13	15.25	13.21
						云杉	68	13.98	12.12
						杂木	132	8.11	9.24

续表

样地号	海拔（m）	郁闭度	总株数	胸径（cm）	树高（m）	树种	株数	胸径（cm）	树高（m）
YLK-2	752	0.66	913	14.74	14.85	白桦	10	21.87	22.24
						紫椴	158	10.04	10.41
						硕桦	77	13.49	17.35
						红松	57	19.95	14.88
						冷杉	139	8.77	8.38
						落叶松	102	21.62	22.81
						色木槭	132	7.10	8.43
						杨树	18	24.45	25.09
						春榆	19	12.30	11.11
						云杉	57	15.19	13.63
						杂木	144	7.32	9.08

7.4.1.2　*方法*

1. 林分结构分析指标

林分结构能够充分反映一片森林的发展过程，如更新方式、林木竞争、自然稀疏和自然灾害及人为活动的干扰活动。林分结构是森林生态系统演替的驱动因子，合理的林分结构是充分发挥森林多种功能的基础。林分结构包括空间结构和非空间结构。

（1）非空间结构指标

非空间属性的林分结构指标通常指不含树木位置空间信息的一些指标，因此只能定量表达树木大小，并不含其空间属性，也不能反映与其邻近木的关系。用来描述这类林分结构的林木因子主要包括：树种组成、直径分布、树高分布、物种多样性、林分密度、郁闭度、层次结构、林分蓄积量、更新特征、胸高断面积、生物量分配等。

（2）空间结构指标

林分空间结构指林木在林地上的分布格局，以及它的属性在空间上的排列方式，也就是林木之间树种、大小、分布等的空间关系。林分空间结构决定了林木之间的竞争势及其空间生态位，它在很大程度上决定了林分的稳定性、发展的可能性和林木生长空间的大小（胡艳波等，2003）。具体空间结构指标有角尺度（W_i）、混交度（M_i）、大小比数（U_i）、开阔比（OP_i）和竞争指数（CI），详见表 7-7。

表 7-7　林分空间结构指标及含义

空间结构指标	公式	备注
角尺度（W_i）	$W_i=\frac{1}{n}\sum_{j=1}^{n}Z_{ij}$	式中，当参照树 i 与第 j 株相邻木的夹角＜标准角时，Z_{ij} 为 1，否则为 0；W_i 取值可能为 0、0.25、0.5、0.75 和 1，分别代表林木分布状态为绝对均匀、均匀、随机、不均匀和绝对不均匀
混交度（M_i）	$M_i=\frac{1}{n}\sum_{j=1}^{n}u_{ij}$	式中，当参照树 i 与第 j 株相邻木为不同种时，u_{ij} 为 1，否则为 0；n 为相邻木株数。M_i 的取值有 5 种：0、0.25、0.5、0.75、1，代表的林木混交程度分别是零度混交、弱度混交、中度混交、强度混交和极强度混交

续表

空间结构指标	公式	备注
大小比数（U_i）	$U_i=\frac{1}{n}\sum_{j=1}^{n}k_{ij}$	式中，如果参照树i比第j株相邻木小，k_{ij}为1，否则为0。U_i的取值状态有5种：0、0.25、0.5、0.75、1，分别代表林分大小的分化程度为优势、亚优势、中庸、劣态和绝对劣态
开阔比（OP_i）	$OP_i=\frac{1}{n}\sum_{j=1}^{n}t_{ij}$	式中，t_{ij}为开阔情况取值，其定义为当参照树i与相邻木j的水平距离大于二者树高之差时（后者减前者），t_{ij}为1，否则为0。OP_i有5种取值：0、0.25、0.5、0.75和1，对应的林木状态分别是完全遮挡、遮挡、中等开阔、开阔和非常开阔
竞争指数（CI）	$CI_i=\sum_{j=1}^{n}\frac{d_j}{d_iL_{ij}}$ $CI=\frac{1}{N}\sum_{i=1}^{N}CI_i$	式中，CI_i表示林木i的单木点竞争指数，CI表示林分竞争指数，d_j为竞争木的胸径，d_i为参照树的胸径，n表示竞争木株数，L_{ij}代表竞争木j和参照树i之间的距离，N为林分内林木的总株数。竞争指数越大，林木受到相邻木给予的压力就越大，在竞争中处于越不利的地位

基于林分空间结构指标和非空间结构指标，首先进行林分经营状态的诊断，然后在此基础上，分别采用多目标抚育更新决策和目标树经营抚育更新决策进行抚育更新模拟。

7.4.2　林分经营诊断

林分状态合理与否关系到森林经营的必要性和紧迫性，只有明确了最优林分状态，才有可能对现实林分状态做出合理与否的评价，也才有可能对其进行有的放矢的经营调节。

7.4.2.1　森林自然度

森林自然度是指现实森林的状态与地带性原始群落或顶极群落在树种组成、结构特征、树种多样性和活力等方面的相似程度，以及人为干扰程度的大小，它不仅包括森林的树种组成、水平结构特征、空间结构特征，而且包括森林的更新能力、生产能力及人为干扰程度，是反映森林现实状态的一项重要指标，也是进行森林经营、恢复和重建的重要依据。

1. 森林自然度评价指标体系

根据赵中华和惠刚盈（2011）提出的森林自然度计算方法，森林自然度指标由林分的树种组成、结构特征、树种多样性、林分活力和干扰程度5个方面构成（图7-25）。树种组成主要考虑林分中各树种或树种组的组成情况，包括各树种（组）株数组成和断面积组成；结构特征包括的指标有径级结构、林木分布格局、树种隔离程度、顶极树种优势度和林层结构；树种多样性用多样性指数和均匀度指数来表达；活力指标包括林分更新状况、蓄积量和郁闭度；干扰程度则主要从林分中的枯立木与采伐强度和次数两个方面进行评价。

植物种类组成是植物群落最基本、最重要的特征之一，它是群落形成的基础，因而要了解森林植物群落，首先必须了解它的物种组成及其特征。本研究将树种组成作为森林自然度的一个重要体现，选取林分各树种（组）的株数组成和断面积组成2个评价指标，即用树种（组）的相对多度和相对显著度与顶极适应值（CAN）的乘积来评价自然度。将

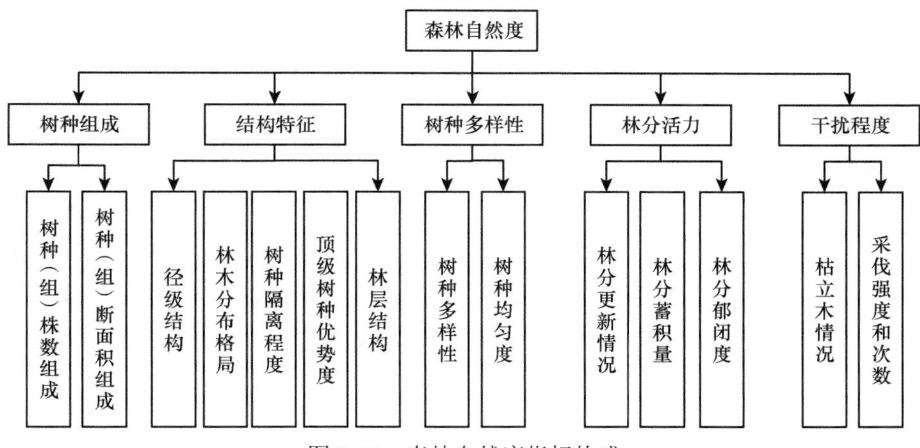

图 7-25　森林自然度指标构成

调查林分中出现的树种根据研究区的自然植被状况及其生物特性把树种在群落中所处的地位或在演替阶段中所处的地位划分为顶极种（组）、伴生种（组）和先锋种（组），分别赋予顶极种组、伴生种组、先锋种组和外来种组 4 个树种组相应的顶极适应值（A_i），即 1.0、0.5、0.2 和 0.1。

林分结构从非空间结构和空间结构两个方面来体现森林近自然程度。径级结构在一定程度上反映了林分的时间结构。许多研究表明，大多数天然异龄林径级分布为倒“J”型，株数按径级依常量 q 值递减，而同龄纯林的直径结构一般呈现为以林分算术平均胸径为峰点的单峰山状曲线，且近似于正态分布，天然异龄林的径级结构最为理想。将 q 值∈(1.3,1.7) 取值为 1，正态分布取值为 0，其他则取值为 0.5。森林空间结构在很大程度上决定了林分的稳定性、发展的可能性和经营空间的大小（惠刚盈等，2003，2007）。树种隔离程度运用林分平均混交度来度量，顶极树种优势度则根据林分中顶极树种（组）的大小比数和相对显著度相结合来表达，二者以实际值来评价，越大林分自然度越高。林分的垂直分层特征以林层数来表达，调查林分中参照树及其最近 4 株相邻木所组成的结构单元（5 株树），按树高相差 5m 划分层次，标准值为 3，在评价林层结构时用林分的平均林层数与 3 相除。一般而言，林分越接近自然，其林层结构越复杂。

树种多样性包括辛普森多样性指数和皮诺均匀度指数两个指标，实际值即为评价值，越大越接近自然。

从林分的幼苗更新状况、蓄积量及郁闭度 3 个方面体现林分活力水平。幼苗更新状况是体现林分未来发展方向的一个重要指标，评价自然度时根据国家林业和草原局幼苗更新等级将更新良好、中等、差分别赋值 3、2 和 1，与标准值 3 相除，越大越接近自然。蓄积量是体现林分生产力的一个重要指标，运用单位面积的蓄积量来表征，查阅该地区典型地带性森林植被类型成熟林单位面积的最大蓄积量，并以此为标准值来评价调查林分的蓄积量自然度。郁闭度在一定程度上体现了林分内林木利用空间的程度。评价林分的郁闭度≥0.7 赋值为 1，0.3≤郁闭度＜0.7 赋值为 0.5，郁闭度＜0.3 赋值为 0。

干扰程度以枯立木状况和采伐强度及次数表征。在评价林分自然度时，枯立（倒）木的比例≥10% 时，评价值记为 1，5% ～ 10% 时记为 0.5，小于 5% 时记为 0；采伐强度

和次数的赋值为 $1-D^{1/n}$，D 为采伐强度。一般用百分数表示，是一个负向指标，n 为采伐次数，采伐强度越大，次数越多，干扰程度越大。

2. 森林自然度的计算

森林自然度评价体系中各指标从不同方面反映了林分状态，但由于各指标代表的意义不同，数量级不同，量纲也有所差异，且并不是每个指标的值越大林分的状态越接近自然，因此，要对每个指标进行标准化处理，并尽量使其转化为 [0,1] 区间内，从而使指标具可比性和区分度。对于本身没有量纲，且在 [0,1] 区间内的正向指标则不需要进行处理，即指标值越大越接近自然，如辛普森多样性指数、皮诺均匀度指数等，而对于负向指标则进行转化处理，使其转化为具有正向意义的数值，如采伐强度；对于其他指标则采用定性与定量的方法，尽量引入国家有关标准、科研成果、行业和地方有关规定或行业或区域的最高水平，如蓄积量、结构指标等。

在计算森林自然度时，先对各评价指标运用层次分析法赋权重，然后运用熵值法对其进行修正，采用这一方法量化评价森林自然度。

森林自然度（S）为评价指标去量纲后评价值及修正后权重的乘积之和：

$$S=\sum_{j=1}^{n}\lambda_j B_j \qquad (j=1,2,\cdots,n) \tag{7-57}$$

式中，λ_j 为森林自然评价指标运用熵权法修正后的权重，B_j 为各指标进行标准化后的评价值。

森林自然度分为 7 个等级，自然度等级越高，其自然度值越大（表 7-8）（赵中华，2009）。

表 7-8　森林自然度等级划分

S 值	森林状态特征	自然度等级
≤0.15	树林状态（在荒山荒地、采伐迹地、火烧迹地上发育的植物群落，或是地带性森林或人工栽植而成的林分由于持续的、强度极大的人为干扰，植被破坏殆尽后形成的林分，乔木树种组成单一且郁闭度较小，林内生长大量的灌木、草本和藤本植物，偶见先锋种，林分垂直层次简单，迹地生境特征还依稀可见，但已经不明显）	1
0.15 ～ 0.30	外来树种人工纯林状态（在荒山荒地、采伐迹地、火烧迹地上以人为播种为主或栽植外来引进树种形成的林分，郁闭度较低，树种组成单一，多为同龄林，林层结构简单，多为单层林，树种隔离程度小，多样性很低，林木分布格局为均匀分布）	2
0.30 ～ 0.46	乡土树种纯林或外来树种与乡土树种混交状态（在采伐迹地、火烧迹地上以人为播种或栽植外来引进树种或乡土树种为主形成的林分，郁闭度较低，树种组成单一，多为同龄林，林层结构简单，多为单层林，树种隔离程度小，多样性很低，林木分布格局多为均匀分布）	3
0.46 ～ 0.60	乡土树种混交林状态（在采伐迹地、火烧迹地上以人为播种或栽植乡土树种为主形成的林分，郁闭度低，树种相对丰富，同龄林或异龄林，林层结构简单，多为单层林，树种隔离程度小，多样性较低，林木分布格局多为均匀分布）	4
0.60 ～ 0.76	次生林状态（原始林受到重度干扰后恢复的林分，有较明显的原始林结构特征和树种组成，郁闭度在 0.7 以上，树种组成以先锋树种和伴生树种为主，有少量的顶极树种，林层多为复层结构，同龄林或异龄林，林木分布格局以团状分布居多，树种隔离程度较高，多样性较高，林下更新良好）	5

续表

S 值	森林状态特征	自然度等级
0.76 ～ 0.90	原生性次生林状态［原始林有弱度的干扰影响，但不显著，如轻度的单木采伐，是原始林与次生林之间的过渡状态，树种组成以顶极树种为主，有少量先锋树种，郁闭度在 0.7 以上，异龄林，林层为复层结构，林木分布格局多为轻微团状分布或随机分布，树种隔离程度较高，多样性较高，有一些枯立（倒）木，但数量较少，林下更新良好］	6
>0.90	原始林状态［自然状态，受到人为干扰或影响极小，树种组成以稳定的地带性顶极树种和主要伴生树种为主，偶见先锋树种，郁闭度在 0.7 以上，异龄林，林层为复层结构，顶极树种占据林木上层，林木分布格局为随机分布，树种隔离程度较高，多样性较高，林内有大量的枯立（倒）木，林下更新良好］	7

3. 样地森林自然度的计算

对样地 1 进行森林自然度等级划分。样地 1 共有树种 13 种，其中，顶极树种为红松、冷杉、云杉；伴生树种为紫椴、硕桦、色木槭、落叶松、白牛槭；先锋树种（组）为白桦、水曲柳、杨树、春榆、杂木。

按森林自然度指标评价体系，对样地树种组成、结构特征、树种多样性、林分活力和干扰程度 5 类 14 个指标进行评价，各指标特征值如表 7-9 所示。树种（组）株数组成、树种（组）断面积组成分别为 0.591 和 0.655；直径分布 q 值为 1.418，按标准取值为 1；林木分布格局为 0.564，属团状分布，取值为 0.5；树种隔离程度和顶极树种优势度分别为 0.801 和 0.443；林分林层数为三层，林层结构取值为 1；辛普森多样性指数为 0.874；皮诺均匀度指数为 0.856；林分更新等级为不良，取值 0.333；林分蓄积量计算，考虑当地云冷杉针阔叶混交林蓄积量约为 350m^3/hm^2，林分蓄积量取值 0.435；林分实测郁闭度大于 0.7，

表 7-9　林分自然度指标特征值

约束层	指标层	指标值	权重	修正权重	S 值
树种组成	树种（组）株数组成	0.591	0.05	0.074 241 3	0.64
	树种（组）断面积组成	0.655	0.15	0.055 354 84	
结构特征	径级结构	1	0.028	0.078 056 03	
	林木分布格局	0.5	0.018 8	0.084 112 86	
	树种隔离程度	0.801	0.082 4	0.077 100 53	
	顶极树种优势度	0.443	0.018 8	0.072 695 75	
	林层结构	1	0.052	0.053 586 67	
树种多样性	树种多样性	0.874	0.1	0.086 280 32	
	树种均匀度	0.856	0.1	0.058 032 08	
林分活力	林分更新	0.333	0.12	0.063 585 16	
	林分蓄积量	0.435	0.04	0.087 767 97	
	林分郁闭度	1	0.04	0.059 388 49	
干扰程度	采伐强度和次数	0	0.1	0.093 486 75	
	枯立木状况	1	0.1	0.056 311 25	

取值为 1；由于林分未进行采伐，故采伐强度和次数指标取值为 0；枯立木小于 5%，取值为 1。采用层次分析法对各指标进行赋值的结果如权重列所示，经熵值法修正后，林分自然度 S 值为 0.64，林分状态为次生林状态。

7.4.2.2　经营迫切性

森林经营紧迫度是判断林分是否需要经营的评价指标，以健康稳定森林的特征为标准，以培育健康森林为目的，全面评估林分是否需要经营，并指明相应的经营方向。其评价体系包括组成、结构、活力三个方面，具体指标包括树种组成、直径分布、大径木蓄积比、林分平均角尺度、林分平均混交度、林分平均大小比数、林层数、更新等级、健康状况和顶极树种优势度（图 7-26）（孙培琦等，2009）。

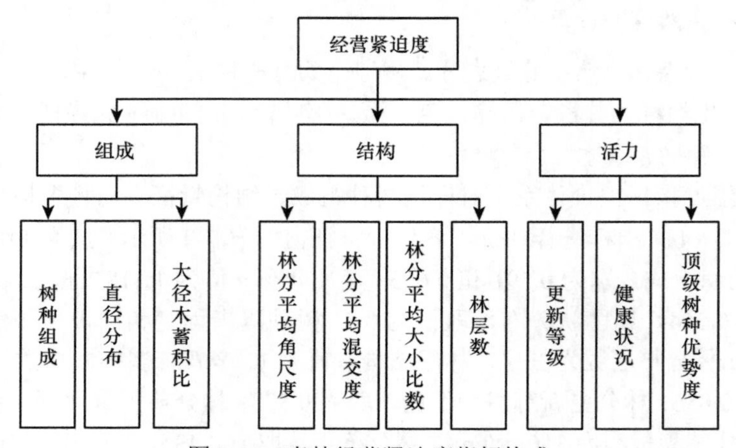

图 7-26　森林经营紧迫度指标构成

林分树种组成用树种组成系数表达，即各树种的蓄积量（或断面积）占林分总蓄积量（或断面积）的比重，用十分法表示；当组成系数表达式中够 1 成的项数大于或等于 3 项时则不需要经营，否则，需要经营。

大多数天然林直径分布为倒“J”型，即株数按径级依常量 q 值递减，所以，理想的直径分布应 q 值应为 1.2 ～ 1.7，即当 q 值没有落在该区间内则林分需要经营。

大径木蓄积比是指林分中达到大径木标准的林木蓄积量占总蓄积量的比例，当大径级、特大径级蓄积量占总蓄积量大于 70% 时不需要经营，否则需要经营。

林木分布格局的随机性是判断林分是否需要经营的一个尺度，由于处于演替顶极的群落水平分布格局为随机分布，故林分平均角尺度取值为 [0.475, 0.517]。

混交度可用于表达树种之间的空间隔离高度，林分平均混交度用修正的混交度（MS）计算：

$$\mathrm{MS}=\frac{1}{5N}\sum\left(M_i n_i'\right) \tag{7-58}$$

式中，N 为林木株数；M_i 为第 i 株树的混交度；n_i' 为第 i 株树所处的结构单元中树种个数。当 MS 大于等于 0.5 时，林分不需要经营，否则，需要经营。

大小比数以胸径为比较指标，反映样地内参照树和相邻木之间的竞争关系。林分平均大小比数小于等于 0.5 时，林分不需要经营，否则，需要经营。

林层数的划分参照国际林联（IUFRO）的林分垂直分层标准，即如果各层的林木株数都≥10%，则认为该林分林层数为 3，如果只有 1 个或 2 个层的林木株数≥10%，则林层数对应为 1 或 2。当林层数大于 2 时不需要经营，否则，需要经营。

更新等级根据幼苗各高度级的天然更新株数确定（表 7-10）。更新等级达到中等时不需要经营，否则，需要经营。

表 7-10　天然更新等级　（单位：株/hm²）

等级/高度	≤30cm	31 ～ 50cm	≥51cm
良好	＞5000	＞3000	＞2500
中等	3000 ～ 4999	1000 ～ 2999	500 ～ 2499
不良	＜3000	＜1000	＜500

健康状况主要是通过林木体态表现特征如虫害、病腐、断梢、弯曲等来识别，本研究以不健康的林木株数比例超过 10% 为评价标准，即当不健康林木株数比例超过 10% 时需要对林分进行经营，否则不需要经营。

树种优势度用树种大小比数和相对显著度结合的方法衡量，即

$$D_{\mathrm{sp}} = \sqrt{D_g\left(1-\overline{U_{\mathrm{sp}}}\right)} \tag{7-59}$$

式中，D_{sp} 为树种优势度，D_g 为相对显著度，$\overline{U_{\mathrm{sp}}}$ 为树种大小比数。其中，相对显著度以林分中该树种（组）的断面积占全部树种的断面积的比例表示。树种优势度的值为 0 ～ 1，接近 1 表示非常优势，接近 0 表示几乎没有优势。顶极树种优势度大于 0.50 时不需要经营，否则需要经营。

森林经营迫切度（FMU）是评估林分因子中不满足判别标准的因子所占评估因子的比例，其表达式为

$$\mathrm{FMU} = \frac{1}{n}\sum_{i=1}^{n} s_i \tag{7-60}$$

式中，FMU 为森林经营迫切度指数，它的取值介于 0 到 1 之间；s_i 为第 i 个评估指标的值，其值取决于评估因子是否满足取值标准，当林分指标实际值不满足于标准取值，其值为 1，否则为 0，各个指标的取值范围见表 7-11。

表 7-11　森林经营迫切度指标取值标准

评价指标	取值标准
树种组成	≥3 项
直径分布	[1.2, 1.7]
大径木蓄积比	≥70%
林分平均角尺度	[0.475, 0.517]
林分平均混交度	≥0.50
林分平均大小比数	≤0.50

续表

评价指标	取值标准
林层数	≥2
更新等级	≥中等
健康状况	≥90%
顶极树种优势度	≥0.50

森林经营迫切度指数量化了林分经营的迫切性，其值越接近于1，说明林分需要经营的迫切性越紧急，迫切度等级划分为5级，见表7-12（孙培琦等，2009）。

表7-12　森林经营迫切度等级

迫切性等级	迫切性描述	迫切性指数
Ⅰ（不迫切）	因子大多数符合取值标准，只有1个因子需要调整，为相对健康稳定的森林	0≤FMU≤0.1
Ⅱ（一般性迫切）	有2个因子需要调整，结构基本符合健康稳定森林的特征	0.1＜FMU≤0.2
Ⅲ（比较迫切）	有3～4个因子不符合取值标准，需要调整	0.2＜FMU≤0.4
Ⅳ（十分迫切）	超过4～5因子不符合取值标准，急需要通过经营来调整	0.4＜FMU≤0.6
Ⅴ（特别迫切）	林分大多数的因子都不符合取值标准，林分远离健康稳定的标准	0.6＜FMU≤1

以样地1为例，林分树种组成超过1成的树种有4个，超过取值标准3，赋值为0；直径分布在合理区间[1.2, 1.7]，赋值为0；大径木标准按30cm取值，大径木蓄积比为26.10%，低于70%的取值标准，赋值为1；林分平均角尺度为0.564，为团状分布，赋值为1；林分平均混交度为0.594，大于取值标准0.50，赋值为0；林分平均大小比数为0.4888，小于取值标准0.50，赋值为0；林分更新状况不良，赋值为1；健康状况为88.23%，低于取值标准90%，赋值为1；顶极树种优势度为0.443，低于取值标准0.50，赋值为1。按森林经营迫切度指标计算，迫切性指数为0.5，属十分迫切等级，急需通过经营对林分进行调整（表7-13）。

表7-13　森林经营紧迫度评估

类目	指标	特征值	指标值	FMU
组成	树种组成	4	0	0.5
	直径分布	1.418	0	
	大径木蓄积比	26.10%	1	
结构	林分平均角尺度	0.564	1	
	林分平均混交度	0.594	0	
	林分平均大小比数	0.488	0	
	林层数	3	0	
活力	更新等级	不良	1	
	健康状况	88.23%	1	
	顶极树种优势度	0.443	1	

7.4.3　多目标抚育更新决策

7.4.3.1　次生林抚育间伐模型

1. 目标函数

应用非线性多目标优化的乘除法构建林分抚育间伐模型，选择混交度、大小比数、角尺度、竞争指数等空间结构指标构建目标函数，以非空间结构指标为主要约束，通过抚育使林分结构得到优化。目标函数取最大值。

$$Q(g)=\frac{\left(1+M_{(g)}\right)}{\left(1+U_{(g)}\right)\cdot\left(1+\mathrm{CI}_{(g)}\right)\cdot\left(1+\left|W_{(g)}-0.5\right|\right)} \tag{7-61}$$

式中，$M_{(g)}$ 为林分混交度；$U_{(g)}$ 为林分大小比数；$\mathrm{CI}_{(g)}$ 为林分竞争指数；$W_{(g)}$ 为林分角尺度。

竞争指数模型为

$$\mathrm{CI}_i=\frac{1}{n}\sum\nolimits_{j=2}^{n}\frac{d_j\cdot L_D}{d_i\cdot L_{ij}} \tag{7-62}$$

式中，CI_i 为林木 i 的竞争指数；L_D 为林分内空间结构单元 n 株竞争木与调查木距离的平均值；L_{ij} 为对象木 i 与竞争木 j 之间的距离；d_i 为对象木 i 的胸径；d_j 为竞争木 j 的胸径；n 为竞争木株数。

2. 约束条件

目标函数约束条件包括：① $B_{(g)}=B_0$；② $D_{(g)}=D_0$；③ $q_{(g)}\geqslant q_1$；④ $q_{(g)}\leqslant q_2$；⑤ $M_{(g)}\geqslant M_0$；⑥ $U_{(g)}\leqslant U_0$；⑦ $\mathrm{CI}_{(g)}\leqslant \mathrm{CI}_0$；⑧ $|W_{(g)}-0.5|\leqslant|W_0-0.5|$，式中，$B_{(g)}$ 为抚育后树种个数；B_0 为抚育前树种个数；$D_{(g)}$ 为抚育后保留木径级个数；D_0 为抚育前径级个数；$q_{(g)}$ 为抚育后的 q 值；q_2、q_1 是 q 值的上下限；$M_{(g)}$ 为抚育后林分混交度；M_0 为抚育前林分混交度；$U_{(g)}$ 为抚育后的林分大小比数；U_0 为抚育前的林分大小比数；$\mathrm{CI}_{(g)}$ 为抚育后的林分竞争指数；CI_0 为抚育前的林分竞争指数；$W_{(g)}$ 为抚育后林分角尺度；W_0 为抚育前林分角尺度。

约束条件含义为：约束①用于保证抚育前后林分树种个数不减少；约束②用于保证抚育前后林分径级个数不减少；约束③和④用于保证抚育后林分 q 值处于合理区间；约束⑤要求抚育后林分混交度增加，物种多样性不降低；约束⑥要求抚育后林分大小比数降低；约束⑦要求抚育后林分竞争指数降低；约束⑧要求抚育后林分混交度趋近合理区间，即向随机分布趋近。

7.4.3.2　多目标决策模型算法优化

目前，林分结构多目标优化多采用构建多目标优化函数的方法。一般的多目标优化问题解决方法是将多目标优化问题转化为优化方法比较成熟的单目标优化问题，但这样就很难客观评价所得多目标问题的解的优劣性。多目标优化问题与单目标优化问题的本质不同在于：多目标优化问题的最优解是一个集合，而不是一个全局最优化解。我们称这个解集为 Pareto 最优解集。基于此，本研究采用遗传算法进行林分结构优化。

遗传算法（genetic algorithm，GA）是模拟达尔文生物进化论的自然选择和遗传学机制的生物进化过程的计算模型，是一种通过模拟自然进化过程搜索最优解的方法。其主要特点是直接对结构对象进行操作，不存在求导和函数连续性的限定；具有内在的隐式并行性和更好的全局寻优能力；采用概率化的寻优方法，不需要确定的规则就能自动获取和指导优化的搜索空间，自适应地调整搜索方向。

遗传算法（GA）把问题的解表示成“染色体”，在算法中也是以二进制编码的串。并且，在执行遗传算法之前，给出一群“染色体”，也就是假设解。然后，把这些假设解置于问题的“环境”中，并按适者生存的原则，从中选择出较适应环境的“染色体”进行复制，再通过交叉、变异过程产生更适应环境的新一代“染色体”群。这样，一代一代地进化，最后就会收敛到最适应环境的一个“染色体”上，它就是问题的最优解。

基本遗传算法（图 7-27）步骤如下。

步骤 1：在搜索空间 U 上定义一个适应度函数 $f(x)$，给定种群规模 N，交叉率 Pc 和变异率 Pm，代数 t。

步骤 2：随机产生 U 中的 N 个个体 $s_1, s_2, \cdots, s_n$，组成初始种群 $S=\{s_1, s_1, \cdots, s_n\}$，置代数计数器 t=1。

步骤 3：计算 S 中每个个体的适应度 $f(\,)$。

步骤 4：若终止条件满足，则取 S 中适应度最大的个体作为所求结果，算法结束。

步骤 5：按选择概率 P(xi) 所决定的选中机会，每次从 S 中随机选定 1 个个体并将其染色体复制，共做 N 次，然后将复制所得的 N 个染色体组成群体 S_1。

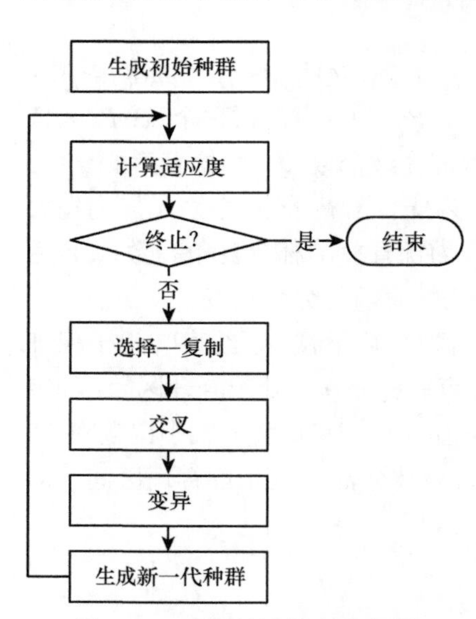

图 7-27　遗传算法基本流程图

步骤 6：按交叉率 Pc 所决定的参加交叉的染色体数 c，从 S_1 中随机确定 c 个染色体，配对进行交叉操作，并用产生的新染色体代替原染色体，得群体 S_2。

步骤 7：按变异率 Pm 所决定的变异次数 m，从 S_2 中随机确定 m 个染色体，分别进行变异操作，并用产生的新染色体代替原染色体，得群体 S_3。

步骤 8：将群体 S_3 作为新一代种群，即用 S_3 代替 S，t=t+1，转步骤 3。

7.4.3.3　经营决策结果与模拟

以样地 1 为例，设定间伐木株数比例小于 10% 时，最佳抚育方案如表 7-14 所示。间伐木共计 60 株，采伐蓄积量 15.614m^3，间伐木平均胸径 12.4cm，间伐木平均树高 13.7m。

表 7-14　间伐木特征表

序号	树种	横坐标（°）	纵坐标（°）	树高（m）	胸径（cm）	枝下高（m）	冠幅 E（m）	冠幅 W（m）	冠幅 S（m）	冠幅 N（m）
1	紫椴	0.254	5.168	12.4	10.1	7.8	2.699	1.589	1.553	0.993
2	色木槭	4.161	4.434	5.3	5.3	1.5	0.509	1.280	1.187	0.927
3	落叶松	9.421	8.867	28.4	24	15.6	2.163	3.840	1.769	1.694
4	红松	5.372	0.001	15.2	16.7	5.4	3.403	3.097	3.815	2.537
5	杂木	0.217	5.414	11.3	5.5	7.6	1.475	1.351	1.658	2.175
6	紫椴	1.491	2.268	12.3	7.8	2.9	3.137	2.395	3.062	2.532
7	红松	2.613	4.527	4.4	7.2	3.1	1.099	1.472	1.980	1.771
8	杂木	5.849	7.365	10.5	8.2	5.7	2.804	1.132	2.2	3.757
⋮	⋮	⋮	⋮	⋮	⋮	⋮	⋮	⋮	⋮	⋮
57	杂木	5.998	7.462	6.8	6.6	4.6	0.508	1.679	1.324	0.347
58	紫椴	6.973	7.794	6.1	7.8	3.1	1.018	1.993	2.334	1.967
59	杂木	6.659	5.871	13.5	10.5	6.3	1.094	1.099	1.712	2.643
60	落叶松	6.091	6.310	26.4	25.0	9.3	1.298	1.752	2.244	1.788

抚育前后，林分树种数保持 13，q 值在 [1.2,1.7] 的合理区间，林分混交度从 0.801 提高到 0.816，林分大小比数从 0.475 降低到 0.326，林分竞争指数降低了 0.924；林分角尺度从 0.578 降低到 0.526，林分更趋近于随机分布（表 7-15）。

表 7-15　林分抚育效果特征值

指标	采伐前	采伐后
树种数	13	13
径级数	20	20
q 值	1.417	1.382
林分混交度	0.801	0.816
林分大小比数	0.475	0.326
林分竞争指数	3.297	2.373
林分角尺度	0.578	0.526
目标函数	0.180	0.266

7.4.4　目标树经营抚育更新决策

7.4.4.1　次生林抚育采伐决策算法

基于空间结构的次生林抚育采伐决策为例开展研究。林分的空间分布主要包括均匀分布、随机分布和聚集分布。林分空间结构的定量描述指标中，角度标度是衡量林木空间分布格局的林分结构参数。具体地，如果角尺度的取值范围为 [0.475, 0.517]，则林木的空间结构是随机分布的。如果角尺度的值大于 0.517，则森林的空间结构是聚集分布，角度尺度值越大，林分空间分布越集中；角尺度小于 0.475，森林空间结构均匀分布，角尺度值越小，林分空间分布越均匀（张会儒和唐守正，2011；胡艳波等，2003；惠刚盈等，2007）。

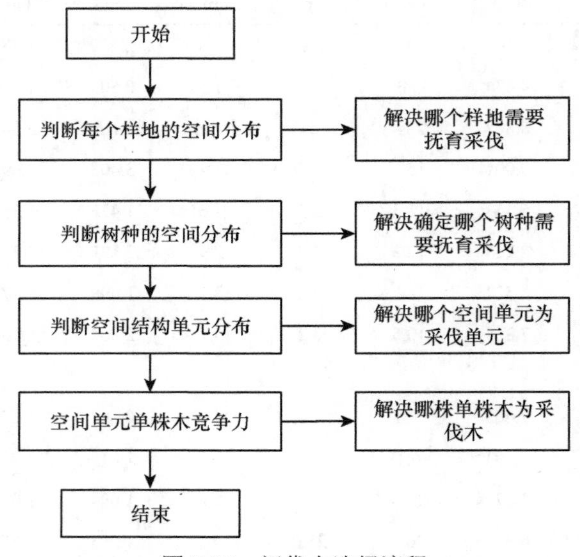

图 7-28　间伐木选择流程

由图 7-28 可以看出，间伐木选择过程主要由四部分组成。第一部分是通过样地的空间分布格局，判断哪些样地需要抚育间伐。具体地说，如果样地角尺度的值为 0.475 ～ 0.517，则样地的空间模式是随机分布的，并且不需要对样地进行抚育采伐，否则，就需要对样地进行抚育采伐。第二部分主要是通过判断树种的空间分布来决定哪些树种需要进行抚育间伐，其判断条件是角尺度为 0.475 ～ 0.517。第三部分是根据角尺度定量指标确定需要抚育的空间结构单元，参考角尺度范围为 0.475 ～ 0.517。第四部分是如何确定最终间伐木，主要通过计算竞争指数和大小比数确定。最终实现从林分到树种，从树种到空间结构单元，然后最终确定间伐木，依次执行这四个步骤。

确定了抚育采伐的空间结构单元后，如何从结构单元中寻找出间伐木，通过以下方法可解决这一问题。在样地数据采集中，根据目标树经营理论对每株林木进行分类，具体分为目标树（标记为“Z”）、特殊目标树（标记为“S”）、普通树（标记为“N”）和干扰树或竞争树（标记为“B”）。因此，如果参考树是“Z”或“S”，则保留参考树，然后识别出与 4 个相邻树竞争最大的林木，即竞争树，并将其标记为间伐木；如果参考树为“N”，则需要在该空间结构单元中查找最劣等的树，即找到长势最差的树，并将其标记为间伐木。如果参考树为“B”，则将该参考树标记为间伐木。基于以上研究，设计了以下算法，如图 7-29 所示。

由图 7-29 可以看出。整个算法包含 4 个循环。如图 7-29A 所示，第一个循环是查找需要抚育采伐的样地，第二个循环是在需要抚育采伐的样地中查找需要抚育采伐的树种，如图 7-29B 所示，第三个循环基于需要抚育采伐的树种查找需要采伐的空间结构单元，如图 7-29C 所示，最后一个循环是寻找哪株树将在已选定的空间结构单位中被采伐。可以看出，最后一个循环实际上是根据 3 种不同的竞争指数来选择间伐木。

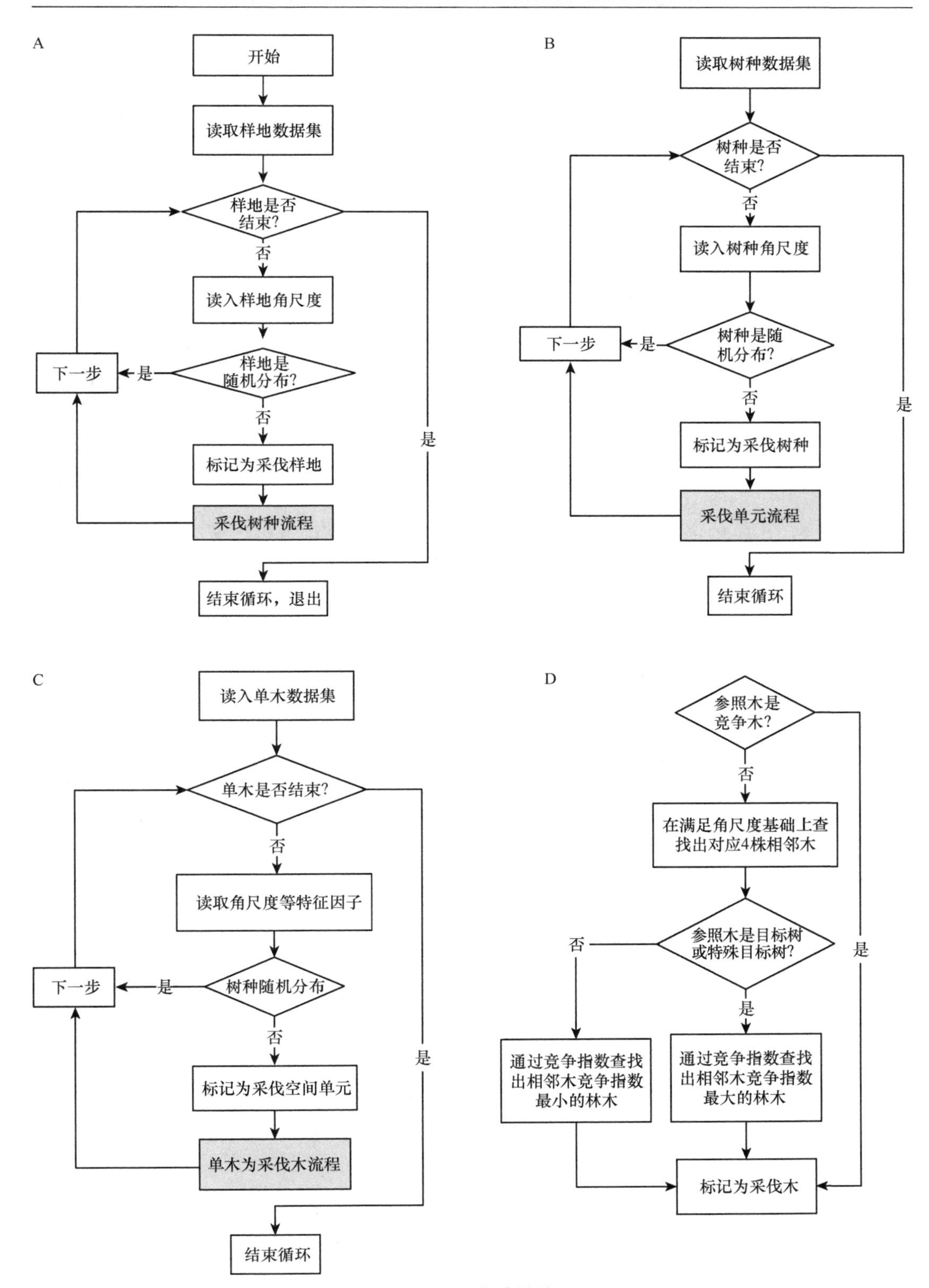
A
开始
读取样地数据集
样地是否结束?
否
读入样地角尺度
样地是随机分布?
是
下一步
否
标记为采伐样地
采伐树种流程
是
结束循环，退出
B
读取树种数据集
树种是否结束?
否
读入树种角尺度
树种是随机分布?
是
下一步
否
标记为采伐树种
采伐单元流程
是
结束循环
C
读入单木数据集
单木是否结束?
否
读取角尺度等特征因子
树种随机分布
是
下一步
否
标记为采伐空间单元
单木为采伐木流程
是
结束循环
D
参照木是竞争木?
否
在满足角尺度基础上查找出对应4株相邻木
参照木是目标树或特殊目标树?
否
通过竞争指数查找出相邻木竞争指数最小的林木
是
通过竞争指数查找出相邻木竞争指数最大的林木
是
标记为采伐木

图 7-29　算法设计

7.4.4.2　抚育采伐决策算法优化

简单竞争指数 CI 可以很好地表达林木在水平结构中的竞争，但是它并未考虑树木高度对竞争的影响，在实际林分环境中，任何两株具有确定距离和胸径的树木都是独立的，显然，树高较高的单木比树高较低的单木更具竞争性，这意味着当胸径相同且树高不同的相邻木对同一参照木的竞争高树比低树的单木更具竞争力。由于单木之间的竞争是三维的，在垂直空间中较高的单木会占用更多空间，因此，为了准确表达单木之间的竞争，不仅应考虑水平竞争，而且应考虑垂直竞争。张晔珵等（2016）提出了一个竞争指数，该指数包含了冠层的特征因素。结果表明，冠层的竞争指数与树木的生长具有较强的相关性，可以更好地反映冠层在树木生长中的作用。考虑到单木在三维空间中的竞争，提出了一种竞争指数，该指数不仅包括水平竞争，还包括垂直结构竞争，具体而言，它基于简单竞争指数的同时考虑了垂直空间中树高的竞争，表达式如下。

$$\mathrm{CII}=\sum_{j=1}^{N}\frac{D_j}{D_i\times L_{ij}}\cdot\frac{H_j}{H_i} \tag{7-63}$$

式中，CII 是参照树 i 改进的竞争指数，D_i、D_j、L_{ij} 与表 7-7 中竞争指数公式的释义相同，H_i 是参照树 i 的高，H_j 是竞争树 j 的树高。

在实际的森林抚育管理中，除了考虑单木之间的竞争，有时还需要考虑单木之间的混交情况。次生林抚育经营也应考虑混合林情况。基于这个原因，本节提出了一种综合竞争指数，该指数同时考虑了单木之间的竞争和单木之间的混交程度。具体而言，是要提高竞争指数和混交度指数以赋予不同的权重。根据经验将混合指数的权重设置为 60%，改进的竞争指数的权重为 40%，表达式为

$$\mathrm{ZCI}=M\times 60\%+\mathrm{CII}\times 40\% \tag{7-64}$$

式中，ZCI 是参照树综合竞争指数 i，M、CII 与表 7-7 中竞争指数公式的释义相同，但需要归一化处理。

在角尺度的基础上，试图用 3 种不同的竞争指数进行间伐木选择研究。

7.4.4.3　经营决策结果与模拟

根据上述间伐木选择过程，通过程序自动执行其算法。然后选择两个典型的样地 YLK-1 和 YLK-2 对算法进行测试，基于以上 3 个竞争指标的间伐木选择结果如表 7-16 所示。

表 7-16　间伐木选择结果

样地	N1	N2	N3	指标	CI	CII	ZCI
YLK-1	732	573	158	株数	125	123	105
				采伐强度	21.8%	21.5%	18.3%
				角尺度	0.478	0.478	0.492

续表

样地	N1	N2	N3	指标	CI	CII	ZCI
YLK-2	913	751	217	株数	160	158	138
				采伐强度	21.3%	21.1%	18.4%
				角尺度	0.495	0.496	0.506

注：N1 表示样地中单木总株数；N2 表示样地中核心区单木总株数；N3 表示采伐单元总数

由表 7-16 可知，样地 YLK-1 总共有 732 株单木，其中核心区 573 株，需要抚育的采伐单元 158 个，按照简单竞争指数 125 株单木需要采伐，按照改进的竞争指数，123 株单木需要采伐，按照综合竞争指数，105 株单木需要采伐。相对应的采伐强度分别是 21.8%、21.5% 和 18.3%，抚育采伐后相对应的角尺度分别是 0.478、0.478 和 0.492。而样地 YLK-2 总共有 913 株单木，其中核心区 751 株，需要抚育的采伐单元 217 个，按照简单竞争指数有 160 株单木需要抚育采伐，按照改进的竞争指数有 158 株单木需要采伐，按照综合竞争指数有 138 株单木需要采伐；其相对应的采伐强度分别是 21.3%、21.1% 和 18.4%，采伐后相对应的角尺度分别是 0.495、0.496 和 0.506。由此可见，不管是样地 YLK-1 还是 YLK-2 都属于轻度采伐，而且采伐后样地林木的空间分布格局是随机分布，符合通过抚育采伐调整林木空间格局的目的。同时发现简单竞争指数和改进的竞争指数采伐林木株数几乎相同，分析其原因，简单竞争指数表明了竞争指数的大或小，改进的竞争指数更加精确地说明了就是大或小，但是趋势不会改变，因此采伐的株数几乎相同，而综合竞争指数采伐林木的株数有所减少，可能是因为有些要被采伐的林木能够增加树种多样性或混交度指数，因而进行保留，故减少了采伐的林木株数。相应的结果在 GIS 地图中显示（图 7-30）。

从图 7-30 可知，基于 GIS 技术，可以将间伐木落实在实际地图上，通过 GIS 的浏览和查询功能，可以方便地查找和定位所选间伐木的相关信息，然后结合经营目标和经营需求进行适当调整，以达到最佳的间伐效果。由于每株树都有其实际的地理位置，因

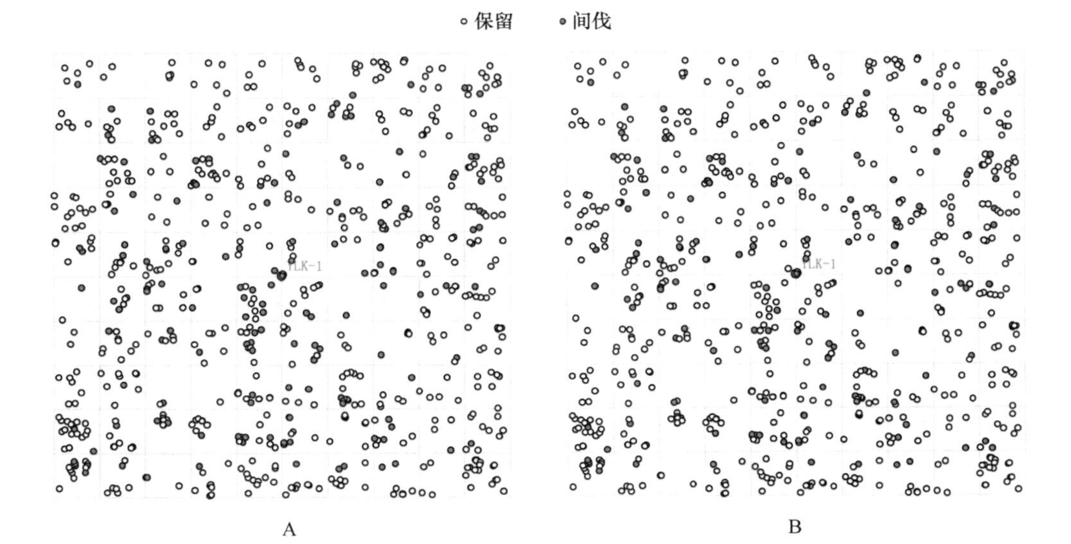

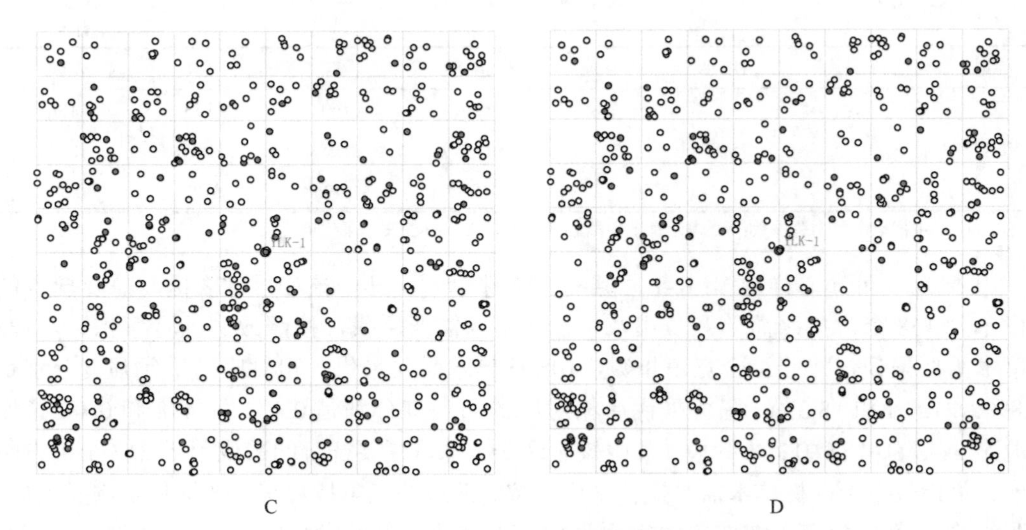

图 7-30　样地 YLK-1 抚育采伐结果在 GIS 显示

A. 间伐空间结构单元；B. 基于简单竞争指数（CI）采伐；C. 基于改进竞争指数（CII）采伐；D. 基于综合竞争指数（ZCI）采伐

此在进行选择间伐木的野外作业中，也可以方便地将其定位并进行间伐，并节省大量的野外工作时间。

基于角尺度空间结构定量指标，根据相邻树木之间的 3 种竞争指标，结合编程技术和 GIS 技术，初步实现了次生林抚育经营中间伐木的自动选择功能。根据 3 种不同的竞争指标，间伐木的选择结果几乎相同，它们都属于轻度抚育采伐。

以上间伐木的选择主要是通过对角尺度定量指标过滤确定的，因此竞争指数对间伐木选择的影响不是特别大。所以尽管考虑了 3 种不同的竞争指标，但它们的间伐木选择结果基本相同。主要原因是，基于 4 株最近相邻木空间关系结构化经营管理技术，每个空间结构单元只有 5 株个体树（惠刚盈等，2007，2018）。而参考树的角尺度的值只有 5 种类型，分别是 0.00、0.25、0.50、0.75 和 1.00。但是根据角尺度评估标准，角尺度的阈值是否在 0.475 ～ 0.517（张会儒和唐守正，2011），也就是说，林木的空间分布格局是否随机分布。从另一方面可以看出，所选间伐木的角尺度大于 0.517 或小于 0.475。过滤掉不合格的树后，可以选择的树就更少了。换句话说，构成空间结构单元的 5 株树在角尺度过滤后只能保留一株树或两株树。过滤之后，基本上确定了间伐木的选择。3 种不同的竞争指数对间伐木的选择影响较小。

在角尺度基础上，根据简单竞争指数 CI 和改进竞争指数 CII 进行间伐木选择的数量几乎相同。主要是因为简单竞争指数表达了林木间竞争指数的大小，改进的竞争指数进一步精确量化了竞争指数大小。竞争大小在整体的趋势上基本不会改变，而间伐木选择目前只需要知道哪株树最有竞争力，就可以完成间伐木的选择，因此简单竞争指数和改进的竞争指数进行间伐木选择结果基本相同。根据综合竞争指数进行间伐木选择的数量略有减少，主要原因是考虑到树种多样性，保留了多样性较高的树种。可能是因为混交林不够明显，总体而言，选择间伐木的数量没有太大变化。如果林木混交越强，选择结果数据差异将越大。

无论选择哪种竞争指标进行间伐木选择，间伐木选择的株数都小于需要采伐的空间结构单元的数量，主要因为单木可能是参考树或相邻树，它可能属于多个空间结构单元。因此，如果选择该树木数量作为间伐木，它将影响多个空间结构单元，也就是说，间伐木数量小于间伐木的空间结构单元。

尽管该研究客观地为次生林抚育间伐木的选择提供了辅助支持技术，并降低了人工选择的主观性，但在实际实施中需要根据实际情况加以考虑。

7.5　东北天然次生林抚育更新决策支持系统

7.5.1　数据与方法

7.5.1.1　数据

1）基础地理数据：行政区划数据、道路、水系、DEM、遥感数据等。

2）资源数据：森林资源二类调查数据、森林资源连续清查数据。

3）样地等调查数据：样地基本情况数据、每木检尺数据、CCD 图像数据、无人机图像数据。其中每木检尺数据包括更新数据、进界木数据、复测数据。

4）其他数据：代码数据、文档说明、数据标准规范等。

7.5.1.2　方法

采用 ROMC 分析法对决策支持软件系统进行分析，ROMC 即描述方式（representation）、操作（operation）、记忆（memory）和控制（control）。ROMC 方法就是利用计算机对上述观察中所观察和识别出的决策者的愿望要求与表现出的风格特征提供支持。

1）描述方式（R）：帮助决策者将不确定的决策活动和过程概念化，如用语言、图形和公式描述决策，使决策者与机器或他人能进行的广泛的联系和交流。

2）操作（O）：考虑不同的决策者不同风格、在决策的不同阶段有不同的操作，具体是情报阶段（识别目标、诊断问题、采集数据、使数据生效和构成问题等）、设计阶段（处理数据、目标定量化、建立模型、建立可供选择内容的备选方案）、选择阶段（方案模拟和优化、解释各种方案、选择方案并解释选择结果）。

3）记忆（M）：在决策中，决策者采用数据库、数据库视图、操作记录、暂存中间结果等多种记忆辅助手段，以支持对决策问题的描述和操作。好的记忆辅助可以减轻决策者的记忆负担，支持问题求解。

4）控制（C）：在设计 DSS 时，采用合适的控制方式，将描述、操作和存储有效地集成起来，形成决策支持能力，然后按照软件工程的步骤完成软件系统建设。

7.5.2　系统需求分析

7.5.2.1　建设目标

目前，东北地区天然次生林普遍存在质量低、更新差、功能弱等问题，亟待开展抚育经营，加快正向演替。随着对森林多功能经营理念的深入，次生林的经营越来越受到关注。随着信息技术的发展，基于智能决策支持等信息技术应用越来越广泛，由于森林生长周期长和不可逆性，采用最佳的抚育经营措施可以促进正向演替，在次生林经营中应用决策支持等信息技术可以有效地辅助采用最优的森林抚育措施，为次生林提质增效提供技术支撑。因此系统的建设总体目标是采用现代信息技术，结合次生林抚育经营的具体技术，构建一套次生林抚育经营决策支持系统。

7.5.2.2　次生林抚育流程分析

次生林抚育经营首先要对拟抚育经营的小班或林分进行外业调查工作，可以设置临时样地或长期固定监测样地进行调查。通过外业调查的结果数据及收集的相关基础数据进行内业处理，并整理和加工，然后存储到数据库中。根据外业调查的数据对林分结构和状态进行计算分析，主要是通过计算相关的因子指标包含非空间结构指标（如林分平均树高、平均胸径、密度、断面积等）和空间结构指标（角尺度、混交度、大小比数）后进行分析，通过把计算出需要模拟和决策需要的相关因子在 GIS 下进行展示与空间可视化模拟，目的是在 GIS 地图上形象直观地展示调查林分的现状；根据用户对林分的经营目标和阶段经营需求与目前林分状态进行诊断，如通过计算机程序进行空间结构诊断，明确调查林分的空间结果是处于随机分布、均匀分布还是聚集分布的空间格局等。结合相关知识库、专家库的内容给出几种抚育经营方案，并结合模型库中的生长模型，模拟每种抚育方式后林分的生长状况，预测每种抚育方案后状态及抚育后 5 年或 10 年的生长状态，将其模拟的结果在系统中进行空间结构模拟和可视化展示，然后通过系统辅助选择出最优的抚育方案。通过以上梳理分析，对次生林抚育的业务流程如图 7-31 所示。

7.5.2.3　功能分析

通过对次生林抚育业务流程的梳理分析，次生林抚育更新决策支持系统主要具备如下功能。

1）数据采集功能：将外业调查的原始数据进行数据采集，然后将数据存入系统。可以将外业调查的数据分项录入系统，也可以先将数据进行规范处理后导入系统。

2）数据的计算分析：经过外业调查获取的样地数据、每木检尺数据、更新数据等原始数据存入系统后，需要经过相关计算得到相应的非空间结构指标和空间结构指标，计算结果为对林分水平结构、垂直结构和空间结构现状的反映。

3）林分结构展示：将以上计算的结果在系统中进行展示，包括表格、柱状图等可视化展示，目的是使用户或林场经营者能方便直观地了解到目前林分的现状。

4）林分现状诊断：确定林分需不需要经营，林分结构需不需要调整，林分是否健康需要进行科学的诊断，同时结合经营者的经营目标进行诊断，目的是确定该林分是否需要经营，经营的迫切性如何。

5）抚育方案优选：根据林分诊断的结果，对于需要抚育经营的林分，结合经营者的经营目标科学设计相应的抚育方案，如确定间伐木、抚育强度、抚育结果等，对于设计的几种不同的抚育方案进行比较分析，系统辅助决策选出最优的抚育方案。

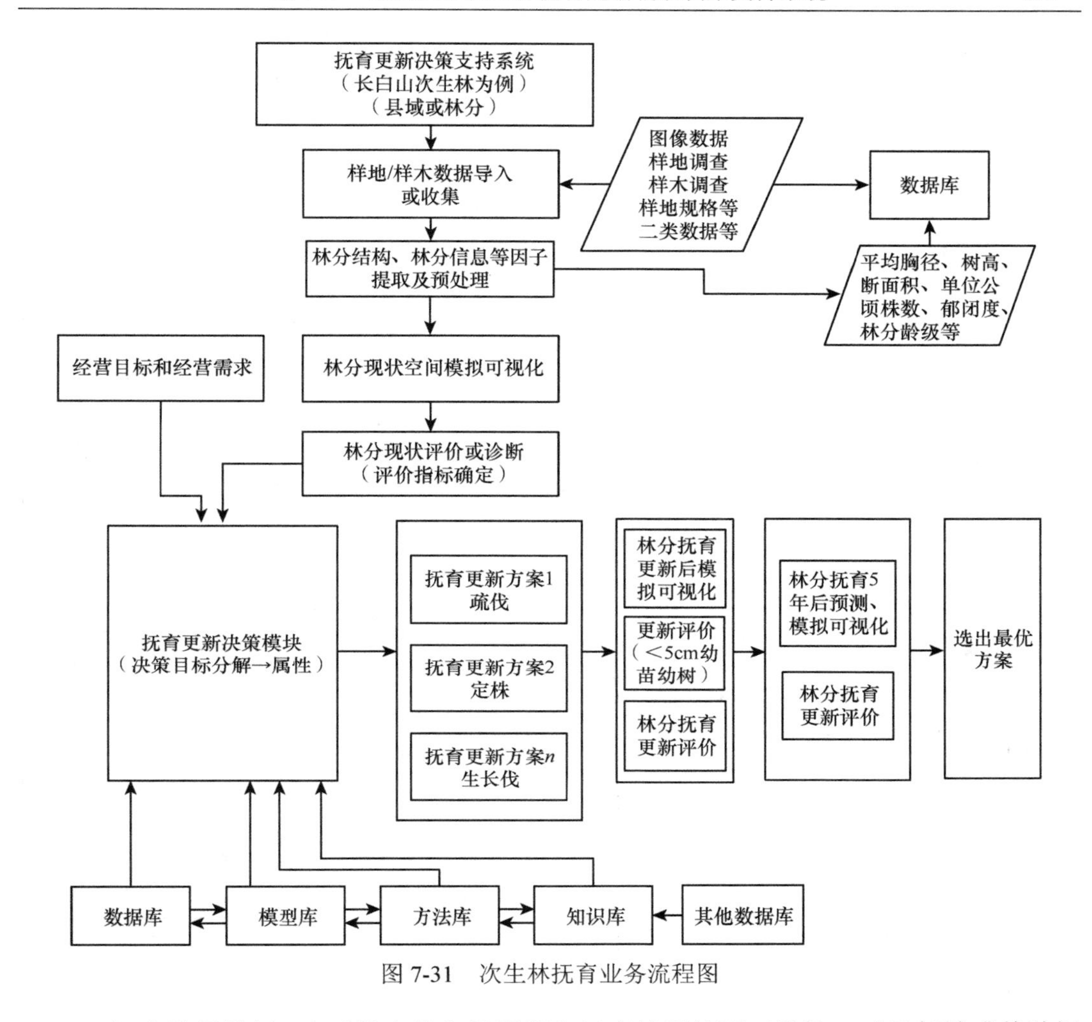

图 7-31　次生林抚育业务流程图

6）抚育结果模拟：由于林木的生长周期和抚育结果的不可逆性，对于每种或某种抚育方案进行模拟以后的生长状态，将以后的生长状态和结果以图或表的形式进行展示，其目的是辅助经营者了解每种抚育方案后林分将来的生长状态，然后结合经营目标选出最优的抚育方案。

7）数据集成管理：完成以上需求功能需相应的数据进行支撑，梳理归纳出次生林抚育经营数据集成管理系统需求，主要体现在以下几个方面。①数据存储，对次生林抚育经营涉及的数据统一存储和管理，确保各类数据的安全、稳定、一致；②数据查询和检索，对各类数据、不同形式的浏览查询，查询结果结合 GIS 能够落实在具体的地理空间，并能以图表形式显示；③简单的数据汇总统计，将一定时间间隔的数据进行简单的汇总，结果以图表形式展示，如柱状图、统计图，可以形象直观地展示林木经过若干年的动态变化；④系统维护，包括数据维护和用户维护，其中数据维护包括专题数据维护、模型数据的维护、知识数据的维护和方法数据等，系统可对这些数据进行增加、删除、修改。

7.5.3 系统设计

7.5.3.1 架构设计

系统主要采用 C/S 架构模式设计，体系架构在标准与规范体系和安全与运维体系的基础上，主要是基础设施层、数据资源层、应用支撑层、基础应用层和门户层，如图 7-32 所示。

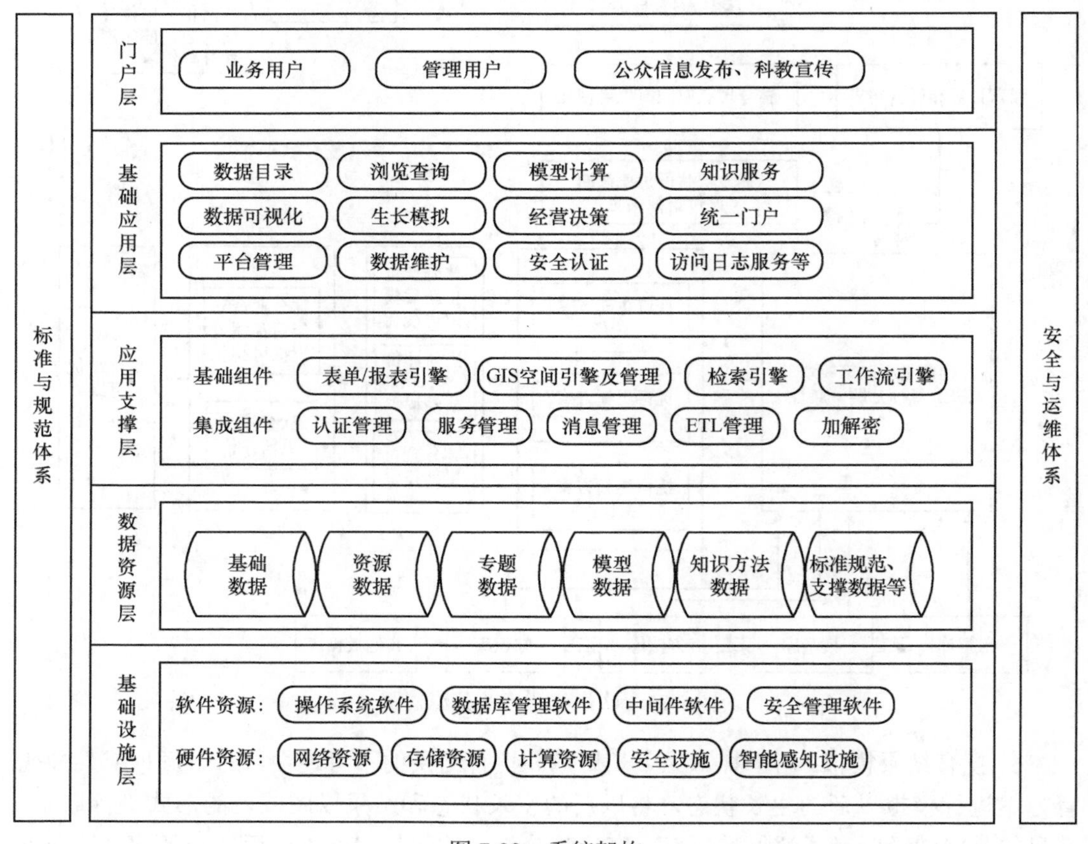

图 7-32　系统架构

由图 7-32 可知，基础设施层包含软件资源和硬件资源，其中软件资源有操作系统软件、数据库管理软件、中间件软件和安全管理软件等，硬件资源主要是网络资源、存储资源、计算资源、安全设施和智能感知设施等。数据资源层主要是涉及次生林抚育经营决策的所有数据，具体有基础数据（区划数据、DEM、交通、水系等数据）、资源数据（小班数据等和资源清查数据等）、专题数据（样地样木数据）、模型数据、知识方法数据和代码数据、元数据等标准规范数据。应用支撑层主要是指相关组件，包括基础组件和集成组件。其中，基础组件包括表单/报表引擎、GIS 空间数据引擎及管理、检索引擎、工作流引擎；集成组件包括认证管理、服务管理、消息管理、ETL 管理和加解密。基础应用层主要是为系统提供基础应用服务，主要包括数据目录、浏览查询、模型计算、知识服务、数据可视化、生长模拟、经营决策、统一门户、平台管理、数据维护、安全认证和访问日志服务等。门户层主要是为系统提供门户服务的，主要针对业务用户、管理用户和公众用户进行服务。

7.5.3.2　功能设计

次生林抚育更新系统主要功能包含：数据采集模块、林分结构分析模块、林分结构模拟模块、抚育决策方案和数据集成管理模块，具体如图 7-33 所示。

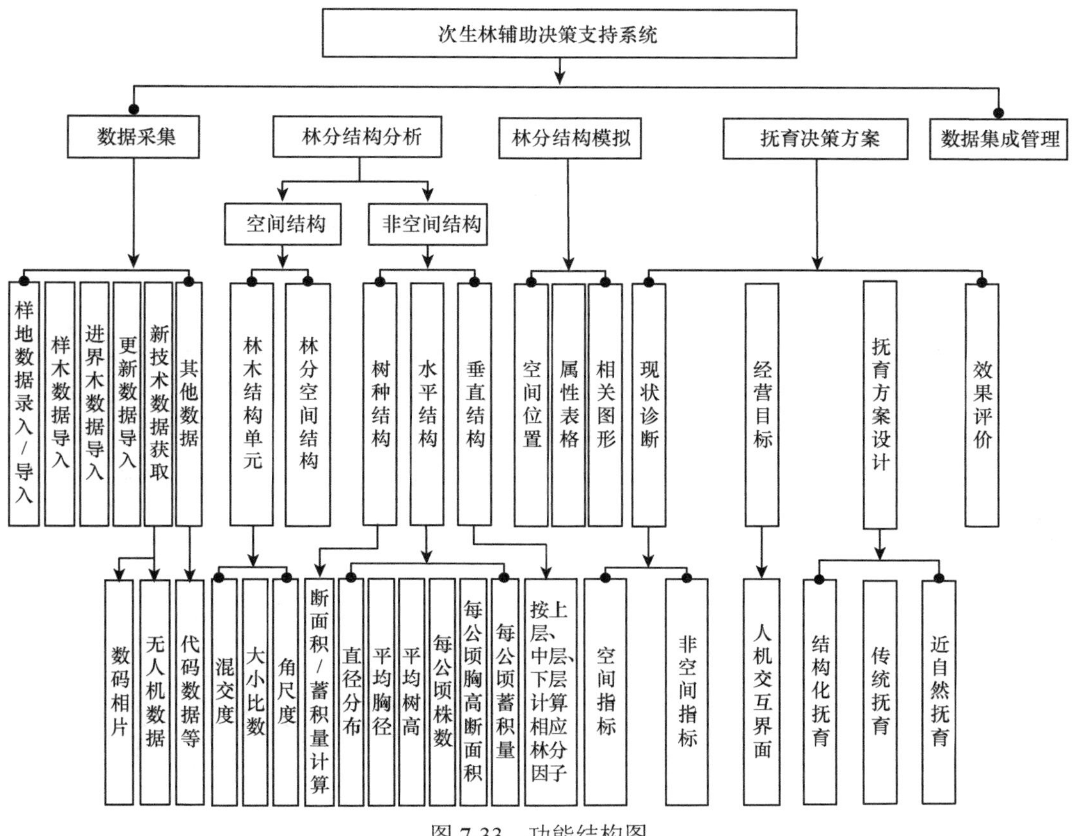

图 7-33　功能结构图

1）数据采集模块：主要是对外业调查的数据存储进入系统，如按照数据标准规范整理的数据导入/导出系统，包括样地数据、样木数据、进界木数据、更新数据等的导入/导出功能。

2）林分结构分析模块：包含空间结构数据和非空间结构数据。其中空间结构数据包含林木结构单元数据和林分空间结构数据的计算与分析。非空间结构数据包括林分树种结构、水平结构和垂直结构的计算与分析。

3）林分结构模拟模块：包括空间位置、属性表格和相关图形可视化展示，其中空间位置包括样地、样木等所有具有空间地理位置的数据在系统中进行实际地理位置显示；相关图形包括柱状图、饼图等，空间结构模拟能够根据各树种的生长与竞争模拟。

4）抚育决策方案：主要包括现状诊断、经营目标、抚育方案设计、效果评价。其中经营目标可以通过人机交互的界面形式进行交互，抚育方案可以从结构化森林经营抚育、传统森林经营抚育和近自然森林经营抚育等根据经营目标要求进行设计，结合生长模型预测相应抚育方案执行后林分未来的生长状态，然后对设计的抚育方案进行分析评价，最终辅助选出最优的抚育方案。

5）数据集成管理模块：是对于决策系统中需要的数据和相关的支撑数据进行统一管理，包括不同试验区的基础地理数据、专题数据（调查样地、样木数据、更新数据、图像数据等）、支撑数据（模型数据、方法数据、知识数据、代码数据、元数据等），主要以数据目录服务的形式实现数据的浏览、查询、统计汇总和相应的数据维护功能。

7.5.3.3　数据库设计

1. 次生林抚育经营数据特性分析

抚育经营决策数据不仅包括基础地理数据、小班数据，还包括固定样地调查数据和每木检尺数据，而且每木检尺数据是不同年度多次调查的数据。以汪清林业局金沟岭林场 1km 样地数据为例，从 2013 年建立固定样地后，每隔 2 ～ 3 年进行每木检尺，记录直径大于 5cm 的单木数据，作者主要针对现有 2013 ～ 2016 年两期调查的数据为例进行特性分析，数据具有良好的稳定性和连续性。以这两期数据为例，进行抚育经营决策需要收集和整理其他数据，如相应树种的模型数据、抚育经营相关知识数据、方法数据等，以及支持空间结构可视化模拟的无人机数据，所有这些数据需要集中统一存储管理，需要规范相关的代码数据、元数据，还需要根据相关的行业标准和实际情况进行规范化命名。经过分析归纳出抚育经营涉及的数据与分类体系，如图 7-34 所示。

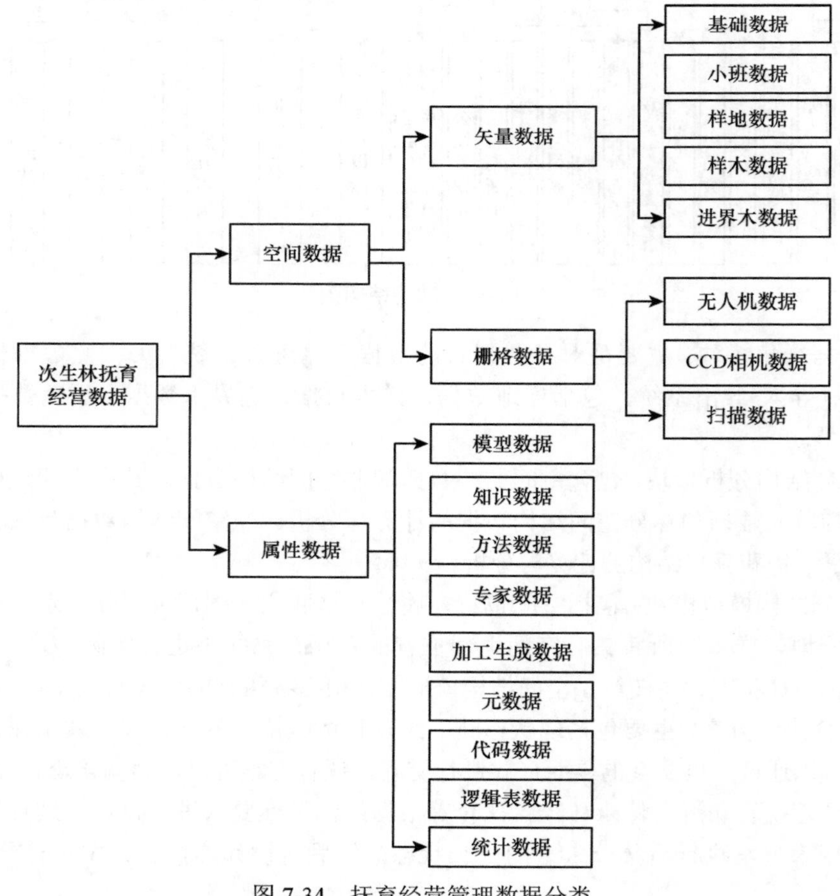

图 7-34　抚育经营管理数据分类

次生林抚育经营所涉及的数据从大类方面分为空间数据和属性数据。空间数据分为矢量数据和栅格数据，其中矢量数据有基础数据、小班数据、样地数据、样木数据（即每木检尺数据）、进界木数据。样地数据是固定样地数据，因此是包括不同年度调查的所有数据。栅格数据主要是无人机数据、CCD 相机数据和扫描数据，无人机数据主要用来支撑林木空间可视化信息提取，CCD 相机数据主要是计算密闭度和特殊林木的照片存储，扫描数据主要是指扫描的地形数据。属性数据有支持抚育经营决策的模型数据、知识数据、方法数据、专家数据、加工生成数据、元数据、代码数据、逻辑表数据和相应的统计数据。通过梳理数据分类可知，次生林抚育决策涉及的数据种类多，不仅有调查数据，还有知识数据、模型数据、方法数据等，由于森林资源消长动态变化，因此数据动态性强，这些外业调查数据主要来源于固定样地，故数据连续性强、稳定性好。

2. 数据库设计

针对次生林抚育经营涉及的数据进行了梳理分类，重点针对这些数据建立了相应的数据库，分别是基础数据库、专题数据库、决策核心数据库、支撑数据库。具体如下。

1）基础数据库（BaseData）：各种比例尺的基础地理信息。主要包括境界线、居民点、道路、水系等。

2）专题数据库（TheaData）：资源数据即小班数据和主要包括次生林抚育经营涉及的专题数据，具体包括样地数据、每木检尺数据、进界木数据、加工融合数据等；专题数据库按照调查原始数据即抚育前数据、抚育后数据、预测数据 3 个类型分别建立相应的数据集，每个数据集中存放相应的数据。

3）决策核心数据库（DSSData）：主要用来存放模型数据、知识数据、方法数据和专家数据。模型数据由模型数据表和模型参数表组成，通过模型序号 MODEL_ID 关键字进行关联；知识数据由知识类型数据表和知识实体表组成，知识实体表又由结构化知识表和半结构化知识表组成；知识类型数据表主要是对知识进行分类，并且标记知识序号，如果是结构化知识就把知识存储在结构化知识表里，如果是非结构化或半结构化知识则按文件存储。

3. 模型库设计

模型是决策支持的核心，进行决策时通常会调用模型库中的模型，根据模型计算的结果进行辅助决策。模型库采用关系数据模型，用关系数据库存储模型数据，具体包括模型基本信息表和模型详细信息表。模型基本信息表存储模型的序号（关键字）、模型名称、模型类型、模型的简要说明、模型数学表达式、参数个数、约束条件等。模型详细信息表包含的主要数据项有模型序号（关键字）、树种、模型参数 1、模型参数 2……模型参数 n，模型最多参数默认为 10，可以满足大多数模型参数需要，实际应用时根据模型的参数情况可以增加。

4. 知识库设计

知识库即存储知识的数据库，采用了知识本体的知识表形式，通过对森林抚育信息化知识的行业结构分析，参照袁磊等（2006）行业信息化知识库系统知识库设计的知识模型，并依据知识表达形式，构建了次生林抚育经营知识模型，如图 7-35 所示。

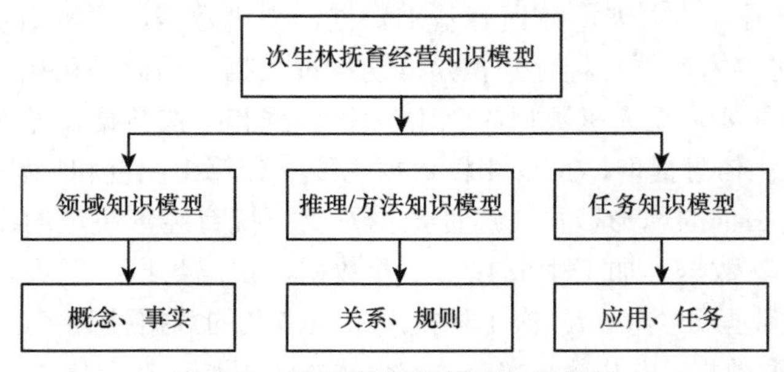

图 7-35　次生林抚育经营知识模型

次生林抚育经营本体模型由三部分组成，具体是领域知识模型、推理/方法知识模型和任务知识模型。其中领域知识模型主要是属于事实、概念层次，对森林抚育领域的相关事实、概念进行知识化表达；推理/方法知识模型主要是对领域知识模型中的相关事实、概念之间的关系，以及一些知识的使用规则包含推理规则等进行规范表达；任务知识模型是对应用、任务进行描述，以及任务的具体执行流程进行表达。

次生林抚育经营知识库的总体结构是在上述理论基础上设计的，将传统数据库（DB）技术和人工智能（AI）技术相结合，逐步完成知识库结构的设计。AI 可以使用成百上千条基于规则的知识进行启发式搜索与推理，但是没有高效检索、访问现存数据库和管理海量数据的能力；而 DB 可以优化处理海量数据和事务的水平，但是无力表达和处理基于规则的知识，因此将二者结合的知识库不仅包含了大量的简单事实，而且也包含了规则和过程性知识。通常知识库系统采用"事实-概念-规则"的三级知识体系。具体是将森林抚育经营形成知识概念化、形式化模型，然后将概念化、形式化模型转化为基于关系数据库的若干个事实表和规则表。次生林抚育经营本体知识库包含实例库、事实库、文档库、图像视频库、推理规则库。每类库建立相应的二维表格，根据不同的知识结构设计不同的表结构，字段为每类知识的属性（即叶子节点）。各知识库与相应的知识模型对应，即存储不同模型的知识表达，知识库内部的知识要满足"事实-概念-规则"的表示体系。知识库最终实现次生林抚育知识的表示和推理机制，尤其是对一些不确定知识的表达，并且能够满足在一定约束条件下对问题的启发式搜索，得到最佳的结果。

5. 方法库设计

方法库是决策支持系统中另一个重要的组成部分，一个内容丰富、性能优越的方法库，可使决策支持系统更富有活力。方法库综合了数据库和程序库，实际是一个软件程序库，方法在形态上是一种封装程序，方法通过调用而执行，调用方法时要传递参数。方法库主要为求解模型提供算法，是模型应用的后援，存储的方法有数学方法（各种初等函数算法等）、数理统计方法（回归分析法、相关分析、方差分析法等）、优化方法（如线性规划求解方法）。方法库可以提高模型的运行效率并实现软件资源共享，方法库设计包含方法基本信息表和方法详细信息表（程序表）。方法基本信息表包含的数据项主要是：方法序号、方法名称、方法类别、功能说明、使用范围、方法的输入、方法的输出、参数个数等；方法详细信息表包含的数据项是：方法序号、调用程序的物理路径、参数类型 1、参数 1、参数类型 2、参数 2……参数类型 *n*、参数 *n*，方法最多参数默认为 10 即可以满足大多数方法参数的情况，实际应用时根据方法的参数情况可以增加。

6. 专家库设计

专家库主要存放的是森林经营领域相关专家的信息，主要数据项是专家编号、姓名、性别、职位/职称、工作单位、研究方向、主要贡献、主要论著、联系方式等，建立专家库的目的是支撑知识库的内容，知识库中的有些知识是相关专家的研究成果。

支撑数据库包括各类代码、元数据、试验区信息、统计报表模板、逻辑检查等方面的映射信息，需建立元数据和代码等数据之间的对应关系。

7.5.4 系统建设

7.5.4.1 数据库建设

1. 数据命名规范

以命名唯一性、明确性、简练性、分级性为命名原则，主要从结合数据分类的具体情况规范了命名原则，如图 7-36 所示。

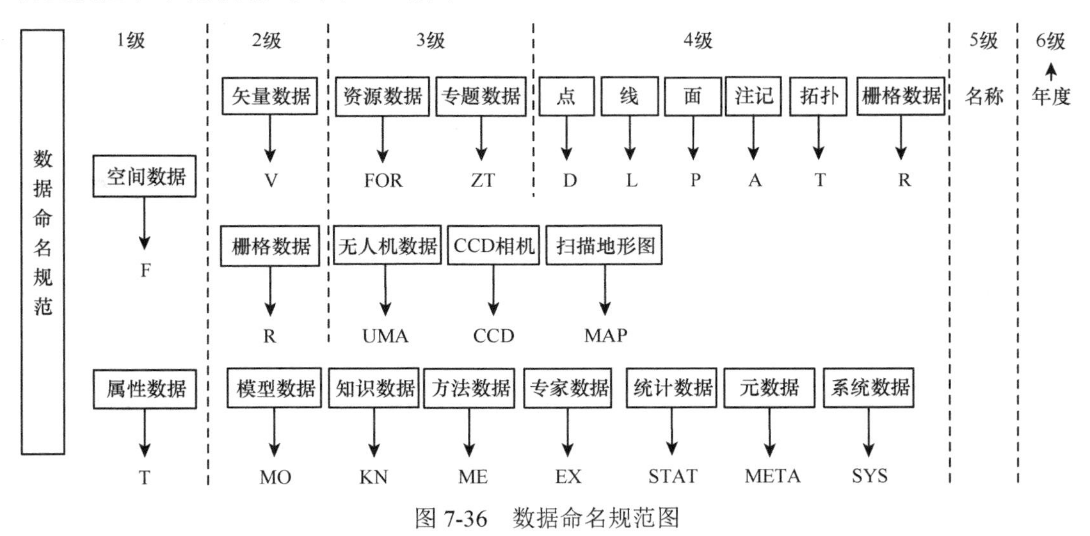

图 7-36 数据命名规范图

根据不同的数据类型对各类数据进行区分并规范命名，其中空间数据表示为 F；属性数据表示为 T。由于空间数据又划分为矢量数据和栅格数据，矢量数据和栅格数据存储于不同的数据集中，矢量表示为 V，栅格表示为 R；其中矢量数据分为资源数据和专题数据，资源数据表示为 FOR；专题数据表示为 ZT。矢量数据包含不同图层，表示不同地物类型。点表示为 D，线表示为 L，面表示为 P，注记表示为 A，拓扑表示为 T；栅格数据包含不同图层，表示不同数据源，比如，无人机表示为 UMA，CCD 相机数据表示为 CCD，扫描地形图表示为 MAP。

属性数据包含不同用途的数据表，有专用于存储模型、知识、方法的数据，也有用于数据记录、逻辑查询、统计分析等的数据，系统数据表示为 SYS，统计数据表示为 STAT，元数据表示为 META；模型数据表示为 MO，知识数据表示为 KN，方法数据表示为 ME，专家数据表示为 EX，代码数据表示为 CODE。

原始调查数据表示为 O，再加工生成数据表示为 G，预测数据表示为 P，抚育后数据表示为 N。带有年度的数据后面加年度末两位数，如 2013 年，就加“13”。另外，所有名称（数据集、数据表和字段）必须在 30 个字节之内（最少为 1 个字节）。

例如，代码表命名为：T_SYS_META_CODE；每木检尺数据表命名为：F_V_D_YM_13。

2. 数据库构建

通过以上对次生林抚育经营数据特性分析和类型划分，本研究设计了次生林抚育经营数据库方案，在统一的数据库框架下，制定了数据库命名规范、确立了各类表结构和编码规则，通过 Access 数据库、Personal geodatabase 空间数据库存储技术，构建了相应数据库（图 7-37）。

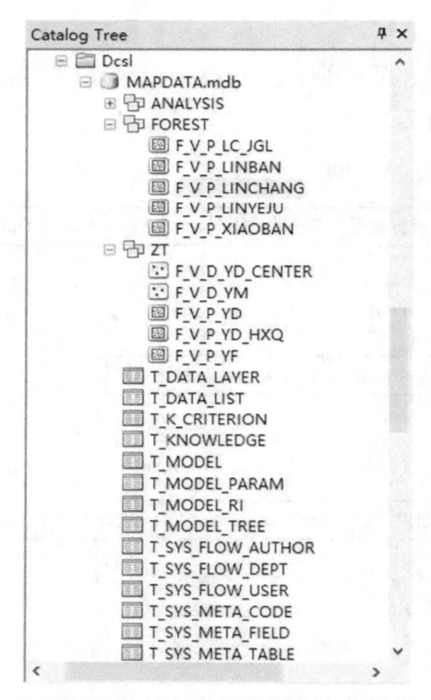

图 7-37　次生林抚育数据库截图

7.5.4.2　数据集成管理

通过以上对次生林抚育经营的业务流程分析可知，基础地理数据和特定小班数据作为辅助数据，在抚育经营过程中没有动态变化。而且整个业务过程所涉及的数据重点是针对抚育经营活动发生的动态变化数据是数据管理核心内容，具体是抚育经营前数据、抚育经营后数据、预测数据 3 个阶段，如图 7-38 所示。

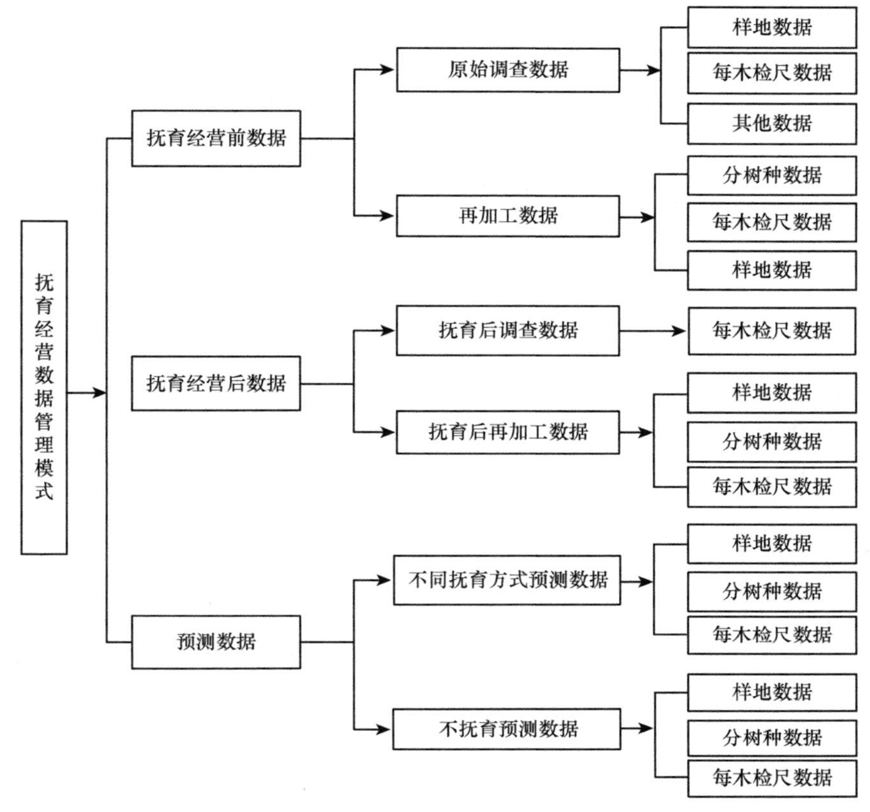

图 7-38　数据管理模式设计

1. 抚育经营前数据

次生林抚育经营前数据主要是原始调查数据和对调查数据的再加工数据。

1）原始调查数据：主要是样地数据和每木检尺数据，对于原始调查样地数据作为档案数据，进行逻辑检查后按原样存储，只能浏览查看，不能修改、删除。其中，样地数据按照不同年度进行调查和存储。

2）再加工数据：主要是每木检尺数据、分树种数据和样地数据。①每木检尺再加工数据需要根据需求增加相应的字段，如是否是核心区林木、相邻木编号、大小比数、角尺度、混交度等，目的是进行空间结构指标计算时，保存计算结果，最后可以将这些林分信息直接进行查询和分析。②分树种再加工数据是针对调查数据建立的一个辅助表，主要存储不同树种的平均胸径、平均树高、平均断面积、平均密度、平均单位面积蓄积量、大小比数、混交度、角尺度等信息。它也可以是实体数据表，将计算的结果数据直接进行保存，也可以是个视图，将计算过程保存起来，需要查看分析时通过触发器执行程序。③样地再加工数据就是在原始样地调查的基础上增加平均胸径、平均树高、平均断面积、大小比数、混交度、角尺度、平均蓄积量等字段，用来存储林分计算结果，便于查看分析。

2. 抚育经营后数据

次生林抚育经营决策需要针对不同的抚育方式（如结构化经营、目标树经营和传统经营），最终找出一种最优的抚育方式。如何才能知道哪种抚育方式最优，一种途径就是通过优化算法，直接找出一种最优的抚育方式，然后将抚育后相应的计算结果存入表中；另一种是虚拟几种抚育方式，将抚育的结果进行比较分析，人机交互找出最优的抚育方式。因此不管针对哪种方式，都需要存储抚育后的数据。抚育后每木检尺数据是在原始每木检尺数据的基础上生成的，具体是对抚育的林木做出标记；对应抚育后加工数据如每木检尺数据、分树种数据和样地数据都是在抚育后每木检尺数据的基础上生成，相应地需要增加一些字段，如大小比数、角尺度、混交度等，用于存储数据挖掘或加工处理后的林分空间结构信息等。每次抚育后的数据按照抚育年度进行存储管理。对于虚拟抚育的数据存储在临时表里，用于比较分析支撑找出最优抚育方式。确定了抚育方式后，临时表中的数据可以丢弃。

3. 预测数据

预测数据是在自然状况下根据林分或单木生长模型对未来若干年（如 5 年）林木生长量、收获量进行的预测预估，目的是进一步掌握未来林分的状况，以便于找出最佳抚育方式，最终达到经营者或林场主要求的经营目标服务。预测数据主要包括两种情况，其中一种是如果不做抚育，未来林分的生长情况；另一种是采用某种抚育措施后未来林分的生长情况。预测的数据主要是每木检尺数据、分树种数据和样地数据，其数据结构和计算方式与抚育前调查数据的计算方式类似，要实现预测数据，显然首先要有相应的生长模型支撑才能实现。虚拟的抚育方式的预测数据不进行保存，只用于支撑分析选择最佳抚育方式，一旦选择某种抚育方式后，该抚育方式预测数据可以保存，而其他几种抚育方式的预测数据可丢弃。

7.5.4.3 数据集成管理功能

数据集成管理系统是为了支撑次生林抚育经营决策，完成次生林抚育经营决策不同试验区的基础数据、调查数据、抚育经营数据、预测数据、模型数据、知识数据、方法数据、专家数据、代码数据、元数据等数据的存储和管理，这些数据的特点是数据种类多，动态性强。数据集成管理主要是浏览查看、统计汇总和数据维护。因此主要基于 GIS 技术，包括基本功能、数据存储、空间定位、数据浏览查询、统计汇总、数据维护六大功能模块。具体如图 7-39 所示。

1. GIS 基本功能

GIS 基本功能主要是基于试验区地图的操作，具体是地图浏览、放大、缩小、漫游、测距、图层管理等，这些功能也是 GIS 最基础的功能。

2. 数据存储

数据存储主要是系统涉及的所有数据存储。具体有基础地理数据、调查数据、无人

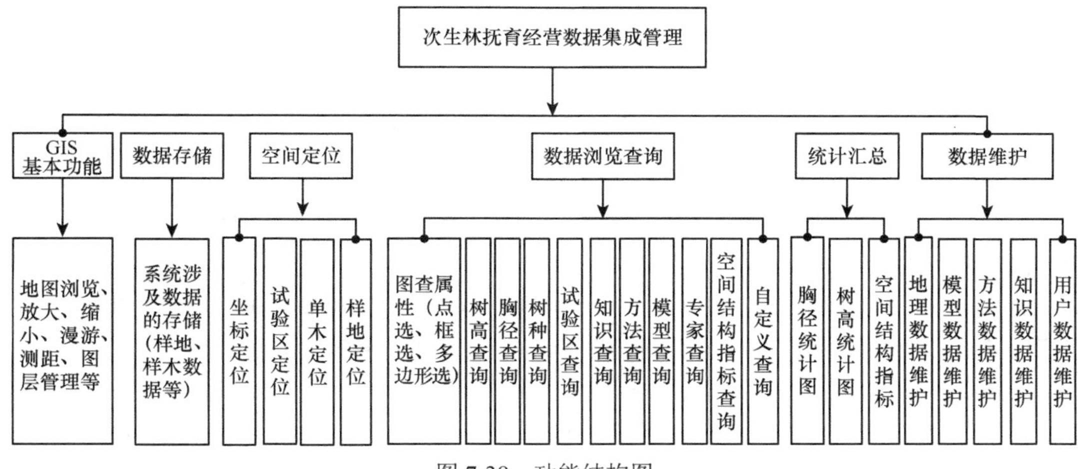

图 7-39　功能结构图

机数据、CDC 数据、抚育经营前数据、抚育经营后数据、预测预估、模型数据、知识数据、方法数据、专家数据、元数据、代码数据、逻辑表数据等。凡是抚育经营决策需要的数据都在这里统一存储。

3. 空间定位

空间定位包括坐标定位、试验区定位、单木定位、样地定位，坐标定位是根据空间坐标直接定位到地图所在位置，试验区定位是输入试验区的名字直接定位到试验区所在的位置，单木定位是输入单木编号直接定位到单木所在地图中的位置，样地定位是已知样地号直接定位到其所在的地图位置。

4. 数据浏览查询

数据浏览查询主要是针对该系统存储的数据进行的各类查询，具体分为图查属性和属性查图。其中图查属性是指从图层列表中选择当前图层，然后在地图上点选、框选或多边形选择查到当前图层的属性信息；属性查图是针对当前图层，输入图层某个字段对应的属性值，查询得出相应结果，并以表格显示。知识查询、方法查询、模型查询和专家查询都是属性信息查询，查询结果以表格形式显示。空间结构指标查询主要是针对目标树空间结构指标查询、分树种空间结构制表查询和林分结构指标查询，查询结果可以表格或柱状图显示。自定义查询是根据用户需求选择数据，然后输入相应的字段进行查询。

5. 统计汇总

统计汇总主要是根据胸径、树高对样地调查数据、预测数据等进行的简单汇总，汇总结果以图表形式展示。

6. 数据维护

数据维护主要是地理数据维护、模型数据维护、方法数据维护、知识数据维护、用户数据维护，对于数据维护主要是针对这些数据进行增加、删除和修改。一般删除不会真的丢弃，只是设置标记。

7.6 系统案例

7.6.1 系统介绍

东北次生林抚育更新决策支持系统是以长白山、小兴安岭、大兴安岭、张广才岭和辽东山区次生林试验区的数据为基础，采用数据库、图像识别、智能决策分析、GIS等信息技术研建的，其中主要以东北长白山次生林试验区为例，采用C#编程语言、ArcGIS Engine 10.2平台实现了相关功能，系统主要包括通用浏览查询、数据管理、专题查询、林分诊断、抚育模拟、生长模拟、模型知识管理、密闭度分析等模块，旨在为东北次生林的可持续经营提供科学依据，为森林质量精准提升提供技术支撑。

系统需要安装NET Framework 4.0、ArcGIS Engine 10.2，系统安装完成并启动后，输入用户名和密码，验证通过就可以进入系统。进入系统后，主窗体主要有数据管理、林分分析、林分展示、抚育决策、生长模拟、密闭度、模型知识管理、查询与管理八部分，如图7-40所示。

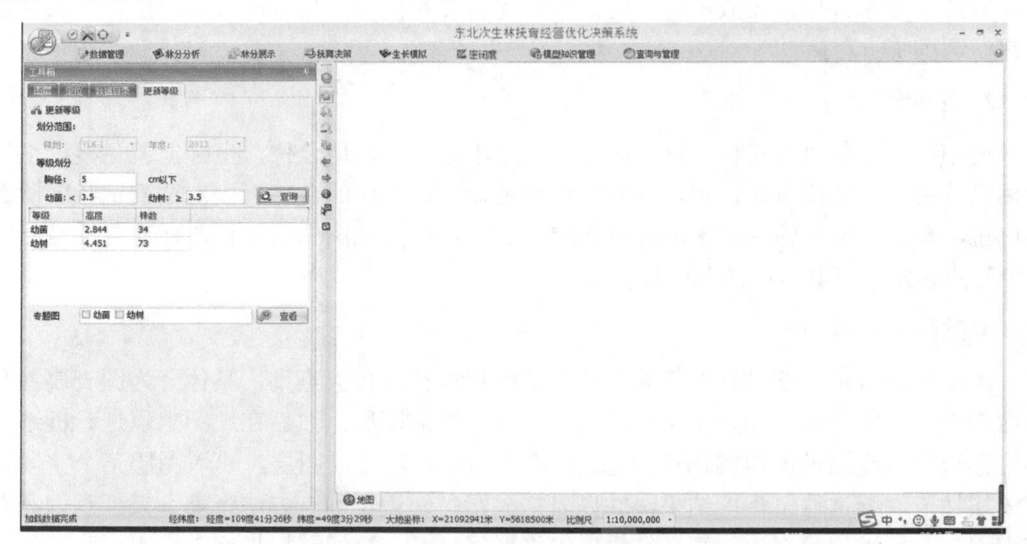

图7-40　系统主界面

7.6.2 数据管理

数据管理主要采用数据库技术和GIS图层管理技术，实现数据分图层管理、数据导入、数据导出、数据列表四部分。其中，图层管理通过图层控制树可实现图层的可见与不可见，同时通过GIS技术可以对不同图层进行符号、特征字段的标记和显示范围的设置等。

数据导入主要是导入样地和样木Excel格式数据到数据库中，根据样地中心点生成100m×100m的样地，并划分为100个样方，样木根据样方内的相对坐标进行定位。具体分为导入样地和导入每木。导入样地是将Excel格式样地数据从文件目录选择后通过“导入样地”功能模块到系统数据库中，导入每木类似。数据导出功能就是将系统中的数据库中的样地和样地数据导出到外部，生成Excel格式文件（图7-41）。

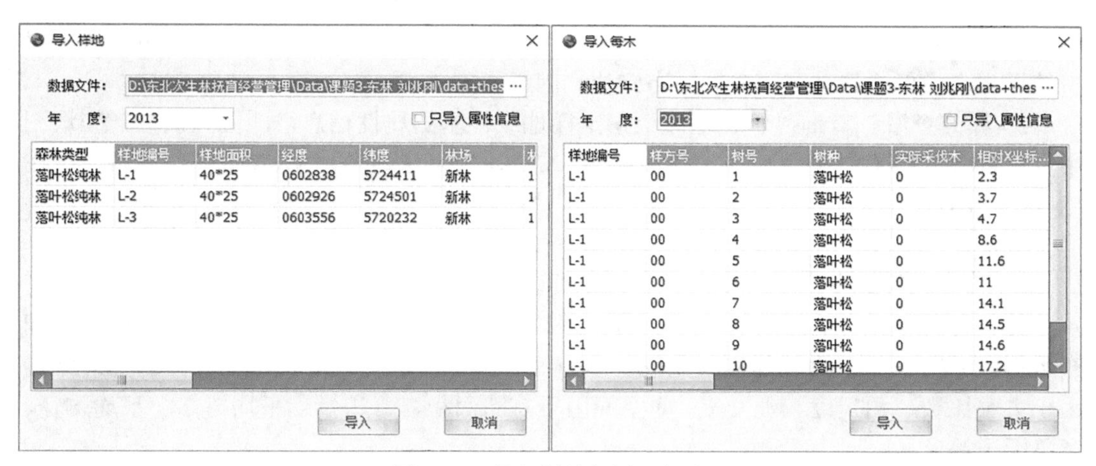

图 7-41　导入样地与导入每木

7.6.3　林分分析

林分分析主要有专题查询、计算分析、分析结果查看等功能。

7.6.3.1　专题查询

专题查询包含样地查询、样木查询、林分查询。

1）样地查询。在地图中点选样木，左侧结果树即显示选中样木编号、基本信息、林分信息等，双击样地编号，可在图中高亮闪烁（图 7-42）。

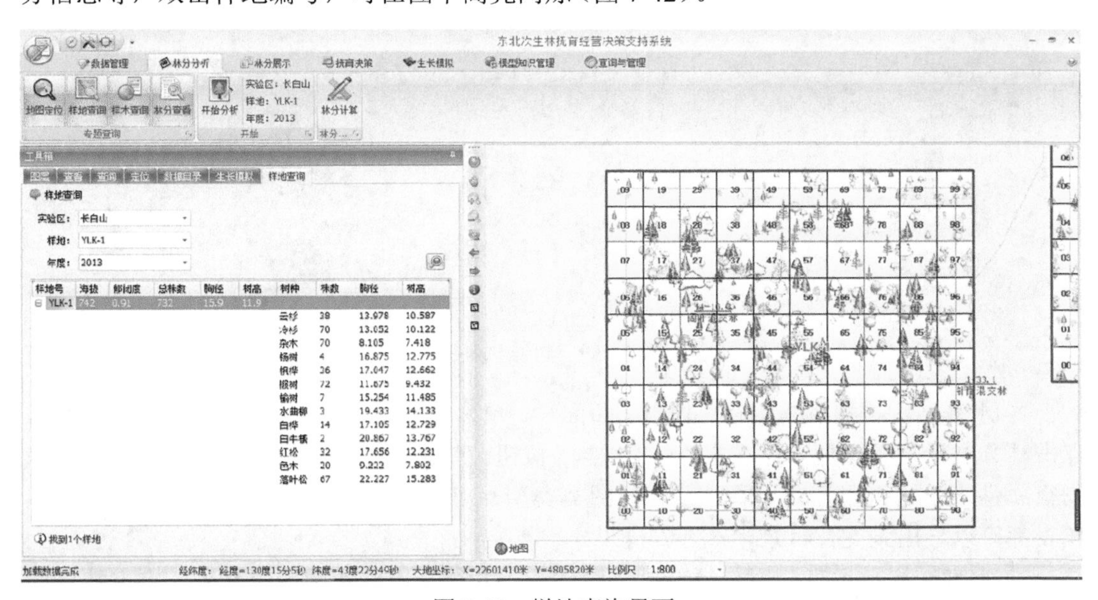

图 7-42　样地查询界面

2）样木查询。直接点击专题查询中“样木查询”按钮可以直接查看，也可以指定查询条件，选择年度、树种、胸径、树高 4 个对应下拉列表框中值，后点击查询按钮，下方列表中显示查询结果。可以在列表中显示样地编号、树号、树种、胸径和树高值，双击结果列表中任一记录，可在地图上定位、闪烁指定样木。

3）林分查看。查询显示在地图上指定样地或样木的属性信息，即图查属性，在地图中点击样木，结果树种中即显示样地编号、基本信息和林分信息。双击样地编号，可在图中高亮闪烁。

7.6.3.2　分析计算

分析计算主要包含林分计算和计算结果查看，其中林分计算主要是根据样地样木调查数据，针对系统中需要的相关空间、非空间林分因子进行计算，比如林分的空间结构因子大小比数、角尺度、混交度；非空间因子有断面积、蓄积量、平均树高、平均胸径、竞争因子等。

7.6.3.3　林分展示

林分展示分展示图表和空间结构模拟两部分，主要采用图表插件技术和 GIS 技术通过接口调用实现。其中展示图表主要包括树种组成、水平结构、垂直结构、空间结构、空间结构分树种、空间结构模拟（热力图）、专题图等，以柱状图、饼图等形式进行展示。

1）树种组成按树种、频度显示并统计出柱状图或饼状图。点击林分展示页签下展示图表中“树种组成”按钮，弹出展示图表窗口，左侧显示树种和频度属性表，右侧显示图表；选择图类类型，可切换统计表为柱状图或饼状图；而且图和表都可以导出到文件目录中（图 7-43）。

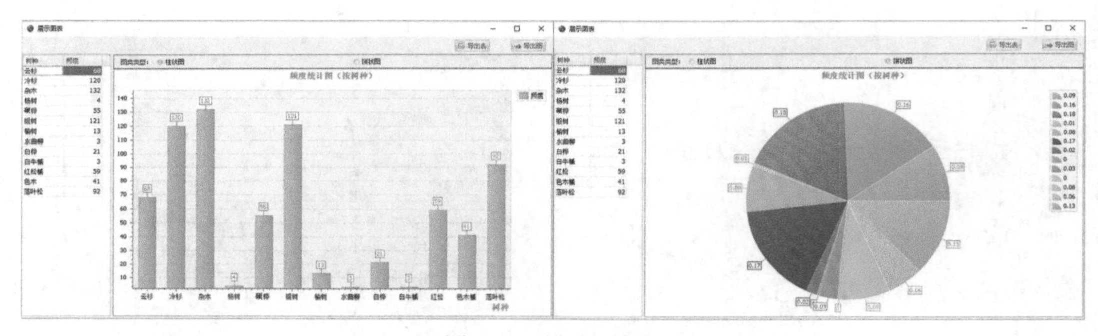

图 7-43　树种组成图

2）水平结构按树种与胸径、树高、断面积、单木蓄积显示并统计出柱状图或饼状图。点击林分展示页签下展示图表中“水平结构”按钮，弹出展示图表窗口，左侧显示树种和胸径属性表，右侧显示统计图表；选择图类类型，可切换统计表为柱状图或饼状图，图和表都可以导出到文件目录中（图 7-44）。

3）垂直结构按垂直分层与频度显示属性表，并统计出柱状图或饼状图。点击林分展示页签下展示图表中“垂直结构”按钮，弹出展示图表窗口，左侧显示垂直分层和频度属性表，右侧显示统计图表；选择图类类型，可切换统计表为柱状图或饼状图；图和表都可以导出到文件目录中（图 7-45）。

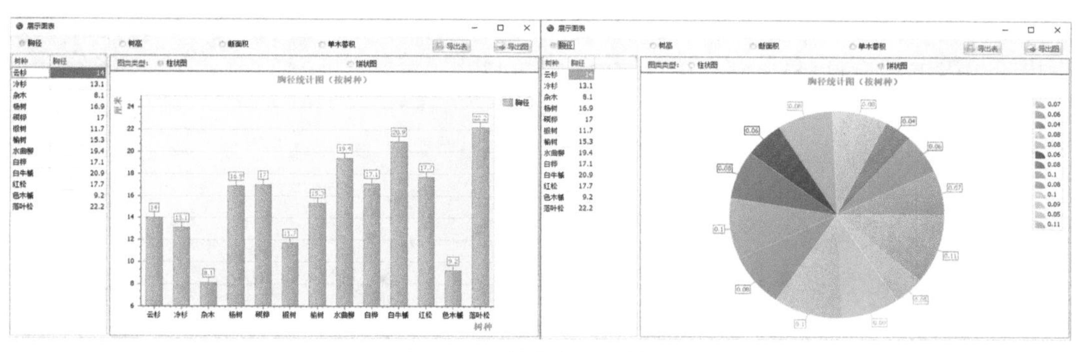

图 7-44 林分水平结构图

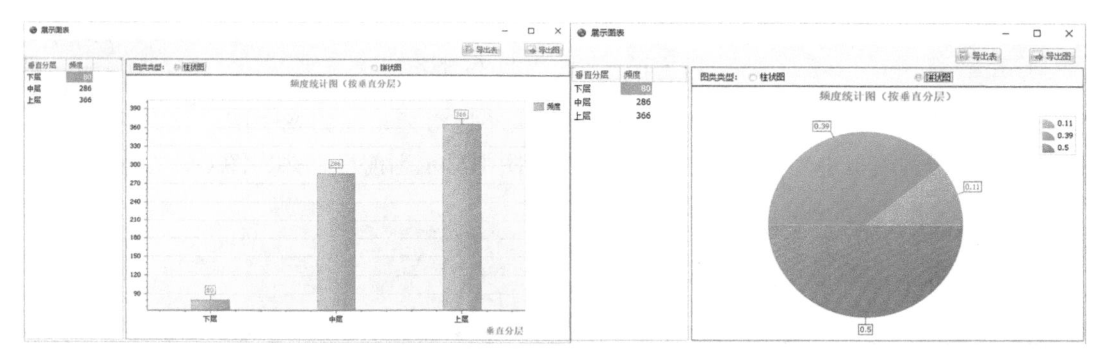

图 7-45 林分垂直结构图

4）空间结构按角尺度、混交度、大小比数与频度显示属性表，并统计出柱状图或饼状图。点击林分展示页签下展示图表中“空间结构”按钮，弹出展示图表窗口，左侧显示角尺度和频度属性表，右侧显示统计图表；选择角尺度、混交度、大小比数单选按钮可切换统计类型；选择图类类型，可切换统计表为柱状图或饼状图；图和表都可以导出到文件目录中（图 7-46）。

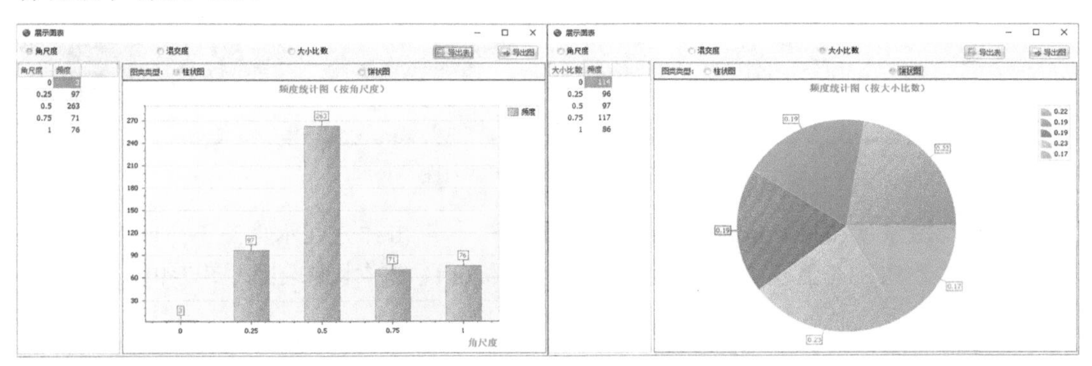

图 7-46 林分空间结构图

5）空间结构分树种按角尺度、混交度、大小比数与频度显示属性表，并统计出柱状图或饼状图。点击林分展示页签下展示图表中“空间结构分树种”按钮，弹出展示图表窗口，左侧显示角尺度、树种和频度属性表，右侧显示按角尺度的频度统计图表；选择角尺度、混交度、大小比数单选按钮可切换统计类型；选择图类类型，可切换统计表为柱状图或饼状图；图和表都可以导出到文件目录中（图 7-47）。

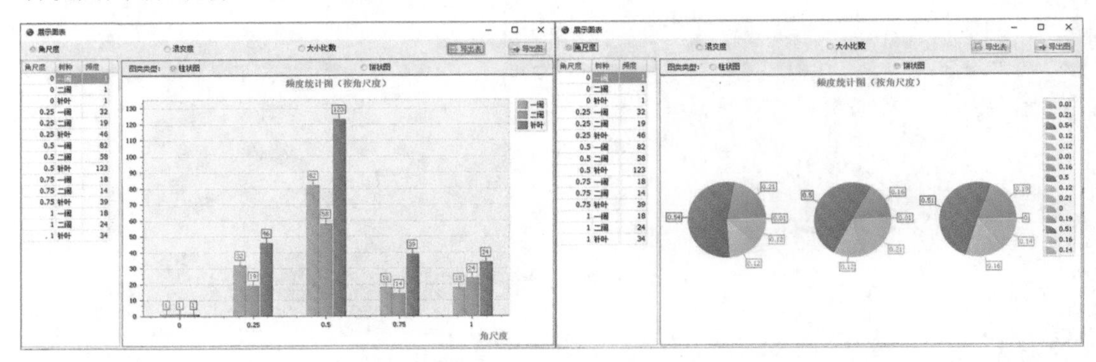

图 7-47　空间结构分树种图

6）空间结构模拟（热力图）根据计算出的大小比数显示热力竞争图。点击林分展示页签下空间结构模拟中“热力图”按钮，在主视图中显示当前样地热力图（图 7-48）。

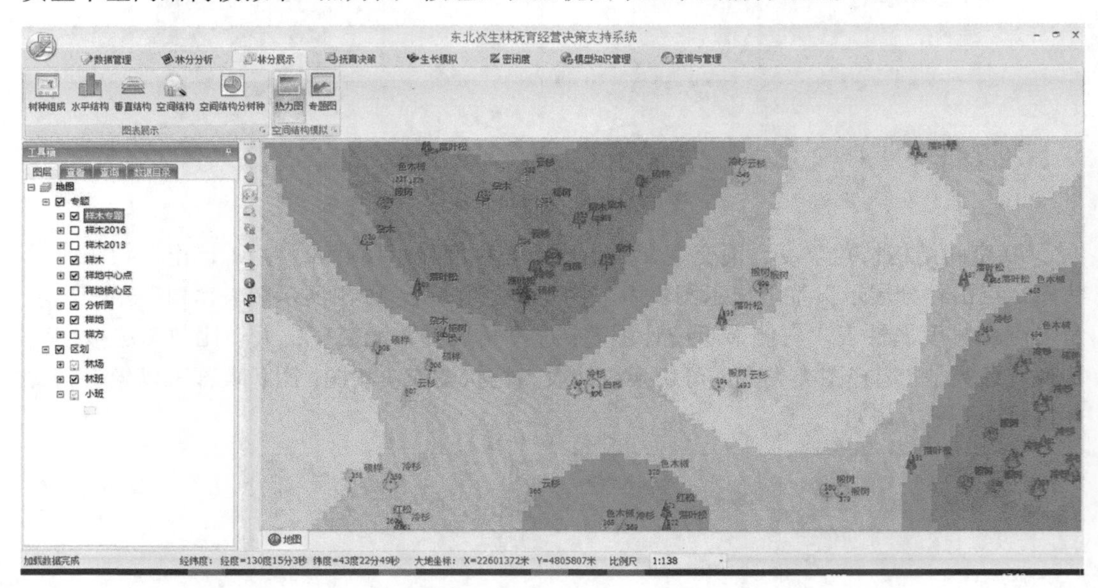

图 7-48　林分竞争热力图

7）专题图显示加权 Voronoi 图、样木专题图等。点击林分展示页签下空间结构模拟中“专题图”按钮，在主视图中显示当前样地 Voronoi 图或样木专题图（图 7-49）。

7.6.4　抚育决策

抚育决策包含结构化抚育决策和近自然森林经营抚育决策，其中结构化抚育决策是通过构建目标函数和约束条件进行间伐木最优选择，近自然森林经营决策是基于空间结构量化指标进行空间分布判断，然后根据竞争指数进行间伐木选择，不管是哪种抚育决策措施，都需要进行预处理，先要计算样地核心的有效木、有效木的相邻竞争木、空间

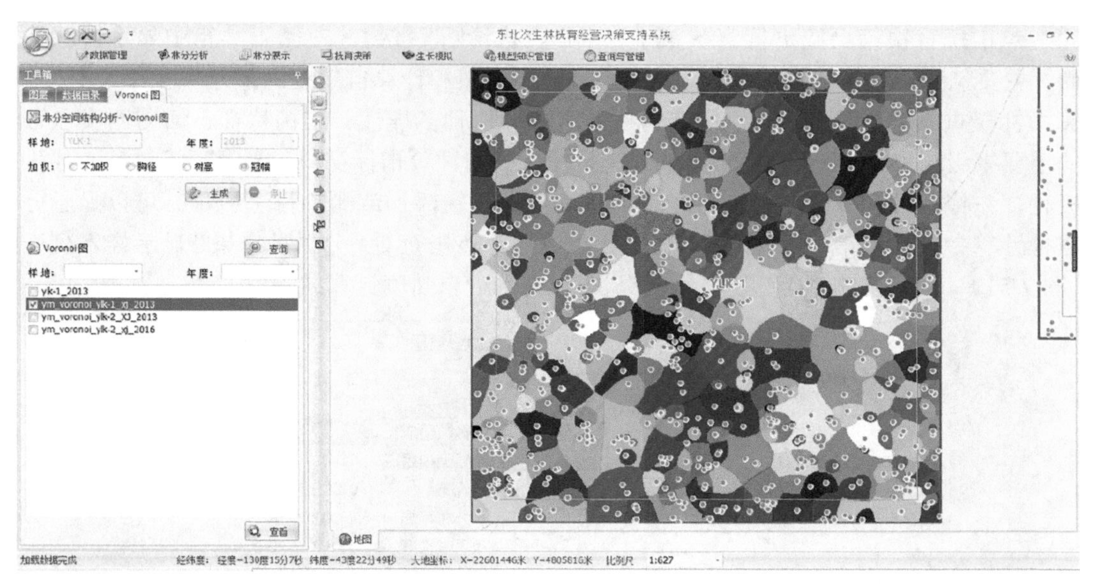

图 7-49　加权 Voronoi 竞争图

结构因子和非空间结构因子。其主要包括林分诊断、抚育模拟、最优决策和抚育前后对照。

7.6.4.1　林分诊断

抚育决策前预处理工作包括确定样地核心有效木、有效木的相邻竞争木、样木的非空间结构因子与空间结构因子等。点击抚育决策页签下抚育决策中“数据预处理”按钮，弹出数据预处理窗口。

林分现状诊断包括计算指标权重系数、计算各评价指标值、计算自然度（图 7-50）。

图 7-50　林分现状诊断

点击抚育决策页签下抚育决策中“林分现状诊断”按钮，左侧工具箱中显示现状诊断，主要包含计算指标权重系数、计算各评价指标值和计算自然度三部分内容。其中“计算指标权重系数”可通过下拉框选择树种组成、树种多样性、结构特征、活力四类参数的重要等级，点击“计算各评价指标值”按钮，弹出评价指标窗口，显示顶极树种、伴生树种、先锋树种和外来树种，可通过前进和后退按钮添加或删除待选树种。可以显示分树种计算参数，点击“开始计算”显示计算过程，点击查看“分树种结果”显示样木列表（图 7-51）。最后点击“计算近自然度”，可以得到近自然度计算结果。

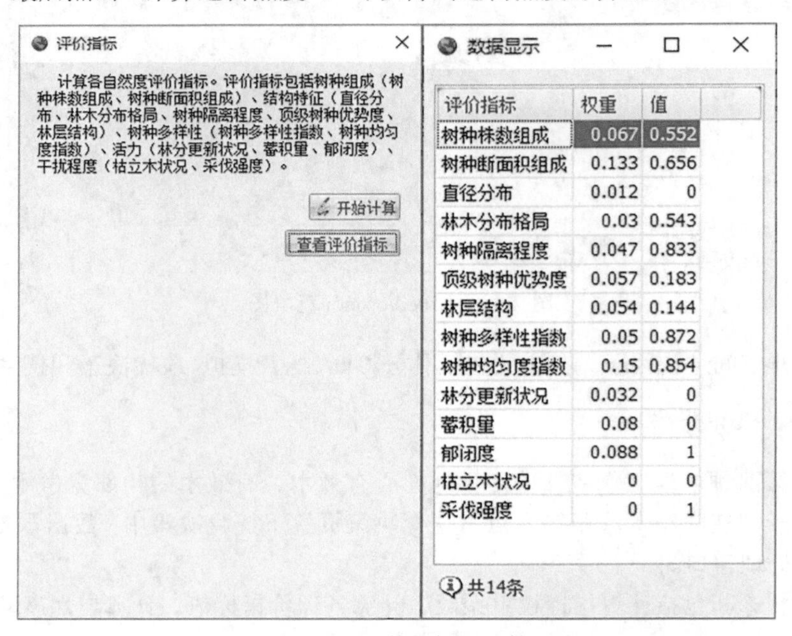

图 7-51　评价指标值计算

7.6.4.2　抚育模拟

样地数据在调查时已经对林木进行了分类，具体分为目标树、干扰树、一般木和特殊目标树，基于近自然经营理念，结合空间结构指标因子（角尺度、混交度）和林木间的竞争，实现了从抚育间伐样地选择、抚育间伐树种选择、空间结构单元选择、间伐木确定 4 个步骤计算抚育模拟（图 7-52）。

具体操作是点击抚育决策页签下近自然抚育决策中“近自然经营”按钮，左侧工具箱中显示间伐分析页签；点击“计算”，进入确定抚育单元的计算，计算完成后显示结果。点击查看按钮，主视图中显示抚育间伐单元。最终在样地里显示为红色的样木为间伐木（图 7-53）。

7.6.4.3　抚育前后对照

抚育前后对照主要是对每种抚育方案进行模拟后，对抚育前和抚育后空间结构指标、非空间结构指标进行抚育前后的对照，包含采伐强度、采伐株数、采伐后空间结构指标的变化。

图 7-52　抚育决策界面

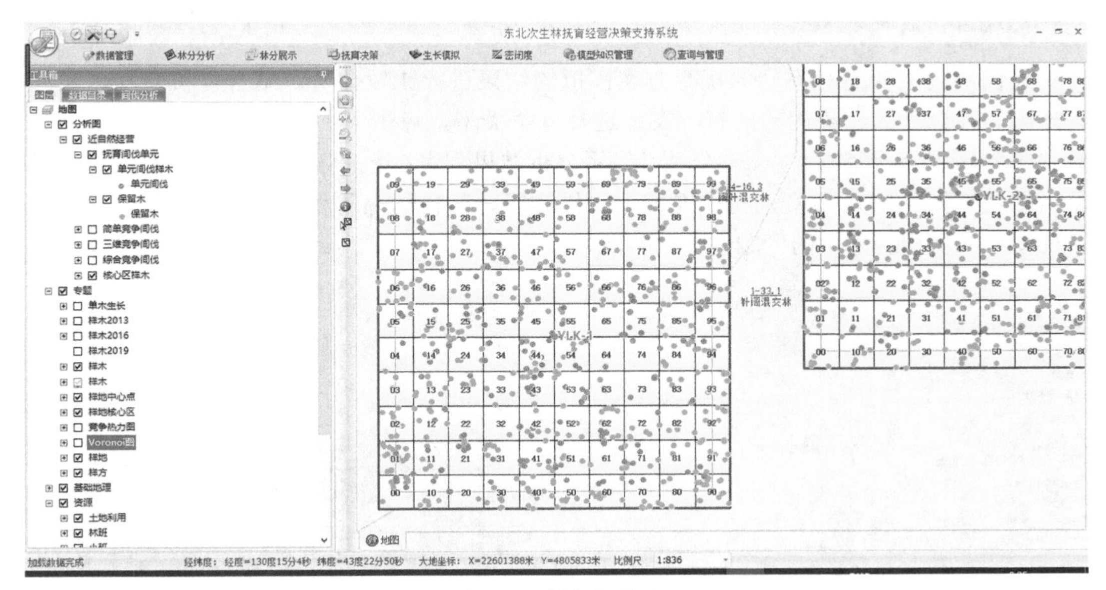

图 7-53　模拟间伐木

具体操作是点击抚育决策页签下近自然抚育决策中“前后对照”按钮，左侧工具箱中显示前后对照页签；经营前列表，显示抚育前样木分树种胸径、树高、密度、角尺度、混交度等情况；点击经营前“查看”，显示伐前核心区内有效木位置。经营后列表，选择竞争类型，点击“方案”，显示执行相应方案后（伐后）样木分树种的胸径、树高、密度、角尺度、混交度等信息（图 7-54）。点击查看按钮，主视图中显示抚育间伐后样木点位置。

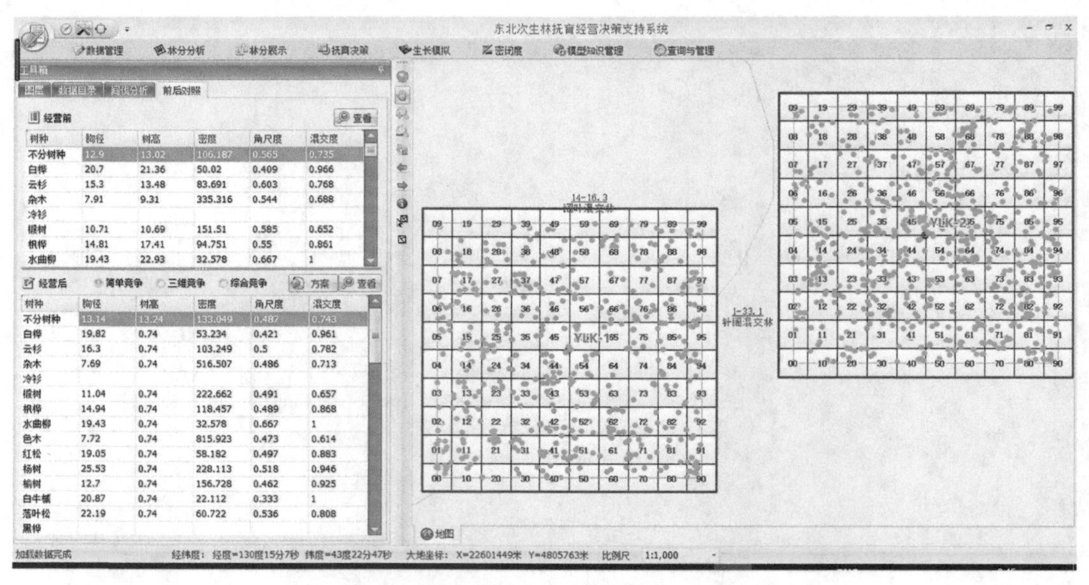

图 7-54　抚育前后对照

7.6.4.4　最优决策

最优决策主要是对不同的抚育方案模拟的结果进行比较分析，结合人机交互，最终选择出一种合适的、最优的抚育方案。选择竞争类型，点击“分析”，显示分析进程，分析完成后显示分析完成。点击“结果”显示分析结果列表；选择竞争方案，并点击“方案”显示指定方案下间伐强度、间伐株数、间伐胸径、间伐树高等信息；点击“查看”按钮，主视图上显示相应方案的专题图（图 7-55）。

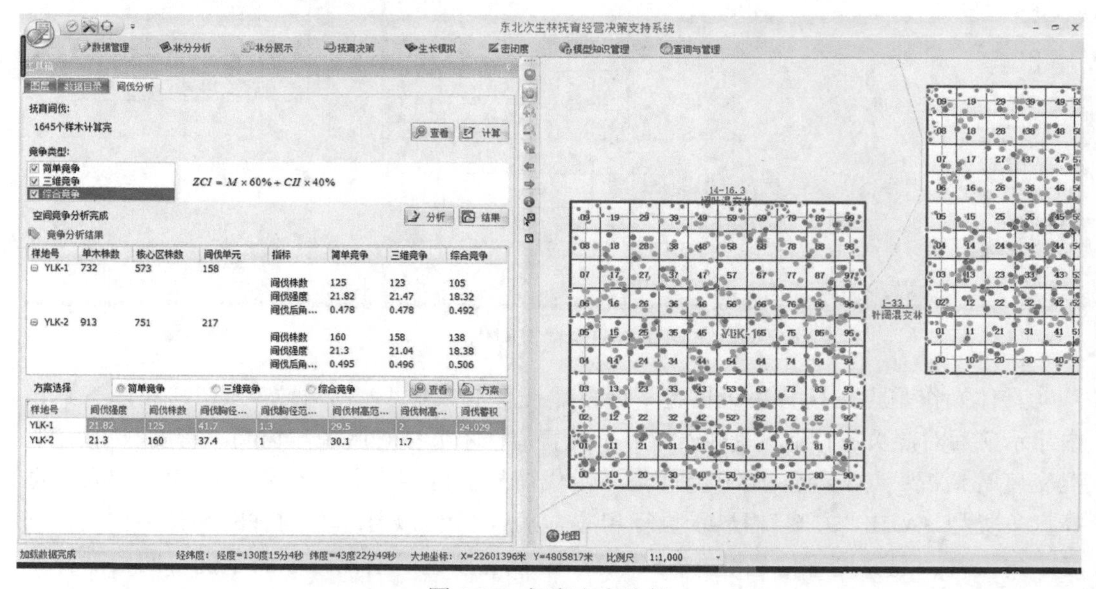

图 7-55　抚育方案决策

7.6.5　生长模拟

在已有生长模型研究的基础上，对于试验区的树种选择合适的生长模型，代入调查样地中对抚育采伐后的林木进行生长模拟，其目的是模拟某种抚育措施下林分的生长情况，为最终选择最优的抚育方案提供技术支撑。系统中主要是针对单木生长进行模拟，主要是考虑到抚育间伐是精准间伐，具体到每一株单木。

单木生长模拟：点击生长模拟页签下生长模拟中“单木生长模拟”按钮，弹出林木生长窗口；在下拉框中选择年数，点击“生长”，开始计算。计算完成后显示模拟分析完成，在样木生长结果下选择样地、年度，点击“查询”，显示相应模拟的属性，如树种、前期胸径，计算胸径等，同时在右侧显示生长模拟的树种按胸径显示的专题图（图 7-56）。

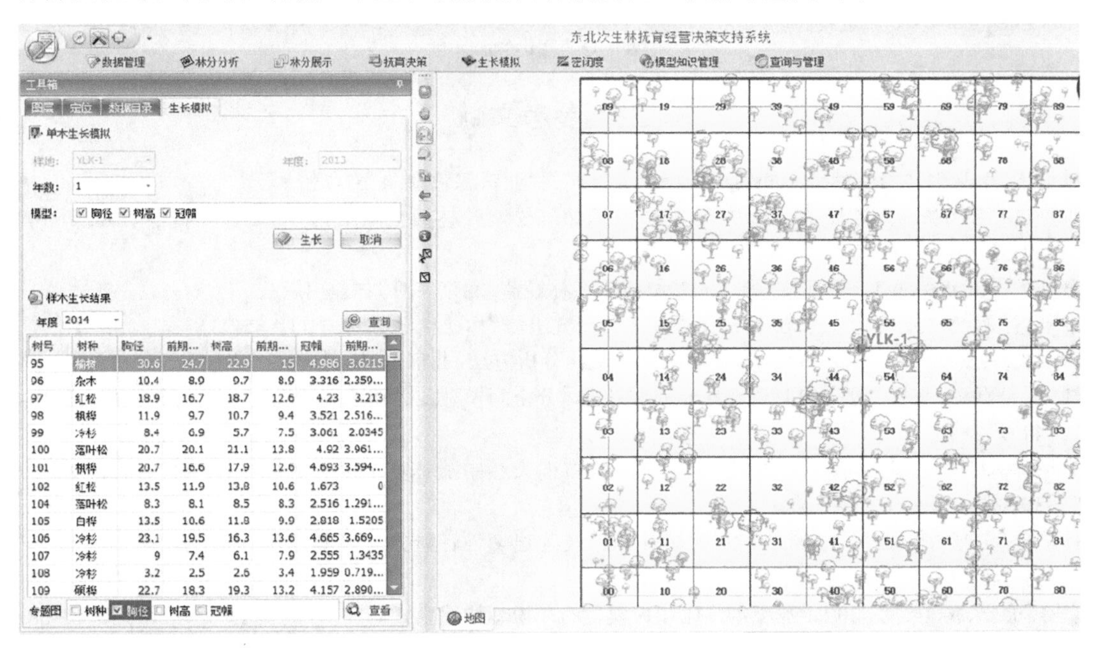

图 7-56　生长模拟

7.6.6　模型知识库管理

模型知识库管理主要是对决策支持系统里用到的核心数据库进管理和维护，包括模型库、知识库和方法库。其中模型库中主要存储着系统中用的生长模型、材积模型、树高模型、胸径模型等，这些模型有些是单木模型，有些是林分模型，这些模型分树种进行存放，模型的表达式和相关模型的介绍放进模型基本信息表里，每个模型进行唯一编号，模型参数存储在模型参数表里，模型基本信息表和模型参数表通过唯一编号进行关联，在系统中动态调用模型参数。主要实现的维护功能是增加、删除、修改（图 7-57）。知识库和方法库的存储与管理方法类似。

图 7-57　模型管理

主要参考文献

曹小玉, 李际平. 2016. 林分空间结构指标研究进展. 林业资源管理, 4: 65-73.

胡艳波, 惠刚盈, 戚继忠, 等. 2003. 吉林蛟河天然红松阔叶林的空间结构分析. 林业科学研究, 16(5): 523-530.

惠刚盈, von Gadow K, 胡艳波, 等. 2007. 结构化森林经营. 北京: 中国林业出版社.

惠刚盈, 胡艳波, 赵中华. 2018. 结构化森林经营研究进展. 林业科学研究, 31(1): 85-93.

惠刚盈, 克劳斯 · 冯佳多. 2003. 森林空间结构量化分析方法. 北京: 中国科学技术出版社.

刘帅, 吴舒辞, 王红, 等. 2014. 基于 Voronoi 图的林分空间模型及分布格局研究. 生态学报, 34(6): 1436-1443.

沈琛琛, 雷相东, 王福有, 等. 2012. 金苍林场蒙古栎天然中龄林竞争关系研究. 林业科学研究, 25(3): 339-345.

孙培琦, 赵中华, 惠刚盈, 等. 2009. 天然林林分经营迫切性评价方法及其应用. 林业科学研究, 22(3): 343-348.

袁磊, 张浩, 陈静, 等. 2006. 基于本体化知识模型的知识库构建模式研究. 计算机工程与应用, 30: 65-68, 104.

张会儒, 唐守正. 2011. 东北天然林可持续经营技术研究. 北京: 中国林业出版社.

张晔珵, 张怀清, 陈永富, 等. 2016. 基于树冠因子的林木竞争指数研究. 林业科学研究, 29(1): 80-84.

赵中华. 2009. 基于林分状态特征的森林自然度评价研究. 中国林业科学研究院博士学位论文.

赵中华, 惠刚盈. 2011. 基于林分状态特征的森林自然度评价——以甘肃小陇山林区为例. 林业科学, 47(12): 9-16.

Brink A D, Pendock N E. 1996. Minimum cross entropy threshold selection. Pattern Recognition, 29(1): 179-188.